珠江流域水土保持

中水珠江规划勘测设计有限公司
马 永 汤广忠 刘元勋 胡惠方 甄育才 著

U0227652

黄河水利出版社
·郑州·

内 容 提 要

珠江流域水资源量位居全国第二,但长期的水土流失导致珠江上游岩溶地区的石漠化、珠江中下游丘陵台地的崩岗等极端表现,对当地群众的生态安全、生产安全构成严重威胁。科学推进水土流失治理是时代赋予水土保持从业者的历史重任。紧扣流域水土流失特征,科学编制区域水土保持规划、项目水土保持设计,是科学治理的重要环节。中水珠江规划勘测设计有限公司是珠江流域水土保持的重要技术支撑单位,在西南岩溶石漠化区水土流失治理、南方红壤区崩岗治理、生态清洁小流域建设、农村水系综合整治、矿山生态修复等领域积累了丰富的规划设计及实践技术经验。本书是以近年来完成的规划设计成果为基础,对珠江流域的水土流失特点、措施布局、规划设计理念、设计要点进行了全面总结、提炼,并对新时期珠江流域水土保持高质量发展途径进行了系列思考。

本书可作为水土保持行政管理、研学研究、技术服务等广大从业者的参考书。

图书在版编目(CIP)数据

珠江流域水土保持/马永等著. —郑州:黄河水利出版社,2022.5
ISBN 978-7-5509-3277-7

Ⅰ.①珠… Ⅱ.①马… Ⅲ.①珠江流域-水土保持
Ⅳ.①S157

中国版本图书馆 CIP 数据核字(2022)第 076413 号

出 版 社:黄河水利出版社　　　　　　　　　网址:www.yrcp.com
　　　　　地址:河南省郑州市顺河路黄委会综合楼 14 层　邮政编码:450003
发行单位:黄河水利出版社
　　　　　发行部电话:0371-66026940、66020550、66028024、66022620(传真)
　　　　　E-mail:hhslcbs@126.com
承印单位:广东虎彩云印刷有限公司
开本:787 mm×1 092 mm　1/16
印张:31.75
字数:734 千字　　　　　　　　　　　　　　印数:1—1 000
版次:2022 年 5 月第 1 版　　　　　　　　　印次:2022 年 5 月第 1 次印刷

定价:198.00 元

前　言

党的十八大以来,党中央以前所未有的力度抓生态文明建设,把生态文明建设纳入国家治理"五位一体"总体布局当中统筹推进。水土保持是生态文明建设的重要内容,科学推进水土流失和荒漠化、石漠化综合治理,是完善国家生态屏障,推动绿色发展,促进人与自然和谐共生的重要措施。

珠江流域水资源量位居全国第二,仅次于长江流域,水资源条件相对充足、植被覆盖相对较好,但长期的水土流失导致珠江上游岩溶地区的石漠化、珠江中下游丘陵台地的崩岗等极端表现,对当地群众的生态安全、生产安全构成严重威胁。

科学推进水土流失治理是时代赋予水土保持从业者的历史重任。紧扣流域水土流失特征,科学编制区域水土保持规划、项目水土保持设计,是科学治理的重要环节。中水珠江规划勘测设计有限公司是珠江流域的重要技术支撑单位,先后编制完成了《全国水土保持规划珠江委任务区规划》《岩溶石漠化综合治理水利专项规划》《海南省水土保持规划》(2016—2030)、《广东省崩岗防治规划》等流域、区域水土保持生态建设规划,开展了 200 余项各类水土保持生态建设项目设计,治理水土流失面积 2 000 余 km²,治理崩岗500 余个,为上千家生产建设单位提供生产建设项目水土保持技术咨询 2 000 余例,促进水土流失治理投入近 150 亿元,增加绿化面积 700 多 km²,在西南岩溶石漠化区水土流失治理、南方红壤区崩岗治理、生态清洁小流域建设、农村水系综合整治、矿山生态修复等领域积累了丰富的规划设计及实践技术经验。为系统总结这些规划设计技术经验,中水珠江规划勘测设计有限公司马永、汤广忠、刘元勋、胡惠方、甄育才等以近年来完成的规划设计成果为基础,对珠江流域的水土流失特点、措施布局、规划设计理念、设计要点进行了全面总结、提炼,对新时期珠江流域水土保持高质量发展途径进行了系列思考,并编著了本书。

本书共分 5 章,第 1 章介绍了流域片水土流失特点,第 2 章介绍了流域水土保持分区及重点防治区确定过程及方法,第 3 章、第 4 章分别为水土保持生态保护与治理规划、工程设计的理念、要点及案例,第 5 章是对新阶段水土保持高质量发展的若干认识与思考。本书由马永、汤广忠统稿、审定,马永、汤广忠、刘元勋、胡惠方、甄育才均为规划、设计案例的主要编写和设计人员。关岭县水利局为石漠化综合治理设计提供了很好的案例,中水珠江规划勘测设计有限公司水保生态设计院的全体同志在水土保持项目的规划设计过程中默默付出,做了大量的具体工作,在此表示衷心的感谢。

限于作者的理论水平和知识局限,本书缺点和不足之处在所难免,敬请读者不吝指正。

作　者

2021 年 12 月

目 录

第 1 章　珠江流域水土流失特点

　　我国国土面积大,地形地貌、气候条件、水系分布差异很大。我国涉水行政管理实行流域管理与行政区域管理相结合的管理体制历史悠久。改革开放后,先后出台的《中华人民共和国水法》《中华人民共和国防洪法》《中华人民共和国水土保持法》(简称《水土保持法》)等涉水法规以及历次国家机构改革中,均明确规定了流域管理的职责。我国共划分为长江、黄河、淮河、海河、珠江、松花江和辽河(松辽)、太湖七大流域片,其中珠江流域片总面积 65.39 万 km²,多年平均水资源总量 5 201 亿 m³,占全国的 18.3%,居全国第二。本书所称流域水土保持工作通指珠江水利委员会管辖范围内的水土保持工作,流域水土保持规划仅指珠江流域、韩江流域等以单个流域为单位的水土保持规划。

1.1　流域片范围

　　珠江流域片包括珠江流域、韩江流域及粤东诸河、粤西桂南沿海诸河、海南岛及南海各岛诸河、澜沧江以东国际河流(不含澜沧江)等,涉及云南、贵州、广西、广东、湖南、江西、福建、海南等 8 省(自治区)和香港、澳门特别行政区,总面积 65.39 万 km²。

　　珠江由西江、北江、东江、珠江三角洲诸河组成,流域面积 45.37 万 km²,其中中国境内流域面积 44.21 万 km²。西江为珠江的主干流,发源于云南省曲靖市沾益区境内的马雄山,从上游往下游分为南盘江、红水河、黔江、浔江及西江等段,主要支流有北盘江、柳江、郁江、桂江及贺江等,在广东省珠海市的磨刀门注入南海,干流全长 2 214 km。北江发源于江西省信丰县石碣大茅山,上源称浈江,由墨江、锦江、武江、瀹江、连江等汇合而成,主流在思贤滘与西江相通后汇入珠江三角洲,思贤滘以上河长 468 km,流域面积约 4.70 万 km²。东江发源于江西省寻乌县大竹岭,上源称寻乌水,由安远水、簕江、新丰江等汇合而成,主流在石龙镇汇入三角洲网河,石龙以上河长 520 km,流域面积约 2.72 万 km²。珠江三角洲是复合三角洲,由思贤滘以下的西、北江三角洲和石龙以下的东江三角洲以及流溪河、潭江、增江、深圳河等中小流域及香港九龙、澳门等地区水系组成,面积 2.67 万 km²。

　　韩江流域及粤东诸河、粤西桂南沿海诸河流域面积分别为 4.56 万 km²、5.67 万 km²,主要由沿海众多源短坡陡的独流入海中小河流组成。海南岛及南海各岛诸河陆地面积 3.42 万 km²,有众多大小河流,从中部山区或丘陵区向四周分流入海,构成放射状的海岛水系。国际河流有红河等,红河在中国境内流域面积 7.60 万 km²。

　　珠江流域片范围覆盖 8 省(自治区)62 个市(州)383 个县(市、区)级行政区(未计香港、澳门区域)。

　　珠江流域行政区划见表 1-1。

表 1-1　珠江流域片行政区划

流域	省(自治区)	市(州)	县(市、区)	面积/km²
西江	云南省	昆明市	宜良县、石林彝族自治县、呈贡区、晋宁区、嵩明县	58 751
		曲靖市	麒麟区、沾益区、马龙区、陆良县、师宗县、罗平县、富源县、会泽县、宣威市	
		玉溪市	红塔区、江川区、华宁县、通海县、澄江市、峨山彝族自治县	
		红河哈尼族彝族自治州	个旧市、开远市、蒙自市、建水县、石屏县、弥勒市、泸西县	
		文山壮族自治州	文山市、砚山县、广南县、富宁县、丘北县	
	贵州省	贵阳市	贵阳市花溪区	60 324
		六盘水市	六枝特区、钟山区、水城区、盘州市	
		安顺市	安顺市西秀区、普定县、镇宁布依族苗族自治县、紫云苗族布依族自治县、关岭布依族苗族自治县	
		毕节市	威宁彝族回族苗族自治县	
		黔西南布依族苗族自治州	兴义市、兴仁市、晴隆县、贞丰县、普安县,望谟县、册亨县、安龙县	
		黔南布依族苗族自治州	都匀市、三都水族自治县、荔波县、独山县、贵定县、长顺县、龙里县、惠水县、罗甸县、平塘县	
		黔东南苗族侗族自治州	剑河县、黎平县、榕江县、从江县、雷山县、丹寨县	
	广西壮族自治区	南宁市	青秀区、良庆区、兴宁区、江南区、西乡塘区、邕宁区、隆安县、马山县、横州市、武鸣区、上林县、宾阳县	202 053
		柳州市	城中区、鱼峰区、柳南区、柳北区、柳江区、柳城县、鹿寨县、融安县、融水苗族自治县、三江侗族自治县	
		桂林市	秀峰区、叠彩区、象山区、七星区、雁山区、临桂区、阳朔县、永福县、灵川县、龙胜各族自治县、恭城瑶族自治县、兴安县、资源县、灌阳县、荔浦市、平乐县	
		百色市	右江区、田阳区、德保县、靖西市、那坡县、凌云县、乐业县、田林县、西林县、隆林各族自治县、田东县、平果县、	
		河池市	南丹县、天峨县、凤山县、东兰县、巴马瑶族自治县、金城江区、罗城仫佬族自治县、环江毛南族自治县、都安瑶族自治县、大化瑶族自治县宜州区	

续表 1-1

流域	省(自治区)	市(州)	县(市、区)	面积 /km²
西江	广西壮族自治区	来宾市	兴宾区、合山市、武宣县、象州县、忻城县、金秀瑶族自治县	202 053
		崇左市	江州区、大新县、天等县、龙州县、凭祥市、宁明县、扶绥县	
		贵港市	港南区、港北区、覃塘区、桂平市、平南县	
		梧州市	万秀区、长洲区、龙圩区、苍梧县、藤县、蒙山县、岑溪市	
		贺州市	八步区、平桂区、昭平县、钟山县、富川瑶族自治县	
		玉林市	容县、兴业县、北流市、陆川县、博白县	
		防城港市	上思县	
		钦州市	灵山县、浦北县	
	广东省	云浮市	云安区、云城区、新兴县、郁南县、罗定市德庆县	17 993
		肇庆市	端州区、鼎湖区、高要区、广宁县、怀集县、封开县、德庆县、四会市	
		韶关市	连山壮族瑶族自治县、连南瑶族自治县	
		佛山市	高明区、三水区	
		阳江市	阳春市	
		茂名市	信宜市	
	湖南省	邵阳市	城步苗族自治县	1 351
		永州市	江永县、江华瑶族自治县	
		怀化市	通道侗族自治县	
北江	湖南省	郴州市	北湖区、苏仙区、宜章县、桂阳县、临武县、汝城县	3 938
	江西省	赣州市	信丰县、大余县、崇义县	47
	广东省	韶关市	武江区、浈江区、曲江区、始兴县、仁化县、翁源县、乳源瑶族自治县、乐昌市、南雄市、(新丰县)	43 015
		清远市	清城区、清新区、佛冈区、阳山县、连山壮族瑶族自治县、连南瑶族自治县、英德市、连州市	
		肇庆市	广宁县、怀集县、封开县、四会市、从化区	
		惠州市	连平县	
		广州市	从化区、花都区	
		佛山市	三水区	

续表 1-1

流域	省(自治区)	市(州)	县(市、区)	面积/km²
东江	广东省	河源市	源城区、紫金县、龙川县、连平县、和平县、东源县	23 706
		惠州市	惠城区、惠阳区、惠东县、博罗县、龙门县	
		梅州市	兴宁市	
		韶关市	新丰县	
		深圳市		
		汕尾市	陆河县	
		揭阳市	揭西县	
	江西省	赣州市	寻乌县、安远县、龙南县、定南县	3 533
珠江三角洲	广东省	广州市	荔湾区、越秀区、海珠区、天河区、白云区、黄埔区、番禺区、花都区、南沙区、增城区	26 687
		佛山市	佛山市禅城区、南海区、顺德区、三水区、高明区	
		江门市	江门市蓬江区、新会区、江海区、台山市、开平市、鹤山市、恩平市	
		惠州市	博罗县、龙门县	
		清远市	清新区、佛冈县	
		东莞市		
		中山市		
		珠海市	香洲区、金湾区、斗门区	
		肇庆市	高要区	
		云浮市	新兴县	
		深圳市	罗湖区、福田区、南山区、宝安区、龙岗区、盐田区、龙华区、坪山区、光明区	
		阳江市	阳东区	
韩江及粤东诸河	江西省	赣州市	寻乌县	67
	福建省	三明市	宁化县	11 940
		漳州市	诏安县、南靖县、平和县	
		龙岩市	新罗区、永定区、长汀县、武平县、上杭县、连成县	
	广东省	梅州市	梅江区、梅县区、平远县、蕉岭县、兴宁市、五华县、大埔县、丰顺县	33 626
		潮州市	湘桥区、潮安区、饶平县	
		揭阳市	榕城区、揭东区、揭西县、普宁市、惠来县	

续表 1-1

流域	省(自治区)	市(州)	县(市、区)	面积/km²
韩江及粤东诸河	广东省	汕头市	金平区、龙湖区、澄海区、潮阳区、潮南区、南澳区、濠江区	33 626
		汕尾市	城区、陆丰市、海丰县、陆河县	
		惠州市	惠阳区、惠东县	
		河源市	龙川县、紫金县	
粤西桂南沿海诸河	广东省	江门市	台山市	31 943
		阳江市	江城区、阳东区、阳西县、阳春市	
		茂名市	茂南区、电白区、化州市、高州市、信宜市	
		湛江市	赤坎区、霞山区、麻章区、坡头区、雷州市、廉江市、吴川市、遂溪县、徐闻县	
	广西壮族自治区	玉林市	玉州区、福绵区、博白县、陆川县	24 717
		北海市	海城区、银海区、铁山港区、合浦县	
		钦州市	钦南区、钦北区、灵山县、浦北县	
		防城港市	港口区、防城区、上思县、东兴市	
海南岛及南海各岛诸河	海南省	海口市	秀英区、龙华区、琼山区、美兰区	34 154
		三亚市	海棠区、吉阳区、天涯区、崖州区	
		三沙市		
		儋州市		
			五指山市、琼海市、文昌市、万宁市、东方市、定安县、屯昌县、澄迈县、临高县、白沙黎族自治县、昌江黎族自治县、乐东黎族自治县、陵水黎族自治县、保亭黎族苗族自治县、琼中黎族苗族自治县	
西南诸河(红河)	云南省	大理州	祥云县、弥渡县、南涧县、巍山县	74 620
		楚雄州	楚雄市、双柏县、南华县、元谋县、武定县、禄丰县	
		昆明市	晋宁区、安宁市	
		玉溪市	易门县、峨山彝族自治县、新平彝族傣族自治县、元江哈尼族彝族傣族自治县	
		红河哈尼族彝族自治州	个旧市、蒙自市、屏边苗族自治县、建水县、石屏县、元阳县、红河县、金平苗族瑶族傣族自治县、绿春县、河口瑶族自治县	
		文山壮族自治州	文山市、砚山县、西畴县、麻栗坡、马关县、丘北县、广南县、富宁县	
		普洱市	宁洱县、墨江县、景东县、镇沅县、江城县	
	广西壮族自治区	百色市	那坡县	1 383

1.2　自然特点

珠江片地域辽阔,北起南岭、苗岭,与长江流域接壤;南临南海;东起福建省玳瑁山、博平山山脉,与九龙江水系相邻;西以哀牢山为界与澜沧江为邻,西南部与越南毗邻。

珠江片地势北高南低,西高东低,总的趋势是由西北向东南倾斜。西部为云贵高原,岩溶地貌发育;东部为两广丘陵,花岗岩丘陵、石灰岩丘陵分布广泛,间有不少红色盆地。在河谷一带和沿海河口分布有大小不一的冲积平原或三角洲,其中以珠江三角洲和韩江三角洲稍大。海南岛及南海诸岛归属珠江流域片。

珠江片位于北回归线南北两侧,又临近南海,季风影响强烈,气候冬暖夏长、冬干夏湿,属热带、亚热带季风气候区,气候温和多雨,多年平均温度在 14~22 ℃,年际变化不大。无霜期达 300 d 以上,年内 1 月平均气温最低,为 6~8 ℃;7 月平均气温最高,为 20~30 ℃。极端最高气温可达 42.8 ℃,极端最低气温为 -9.8 ℃。日照时间长,多年平均日照时数为 1 000~2 300 h,海南岛最长,可达 2 750 h。多年平均相对湿度在 70%~80%。多年平均(1956—2016 年)年降水量 1 556.4 mm,由西向东逐渐增加。灾害性气候危害严重,湿季降水过于集中,降水强度大,局部地区 1 次连续降水量可达 400 mm 以上,以至河谷、平原易造成洪涝灾害,山地易形成水土流失;干季降水量明显偏少,春旱突出,影响较大。东南沿海地区是热带气旋通过的高频区,平均每年受影响 6~9 次,7—9 月为热带气旋侵袭的高频季节。热带气旋带来暴风、暴雨和暴潮,破坏力较大,但也带来丰沛的雨水,对缓解夏、秋旱有积极的意义,也对消除病虫害等有积极的作用。

流域片共分为 11 个水资源分区,分别是南北盘江、红柳江、郁江、西江、北江、东江、珠江三角洲、韩江及粤东诸河、粤西桂南沿海诸河、海南岛及南海各岛诸河、红河。

南北盘江:南北盘江属珠江上游片区,位于云南省的东北部、贵州省的西南部和广西百色市西北部,涉及 3 省(区)10 市(州)的 46 个县(市、区),土地总面积 8.30 万 km²。地貌以云贵高原为主体和贵州、云南斜坡区组成,山地为主,丘陵、平坝并存。属中亚热带季风气候,年平均气温在 10.9~20.4 ℃,年平均降雨量 1 200~1 600 mm,成土母质主要为以碳酸岩和碎屑岩为主的风化物,土壤类型以黄壤、石灰土为主,地带性植被为中亚热带常绿阔叶林、针叶林和山地灌丛植被,林草覆盖率约 58.2%。有耕地面积 267.91 万 hm²,其中坡耕地 122.96 万 hm²,25°以上陡坡耕地 22.34 hm²,人均耕地 1.98 亩(1 亩 = 1/15 hm²,下同),人均耕地灌溉面积 0.49 亩。

红柳江:红柳江水资源分区由贵州省望谟县蔗香村双江口以下的红水河和柳江组成,行政区域涉及贵州、广西、湖南 3 省(区)的 12 个市(州)60 个县(市、区),土地总面积 11.30 万 km²。区域总体地貌处于云贵高原向桂中盆地过渡的斜坡地带上,以喀斯特地貌为主,中上游多峡谷,以山地为主,占总面积的 67%;丘陵占 18%;平原台地占 15%。红柳江属于亚热带季风气候,年平均气温在 18.1~20.6 ℃,年平均降雨量 1 300~2 200 mm,成土母质主要为以碳酸岩和砂页岩为主的风化物,自然土壤以红壤、黄壤、石灰土为主,地带性植被为中亚热带常绿阔叶林,林草覆盖率约 73.6%。有耕地面积 216.97 万 hm²,其中坡耕地面积 49.93 万 hm²,25°以上陡坡耕地面积 7.10 万 hm²,人均耕地面积 1.74 亩,人均耕地灌溉面积 0.54 亩。

郁江:郁江是珠江流域西江水系的最大支流,流域位于广西西南部和云南东部小部分,涉及广西、云南 2 省(区)的 9 个市(州)41 个县(区),土地总面积 7.79 万 km²。郁江干流在右江百色以上属中山峡谷地形,右江百色以下为丘陵和广阔的盆地相间;支流左江流域除平而河为中山区外,其余大部分为岩溶侵蚀平原;干流南宁市以下为丘陵平原区。山区约占 63.7%,丘陵区约占 33%,平原区约占 3.3%。属于亚热带季风气候区,多年平均气温为 22.3 ℃(南宁站),多年平均降水量为 1 300.6 mm,土壤主要为砂岩、砂页岩、石灰岩等风化而成的第三纪、第四纪土壤母质演育而成,沿河两岸多为壤土及砂壤土,低丘多为沙壤土及沙土,流域中上游多分布壤土、红壤砾土、黏土及砂壤土、水稻土,流域下游多为壤土及沙壤土。地带性植被涵盖南亚热带常绿阔叶林带、北热带半常绿季雨林带,流域林草覆盖率约 63.2%。有耕地面积 184.73 万 hm²,其中坡耕地面积 52.59 万 hm²,25°以上陡坡耕地面积 5.72 万 hm²,人均耕地面积 1.97 亩,人均耕地灌溉面积 0.55 亩。

西江:西江区由桂贺江、黔浔江及西江干流(武宣至三水段)组成,流域面积 6.66万 km²,行政区域主要包括广西、广东、湖南 3 省(区)的 10 个市(州)50 个县(市、区)。流域地貌以山地丘陵为主,桂东及贵港至梧州一带集中分布冲积平原和岩溶平原,平原面积约占 20%,属中亚热带季风气候和南亚热带季风雨林气候,年平均气温为 16.4~21.5 ℃,年平均降水量为 1 400~2 000 mm,成土母岩主要为砂页岩、碳酸盐岩、花岗岩等,土壤类型主要有红壤、黄壤、紫色土和水稻土。地带性植被涵盖南亚热带常绿阔叶林带、北热带半常绿季雨林带,流域林草覆盖率约 71.6%。有耕地面积 86.4 万 hm²,其中坡耕地面积15.17 万 hm²,人均耕地面积 0.81 亩,人均耕地灌溉面积 0.49 亩。该区桂江、贺江流域拥有得天独厚的旅游资源,西江干流沿线经济较为发达。

北江:北江是珠江流域第二大水系,流域面积 4.70 万 km²,较大支流主要有武江、滃江、连江、绥江等,行政区域涉及广东、湖南、江西 3 省 6 市 17 个县(市、区)。流域地势北高南低,地貌以山地丘陵为主,气候主要为中亚热带季风气候,年平均气温为 18.9~22.2 ℃,多年平均降水量为 1 785.8 mm,成土母岩主要有花岗石、石灰岩、红色砂页岩等,土壤类型主要有红壤、赤红壤、紫色土等。地带性植被主要为中亚热带常绿阔叶林带,流域林草覆盖率约 75.7%,是珠江流域片植被覆盖最高的水资源分区。有耕地面积 52.42万 hm²,其中坡耕地面积 15.16 万 hm²,陡坡耕地较少,人均耕地面积 0.96 亩,人均耕地灌溉面积 0.55 亩。区域北部是广东省重要的生态屏障和水源涵养区,森林植被覆盖较好,南部是广东省重要的农产品主产区,农业开发强度大。

东江:东江流域面积 2.72 万 km²,主要由江西赣州市南部,广东河源、惠州等地组成,行政区域涉及广东、江西 2 省 7 市 18 个县(市、区)。东江流域的地势东北高、西南低,地貌以低山丘陵为主,中、高山地约占 8%,低山丘陵约占 78%,台地、平原约占 14%,属中亚热带季风气候和南亚热带季风雨林气候,年平均气温为 19.9~22.4 ℃,多年平均降水量为 1 734.7 mm,成土母岩以花岗岩为主,间有砂页岩、泥质岩类和第四纪冲积层、坡堆积层。地带性土壤主要为红壤、赤红壤,地带性植被主要为中亚热带和南亚热带常绿阔叶林带,流域林草覆盖率约 71.4%。有耕地面积 21.79 万 hm²,其中坡耕地面积 0.59 万 hm²,人均耕地面积 0.31 亩,人均耕地灌溉面积 0.23 亩。东江是香港特别行政区及广州东部、深圳、河源、惠州、东莞等市近 4 000 万人的生产生活主要水源,年供水量近 100 亿 m³,占流域水资源总量的 1/3,对维护流域的水源水质安全十分重要。

珠江三角洲:范围包括西江、北江思贤滘以下的西北江三角洲和东江石龙以下的东江三角洲,行政区域包括广东佛山、广州、江门、珠海、中山、东莞、深圳等 12 市 41 个县(市、区),区域面积 2.67 万 km²。本区地势低平,河网水系发达,人口密度高,城镇建成区面积占比大,城市建成区面积占 13.8%,山丘区面积约占 49.6%,属南亚热带季风雨林气候,年平均气温为 21.4~22.4 ℃,多年平均降水量为 1 860.4 mm,成土母岩以花岗岩和第四纪冲积层为主,土壤类型主要为赤红壤、潮沙泥土等。地带性植被主要为南亚热带常绿阔叶林带,流域林草覆盖率约 39.4%。该区是我国经济最发达的区域之一,城市化程度高,人均耕地面积仅 0.1 亩。

韩江及粤东诸河:韩江及粤东诸河位于流域片东部,土地总面积 4.56 万 km²,行政区域涉及福建、广东 2 省的龙岩、梅州等 11 市 40 个县(市、区)。流域多山地丘陵,山地占 70%,多分布在流域北部和中部,丘陵占 17%,平原约占 8%,属中亚热带季风气候和南亚热带季风雨林气候,多年平均气温 21.2 ℃,多年平均降水量 1 749.4 mm,成土母岩以花岗岩为主,间有砂页岩、石灰岩。地带性土壤主要为赤红壤、红壤、黄壤,地带性植被主要为中亚热带和南亚热带常绿阔叶林带,流域林草覆盖率 68.1%。有耕地面积 52.20 万 hm²,其中坡耕地面积 5.08 万 hm²,人均耕地面积 0.36 亩,人均耕地灌溉面积 0.29 亩。

粤西桂南沿海诸河:包括九洲江、南流江、钦江、鉴江、漠阳江等入海河流,涉及广西、广东 2 省(区)9 市 31 个县(市、区),土地总面积 5.67 万 km²。以沿海台地、阶地地貌为主,多属南亚热带季风雨林气候,多年平均气温为 23.4 ℃,多年平均降水量为 1 871.7 mm,成土母质主要为花岗岩风化土和冲洪积土,地带性土壤主要为赤红壤、红壤、砖红壤等,地带性植被主要为南亚热带常绿阔叶林和季雨林带,流域林草覆盖率约 43.5%。有耕地面积 145.54 万 hm²,其中坡耕地面积 15.68 万 hm²,人均耕地面积 0.80 亩,人均耕地灌溉面积 0.45 亩。该区是两广热带作物主产区,农业仍是区域的主导产业。

海南岛及南海各岛诸河:土地总面积 3.42 万 km²。地貌以岗台地、阶地、平原居多,约占 55%,山地占 25%,丘陵占 13%,其他类型占 7%。涉及主要河流有南渡江、万泉河、昌化江、宁远河等。气候类型属于热带湿润气候,台风频繁,年平均气温 23~26 ℃,多年平均降水量 1 817.6 mm,成土母岩主要为花岗岩、碎屑岩、玄武岩及第四纪松散沉积物等,土壤类型有砖红壤、赤红壤、水稻土、红壤等。地带性植被主要为热带雨林、季雨林,林草覆盖率约 39.1%。有园地面积 106.16 万 hm²,占土地总面积的 31.1%;有耕地面积 56.84 万 hm²,其中坡耕地面积 3.69 万 hm²,人均耕地面积 0.70 亩,人均耕地灌溉面积 0.49 亩。该区为国家重要的热带农产品主产区,国家生态文明建设试验区、国际旅游岛和国家经济开发区。

红河:红河流域位于云南省中部、东南部及广西壮族自治区的那坡县,涉及 2 省(区)8 个市(州)40 个县(市),土地总面积 7.60 万 km²。红河流域地势自西北向东南倾斜,多为 V 字形纵向河谷。以红河干流为界,以东为滇东高原区,大部分为丘陵状高原,多山间盆地分布;以西为横断山系南部帚状山脉峡谷区,分布着一系列的山地、峡谷和宽谷坝子。红河流域地貌以山地和高原为主体,山地、丘陵、高原面积占 90% 左右,平原(包括河谷平原、平坝）、盆地约占 10%。气候类型多样，有热带、南亚热带、中亚热带、北亚热带、南中温带等各种气候类型。年平均气温在 14.7~23.8 ℃，多年平均降水量约 1 347 mm，土壤主要有砖红壤、赤红壤、红壤、黄棕壤等。流域林草覆盖率约 71.3%，郁闭度低，多灌草。有耕地面积 100.19 万 hm²，其中坡耕地面积 59.14 万 hm²，陡坡耕地面积 16.64 万 hm²，人均耕地面积 2.3 亩，人均耕地灌溉面积 0.46 亩，人均粮食产量 301 kg，低于流域片平均水平。流域城镇化率仅 25.6%，是少数民族聚居区、贫困地区和国家边境地区。

1.3　水土流失特点

1.3.1　水土流失分布

据 2019 年全国水土流失遥感调查，珠江流域片水土流失面积约 11.21 万 km²，占总土地面积的 17.1%，为水力侵蚀区域。水土流失强度总体为轻中度，其中轻度侵蚀面积约 8.16 万 km²，占土壤侵蚀面积的 72.8%；中度侵蚀面积约 1.44 万 km²，占土壤侵蚀面积的 12.9%；强烈以上侵蚀面积约 1.61 万 km²，占土壤侵蚀面积的 14.3%。水土流失现状见表 1-2。

表 1-2　珠江流域片水土流失面积及强度分布　　　　　　单位:km²

省（区）	流域面积	总流失面积	流失面积比例（%）	水力侵蚀				
				轻度	中度	强烈	极强烈	剧烈
云南	133 371	37 029	27.8	28 653	3 912	1 940	1 543	980
贵州	60 324	15 988	26.5	10 637	2 194	1 613	1 341	203
广西	228 153	37 124	16.3	24 078	6 090	2 912	2 480	1 564
广东	176 970	17 980	10.2	14 859	1 906	668	365	181
湖南	5 289	689	13.0	546	68	41	26	8
江西	3 647	619	17.0	514	71	22	9	3
福建	11 940	843	7.1	674	107	37	22	4
海南	34 154	1 787	5.2	1 662	86	22	13	4
总计	653 847	112 059	17.1	81 623	14 435	7 255	5 799	2 946

注:数据来源于 2019 年遥感调查。

就母岩而言，碳酸盐岩区流失面积最大，流域片有碳酸盐岩区面积 18.06 万 km²，有水土流失面积 58 465 km²，占珠江流域片水土流失面积的 52.2%，其次为碎屑岩区，再次为花岗岩区。流失面积最大的碳酸盐岩区，土浅薄，侵蚀后果严重，侵蚀地很快成为光板地，光山裸岩逐年增多，石漠化程度高，珠江流域片共有石漠化面积 4.84 万 km²，潜在石漠化面积 4.18 万 km²，因此抓好碳酸盐岩区的水土保持工作十分重要。花岗岩区流失主要分布在广东、广西的东部及东南部和江西等地。花岗岩风化壳深厚，流失面积虽小，但崩岗侵蚀发育，侵蚀强度大，危害也大。崩岗侵蚀模数一般可达 11 万 t/（km²·a），最高达 35 万 t/(km² · a)。珠江流域片共有崩岗 13 万个,危害重,治理难,是南方花岗岩地区土壤侵蚀的一大特点。坡耕地水土流失严重也是流域片水土流失一大特点,主要集中于云南、贵州两省和广西西北部,流域坡耕地面积 350 万 hm²,占流域土地面积的 5.4%,坡耕地水土流失面积占流域水土流失面积的 31.3%。

珠江流域的泥沙主要来源于西江,其来沙量占全流域的 88.3%,而西江泥沙的46.1%又来源于南北盘江。珠江流域各主要河流输沙模数最大的是北盘江,达到 1 400 t/(km² · a);最小的是东江和郁江,低于 100 t/(km² · a)。流域主要河流泥沙年内分布极不均匀,汛期 4—9 月占全年的 86.9%以上,主汛期 6—8 月占全年的 69.1%以上。流域各主要河流控制站径流量和输沙量的变化大体上呈正相关,水库对泥沙的拦蓄作用明显。

1.3.2　水土流失产生的主要因素

(1)降水量较多,强度较大,水土流失源动力较强。

珠江流域片水土流失为水蚀类型,降水是珠江流域水土流失的主要动力。珠江流域地处亚热带,南临南海,属海洋性气候;降水丰沛,多年平均降水量在 1 200~2 200 mm,雨量集中,强度大,流域局部地区一次连续最大降水量可达 404~791 mm,24 h 最大暴雨量为 404~641 mm。实测最大 24 h 点暴雨 851 mm(广东台山镇海),为水土流失提供充足的侵蚀动力。从空间分布来看,流域片东部雨多,西部雨少;迎风坡雨多,背风坡雨少。从降水时空分布来看,汛期(4—9 月)降水量占全年降水量的 80%以上,7—9 月广东、广西还常受台风暴雨袭击。因此,本流域降水的时空分布有利于水土流失的发生和发展。

(2)母岩和土壤易于流失。

流域内母岩以碳酸岩、碎屑岩、花岗岩分布最广。碳酸岩难风化,易溶蚀,土层薄,侵蚀潜在危险程度高。碎屑岩风化的土壤,物理性黏粒较多,抗蚀性较好,但常因母岩风化速度不一致,分解不良,残留较多砾石,水土流失后砂砾化严重。花岗岩风化的土壤,风化壳深厚,砂粒多,黏粒少,有机质分解快,抗蚀性差,常形成严重的崩岗侵蚀。根据不同母岩的水土流失分布情况,花岗岩和紫红色砂页岩流失比例最大,流失强度高,说明花岗岩和紫红色砂页岩最易侵蚀。

(3)地形起伏变化大,坡度较陡,易于流失。

地形是水土流失发生发展的基础。地形中的坡度、坡长、坡向、坡形对水土流失都有影响。坡度越陡,坡长越长,水流速度就越快,对地表的冲刷就越厉害,水土流失就越严重。坡度对坡耕地水土流失的影响尤为明显,是决定坡耕地侵蚀强弱的主要因素。流域内地貌变化较大,从高山到平原均有分布,西南狭谷区及云贵高原向沿海丘陵过度斜坡地带山高坡陡,垂直差异大,利于水土流失的发展。

(4)原始植被破坏严重。

珠江流域片植被从总体上来看,覆盖率比较高,森林(含疏林)覆盖率 59.9%,但原始森林分布少,现状森林多为天然残次林和人工林,林分结构差,且分布极不均匀。在岩溶地区和水土流失严重地区,森林覆盖率很低,岩溶地区裸岩遍地。

(5)人为造成水土流失。

珠江流域 1959 年人口为 4 315 万人(未计香港、澳门,下同),2000 年为 10 907 万人,

1959—2000 年人口净增 6 592 万人,而耕地从 7 971 万亩增加至 12 136 万亩,增加 4 165 万亩,人均耕地由 1959 年的 1.85 亩减至 2000 年的 1.11 亩。2016 年珠江流域人口为 13 146 万人,耕地为 11 900 万亩,人均耕地减至 0.91 亩。人口的急剧发展加重了土地资源的承载能力,而人均耕地面积减少,粮食自给能力不足,向林要地,向山上开发,导致原生植被和生态的破坏。珠江流域中上游矿产丰富,分布面广,国家、集体、个人都在开采,对水土保持重视不够,山大沟深,监管困难,存在任意堆放废土废石,甚至弃入水库和河道的现象,造成了严重的水土流失。珠江流域片地处亚热带,经济林面积大,品种繁多,其中油桐、油茶、八角等经济林,生长发育土壤疏松,肥力较高,才能结籽多,所以一般都要翻耕培土,但在垦复中缺乏相应的水土保持措施,往往顺坡全垦,易引起严重的水土流失。

1.3.3　水土流失危害及各水资源分区水土流失特点

水土流失导致土层减薄,土体结构破坏,土壤养分流失,是破坏农业生产的重要因素。流域片的碳酸盐岩地区,薄薄的土层一经流失,很快就形成难以再恢复土壤资源的裸岩。如贵州喀斯特地貌广泛发育,大部分地区土壤不连续,土层浅薄,一般为 10~30 cm,水土流失的潜在危险性大,表土层一经流失,很难恢复,导致土地的"石漠化",丧失宝贵的土地资源。水土流失也直接破坏耕地资源。山上流失的土壤,其出路一是就近堆积,二是向下游输送。就近堆积将造成沙压耕地,毁坏良田。特别是东部的崩岗侵蚀,流失量大,砂粒粗,堆积多,输送少,由崩岗而毁坏的农田数不胜数,人称"田老虎"。向下游输送后,水土流失而冲蚀下来的泥沙,被山塘、水库拦截而淤积,缩短水利设施寿命,降低效益,影响灌溉。岩滩水库在 1993 年建成后至 2005 年淤积量达到 33 631 万 t,年淤积量 2 587 万 t;而大化水库建成至 1992 年岩滩水库建成前的 9 年时间里,淤积量为 3 528 万 t,平均每年淤积 392 万 t;郁江西津水库 1967—2005 年河段淤积量 4 602 万 t,平均每年淤积 118 万 t。在红色砂页岩(俗称红砂岭)地区,水土流失导致光山秃岭增多,地表温度升高,蒸发增大,致使小气候干热,植被难以恢复,生态恶化。

珠江流域片面积广阔,各水资源分区水土流失危害和特点又各有不同。

南北盘江:流域面积 8.30 万 km²,水土流失面积 2.49 万 km²,占土地总面积的 30.0%。地处滇黔桂岩溶石漠化中心区域,岩溶类型主要为断陷盆地和岩溶峡谷,岩溶面积约占区域面积的 49.3%,在长期水土流失的作用下,形成岩溶石漠化面积 2.08 万 km²,是流域片水土流失、石漠化最为严重的地区。水土流失主要来源于坡耕地,坡耕地水土流失占水土流失总面积的 47.5%,耕地贫瘠,土壤资源宝贵。区内是全国锡矿、锰矿储量最大的区域和煤炭基地之一,矿产资源开发易造成水土流失。区内 37 个县(市、区)属于滇黔桂岩溶石漠化国家级水土流失重点治理区,占区域面积的 87.7%。

红柳江:流域面积 11.30 万 km²,水土流失面积 2.15 万 km²,约占土地总面积的 19.0%。区内植被多属杉、松为主的人工纯林,郁闭度差,大部分水土流失产生于疏林地和荒草地,来自疏林地和荒草地的水土流失面积占 69.8%,来源于坡耕地水土流失面积占 24.0%。红水河干流沿线区域水土流失相对较重,其中都安站以上是水土流失分布较为集中的区域,又以天峨站以上水土流失最为严重。柳江流域水土流失相对较轻,属少沙河流。红柳江是我国水能富集地之一,水电、航电项目规划及在建较多,区域城镇化率较低,人均收入增长乏力,是流域片人口密度、人均收入最低的区域。17个县(区)属于滇黔桂岩溶石漠化国家级水土流失重点治理区,约占区域面积的35%。

郁江:流域面积7.79万 km²,水土流失面积1.67万 km²,占土地总面积的21.4%。水土流失区主要集中在右江百色以上区域及左江河谷地带,坡耕地分布较为集中连片,水土流失强度大,中度以上水土流失面积占34.9%,林地、耕地水土流失分别占水土流失总面积的42.1%、39.8%。土地垦殖率较高,流域工程性缺水严重,小型水利水保工程配套不足,林草覆盖率低,难利用地占比较高。流域是广西重要的特色果蔬和糖料产业带,近年来,在丘陵和土山区,开发坡地种果逐年增加,水土流失风险增加;平果县、德保县、靖西市等是全国铝业大县(市),矿区水土流失防治任务较重。流域内云南广南、富宁,广西凌云、田林、西林、隆林、巴马等7个县属于滇黔桂岩溶石漠化国家级水土流失重点治理区,占区域总面积的23.5%。

西江:流域面积6.66万 km²,水土流失面积0.79万 km²,占土地总面积的11.9%。西江区处于西南岩溶区和南方红壤区交错地带,林下、坡耕地、崩岗、石漠化等水土流失形式并存。区内农业开发程度高,农村产业发展主要向山坡地转移,大规模栽植桉树等速生丰产林以及广泛种植柑、柚、橙等水果是农业产业的主要收入,原生植被破坏严重,林下水土流失面积占水土流失总面积的59.5%,其次为耕地、园地。贺江中上游、北流江、西江干流云浮及肇庆段水土流失较重,局部崩岗易发、多发。人口密度较大,人均耕地较少,林下水土流失日渐突出。

北江:流域面积4.70万 km²,水土流失面积0.39万 km²,占土地总面积的8.3%,绝大部分为轻度水土流失,占水土流失总面积的86.5%。水土流失主要在林地产生,林地水土流失面积约占72.4%,工程建设、坡耕地、园地均有一定的水土流失面积,比例较小,均不超过10%。北部山区原始森林破坏较多,现有林种单一,水源涵养能力不强,石质山区土地生产力退化,缺水易旱;南部丘陵顺坡种植、陡坡种果较为普遍,局部有崩岗侵蚀发生。

东江:东江流域面积2.72万 km²,水土流失面积0.37万 km²,占土地总面积的13.6%。流域花岗岩区崩岗侵蚀较多,砂页岩和砂砾岩区恢复植被困难。东江流域是大宗农产品的主要产出地,农业开发强度较大,区内稀土、铁矿等资源分布也较多。水土流失主要由原生植被大量砍伐更新为速生丰产林或经济林引起,林地、园地水土流失占80.5%,是流域片林下水土流失最典型的区域。开发建设项目水土保持措施落实不够、东江上游废弃矿区较多也是产生水土流失的重要原因,生产建设项目水土流失面积约12%。流域约有崩岗2.5万多个,主要集中在河源市境内。东江上中游属于国家级水土流失重点预防区,重点预防区面积占流域总面积的90%。

珠江三角洲:区域面积2.67万 km²,水土流失面积0.22万 km²,占区域面积的8.2%,自然水土流失轻,人为水土流失较严重,生产建设项目水土流失面积占16.6%。城镇化建设带来的水土流失和城区周边低山丘陵地带的林果业开发产生的水土流失,对防洪排涝、人居环境等造成一定影响。

韩江及粤东诸河:区域面积4.56万 km²,水土流失面积0.53万 km²,占土地总面积的11.6%,水土流失总体较轻,局部严重,分布有崩岗5万余处,其中广东省占95%,是全国崩岗分布最为集中的区域。韩江上游煤矿、铁矿、稀土矿分布较多,存在较多矿山废弃地,影响区域生态环境。水土流失主要发生在韩江上游的梅江中上游、榕江中上游、汀江流域等地,其中广东省的大埔县、梅县区、梅江区、丰顺县、兴宁市、五华县、龙川县以及福建省的长汀县、连城县、宁化县、永定县、新罗区、平和县等13个县(区)属于粤闽赣红壤国家级水土流失重点治理区,总面积1.2万km²,占区域总面积的26.3%。

粤西桂南沿海诸河:区域面积5.67万km²,水土流失面积0.46万km²,占土地总面积的8.1%。水土流失强度较大,中度以上水土流失面积占32.0%。该区内人口密集,土地垦殖强度大,原生植被遗存很少,是国家重要的工业原料林基地之一,林分单一,区域蓄水保水能力较差,缓坡耕地和园地分布较多,沿海台风暴雨活动强烈,易发生水土流失。林地、坡耕地、园地等水土流失面积分别占水土流失总面积的43.0%、23.2%、14.3%,近年来生产建设项目水土流失增长较快,仅次于珠江三角洲。

海南岛及南海各岛诸河:区域面积3.42万km²,水土流失面积0.18万km²,占土地总面积的5.2%。该区水土流失主要由陡坡园地、坡耕地和退化林地水土流失造成,其中园地、林地水土流失面积占水土流失总面积的68.2%,坡耕地占水土流失总面积的17.3%。区域是国家重要的热带粮经作物种植基地,土地垦殖率高,生产建设活动强烈,加之台风暴雨多发,极易造成水土流失。区内白沙、琼中、五指山、保亭4县(市)为海南岛中部山区国家级水土流失重点预防区。

红河:流域面积7.60万km²,水土流失面积1.96万km²,占土地总面积的25.8%。干流上游属干热河谷,不利于植物生长,植被自然恢复的难度大,常见裸露的山坡、干涸的土地和深切的沟壑,滑坡、泥石流等自然灾害经常发生,严重威胁人民群众的安全,是西南地区经济最为落后,水土流失、地质灾害、生态退化最为严重、少数民族最为集中的地区。红河流域海拔高差较大,地形地貌复杂,涉及多个水土保持分区。水土流失强度较大,中度以上水土流失面积占24.3%,主要来源于坡耕地,多年平均输沙模数1 397 t/(km²·a),是云南省及流域片含沙量最高的河流。流域内有石漠化面积0.46万km²,潜在石漠化面积为0.32万km²。19个县(市、区)属国家级水土流失重点治理区,其中文山、砚山、广南、西畴、富宁、马关、丘北、个旧、建水等9个县(市)属于滇黔桂岩溶石漠化国家级水土流失重点治理区;南涧、巍山、景东、镇沅、墨江、元江、易门、红河、绿春、双柏等10个县(市)属于西南诸河高山峡谷国家级水土流失重点治理区。

1.4　水土流失防治进程

近年来,流域管理机构水利部珠江水利委员会和各省(区)高度重视水土保持工作,在习近平新时代中国特色社会主义思想指引下,认真贯彻落实党中央、国务院和水利部的各项决策部署,以水土流失综合治理和水土保持监督管理为重点,加强水土保持监测工作,不断提高流域水土保持管理水平,为保护和改善生态环境、加快生态文明建设、推动经济社会持续健康发展提供支撑和保障。在国务院、水利部的高度重视和大力支持下,流域片先后开展了"珠治"试点工程、岩溶地区石漠化综合治理工程、农业综合开发水土流失治理工程、坡耕地水土流失综合治理工程、革命老区水土保持重点建设工程等水土保持重点工程建设,流域片各省(区)也不断加大投入力度,持续推进重点区域水土流失综合治理,治理区群众生产生活条件和生态环境明显改善。深入推进《水土保持法》的贯彻落实,坚持把生产建设项目造成的人为水土流失作为监管的重中之重,以"天地一体化"监管为支撑,通过"高频次遥感—无人机详查—现场定量取证"的监管技术体系,及时发现问题并推动整改,实现了从"被动查"到"主动管"的转变,水土保持强监管的态势已逐步形成。主要有以下成就:

(1)水土流失持续减轻,岩溶石漠化治理成效显著。

珠江流域片土地总面积 65.39 万 km²。据 2011 年全国第一次水利普查成果,流域片水土流失总面积 13.33 万 km²,占土地总面积的 20.4%。"十二五"以来,流域片累计治理水土流失面积 3.6 万 km²,水土流失面积由 2011 年的 13.33 万 km² 减少到 2019 年的 11.21 万 km²,减少 2.12 万 km²,减少 15.9%;轻度水土流失面积占水土流失总面积的 72.8%。石漠化面积由 1995 年的 5.99 万 km² 减少到 2015 年的 4.84 万 km²,减少了 19.2%;岩溶区植被盖度平均增加了 7.9%。实现了水土流失面积由"增"到"减"、强度由"高"到"低"的转变,水土流失状况得到明显改善,水土保持生态建设成效显著。

(2)河流持续变清,水源水质得到有效保障。

近年来,通过在江河源头区、水源涵养区采取预防保护、生态修复、天然林保护、退耕还林还草、营造水源涵养林等措施,大力开展生态清洁小流域建设,流域片水源涵养与水质维护能力日益增强。据资料统计,珠江流域多年平均泥沙含量由 6 720 万 t(高要+石角+博罗)下降到近 10 年平均 2 170 万 t,2018 年仅 1 010 万 t,只有最大输沙年份(1982年)的 6.7%。截至 2018 年,流域片累计建成生态清洁小流域 460 条,有效提升了流域片水质。2018 年流域片河流水质为Ⅰ~Ⅲ类的河长占评价总河长的 86.8%,较 2010 年提高了 15%;水源地全年水质合格比例在 80.0% 及以上的占 79.7%。

(3)耕地得到有效保护,群众生产条件明显改善。

"十二五"以来,流域片实施坡耕地综合整治 12 万 hm²,配套建设水利设施和生产道路,建成高标准农田 10 多万 hm²,有效提高了土地生产力,农业生产、农村生活基本条件不断改善;同时,将水土保持与发展当地特色产业紧密结合,通过调整农村产业结构,大力发展特色经济林果,涌现出贵州水城猕猴桃、云南弥勒黑提葡萄、广西田阳圣女果、广东梅州金柚等国家农产品地理标志产品,为脱贫攻坚和可持续发展打下了坚实基础。

(4)林草植被大幅增加,生态环境质量持续向好。

多年来,流域片各级政府高度重视植被建设和生态修复工作,通过开展小流域综合治理、封育保护、造林种草、退耕还林还草等植被建设与恢复措施,流域片林草植被面积大幅增加,森林覆盖率由 2005 年的 38.7% 提升到 2018 年的 59.9%,流域片 95% 以上的县域生态环境质量在良以上,其中生态环境质量为优的占 50% 以上,生态环境明显改善,生态环境质量持续向好。

(5)科技助力,水土保持强监管有力有效。

近年来,珠江水利委员会及流域片各省(区)积极响应"强监管"要求,敢于先行先试、率先突破,形成了集卫星遥感技术、无人机技术、移动调查技术等为一体的"天地一体化"监管技术体系,极大地提升了生产建设项目水土保持监管的信息化水平。珠江水利委员会及流域片内的广东、贵州、云南、福建等省在水利部组织的全国水土保持信息化 2017—2018 年工作完成情况审核中被评为"优",贵州生产建设项目水土保持"天地一体化"监管被列为水利部 2020 年智慧水利优秀应用案例和典型解决方案目录中水土保持方向唯一入选案例。流域片内,区域监管和项目监管同时展开,基本实现了部管及省、市、县管生产建设项目监管全覆盖,对发现的违法违规事项依法查处。

1.5　现状与短板

(1)水土流失、石漠化问题突出。

岩溶区石漠化、红壤区崩岗等水土流失极端表现遍布流域片。流域片分布岩溶面积 18.06 万 km^2,占流域片总面积的 33.4%,有 166 个县(市、区)存在不同程度的石漠化问题。据 2015 年资料统计,流域片现有石漠化面积 4.84 万 km^2,潜在石漠化面积 4.18 万 km^2,分别占全国的 48.0%、34.6%,其中石漠化面积大于 300 km^2 的石漠化严重县有 56 个,严重威胁区域生态安全和可持续发展能力,脱贫攻坚成果巩固困难。流域片内的红壤区有 115 个县(区)共分布崩岗 13 万个,崩岗面积 900 km^2,崩岗数量和面积分别占全国的 54.4%、73.8%,年均侵蚀量约 5 300 万 t,是南方沟道泥沙和山地灾害的重要来源和水土保持生态安全的主要危害。流域片坡耕地广布,土地生产力难以提高。6° 以上坡耕地面积 342 万 hm^2,占耕地总面积的 29.6%;其中,25° 以上坡耕地尚有 59 万 hm^2,占坡耕地面积的 17.3%,以红河流域和珠江上游南北盘江最为集中和严重。

(2)人为水土流失尚未有效控制。

流域片生产建设项目水土流失和林下水土流失日趋突出,未得到有效控制。2019 年监测资料表明,珠江三角洲、海南岛、粤西桂南沿海诸河等区域,生产建设项目水土流失面积占该区域水土流失总面积已超过 10%。林下水土流失严重是流域片水土流失的突出特点。据统计,流域片林下水土流失面积占水土流失总面积的 56.1%,东江流域更高达 80.5%,主要是由不合理的纯林种植、陡坡建园等导致。流域片经济社会仍处于快速发展时期,生产建设项目水土流失和林下水土流失问题实质上是保护与开发的矛盾问题,今后一段时间内仍将长期存在。

(3)水土流失治理能力和社会需求存在较大差距。

一是治理进度缓慢。流域片仍有 11.21 万 km^2 水土流失面积,占土地总面积的 17.1%。当前年均治理水土流失面积约 4 500 km^2,每年减少水土流失面积不足 2 400 km^2,按现有治理进度,现状水土流失面积进行初步治理约需 25 年。二是治理投入不足。流域片水土保持投入主要依靠水利部门、其他部门及社会投入。水利部门年均投入占比不到 15%,且有逐年下滑趋势,投资标准较低,工程实施难度增大。三是流域片水土流失缺乏系统治理。断断续续开展过珠江上游南北盘江水土保持综合治理试点、岩溶地区石漠化综合治理、农业综合开发水土流失治理、坡耕地水土流失综合整治等工程,但没有做到持续、系统治理,多年呼吁的珠江上游南北盘江水土保持综合治理、红河上游水土流失综合治理、南方崩岗综合治理等工程始终没有立项实施。新时代,绿水青山就是金山银山的理论深入人心,群众对绿水青山和美好生活的向往提出了更多更好的需求,流域片水土保持生态建设滞后,流域水清、景美、人富的目标短时间内还难以实现。

(4)水土保持综合监管能力有待加强。

流域监管职能弱,经费保障不足。流域管理机构在所管辖范围内依法承担水土保持监督管理职责,但目前无水土保持方案行政审批和违法案件受理、认定及行政处罚的主动权,责权不匹配,指导和督促流域各省(区)监管工作职能弱,工作机制有待健全。

基层水土保持综合监管能力薄弱,人为水土流失管控能力不强。流域片市(州)、县(市、区)级水土保持监督管理机构设置及人员配备不足,监督监测高新技术使用、第三方技术支撑尚未普遍推广,水土保持监测和信息化工作基础还比较薄弱,监管能力和手段明显不适应新时期强监管的需要。重建设、轻保护,边治理、边破坏的现象仍然存在,人为水土流失还未得到有效控制,生产建设项目"三同时"制度尚未全面有效落实。生产建设项目"未批先建""未验先投"、违法违规行为未得到处罚等监管缺位、不到位的问题仍较普遍。

(5)与高质量发展仍有差距。

流域片地处国家改革开放前沿,国家先后推出粤港澳大湾区、深圳中国特色社会主义先行示范区建设,先后在贵州省、江西省、福建省、海南省开展国家生态文明试验区建设。流域片水土保持生态文明现状与"安全高效的生产空间、舒适宜居的生活空间、碧水蓝天的生态空间"等中央生态文明建设要求仍有差距。

第 2 章　流域片水土保持区划与重点区域的确定

流域片地域较广,地貌单元、自然条件、水土流失类型多样,为更好地、有针对性地制订切合实际的水土保持方略或工作布局,根据流域片自然条件和水土流失特点等分异规律,将流域片划分为不同的地域单元,同一单元内的水土流失特征和水土保持工作特点基本类似。水土保持区域划分通常分为水土保持区划和水土流失重点防治区划分两大类。在同一区域内,根据防治方略、规划布局、基本功能等一致性和差异性,划分的若干地域连续的区域,为水土保持区划;根据一定的特征指标确定的水土保持工作的重点区域,称为水土流失重点防治区划。

2.1　流域水土保持区划

珠江流域片土壤侵蚀类型为水蚀,跨西南岩溶区和南方红壤丘陵区。流域存在石漠化、崩岗等水土流失问题,呈明显的地带性分布特点。依据《中国水土保持区划》,珠江流域片涉及 2 个一级区、7 个二级区、17 个三级区。珠江流域片水土保持区划体系见表 2-1。

表 2-1　珠江流域片水土保持区划体系

序号	一级区		二级区		三级区	
	区划代码	分区名称	区划代码	分区名称	区划代码	分区名称
1	V	南方红壤区	V-5	浙闽山地丘陵区	V-5-6tw	闽西南山地丘陵保土生态维护区
2			V-6	南岭山地丘陵区	V-6-1ht	南岭山地水源涵养保土区
3					V-6-2th	岭南山地丘陵保土水源涵养区
4					V-6-3t	桂中低山丘陵土壤保持区
5			V-7	华南沿海丘陵台地	V-7-1r	华南沿海丘陵台地人居环境维护区
6			V-8	海南及南海诸岛丘陵台地区	V-8-1r	海南沿海丘陵台地人居环境维护区
7					V-8-2h	琼中山地水源涵养区
8					V-8-3w	南海诸岛生态维护区
9	VII	西南岩溶区	VII-1	滇黔桂山地丘陵区	VII-1-1t	黔中山地土壤保持区
10					VII-1-2tx	滇黔川高原山地保土蓄水区
11					VII-1-3h	黔桂山地水源涵养区
12					VII-1-4xt	滇黔桂峰丛洼地蓄水保土区
13			VII-2	滇北及川西南高山峡谷区	VII-2-2xj	滇北中低山蓄水拦沙区
14					VII-2-3w	滇西北中高山生态维护区
15					VII-2-4tr	滇东高原保土人居环境维护区
16			VII-3	滇西南山地区	VII-3-2tz	滇西南中低山保土减灾区
17					VII-3-3w	滇南中低山宽谷生态维护区

2.1.1　区划原则

珠江流域片水土保持区划过程,确定了以下几条原则:

(1)以自然地理因素为基础,以体现"水土保持"区划特性为主导,即以水土流失防治需求的差异性和共轭性为主导因素划分。

(2)集中连片和局部服从整体的原则,以县级行政区为基本单元,将一些特殊的县包括在大的区域中,兼顾行政管理的便利,利于水土流失防治措施的落实。

(3)尽可能与省级水土流失类型分区、水土保持治理分区相协调,便于指导和协调各省的水土流失防治工作。

(4)区划功能定位与全国主体功能区划等经济社会综合区划相协调。

2.1.2　区划考虑的主要因素

流域片以珠江流域为主体,包括韩江流域、红河流域、海南岛及南海诸岛河流等,各流域在地带上分布有较为明显的特点,根据流域特点确定划分主导因子:

(1)流域内地形差异明显,从西北向东南倾斜,依次为云贵高原地貌,南岭及粤桂山地,沿海丘陵平原。地形或海拔应作为分区的主要因子之一。

(2)流域岩性上,西部、北部碳酸盐岩分布较多,岩溶地貌发育,而东部、南部则是花岗岩分布较多,风化层深厚。土壤亦成地带分布,自西北向东南由黄壤、石灰土居多逐渐向红壤、赤红壤、砖红壤过渡。因此,岩性及土壤类型分布可作为分区的主要因子之一。

(3)土壤侵蚀类型上均属水蚀区域,其中西部西南岩溶区,侵蚀机制上为溶蚀与搬运、沉积混合,造成土层瘠薄,基岩裸露,易形成石漠化;东部为南方红壤丘陵区,侵蚀机制基本为搬运和沉积,整体水土流失较轻,局部花岗岩风化层深厚,崩岗侵蚀严重。侵蚀机制的差异可作为分区的重要因素。

(4)水系分布及流域产沙上,珠江流域的泥沙主要来源于西江,来沙量占全流域的88.3%,而西江泥沙的46.1%又来源于南北盘江。珠江流域各主要河流输沙模数最大的是北盘江,达到 1 400 t/(km^2·a);最小的是东江和郁江,低于 100 t/(km^2·a)。水系分布可以作为影响分区的因子之一。

(5)在经济社会发展水平上,由西部、北部向东部、南部递增,西部、北部人均耕地较东部、南部多,第一产业仍居主导地位,但土壤流失严重,水资源保障能力差,农业生产保障能力严重不足,农业经济以粮、烟、油、林、牧为主导;东部、南部人口密度大,人均耕地少,以第二、三产业为主导,自然水土流失较轻,人为水土流失较重,人居环境保障日益迫切,农业经济以蔬菜、水果、奶类、水产、家禽、园艺等综合农业为主导。区域经济社会布局可作为分区的因素之一。

(6)水土保持主导基础功能(水土保持需求)主要有水源涵养、防风固沙、土壤保持、蓄水保水、农田防护、水质维护、生态维护、防灾减灾、拦沙减沙、人居环境维护等功能,不同区域有不同的水土保持功能需求,主导基础功能属于分区的主要因素。

根据以上分析,选择地形地貌、岩性、土壤、土壤侵蚀强度、水系分布、区域经济布局、区域水土保持主导基础功能等作为珠江流域水土保持区划的影响因子。

2.1.3　区划方案比选

根据珠江流域片特点,按照不同的主导因子,初拟四种区划方案,分述如下。

第一种方案是以地形地貌为主导因子,兼顾土壤、岩性、水土流失特征。例如珠江流域大致可分为上游高原区、斜坡切割区、低山丘陵区三个区域。上游高原区地处云贵高原,主要水系为南盘江中上游,该区海拔高度多在 1 000 m 以上,地貌类型多丘陵、低山,水土流失以轻、中度为主,为珠江流域降雨量低值区、蒸发量高值区,岩溶发育,土被相对连续;斜坡切割区位于云贵高原向粤桂中低山丘陵盆地过渡的斜坡地带,包括贵州南部和广西的百色、河池等地,该区山高坡陡,降雨强度大,地下河较多,岩溶面积大,土地石漠化程度高,有效耕地面积少,农业灌溉设施缺乏;低山丘陵区为粤桂低山丘陵地带,区域母岩以碎屑岩和花岗岩为主,局部有碳酸盐分布,该区域水土流失总体较轻,局部严重,崩岗侵蚀为主要水土流失特征。

第二种方案是按自然流域划分。流域片是由西江、北江、东江组成的一个复合型流域,各流域亦具有不同的水土流失特征,可以细分为南北盘江、红柳江、郁江、西江、北江、东江、珠江三角洲、粤东沿海诸河、粤西桂南沿海诸河、海南岛及南海各岛诸河、红河等 11 个水土保持分区。其中,南北盘江是珠江河流泥沙的主要来源地,也是珠江流域水土流失最严重的地区,亦是国家级水土流失重点治理区域;郁江流域是广西省重要的工业基地,粮油主产区、木材主产区,郁江流域上游左江是岩溶地貌发育的典型地区,也是广西石漠化最严重的地区之一;红柳江地貌为低山丘陵地貌,母岩以碳酸岩为主,碎屑岩、花岗石均有分布,除红水河主河道的泥沙主要来自南北盘江外,流域内的柳江、蒙江均为少沙河流,上游为重要的水源地;西江干流及北流江、桂江是珠江流域崩岗最集中的区域;北江流域植被覆盖较好,流域以花岗岩分布为主,但也有较多碳酸岩分布,存在一定的石漠化现象,是珠江三角洲的水源之一;东江流域是珠江三角洲及香港重要水源地,局部崩岗侵蚀严重;珠江三角洲平原、丘陵、低山交错分布,人口密集,生产建设项目强度大,经济发达,人居环境质量要求较高;红河流域是坡耕地占土地面积的比例最大的河流等。

第三种方案是以岩性为主导因子。珠江流域片母岩的区域性分布比较明显,大致可分为以碳酸岩为主的区域,主要分布于南北盘江流域、郁江上游;以花岗岩为主的区域,广布于粤桂低山丘陵地带;以碎屑岩为主的区域,主要分布于南岭山地及黔东南地区;以第四纪和第三纪冲洪积覆盖土为主的区域,主要分布于桂中盆地、郁江中下游、珠江三角洲等区域。

第四种方案是在土壤侵蚀类型的基础上,结合不同区域的水土保持主导功能进行划分。如,根据珠江流域特点,云贵高原及其斜坡地带坡耕多、林草覆盖低、石漠化现象严重、干旱缺水,主要有土壤保持、水源涵养、蓄水保水等水土保持基础功能需求,流域中下游南方红壤丘陵地带人口密集、人均耕地较少、城镇化率较高,水源保障、农产品提供、环境维护压力大,区域主要有水源涵养、土壤保持、人居环境维护等水土保持功能需求。根据区域不同的水土保持基础功能,大致可分为黔中山地土壤保持区、滇黔高原保土蓄水区、黔桂山地水源涵养区、滇黔桂山地蓄水保土区、南岭山地水源涵养保土区、岭南山地丘陵保土水源涵养区、桂中丘陵土壤保持区、华南沿海人居环境维护区。

综合以上四种方案,按照区域的水土保持主导基础功能差异性为主导进行区域划分,最为贴合水土保持区划的原则和目的。

2.1.4 区划的重点

珠江流域片区划重点是西南岩溶区与南方红壤区的界线问题,也是珠江流域片水土保持区划的核心问题。作为水土保持区划,首先要考虑土壤侵蚀类型、特点。按照《土壤侵蚀分类分级标准》(SL 190—2007),珠江流域涉及西南岩溶区与南方红壤丘陵区两个水力侵蚀类型,但一直以来,这两个土壤侵蚀类型区域并无明确具体界线,落实在县界上一直没有定论,因此合理确定西南岩溶区与南方红壤区的界线是流域区划应当首要解决的重点问题。

西南岩溶区包括云贵高原、四川盆地、湘西及桂西等地。珠江流域的焦点区域主要集中在桂西区域。桂西的范围较为宽泛,传统上通指崇左市、百色市、河池市的所辖范围及南宁市的部分所辖区域,该区域属于云贵高原向广西盆地过渡的斜坡带,大部地貌为山地丘陵,局部有冲积盆地,如右江百色盆地。分析认为,首先,水土保持区划不是单纯的自然地理区划,无论哪级区划均应与水土流失类型、防治方略紧密结合,作为西南岩溶区,现阶段和今后一段时期水土流失防治方略首要是防止石漠化发展的问题,因此应将石漠化的潜在危害程度作为分区指标之一;其次,将高原向丘陵平原过渡的斜坡带的区域在大尺度区域的概念上作为高原的组成部分有其合理性;再次,兼顾联片和行政区管理的便利。按照以上原则,西南岩溶区与南方红壤区的分界线定为:河池市、百色市、崇左市所辖各县(市、区),处于过渡带南缘的南宁市的隆安县、马山县;来宾市的忻城县,因其属于石漠化重度危险区,治理方向均以石漠化综合治理为主导,因此将上述区域确定为西南岩溶区,以东属于南方红壤区。

2.1.5 珠江流域片区划的形成

区划是寻求自然和经济社会区域分异规律的系统工程,因此流域水土保持区划要立足寻求流域水土流失特点及经济社会对水土流失防治需求的分异规律来划分,单纯从自然因素或经济社会因素去考虑均有其局限性。在珠江流域水土保持区划上,首先以岩性为主导因子进行一级区划分,体现水土保持总体方略;其次以地貌为主导因子,土壤类型为辅助因子再分,体现水土保持布局的区内一致性和区间差异性;再次,以中小尺度地貌、经济社会发展水平、区域水土保持功能需求为分区指标细分,反映不同区域的防治需求和水土保持措施配置。

区划分级是体现地域分异规律的重要手段。根据相关水土保持区划研究成果,结合

流域实际,珠江流域片水土保持区划的三级构成为:

一级区:体现水土流失的自然条件及水土流失成因的区内相对一致性和区间最大差异性,用于确定不同区域水土保持工作战略部署与水土流失防治方略。

二级区:反映区域特定优势地貌特征、水土流失特点、植被区带分布特征等区内相对一致性和区间最大差异性,用于确定水土保持区域总体布局。

三级区:反映区域水土流失及水土流失防治需求的区内相对一致性和区间最大差异性。用于确定水土资源优化配置及措施体系。

2.2　重点防治区分布

2.2.1　珠江流域片重点防治区分布

根据国务院批复的《全国水土保持规划(2015—2030年)》,珠江流域片共有国家级水土流失重点预防区3个涵盖28个县(市、区),国家级水土流失重点治理区3个涵盖81个县(市、区),流域国家级水土流失重点防治区土地总面积231 125 km²,占流域片土地总面积的35.3%,见表2-2、表2-3。

表2-2　珠江流域片国家级水土流失重点预防区分布表

预防区名称	范围		县(市、区)数量	土地总面积/km²
	省(自治区)	县(市、区)		
湘资沅上游国家级水土流失重点预防区	贵州	黎平县、剑河县	12	9 681
	广西	资源县、灌阳县、兴安县、龙胜各族自治县		
	湖南	江华瑶族自治县、江永县、临武县、宜章县、城步苗族自治县、通道侗族自治县		
东江上中游国家级水土流失重点预防区	广东	博罗县、紫金县、惠东县、河源市源城区、东源县、龙门县、新丰县、和平县、连平县	12	24 196
	江西	寻乌县、定南县、安远县		
海南岛中部山区国家级水土流失重点预防区	海南	白沙黎族自治县、琼中黎族苗族自治县、五指山市、保亭黎族苗族自治县	4	7 113
小计			28	40 990

表 2-3 珠江流域片国家级水土流失重点治理区分布表

治理区名称	范围		县个数	土地总面积/ km²
	省	县(市、区)		
滇黔桂岩溶石漠化国家级水土流失重点治理区	广西	乐业县、西林县、隆林各族自治县、天峨县、南丹县、都安瑶族自治县、大化瑶族自治县、凌云县、凤山县、东兰县、巴马瑶族自治县、田林县、河池市金城江区	57	137 803
	贵州	六盘水市钟山区、水城区、六枝特区、册亨县、望谟县、安龙县、兴义市、盘县、贞丰县、紫云苗族布依族自治县、兴仁市、关岭布依族苗族自治县、普安县、晴隆县、镇宁布依族苗族自治县、贵定县、惠水县、长顺县、龙里县、贵阳市花溪区、威宁彝族回族苗族自治县平塘县、罗甸县		
	云南	开远市、弥勒市、泸西县、个旧市、建水县、华宁县、石林彝族自治县、澄江县、陆良县、宜良县、曲靖市麒麟区、富源县、宣威市、曲靖市沾益区、广南县、富宁县、砚山县、丘北县、文山市、西畴县、马关县		
粤闽赣红壤国家级水土流失重点治理区	江西	信丰县	14	25 948
	广东	龙川县、大埔县、梅县区、梅江区、丰顺县、兴宁市、五华县		
	福建	长汀县、连城县、宁化县、永定县、新罗区、平和县		
西南诸河高山峡谷国家级水土流失重点治理区	云南省	南涧彝族自治县、巍山彝族回族自治县、景东彝族自治县、镇沅彝族哈尼族拉祜族自治县、墨江哈尼族自治县、元江哈尼族彝族傣族自治县、易门县、红河县、绿春县、双柏县	10	26 384
小计			81	190 135

2.2.2 重点防治区的确定过程

2011 年,按照水利部《关于开展全国水土保持规划工作的通知》(水规计〔2011〕224号),以水利部《关于划分国家级水土流失重点防治区的公告》(2006 年第 2 号)为基础,开展国家级水土流失重点预防区、重点治理区(简称"两区")的复核划分是全国水土保持规划编制工作的主要任务之一。水利部水利水电规划设计总院编制的《国家级水土流失重点防治区复核划分技术导则（试行）》提出了重点预防区和重点治理区的划分条件。其中：

重点预防区划分条件主要为：①水土流失相对轻微，现状植被覆盖较好，是国家、省（自治区、直辖市）或区域重要的生态屏障和生态功能区；②存在水土流失风险，一旦破坏难以恢复和治理；③人为扰动和破坏植被、沙结壳等地表覆盖物后，造成水土流失危害较大；④国家或区域重要的大江大河源区、饮用水源区等特定的生态功能区；⑤土壤侵蚀强度、森林覆盖率、人口密度等定量指标满足要求。

重点治理区的划分条件主要为：①水土流失严重，对大江大河干流和重要支流、重要湖库淤积影响较大；②水土流失严重威胁土地资源，造成土地生产力下降，直接影响农业生产和农村生活，急需开展抢救性、保护性治理的区域；③涉及革命老区、边疆地区、贫困人口集中地区、少数民族聚居区等特定区域；④土壤侵蚀强度、水土流失面积比、中度以上水土流失面积比、坡耕地面积比等定量指标满足要求。

水利部珠江水利委员会在复核划分"两区"过程中，结合流域片实际，增加了以下划分原则：

（1）以水利部 2006 年第 2 号公告的重点防治区为基础，依据划分导则，对不符合"两区"划分导则基本原则的县调出，对属于国家近期出台的石漠化综合治理规划、坡耕地综合整治规划、崩岗防治规划、国家水土保持重点建设工程规划（2013—2017 年）等专项规划中的重点项目县，按照集中连片、规模适度的原则纳入重点防治区。

（2）国家主体功能区规划的重点生态功能区，原则上列入重点防治区。其中，现状水土流失较轻的县列入重点预防区，现状水土流失达到导则规定的重点治理区划分标准的，列入重点治理区。不符合集中连片的原则上不纳入。

（3）由于流域片内降雨量均在 800 mm 以上，水热资源相对丰富，加之国家近些年较为重视生态环境建设，任务区内的森林覆盖率总体水平较高，在重点预防区划分指标中，南方红壤区的森林覆盖率指标原则上按不小于 60% 控制，西南岩溶区的森林覆盖率原则上按不小于 50% 控制。

根据以上划分办法和原则，最终确定了国家级水土流失重点预防县 28 个，国家级水土流失重点治理县 81 个。

2.3　水土流失易发区的界定

根据《中华人民共和国水土保持法》第二十五条的规定："在山区、丘陵区、风沙区以及水土保持规划确定的容易发生水土流失的其他区域开办可能造成水土流失的生产建设项目，生产建设单位应当编制水土保持方案"。本条含义是指山区、丘陵区、风沙区是当然的水土流失易发区，均应执行水土保持方案编报制度，在山区、丘陵区、风沙区以外，如果水土保持规划认为属于易发生水土流失的区域，也应执行水土保持方案编报制度。珠江流域片有没有不属于山区、丘陵区、风沙区的区域呢？原则上珠江流域片涉及 17 个全国水土保持区划三级区，均属山区、丘陵区的范畴。因此，珠江流域片是不需要在水土保持规划中"确定容易发生水土流失的其他区域"。但为了把水土流失易发区的界定工作做扎实,落实《中华人民共和国水土保持法》的规定,对社会负责,珠江水利委员会开展了水土流失易发区的调研工作。珠江流域片平原较少,在地貌上属于平原的仅有珠江三角洲平原、韩江三角洲平原、南渡江三角洲平原、闽南平原等,其中珠江三角洲平原面积最大,因此以珠江三角洲为典型开展了水土流失易发区的调研工作。

水土流失易发区域从定性上应当是人为扰动是主因,扰动后的水土流失量应当数倍于原生水土流失量,并会产生经济损失、社会危害的区域。易发区应具有以下特征:①受人为活动干扰易发生水土流失,人为活动不干扰,不发生水土流失的区域;②人为扰动后,产生的水土流失强度应当在轻度以上的区域;③水土流失防治费用小于水土流失危害造成的经济损失。

对照以上判定方法,通过对珠江三角洲的调查,珠江三角洲依然属于水土流失易发区域。其原因如下:

(1)从水土流失影响因子分析,珠江三角洲属于水土流失易发区域。

水土流失受五大因子影响,分别为地形(地貌)、土壤、植被、降雨、人为活动。

①地形(地貌):根据广东省水利水电科学研究院2000年对珠海水土流失调查成果,裸露平台的水土流失量仍然可以达到强度,说明即使是平坦的地区,强烈的扰动后依然可以产生大量的水土流失。调查还发现,高度超过4 m后的挖填边坡,雨季的水土流失均在强度以上,绝大部分项目的挖填活动很容易达到这个临界值,加之珠江三角洲属冲积平原,海拔低,淤泥软基分布范围广,生产建设项目常需深挖处理地基、高填提高防洪标准,这种局部微地貌的变化依然能够引起水土流失。

②土壤:珠江三角洲土壤以赤红壤、水稻土、潮沙泥土为主,赤红壤分布比例最多。据梁音、史学正等学者研究,其可蚀性在0.18~0.221,属中低可蚀性土壤,从土壤理化性能看,具有一定的可蚀性。

③植被:生产建设活动会对整个项目建设区进行扰动,现状植被被破坏,其固土保水能力也就随之消失,进而产生人为水土流失。

④降雨:降雨是土壤侵蚀的动力,广东平均降雨侵蚀力387.2 J/(m² · cm),在全国中仅次于海南,珠江三角洲年降雨量1 600~1 800 mm,年最大10 min降雨量在20 mm以上,最大1 h降雨量在50 mm以上,最高达106.8 mm(大坦沙),珠江三角洲的降雨侵蚀力从雨量和雨强分析高于广东平均值。有学者研究10 min降雨量超过6 mm,未经碾压的堆渣就会产生水土流失,而珠江三角洲降雨远远大于此值,因此从降雨因子角度分析,珠江三角洲是水土流失的极度易发区。

⑤人为活动:从近几年的生产建设活动类型看,珠江三角洲以城镇开发区、输电线路、公路建设、火力发电、燃气管网、堤围建设等工程居多,此类生产建设项目均会产生大规模的挖填活动,由于防治措施不到位而产生水土流失危害的事例并不鲜见。如深圳市1994年"6·26"洪水,携带大量泥沙淤埋布吉河,给当时的布吉镇造成直接经济损失6亿元,此后深圳市开始注重城市水土保持;广州市天河区在20世纪90年代中后期城镇建设时,由于水土保持措施不到位,沙河涌、猎德涌、棠下涌河床被抬高50~100 cm,严重影响到排洪安全,不得不多次进行整治。

(2)从生产建设项目水土保持监测结果看,珠江三角洲区域属于水土流失易发区域。

根据 1999 年广东省水利水电科学研究院、广东省科学院生态环境与土壤研究所在珠海开展的水土流失调查成果,珠海 69 个有植被的开发区平台土壤侵蚀模数在 520~6 240 $t/(km^2 \cdot a)$,平均土壤侵蚀强度达到 4 050 $t/(km^2 \cdot a)$;裸露的 31 个开发区平台,土壤侵蚀模数在 6 240~16 640 $t/(km^2 \cdot a)$,平均土壤侵蚀强度达到 7 680 $t/(km^2 \cdot a)$;而对 20 个取土场调查,取土场平均侵蚀模数则高达 47 350 $t/(km^2 \cdot a)$。根据近几年对珠江三角洲生产建设项目水土保持监测发现,施工期,多数项目裸露的建设区土壤侵蚀强度基本都在中度以上,如位于南沙小虎岛的广州热电厂,所处地势平坦,在工程建设过程中,经监测,裸露区域 2010 年的土壤侵蚀模数达到 8 800 $t/(km^2 \cdot a)$,2011 年的土壤侵蚀模数达到 4 300 $t/(km^2 \cdot a)$;深圳的长安标致雪铁龙合资项目占地面积 60.49 hm^2,据监测单位 2012 年 4 月至 2012 年 6 月期间监测,土壤侵蚀量 1 091 t,推算土壤侵蚀模数可达 7 000 $t/(km^2 \cdot a)$以上;北江大堤在 2005 年 7 月至 2007 年 7 月施工中,平均土壤侵蚀模数达到 8 613 $t/(km^2 \cdot a)$。以上数据说明,在珠江三角洲,生产建设项目如果不加强水土保持措施,在人为高强度扰动下可以产生非常严重的水土流失,属于水土流失易发区。

(3)珠江三角洲的人为水土流失十分严重,危害不容忽视。

20 世纪末,部分学者已关注到珠江三角洲的严重水土流失问题。如黄广宇、王继增、吴志峰等对广州、珠海的水土流失开展了大量调查研究工作,研究发现城市水土流失侵蚀类型复杂多样,侵蚀强度大,空间分布集中,难以治理。人为水土流失有逐步扩大趋势。以广州市为例,2006 年,全市范围内共有水土流失面积 323.93 km^2,其中自然侵蚀面积为 33.46 km^2,人为侵蚀面积为 290.47 km^2,水土流失面积较 1999 年增长了 30.4%,其中自然侵蚀面积减少了 78.7%,人为水土流失面积增长了 219.2%;从侵蚀面积比例看,广州市水土流失中人为侵蚀面积占 89.7%,人为水土流失面积中,开发区侵蚀面积 229.44 km^2,占整个水土流失面积的 70.8%,占人为水土流失面积的 79.0%,控制生产建设项目造成的水土流失是广州市水土保持生态环境建设的首要任务。另据广东省第三次遥感调查,珠江三角洲 2006 年的人为水土流失面积较 1999 年增长了 2.5 倍,人为水土流失面积是自然水土流失面积的 3.1 倍,人为水土流失面积显著上升。经对珠江三角洲的生产建设项目水土保持监测结果分析,除极少数的点式项目施工中的土壤侵蚀强度控制在微度以内,80% 的项目水土流失强度都在轻度以上,近 20% 的项目侵蚀强度在强烈以上,这些均是在采取有水土保持措施前提下监测的数据,无水土保持措施裸露条件下则更为强烈。

(4)从珠江三角洲近期发展战略规划看,珠江三角洲应加强水土保持工作。

2008 年国务院批准了《珠江三角洲地区改革发展规划纲要(2008—2020 年)》,广东省委、省政府先后出台了《省委省政府关于贯彻实施〈珠江三角洲地区改革发展规划纲要(2008—2020 年)〉的决定》(粤发〔2009〕10 号)和省政府《关于加快推进珠江三角洲区域经济一体化的指导意见》(粤府办〔2009〕38 号),有关部门先后编制了城乡建设一体化规划、产业布局一体化规划、基础设施建设一体化规划、环境保护一体化规划等,随着这些规划的实施,珠江三角洲将迎来新一轮建设高潮。依据城乡建设一体化规划,至 2020 年,珠江三角洲建设用地面积占土地总面积的 30% 以上,较 2008 年新增建设用地约 7 700 km^2。仅基础设施一项,拟建交通、能源、水利、信息化四类重大工程共 150 个项目,总投资

19 767 亿元。近 2 万亿元的投入是以政府为主导的建设项目,通过这些项目将带动整个社会资本的投入。因此,近期是珠江三角洲生产建设项目建设密度最集中的一个时期,也是扰动强度最大的一个时期,无疑应当加强生产建设项目水土保持工作,促进水土资源的合理利用,维护生产发展与生态保护的和谐共赢。

(5)珠江三角洲不同区域,水土流失敏感程度不同,水土保持工作侧重点也应不同。

根据调研和《珠江三角洲环境保护规划纲要(2004—2020 年)》(粤府〔2005〕16 号),珠江三角洲不同区域水土保持工作侧重点应有所不同。

①生态严格保护区。包括自然保护区的核心区、重点水源涵养区、海岸带、原生生态系统、生态公益林等重要和敏感生态功能区,面积约 5 058 km²,占珠江三角洲土地总面积的 12.1%。生态严格保护区是珠江三角洲的生态核心区域,对维护区域生态环境具有不可替代的作用,从水土保持角度来看也是水土流失极敏感区域。水土保持工作应以预防保护为主,严禁任何生产建设活动,确需建设交通、通信、电网等基础设施的,要符合保护区规划,并优化施工工艺,减少地表扰动和植被损坏范围,有效控制可能造成的水土流失。

②控制性保护利用区。包括重要生态功能控制区、生态保育区、生态缓冲区等,面积约为 17 483 km²,占珠江三角洲土地总面积的 41.9%。控制性保护利用区可以进行适度开发利用,但必须保证开发利用不会导致环境质量的下降和生态功能的损害。水土保持工作应当加强对生产建设项目的监督管理,提高水土流失防治标准,同时应采取积极措施促进区域生态功能的改善和提高。

③河网两侧区域。河道是水和土(泥沙)的通道,也是泥沙淤积的地方,在河道两侧的生产建设活动由于距河道近,水土流失产生的泥沙易进河道,因而河网两侧是水土流失高度敏感的区域。依据《广东省河道堤防管理条例》,河道两侧的堤防需有一定的保护范围,因此在一定范围内的生产建设活动应受到限制,避免不了的生产建设项目,应当加强水土保持工作,强化项目区内的拦挡、沉沙、排水措施,防止保护范围内发生冲刷、坍塌、淤积等水土流失危害,维护堤防安全和防洪抢险通道畅通。

④引导性开发建设区。该区是工业园区、城镇建设新区等人为活动较强的区域,扰动集中、强烈,可能产生较严重的水土流失,应严格水土保持监督管理,在前期规划中要求提出水土流失预防和治理的措施,具体设计中应制订完整的水土流失防治方案,施工过程中严格按水土保持方案落实水土流失防治措施。

根据以上调查,珠江流域片内最大的三角洲平原——珠江三角洲平原属于水土流失易发区域,区域水土流失防治工作对维护区域生态、生产、生活环境具有重要的现实意义,需强化水土保持管理。至此,整个珠江流域片本身又属于山区丘陵区,均应执行水土保持方案编制审批制度。

第 3 章　水土保持生态保护与治理规划

规划通常是指制订的比较全面的、长远的发展计划。水土保持规划分为综合规划和专项规划,水土保持综合规划包括国家级、省级、市级、县级、大中流域以及跨区域或跨流域的综合性中长期规划;水土保持专项规划包括专项工程规划、专项工作规划以及水土保持发展规划、专项实施规划。规划设计单位通常遇到的是区域(大中流域、跨区域或跨流域)、省级、市级、县级水土保持规划及专项工程规划。

3.1　区域水土保持规划

3.1.1　区域水土保持规划原理

区域水土保持规划指按流域或片区开展的水土保持规划。相对于按行政区编制水土保持规划的区别主要在于规划范围内的行政区范围不完整,通常跨若干省份或若干地市,且涉及省、市、县往往不涵盖其全部辖区。规划主线在于解决区域内的某一特定水土流失问题,如以珠江流域、东江流域、红河流域等大中流域开展的水土保持规划主要目的在于协调整个流域形成完整的水土流失防治体系;以西南岩溶石漠化区、南方红壤崩岗区、西南高山峡谷区等特定区域开展的水土保持规划,主要目的在于解决区域内石漠化、崩岗、贫困等某一特定水土流失类型产生的危害问题或涉及水土保持功能需要提高的社会、生态问题。按区域开展水土保持规划的出发点在于打破行政区各自为政的局面,协调区域内的各级政府按流域或区域水土保持规划拟定的工作主线开展水土保持工作。

3.1.2　区域水土保持规划的要点与方法

区域水土保持规划的要点与区域水土保持规划特点紧密相连。第一要确定开展区域水土保持规划的主体,即谁来发起区域性水土保持规划;第二要明白为什么开展区域水土保持规划,即开展区域水土保持规划的背景和目的;第三要弄明白区域水土保持规划要解决的特定水土流失问题或水土保持特定功能提升的工作目标;第四是提出分区布局及防治措施体系,即工作主线和任务。

要点一:明确区域水土保持规划的发起主体。区域水土保持规划通常由不同片区的共同上级政府或水行政主管部门发起。在一个大流域内的,通常由流域机构发起,如珠江流域(片)水土保持规划、南北盘江上游岩溶石漠化综合治理试点工程规划等由水利部珠江水利委员会发起;跨流域的,通常由水利部发起,如全国岩溶石漠化综合治理水利(水保)专项规划、全国崩岗防治规划等。知道了规划的发起主体后,要对发起主体的职能、定位、作用、管理方式、人员构成,都要有一个全面的了解。了解了规划的发起主体后,要与主管领导和经办人员充分沟通,充分了解主管领导和经办人员针对水土保持工作及其规划的具体想法和形势政策,并在规划过程中充分考虑和落实。

要点二:弄清开展区域水土保持规划的背景。开展水土保持规划工作并不是政府或相关部门常规性的、随机性的一项工作,通常是在特定阶段或遇到了特定问题而启动。如果各级政府制订的水土保持规划能解决流域问题或区域性问题的,则不必要制订区域性水土保持规划。

要点三:梳理区域水土保持存在的主要问题和短板。重点是分析水土流失产生的危害、治理水土流失存在的问题及短板。明确要解决的区域特定的水土流失问题。如西江流域重点是保障流域生态安全和水质安全的问题;东江流域重点是维护流域水源和水质;韩江流域重点是治理崩岗水土流失问题;红河流域重点是提升环境质量和解决乡村发展问题等。

要点四:确定规划报告的篇章结构。区域性的水土保持规划核心是确定目标、任务和不同水系、不同片区的战略布局。又可分为大纲类、详细规划类,其中大纲类的规划主要包括工作成效、存在问题、任务和目标、防治布局、主要措施、实施保障等,详细规划类通常包括流域概况、现状评价、规划任务与目标、总体布局、预防保护、综合治理、水土保持监测、综合监管、重点工程、保障措施等。

3.1.3　区域水土保持规划成果案例——珠江流域水土保持规划(2015—2030年)

1　流域概况

1.1　自然条件

1.1.1　河流水系

珠江是我国南方最大的河流,流经云南、贵州、广西、广东、湖南、江西6个省(自治区)和越南东北部,流域总面积45.37万 km^2,其中我国境内面积44.21万 km^2。地理位置在东经 $102°14'\sim115°53'$、北纬 $21°31'\sim26°49'$,是我国七大江河之一。珠江流域是一个复合流域,由西江、北江、东江及珠江三角洲诸河组成。

珠江流域主流为西江,发源于云南省曲靖市乌蒙山余脉的马雄山东麓,自西向东流经云南、贵州、广西、广东4省(自治区),至广东省佛山市三水区的思贤滘西滘口汇入珠江三角洲网河区,全长2 075 km,由南盘江、红水河、黔江、浔江及西江等河段组成,主要支流有北盘江、柳江、郁江、桂江及贺江等,流域集水面积35.31万 km^2,占珠江流域面积的77.8%;北江发源于江西省信丰县石碣大茅山,涉及湖南、江西、广东3省,至广东省佛山市三水区思贤滘北滘口汇入珠江三角洲网河区,全长468 km,主要支流有武水、连江、绥江等,流域集水面积4.70万 km^2,占珠江流域面积的10.3%;东江发源于江西省寻乌县的桠髻钵,由北向南流入广东,至东莞石龙汇入珠江三角洲网河区,全长520 km,主要支流有新丰江、西枝江等,流域集水面积2.70万 km^2,占珠江流域面积的6.0%。珠江三角洲地区水系集水面积2.68万 km^2,占珠江流域面积的5.9%,入注珠江三角洲的中小河流有流溪河、潭江、增江和深圳河等十多条,网河西江、北江、东江主干河长294 km。西江、北江、东江汇入珠江三角洲后,经虎门、蕉门、洪奇门、横门、磨刀门、鸡啼门、虎跳门和崖门八大口门入注南海。

1.1.2　气象水文

珠江流域属于湿热多雨的热带、亚热带气候。流域多年平均气温 14~22 ℃,多年平均降水量 1 200~2 000 mm,多年平均径流量(地表水资源量)3 381 亿 m³。

珠江流域降水量地区分布总趋势是由东向西递减,并受地形变化等因素影响形成众多的降雨高、低值区。降水年内分配不均匀,4—9 月降水量占全年降水量的 70%~85%。年径流模数从上游向中、下游递增;径流年内分配不均匀,每年 4—9 月为汛期,10 月至次年 3 月为枯水期,汛期径流量占全年的 76%~78%;枯水期径流量仅占 19.5%,最枯月平均流量常出现在每年的 12 月至次年 2 月,尤以 1 月最枯。

珠江流域暴雨强度大、次数多、历时长,暴雨主要出现在 4—9 月,一次流域性暴雨过程一般历时 7 d 左右,主要雨量集中在 3 d。

珠江泥沙含沙量较小,西江高要站、北江石角站、东江博罗站断面多年平均含沙量分别为 0.341 kg/m³、0.134 kg/m³、0.111 kg/m³。但由于珠江流域径流量大,多年平均输沙量高达 7 910 万 t,多年平均输沙量随年代变化显著,20 世纪八九十年代及 2000 年后统计的多年平均输沙量分别为 9 250 万 t、7 500 万 t、3 930 万 t,呈大幅度减小趋势。

1.1.3　地形地质

珠江流域北靠南岭,西部为云贵高原,中部和东部为丘陵盆地,东南部为三角洲冲积平原,地势西北高、东南低,最西部的云贵高原区地势最高,高程在 1 800~2 500 m,盆地主要分布在中下游沿河一带。南岭是流域内规模最大的山脉,构成长江、珠江两大水系东段的分水岭。流域内山地、丘陵面积占 94.4%,平原面积仅占 5.6%,珠江三角洲是长江以南沿海地区最大的平原,占流域内平原面积的 80%。

西江上游南盘江位于云贵高原和高原斜坡区,主要地层为古生界和中生界三叠系,碳酸盐岩占本区面积的 57.5%,岩溶发育,形成古溶原—峰丘和溶洼—丘峰。红水河和黔江位于高原斜坡和中低山丘陵盆地区,地层以石炭系、二叠系和三叠系出露最广,碳酸盐岩占该区面积的 61.1%。浔江、西江位于低山丘陵盆地区,广泛出露下古界碎屑岩,碳酸盐岩仅占 15.1%。中生界、新生界红层分布于山间盆地,燕山期花岗岩以岩基状产出。西江下游河床冲积层较厚达 30~40 m。

北江地处粤桂中低山丘陵区,干流河谷呈峡谷盆地相间地形,流域边缘和支流武水上游分布元古界和下古生界浅变质砂页岩和硅质岩,干流上游广布中生界、新生界红层,形成独特的丹霞地形,中游主要分布着古生界碎屑岩和碳酸盐岩。燕山期花岗岩成带状侵入。中下游河段第四系河床冲积层较厚,沉积相复杂。

东江位于中低山丘陵盆地区,上游寻乌水和中游上段出露古生界地层,多为变质或变浅岩系。中游分布中生界碎屑岩和火山岩,盆地区沉积中生界和新生界红层,碳酸盐岩所占比例极小。下游第四系冲积层较厚。

珠江三角洲边缘的山地丘陵以及散布的岛状残丘出露有下震旦系至下第三系的各类

沉积岩以及不同时期侵入的花岗岩。

1.1.4　土壤植被

珠江流域广泛分布着红壤、砖红壤、赤红壤、黄壤、石灰土等,一般按地带规律分布。红壤是潮湿热带和亚热带的土壤之一,分布于云贵高原海拔600~800 m以下的河谷、盆地,广西北部山地、岩溶洼地及砂页岩低山丘陵和广东北部山地,原生植被为亚热带的常绿阔叶林;砖红壤多分布于横县以上郁江流域;赤红壤是我国南部亚热带的代表性土壤,分布于流域以内的广西南部一带、柳江的柳城县、郁江的横县以下及广东的西部,原生植被为南亚热带季雨林;黄壤形成于湿润的亚热带气候条件,原生植被主要是亚热带常绿阔叶林、常绿落叶阔叶混交林和热带山地湿性常绿林,分布于云贵高原海拔600~800 m以上及广西西北部700~1 200 m以上山地;石灰土在珠江流域内凡有石灰岩出露的地方都有分布,但主要分布于云南、贵州的石灰岩地区,广西的桂林、柳州、南宁、百色、河池等地区的石灰岩区域以及广东的连州、英德等石灰岩山地。

南北盘江上游植被的主要类型为中亚热带的常绿栎类林和松林;南北盘江下游及红水河河谷丘陵地区以栓皮栎、白栎为主的落叶栎林,云南松林和栎林交错分布;西江中游广西盆地植被分南北两部分,分界线东起容县天堂山的南坡,往西经北流、玉林、横县、南宁,再过武鸣、右江盆地北缘而至百色西部边界,分界线以北属亚热带常绿阔叶林带,分界线以南属亚热带常绿季雨林亚带;珠江三角洲丘陵、平原地区原生植被有亚热带常绿阔叶林和亚热带季雨林,山地植被分中亚热带山地植被与南亚热带山地植被两种类型,在珠江河口地区分布有一些红树林。珠江流域森林覆盖率(含疏林)为41.0%(2010年)。

1.1.5　自然资源

珠江流域多年平均水资源总量为3 385亿 m^3,约占全国水资源总量的12%,在全国7大江河中仅次于长江。珠江流域地表水资源量为3 381亿 m^3,约占水资源总量的99.9%。珠江流域水力资源蕴藏量1万 kW及以上的河流共397条,理论蕴藏量3 224万kW;单站装机容量0.05万 kW及以上的技术可开发水电站共1 783座,总装机容量3 146万kW,年发电量1 361亿 kW·h;经济可开发水电站共1 563座,总装机容量3 019万kW,年发电量1 306亿 kW·h;目前已、正开发水电站共1 296座,总装机容量2 338万kW,年发电量993亿 kW·h。

流域内经探明的矿物资源有58种之多,其中矿石储量亿吨以上的有25种,主要矿产资源有煤、锰、铁、硫铁、钨、铝土、磷、锡等,以及金、铀、钛等珍贵矿藏。

流域内河道的水环境适合鱼类生长,水产资源丰富,有鱼类450多种。珠江三角洲网河区是我国主要的淡水鱼类产区之一。

1.1.6　自然灾害

洪涝灾害是珠江流域内发生频率高、危害较大的自然灾害,尤以中下游和三角洲地区为甚。在20世纪末到21世纪初的10年左右时间里,就发生了6次较大洪水,其中,"05·6"洪水广西、广东受灾人口达1 260万人,因灾死亡人口达131人,受灾耕地达984万亩。华南沿海是我国受热带气旋侵袭最为频繁的地区之一,热带气旋常引起珠江口的风暴潮灾害,主要表现为强大风力直接造成的风灾、台风暴雨形成的洪涝灾害以及因强风、低气压所导致的风暴潮灾害。

流域内旱灾最严重的区域主要有南、北盘江石灰岩地区、桂中地区、黔中地区及处于分水岭地带的蒙开、个旧地区等。新中国成立后,珠江流域旱灾较严重的年份有 1963 年、1977 年、1980 年、1986 年及 1988—1993 年连续 5 年干旱,2002—2007 年连续 6 年干旱,2009 年汛末以来西江、北江流域又发生了特殊枯水年,甚至在 1998 年、2005 年发生特大洪水后又发生严重的秋冬春连旱,对工农业生产和人民生活用水都产生了极大影响。据 1950—2005 年资料统计,全流域多年平均受旱面积 1 947 万亩,约占流域多年平均耕地面积的 16%。据广西对各种灾害造成的损失分析,旱灾造成的损失占各种灾害造成损失的 66% 以上。以旱灾的灾情与水灾相比,若以受灾范围、影响人口、出现频次、经济损失而论,旱灾比水灾多 1 倍以上。

1.2　社会经济

珠江流域涉及云南、贵州、广西、广东、湖南和江西 6 省(自治区)46 个地(州)市 256 个县及香港、澳门特别行政区。2010 年总人口 11 469 万人(未计港澳数据,下同),其中,广西、广东的人口约占 81.1%。珠江流域城镇化率达到 50.4%,其中广东省城镇化率最高,达 69.9%。流域平均人口密度为 259 人/km²,高于全国平均水平。珠江流域人口分布极不平衡,西部欠发达地区人口密度较小,东部经济发达地区人口密度大,珠江三角洲地区人口密度达 1 200 人/km²;西部红柳江地区人口密度最小,仅为 139 人/km²。

2010 年,珠江流域工业增加值达到 10 580 亿元,占全国同期工业增加值的 13.8%。流域内人均工业增加值 9 225 元,约为全国平均值的 1.6 倍。

珠江流域土地资源 66 310 万亩,其中耕地 792.37 万 hm²,耕地率 17.9%,高于全国平均水平,但流域人均拥有土地面积仅有 5.78 亩,约为全国人均拥有土地面积的 1/2;人均耕地面积 1.08 亩,仅为全国平均水平的 2/3。

珠江流域粮食作物以水稻为主,其次为玉米、小麦和薯类。经济作物以甘蔗、烤烟、黄麻、蚕桑为主。2005 年珠江流域总播种面积 14 078 万亩,其中粮食作物播种面积 8 546 万亩;粮食总产量 2 637 万 t,亩产 309 kg,人均粮食产量 230 kg。

1.3　水土流失现状与水土保持现状

1.3.1　水土流失分布

珠江流域包括四个地貌区,构成了西北高、东南低的地势,流域西部为云贵高原,西部至中部为黔桂高原斜坡区,中部为桂粤中低山丘陵盆地区,东南部为珠江三角洲平原区。据 2011 年全国水利普查,珠江流域水土流失面积 96 366.96 km²,占总土地面积的 21.8%,多年平均土壤流失量 2.2 亿 t,为水力侵蚀区域。其中,轻度侵蚀面积 43 295.63 km²,占土壤侵蚀面积的 44.9%;中度侵蚀面积 28 480.42 km²,占土壤侵蚀面积的 29.6%;强烈侵蚀面积 13 736.63 km²,占土壤侵蚀面积的 15.2%;极强烈侵蚀面积 7 902.40 km²,占土壤侵蚀面积的 8.2%;剧烈侵蚀面积 2 951.88 km²,占土壤侵蚀面积的 3.1%。水土流失现状见表 3-1。

表 3-1 珠江流域水土流失现状

省（区）	流域面积/km²	总流失面积/km²	流失面积比例/%	水力侵蚀/km²				
				轻度	中度	强烈	极强烈	剧烈
云南	58 611	20 686.12	35.3	8 070.29	6 799.16	3 168.33	1 838.28	810.06
贵州	60 420	18 265.52	30.2	9 346.08	5 113.62	2 074.45	978.39	752.98
广西	202 119	43 552.06	21.5	19 791.14	12 165.58	6 271.16	4 157.08	1 167.10
广东	112 129	12 560.19	11.2	5 319.37	4 022.51	2 098.81	904.93	214.57
湖南	5 117	645.34	12.6	419.22	162.40	39.79	17.48	6.45
江西	3 670	657.73	17.9	349.53	217.15	84.09	6.24	0.72
总计	442 066	96 366.96	21.8	43 295.63	28 480.42	13 736.63	7 902.40	2 951.88

珠江流域水土流失潜在危险程度高，尤以占流域土地面积 31.8% 的碳酸盐岩区为甚。水土流失潜在危险程度面积 86 845 km²，占流域面积的 19.6%，其中毁坏型占潜在危险程度面积的 26.0%。

就母岩而言，碳酸盐岩区流失面积最大，其中珠江上游岩溶区有水土流失面积 58 465 km²，占珠江流域水土流失面积的 60.7%，其次为碎屑岩区，再次为花岗岩区。

流失面积最大的碳酸盐岩区，土浅薄，侵蚀后果严重，侵蚀地很快成为光板地，光山裸岩逐年增多，石漠化程度高，珠江流域中上游共有石漠化面积 3.99 万 km²。因此，搞好碳酸盐岩的水土保持工作，十分紧迫。花岗岩区流失主要分布在广东、广西的东部及东南部和江西等地。花岗岩风化壳深厚，流失面积虽小，但崩岗侵蚀发育，侵蚀强度大，危害也大。珠江流域共有崩岗约 5.32 万个，危害重，治理难，是南方花岗岩地区土壤侵蚀的一大特点，其中广西分布崩岗约 1.47 万个，广东分布崩岗约 3.58 万个，江西分布崩岗约 0.26 万个，见表 3-2。

表 3-2 珠江流域崩岗分布情况表

省（区）	崩岗数量/个	崩岗面积/hm²
广西	14 725（占 27.7%）	10 002.77（占 24.0%）
广东	35 846（占 67.4%）	29 429.37（占 70.7%）
江西	2 640（占 4.9%）	2 199.8（占 5.3%）
合计	53 211	41 632.94

流域内顺坡垦殖严重，坡耕地主要集中于云南、贵州两省和广西西、北部。流域坡耕地面积 433.76 万 hm²，占流域土地面积的 9.81%。坡耕地水土流失面积占流域水土流失面积的 69.1%。

珠江流域的泥沙主要来源于西江，来沙量占全流域的 88.3%，而西江泥沙的 46.1% 又来源于南北盘江。珠江流域各主要河流输沙模数最大的是北盘江，达到 1 400 t/(km²·a)；最小的是东江和郁江，低于 100 t/(km²·a)。流域主要河流泥沙年内分布极不均匀,汛期4—9月占全年的86.9%以上,主汛期6—8月占全年的69.1%以上。流域各主要河流控制站径流量和输沙量的变化大体上呈正相关,水库对泥沙的拦蓄作用明显。

1.3.2　水土流失成因

影响水土流失的因素是多方面的,概括起来有自然因素和人为因素。

1.3.2.1　自然因素

(1)降水量较多,强度较大,水土流失源动力较强。

气候因素对水土流失的影响主要体现在降水上。珠江流域水土流失为水蚀类型,降水是珠江流域水土流失的主要动力。

珠江流域地处亚热带,南临南海,属海洋性气候;降水丰沛,多年平均降水量在1 200~2 200 mm,雨量集中,强度大,流域局部地区一次连续最大降水量可达404~791 mm,24 h最大暴雨量为404~641 mm。实测最大24 h点暴雨851 mm(广东台山镇海)。为水土流失提供充足的侵蚀动力。

从空间分布来看,流域东部雨多,西部雨少;迎风坡雨多,背风坡雨少。从降水时空分布来看,汛期(4—9月)降水量占全年降水量的80%以上,7—9月两广还常受台风暴雨袭击。因此,本流域降水的时空分布有利于水土流失的发生和发展。

(2)母岩和土壤易于流失。

流域内母岩以碳酸岩、碎屑岩、花岗岩分布最广。碳酸岩难风化,易溶蚀,土层薄,侵蚀潜在危险程度高。碎屑岩风化的土壤物理性黏粒较多,抗蚀性较好,但常因母岩风化速度不一致,分解不良,残留较多砾石,水土流失后沙砾化严重。花岗岩风化的土壤,风化壳深厚,砂粒多,黏粒少,有机质分解快,抗蚀性差,常形成严重的崩岗侵蚀。

根据不同母岩的水土流失分布情况,花岗岩和紫红色砂页岩流失比例最大,流失强度高,说明花岗岩和紫红色砂页岩最易侵蚀。

(3)地形起伏变化大,坡度较陡,易于流失。

地形是水土流失发生发展的基础。地形中的坡度、坡长、坡向、坡形对水土流失都有影响。坡度越陡,坡长越长,水流速度就越快,对地表的冲刷就越厉害,水土流失就越严重。坡度对坡耕地水土流失的影响尤为明显,是决定坡耕地侵蚀强弱的主要因素。流域内地貌变化较大,从高山到平原均有分布,过渡地带山高坡陡,垂直差异大,利于水土流失的发展。

(4)原始植被破坏严重。

珠江流域植被从总体上来看,覆盖率比较高,森林(含疏林)覆盖率38.7%,但原始森林分布少,现状森林多为天然残次林和人工林,林分结构差,且分布极不均匀。在林区,森林覆盖率一般可达50%~60%,在岩溶地区和水土流失严重地区,森林覆盖率很低,岩溶地区裸岩遍地。流域内流失严重的黔西南州,2005年林业资源调查时,森林覆盖率不足20%。流失最严重的六枝县,森林覆盖率仅为10%。

1.3.2.2　人为因素

(1)人口增加过猛。珠江流域1959年人口为4 315万人,2005年为11 469万人(未计香港九龙、澳门),46年间人口净增7 154万人,而耕地从7 971万亩增加至12 136万亩,增加4 165万亩。人均耕地由1959年的1.85亩减至2005年的1.06亩。人口的急剧发展加重了土地资源的承载能力,耕地总面积增加,而人均耕地面积减少,引起了粮食和燃料的短缺,由此导致了植被和生态的破坏。

(2)历史政策失误,造成大面积森林破坏。珠江流域在新中国成立后出现三次大的毁林,1958 年的"共产风"、1968 年的"并队风"以及 1978 年的"分队风"均破坏了大面积的森林植被。火灾频繁也造成森林植被损毁严重,如贵州省黔西南州山林火灾频繁,1967—1986 年因山林火灾而毁林 283 万亩,占同期造林 510 万亩的 55.5%。又如广西区的 40 片水源林,在 20 世纪 90 年代前没有健全的保护机构和管理制度,林区不仅存在着严重的乱砍滥伐和垦种开荒,也存在着严重的火灾。田林县解放以来到 2005 年,共发生山火 1 756 起,森林被烧 250 万亩,比同期人工造林面积还大。

(3)落后的生产方式和旧习俗。2000 年前,珠江流域上游交通不方便,经济不发达,并且受到自然条件和社会经济条件的限制,偏远山区群众有赶山吃饭的习惯,存在刀耕火种、广种薄收和轮歇种植的落后生产方式,导致大面积的荒山荒坡以至林地被轮流垦殖为耕地,直接消耗了森林资源,烧死了大量幼树,又破坏了地表,加剧了水土流失,使土地日趋瘠薄。

(4)开矿、采石、修路等基本建设忽视水土保持。

珠江流域矿产丰富,分布面广,国家、集体、个人都在开采。但对水土保持重视不够,很少或根本没有采取水土保持措施,急功近利,不思后果,尤以集体、个人的小矿山为甚。废土废石任意堆放,甚至弃入水库和河道,露天开采,任意翻挖,破坏了原始地貌,造成坑坑洼洼,沟壑纵横,草木难生;有的采用水冲水洗方式,泥水顺坡横流,淤积河库,淹没农田,造成了严重的水土流失。流域上游煤炭资源丰富,乱开滥挖现象更为普遍。煤窑发展需要坑木,往往"就地取材",砍伐森林,每采万吨煤需坑木 150～200 m³,造成凡有煤窑的地区基本上都是光山秃岭。

(5)不合理的经济林垦复方式加重水土流失。

珠江流域地处亚热带,经济林面积大,品种繁多,其中油桐、油茶、八角等经济林,生长发育要求土壤疏松,肥力较高,才能结籽多,所以一般都要翻耕培土,但在垦复中缺乏相应的水土保持措施,大搞顺坡全垦,引起严重的水土流失。

1.3.3　水土流失危害

(1)破坏土壤,降低肥力。

由于水土流失,土层减薄,土体结构破坏。碳酸盐岩地区,薄薄的土层一经流失,很快就形成难以再恢复土壤资源的裸岩。流域已有 21 797 km² 碳酸盐岩裸岩面积,占碳酸盐岩面积的 15.5%。贵州喀斯特地貌广泛发育,大部分地区土壤不连续,土层浅薄,一般为 10～30 cm,水土流失的潜在危险性大,表土层一经流失,很难恢复,导致土地"石漠化",丧失宝贵的土地资源。

水土流失也导致土壤养分流失,土壤肥力降低。1957—1960 年中国科学院华南热带生物资源综合考察队的土壤调查资料表明,广西当时中等肥力以上的土壤面积占 67.2%,低等肥力的土壤面积占 32.8%。1985 年的调查资料表明,中等肥力的土壤面积已下降到 60.0%,低等肥力和有各种障碍因素的土壤面积上升到 40.0%。而在 1980—1994 年间,土壤养分下降了 10%,其中有效钾下降了 14%。

（2）沙压耕地，毁坏良田。

山上流失的土壤，其出路一是就近堆积，二是向下游输送。就近堆积将造成沙压耕地，毁坏良田。特别是东部的崩岗侵蚀，流失量大，砂粒粗，堆积多，输送少，由崩岗而毁坏的农田数不胜数，人称"田老虎"。据统计，广东省肇庆市受水土流失严重危害的农田有32 万亩，其中被泥沙覆盖尚未复耕的农田 4 万亩。

（3）淤积库渠，影响灌溉。

由于水土流失而冲蚀下来的泥沙，被山塘、水库拦截而淤积，缩短水利设施寿命，降低效益，影响灌溉。岩滩水库在 1993 年建成后至 2005 年这 13 年时间里，淤积量达到33 631 万 t，年淤积量 2 587 万 t；而大化水库建成至 1992 年岩滩水库建成前的 9 年时间里，淤积量为 3 528 万 t，平均每年淤积 392 万 t；郁江西津水库从 1967 年至 2005 年这 39年时间里，河段淤积量 4 602 万 t，平均每年淤积 118 万 t；而从西江高要站下泄的泥沙每年达 6 796 万 t。广东省韶关市每年受淤积渠道长 6 330 km，影响灌溉面积 35 万亩。

（4）抬高河床，影响航运。

泥沙在输移过程中，一部分在河床中淤积，抬高河床而影响航运和防洪排涝。据广东省航道局资料，广东省解放前内河通航里程有 2 万多 km，水土流失等原因导致河床抬高，20 世纪 50 年代初全省通航里程减为 15 923 km，1979 年又减至 11 146 km，2000 年后通航河道仅 5 500 km。广西壮族自治区 1956—1964 年普查，全区共有可通航河流 214 条，总通航里程 9 514 km，可通达 4 个直辖市 49 个县域，但由于航道淤积，到 1979 年普查时，通航河流仅有 90 条，通航里程仅有 5 678 km，2005 年通航里程不到 4 000 km。

严重的河床淤高，不仅影响航运，而且还影响防洪排涝。云南省宣威市的文兴河、龙场河等河床均高于周围农田，增加防洪难度，两岸农田的积水也无法自排。

（5）恶化生态环境，水旱灾害频繁。

严重的水土流失区森林植被减少，水土流失加剧，光山秃岭增多，地表温度升高，蒸发增大，致使小气候干热，虫害严重，生态恶化。如广东粤北山区的南雄县，出现了蒸发量大于降水量的趋势，土壤干枯，耗水量相应增大，相对加重水利设施的负担，而水利设施又因泥沙的淤积，水源的减少，效益受到影响。水土流失严重地区，生态环境恶化，抗灾能力低，灾害频繁。广东省韶关市连旱 30 d 以上的中等秋旱年份在中部地区约 2 年一遇，南部为 4 年一遇，而流失严重的南雄县，75% 的年份属中等秋旱，45.8% 的年份为严重秋旱。广西壮族自治区凤山县，几乎每年都出现较严重的春旱和秋旱，农业生产多年来停滞不前。

1.3.4　水土保持现状

1.3.4.1　水土保持工作开展情况

珠江流域的水土保持工作，经历了"三起三落"的曲折道路。20 世纪 80 年代前的 30年，水土保持工作间断开展，且局部分散单一治理，形不成较大规模。进入 20 世纪 80 年代，国家和地方对水土保持工作越来越重视，由局部小规模治理发展到大规模集中治理。由国家投资进行治理，发展到国家、地方投资进行连片重点治理，使珠江流域的水土保持工作进入了一个全面发展的新阶段。广西自 1982 年开始配合珠江水利委员会在苍梧县的隆兴河小流域和岑溪县的新塘河小流域进行以小流域为单元的连续、综合治理试点。

云南省自1992年开始,在罗平县、曲靖市(现沾益区、麒麟区)启动云南省首期"珠治"重点工程,至1996年结束,治理水土流失面积252.44 km²。1998年,中央又在流域内的从江、隆林、宣威等60个县(市)启动了中央财政专项资金水土保持重点工程建设项目,累计治理水土流失面积3 000 km²。自2003年始,水利部实施了珠江上游南北盘江石灰岩地区水土保持综合治理试点工程(简称珠治试点工程),项目涉及贵州、云南、广西三省(区)的17个县(市),至2005年试点结束,共治理了136条小流域,完成水土流失治理面积1 418 km²,完成投资16 358万元。前"珠治"试点工程已转为珠江上游南北盘江石灰岩地区水土保持综合治理工程,治理范围扩展至28个县(市)。

截至2010年,珠江流域经过近五十年的治理,共完成水土流失初步治理面积6.09万km²,其中:兴建基本农田191.49万hm²,营造水土保持林199.44万hm²,发展经果林80.65万hm²,人工种草9.44万hm²,封禁治理127.84万hm²,其他措施0.20万hm²。同时,修建小型蓄水保土工程49.84万座(处),坡面水系工程5 717 km。

在水土保持预防监督方面也取得了长足的成效。自1991年《水土保持法》颁布以来,各省(区)坚持"预防为主"的工作方针,积极推进依法行政,强化预防监督,建立健全监督管理机构,规范行政执法行为,广泛开展宣传教育,制定出台有关规范性文件,认真落实水土保持工程与主体工程同时设计、同时施工、同时投产使用的"三同时"制度,依法征收水土流失防治费和水土保持设施补偿费,严格查处违法案件。流域内有水土保持专、兼职监督管理人员2 600人,审批水土保持方案1.6万个,查处违法案件2 100个。各省(区)先后出台了省级《实施〈中华人民共和国水土保持法〉办法》,发布了水土流失重点防治区公告,制定了省级《水土保持生态环境监督管理规范化建设实施方案》,水土保持预防监督工作基本迈入规范化轨道。

流域内水土保持监测也从无到有,各地抓住水利部2000年启动的水土保持监测网络工程实施的机遇,流域机构、各省、水土流失重点地(市)先后成立了水土保持监测机构,流域内共有水土保持监测服务机构44个,其中各地(市)水土保持监测站18个。水土保持监测工作的开展,为各级政府掌握辖区内的水土流失动态及分布,及时依法、有效开展水土流失防治提供了技术依据。

1.3.4.2 水土流失治理成效

(1)有效控制了水土流失,保护了水土资源。

近年来在流域内开展了一系列水土保持综合治理项目,在治理的小流域内形成了立体的水土保持综合防治体系,使水土流失得到控制,水土资源得到合理利用,蓄水、保土能力增强。据2010年中国水土保持公报,珠江流域多年平均侵蚀量为2.2亿t,至2010年为0.69亿t。

(2)改善了农业生产条件,促进了农业稳产高产。

水土保持综合治理工程以治理保护和开发利用水土资源为前提,以保护农田、改造坡耕地、建设高标准的基本农田为重点,注重增产增收,实施综合性开发治理。同时,兴建了大批水利水保配套工程,改善了农业生产的基础条件,为农业的持续发展打下了坚实的基础。坡耕地改造为梯田后,大大提高了蓄水保土抵御自然灾害的能力,也为科学种田创造了有利条件。据对比观测,坡地建成梯田后,平均每亩年增产粮食可达75~100 kg。

（3）促进了区域经济发展，为山区扶贫攻坚创造了条件。

项目区的水土保持始终坚持实行山、水、田、林、路统一规划，综合治理，综合开发，已成为当地发展经济的重要途径。在小流域综合治理开发中，各地根据自己的实际情况，发挥当地资源优势，因地制宜地发展了大批品质优良、适销对路的经济林果，建成了一批商品生产基地，形成了当地新兴的支柱产业和经济增长点，为山区扶贫攻坚创造了条件。广西壮族自治区西林县 2003 年开始在龙英、渭洣、普驮、八阳及渭芒 5 条小流域开展"珠治"试点工程，至 2006 年 8 月，完成水土流失综合治理面积 6 887 km²，通过强化基本农田建设、建设生态经济型防护林、开展溪沟整治等措施，使项目区人均基本农田由 1.01 亩提高到了 1.50 亩，种植结构由过去单纯种植一季玉米转向了四季轮种水稻、西瓜、蔬菜等粮食与经济作物，仅龙英小流域形成了 3 795 亩的板栗基地和 7 005 亩的松脂生产基地，对提高项目区群众的经济收入，调整产业结构奠定了坚实的基础。项目区林草覆盖率由治理前的 26% 提高到 76%，农民人均纯收入由 893 元提高到了 1 292 元。

（4）改善生态环境，减轻洪涝灾害，保护人民生命财产安全。

流域内生态环境恶化，起因在水土流失严重，表现在洪涝灾害频繁。多年来，治理区以小流域为单元，以水为主线，从上游到下游、从坡面到沟道，采取工程措施、林草措施、耕作措施对小流域进行综合治理，控制水土流失，改善生态环境，提高坡面水源涵养能力，减少地表径流，减轻洪涝灾害，同时将造成威胁的洪水，部分资源化，转化为可供利用的水资源，解除或降低该地的干旱威胁，解决人畜饮水困难和农田用水问题。

（5）促进了水土资源的合理利用，提高了环境容量。

进行综合治理开发的小流域，按照总体规划的要求，把提高环境容量作为治理的主要目标之一，从改善农业生态环境，改良农业生产条件，提高土地的生产力入手，大力建设基本农田，推广先进的农业生产技术，使治理小流域的经济收入和粮食产量大幅度提高，逐步改善了群众的生活水平，提高了环境容量。按温饱水平人均粮食 400 kg 计算，经过综合治理开发的小流域不仅达到粮食自给有余，而且每平方千米可增加 10~30 人的容量。

（6）促进社会进步和两个文明建设。

经过综合治理的水土流失区，呈现出山清水秀、林茂粮丰的景象，治理区植物种类增多，野生动物栖息繁衍。随着治理区环境质量的提高，一批昔日穷山恶水、贫困落后的穷山村，如今变成了经济繁荣、环境优美、富裕文明、安居乐业的社会主义新农村。过去"住草房、喝苦水、点油灯"的贫困户如今也住上了砖瓦房，喝上了洁净的自来水，通了电，道路四通八达。生存环境的改善、生活质量的提高，带动了村风村貌的变化，学文化、学技术蔚然成风，一代懂技术、善经营、会管理的新型农民脱颖而出。广大农民生活水平和文化素质的提高，劳动就业机会的增多，为农村两个文明建设和新风尚的形成奠定了基础，治理区涌现出了不少文明村、文明户。

1.3.4.3　水土流失防治经验

（1）坚持预防为主，强化监督、保护。

珠江流域的水土流失，主要原因在于人口增加迅速，人类活动的破坏。经过多年水土保持工作总结，要搞好区域水土保持工作，必须坚持预防为主，防治结合的方针，建立预防、监督、保护体系。珠江流域水热资源较为丰富，生态易于修复，要将流域划分为不同的功能区域,分类管理,减少人为活动对生态的破坏,促进区域生态自身的良性循环。

(2)以小流域为单元,政府统筹,综合治理。

水土流失的防治需要社会各界的参与。通过政府协调,尽量把农业综合开发、农村小水利、退耕还林、农村能源建设、基本农田建设等与生态建设有关的项目有效地整合起来,按照"各司其职,各负其责,各投其资,各记其功"的原则,对每条小流域进行统一规划,同时实施,集中连片规模治理,使水土流失得到有效控制。

(3)因地制宜,突出水土资源的保护和高效利用。

通过财政预算内水保重点工程、"珠治"试点工程和"珠治"工程等的实施和总结,基本形成了以治理坡耕地为重点、促进林草植被建设,以径流调控为核心,注重坡面水系工程建设,提高水资源利用效率的治理思路,以解决珠江流域内人口密度大,基本农田少,坡耕地是流域水土流失主要策源地的水土流失问题。

(4)治理与开发相结合,促进区域经济发展。

以治理保护和开发利用水土资源为基础,实施开发性治理,把治理水土流失与改善生态环境、改善农业生产条件结合起来,与促进农业增产、农民增收、农村经济发展和群众生活水平提高结合起来。大力发展经济林果,培育名、特、优、新产品,开展规模经营。

1.3.4.4　存在的主要问题

(1)水土保持投入不足,治理进度缓慢。

目前,全流域仍有9.64万km²水土流失面积需要治理,流域内有石漠化面积3.99万km²,崩岗5.32万个,坡耕地214.1万hm²,都是水土流失重要的策源区,流域水土流失治理的任务相当繁重。流域重点工程区各级财政大都没有固定的水土保持专项资金投资渠道,水土保持专项资金较少,与水土流失防治任务极不匹配。

(2)监督管理机构不健全,水土保持科学研究和技术推广滞后。

有些地方水土保持监督管理机构的编制、经费、人员尚未落实,没有专人负责水土保持工作,从业人员业务能力和执法水平不高,缺少设备配置,严重制约和影响了水土保持工作的正常开展。目前,水土保持科学研究工作跟不上水土流失防治的实际需要,并且缺乏水土保持技术推广体系,水土保持监测网络还尚未建立。近二十年来,流域内在水土流失规律、水土保持措施、水土保持监测、小流域综合治理等方面开展了广泛研究,已取得了初步成果。但是由于科学研究与技术示范推广投资渠道不畅,投入经费不足,科学技术实际应用研究工作开展较少。

(3)坡耕地面积大,退耕还林还草和坡改梯实施难度大。

全流域现有坡耕地面积214.1万hm²,占全流域耕地面积的27.0%,其中≥25°的坡耕地面积92.28万hm²,占耕地面积的11.6%,坡耕地所占比重较大。在水土流失严重的地区,往往是陡坡耕地比重较大,土地贫瘠,广种薄收,改良改造所需投入较大,无资金来源。

(4)水土保持宣传、执法力度不够。

目前,全民的水土保持意识和法制观念仍需加强,对防治水土流失、改善生态环境还缺乏应有的责任感和紧迫感,在处理开发建设与保护水土资源的关系上,往往是重项目建设,轻生态保护,边治理边破坏的现象仍然普遍存在,人为水土流失未能得到有效遏制。

（5）管理水平、管理能力建设尚需进一步提高。

近年来，为适应我国农村税费改革的新形势，在水土保持重点治理项目中试行了项目公示制和群众投工承诺制，提高了公众参与程度，保障了重点防治工程的用工需求。部分地方试行了项目法人制、招标投标制和工程监理制，完善了建后管护制度，但管理水平仍需进一步提高。流域内无水土保持专职人员、无专项经费、无独立办公场所的市县仍较多。

2　现状评价与需求分析

2.1　现状评价

2.1.1　土地利用现状评价

珠江流域土地总面积 4 420.66 万 hm²，人均土地资源 0.414 hm²，土地资源分布不均。珠江流域有耕地面积 792.37 万 hm²，耕地占土地总面积的 17.9%，人均耕地 1.08 亩，农业人均耕地 1.65 亩，低于全国平均水平。其中坡耕地 214.1 万 hm²，有效灌溉面积 315.01 万 hm²。流域上游岩溶区耕地面积较多，但耕地质量差，是坡耕地主要分布区域。流域中下游红壤区耕地质量较好，人口密度较大，人均耕地少。

流域内林地面积 2 535.07 万 hm²，占土地总面积的 57.3%，有林地占林地面积的 72%，灌木林及其他林地占林地面积的 28%，森林覆盖率 41%。森林面积主要集中在黔东南及南岭山地区域，滇黔高原及珠江三角洲森林面积分布较小。流域上游岩溶区木材蓄积量较差。园地面积 175.79 万 hm²，占土地总面积的 3.98%，近些年增长较快，较 1990 年增长 240%。流域内有裸地 234.1 hm²，其中石漠化面积较多，复耕及可利用性差，田坎 75.06 hm²，可适度发展埂坎作物。

流域城镇及工矿交通用地 219 万 hm²，较 1990 年增长 80%。

流域土地资源利用地区差异显著。流域上游地区坡耕地多，林地少，人口密度分布相对较小，人均耕地 2.13 亩，人均林地 4.05 亩，数量优于中下游，但耕地、林地质量较差。流域中下游耕地资源相对较多，但人口密度大，人均耕地少，耕地质量总体较好，但近年来大规模的城镇建设，优质耕地减少较多，虽有耕地占补平衡政策，但补充耕地质量较差，随着城镇化率的不断提高，主要劳动力外出务工，偏远地区耕地荒芜现象普遍。

2.1.2　水土流失现状评价

珠江流域水土流失面积总体处于上升趋势，主要原因是随着经济社会的发展，生产建设活动增多，同期也开展了大量的水土保持生态建设工作，成效明显。2009 年出台了《岩溶地区水土流失综合治理规范》（SL 461—2009）确定了岩溶地区土壤侵蚀强度及强度分级，广西在第一次水利普查中修订了水土流失面积，2010 年较 2000 年突增水土流失面积约 34 860 km²，导致整个流域水土流失面积增长较快，见表 3-3。

表 3-3　珠江流域不同年份水土流失面积统计　　　　　　　　　　单位：km²

年份	云南	贵州	广西	广东	湖南	江西	合计
1990	23 706.55	18 516.45	9 351.89	4 961.88	275.06	261.08	57 072.91
2000	23 251.62	21 815.79	8 692.49	7 257.01	1 161.59	551.64	62 730.14
2010	20 686.12	18 265.52	43 552.06	12 560.19	645.34	657.73	96 366.96

2.1.3　水土保持现状评价

新中国成立以来,珠江流域累计初步治理水土流失面积 6.09 万 km^2,大规模治理活动主要集中在 20 世纪 90 年代中后期,特别是推出退耕还林政策后,陡坡耕种活动减少,大量坡耕地改造为水保林地或经果林地,生态环境得到较大改善。据统计,1990 年全流域治理水土流失面积 1.75 万 km^2,至 2004 年,累计治理水土流失面积 4.98 万 km^2,至2010 年,增长至 6.09 万 km^2。流域内基本建立了水土保持监测网络和水土保持监督管理体系,有效控制了水土流失,保护了水土资源,改善了农业生产条件,促进了农业稳产高产,促进了区域经济发展,为山区扶贫攻坚创造了条件;改善了生态环境,减轻洪涝灾害,保护人民生命财产安全,促进了水土资源的合理利用;提高了环境容量,促进社会进步和两个文明建设。但全流域仍面临水土流失治理各地进展不一,重视程度不一;地表径流调控能力不强,工程性缺水仍较严重;林果业发展,农药大量使用,偏远乡村改圈、改厕不到位,面源污染不容忽视。流域重点工程区各级财政大都没有固定的水土保持专项资金投资渠道,水土保持专项资金较少,与水土流失防治任务极不匹配,水土保持投入总体不足,治理进度缓慢;水土保持多头管理,协调复杂;监督管理能力需加强,重审批、轻监督现象存在。

2.1.4　区域功能定位评价

依据国家主体功能区规划,珠江三角洲地区属于国家的优化开发区域;南宁地区(北部湾地区)、黔中、滇中属于国家重点开发区域;南岭山地生物多样保护功能区、桂黔滇喀斯特石漠化防治生态功能区属于国家限制开发区域;流域内共有 29 个国家级自然保护区、3 处世界文化遗产、18 处国家级风景名胜区、57 处国家级森林公园、17 处国家地质公园,总面积 2.45 万 km^2,占流域面积的 5.8%,属于国家禁开发区域。

在全国生态功能区划中,珠江流域共涉及水源涵养功能区 7 处,土壤保持功能区 2处,生物多样性保护功能区 5 处,农产品提供功能区 4 处,林产品提供功能区 1 处,大都市群人居保障功能区 1 处,重点城镇群人居保障功能 2 处。其中,全国重要生态功能区 5 处(南岭山地水源涵养重要区、珠江源水源涵养重要区、西南喀斯特地区土壤保持重要区、东南沿海红树林生物多样性保护重要区、桂西南石灰岩地区生物多样性保护重要区)。

2.2　需求分析

2.2.1　改善农业生产条件和推动农村发展

以改善农业基础条件为切入点,在发展农业生产、促进粮食增产的基础上,增加农民收入,推动农村社会经济持续发展,是水土保持工作的根本任务之一。

水土保持对于农村生产生活条件的改善,具体表现在:①抢救土地资源。对坡耕地、崩岗、石漠化等水土流失严重地区,水土保持有效减少了水土流失,保护土壤耕作层,控制崩岗沟道发展,避免土地退化和破碎化。②改善耕地资源。水土保持通过实施坡改梯、配套小型蓄排引水设施和耕作道路,可增加耕地数量、提高耕地质量、改善耕作条件。③改善生活条件。开展水土流失综合治理,"山水田林路"统一规划,植树种草,建设清洁小流域,有利于改善农村生活环境和人畜饮水条件。

结合流域实情,流域中上游的坡耕地与流域中下游的崩岗是水土流失治理的核心内容,也是水土保持改善农村生产生活条件的重点对象。

2.2.1.1　坡耕地

据统计,流域现有 792.37 万 hm² 耕地中坡耕地共 214.08 hm²,坡耕地在流域各省均有分布,其中西南岩溶区分布最多,占全流域的 80%。坡耕地水土流失严重,危害大,耕作土层普遍较薄,一旦流失,生产、生态基础就会遭到破坏,造成土地沙化、退化。坡耕地生产经营方式粗放,广种薄收,生产力低,粮食产量低而不稳,难以发展高产高效农业。坡耕地既是山丘区群众赖以生存的基本生产用地,也是山丘区水土流失的重点区域,亟待整治。

2.2.1.2　崩岗

崩岗是指山坡土体或岩石体风化壳在重力和水力作用下分解、崩塌和堆积的侵蚀现象,崩岗是南方红壤区普遍存在的水土流失现象。崩岗主要分布在珠江流域中下游红壤丘陵区,多发育于花岗岩、砂砾岩、砂页岩、泥质页岩出露区,以花岗岩风化残积物地区最为典型。根据《南方崩岗防治规划(2008—2020 年)》,60 m² 及以上面积的崩岗共涉及江西、广东、广西等 3 省(自治区)的 42 个县(市、区),崩岗总数量约 5.32 万个,总面积约416.33 km²,直接危害和影响的面积达到 6 245 km²。就各省分布情况而言,广东占崩岗总数量的 67.4%、崩岗总面积的 70.7%,是崩岗问题最为突出的地区。崩岗具有突发性、侵蚀强度大的特点,蚕食、淤积和埋压耕地,毁坏农业配套设施,加剧水旱自然灾害,恶化当地人居环境,威胁当地人民生命财产安全,严重制约了当地经济社会的可持续发展。

结合流域经济社会发展需求和水土资源条件分析,可得以下几点:

(1)从改善农村生产生活条件角度,水土保持工作的重点是开展坡耕地和崩岗治理。鉴于流域坡耕地和崩岗面广量大,水土保持应在全面实施小流域综合治理的基础上,选择重点区域进行必要的集中专项整治。

(2)涉及岩溶石漠化的西南岩溶区、南方红壤区是水土保持发挥土壤保持功能、对耕作土壤资源进行抢救性保护的重点区域,崩岗治理是南方红壤区水土保持的特色内容。

(3)作为蓄水保水功能主要分布区域,西南岩溶区水资源相对丰富,但岩溶发育、地高水低、基础设施薄弱、径流调节能力差,坡面径流极易流失或入渗,需在保持水土的同时,加强地表径流和岩溶泉水利用,建设小型蓄引水设施。

除改善农村生活条件外,水土保持还可提高土地生产力,增加农产品产量,通过栽植经果林、开发高效植物资源可培育特色产业,发展生态旅游,改善农村产业结构。另外,水土保持与农业生产紧密结合,工程建设期间需要大量使用当地农村劳力,通过劳务报酬可直接拉动农民增收。因此,水土保持是发展农村经济、促进农民增收的重要手段之一,对于老少边穷地区更为突出。由于历史、社会、地理等原因,老少边穷地区特别是其中的农村地区在全国仍处于发展相对落后的位置。流域共有革命老区县 128 个,国定贫困县 71 个,少数民族(自治)县 111 个。老少边穷地区既是脱贫致富的难点又是防治水土流失的重点。老少边穷地区仍然是我国解决三农问题最为艰难的区域,迫切需要水土保持发挥自身优势,以滇桂黔石漠化区为核心,扩大国家水土保持重点建设工程实施范围,以小流域为单元,加强坡耕地和侵蚀沟道治理,建设基本农田,解决群众基本口粮问题,巩固提高退耕还林成果;改善农村生产生活条件,增强抵御自然灾害的能力;加强自然修复和封育保护,提高林草植被盖度;加大转移支付力度,发挥项目带动作用,培育壮大一批特色优势产业,扩大农民增收渠道。

2.2.2　增加林草植被与构建生态安全屏障

水土流失是流域重大的生态与环境问题。以保护和建设林草植被为核心,促进生态系统良性循环和维护生态安全,是水土保持工作必须考虑的重要任务之一。水土保持增加林草植被覆盖度,提升生态系统稳定性,增强水源涵养和防风固沙能力,对构建流域生态安全屏障,建设绿色珠江具有积极作用和重要意义。

(1)增加植被盖度,改良土壤,增强水源涵养功能。

水土保持一方面控制水土流失,减缓土壤与水分流失趋势,为水土资源再生循环创造稳定的环境条件;另一方面,通过增加地表植被盖度,促进土壤的团粒结构形成,为提高土壤再生能力、改善土壤质量创造了基础条件。同时,土壤结构改善和植被覆盖度的增加又提高了土壤水分入渗,增强了水源涵养功能,对于区域水分微循环中降水的时空分布的均匀性有一定的改善作用,促使区域洪水期河川径流量显著减少,枯水期径流量明显增加,水分循环向良性转化。

(2)创造生态改善条件,减轻风沙灾害,维护生态系统的良性循环。

水土保持通过坡改梯及配套水系工程建设,修建小型拦蓄引水设施等措施,促进传统粗放的农业生产方式向高效集约化经营方式转变,提高了农业综合生产能力,进而为大面积退耕还林还草、恢复植被、改善生态创造了条件。同时,通过封山育林育草、轮封轮牧和人工造林种草,保护和改善了大面积的草原草地、森林生态系统。随着林草措施效益的持续发挥,生物多样性得到不断提高,区域生态系统日趋稳定并实现良性循环。

(3)综合防治,优化水土资源配置,促进生态恢复和改善。

流域气候、地貌条件跨度较大,流域中上游土壤资源相对丰富而水资源相对匮乏,流域中下游虽土壤资源匮乏但水资源相对充沛。水土保持以小流域为单元,因地制宜,因害设防,建立水土流失综合防治体系。经过治理,上游地区除有效控制水土流失外,还将降水资源最大限度地拦截,有效补充当地的生态用水;下游地区通过控制水土流失,使良好的光、热、水资源与宝贵的土壤资源实现了优化配置,促进区域生态的恢复和改善。

随着流域人口总量持续增长,城镇化、工业化水平不断提高,资源环境承载压力日益增大。因此,进一步加强水土流失防治,充分发挥水土保持对生态改善和生态安全维护的作用刻不容缓。

(4)增强生态系统稳定性,构建生态安全屏障。

水土保持对于构建流域生态安全有着重要作用,特别是对于保护与建设生态脆弱的西南岩溶地区的石质山地森林具有特殊重要的地位。水土保持改善生态和维护生态安全的作用集中体现在水源涵养、生态维护等功能。

依据全国生态功能区划,流域内存在赣南—闽南丘陵、大庾岭—骑田岭、九连山、黔东南山地丘陵、都庞岭—萌渚岭、桂东北丘陵山地、桂中北喀斯特常绿阔叶林水源涵养功能区7个;黔南山地盆谷、滇东北—黔北中山常绿阔叶林土壤保持区2个;桂东粤西丘陵山地、桂中喀斯特、桂西北山地、乌蒙山、文山岩溶山原山地、滇东南中山峡谷常绿阔叶林、针叶林、热带雨林等生物多样性保护功能区 6 个;粤西北丘陵平原、广西中部丘陵平原农产品提供功能区 2 个;广东北部丘陵林产品提供功能区 1 个;珠三角大都市群、北部湾城镇群、滇中城镇群人居保障功能区 3 个。

经分析各区的基本情况,水源涵养功能主要分布在植被覆盖率高且水蚀率低的南方红壤区。发挥水源涵养的功能重要区域主要涉及南岭山地,对上述重点区域应严格保护具有水源涵养功能的自然植被,建设水土保持和水源涵养林,禁止过度放牧、无序采矿、毁林开荒,推进退耕还林还草和围栏封育,治理水土流失,维护或重建森林、草原、湿地等生态系统。

生态维护功能区域,水土保持具有良好的经济、社会和生态效益,对生态改善和生态安全维护具有重要意义。近些年来,我国实施了天然林资源保护、退耕还林、退牧还草、水土保持、石漠化综合治理等一系列生态保护与建设工程,加强了自然保护区的保护力度,工程建设区呈现生态改善的良好势头,但流域生态环境尚未良性循环,应坚持"预防为主,生态优先"的水土保持理念,加大以水源涵养、生态维护为主导基础功能区域的林草植被保护与建设力度,对局部水土流失区域实施综合治理,是十分必要和迫切的。

2.2.3　促进江河治理与减轻山洪灾害

水土流失是江河湖库输沙和山洪灾害的重要根源。对于江河流域集水区范围内的山区丘陵区,全面实施小流域综合治理、增加植被覆盖和建设拦沙减沙体系,能够有效增强涵养水源功能,起到一定程度的调节径流、削减洪峰、减轻江河湖库泥沙淤积作用。水土保持是包括蓄滞洪工程建设、河道整治在内的流域防洪措施体系的重要组成内容,是江河治理和防洪减灾的治本之策。

以小流域为单元的综合治理,通过采取坝、塘、库、窖、池等拦蓄措施,梯田、水平沟、水平阶、鱼鳞坑和沟垄种植等坡面治理措施,种植水土保持林和水源涵养林、种草等植物措施,形成了层层设防、节节拦蓄的防护体系,有效改变下垫面条件,直接或间接地起到了拦蓄地表径流、削减洪峰流量、增加枯水径流、调节径流过程的作用,有效地减少下游河道、湖、库淤积,提高了防洪能力。

构筑防洪水库、堤防、河道疏浚、蓄滞洪区组成的综合防洪体系可削减洪峰、蓄纳超额洪水、降低江河洪水位,保障行洪安全。同时,实践也证明江河水患的问题在下游,根子在上中游的水土流失,虽然量大面广,治理难度大,短期内难以见效,但确是治本措施。因此,在基本建成防洪抗旱减灾体系的情况下,进一步加大水土保持的工作力度,对于完善防洪减灾体系,保障中小河流、山洪灾害易发区人民生命财产安全,维护重要基础设施安全是十分必要和迫切的。

2.2.4　保障城市饮用水安全与改善人居环境

水土流失不仅向江河湖库输送大量的泥沙,而且径流与泥沙作为载体将大量面源污染物送入水体,是造成水体富营养化,尤其影响城市饮用水集中供水地。同时,城市周边及城郊的水土流失引发的面源污染及山洪灾害等对人居环境产生很大的负面影响。在城市饮用水水源地及城郊实施以清洁小流域综合治理为主的水土保持,针对山洪泥石流易发沟道实施综合整治,并配合城市规划开展必要的生态河流整治,是保障城市饮用水安全及改善其人居环境的重要措施之一。

饮用水资源是人类生存的基本条件。我国重要饮用水水源地绝大多数位于山丘区,由于毁林、毁草开荒等不合理的开发利用,以及生产建设活动影响,水土流失严重,导致土地生产力下降,农田对化学肥料、农药的依赖性越来越强。水土流失作为载体在向江河湖库输送大量泥沙的同时,也输送了大量施用后的化肥、农药和生活垃圾,严重影响饮水安全。防治水土流失和清洁小流域建设,实施生态治理模式,不仅增强了土壤和植被对降水的拦截、入渗、含蓄能力,调节径流,延缓地表产流过程,抑制洪水发生频率和强度,减少了江河湖库的泥沙淤积,增加了蓄水量,节约了冲沙水量,提高了水资源利用率,增强了供水能力;同时调节了地表径流与地下径流的转换,发挥土壤的缓冲和净化作用,净化水质,在减少农药、化肥等有害污染物质的使用量的基础上,也减少了污染物的流失,提高了水的质量。

流域饮用水水源地水土保持重点工作区域主要分布于东江、北江、融江上游,以及饮用水水库。主要工作是以保护水质为核心,减少水土流失,控制入湖库泥沙和面源污染。通过植物、工程、管理等综合措施,采取工程拦蓄,植物、土壤分解,净化设施处理,进行充分降解、吸收、转化,把化肥、农药和生活垃圾对下游的危害降低到最低限度,充分发挥水土保持水质维护功能,保障饮水安全。

党的十八大报告提出建设生态文明,对于水土保持在改善人居环境方面提出更高的内在要求,随着国土空间规划的实施和城乡统筹一体化进程加速,城市及城市群人口密集、开发强度高、资源环境负荷过重,满足居民生活的空间需求面临挑战。水土保持除改善农村生活环境外,人居环境是摆在我们面前的重要问题。水土保持通过清洁小流域建设、局部山洪泥石流灾害沟道治理和城市人为水土流失治理可以有效改善城市人居环境和城市安全环境。

综合分析南方红壤区城市分布及主要水土保持问题,发挥人居环境改善功能的重要区域主要涉及南方红壤区的珠江三角洲、北部湾地区等城市密集地区。对这些重要区域应加强远山边山预防保护,城郊结合水源地保护,建设清洁小流域,结合城市河流整治、河湖连通等工程,强化边坡绿化,建设滨河滨湖植被保护带,加强生产建设项目的监管,建设宜居环境。

总之,党的十八大提出建设生态文明,需要坚持可持续发展战略,在调整产业结构、转变经济发展方式的同时,结合饮用水源地保护与建设,城市及城郊总体规划,加大绿色生态、清洁小流域和山区山洪泥石流灾害防治建设力度,着力推进绿色发展、循环发展、低碳发展,为人民群众创造良好的生产生活环境。

2.2.5　社会经济发展与水土保持需求

党的十八大提出全面建设小康社会,今后一段时间将加快推进社会主义现代化建设,同时,我国面临一系列发展过程的社会经济问题,主要有人口增长趋缓,老龄人口比例渐增,年轻劳动力比例呈下降趋势,依靠国家补助和农民投劳的水土保持方式将会改变;农业人口锐减,农村劳动力成本渐趋增加,农民对水土保持投入越来越困难;城乡统筹加速,经济增长呈多极化,流域中上游地区资源丰富、发展空间大的优势将突显,经济增长加快,由此带来的水土流失问题值得关注;资源开发强度不减,资源供需矛盾突出,随着经济社会的快速发展,水、土地、能源和矿产资源的大规模开发利用以及城市化进程的加快都对资源的可持续利用提出了严峻挑战,资源环境对经济发展的约束增强,资源供需矛盾突出,资源开发的水土流失仍然会是水土保持监管的重点;基础设施日趋完善,基建规模依然较大,能源、交通、通信、水利、环保等基础设施尚处于继续发展完善的阶段,今后一段时期基本建设项目仍将维持相当规模,公路、铁路、水利水电工程建设的水土流失依然突出;人民生活不断改善,生态意识日益增强,建设美丽中国、提高环境质量成为广大人民群众的共同心愿,全社会的生态意识日益增强,人民对水土保持生态建设有更高期盼。

(1)生态文明建设为水土保持明确了发展方向。党的十八大报告进一步发展了生态文明建设的内涵,明确提出了包括生态文明在内的"五位一体"中国特色社会主义建设总体布局,要求"必须树立尊重自然、顺应自然、保护自然的生态文明理念,把生态文明建设放在突出地位,融入经济建设、政治建设、文化建设、社会建设各方面和全过程,努力建设美丽中国,实现中华民族永续发展",并将荒漠化、石漠化、水土流失综合治理作为建设生态文明的重要内容,为水土保持明确了发展方向和要求。因此,水土保持必须天人合一,是人与自然和谐相处生态文明的核心理念,尊重自然,充分发挥生态自然修复作用,生态与经济并重,促进农业发展和农民增收,改善生态,维护资源与社会经济的可持续发展。

(2)新农村建设和城乡统筹发展为水土保持提供了广阔空间。党的十六届五中全会做出了建设社会主义新农村的重大决定,提出了"生产发展、生活宽裕、乡风文明、村容整洁、管理民主"的新农村建设内容;十八大报告明确提出"推动城乡发展一体化",指出"解决好农业农村农民问题是全党工作的重中之重,城乡发展一体化是解决'三农'问题的根本途径",要求"加大统筹城乡发展力度,增强农村发展活力,逐步缩小城乡差距,促进城乡共同繁荣"。城乡发展一体化的根本要求是缩小城乡差距、城乡协调发展,重点是解决农村发展问题。前述分析和历史实践均表明,水土保持是山区经济发展的生命线,在新农村建设和城乡统筹发展中有着不可替代的作用。水土保持可以通过水土资源的有效治理与保护,提高农业综合生产能力,夯实农业生产发展基础,保障山丘区粮食安全;可以通过水土资源的合理开发利用,提高土地生产力,促进农村经济发展、农民增收;可以结合小流域综合治理,改善农村地区的村容村貌,改善人居环境;可以通过治理水土流失,控制面源污染,为农村饮水安全提供保障。因此,建设社会主义新农村和城乡发展一体化的重大战略部署也为水土保持提供了广阔的发展空间。

(3)综合国力增强为水土保持提供了强大基础。改革开放以来,我国国民经济持续快速健康增长,综合国力显著增强,国家可支配财力大幅度增加,为水土保持工作提供了雄厚的物质基础,使得过去无法实施的具有战略性、全局性和持续性的水土保持区域规划或专项规划有条件实施,规模化的水土资源综合整治得以开展,水土保持重点项目投入稳步提高。另外,在我国经济总量增加的同时,经济结构不断优化,第一产业比重降低,土地压力减轻,在水土流失综合治理中调整和优化土地利用结构更易开展。不断增强的综合国力为水土保持的发展提供了强大基础和根本保障。

但流域水土保持依然任重道远,后续治理难度加大,经济社会发展对水土保持需求则日益增长,除传统的综合治理外,清洁小流域建设、面源污染控制、高效植物利用新任务不断涌现;南方红壤区水土流失依然严重,西南岩溶区的土地资源保护抢救任务迫切;同时,基础设施建设、工业化、城镇化和资源开发导致土地资源占压、地表植被的扰动破坏和人为水土流失不容忽视,水土保持依然任重道远。

经济社会发展也对水土保持工作提出了新要求。"信息化"发展是十八大报告提出的重要要求,流域水土流失监控体系尚不完备、水土保持监督管理和人为水土流失监控手段传统、水土保持生态建设信息数据采纳方式落后等,信息化技术的应用对水土保持的支撑力度不够,提升水土保持信息化水平,为水土保持行业管理和社会公众服务还有很大上升空间。

劳动力成本增加、水土保持面临促进农民增收的边际效应减小、水土保持建设和管理难度进一步加大、水土保持投入机制和建设体制亟待完善等挑战。

3 规划目标、任务和规模

3.1 规划目标

根据已批复的珠江流域综合规划,至设计水平年,水土流失、石漠化得到有效治理,生态环境得到改善,加强上中游水土保持生态建设和小流域综合治理,加快石漠化、崩岗治理及坡耕地综合改造,构建流域水土保持综合防治体系。

近期(2020年)水土流失治理程度达到40%,水土流失区土壤侵蚀强度降低到2 500 t/(km²·a)以下,林草植被覆盖率达到58%以上;远期(2030年)水土流失治理程度达到70%,水土流失区土壤侵蚀强度降低到1 500 t/(km²·a)以下,林草植被覆盖率达到62%。

3.2 规划任务

主要任务是防治水土流失和改善生态与人居环境,促进水土资源合理利用和改善农业生产基础条件以及发展农业生产,减轻水、旱灾害,保障经济社会可持续发展;涵养水源,控制面源污染,维护饮水安全,防治滑坡、崩塌、泥石流,减轻山地灾害。

在流域内建立完善的流域水土保持综合治理与监管体系,实现流域水土流失动态监测,提高监测能力与水平,提升流域机构执法与监控能力和科学研究能力。通过各级政府的努力,将整个珠江流域建设成为生态良好、生活富裕、群众安居乐业,实现人与自然和谐相处的绿色珠江、幸福珠江。

3.3 规划规模

依据珠江流域综合规划,至2030年,综合治理水土流失面积4.5万 km²,坡耕地综合整治面积100万 hm²,治理崩岗4万个。

4 总体布局

4.1 区域布局

依照全国水土保持区划,珠江流域共涉及2个一级区3个二级区8个三级区。区划体系如下:

其中一级区为总体格局区,明确区域战略布置与防治方略;二级区为区域协调区,明确区域总体布局与防治途径;三级区为基本功能区,明确区域水土保持主导基础功能与水土流失防治措施。珠江流域水土保持区划情况见表3-4。

表 3-4　珠江流域水土保持区划情况表

一级区代码及名称	二级区代码及名称	三级区代码及名称	行政范围		面积/km²
			省(自治区)	县(市、区)	
V 南方红壤区(南方山地丘陵区)	V-6 南岭山地丘陵区	V-6-1ht 南岭山地水源涵养保土区	湖南省	郴州市北湖区、苏仙区、宜章县、桂阳县、临武县、汝城县、城步苗族自治县、通道县、江永县、江华瑶族自治县	57 619
			广东省	韶关市武江区、浈江区、曲江区、始兴县、仁化县、翁源县、乳源瑶族自治县、乐昌市、南雄市、阳山县、连山壮族瑶族自治县、连南瑶族自治县、英德市、连州市	
			广西壮族自治区	桂林市秀峰区、叠彩区、象山区、七星区、雁山区、阳朔县、临桂县、永福县、灵川县、龙胜各族自治县、恭城瑶族自治县、兴安县、资源县、灌阳县、荔浦县、平乐县、金秀瑶族自治县、富川瑶族自治县	
			江西省	大余县、崇义县	
		V-6-2th 岭南山地丘陵保土水源涵养区	江西省	安远县、龙南县、定南县、信丰县、寻乌县	89 951
			广东省	博罗县、龙门县、兴宁市、陆河县、揭西县、河源市源城区、紫金县、龙川县、连平县、和平县、东源县、新丰县、清远市清城区、佛冈县、清新县、广宁县、怀集县、封开县、德庆县、肇庆市端州区、肇庆市鼎湖区、四会市、广州市从化区、阳春市、信宜市、郁南县、罗定市、云浮市云城区、云安区、新兴县、	
			广西壮族自治区	贺州市八步区、昭平县、钟山县、平桂管理区、梧州市万秀区、蝶山区、长洲区、苍梧县、藤县、蒙山县、岑溪市、桂平市、平南县、容县、兴业县、北流市	
		V-6-3t 桂中低山丘陵土壤保持区	广西壮族自治区	贵港市港南区、港北区、覃塘区、合山市、武宣县、来宾市兴宾区、象州县、横县、武鸣县、上林县、宾阳县、柳州市城中区、鱼峰区、柳南区、柳北区、柳江县、柳城县、鹿寨县	31 598

续表 3-4

一级区代码及名称	二级区代码及名称	三级区代码及名称	行政范围		面积/km²
			省(自治区)	县(市、区)	
V 南方红壤区(南方山地丘陵区)	V-7 华南沿海丘陵台地区	V-7-1r 华南沿海丘陵台地人居环境维护区	广东省	惠州市惠城区、惠阳区、惠东县、广州市荔湾区、越秀区、海珠区、天河区、白云区、黄埔区、番禺区、花都区、南沙区、萝岗区、增城区、深圳市罗湖区、福田区、南山区、宝安区、龙岗区、盐田区、佛山市禅城区、南海区、顺德区、三水区、高明区、江门市蓬江区、江海区、新会区、台山市、开平市、鹤山市、恩平市、珠海市香洲区、金湾区、斗门区、高要市、吴川市、东莞市、中山市	39 528
			广西壮族自治区	南宁市青秀区、良庆区、兴宁区、江南区、西乡塘区、邕宁区、上思县、灵山县、浦北县、陆川县、博白县	
VII 西南岩溶区(云贵高原区)	VII-1 滇黔桂山地丘陵区	VII-1-1t 黔中山地土壤保持区	贵州省	贵阳市花溪区、安顺市西秀区、普定县、镇宁布依族苗族自治县、紫云苗族布依族自治县、贵定县、长顺县、龙里县、惠水县、都匀市	10 971
		VII-1-2tx 滇黔川高原山地保土蓄水区	云南省	宜良县、石林彝族自治县、曲靖市麒麟区、沾益区、马龙县、陆良县、师宗县、罗平县、富源县、宣威市、玉溪市红塔区、江川县、华宁县、通海县、澄江县、峨山彝族自治县、个旧市、开远市、蒙自市、建水县、石屏县、弥勒市、泸西县,会泽县*,昆明市呈贡区*、晋宁县*、嵩明县*	59 117
			贵州省	六盘水市钟山区、六枝特区、水城县、盘县、关岭布依族苗族自治县、兴仁县、晴隆县、贞丰县、普安县、威宁彝族回族苗族自治县	

续表 3-4

一级区代码及名称	二级区代码及名称	三级区代码及名称	行政范围		面积/km²
			省(自治区)	县(市、区)	
Ⅶ 西南岩溶区(云贵高原区)	Ⅶ-1 滇黔桂山地丘陵区	Ⅶ-1-3h 黔桂山地水源涵养区	贵州省	三都水族自治县、荔波县、独山县、剑河县、黎平县、榕江县、从江县、雷山县、丹寨县	26 246
			广西壮族自治区	融安县、融水苗族自治县、三江侗族自治县	
		Ⅶ-1-4xt 滇黔桂峰丛洼地蓄水保土区	广西壮族自治区	德保县、靖西市、那坡县、凌云县、乐业县、田林县、西林县、隆林各族自治县、百色市右江区、田阳县、田东县、平果县、南丹县、天峨县、凤山县、东兰县、巴马瑶族自治县、河池市金城江区、罗城仫佬族自治县、环江毛南族自治县、都安瑶族自治县、大化瑶族自治县、宜州市、隆安县、马山县、忻城县、大新县、天等县、龙州县、凭祥市、宁明县、崇左市江州区、扶绥县	127 155
			贵州省	兴义市、望谟县、册亨县、安龙县、罗甸县、平塘县	
			云南省	文山市、砚山县、广南县、富宁县、丘北县	

注:会泽县本属滇北中低山蓄水拦沙区(Ⅶ-2-2xj 区),呈贡区、晋宁县、嵩明县本属滇东高原保土人居环境维护区(Ⅶ-2-4tr 区),这 4 县珠江流域总面积 286 km²,珠江流域占比很小,纳入滇黔川高原山地保土蓄水区(Ⅶ-1-2tx 区)统计。

本流域措施布局在一级区总体格局分类指导下,按三级区进行水土保持措施布局,分区建立水土流失防治体系。一级区分为西南岩溶区和南方红壤区,与土壤侵蚀类型分区的西南土石山区与南方红壤丘陵区基本一致,以广西崇左市、百色市、河池市所辖各县(市、区),以及处于过渡带南缘的南宁市的隆安县、马山县,来宾市的忻城县,柳州市的融水县、融安县、三江县为界,上述区域(含)以西确定为西南岩溶区(西南土石山区),以石漠化、坡耕地综合治理为主导;以东属于南方红壤区(南方山地丘陵区),以崩岗治理、小流域综合整治为主导。

4.1.1 西南岩溶区

西南岩溶区即西南土石山区,本区位于流域中上游,地处云贵高原及其向东南沿海过度的斜坡地带。包括云贵高原、桂西山地丘陵,涉及云南、贵州、广西 3 省共 103 个县(市、区)。土地总面积 22.35 万 km²,有水土流失面积 6.19 万 km²。

该区地质构造运动强烈,河流水系深切,多为高原峡谷,岩溶地貌发育,石漠化严重。主要河流涉及南盘江、北盘江、红水河、左江、右江等,属亚热带、热带湿润气候,年降水量在 900~1 900 mm,土壤类型主要有黄壤、石灰土、红壤,植被类型有亚热带、热带常绿阔叶林、针叶林,针阔混交林为主,林草覆盖率 57.8%。区内耕地总面积 446.05 万 hm²,其中坡耕地面积 180.09 万 hm²。水土流失为水力侵蚀,局部地区有滑坡、泥石流现象。

本区经济社会发展相对落后,是少数民族聚集区和流域重要生态屏障区,有色金属及煤炭基地,水电资源蕴藏丰富。本区岩溶面积大,坡耕地多,水土流失、土地石漠化面积大且危害严重,工程性缺水严重,农村能源匮乏,贫困人口多,水电、矿产开发加剧了水土流失。区内的南盘江、北盘江流域是珠江流域泥沙的主要来源地。

本区根本任务是保护耕地资源,提高土地承载力,优化配置农业产业结构,保障生产生活用水安全,加快群众脱贫致富,促进经济社会持续发展。重点是加强山地丘陵区坡耕地综合整治,实施坡面水系工程和表层泉水引蓄灌工程,保护现有森林植被,实施退耕还林还草和自然修复,加强水电及矿产资源开发的水土保持监督管理。

本区共划分黔中山地土壤保持区(Ⅶ-1-1t)、滇黔川高原山地保土蓄水区(Ⅶ-1-2tx)、黔桂山地水源涵养区(Ⅶ-1-3h)、滇黔桂峰丛洼地蓄水保土区(Ⅶ-1-4xt)4个分区。各分区基本情况、主导基础功能、防治途径与技术体系、典型小流域治理等内容参阅《中国水土保持区划》。

4.1.2　南方红壤区

南方红壤区即南方山地丘陵区,本区位于流域中下游,主要包括北江、东江、西江中下游、珠江三角洲等区域。地处我国第三级地势阶梯,山地、丘陵、平原交错分布。包括广西、广东、湖南、江西 4 省(区)160 个县(市、区),土地总面积 21.86 万 km²,水土流失面积 3.45 万 km²。属亚热带、热带季风气候区,年降雨量在 1 400~2 000 mm,土壤类型以红壤为主,主要植被类型有常绿针叶林、阔叶林、针阔混交林以及热带季雨林,林草覆盖率为 62.8%。区内耕地总面积 318.65 万 hm²,其中坡耕地面积 33.99 万 hm²,是国家重要的粮食、水产品、经济作物、水果、速生丰产林生产基地。珠江三角洲是我国优化开发区;人口密度大,人均耕地少,农业开发强度大,山丘区经济林和速生丰产林分布面积大,林下水土流失严重,局部地区崩岗侵蚀严重,水网地区河道淤积,水体富营养化严重。

本区的根本任务是维护河湖生态安全,改善城镇人居环境和农村生产生活条件,促进区域社会经济协调发展。重点是崩岗和侵蚀劣地治理,河湖库沿岸及周边的植被带和清洁小流域建设,加强山丘区坡面水系工程建设,控制林下水土流失,发展特色农业产业,加强河流上中游水源地预防保护,减轻水旱灾害,做好城市及经济开发区、工矿建设区水土保持监督管理工作。

本区共划分南岭山地水源涵养保土区(Ⅴ-6-1ht)、岭南山地丘陵保土水源涵养区(Ⅴ-6-2th)、桂中低山丘陵土壤保持区(Ⅴ-6-3t)、华南沿海丘陵台地人居环境维护区(Ⅴ-7-1r)4个分区。

各分区基本情况、主导基础功能、防治途径与技术体系、典型小流域治理等内容参阅

《中国水土保持区划》。

4.2　重点布局

根据全国水土流失重点预防区和重点治理区复核划分成果,珠江流域共分布有国家级水土流失重点预防区1个,即东江上中游国家级水土流失重点预防区,覆盖国家级水土流失重点预防县(市、区)12个;分布有国家级水土流失重点治理区2个,即滇黔桂岩溶石漠化国家级水土流失重点治理区、粤闽赣红壤国家级水土流失重点治理区,覆盖国家级重点治理县(市、区)57个。在国家级水土流失重点预防区和重点治理区,由中央予以水土保持重点项目倾斜,实行地方各级人民政府水土保持目标责任制和考核奖惩制度。

珠江流域国家级水土流失重点预防区、重点治理区分布见表3-5、表3-6。

表3-5　珠江流域国家级水土流失重点预防区分布表

区名称	范围		县(市、区)个数	土地总面积/（km²）	重点预防面积/km²
	省	县(市、区)			
东江上中游国家级水土流失重点预防区	广东	博罗县、紫金县、惠东县、河源市源城区、东源县、龙门县、新丰县、和平县、连平县	12	24 196	6 475
	江西	寻乌县、定南县、安远县			

表3-6　珠江流域国家级水土流失重点治理区分布表

区名称	范围		县(市、区)个数	土地总面积/（km²）	重点治理面积/km²
	省	县(市、区)			
滇黔桂岩溶石漠化国家级水土流失重点治理区	广西	乐业县、西林县、隆林各族自治县、天峨县、南丹县、都安瑶族自治县、大化瑶族自治县、凌云县、凤山县、东兰县、巴马瑶族自治县、田林县、河池市金城江区	54	130 439	34 566
	贵州	册亨县、望谟县、安龙县、兴义市、盘县、贞丰县、紫云苗族布依族自治县、兴仁县、关岭布依族苗族自治县、普安县、晴隆县、镇宁布依族苗族自治县、六盘水市钟山区、六盘水市六枝特区、贵定县、惠水县、长顺县、龙里县、贵阳市花溪区、威宁彝族回族苗族自治县、水城县、平塘县、罗甸县			
	云南	开远市、弥勒县、泸西县、个旧市、建水县、华宁县、石林彝族自治县、澄江县、陆良县、宜良县、曲靖市麒麟区、沾益县、富源县、宣威市、广南县、富宁县、砚山县、丘北县			
粤闽赣红壤国家级水土流失重点治理区	江西	信丰县	3	2 529	424
	广东	龙川县、兴宁市			

5　预防规划

5.1　范围与对象

5.1.1　预防范围

主要预防范围包括西江、北江、东江源头,国家重要的饮用水水源保护区;南岭山地、黔桂山地等以水源涵养为水土保持主导基础功能的区域;水土流失严重、生态脆弱的地区;山区、丘陵区及其以外的容易发生水土流失的其他区域(简称水土流失易发区);其他重要的生态功能区、生态敏感区域等需要预防的区域。

5.1.1.1　重要江河源区

重要江河源区包括江西东江源水源涵养重要区、南岭山地水源涵养重要区、珠江源水源涵养重要区。

5.1.1.2　重要饮用水水源地

重要饮用水水源地指供水达到一定规模的影响较大的水源地,以《关于公布全国重要饮用水水源地名录的通知》(水资源函〔2011〕109号)公布的湖库型饮用水水源地为主,重点是具有水源涵养、水质维护、防灾减灾、生态维护等水土保持功能的区域。

5.1.1.3　水土流失易发区

水土流失易发区是指全国水土保持区划三级区确定的山区、丘陵区、风沙区以外且海拔200 m以下、相对高差小于50 m的区域,在此基础上,其具体范围由省、市、县级水土保持规划结合实际情况,根据下列条件划定:

(1)三级区划涉及防风固沙、水质维护或人居环境维护功能的重要区域;

(2)涉及国家级水土流失重点预防区;

(3)土质疏松,沙粒含量较高,人为扰动后易产生风蚀的区域;

(4)年均降水量大于500 mm,一定范围内地形起伏度10~50 m的区域;

(5)河流两侧一定范围,具有岸线保护功能的区域;

(6)各级政府主体功能区规划确定的重要生态功能区;

(7)湿地保护区、风景名胜区、自然保护区等;

(8)具有一定规模的矿产资源集中开发区和经济开发区。

5.1.2　预防对象

预防对象是指在预防范围内需采取措施保护的林草植被、地面覆盖物、人工水土保持设施,主要包括天然林、郁闭度高的人工林以及覆盖度高的草场、草地;受人为破坏后难以恢复和治理地带以及水土流失严重、生态脆弱地区的植被和结皮、地衣等地面覆盖物;侵蚀沟的沟坡和沟岸、河流的两岸以及湖泊和水库周边的植物保护带;水土流失综合防治成果等其他水土保持设施。

在预防范围内,林草植被覆盖度小且存在水土流失的区域,应通过综合治理提高林草植被覆盖度,促进农业生产发展和增加农民收入,保障预防措施的实施,促进预防对象的保护。

5.2　措施与配置

5.2.1　措施体系

预防措施体系包括保护管理、封育、治理及能源替代等措施。

保护管理包括：崩塌、滑坡危险区和泥石流易发区以及水土流失严重、生态脆弱的地区限制或禁止措施，陡坡地开垦和种植的限制或禁止措施，林木采伐及抚育更新管理措施，生产建设活动和生产建设项目水土保持限制或禁止以及避让措施。

封育措施包括：森林植被抚育更新、轮封轮牧、网围栏、人工种草和草库伦建设、舍饲养畜等。

治理措施包括：对局部区域水土流失采取的林草植被建设、坡改梯、侵蚀沟治理、农村垃圾和污水处置设施建设、人工湿地及其他面源污染控制等措施。能源替代包括：以小水电代燃料、以电代柴、新能源代燃料等措施。

5.2.2　措施配置

在预防范围特点分析的基础上，根据预防对象发挥的水土保持主导基础功能，进行措施配置。

5.2.2.1　水源涵养功能区

以水源涵养为主导功能的区域人口相对较少，林草覆盖率较高。由于采伐与抚育失调、过度放牧、坡地开荒等不合理开发利用，森林生态功能降低，草地退化，水源涵养能力削弱，局部水土流失严重。

措施配置是：对远山边山人口稀少地区的林草植被采取封育措施；对浅山疏林地采取抚育更新措施，荒山荒地营造水源涵养林；对山前丘陵台地实施坡耕地综合整治、侵蚀沟治理、林草植被建设等措施；根据区域条件配置相应的能源替代措施。

5.2.2.2　生态维护功能

以生态维护为主导功能的区域分布有大面积的森林和草原，林草覆盖率较高，但由于长期以来采、育、用、养失调，森林草原植被遭到不同程度的破坏，生态系统稳定性降低。

措施配置是：对森林植被破坏严重地区采取封山育林、改造次生林、退耕还林还草、营造水土保持林；对沙化、退化严重的草场实施轮封轮牧、休牧还草、改良更新、推行舍饲和草库伦建设等措施；对沿海地区建设沿海防护林。

5.2.2.3　水质维护功能

以水质维护为主导功能的区域分布有重要的城市饮用水水源地，植被相对较好，局部水土流失作为载体在向江河湖库输送泥沙的同时，也输送了大量营养物质，面源污染成为导致水体富营养化影响水质的主要因素之一。

措施配置是：对湖库周边的植被采取封禁措施和营造护岸护滩林；对距离较远、人口较少、自然植被较好的山区，采取沼气池等能源替代措施，实施封育保护；对农村居住区建设生活污水和垃圾处置设施、人工湿地等；对局部存在水土流失的地区开展以小流域为单元的综合治理。

5.2.2.4　人居环境维护功能

以人居环境维护功能为主的区域多分布在流域相对发达的城市或城市群及周边，人口稠密、经济发达，由于城市扩张、生产建设等活动频繁，人居环境质量下降。

措施配置是:结合城市规划,对城区的河道配置护岸护滩护堤林、建设生态河道、园林绿地;对城郊建设清洁小流域;强化经济开发区的监督管理。

5.3 预防重点项目

根据确定的预防范围,拟定在重要江河源区、重要饮用水水源地开展水土保持重点预防项目,本着预防为主的方针和"大预防、小治理"的指导思想,对重点项目所涉及省县(区)的预防对象和局部存在的水土流失状况进行综合分析,充分考虑预防保护的迫切性、集中连片、重点预防县为主兼顾其他的原则,确定各项目的范围、任务和规模。

5.3.1 东江上游水土流失重点预防护工程

5.3.1.1 工程范围

东江是广东河源、惠州、东莞、广州、深圳等沿江城市的重要饮用水源地,同时担负着向香港供水的重任,惠及人口3 000余万人,年总供水量约90亿 m^3 ,其中每年向香港供水9亿 m^3 。

东江水源区土地总面积24 196 km^2 ,绝大部分在广东省境内,面积达20 717 km^2 ,江西三县面积3 479 km^2 。涉及广东省新丰、博罗、龙门、和平、东源、紫金、连平等县,河源市源城区;江西省安远、定南、寻乌等县。

东江水源区水土流失以水力侵蚀为主,还有部分重力侵蚀和人为造成的土壤侵蚀。水土流失的类型多样,包括面蚀、沟蚀、崩岗侵蚀、滑坡等自然侵蚀类型,其中以崩岗侵蚀最为严重、危害最大、最迫切需要治理。

2011年,东江水源区有水土流失面积3 229 km^2 ,占土地面积的13.3%,东江水源区有崩岗2.5万多个,其中河源全市有2.3万多个,崩岗侵蚀面积256 km^2 。

5.3.1.2 建设任务及规模

东江上游水土流失重点预防工程建设任务是以大面积封育保护为主,辅以综合治理,以治理促保护,以治理保安全,着力创造条件,实现生态自我修复,涉及水源地的应大力推行清洁小流域建设,建立可行的水土保持生态补偿制度,以达到提高水源涵养功能、控制水土流失、保障区域社会经济发展可持续发展的目的。

根据珠江水利委员会东江上游重要饮用水源地水土流失防护调研成果,综合确定东江上游水土流失重点预防工程近远期工程规模。

重点预防面积6 475 km^2 。其中,预防面积6 392 km^2 ,治理面积83 km^2 ,其中近期预防面积3 349 km^2 ,近期治理面积52 km^2 ,见表3-7。

表3-7　东江上游水土流失重点预防保护工程规划范围及规模　　　　单位:km^2

工程名称	涉及江河源头	行政区(县、市、区)	远期规模		其中近期规模	
			预防面积	治理面积	预防面积	治理面积
东江上游水土流失重点预防保护工程	东江	广东省:新丰、博罗、龙门、河源市源城区、和平、东源、紫金、连平	6 392	83	3 349	52
		江西省:安远、定南、寻乌				

建设内容主要包括:封育保护(含封禁、抚育、自然修复)6 392 km^2 、能源替代工程1.6

万套、农村清洁工程 3 400 处;综合治理措施:水土保持林 60 km²、经济林 20 km²、种草 3 km²,田间道路及截排水工程 858 km、沟岸治理 604 km、小型蓄水工程 3 340 座、拦沙工程 4 288 座、人工湿地 205 处。

5.3.2 南岭山地水源涵养重要区水土流失重点预防工程

5.3.2.1 工程范围

南岭山地水源涵养重要区是全国 17 个重要水源涵养区之一,涉及珠江流域北江、桂江、融江的源头区域,具有重要的水源涵养、土壤保持、生物多样性保护等功能。区域总面积 23 991 km²。

区内原始森林植被破坏严重,次生林和人工林面积大,水源涵养和土壤保持功能较弱,以崩塌、滑坡和山洪为主的环境灾害时有发生,灾害损失较重,矿产资源开采易加重水土流失。

5.3.2.2 建设任务及规模

南岭山地水源涵养重要区水土流失重点预防工程建设任务是加强区域资源开发活动和其他人为破坏活动的水土保持监督检查和约束力度,实施大面积封育保护,加强林地更新、改造力度,提高森林植被水源涵养功能。对局部水土流失加强治理,保护耕地面积,提高耕地质量,夯实农村居民生存和发展基础。建立可行的水土保持生态补偿制度,保障区域社会经济发展可持续发展。

防治总面积 4 217 km²。其中,预防面积 3 635 km²,治理面积 582 km²,其中近期预防面积 2 174 km²,近期治理面积 410 km²,见表 3-8。

表 3-8 南岭山地水源涵养重要区水土流失重点预防工程规划范围及规模　　单位:km²

工程名称	涉及江河源头	行政区	远期规模		其中近期规模	
			预防面积	治理面积	预防面积	治理面积
南岭山地水源涵养重要区水土流失重点预防工程	北江、桂江、融江	湖南省:江华瑶族自治县、江永县、宜章县、临武县; 广西:资源县、龙胜各族自治县、三江侗族自治县、融水苗族自治县; 广东省:乐昌市、南雄市、始兴县、仁化县、乳源瑶族自治县	3 635	582	2 174	410

建设内容主要包括:封育保护(含封禁、抚育、自然修复)3 635 km²、能源替代工程 1.2 万套、农村清洁工程 2 400 处;综合治理措施:建设坡改梯 90 km²、水土保持林 260 km²、经济林 140 km²、种草 92 km²、田间道路及截排水工程 1 658 km、沟岸治理 404 km、小型蓄水工程 2 340 座、拦沙工程 2 288 座、人工湿地 105 处。

5.3.3 重要饮用水水源地水土流失重点预防工程

5.3.3.1 工程范围

在遵循重点预防项目规划总体安排的基础上,与《全国城市饮用水安全保障规划》和《全国城市饮用水水源地安全保障规划》相协调,主要包括:《关于公布全国重要饮用水水源地名录的通知》(水资源函〔2011〕109 号)公布的湖库型饮用水水源地;水土流失轻微,具有重要的水源涵养、水质维护、防灾减灾、生态维护等水土保持功能的区域,重要的生态功能区或生态敏感区域;特大城市、特殊引调水工程取水水源地周边一定范围。

珠江流域全国重要饮用水水源地名录见表3-9。湖库型水源地泥沙和水土保持控制规划范围见表3-10。国家重点生态功能区规划范围见表3-11。

表 3-9 珠江流域全国重要饮用水水源地名录

序号	水源地名称	水源地所在河流或流域	水源地类型	供水城市	水源地范围	
1	广州市西江引水水源地	西江	河道	广东省广州市	广东	德庆县、封开县、郁南县、罗定市、云浮市云安区
					广西	苍梧县、岑溪市、藤县、容县、梧州市长洲区
2	东深供水东江桥头水源地	东江	河道	香港、广东省深圳市	广东	惠东县、新丰县、博罗县、龙门县、河源市源城区、和平县、东源县、紫金县、连平县
					江西	安远县、定南县、寻乌县
3	深圳水库水源地	东江	水库	香港、广东省深圳市	广东	深圳市罗湖区、龙岗区
4	西丽水库水源地	大沙河	水库	广东省深圳市	广东	深圳市南山区
5	梅林水库水源地	新洲河	水库	广东省深圳市	广东	深圳市福田区
6	铁岗水库-石岩水库水源地	西乡河、茅洲河	水库	广东省深圳市	广东	深圳市宝安区
7	洪湾泵站水源地	西江	河道	澳门	广东	珠海市香洲区
8	平岗泵站水源地	西江	河道	广东省珠海市	广东	珠海市斗门区、江门市新会区
9	东江南支流水源地	东江	河道	广东省东莞市	广东	东莞市
10	中山市磨刀门水道水源地	珠江三角洲	河道	广东省中山市	广东	中山市
11	柳州市柳江饮用水水源地	柳江	河道	广西壮族自治区柳州市	广西	三江县、融安县、融水县、柳城县、柳江县
					贵州	三都县、榕江县、从江县
12	桂林市漓江饮用水水源地	漓江	河道	广西壮族自治区桂林市	广西	灵川县、桂林市叠彩区、秀峰区
13	邕江水源地	邕江	河道	广西自治区南宁市	广西	扶绥县、隆安县、南宁市邕宁区、西乡塘区
14	梧州市浔江-桂江饮用水水源地	西江	河道	广西壮族自治区梧州市	广西	平乐县、昭平县、藤县,梧州市长洲区

续表 3-9

序号	水源地名称	水源地所在河流或流域	水源地类型	供水城市		水源地范围
15	贵港市郁江饮用水水源地	郁江	河道	广西壮族自治区贵港市	广西	横县、贵港市港北区、港南区
16	玉林市苏烟水库水源地	南流江	水库	广西壮族自治区玉林市	广西	玉林市玉州区
17	贵阳市花溪河饮用水水源地	花溪河	河道	贵州省贵阳市	贵州	贵阳市花溪区

表 3-10　湖库型水源地泥沙和水土保持控制规划范围

序号	水源地	省级行政区	县级行政区
1	深圳水库	广东	深圳市辖区
2	布见水库		平果县
3	宁冲水库		容县
4	澄碧河水库		百色市右江区、凌云县
5	龟石水库		钟山县、富川县
6	土桥水库	广西	宜州县
7	兴西湖水库		兴义市
8	茶园水库		都匀市
9	玉舍水库		水城县
10	附廓水库		黔西县
11	百花湖		清镇市
12	潇湘水库		曲靖市麒麟区
13	西河水库		曲靖市麒麟区
14	东风水库	云南	玉溪市红塔区、江川县
15	抚仙湖		澄江县、江川县、华宁县

表 3-11　国家重点生态功能区规划范围

重点生态功能区名称	类型	省级行政区	县级行政区
南岭山地森林及生物多样性生态功能区	水源涵养	湖南	宜章县、临武县
		广西	资源县、龙胜县

5.3.3.2　任务与规模

建立可行的水土保持生态补偿制度,保护和建设以水源涵养林为主的森林植被;远山边山开展生态自然修复,中低山丘陵实施以林草植被建设为主的小流域综合治理,近库(湖、河)及村镇周边建设生态清洁小流域,滨库(湖、河)建设植物保护带和生物湿地,控制入河(湖、库)的泥沙及面源污染物,维护水质安全。

根据典型调研,综合分析确定近远期规模。到 2030 年,累计防治面积 5 600 km²,其中预防面积 4 300 km²,治理面积 1 300 km²,使水源地水土流失显著降低,入库水质明显好转。

6　治理规划

6.1　范围与对象

根据水土保持总体布局的要求,对流域水土流失地区应实施综合治理,包括:南方红壤区的人口集中、农林开发规模大的区域,以及崩岗分布多、危害严重区;西南岩溶区的土层薄、坡耕地多的区域,以及贫困落后的少数民族聚集区。

治理对象是指在治理范围内需采取综合治理措施的侵蚀劣地和退化土地,主要包括:坡耕地、"四荒"地、水蚀坡林(园)地、崩岗、侵蚀沟道、山洪沟道、石漠化和沙砾化土地。

坡耕地是水土流失最为严重的土地利用方式,崩岗是危害极为严重的水土流失类型,在实施小流域综合治理的同时,必须加大坡耕地、崩岗的综合整治。

6.2　措施与配置

6.2.1　措施体系

治理措施体系包括工程措施、林草措施和耕作措施。

工程措施包括坡改梯、水蚀坡林(园)地整治、沟头防护、雨水集蓄利用、径流排导等坡面治理工程,谷坊、拦沙坝、塘坝等沟道治理工程,削坡减载、支挡固坡、拦挡工程等崩岗和滑坡防治工程;林草措施包括营造水土保持林、经果林、等高植物篱、网格林带,建设人工草地草场,发展复合农林业,开发与利用高效水土保持植物等;耕作措施包括垄向区田、等高耕作、网格垄作、免耕少耕、草田轮作、间作套种等。

6.2.2　措施配置

在治理范围确定的基础上,根据所在三级区的水土保持主导基础功能,进行措施配置。

6.2.2.1　土壤保持功能

以土壤保持为主导基础功能的区域主要分布在山区和丘陵区,水土流失以轻-中度水蚀为主,局部侵蚀剧烈、泥石流多发;区域内人口相对稠密,人均耕地少,坡耕地比例高,经济欠发达;西南地区岩溶石漠化发育,耕地资源亟待保护。

措施配置是:以小流域综合治理为主,坡沟兼治,荒山荒坡营造水土保持林,发展经济林和特色林果业。南方红壤区以坡耕地和林(园)地水土流失治理为重点,坡面采取坡耕地综合整治并配套坡面水系工程;林(园)地采取修筑台田和扩大树盘等措施;局部崩岗区采取截水沟、谷坊、拦沙坝、造林种草等措施。西南岩溶区以坡耕地改造为重点,坡面采取坡改梯配套小型蓄引排灌工程,荒坡地营造水土保持林,有条件的地方种植经果林。

6.2.2.2　蓄水保水功能

以蓄水保水为主导功能的区域主要分布在西南岩溶区。西南岩溶区多高山峡谷,岩石裸露,石漠化严重,虽降雨量大,水资源丰富,但土层极薄,漏水严重,保水能力差,农业可利用水资源量相对不足,工程性缺水严重,且易发生旱灾。

措施配置是:西南岩溶区在修筑梯田的同时配套排水沟、沉沙凼、蓄水池等蓄排工程,采取蓄、引、提等措施加强对岩溶区泉水的利用,干热河谷地带应选择耐干旱、耐贫瘠的树种营造水土保持林,恢复植被。

各区的具体措布置见 4.1 节区域布局。

6.3　重点治理项目

根据确定的治理范围和对象,拟定坡耕地水土流失综合治理、崩岗综合治理、重点区域水土流失综合治理和高效水土保持植物资源利用 4 个重点治理项目,本着分区治理、因地制宜、突出重点的方针,对重点项目所涉及省、县(区)的治理对象和水土流失状况进行综合分析,充分考虑治理的迫切性、集中连片,以及重点治理县为主兼顾其他的原则,确定各项目的范围、任务和规模。

6.3.1　坡耕地水土流失综合治理

6.3.1.1　范围及基本情况

依据《全国坡耕地水土流失综合治理工程专项建设方案(2013—2016 年)》《全国坡耕地水土流失综合治理规划(2011—2020 年)》(水利部水土保持监测中心,2010 年 6 月),以及珠江流域重点工程调研情况,流域内共 144 个县(市、区)纳入工程建设范围,土地总面积 31.19 万 km^2,共有坡耕地 210 万 hm^2,其中 5°~15°坡耕地面积 94.45 万 hm^2。优先实施人地矛盾突出的贫困边远山区、少数民族地区、缺粮特困地区、退耕还林重点地区、水库移民安置区等。

任务区坡耕地综合整治范围见表 3-10。

表 3-12　坡耕地水土流失综合治理规划项目范围　　　　　　单位:km^2

涉及三级区	涉及省县(市、区)	远期治理规模	其中近期治理规模
V-6-1ht 南岭山地水源涵养保土区	湖南省:郴州市北湖区、桂阳县*、江华瑶族自治县*、江永县、临武县、汝城县、宜章县 广西壮族自治区:富川瑶族自治县、恭城瑶族自治县、灌阳县*、荔浦县、临桂县、灵川县、龙胜各族自治县、平乐县、兴安县、阳朔县、永福县、资源县	670.87	91.85
V-6-2th 岭南山地丘陵保土水源涵养区	广西壮族自治区:北流市、苍梧县、岑溪市、桂平市、贺州市八步区、蒙山县*、平南县、容县、藤县、兴业县、昭平县、钟山县	342.15	178.98
V-6-3t 桂中低山丘陵土壤保持区	广西壮族自治区:宾阳县*、贵港市港北区、贵港市港南区、贵港市覃塘区、横县*、来宾市兴宾区*、柳城县、柳江县*、柳州市城中区、柳州市柳北区、柳州市柳南区、柳州市鱼峰区、鹿寨县、上林县、武鸣县、武宣县*、象州县*	1 597.49	900.21

续表 3-12　　　　　　　　　　　　　　　　单位:km²

涉及三级区	涉及省县(市、区)	远期治理规模	其中近期治理规模
Ⅴ-7-1r 华南沿海丘陵台地人居环境维护区	广西壮族自治区:博白县、防城港市防城区、合浦县、灵山县、陆川县、浦北县、钦州市钦北区、上思县	442.54	0.00
Ⅶ-1-1t 黔中山地土壤保持区	贵州省:安顺市西秀区、都匀市、贵阳市花溪区、惠水县、龙里县、普定县*、长顺县、镇宁布依族苗族自治县、紫云苗族布依族自治县	1 011.48	276.69
Ⅶ-1-2tx 滇黔川高原山地保土蓄水区	贵州省:贞丰县*、关岭布依族苗族自治县、六盘水市六枝特区、六盘水市钟山区、盘县*、普安县*、晴隆县*、水城县*、威宁彝族回族苗族自治县*、兴仁县 云南省:个旧市、蒙自市、澄江县、峨山彝族自治县、富源县、华宁县*、建水县*、江川县*、开远市*、泸西县*、陆良县*、罗平县*、马龙县、弥勒市*、曲靖市麒麟区、沾益县*、师宗县*、石林彝族自治县*、石屏县、通海县、宣威市、宜良县*、玉溪市红塔区	3 722.89	1 967.97
Ⅶ-1-3h 黔桂山地水源涵养区	广西壮族自治区:融安县、融水苗族自治县*、三江侗族自治县 贵州省:从江县、丹寨县、独山县、剑河县、锦屏县、雷山县、黎平县、荔波县、榕江县	100.14	14.51
Ⅶ-1-4xt 滇黔桂峰丛洼地蓄水保土区	广西壮族自治区:巴马瑶族自治县、百色市右江区*、崇左市江州区、大化瑶族自治县、大新县*、德保县*、东兰县、都安瑶族自治县、凤山县、扶绥县、广南县*、环江毛南族自治县*、靖西市*、乐业县、凌云县、龙州县、隆安县、隆林各族自治县*、罗城仫佬族自治县*、马山县、那坡县、南丹县、宁明县、平果县、凭祥市、天等县、天峨县、田东县*、田林县*、田阳县*、西林县*、忻城县*、宜州市 贵州省:安龙县、册亨县*、罗甸县、平塘县、望谟县*、兴义市* 云南省:砚山县*	2 112.44	1 069.79
合计		10 000.00	4 500.00

注:＊为近期安排的县(市、区、旗)

6.3.1.2　任务、规模和近期建设内容

坡耕地水土流失治理的主要任务是控制水土流失,保护耕地资源,提高土地生产力,巩固退耕还林还草成果,对适宜改造成梯田的坡耕地,按照先缓后陡、由近及远、先易后难、尽可能集中连片的原则,以坡改梯及配套水系工程建设为主,适当考虑结合农业产业开发改造坡耕地。

根据三级区典型调研,综合分析确定近远期规模。到 2020 年,累计综合治理坡耕地 45 万 hm²;到 2030 年,累计综合治理坡耕地 100 万 hm²。

根据治理的迫切性、先易后难和投资的可能性,确定近期建设范围共涉及 5 个省(自治区、直辖市)的 43 个县,见表 3-10。建设内容主要包括:实施坡改梯面积 2.7 万 km²,田间道路及截排水工程 1.37 万 km,小型蓄水工程 9.68 万座。

6.3.2　崩岗综合治理

6.3.2.1　范围及基本情况

流域内崩岗涉及南方红壤区广东、广西、江西 3 个省(区)32 个县(市、区),涉及崩岗数量 5.32 万个,治理范围见表 3-11。崩岗主要分布在南方红壤区花岗岩、碎屑岩严重风化的地区,沟壁坍塌和沟头前进导致山坡土体大面积崩落,在强降水条件下,极易造成淤埋农田和村庄。加大侵蚀沟及崩岗的综合治理,不仅能够控制水土流失,而且对于防治土地损毁、减少入河泥沙、保护农田及村庄安全具有重要意义,同时通过有效的综合整治,提高土地利用率,改善生态。

6.3.2.2　任务、规模和近期建设内容

根据三级区典型调研,综合分析确定近远期规模。优先考虑重要生态功能区的崩岗分布县;崩岗分布密度≥0.2 个/km² 的县。到 2020 年,累计综合治理崩岗 10 000 个,总面积 95.65 km²。到 2030 年,累计综合治理崩岗 25 000 个,总面积 240 km²。

根据治理的迫切性、先易后难和投资的可能性,确定近期建设范围共涉及 3 个省(自治区)的 42 个县,其中崩岗近期建设范围涉及 21 个县,见表 3-13。崩岗建设内容主要包括实施拦沙坝(谷坊)1.91 万座,水土保持林(草)103 km²。

表 3-13　崩岗规划治理范围

省(区)	近期		远期	
	县(市、区)名称	数量(个)	县(市、区)名称	数量(个)
江西	龙南、寻乌、安远	3	龙南、寻乌、安远、定南、崇义	5
广东	德庆、龙川、连平、和平、罗定、源城区、清新	7	兴宁、龙川、源城区、连平、和平、罗定、郁南、云安、四会、怀集、广宁、德庆、紫金、东源、南雄、乐昌	16
广西	灵山、钟山、陆川、苍梧、上思、岑溪、兴业、桂平、容县、藤县、博白	11	岑溪、苍梧、陆川、兴业、灵山、桂平、合浦、钟山、上思、容县、富川、覃塘、马山、东兴、横县、大新、天等、田阳、平南、博白*、藤县*	21
合计		21		42

建设内容:主要针对活动型崩岗开展综合治理。其综合治理措施主要布置在集雨区、崩岗区和冲积扇区。在集雨区,工程措施主要布置截排水沟以拦截坡面径流,防止崩岗溯源侵蚀,植物措施以封禁治理为主辅以适当的补植补种。在崩岗区,通过布置谷坊、拦沙坝、跌水、挡土墙、崩壁小台阶等工程措施以拦截泥沙、减缓沟床比降、稳定沟床、改善沟床植物生长条件,控制崩岗的继续发展,促进崩岗稳定。在冲积扇区,主要布置坡改梯、水土保持林、经济林、果木林等措施,防止泥沙向下游移动、加剧沟底下切。

6.3.3　重点区域水土流失综合治理

6.3.3.1　范围及基本情况

重点区域水土流失综合治理主要在国家级水土流失重点防治区复核划分确定的重点治理县以及其他水土流失较严重、治理积极性高和治理能力强的县。

确定流域内两个重点治理区域。分别为粤闽赣红壤水土流失综合治理、岩溶石漠化水土流失综合治理。区域范围共涉及 5 个省(自治区)的 57 个县(市、区)(见表 3-14)。涉及县级行政区,总土地面积 13.29 万 km^2,水土流失面积为 4.22 万 km^2,中度及以上水蚀面积 2.40 万 km^2,占水蚀面积的 56.9%。根据水土保持区域布局和防治重点,南方红壤区重点是以农林开发导致的坡耕地和坡林(园)地水土流失严重的地区;西南岩溶区重点是岩溶石漠化严重和陡坡耕地分布密集的地区。

表 3-14　重点区域水土流失综合治理范围与规模　　　　　单位:km^2

片区名称	涉及省、县(市、区)	远期治理规模	其中近期治理规模
粤闽赣红壤国家级水土流失重点治理区	江西:信丰县 广东:龙川县、兴宁市	423.60	141.2
滇黔桂岩溶石漠化国家级水土流失重点治理区	贵州:贵阳市花溪区、镇宁布依族苗族自治县、紫云苗族布依族自治县、贵定县、长顺县、龙里县、惠水县、六盘水市钟山区、六盘水市六枝特区、水城县、盘县、关岭布依族苗族自治县、兴仁县、普安县、晴隆县、贞丰县、威宁彝族回族苗族自治县、安龙县、册亨县、兴义市、望谟县、罗甸县、平塘县 云南:宜良县、石林彝族自治县、曲靖市麒麟区、沾益区、罗平县、富源县、宣威市、澄江县、华宁县、个旧市、开远市、建水县、弥勒县、泸西县、砚山县、丘北县、广南县、富宁县 广西:凌云县、乐业县、西林县、田林县、隆林各族自治县、河池市金城江区、南丹县、天峨县、凤山县、东兰县、巴马瑶族自治县、都安瑶族自治县、大化瑶族自治县	34 565.78	11 521.93
合计	57 个	349 893.38	11 663.13

6.3.3.2　任务、规模和近期建设内容

重点区域水土流失综合治理的主要任务以小流域或片区为单元,山水田林路渠村综合规划,以坡耕地治理、水土保持林营造为主,沟坡兼治,生态与经济并重,着力于水土资源优化配置,提高土地生产力,发展特色产业,促进农业产业结构调整,以治理促退耕,以治理促封育,持续改善生态,保障区域社会经济可持续发展。

根据三级区典型调研,综合分析确定近远期规模。到 2020 年,累计治理面积约 1.17 万 km²;到 2030 年,累计治理面积约 3.50 万 km²。

根据综合治理条件和需求的区内相似性及区间差异性、治理的迫切性以及先易后难和投资的可能性,确定赣粤闽红壤岗崩区、岩溶石漠化区 2 个重点区域水土流失综合治理近期重点工程。

赣粤闽土壤崩岗区水土流失综合治理:涉及江西省信丰县,广东省龙川县、兴宁市,土地面积 2 529 km²,水土流失面积为 485 km²,重点治理水土流失面积 424 km²。区内以低山丘陵为主,崩岗发育,毁坏农田、淤积沟道,陡坡垦殖及农林开发,导致水土流失严重。应以小流域为单元实施水土流失综合治理,对坡面崩岗采取"上截、中削、下堵、内外绿化"模式进行治理;推广果—沼—牧—肥水土流失治理模式,实施坡林(园)地和坡耕地综合整治,配套坡面水系工程,发展特色茶果产业和短轮伐速生丰产林,对崩岗实施治理后的拦沙坝地及沟滩地进行开发利用,远山边山地区实施封育保护。

岩溶石漠化区水土流失综合治理:涉及云南省、贵州省和广西壮族自治区 3 省(自治区)的 54 个县(市、区),土地面积 13.04 万 km²,水土流失面积为 4.17 万 km²,重点治理水土流失面积 34 566 km²。本区地貌类型多样,基岩多为石灰岩,岩石裸露率高,为典型石漠化区,耕地资源短缺,坡耕地多,土层瘠薄,地表渗漏,工程性缺水严重。应以小流域为单元,实施坡耕地综合整治,配套坡面水系和表层小泉水蓄引灌工程,发展亚热带特色农业和民族生态旅游产业,荒坡地营造水土保持林;对落水洞进行治理,减轻洪涝灾害;结合现有的天然林和风景名胜区等保护与建设,实施退耕还林和封山育林。

近期建设内容主要包括:实施坡改梯 4.68 万 hm²,水土保持林 17.55 万 hm²,经济林 7.02 万 hm²,种草 2.34 万 hm²,封禁治理 85.41 万 hm²,田间道路及截排水工程 9 360 km,小型蓄水工程 35 100 座,小型治沟工程 5.27 万处(座)。

6.3.4　高效水土保持植物资源利用

高效水土保持植物资源利用是区域水土流失综合治理植物措施的一项重要内容,遵循适地适树(草)以及生态建设与产业开发相结合的原则,将高效植物资源利用建设纳入区域水土流失综合治理工程,并与区域特色产业发展相适应。

根据水土保持植物资源利用专项规划,流域内建设滇黔桂山地丘陵区以杜仲、银杏、厚朴等为主的药用植物资源利用重点项目,初步选择西南岩溶区的贵州省安龙县新建 1 处水土保持高效植物示范园。

7　监测规划

7.1　监测任务与内容

7.1.1　监测任务

建立流域水土保持监测网络,采集水土流失及其防治等信息,分析水土流失成因、危

害及其变化趋势,掌握水土流失类型、面积、分布及其防治情况,综合评价水土保持效果,发布流域水土保持公报,为建设绿化珠江提供支撑。

7.1.2 监测内容

水土保持监测内容主要包括水土保持调查、水土流失重点防治区监测、水土流失定位观测、水土保持重点工程效益监测和生产建设项目水土保持监测等。

7.1.2.1 水土保持调查

水土保持调查包括水土保持普查和专项调查。

水土保持普查综合采用遥感、野外调查、统计分析和模型计算等多种手段和方法,分析评价流域水土流失类型、分布、面积和强度,掌握水土保持措施的类型、分布、数量和水土流失防治效益等。流域水土保持普查每5年开展一次,以满足流域发展规划的需要。各省(自治区、直辖市)根据需要,适时开展辖区内水土保持普查。

水土保持专项调查是为特定任务而开展的调查活动。规划期内拟开展梯田、坡耕地、水土保持植物、崩岗、侵蚀劣地、泥石流、生产建设项目水土保持等专项调查。

7.1.2.2 水土流失重点防治区监测

主要是采用遥感、地面观测和抽样调查相结合的方法,对流域内的水土流失重点预防区和重点治理区进行监测,综合评价区域水土流失类型、分布、面积、强度、治理措施动态变化及其效益等。水土流失重点防治区监测每年开展一次。根据重点防治区功能,增加相应的监测内容,如重要水源区,增加面源污染监测指标。各省(自治区、直辖市)根据需要,适时开展辖区内水土流失重点防治区监测。

7.1.2.3 水土流失定位观测

水土流失定位观测是对布设在流域内的全国水土保持基本功能区内的小流域控制站和坡面径流场等监测点开展的常年持续性观测。观测内容包括水土流失影响因子及土壤流失量等,为建立水土流失预测预报模型、分析水土保持措施效益提供基础信息。

7.1.2.4 水土保持重点工程效益监测

主要采用定位观测和典型调查相结合的方法,对水土保持工程的实施情况进行监测,分析评价工程建设取得的社会效益、经济效益和生态效益,为国家制定生态建设宏观战略、调整总体部署提供支撑。监测内容主要包括项目区基本情况、水土流失状况、水土保持措施类别、数量、质量及其效益等。每年对每个水土保持重点工程项目区50%的小流域实施监测。

7.1.2.5 生产建设项目水土保持监测

主要监测生产建设项目扰动地表状况、水土流失状况、水土流失危害、水土保持措施及其防治效果等,全面反映项目建设引起的区域生态环境破坏程度及其危害,为制定和调整区域经济社会发展战略提供依据。

7.2 监测网络

7.2.1 建设现状与评价

在全国水土保持监测网络和信息系统建设工程的推动下,水利部水土保持监测中心、珠江流域水土保持监测中心站、流域内6个省(自治区、)水土保持监测总站及其39个监测分站相继成立,建成136个水土保持监测点;第一次全国水利普查水土保持情况普查已在流域布设 400 多个野外调查单元;开发了全国水土保持监测信息管理系统、土壤侵蚀数据库和水土保持空间发布系统。初步形成了布局较为合理、功能比较完备、覆盖流域水土流失重点防治区的水土保持监测网络体系,为开展水土保持监测工作奠定了坚实的基础。

根据流域国民经济社会发展形势及生态建设需求,水土保持监测网络存在以下主要问题:一是监测网络尚不完善,水土保持监测点和野外抽样调查单元不足;二是监测设施设备落后,自动化程度低,绝大部分监测点仍依赖人工观测;三是监测信息服务手段差,信息的发布以纸介质为主,服务内容和范围有限;四是信息资源开发和共享程度低,数据种类单一,多为土壤侵蚀信息,不能全面描述水土保持生态环境现状与发展态势;五是监测网络管理体制和机制尚不健全。

7.2.2　站网布局规划

7.2.2.1　站网组成

水土保持监测站网由水土保持监测点和野外调查单元组成,承担着长期性的地面观测任务,是全国水土保持监测网络的主要数据来源。水土保持监测点按照重要性分为重要水土保持监测点和一般水土保持监测点,流域内主要为水力侵蚀监测点,水力侵蚀监测点按照监测设施分为利用水文站、小流域控制站和坡面径流场监测点。野外调查单元是在开展水土保持调查时,采取分层抽样与系统抽样相结合的方法确定闭合小流域或集水区,面积一般为 $0.2 \sim 3.0 \ km^2$。

7.2.2.2　站网布局

水土保持监测点布设按照区域代表性、密度适中的原则,充分利用现有站点,采取分层布设的方法,在流域内规划建设 74 个国家水土保持监测点,其中国家重要水土保持监测点 4 个,一般监测点 70 个。水土保持野外调查单元按网格布局,采用 4% 的抽样密度,规划布设野外调查单元为 4 419 个,基本达到 100 km^2 布设 1 个。详见表 3-15、表 3-16。

表 3-15　珠江流域水土保持监测点规划分省份统计

省份	合计	其中						野外调查单元
		一般监测点				重点监测点		
		小计	小计	水蚀点	水文站	小计	水蚀点	
广东	22	20	10	10		2	2	1 121
广西	28	27	15	12		1	1	2 021
贵州	8	7	5	2		1	1	604
湖南	4	4	4					586
江西	2	2	2					36
云南	10	10	8	2				51
合计	74	70	44	26		4	4	4 419

表 3-16　珠江流域水土保持监测点规划分区统计表

分区	合计	一般监测点		重点监测点
		水蚀点	水文站	水蚀点
南岭山地丘陵区	24	8	14	2
华南沿海丘陵台地区	10	7	2	1
滇黔桂山地丘陵区	40	29	10	1
合计	74	44	26	4

7.2.3　重点监测项目

7.2.3.1　站网建设

按照"全面覆盖、提高功能、规范运行"的原则,以及全国水土保持监测规划,对流域内的监测站网进行建设和自动化升级改造,全面实现自动观测、长期自记、固态存储、自动传输,并能及时将监测数据传输到各级监测机构,建成较为完整的水土保持数据定位采集体系。

7.2.3.2　重点项目

1. 全国水土保持普查(流域)

按照每 5 年开展一次水土保持普查的要求开展。普查任务主要包括:查清流域土壤侵蚀现状,掌握各类土壤侵蚀的分布、面积和强度;查清流域水土保持措施现状,掌握各类水土保持措施的数量和分布;更新流域水土保持基础数据库。为科学评价水土保持效益及生态服务价值提供基础数据,为国家水土保持生态建设提供决策依据。

2. 全国水土流失动态监测与公告项目(流域)

主要是开展流域内国家级水土流失重点预防区、重点治理区监测和水土保持监测点定位观测,收集整理水土保持监测资料,分析不同侵蚀类型区水土流失发展趋势,掌握国家级重点防治区水土流失状况,评价水土流失综合治理效益,发布年度水土保持公报。

重点预防区监测范围包括湘资沅上游(接壤区)、东江上游等 2 个国家级水土流失重点预防区,面积 33 877 km²,涉及 24 个县(市、区)。重点治理区监测范围包括滇黔桂岩溶石漠化、粤闽赣红壤 2 个国家级水土流失重点治理区,面积 132 968 km²,涉及 57 个县(市、区)。

开展水土保持监测点定位观测的监测点包括 4 个重点监测点和 70 个一般监测点。

3. 重点支流水土保持监测

主要在南盘江、北盘江开展水土保持监测。以遥感和水文泥沙观测为主要技术手段,掌握江河流域土壤侵蚀、水土保持措施和河流水沙变化情况,为流域生态建设提供决策依据。

4. 生产建设项目集中区水土保持监测

为反映生产建设项目对区域生态环境的危害及破坏程度,选择资源开发和基本建设活动较集中和频繁、扰动地表和破坏植被面积较大、水土流失危害和后果严重的区域开展监测。规划针对珠江三角洲优化发展区域、滇中城市群、北部湾(南宁)重点开发区等生产建设项目集中区开展水土保持监测。

8　综合监管规划

8.1　监督管理

8.1.1　水土流失预防监管

8.1.1.1　管理内容

对县级以上地方人民政府划定并公告崩塌、滑坡危险区和泥石流易发区情况,取土挖砂采石、陡坡地开垦种植、铲草皮和挖树兜等各类禁止行为监控,水土流失严重、生态脆弱以及水土流失重点防治区生产建设项目或活动的限制性行为的监控、生产建设项目水土保持编制与方案情况的监管。

8.1.1.2　管理措施

宣传法律倡导与鼓励行为、禁止与限制行为;监督落实特定区域禁止行为或限制性行为区域划分与公告;深化以三级区水土保持主导功能为基础的水土保持准则与要求,落实水土流失重点预防区和重点治理区管控制度;制定生产建设项目水土保持"三同时"的有关制度及水土保持补偿费制度。

8.1.2　水土保持生态建设管理

8.1.2.1　管理内容

对地方人民政府或水行政主管部门水土保持重点工程建设和运行管理情况、生态效益补偿制度的建设和实施、水土保持补偿费情况、鼓励公众参与治理的资金、技术、税收等扶持情况等的监管。

8.1.2.2　管理措施

监督落实水土保持生态补偿制度、水土保持综合治理重点工程建设管理与工程质量鉴定制度、实施重点工程建设后评价制度。

8.1.3　水土保持监测工作管理

8.1.3.1　管理内容

对各级地方政府或水行政主管部门完善水土保持监测网络及保障监测工作经费、水土流失动态监测与定期公告情况,以及大中型生产建设项目水土流失监测及结果定期上报情况、水行政监督检查人员依法履行监督检查职责情况、违法违规生产建设项目和生产建设活动进行查处情况的监管。

8.1.3.2　管理措施

水土流失动态监测并公告的制度建设,大中型生产建设项目水土流失监测监督和评判制度、水土保持执法督查机构和队伍建设。执法督查程序化及违法行为责任与查处追究制度建设。

8.2　科技支撑

8.2.1　科研项目规划

(1)南方土石山区矿山分布及其生态防护与修复研究。

流域内的南北盘江上游、柳江中下游、北江上游、东江上游都不同程度地存在煤炭、铁矿、重金属等开采区,给当地生态环境带来一定的破坏,部分矿区分布在重点水库水源区上游,摸清流域矿区分布、加强矿区水土保持监督管理、提出矿区的生态保护与生态修复措施,切实保护好珠江流域的生态环境具有重要意义。

（2）珠江流域上游石灰岩地区水土保持综合治理措施体系研究。

珠江上游石灰岩地区是珠江流域水土流失强度最大的地区，是珠江流域泥沙来源的主要策源地，也是坡耕地分布最广的地区。通过不同类型区典型小流域的建设，试验和总结适合当地特色的坡耕地改造技术、雨水泉水利用方式、工程措施与植物措施布置模式、治理方向等，是加快珠江流域上游又快又好治理的关键技术支撑。

（3）粤桂山地丘陵石灰岩地区（峰丛洼地岩溶区、峰林平原岩溶区）水土保持生态修复技术研究。

粤桂山地石灰岩地区总面积 19.58 万 km²，占珠江流域总面积的 44.3%，占整个珠江流域石灰岩地区的 65.7%，该区岩溶程度总体较轻，坡耕地较少，水土流失较轻，但区域内潜在水土流失危害大。该区光、热、水资源良好，而且植被较好、生物资源丰富，区域面积大，开展生态修复工作是该区水土流失治理的根本。通过试验和研究，总结该区适用的生态修复技术，走典型引路、示范推广的有效治理途径。

（4）珠江流域石灰岩地区水土保持监测技术研究。

对石灰岩地区的植被恢复、半石漠化区和潜在石漠化地区有效土层和土壤肥力保护、小流域水沙动态变化等方面的监测技术进行研究，总结石漠化与水土流失的关系，为该区开展水土流失综合治理和生态修复提供依据。

（5）崩岗治理研究。

珠江流域现有崩岗 5.32 万个，是全国崩岗最严重的地区，加快崩岗治理已列入国家重点治理议事日程。崩岗治理目前主要采取上截（水）、下拦（挡）、中间削（坡）的工程措施，土石方工程量较大，易引起新的破坏和扰动，而且崩岗分布地域广、类型多、危害不一，加之单纯的工程措施并不能给群众带来更多的实惠，如何针对不同类型的崩岗采取不同的治理措施，以及如何引导群众参与崩岗治理的积极性，是推进崩岗治理的关键因素。

（6）珠江流域小流域水土保持综合治理体系构成研究。

传统的小流域水土保持综合治理体系，工程类别分为工程、植物、保土耕作三个类别，从布局上分为坡面治理工程、沟道治理工程等。随着经济社会的不断发展、国家管理方式的调整，小流域水土保持综合治理的内涵和外延也在不断变化，加之我国小流域综合治理体系的建立多源于北方黄土高原和土石山区，部分小流域综合治理措施并不适用岩溶区和红壤区，有些已无法适应现阶段的项目管理要求。因此，研究适应于新时期及珠江流域特征的小流域水土保持综合治理内涵及其防治体系构成，推动整个流域乃至全国的水土保持综合治理工作良性向前发展也是应有之举。

（7）城市水土保持生态建设与管理研究。

珠江三角洲是我国最发达的地区之一，城市、城际建设发展较快，相应造成土地资源、生态资源的破坏和减少日益剧增，如何从水土保持行业角度科学的进行城市水土保持生态建设与管理也是当务之急。

8.2.2　研究基地规划

初步设想建立三个研究基地、两个教学基地。

（1）珠江上游石灰岩地区水土保持研究基地。

依据流域机构下属或控股设计、科研单位组建,旨在加强流域上游石灰岩地区的应用技术研究,并分别在云南曲靖、贵州兴义、广西桂林地区成立应用推广分支机构。分支机构可结合当地水土保持技术服务部门组建。

(2)珠江流域红壤丘陵区水土保持研究基地。

依据流域机构下属或控股设计、科研单位组建,并分别在广州、南宁成立推广应用分支机构。

(3)珠江流域城市水土保持研究基地。

依托深圳水土保持技术科研、技术服务机构成立。

8.3　基础设施与管理能力建设

8.3.1　监管能力建设

进一步完善各项水土保持配套规定和制度,规范行政许可及其他各项监督管理工作;开展水土保持监督执法人员定期培训与考核,提高执法人员法律知识和执法能力,按照既能满足水土保持监督执法工作的需求,又经济实用的原则,研究制订监管能力标准化建设方案,制定出台水土保持监督执法装备配置标准,明确各级水土保持监督执法队伍需配置基本装备设备,逐步提高监督执法的质量和效率。以生产建设项目水土保持全过程监管为核心,以信息化推动监督执法工作的全面规范化,建立水土保持监督管理信息化平台建设,做好政务公开,增加监管透明度,提高信息化条件下对水土流失综合防治、生产建设项目水土保持等的实时即时监控和处置,形成对地方、社会、市场的有效管控体系,为准确有效执法和落实政府目标责任提供依据。流域机构作为国家对各级地方和生产建设单位水土保持的监督检查的主要力量,重点强化监督管理能力标准化建设,配套交通、取证、办公等执法装备,做好水土保持监督信息化管理研究、示范与推广工作。

目前,珠江流域内地方水土保持机构仍不健全,力量仍较薄弱。特别是水土保持监理管理和监测机构往往有牌子,无人员。流域机构的水土保持力量也较弱。至2020年,流域管理机构要有水土保持监督机构、水土保持研究机构、专职的水土保持监督执法人员,流域内各省、地(市)、县(市、区)应有专门的水土保持管理机构、水土保持技术研究或推广服务机构,其中流域机构和省水行政主管部门的水土保持行政管理人员不低于6人,地(市)级和县(市、区)级水土保持行政管理人员不低于3人,流域机构、省、县级的水土保持科研、水土保持技术推广、水土保持监测等事业人员不低于10人,至2020年,流域内水土保持从业人员应达到3 000人。

(1)流域机构、省(自治区)、地(市、州)、县(市、区、特区)必须有专门的水土保持监督管理机构,有专职的水土保持监督管理人员,由当地人民政府颁发行政执法人员工作证。

(2)配备摄像机、照相机、GPS、执法车辆等执法取证工具,加强档案建设管理,各级水行政主管部门均需建立开发建设项目信息管理系统。

(3)每3年对各级水土保持执法人员培训一次,每年集中对重大开发建设项目集中督察一次。

8.3.2　社会服务能力建设

加强社会服务能力建设,适应社会主义市场经济发展的需要。主要包括完善各类社会服务机构的资质和技术条件管理制度,加强水土保持方案编制、监测、监理等资质社会化管理,通过政府公共服务购买,实现水土保持公共采购服务、设计、咨询、监测、评估等技术服务全面市场化运作,降低事业单位、民营企业、股份制企业进入市场门槛,建立咨询设计质量和诚信评价体系以及退出机制,确保形成公平公正的、向社会开放的有效竞争市场;制定行业协会或资质管理部门技术服务流程和标准,加强从业人员技术与知识更新培训,以社团为平台,强化社会服务机构的技术交流,共同提高服务水平;加大流域水土保持行业对外交流力度,在工作人员、办公场所、办公经费、技术咨询等方面给予一定的支持,便捷地参与国际交流,吸收其他国家的先进技术和经验,向外宣传流域声音,强化流域机构在水土保持领域的话语权。

8.3.3　宣传能力建设

适应国家强化生态文明建设的需要,为提高全社会保护水土资源和可持续发展的意识,在加强水土保持宣传机构和人才队伍建设的同时,完善宣传平台建设,重视广播、电视、报纸、期刊等传统信息传播方式,建立网络宣传平台和移动终端的宣传平台;完善宣传顶层设计,制订水土保持宣传方案,关注社会热点,选好题材和重点工程,提升宣传效果;强化日常业务宣传,向社会公众方便迅捷地提供水土保持信息和技术服务。在流域内结合水土保持普法宣传,开展水土保持"二区"划分宣传、治理技术宣传、水土流失危害宣传、水土保持效益宣传、水土保持政策宣传。各级政府每5年拍一部反映水土保持防治效果的电视专题片,每10年集中进行一次水土保持科普宣传。

8.3.4　信息化建设

信息化是中央提出新时期"新四化"的重要内容,是我国现代化建设全局的战略举措。伴随着全球信息技术的快速发展,我国的信息化推进步伐也明显加快,同时水利信息化提速,也给水土保持信息化提出新的要求,水土保持事业发展新形势迫切需要信息化提供更加有力的支撑。水土保持信息化应注重信息基础设施均衡发展、信息技术应用水平提高和信息资源整合共享。

流域水土保持信息建设任务主要是:在优先采用国家、水利部已建信息化标准的基础上,建立水土保持信息化体系,推进水土保持信息化建设工作。健全水土保持数据库管理系统;建立完善的水土保持数据采集、传输、交换和发布系统,形成流域的水土保持信息化基础平台;建立并健全覆盖各级的水土保持数据库体系和数据更新维护机制,实现信息资源的充分共享和开发利用;建成满足各级水土保持部门需求的业务应用系统和面向社会公众的信息服务体系;建立并完善信息系统运行管理与维护的规范体系及技术手段,保证系统的可持续性。

8.3.4.1　水土保持基础信息平台建设

整合流域各行业各部门各级地方的水土保持信息资源,在监测信息系统建设的基础上,初步建成流域水土保持数据库体系;建立以小流域为单元的水土保持基础数据资源数据库,探索实现"图斑-小流域-县-省-流域"的水土保持工程建设及效益分析的精细化管理;基于各级水土保持机构的门户网站,开发信息发布系统、在线服务系统、资源目录服务系统,实现流域水土保持数据的统一管理。主要包括完善数据采集设施设备、加强水土保持数据存储、建设水土保持信息传输网络系统、建立水土保持数据库,水土保持小流域数据资源建设、水土保持信息共享与服务平台建设等建设内容。

8.3.4.2 水土保持综合监督管理信息系统

升级和完善水土保持监测管理信息系统,包括水土保持遥感监测评价、区域水土流失监测数据管理、水土流失定点监测数据上报与管理、生产建设项目水土保持监测管理、水土流失野外调查单元管理系统等,实现水土流失的监测监控,对水土流失及其相关生态状况变化进行定期和实时预测预报。在此基础上完善水土保持预防监督管理系统;加强生产建设项目水土保持管理,实现水土保持监督管理业务的网络化和信息化;加强对重点防治区、城镇水土保持以及水土保持资质等信息化管理;以小流域为单元,按流域和行政两种空间逻辑进行一体化协同管理,以项目、项目区、小流域三级空间分布,实现小流域治理精细化管理;构建水土保持规划协作系统,为水土保持规划提供信息资源支撑和决策环境,创新水土保持规划技术手段和工作机制,提高规划及其成果利用的效率和规划管理效能;建立水土保持植物资源目录索引,提供水土保持高效植物类型和特点信息,优化植物措施配置,提高植物资源公众服务能力;构建水土保持科研知识协作和共享平台,提高科研协作的管理效率,实现水土保持科研知识的高效共享。

9 近期工程安排

9.1 近期重点预防工程

依据全国水土保持规划,近期主要实施东江北江源区水土保持工程,涉及珠江流域东江上游水土流失重点预防工程及南岭山地水源涵养重要区水土流失重点预防工程。

近期建设规模为:封育保护 6 581.5 km²,能源替代工程 3 850 套,农村清洁工程 4 824 处;坡改梯 2 050 hm²,水土保持林 27 070 hm²,经济林 15 940 hm²,种草 1 510 hm²,拦沙坝 1 992 座,人工湿地 6 处,沟岸治理 104.2 km。

9.2 近期重点治理工程

近期重点治理工程包括坡耕地水土流失综合治理、崩岗综合治理、岩溶石漠化水土流失综合治理 3 个重点治理项目。其分三级区的建设内容安排见表 3-17~表 3-19。

表 3-17　坡耕地水土流失综合治理措施量

坡耕地近期重点工程	三级区名称	坡改梯/km²	田间道路及截排水工程/km	小型蓄水工程/座
坡耕地水土流失综合治理工程	V-6-1ht 南岭山地水源涵养保土区	49.63	49.63	5 456
	V-6-2th 岭南山地丘陵保土水源涵养区	149.63	74.85	7 481
	Ⅶ-1-2tx 滇黔川高原山地保土蓄水区	944.64	1 039.10	113 355
	Ⅶ-1-4xt 滇黔桂峰丛洼地蓄水保土区	952.12	2 418.40	114 254
	Ⅶ-1-1t 黔中山地土壤保持区	38.74	42.62	4 648
	Ⅶ-1-3h 黔桂山地水源涵养区	10.15	11.20	1 219
	合计	2 144.91	3 635.80	246 413

表 3-18　崩岗综合治理措施量

崩岗近期重点工程	三级区名称	拦沙坝（谷坊）/座	水土保持林（草）/km²
崩岗	Ⅴ-6-1ht 南岭山地水源涵养保土区	4 013	34.13
	Ⅴ-6-2th 岭南山地丘陵保土水源涵养区	73 081	414.15
	Ⅴ-7-1r 华南沿海丘陵台地人居环境维护区	2 381	16.87
崩岗合计		79 475	465.15

表 3-19　重点区域水土流失综合治理措施量

重点区域近期重点工程	三级区名称	坡改梯/km²	水土保持林/km²	经济林/km²	种草/km²	封禁治理/km²	田间道路及截排水工程/km	小型蓄水工程/座	小型治沟工程/（处/座）
岩溶石漠化水土流失治理工程	Ⅶ-1-2tx 滇黔川高原山地保土蓄水区	219.12	766.94	109.58	0.00	1 643.47	4 108.66	14 244	3 561
	Ⅶ-1-4xt 滇黔桂峰丛洼地蓄水保土区	569.33	967.96	483.98	0.00	3 672.41	4 953.47	28 468	285
	Ⅶ-1-1t 黔中山地土壤保持区	42.73	85.46	30.52	24.42	427.28	274.68	5 005	183
重点区域水土流失综合治理合计		831.18	1 820.36	624.08	24.42	5 743.16	9 336.81	47 717	4 029

9.3　其他

为进一步加强流域内的水土保持行政管理、监督执法、预防保护工作，促进水土保持监督管理规范化，水土流失治理工作常态化，需进一步加强水土保持基础设施能力建设。

10　保障措施

10.1　加强组织领导

水土保持是一项需要长期坚持，具有群众性、社会性和综合性的公益性事业，必须强化政府的组织领导。

（1）各级人民政府要将水土保持作为生态文明建设的重要内容，将规划确定的水土保持工作目标和任务，纳入本级国民经济和社会发展规划，安排专项资金，并组织实施。

（2）各级人民政府要加强对水土保持工作的统一领导，成立由政府主要领导任组长各相关部门负责人参加的组织协调机构,在政府统一协调下,各部门按照职责分工,各司其职,各负其责,密切配合,综合防治水土流失。

(3)在水土流失重点预防区和重点治理区,实行地方各级人民政府水土保持目标责任制和考核奖惩制度。国家每5年对省级人民政府水土保持目标责任落实情况进行一次考核,考核结果作为主要负责人综合考核评价的重要依据,对水土保持工作成绩突出的在相关项目和资金安排上给予适当倾斜。

10.2　严格依法行政

一是完善水土保持法配套法规体系和制度建设。地方各级人民政府要结合当地实际,出台水土保持法实施办法,完成相关配套法规、规章和规范性文件的修订工作。国务院水行政主管部门,及其授权的流域机构按照水土保持法的要求,建立健全重点防治区地方人民政府水土保持目标、生产建设项目水土保持管理、水土保持生态补偿、水土保持监测评价、水土保持重点工程建设管理等方面的制度,为依法行政奠定基础。

二是依法强化对生产建设项目水土保持监管。对山区、丘陵区、风沙区以及水土保持规划确定的容易发生水土流失的其他区域开办可能造成水土流失的生产建设项目,都要严格水土保持方案管理。有关基础设施建设、矿产资源开发、城镇建设、公共服务设施建设等方面的规划,在实施过程中可能造成水土流失的,要在规划中提出水土流失预防和治理的对策和措施,并在规划实施阶段认真落实。加强水土保持监督检查,落实水土保持专项验收,保证水土保持防治措施能够落到实处,强化对水土保持违法案件的查处,确保生产建设项目全面落实水土保持"三同时"制度。

三是强化监督执法能力建设。开展流域机构和地方水行政主管部门水土保持监督管理能力建设,建立健全各级水土保持管理机构,根据水土保持监督管理、工程建设管理和监测评价任务配备相应数量的人员队伍。加强水土保持从业人员的培训,为监督管理人员配备一定数量的执法取证设备、执法办公设备和执法交通工具,提高依法行政能力。

10.3　稳定增加投入

一是加大中央和地方政府水土保持投入。以国家水土保持重点工程为主,逐步提高用于水土保持生态建设财政投入在国民经济收入中所占的比重。确保水土保持投入在中央水利建设投入中占有的比例不低于20%,国家水土流失重点治理区省级水土保持投入在水利建设投入中的比例不低于30%。逐步提高国家重点治理工程项目中央财政补助标准,降低革命老区、贫困地区和少数民族地区地方财政配套比例。

二是建立水土保持生态补偿制度。坚持"谁占用破坏,谁恢复补偿"的原则,完善生产建设项目水土保持补偿费征收。同时,对于水土流失区的水电、采矿等工业企业,建立和完善水土流失恢复治理责任机制,从水电、矿山、油气等资源的开发收益中,提取一定比例的资金用于水土流失治理。

三是调动社会投入水土保持的积极性。完善社会激励机制,鼓励和引导民间资本参与水土保持工程建设,坚持"积极引导、鼓励扶持、依法管理、保护权益"的方针,实行"谁治理、谁投资,谁所有、谁管护"的政策,切实保障治理开发者的合法权益,并在资金、技术、税收等方面予以扶持。

四是积极利用外资。争取利用世界银行、亚洲开发银行、联合国有关机构,以及双边或多边技术合作的贷款和赠款,探索利用碳汇交易机制增加水土保持林草措施的投入。

10.4　创新体制机制

一是调动社会资源参与水土保持。大力推动水土保持技术服务市场化,以政府购买服务的方式调动社会力量积极参与水土保持监测、水土保持设计、技术审查、工程效益评价等技术服务工作。

二是调动广大农民群众参与水土流失治理的积极性。改革水土保持国家投资管理模式,坡耕地改造、林草种植、封育管护等小型工程措施、植物措施和保土耕作措施,可由县级项目管理单位直接与土地的所有者或使用者签订治理合同,减少中间环节,提高国家水土保持投资使用效益。

三是实施村级水土保持生态文明工程。以村为单元制订水土保持文明工程建设实施方案,以全面治理村范围内的水土流失、实现水土资源可持续利用为基础,以村容村貌整治为补充,将生态文明建设与农村经济建设、文化建设、社会建设紧密结合,由村民集体讨论、集体实施,调动村民参与水土流失治理的积极性和主动性,提升水土保持的社会影响力。

10.5　强化科技支撑

一是加强水土保持基础理论和关键技术研究。针对流域水土保持生态建设的重大战略问题,以及当前水土保持生产实践中急需解决的热点、难点问题,加强水土保持前瞻性、战略性、方向性的重大理论问题和生产急需的关键技术研究。

二是强化应用技术推广。建立健全水土保持实用技术推广和服务体系,建立一批高水平的水土保持科技示范园,加快科技成果的转化。

三是应用最新科技,提高水土保持信息化管理水平。推动以数字小流域为基础的水土保持工程建设管理和以卫星遥感影像为基础的生产建设项目水土保持监控。将全国水土保持重点工程建设涉及的小流域全部数字化,实现小流域综合治理方案编制、技术审查、投资管理、进度控制、质量控制、验收和评价等全过程的信息化管理。以国产高清卫星遥感影像为基础,对一定时间间隔的遥感影像进行比对,与现场查勘相结合,实现对生产建设项目的高效管理,最大程度地减轻人为水土流失的发生。

四是加强国际合作与交流。及时了解掌握国际水土保持科技的最新动态,不断吸收和消化国外水土保持科技的先进理论、先进技术和先进管理模式,提高我国水土保持科技水平。

10.6　加强宣传教育

一是加大水土保持宣传力度。采取多种形式,广泛、深入、持久地开展水土保持宣传,大力营造防治水土流失人人有责、自觉维护、合理利用水土资源的氛围。

二是建立水土保持科普教育基地。加大科普教育的投入,结合水土保持工程建设在全国县级以上城市周边,建设一定数量交通方便、设施齐备的水土保持科普教育基地。培养一批水土保持科普教员,把水土保持科普宣传贯穿到整个中小学义务教育阶段,提高全社会的水土保持生态文明意识。

三是建立水土保持公众参与平台。增强网络技术服务和信息发布功能,及时向社会发布水土保持监测和统计数据,公告国家重点工程建设和生产建设项目水土保持管理相关内容。建立公众网络交流机制,满足公众提交建议、举报水土保持违法事件的需要,提高全社会的参与水平。

11　附表、附图

（略）

3.2　省级水土保持规划

3.2.1　省级水土保持规划原理

省级水土保持规划是以全省(市、自治区)行政区管辖范围为规划范围,明确较长一段时期全省水土保持工作的目标、任务及工作(工程)布局。

规划主线在于围绕全省经济社会发展规划,解决一段时期的水土流失及水土资源保护与利用问题,从而为支撑全省的经济社会发展打好水土资源基础和保障。我国在划分省级行政区划时,并不是以自然条件或经济社会条件的相对一致划分的,往往一省内的不同区域,自然条件各异、经济社会发展水平差距较大,包括管理和发展水平也相差较大,这是一个普遍现象,因此在制订防治工作布局时,需要开展水土流失类型区划分,针对不同特点的水土流失类型,分别确定生产发展方向和水土流失防治措施。

省级水土保持规划的理论基础是以经济社会发展对水土保持需求为基础,即通过分析需求,决定建设规模。经济社会发展对水土保持的需求主要体现在三个方面:

一是保障粮食安全方面。即通过分析粮食生产现状,测算全省粮食需求目标(或藏粮于地的目标),根据耕地质量改善带来的增产效果,测算需要改善多少耕地。耕地质量的改善又分为耕作条件的改善和土壤质量改良,其中耕作条件的改善就需以水土保持措施为主导完成。

二是生态环境保障方面。林草地面积是生态环境最基本的要素指标,水土保持保障生态环境的需求,即需要增加多少达到一定植被覆盖度的林草地面积。需要注意的是,不是所有的造林种草面积都是水土保持需求,如用材林砍伐更新的面积、平原地区为增加土地收益在耕地上营造速生丰产林的面积、天然草地更新为人工草地等,没有起到增加原有土地的蓄水保土功能的做法,不应算作水土保持需求。需要指出的是,绝大部分造林是由林草部门完成的,对于是否视为水土保持措施应按是否增加了水土保持功能来区分,而不是按实施部门的工作来区分。即不能将水利部门实施的坡地改梯地视为水土保持措施,自然资源部门在坡地上开展的土地整治或高标准农田建设就不视为水土保持措施;水利部门实施的造林种草视为水土保持措施,而林业部门实施的造林种草就不视为水土保持措施等,即自然资源、林草部门等实施的以保护水土资源为目的的土地整治、造林种草,均为水土保持措施。

三是防治水、旱、风沙灾害方面。防治水、旱灾害主要针对山丘区。在某些区域,水土保持措施中的水窖、蓄水池、涝池、塘坝、淤地坝、旱作梯田等措施起到解决水旱灾害的主导作用,或某些区域起辅助但不可缺的作用,通常也不是一两年能够解决的,因此需要根据轻重缓急进行安排治理。防治风沙灾害主要针对风沙区,防治风沙灾害更是一个长期坚持的过程,通常根据财力、人力情况适度稳步治理。

以上需求并不是在全省普遍存在的,一些区域可能集中一个需求,一些区域可能会有多个需求,这就体现了省级水土保持规划分区确定任务和规模的重要性。

从需求角度确定了省内不同片区的任务和规模后,还要根据区域和省级财政能够用于水土保持的财力投入情况确定。当然在一些特定的发展时期可能会有变化,届时可对规划进行必要的评估和修订。

3.2.2　省级水土保持规划要点与方法

省级水土保持规划编制除依据《水土保持规划编制规范》(SL335—2014)等技术规定外,实际规划中应重点明确规划基本单元、规划目标、规划布局、规划措施及项目数量、资金筹措方式、重大科技支撑等环节。

3.2.2.1　规划基本单元

由于我国的行政管理特点,县级行政单元是功能完备的最基本的行政单元,是整个国民经济和社会发展的基础行政区域,县以下的乡镇则行政职能和经济发展职能均较弱化,以社会管理为主。省级水土保持规划应以县级行政区为规划单元,目标、任务、措施规模应分解到县,即省级的规划目标应由县级能够完成的目标和指标加权平均而成,规划任务与规模应由县级能够完成的任务和规模汇总而成。省级水土保持规划既要自下而上,也要自上而下。

3.2.2.2　规划目标

规划目标即是规划实施后要达到的成果或效果。包括定性目标和定量指标。通常近期以定量为主,远期以定性为主。水土保持规划的定量指标包括水土流失率(区域水土流失面积与区域国土总面积的百分比)、水土流失总治理率(水土流失治理达标面积与水土流失总面积的百分比)、水蚀治理率、中度及以上侵蚀面积削减率(中度及以上侵蚀削减面积与现状中度及以上侵蚀面积的百分比)、减少土壤流失量、林草覆盖率、坡耕地治理率、人均高标准农田等,新阶段水土保持规划目标主要采用水土保持率,但水土保持率的内涵及其计算办法仍在不断完善的过程中。定性指标包括改善区域生态环境、改善农村生产条件和生活环境、保护和提高耕地生产力、维护水源及水质安全、控制人为水土流失、控制生产建设项目水土流失、完善水土保持监督管理体制等。定量指标用数值表示,如至 2030 年,全省水土流失率应控制在 20%以内,中度以上侵蚀面积削减率达到 60%以上等。定性目标通常根据能够达到的程度表述为基本达到、基本改善、提高、明显改善、显著增强、较好控制,环境优良、生活富裕、机制健全等不同程度。规划目标需根据发展基础和发展需求经分析后制订,规划目标定得太低,前瞻性、指导性不强;规定目标定得太高,无法按时完成,影响规划的权威性。制订规划目标时要综合考虑中央和省级能够用于水土保持的财力情况。

3.2.2.3　规划布局

省级水土保持规划的布局包括工作布局和项目布局,体现在不同的区域分异上,就成为区域布局。水土保持区划是区域布局的基础,省内水土流失类型或强度区域差异明显的,可以水土流失类型区划分作为水土保持区划的基础和依据;水土流失类型差异不明显、经济社会功能差异明显的,以经济社会功能差异为主导因子开展水土保持区划。水土保持分区划分后,应确定不同水土保持分区的自然地理特点、经济社会发展布局、水土流失特点、存在的主要水土流失问题、防治水土流失的主要技术手段和行政手段等内容。同时,为了明确重点和落实水土保持工作事权,按照轻重缓急、明确责任的要求,按照《水土保持法》和有关技术规定,应开展省级水土流失重点预防区和水土流失重点治理区的划分,在省级水土流失重点预防区和重点治理区内开展的水土流失防治工作,省级人民政府应给予一定的财力保障和技术支持。

3.2.2.4　规划措施及项目数量

在确定规划目标的基础上,分析前 5~10 年水土流失治理规模与水土流失面积和强度减少的规律,测算规划期内需要治理的水土流失面积规模,将拟治理面积根据各水土保持分区的水土流失现状分配至各分区,再以各水土保持分区开展的典型小流域调查和设计后确定的各小流域水土保持措施配置数量或比例为基础,推算各分区的各项水土保持措施数量,然后汇总各分区的水土保持措施数量,得出全省规划措施类型及数量。按国家现行水土保持建管体制,除通过政策引导群众自发实施植树种草、抬田修地、风沙治理等完成一定的水土流失治理外,大部分治理任务会以项目为载体来达到治理的目标,因此应将拟实施的措施数量主要通过设置若干个水土流失治理项目来完成。

3.2.2.5　资金筹措方式

资金筹措方式可以分为中央投资、地方政府财政投资、群众自筹投资,其中地方政府财政投资又可分为省级、地市级、县级财政投资,发达地区的乡镇财政也会出资用于水土流失治理。水土流失防治工作属于地方政府的任务事项,中央政府给予一定的资金补助,主要用于国家级水土流失重点治理区和重点预防区的水土流失防治。即使是中央出资的项目,也需要分析当前中央对地方的财政支出政策,如东部、中部、西部的省份中央财政支出政策是不一样的,通常西部省份中央投资占比较高,中央出资比例超过 70%,而东部,中央出资比例往往低于 30%,其他的资金需要省、市、县级财政配套出资。而不是中央出资的项目,则需地方政府研究解决出资渠道。除考虑政府出资外,企业主对集中流转的土地为了实现可持续利用或提高土地产出效益,也会实施一些坡改梯地、土地整理、土地改良、渠路配套等有利于防治土地水土流失的措施,其用于水土流失防治的资金也可以统计群众自筹水土保持投资。在确定资金筹措方式上,主要依据区域水土流失防治的重要程度来确定,即属于国家级水土流失重点预防区和重点治理区范围的,列入中央项目,争取中央按出资比例出资;属于省级水土流失重点预防区和重点治理区范围的项目,主要由省级财政出资,市、县级按省级财政投资项目管理办法和出资比例出资,属于市、县级水土流失重点预防区和重点治理区的项目,以市、县财政投资为主,不属于水土流失重点预防区和重点治理区的水土流失防治,一般由群众自行治理,或由群众(企业)申请政府出资治理。地方政府财政无力治理的,应出台鼓励群众和社会出资治理的政策措施,引入社会资本进行治理。

3.2.2.6　重大科技支撑

作为省级水土保持规划,研究提出影响全省水土保持工作开展的技术难题、解决办法、完成时间,是规划的重要内容。省级水土保持科技规划内容包括重大科技研究、重要科技推广两个方面。重大科技研究主要针对本省水土流失防治特点和需求开展,如海南省经果林开发和林下水土流失防治技术研究、广东省的崩岗防治布局与适宜措施体系研究、广西坡耕地水土流失防治与生产效率影响研究、贵州岩溶地区水土流失防治标准研究、云南高山狭谷地区植被恢复等。重要科技推广包括一些成功的防治模式的推广、治理工程中的先进材料和工艺的推广等,也包括对规划治理项目区的基层水土保持工作人员的技术培训,以取得更好的工程实施和管护效果。

3.2.3　省级水土保持规划成果案例——海南省水土保持规划(2016—2030 年)

海南省是我国最具热带海洋性气候特色的省份,1999 年率先提出建设海南生态省战略,2009 年 12 月国务院确立建设海南国际旅游岛为国家战略,其中建设全国生态文明建设示范区是六大战略定位之一。水土资源是人类赖以生存和发展的基础性资源,水土流失是海南省的重大环境问题。据 2013 年全国第一次水利普查成果,海南省有水土流失面积 2 116.04 km^2,水土流失威胁全省生态安全、防洪安全和饮水安全。

为贯彻落实《中华人民共和国水土保持法》,适应新时期生态文明建设的要求,2011 年水利部下发了《关于开展全国水土保持规划编制工作的通知》(水规计〔2011〕224 号),部署在全国开展水土保持规划编制工作。海南省水务厅成立了水土保持规划编制工作领导小组,组织开展了《海南省水土保持规划(2016—2030 年)》编制工作。

《海南省水土保持规划(2016—2030 年)》着力贯彻生态立省和《海南省实施〈中华人民共和国水土保持法〉办法》总体要求,系统分析了全省水土流失及其防治现状、存在问题,认真研究水土保持工作面临的新形势、新机遇、新挑战,以"防治水土流失,合理利用、开发和保护水土资源"为主线,分区确定水土流失防治布局和措施体系,提出了预防、治理、监测、监管和近期重点项目规划,为海南省开展水土流失防治,维护生态系统、促进江河治理、保障饮水安全、改善人居环境、推动农村发展和建设生态文明提供技术支撑和保障,将作为今后一个时期海南省水土保持工作的发展蓝图和重要依据。

规划基准年为 2015 年,规划期为 2016—2030 年,近期规划水平年为 2020 年,远期规划水平年为 2030 年。

依据国家水土流失易发区界定原则,全省属于水土流失易发区,需要加强生产建设项目的水土保持预防监督管理工作;按照"统筹协调、分类指导"的原则,在国家级水土流失重点预防区面积 7 113 km^2 的基础上,依法划定了省级水土流失重点预防区面积 12 960 km^2、省级水土流失重点治理区面积 3 482 km^2。规划提出,到 2020 年,全省初步建成水土流失综合防治体系,重点防治区的生态环境明显改善,新增水土流失治理面积 600 km^2;到 2030 年,建成与全省经济社会发展相适应的水土保持综合防治体系,新增水土流失治理面积 1 200 km^2。规划的落实,将为建设经济繁荣、社会文明、生态宜居、人民幸福的美好新海南奠定坚实的生态基础。

1　规划基础

1.1　自然条件

1.1.1　地理位置

海南省北为琼州海峡,西临北部湾与越南相对,东濒南海与台湾省相望,东南和南边在南海中与菲律宾、文莱和马来西亚为邻。

海南省的行政区域包括海南岛、西沙群岛、中沙群岛、南沙群岛的岛礁及其海域,是我国面积最大的省,南沙群岛的曾母暗沙是我国最南端的领土。全省陆地(包括海南岛和西沙、中沙、南沙群岛)总面积 3.54 万 km²,海域面积约 200 万 km²。海南岛是海南省主体陆域区域,形似一个呈东北至西南向的椭圆形大雪梨,总面积(不包括卫星岛)3.39 万 km²,是我国仅次于台湾岛的第二大岛。

1.1.2　地貌

海南岛四周低平,中间高耸,呈穹隆山地形,以五指山、鹦哥岭为隆起核心,向外围逐级下降,由山地、丘陵、台地、平原构成环形层状地貌,梯级结构明显。山地和丘陵是海南岛地貌的核心,占全岛面积的 38.7%,山地主要分布在岛中部偏南地区,丘陵主要分布在岛内陆和西北、西南部等地区;在山地丘陵周围,广泛分布着宽窄不一的台地和阶地,占全岛总面积的 49.5%;环岛多为滨海平原,占全岛总面积的 11.2%;其他 0.6%。

海南岛的山脉海拔高度多数在 500~800 m,属丘陵性低山地形。海拔超过 1 000 m 的山峰有 81 座,绵延起伏,海拔超过 1 500 m 的山峰有五指山、鹦哥岭、俄鬃岭、猴弥岭、雅加大岭和吊罗山等。

1.1.3　地质

海南岛位于欧亚板块、太平洋板块和印度板块的交界处。海南岛主要经历了早晋宁、晚晋宁、加里东、海西、印支、燕山和喜马拉雅等构造运动,各种方向、不同形态和不同性质的构造形迹组合,形成了东西向构造带、北东向构造带、北西向构造带、南北向构造带等主要构造体系,构成了本岛的主要构造格局。

海南岛地层(不含火山岩地层)出露面积约为 12 240 km²,约占海南岛面积的 36%,自中元古界以来,除缺失泥盆系、侏罗系外,其他时代地层均有分布;侵入岩出露面积 16 623 km²,约占全岛面积的 49%,主要岩石类型以二长花岗岩、正长花岗岩和花岗闪长岩类等为主;海南岛中生代火山岩出露面积约 970 km²,约占全岛面积的 2.9%,主要岩性有英安岩、流纹岩及玄武安山岩、玄武岩、安山质–英安质–流纹质火山碎屑岩、沉积火山碎屑岩等;新生代火山岩出露面积约 4 089 km²,占全岛面积的 12.1%,主要岩性有橄榄霞石岩、玻基橄辉岩等超基性熔岩类及橄榄玄武岩、辉石玄武岩、气孔状玄武岩、粗玄岩等基性岩类。

1.1.4　气象

海南属热带海洋性季风气候,全年暖热,雨量充沛,干湿季节明显,台风活动频繁。海南岛年日照时数为 1 750~2 650 h,年平均气温在 23~26 ℃,全年无冬。多年平均降水量在 1 750 mm,中部和东部相对湿润,西部及西部沿海相对干燥。降雨季节分配不均匀,冬春雨少,夏秋雨多。西、南、中沙群岛长夏无冬,全年平均气温 26.5 ℃。

1.1.5　河流

海南岛地势中部高、四周低,众多大小河流从中部山区或丘陵区向四周分流入海,构成放射状的海岛水系。全岛独流入海的河流共 154 条,集雨面积大于 100 km² 的各级干支流共有 93 条,其中独流入海的有 39 条。南渡江、昌化江、万泉河为海南岛三大河流,流域面积分别为 7 033 km²、5 150 km² 和 3 693 km²,三大河流流域面积占全岛面积的 47%。

流域面积在 1 000~2 000 km² 的河流有陵水河、宁远河,500~1 000 km² 的有珠碧江、望楼河、文澜江、藤桥河、北门江、太阳河、春江、文教河。

海南省多年平均水资源总量 303.7 亿 m³,折合年径流深 890.0 mm,多年平均降水深为 1 750.0 mm。2015 年,全省总供水量 45.02 亿 m³,其中地表水源占 93.1%,地下水源占 6.7%,其他水源占 0.2%;全省总用水量 45.02 亿 m³,其中生活用水占 16.7%,工业用水占 8.6%,农业用水占 74.2%,生态环境补水占 0.5%。

全省 94.2% 的监测河段、83.3% 的监测湖库水质符合或优于可作为集中式生活饮用水源地的国家地表水Ⅲ类标准,南渡江、昌化江、万泉河三大河流干流、主要大中型湖库及大多数中小河流的水质保持优良状态,但个别湖库和中小河流局部河段水质受到一定污染。

1.1.6 土壤

海南岛土壤类型可划分为 6 个土纲 8 个亚纲 15 个土类 27 个亚类 117 个土属和 193 个土种。其中地带性土壤有砖红壤、赤红壤、燥红壤和黄壤 4 个土类;非地带性土壤有水稻土、紫色土、新积土、沼泽土、火山灰土、石质土、滨海沙土、滨海盐土、酸性硫酸盐土、珊瑚沙土和石灰土等 11 个土类。砖红壤占土地总面积的 53.42%,是海南岛的主要土壤类型。赤红壤占土地总面积的 10.01%,分布于本省东部、西部的高丘、低山上。黄壤占土地总面积的 3.56%,主要分布于五指山脉东部、西部的中山山地。此外,占土地总面积 1% 以上的自然土壤还有燥红土、新积土、滨海沙土、火山灰土;占土地面积 1% 以下的有石灰(岩)土、珊瑚沙土、石质土、沼泽土、滨海盐土、酸性硫酸盐土等。

1.1.7 植被

海南的植被生长快,植物繁多,是我国热带雨林、热带季雨林的原生地。海南岛有维管束植物 5 860 种,约占全国植物种类的 15%,其中 630 多种为海南所特有。海南岛热带森林植被类型复杂,垂直分带明显,具有混交、多层、异龄、常绿、干高、冠宽等特点,主要分布于五指山、尖峰岭、霸王岭、吊罗山、黎母山等林区。2015 年全省森林覆盖率为 62.0%。

1.2 社会经济条件

1.2.1 社会经济

海南省辖 19 个市(县)196 个乡(镇)。2015 年全省年末常住人口 910.82 万,城镇人口比重为 55.12%,人口密度 257 人/km²。

2015 年全省地区生产总值 3 702.76 亿元。其中,第一产业增加值 855.82 亿元,第二产业增加值 875.13 亿元,第三产业增加值 1 971.81 亿元。三次产业增加值占地区生产总值的比重分别为 23.1∶23.6∶53.3。按年平均常住人口计算,全省人均地区生产总值 40 818 元,城镇常住居民人均可支配收入 26 356 元,农村常住居民人均可支配收入 10 858 元,贫困人口 47.7 万。

2015 年全省农林牧渔业完成增加值 881.69 亿元。其中,种植业完成增加值 407.89 亿元,占 46.3%;林业完成增加值 63.59 亿元,占 7.2%;畜牧业完成增加值 141.67 亿元,占 16.1%;渔业完成增加值 242.67 亿元,占 27.5%;农林牧渔服务业完成增加值 25.87 亿元,占 2.9%。

全年地方一般公共预算收入 627.7 亿元,地方一般公共预算支出 1 241.49 亿元。全年全省固定资产投资 3 355.4 亿元,全年施工项目 2 979 个,其中当年新开工项目 1 163 个,重点项目 393 个。

1.2.2　土地利用

全省农用地面积为 300.24 万 hm²,占土地总面积的 85.35%;建设用地面积为 30.69 万 hm²,占土地总面积的 8.72%;未利用地面积为 20.84 万 hm²,占土地总面积的 5.93%。

全省耕地面积为 72.98 万 hm²,占土地总面积的 20.75%,其中坡耕地 24.33 万 hm²;园地面积为 94.34 万 hm²,占土地总面积的 26.82%;林地面积为 121.27 万 hm²,占土地总面积的 34.47%;牧草地 0.58 万 hm²,占土地总面积的 0.16%;其他农用地 11.07 万 hm²,占土地总面积的 3.15%。全省未利用地中,其他草地 3.08 万 hm²,滩涂 13.28 万 hm²。

1.3　水土流失现状

1.3.1　水土流失类型

根据全国水土流失类型区划分,海南省属于水力侵蚀为主的南方红壤丘陵区,水土流失的类型主要是水力侵蚀,其次在西南部滨海平原存在风力侵蚀,花岗岩风化严重的地区存在着滑坡、崩塌等少量重力侵蚀。水力侵蚀的表现形式主要是面蚀和沟蚀。面蚀主要分布在坡耕地、坡园(林)地。坡耕地在岛内各市县均有分布,以儋州、澄迈、昌江、定安、白沙、屯昌等 6 市(县)最为集中,占全省坡耕地的 2/3 以上。园地多属坡地,林下植被覆盖差,降雨容易产生水土流失,儋州、琼中、昌江、白沙、琼海、澄迈、屯昌、万宁、乐东等市(县)均有大面积分布。沟蚀主要分布在儋州蚂蝗岭、澄迈黄龙岭、文昌翁田等地。此外,中小河流下游的台地、阶地存在沟岸冲刷、坍塌,澄迈、文昌等地存在零星崩岗等。

1.3.2　水土流失面积及分布

根据 2013 年全国第一次水利普查成果,海南省水土流失总面积为 2 116.04 km²,占海南省陆地总面积的 5.99%。在全省水土流失面积中,轻度侵蚀面积为 1 158.53 km²,占水土流失总面积的 54.7%;中度侵蚀面积为 615.42 km²,占水土流失总面积的 29.1%;强烈侵蚀面积为 241.15 km²,占水土流失总面积的 11.4%;极强烈侵蚀面积为 43.87 km²,占水土流失总面积的 2.1%;剧烈侵蚀面积为 57.07 km²,占水土流失总面积的 2.7%。水土流失强度分布见附表 1。

1.3.3　水土流失成因

(1)降雨量多,强度大。

海南岛形成暴雨的水汽、热力、动力条件十分优越,是全国暴雨最为频繁的地区之一,具有暴雨日数多、雨强大的特点。海南岛实测年最大降雨量达 5 525 mm(琼中县,1964 年),各地 1 h 最大降雨量达 80~100 mm,最大日降雨量 200~300 mm,尖峰岭曾出现过日降雨 749.2 mm。充沛且高强度的降雨成为水土流失发生的直接动力因素。

(2)土质疏松。

海南岛侵入岩分布区域约占全岛的 49%,该区域往往土质疏松,土壤颗粒级配不均,黏结力差,极易被径流冲刷形成高强度水土流失。

(3)生产建设活动加剧了人为水土流失。

一是坡耕地多,坡耕地占全岛耕地面积的 33.3%,加之群众长期以来有顺坡耕作的习惯,坡耕地面蚀和沟状侵蚀较为普遍。

二是园地面积占全岛总面积的 26.68%,林下植被覆盖差,高强度降雨下,也易形成水土流失。桉树、马占相思等纸浆林砍伐后,形成的稀疏残次林,存在严重的水土流失。

三是近年来,随着城镇化步伐加快和开发建设活动频繁,扰动地表、破坏植被、取土采石等生产建设活动加剧了人为水土流失的发生。

1.3.4 水土流失危害

水土流失造成土地资源的破坏和损失,加剧水旱灾害,导致生态环境恶化,制约着经济社会的可持续发展。

(1)破坏土地资源,降低土地生产力。

坡耕地、园地、疏林地表土侵蚀,造成土壤养分流失,引起土壤退化,降低土地生产力,影响农林产业的可持续发展;沟岸、河岸坍塌,蚕食地面,耕地减少,植被破坏,影响生态环境。

(2)泥沙淤积,影响防洪安全。

水土流失夹带着大量泥沙进入河道,抬高河床,影响行洪,加剧洪涝灾害;淤积库塘,缩短塘库使用寿命,降低其行洪调蓄能力,影响水资源的有效利用。水土流失极易加剧山洪灾害,诱发滑坡、泥石流等地质灾害,破坏周边环境,危及群众生命财产安全。

(3)加剧面源污染,影响水质安全。

水土流失带走泥沙的同时,将泥沙吸附的有机质、农药带入江河湖库,影响江河湖库水质,对饮用水质安全构成威胁。

(4)恶化生态,影响可持续发展。

水土资源是生态系统的基本要素和物质基础。水土流失造成土地退化,影响植被生长,水源涵养能力降低,生物群落减少,影响了生态系统的稳定;削弱了当地的农业生产基础,制约着农民收入水平的提高和生活质量的改善,损害了区域社会经济的可持续发展。

1.4 水土保持现状

1.4.1 发展历程

海南省各级政府历来重视水土保持工作。1956 年设立澄迈县水土保持试验推广站,1979 年成立文昌县水土保持试验推广站,先后治理澄迈山口、文昌龙楼等区域水土流失。1988 年建省办大特区后,确立了生态立省的发展战略,水土保持工作更加受到各级政府重视,逐步完善法规、政策,积极推进水土流失防治工作。1994 年,澄迈县列入全国第二批水土保持监督执法试点县。1999 年以来,在儋州、文昌、澄迈、海口、昌江等市(县)开展了中央预算内投资水土流失综合治理项目,2013 年始在革命老区开展国家水土保持重点工程建设。

1999 年 7 月海南省第二届人大常委会第八次会议审议批准了《海南生态省建设规划纲要》,2005 年 5 月省第三届人大常委会第十七次会议予以修订;2000 年 7 月 11 日,经省政府同意,发布了海南省水利局和海南省国土环境资源厅《关于划分水土流失重点防治区的公告》;2002 年 9 月 28 日省第二届人大常委会第二十九次会议审议通过《海南省实施〈中华人民共和国水土保持法〉办法》,2015 年 7 月 31 日海南省第五届人大常委会第十六次会议修订;2006 年 8 月 31 日,海南省人民政府发布了《海南省水土保持设施补偿费水土流失防治费征收管理暂行办法》;2008 年 11 月 13 日,海南省水务局、省发改委、省国土厅联合下发了《关于进一步加强开发建设项目水土保持工作的通知》;2014 年 9 月 23 日,海南省财政厅、物价局、水务厅、中国人民银行海口中心支行印发了《海南省水土保持补偿费征收使用管理办法》;2015 年 7 月 23 日,海南省物价局、海南省财政厅、海南省水务厅联合印发了《关于水土保持补偿费收费标准的通知》。水土保持法规及配套制度建设日臻完善。

1.4.2　取得成效

全省水土保持工作在各级政府的日益重视下,水土流失综合治理步伐明显加快,截至 2015 年全省已累计开展小流域综合治理 54 条,新增水土流失治理面积 406 km²,各项治理工程措施保存完好,充分发挥了保水、保土、拦沙蓄水的作用,取得了较好的生态效益、经济效益和社会效益。治理区生产生活条件显著改善,林草植被覆盖度逐步增加,水源涵养能力日益增强,生态环境明显趋好。海南省的水土保持成效,也得到了国家的高度重视,水土保持中央投资支持力度不断加大,"十二五"期间完成的水土保持投资是"十一五"的 2 倍以上。

同时,海南省水土保持机构不断健全,海南省水利局于 2000 年成立水资源水土保持处,海南省水务厅于 2013 年专门设立水土保持处,加强水土保持行政管理;2013 年成立了海南省水土保持学会,增强水土保持事业的社会力量。各市(县)水务部门均设有水资源水土保持科(股),配备相应人员和设备,乡(镇)设有水利工作站,归口管理水土保持事务。2005 年 12 月 6 日正式成立海南省水土保持监测总站,承担水土保持监测工作。

1.4.3　存在问题

(1)水土流失综合治理的任务依然艰巨。

全省经过多年连续治理,严重的水土流失区域得到了有效治理。但随着经济社会发展步伐的加快,热带特色产业的大力推进,坡地开发强度增大,新的水土流失又不断增加,水土流失综合治理的任务依然艰巨。

(2)水土保持投入机制有待完善。

近 10 年来全省水土保持投入总体呈增长趋势,但是单纯靠财政投入难以满足艰巨的治理任务要求。同时,水土保持属于基础公益性事业,经济效益相对较低,治理投入大、投资收益周期长、不确定性因素多,社会和群众参与治理的积极性不高,水土保持投入不足的问题日益凸显。

(3)生产建设项目造成的水土流失依然突出。

生产建设项目水土保持监督管理逐步规范和加强,人为水土流失得到了有效控制,但重视工程建设、忽视水土保持的现象依然存在,局部的人为水土流失问题依然突出。

(4)综合监管能力有待加强。

水土保持政府目标责任制等配套制度建设尚不能满足实际需求,基层水土保持监管能力不足,缺乏水土保持专业和行政管理人员,科技支撑及技术服务体系薄弱,现代化水平不高,监测网络及信息化建设有待加强。

(5)公众水土保持意识尚需进一步提高。

水土保持宣传教育和科学普及工作虽然取得了很大成绩,开发建设过程中急功近利、破坏生态的情况时有发生,全社会水土资源保护意识还有待进一步增强。

2　需求分析

2.1　面临的形势

在全面建设小康社会、加快推进社会主义现代化建设新的历史时期,党和国家将生态文明建设提升到前所未有的高度,将其与经济建设、政治建设、文化建设、社会建设一道,纳入社会主义现代化建设"五位一体"的总体布局。中共海南省委提出了以人为本、环境友好、集约高效、开放包容、协调可持续发展的"科学发展,绿色崛起"发展战略,努力创建全国生态文明示范区。

海南建省办大特区以来,经济社会发展水平和生活质量得以大幅提高,全社会的生态意识日益增强,建设幸福家园、美丽海南,创造美好生活,人民对美好生态环境有更高的期盼。

海南省仍属经济欠发达地区,经济社会处于快速发展期,农业开发活动不断增强,城镇化水平不断提高,交通、能源、水利等基础设施尚有待完善,今后一段时期基本建设项目仍将维持较大规模,工程建设和农业开发引发的人为水土流失问题依然突出。海南省暴雨强度大,历时短,容易引发水土流失危害。海南生态区域相对较小且相对独立,生态系统一旦破坏,恢复难度大,需要加大水土流失预防和治理工作。

2.2　需求分析

(1)构建以"一区二圈三河"为主体的生态安全战略格局的需要。

中部山地生态区是国家重要生态功能区、全国水土流失重点预防区、海南的主体生态屏障,需加强热带雨林功能建设,增强涵养水源能力。海洋生态圈,需加强保护,维持好海洋、海岛、海岸生态系统,减轻开发强度,加强生产建设项目监管。沿海台地生态圈,土地开发强度大,水土流失危害大,需治理水土流失和防治荒漠化,维护和改善生态环境。南渡江、万泉河、昌化江三大流域,需加强生态建设和环境治理,保护好饮用水源。水土保持是构建海南生态安全战略格局的重要手段和主要建设内容。

(2)发挥水源涵养和水质维护作用,保障用水安全的要求。

海南省独特的地理气候,使得可以利用的淡水资源量仅占水资源总量的39.3%,且降雨分布不均,洪涝灾害、旱灾均时常发生,部分地区用水困难。按2014年水资源量统计,全省水资源开发利用率11.7%,低于全国22.4%的平均水平。热带农业是海南省的重点产业之一,不可避免地对土地开发利用,加之海南的高温、高湿环境,易于带来水土流失和面源污染。通过实施植物措施和蓄水保土工程,减少地表径流,增加降水入渗,净化水质,增强蓄水、供水能力。

(3)对良好生产生活环境的需求要求水土保持发挥积极作用。

党的十八大提出建设生态文明,着力推进绿色发展、循环发展、低碳发展,为人民创造良好生产生活环境等一系列要求。随着人民生活水平、生活质量的提高,人民群众对生态环境问题日益关注,对良好宜居生态环境的需求日益强烈。海南省经济发展迅速,群众生产生活水平提高的同时对人居环境也提出了更高的要求,尤其是农村人居环境的改善,事关农民安居乐业、农村社会和谐稳定和生态环境改善,意义重大。当前,省委、省政府提出统筹推进城乡和区域协调发展,正在大力推进打造100个特色产业小镇、建设1 000个宜居宜业宜游的美丽乡村的工作,开展以生态清洁型小流域建设为主的水土流失综合治理,发挥其改善城乡生态环境和生产生活环境的作用,减少水土流失和面源污染,清洁河道,美化乡村,正当其时。

(4)合理保护和开发水土资源,推动农村和山区发展。

水土保持可以维护土壤资源,提高农业综合生产能力,夯实农业生产发展基础,改善农村生产生活条件。海南省山丘区约占国土面积的38.7%,区内坡耕地、经果林广泛分布,配套基础设施薄弱,耕地、经果林种植园质量总体不高。水土保持通过实施坡改梯,配套小型蓄排引水设施,可增加耕地数量、提高种植园质量、改善种植条件;建设林草植被、人工湿地、清洁设施、耕作道路,有利于改善农村生活环境。

(5)加强政府的社会管理和公共服务能力,要求水土保持不断深化改革,全面加强行业能力建设。

随着经济社会的迅速发展、社会主义市场经济体制的不断完善和依法治国进程的加快,要求进一步加强水土保持法制建设,全面落实政府目标责任制;依法建立和完善水土保持监督管理、监测评价制度,增强社会管理和服务功能;不断完善水土保持政策、技术标准、水土保持规划、科技支撑、机构和队伍五大体系,强化行业能力建设,以水土保持信息化推动水土保持现代化;深化改革,不断建立和完善统筹协调、水土保持补偿、公众监督和参与、投融资、重点工程建设和管理机制,推动水土保持事业新发展。

3　目标任务

3.1　指导思想

深入贯彻党的十八大和十八届三中、四中、五中、六中全会精神,认真落实党中央、国务院关于生态文明建设的决策部署,以中共海南省委第七次代表大会精神为指导,树立创新、协调、绿色、开放、共享的发展理念,围绕生态立省和国际旅游岛建设总体要求,以合理开发、利用和保护水土资源为主线,制定与海南省自然条件相适应、与经济社会可持续发展相协调的水土流失防治措施体系和布局,加强预防保护和综合治理,突出区域综合防治,创新体制机制,强化监督管理,实现水土资源的可持续利用、生态环境的可持续维护,为建设经济繁荣、社会文明、生态宜居、人民幸福的美好新海南奠定坚实的生态基础。

3.2　基本原则

(1)依法编制,服务大局。

《中华人民共和国水土保持法》和《海南省实施〈中华人民共和国水土保法〉办法》明确规定县级以上人民政府组织编制水土保持规划。党的十八大将生态文明建设纳入"五位一体"总体布局,海南省正在进行国际生态旅游岛建设、美丽乡村建设等,都对水土保持提出了新的更高要求,规划需服务于全省经济社会的发展大局。

(2)以人为本,尊重自然。

遵循以人为本的原则,保护和合理利用水土资源,注重人居环境和农村生产生活条件的改善;体现人与自然和谐相处的理念,重视自然修复。

(3)承上启下,突出特色。

省级水土保持规划要落实全国水土保持规划对区域内提出的目标与任务要求,并指导市(县)水土保持规划的开展。需立足海南省的实际,突出海南省的地方特色,提出切合海南省经济社会发展实际的规划指标和任务。

（4）全面规划，统筹兼顾。

规划内容涵盖预防、治理、监测、监督、科技、宣传、教育等诸多方面，必须统筹兼顾城市与农村、开发与保护、重点区域与一般区域，全面规划，统筹兼顾。

（5）合理布局，突出重点。

调查总结不同区域水土流失综合防治情况，分区制定水土流失防治目标、对策，坚持因地制宜，因害设防，分区防治，分类管理，合理布局。结合经济社会发展水平，在水土流失重点预防区和重点治理区划定的基础上，突出重点，区分轻重缓急，分期分步实施。

（6）加强监管，注重效率。

把水土流失预防放在首要位置，强化水土保持监督管理，将人为活动造成水土流失减少至最低程度。分析水土保持面临的形势，提出创新机制、完善综合监管、加强能力建设、提升科技创新能力、加快信息化建设步伐等综合监管举措，推动水土保持不断创新发展，提高水土流失防治效率。

3.3 编制依据

3.3.1 法律法规

（1）《中华人民共和国水土保持法》（全国人大常委会，1991年6月29日颁布，2010年12月25日修订）；

（2）《中华人民共和国水法》（全国人大常委会，1988年1月21日颁布，2002年8月29日修订）；

（3）《中华人民共和国防洪法》（全国人大常委会，1997年8月29日颁布，2009年8月27日修订）

（4）《中华人民共和国环境保护法》（全国人大常委会，1989年12月26日颁布，2014年4月24日修订）；

（5）《中华人民共和国森林法》（全国人大常委会，1984年9月20日颁布，1998年4月29日修订）；

（6）《海南经济特区水条例》（海南省人大常委会，1995年12月29日颁布，2010年3月25日修订）；

（7）《海南省实施〈中华人民共和国水土保持法〉办法》（海南省人大常委会，2002年9月28日颁布，2015年7月31日修订）。

3.3.2 技术标准

（1）《水土保持规划编制规范》（SL 335—2014）；

（2）《水土保持工程设计规范》（GB 51018—2014）；

（3）《土壤侵蚀分类分级标准》（SL 190—2007）；

（4）《水土保持综合治理技术规范》（GB/T 16453—2008）；

（5）《南方红壤丘陵区水土流失综合治理技术标准》（SL 657—2014）；

（6）《水土流失重点防治区划分导则》（SL 717—2015）；

（7）《水土流失危险程度分级标准》（SL 718—2015）。

3.3.3 技术文件与资料

（1）《全国主体功能区规划》（国发〔2010〕46号）；

（2）《海南省主体功能区规划》（海南省第六届人民代表大会常务委员会第十四次会议通过，2013 年 12 月）；

（3）《海南生态省建设规划纲要（修订）》（海南省第三届人民代表大会常务委员会第十七次会议通过，2005 年 5 月 27 日）；

（4）《海南省土地利用总体规划（2006—2020 年）》；

（5）《海南省地质灾害防治规划（2013—2020 年）》；

（6）《海南省自然保护区发展规划（2011—2025）》；

（7）《海南省水功能区划》（海南省水务局，2005 年 5 月）；

（8）《海南省人民政府关于划定海南省生态保护红线的通告》（海南省人民政府 琼府〔2016〕90 号）；

（9）水利部《关于开展〈全国水土保持规划编制〉工作的通知》（水利部 水规计〔2011〕224 号）；

（10）《水利部办公厅关于印发〈全国水土保持区划（试行）〉的通知》（水利部 办水保〔2012〕512 号）；

（11）《全国水土保持规划国家级水土流失重点预防区和重点治理区复核划分成果》（水利部 办水保〔2013〕188 号）；

（12）《全国水土保持规划（2015—2030 年）》。

3.4　规划水平年

规划基准年为 2015 年，规划期 2016—2030 年，近期规划水平年为 2020 年，远期规划水平年为 2030 年。

3.5　规划任务

制定与海南省自然条件相适应、与经济社会可持续发展相协调的防治目标和防治方略，综合防治水土流失，改善生态环境，保护耕地资源，改善农业生产条件，减少进入江河湖库泥沙量，维护饮水安全，减轻山洪灾害，提升区域水土保持功能，促进水土资源的可持续利用，保障经济社会的可持续发展。

本次对未来 15 年水土流失防治任务的总体安排是：对存在水土流失潜在危险的区域全面实施预防保护，重点是林草覆盖率较高的江河源区、重要水源地；对全省现状适宜治理的水土流失区域进行初步治理，重点是对以水质维护、人居环境改善、土壤保持为主导基础功能区域进行综合防治；健全水土保持监管体系，完善全省水土保持监测体系，全面提升水土保持综合监管能力。

3.6　规划目标

总体目标：到 2030 年，基本建成与海南省经济社会发展相适应的水土保持综合防治体系。全省水土流失面积明显减少，新增水土流失治理面积 1 200 km²，水土流失面积占陆域土地总面积的比例（水土流失率）下降到 3%以下，中度及以上侵蚀削减率 80%以上，重点防治区的水土流失得到基本治理。水土保持监测和水土保持信息化体系完备，水土保持综合监管和水土流失治理工作步入良性发展轨道，县级以上水土保持方案申报率达到 98%以上，水土保持设施验收率达到 95%以上（见表 3-20）。

表 3-20　规划主要指标

序号	指标	基准值	近期目标	远期目标	备注
1	水土流失率/%	5.99	5	3	预期指标
2	中度及以上侵蚀削减率/%	—	—	80	预期指标
3	新增治理面积/km²	—	600	1 200	约束性指标
4	水土保持方案申报率/%	—	95	98	预期指标
5	水土保持设施验收率/%	—	90	95	预期指标

　　近期目标:到 2020 年,初步建成与海南省经济社会发展相适应的水土保持综合防治体系,新增水土流失治理面积 600 km²,全省水土流失面积占陆域土地总面积的比例下降到 5% 以下,水土流失面积和强度有所下降,重点防治区水土流失总治理率达到 50%。健全水土保持监测和水土保持信息化体系,完善水土保持法规和制度,提升水土保持监督管理能力,有效控制生产建设造成的水土流失,县级以上水土保持方案申报率达到 95% 以上,水土保持设施验收率达到 90% 以上(见表 3-18)。

4　总体布局

4.1　总体方略

　　以《中华人民共和国水土保持法》、国家和省级主体功能区规划为依据,按照"预防为主、保护优先、全面规划、综合治理、因地制宜、突出重点、科学管理、注重效益"的方针,以全省水土保持区划为基础,统筹经济社会发展与水土资源保护的关系,以不断提升区域水土保持功能为目标,分区防治,综合施策,加强重点区域的综合防治,制定与主体功能区划相适应的水土流失预防、治理措施及管理政策,构建全省水土流失综合防治体系。

　　预防:坚持"预防为主、保护优先",采取突出重点、分级管理、强化约束的预防策略。对自然因素和人为活动可能造成的水土流失进行全面预防,促进水土资源"在保护中开发,在开发中保护",加强封育保护和局部治理,保护地表植被,扩大林草覆盖,将潜在水土流失危害消除在萌芽状态,加强监督、严格执法,从源头上有效控制水土流失。海南岛中部及西南部山丘区森林覆盖率高,生物多样性丰富,是海南省重要的生态安全屏障和物种资源宝库,同时也是全省主要河流的源头区,生态功能极为重要,在国家及海南省主体功能区划中被确定为重要生态功能区。因此,重点加强海南岛中部山区、琼西低山丘陵区的预防保护,强化南渡江、昌化江、万泉河等重要江河源头和主要饮用水源地水源涵养林建设,加大中部山区热带雨林保护力度。同时,加强预防管理制度建设,明确生产建设行为和农林开发活动限制性要求,严格控制水土流失影响较大的生产建设项目。

　　治理:坚持"综合治理、因地制宜",采取整体推进、局部优先、突出重点的治理策略。根据各地的自然和社会经济条件,分区分类合理配置治理措施,坚持生态优先,以小流域为单元,实施山水田林路系统治理,工程措施、林草措施和农业耕作措施相结合,形成综合防护体系,维护水土资源可持续利用。依据全省主体功能区划和区域发展规划,按照区域定位和治理需求,区分治理的轻重缓急,合理确定全省近、远期治理规模,整体推进全省水土流失治理。根据全省水土流失分布,加强琼北沿海台地、琼西沿海阶地以及琼东沿海丘陵区等水土流失重点区域的治理。

4.2 区域布局

海南省在全国水土保持区划中的一级区属南方红壤区(Ⅴ区),二级区属海南及南海诸岛丘陵台地地区(Ⅴ-8),三级区属海南沿海丘陵台地人居环境维护区(Ⅴ-8-1r)、琼中山地水源涵养区(Ⅴ-8-2h)、南海诸岛生态维护区(Ⅴ-8-3w)3个三级区。其中三级区确定了区域的水土保持主导基础功能、防治途径和技术体系,对全省水土保持措施布局具有较强的指导意义。海南省陆地面积较小,但区域自然条件差异大,同属海南沿海,东部降雨充沛,西部干旱,南部台地狭窄,北部海积平原宽广,水土流失形式多样,侵蚀强度和程度不一,水土流失防治模式不尽相同。为了科学合理地确定各地水土流失防治方向,因地制宜开展水土流失防治,在国家划定三级区的基础上,将全省进一步细分为7个水土保持分区。水土保持区划情况见附表2。

4.2.1 海文沿海阶地人居环境维护区

该区位于海口市、文昌市沿海,区域面积4 109 km²,区内地貌类型为海成阶地、低丘台地,雨量丰富,土壤类型主要为砖红壤、潮沙泥土、滨海沙土,土壤侵蚀以轻度为主。该区人口密度较大、人地矛盾突出,生产建设活动较为频繁,人为水土流失较为严重,生产建设活动产生的大量取土、弃渣等恶化了生态环境,削弱了城市生态功能。

该区水土保持的重点是加强城市水土保持和强化对开发建设行为的监管;加强滨海区防风固沙林带的建设;加强城乡湿地系统的预防保护,重视城市公园、湿地公园、风景名胜区的预防保护;加强城市绿化和生态河道建设,改善人居生态环境,满足人民群众对良好宜居环境的需求。

4.2.2 琼北沿海台地阶地土壤保持区

本区位于儋州市、临高县及澄迈县沿海,区域面积3 709 km²。该区属琼北阶地,区内主要河流有文澜江、北门江、春江等,年均降水量约1 500 mm,土壤侵蚀强度主要为轻度,部分速生丰产林、人工残次林等局部地区水土流失较为严重,是全省侵蚀沟规模最大、分布最集中的地区。

本区以维护土地资源、提高土壤保持功能为主要防治方向。实施小流域综合治理,加强坡面水系整治和沟道侵蚀治理,完善保土减蚀体系。实施疏残林下蓄水、截水工程,建设水土保持林草。完善沿海防护林体系,做好农田防护,减少入河入海泥沙。

4.2.3 南渡江中下游丘陵台地水质维护区

本区位于南渡江中下游海口市、儋州市、临高县、澄迈县和定安县等市(县)的部分区域,区域面积4 574 km²,地貌主要为丘陵、台地、阶地,降雨充沛,土壤类型主要为砖红壤、赤土、潮沙泥土,适合农作物、经济作物的生长。该区是海南北部地区城镇集中饮用水源取水地,坡耕地分布多,沟岸、河岸崩塌严重,有一定的崩岗分布,部分林地退化,细沟、浅沟侵蚀明显,河道淤积明显,河谷地带农业综合开发强度高。

该区水土保持重点是加强沟道整治,改造坡耕地和坡园地并配套坡面水系工程,建设生态清洁型小流域,维护水质安全,适当开展丘陵区的防洪排导工程减轻山洪灾害,局部地区实施崩岗治理。

4.2.4　琼东南沿海丘陵人居环境维护区

该区位于三亚市、陵水黎族自治县、万宁市、定安县、琼海市沿海,区域面积 6 832 km²。地貌类型以丘陵台地为主,区内河流主要有万泉河、太阳河、陵水河、宁远河等。土壤以黄色砖红壤为主,是橡胶、胡椒、槟榔等热带经果的主产区。台风侵袭较为频繁,人口密度较高,人为活动强度较大,生产建设活动较为频繁。存在坡园地水土流失、沟岸冲刷、沿海沙化以及生产建设项目水土流失严重等问题。

该区水土保持的重点是开展坡园地水土流失治理,改造坡耕地,完善坡面水系工程,实施封育保护,建设生态清洁小流域。同时,强化对开发建设行为的监管,注重城市水土保持建设,开展城镇局部水土流失的治理和城郊生态环境建设,满足人民群众对良好宜居环境的需求。

4.2.5　琼中山地水源涵养区

位于海南岛中部山区,涉及五指山市、屯昌县、白沙黎族自治县、琼中黎族苗族自治县和保亭黎族苗族自治县 5 县,区域面积 8 345 km²。区内地貌类型以中低山为主,是海南省山地面积最大、海拔最高的地区。区内分布有五指山、鹦哥岭、吊罗山、黎母山等。区内是万泉河、南渡江、昌化江的发源地,水资源丰富。土壤以山地赤红壤、山地黄壤为主。该区自然环境较好,局部存在水土流失现象,一是零星坡耕地、斑状开荒地产生水土流失,淤积水库,形成面源污染,影响水源水质;二是近年来基础设施项目建设大量增加,建设过程中存在水土流失现象。

该区水土保持的重点是加强森林植被保护,结合植被保护与建设营造水土保持水源涵养林,实施橡胶、槟榔等坡园地水土流失综合治理。严格实行25°以上陡坡地及20°以上直接面向水库集水区的坡地的退耕还林还草,强化生产建设项目水土保持预防监督管理。

4.2.6　琼西丘陵阶地蓄水保水区

位于海南岛西部,涉及昌江黎族自治县、乐东黎族自治县、东方市的大部,面积 6 629 km²。该区东接中部山地,地貌主要为低山丘陵,西临北海湾,为第四纪滨海平原,昌化江、感恩河、望楼河流经境内。该区是全岛降雨最少、干旱指数最大的区域。土壤类型以燥红壤、砖红壤、潮沙泥土为主。该区干旱缺水,坡耕地、坡园地较多,资源开采等生产活动造成的水土流失较为严重。工农业生产、居民生活主要靠水利工程供水,增加区域蓄水功能和水源涵养能力,减小泥沙淤积,保护水源水质是本区的主要任务。

该区水土保持的重点是开展坡地综合整治,配套灌排渠系,加强雨水集蓄利用;加大对矿产资源开发等生产建设活动的水土保持监管力度。

4.2.7　南海诸岛生态维护区

南海诸岛生态维护区位于南中国海,包括西沙群岛、中沙群岛、南沙群岛的岛礁及其海域。地貌主要为珊瑚礁地貌,根据与海平面的高差分为岛屿、沙洲、礁、暗滩、暗沙等类型,该区陆域面积较少,淡水资源稀缺,土壤极其珍贵,生态一旦遭到破坏,难以恢复。区域水土保持主导基础功能为生态维护。

该区重点是保护现有植被和土壤,加强雨水的积蓄利用,严格生产建设项目的水土保持预防监督管理,维护区域生态环境。

4.3　重点布局

　　按照"全面规划、突出重点"的工作方针,在区域布局的基础上,优先开展水土流失重点预防区和重点治理区的水土流失防治工作。

　　根据《水土保持法》的相关规定,在国家级水土流失重点预防区和重点治理区复核划分的基础上,根据省内水土流失调查结果和水土保持工作需要划分省级水土流失重点防治区。

4.3.1　国家级水土流失重点防治区

　　国家级水土流失重点防治区以县为基本单位。根据国家级水土流失重点预防区和重点治理区复核划分成果,海南省共有国家级水土流失重点预防区 1 处,即海南岛中部山区国家级水土流失重点预防区,包括白沙黎族自治县、琼中黎族苗族自治县、五指山市、保亭黎族苗族自治县,总面积 7 113 km^2,其中重点预防面积 2 760 km^2。

4.3.2　省级水土流失重点防治区

4.3.2.1　确定原则

　　(1)便于落实和考核水土流失防治工作的原则。结合海南省实际,重点防治区以乡(镇)为基本单位。

　　(2)水土流失潜在危险较大,对防洪安全、水资源安全和生态安全有重大影响的主要江河源头区、水源涵养区、饮用水水源保护区、海岸带以及省主体功能区规划确定的禁止开发区域等,划定为水土流失重点预防区。

　　(3)生态环境明显退化,崩塌、滑坡危险区和泥石流易发区等水土流失较严重的区域,划定为水土流失重点治理区。

　　(4)定性与定量指标相结合的原则。

　　(5)相对集中连片,重点防治区连片面积宜大于 100 km^2。

　　(6)与国家级水土流失重点防治区划分相衔接,省级重点预防区与重点治理区不相交叉、国家级与省级间不相重叠。

4.3.2.2　指标体系

　　根据海南省实际情况,筛选出定量和定性指标,建立指标体系,见表 3-21、表 3-22。

表 3-21　海南省水土流失重点预防区划分指标体系构成

划分指标			划分条件
定量指标	林草覆盖率/%	≥65	同时满足
	轻微度水土流失面积比/%	≥90	
定性指标	是否位于重要江河源头区	是	满足其中一条
	水土流失重度危险区面积比/%	≥30	
	生态功能重要性	重要	
	是否属于主体功能区规划的禁止开发区	是	

表 3-22　海南省水土流失重点治理区划分指标体系构成

划分指标				划分条件
定量指标	土壤侵蚀强度	水土流失面积比/%	≥10	同时满足
		中度以上水土流失面积比/%	≥45	
	坡耕地	坡耕地面积/万亩	≥3	满足其中一条
		坡耕地面积比/%	≥15	
	园地	园地面积/万亩	≥10	
		园地面积比/%	≥30	
定性指标	水土流失危害程度		严重	满足其中一条
	水土流失治理紧迫性		迫切	
	民生治理要求的迫切性		迫切	

4.3.2.3　省级重点防治区分布

依据省级重点防治区划分原则、指标体系,共划定海南省省级水土流失重点防治区面积 16 442 km²。其中,省级水土流失重点预防区面积 12 960 km²,约占海南省土地总面积的 36.7%;省级水土流失重点治理区面积共 3 482 km²,约占海南省土地总面积的 9.8%。海南省省级水土流失重点防治区分布名录见表 3-23、表 3-24。

表 3-23　海南省省级水土流失重点预防区分布名录

重点防治区类型	防治区代码及名称	涉及行政区		区域面积/km²
		市(县)	乡(镇)	
海南省省级水土流失重点预防区	SY1 – 北部海头至博鳌沿海水土流失重点预防区	儋州市	海头镇、排浦镇、白马井镇、新州镇、峨蔓镇、三都区	4 072
		临高县	新盈镇、调楼镇、东英镇、临城镇、博厚镇	
		澄迈县	桥头镇、福山镇、老城镇、大丰镇	
		海口市	石山镇、西秀镇、长流镇、海秀镇、灵山镇、演丰镇、三江镇、市辖区 21 个街道	
		文昌市	锦山镇、冯坡镇、翁田镇、昌洒镇、东阁镇、文教镇、东郊镇、文城镇、会文镇、重兴镇	
		琼海市	长坡镇、潭门镇、嘉积镇、博鳌镇	
	SY2 – 儋州屯昌琼海低丘台地水土流失重点预防区	儋州市	南丰镇、兰洋镇	1 399
		屯昌县	南坤镇、屯城镇	
		定安县	龙门镇	
		琼海市	会山镇	

续表 3-23

重点防治区类型	防治区代码及名称	涉及行政区		区域面积/km²
		市（县）	乡（镇）	
海南省省级水土流失重点预防区	SY3－海南岛西部水土流失重点预防区	昌江黎族自治县	七叉镇、石碌镇、海尾镇、王下乡	3 701
		东方市	板桥镇、江边镇、东河镇、天安乡、感城镇、新龙镇、八所镇、四更镇、三家镇	
		乐东黎族自治县	利国镇、黄流镇、莺歌海镇、佛罗镇、尖峰镇、抱由镇、万冲镇	
	SY4－东南沿海水土流失重点预防区	万宁市	龙滚镇、山根镇、和乐镇、北大镇、三更罗镇、后安镇、大茂镇、万城镇、长丰镇、东澳镇、南桥镇	3 788
		陵水黎族自治县	本号镇、椰林镇、三才镇、新村镇、英州镇、黎安镇	
		三亚市	海棠区、吉阳区、天涯区	
		三沙市	所属全部岛屿	
合计				12 960

表 3-24　海南省省级水土流失重点治理区分布名录

分区	防治区代码及名称	涉及行政区		区域面积/km²
		市（县）	乡（镇）	
海南省省级水土流失重点治理区	SZ1-琼西北沿海丘陵台地水土流失重点治理区	儋州市	和庆镇、东城镇、光村镇、中和镇、干冲区、新英湾区	1 074
		临高县	多文镇、和舍镇、南宝镇、加来农场	
	SZ2-南渡江中下游水土流失重点治理区	澄迈县	金江镇	645
		海口市	甲子镇、大坡镇	
		屯昌县	坡心镇	
	SZ3-海文东部沿海阶地水土流失重点治理区	文昌市	龙楼镇、公坡镇、铺前镇	351
	SZ4-万泉河中下游水土流失重点治理区	琼海市	石壁镇	136
	SZ5-昌化江下游水土流失重点治理区	昌江黎族自治县	昌化镇	429
		东方市	大田镇	
	SZ6-琼南沿海丘陵水土流失重点治理区	万宁市	礼纪镇	847
		陵水黎族自治县	光坡镇	
		三亚市	崖州区	
		乐东黎族自治县	九所镇	
合计				3 482

5　预防保护

5.1　范围与对象

5.1.1　预防范围

坚持"预防为主、保护优先",在海南省所有陆域上,实施全面预防保护。陡坡及荒坡垦殖、林木采伐、农林开发以及开办涉及土石方开挖、填筑或者堆放、排弃等生产建设活动及生产建设项目,都应根据水土保持法律法规的要求,采取综合防治措施,预防水土流失的发生。

预防的重点范围包括国家和省级水土流失重点预防区,大江大河的两岸,大型湖泊和水库周边,省内重要饮用水水源地,省政府划定并公告的崩塌、滑坡危险区和泥石流易发区以及公布的重要饮用水水源保护区、重要生态功能区等。

5.1.2　预防对象

(1)现有的天然林、郁闭度高的人工林、覆盖度高的草地等林草植被。

(2)河流的两岸以及湖泊和水库周边的植物保护带。

(3)沿海的植被、湿地。

(4)水土流失综合治理成果及其他水土保持设施。

5.1.3　容易发生水土流失的区域

根据国务院批复的《全国水土保持规划(2015—2030年)》关于容易发生水土流失的其他区域界定原则,海南省陆域均属于容易发生水土流失的区域。

5.2　预防原则

(1)突出重点。突出对水土流失重点预防区的预防保护,以封育保护为主要技术措施,局部辅以治理措施,配套管理措施,并对危害较大的生产建设活动实行必要的限制。

(2)发挥生态自我修复的能力。尊重自然规律,充分利用海南省适宜的光、热、降雨资源,实施封育保护,逐步提高其涵养水源、保持土壤等功能。

(3)与相关规划相协调。预防保护应当遵循主体功能区规划及国土、林业、农业等规划的总体格局,预防措施应与主体功能区要求相适应,预防保护指标应与相关规划相衔接。

5.3　措施与配置

5.3.1　措施体系

预防措施体系包括限制开发和禁止准入、保护管理、封育、辅助治理及农村能源替代等措施。

限制开发和禁止准入:禁止在崩塌、滑坡危险区和泥石流易发区从事取土、挖砂、采石、采矿等可能造成水土流失的活动;生产建设项目选址、选线应当避让水土流失重点预防区,经专题论证无法避让的,应提高水土流失防治标准,优化施工工艺,减少地表扰动和植被损坏范围,有效控制可能造成的水土流失;禁止开垦、开发植物保护带;禁止在25°以上陡坡地和20°以上直接面向水库集水区的荒坡地开垦种植农作物;禁止毁林开垦、烧山开荒和在陡坡地、干旱地区铲草皮、挖树兜;25°以上陡坡地和20°以上直接面向水库集水区的坡地禁止顺坡耕种;禁止采取全坡面全垦方式整地等。

保护管理:县级以上人民政府应当划定并向社会公告崩塌、滑坡危险区和泥石流易发区的范围;应当确定本行政区域内河流两岸、水库和湖泊周边、海岸带、侵蚀沟沟坡和沟岸的植物保护带范围,落实植物保护带的营造主体和管护主体,设立标志;植物保护带范围内的土地所有权人、使用权人或者有关管理单位应当营造植物保护带;在5°以上不足25°的坡地和20°以下直接面向水库集水区的坡地开垦种植农作物或者经济林的,应当根据当地实际情况,按照水土保持技术标准,采取修建梯田、修筑挡土墙、建设截排水系统、蓄水保土耕作等水土保持措施;在25°以上陡坡地和20°以上直接面向水库集水区的荒坡地造林的,应当优先建设生态公益林;种植经济林的,应当根据当地的实际情况,科学选择树种,合理确定种植模式,并按照水土保持技术标准,采取保护表土层、降低整地强度、建设蓄排水系统、坡面植草、设置植物绿篱等防治水土流失的措施;在封山育林区及水土流失严重地区,当地人民政府及其主管部门应当采取措施,改变野外放养牲畜的习惯,推行圈养。

封育:森林植被抚育更新、网围栏、人工种草、舍饲养畜等。

辅助治理:对局部区域水土流失采取的林草植被建设、坡改梯、侵蚀沟治理、农村垃圾和污水处理设施建设、人工湿地及其他面源污染控制等措施。

农村能源替代:以小水电代燃料、以电代柴、太阳能等新能源代燃料等措施。

5.3.2　措施配置

根据所处的不同水土保持功能区进行措施配置。水土流失预防区域主要涉及水源涵养、生态维护、水质维护、人居环境维护等水土保持分区。

(1)水源涵养功能区。以水源涵养为主导功能的区域人口相对较少,林草覆盖率较高。由于采伐与抚育失调、坡地开荒等不合理开发利用,森林生态功能降低,水源涵养能力削弱,局部水土流失严重。

措施配置:注重封育保护和水源涵养植被建设,配套建设植物保护带、沼气池、农村垃圾和污水处理设施及其他面源污染控制措施;局部存在水土流失的地块应采取林草植被建设、坡改梯、谷坊等措施综合治理。

(2)人居环境维护功能区。以人居环境维护功能为主的区域多分布在相对发达的城市或城市群及周边,人口稠密、经济发达,由于城市扩张、生产建设等活动频繁,人居环境质量下降。

措施配置:结合城市规划,对河道配置护岸护堤林,建设生态河道、园林绿地;城郊建设生态清洁型小流域;强化生产建设活动的监督管理。

(3)水质维护功能区。以水质维护为主导功能的区域分布有重要的城镇饮用水水源地,植被相对较好,局部水土流失向江河湖库输送泥沙,影响水质。

措施配置:对湖库周边的植被采取封禁措施,营造植物保护带;对距离湖库较远、人口较少、自然植被较好的山丘区实施封育保护;对农村居住区建设生活污水和垃圾处理设施、人工湿地等;对局部集中水土流失区开展以小流域为单元的综合治理,重点建设生态清洁型小流域。

(4)生态维护功能区。以生态维护为主导功能的区域,林草覆盖率较高,但局部存在植被破坏,生态系统稳定性降低。

措施配置:对林草植被破坏严重地区采取封山育林、改造次生林、退耕还林还草、营造水土保持林;对沿海地区建设沿海防护林。

5.4 重点预防项目

以水土流失重点预防区为基础,兼顾其他急需开展预防工作的区域,确定重要江河源头区、重要水源地、海岸带及附属岛屿水土保持等 3 类重点预防工程。本着遵循"大预防、小治理"的原则,充分考虑预防保护的迫切性、集中连片、重点预防为主兼顾其他的原则,确定各项目的范围、任务和规模。水土流失重点预防项目及规模见表 3-25。

表 3-25 水土流失重点预防项目及规模 单位:km²

工程名称	远期规模		近期规模	
	预防面积	治理面积	预防面积	治理面积
重要江河源头区水土流失重点预防工程	2 500	130	1 250	65
重要水源地水土流失重点预防工程	3 700	140	1 800	70
环岛沿海及附属岛屿水土流失重点预防工程	2 000	100	1 000	50
合计	8 200	370	4 050	185

5.4.1 重要江河源头区水土保持

重要江河源头区水土保持即海南岛中部山区水土流失重点预防工程。

5.4.1.1 范围

范围主要为南渡江、昌化江、万泉河、陵水河、宁远河等重要江河源头,涉及三亚市、五指山市、白沙黎族自治县、保亭黎族苗族自治县、琼中黎族苗族自治县。其中,五指山、白沙、保亭、琼中 4 市(县)为海南岛中部山区国家级水土流失重点预防区。

区内植被覆盖率总体较高,分布有较多的自然保护区、森林公园、风景名胜区,水土流失相对较轻。但近年来,区内天然森林遭受严重破坏,水源涵养能力降低,局部地区水土流失加剧。

5.4.1.2 任务和规模

任务:禁止开发天然林,封育保护为主,辅以综合治理,实施退耕还林,实现生态自我修复,推进水源地生态清洁型小流域建设,建立可行的水土保持生态补偿制度,以达到提高水源涵养功能、控制水土流失、保障区域社会经济可持续发展的目的。

规模:远期累计防治面积 2 630 km²,其中预防 2 500 km²,治理水土流失面积 130 km²。近期防治面积 1 315 km²,其中预防面积 1 250 km²,治理水土流失面积 65 km²。重要江河源头区水土流失重点预防项目规划范围及规模见表 3-26。

表 3-26 重要江河源头区水土流失重点预防工程范围及规模 单位:km²

江河源头名称	市(县)	乡(镇)	远期规模		近期规模	
			预防面积	治理面积	预防面积	治理面积
南渡江	白沙黎族自治县	细水乡、南开乡、元门乡、牙叉镇、阜龙乡	700	35	350	17
	琼中黎族苗族自治县	黎母山镇	120	6	50	3

续表 3-26 单位:km²

江河源头名称	市(县)	乡(镇)	远期规模		近期规模	
			预防面积	治理面积	预防面积	治理面积
昌化江	琼中黎族苗族自治县	什运乡、红毛镇	150	10	80	5
	五指山市	毛阳镇、番阳镇、毛道乡、通什镇、水满乡、畅好乡、南圣镇	500	25	250	13
万泉河	琼中黎族苗族自治县	湾岭镇、中平镇、营根镇、长征镇、上安乡、吊罗山乡、和平镇	450	21	230	10
陵水河	保亭黎族苗族自治县	什岭镇、保城镇	200	12	100	6
	陵水县	本号镇	100	5	50	2
宁远河	保亭黎族苗族自治县	毛感乡	130	8	90	6
	三亚市	天涯区	150	8	50	3
合计			2 500	130	1 250	65

5.4.2 重要水源地水土保持

重要水源地水土保持即海南岛重要饮用水源地水土流失重点预防工程,包括 13 个重点饮用水库和 2 个重要河道饮用水源地。

5.4.2.1 范围

以《水利部关于印发〈全国重要饮用水水源地名录(2016 年)〉的通知》和《海南省城市饮用水水源地环境保护规划》划定的湖库型饮用水水源地为主,重点是集雨面积超过 200 km² 的 13 宗大中型供水水库,以及南渡江引水工程、文教河中下游河段等 2 宗河道型饮用水源地纳入重要水源地水土保持重点预防工程(见表 3-27)。

表 3-27 重要水源地水土流失重点预防工程范围及规模 单位:km²

水源地名称	县(市、区)	乡(镇)	远期规模		近期规模	
			预防面积	治理面积	预防面积	治理面积
天角潭水库	儋州市	东城镇、那大镇	200	7	100	3
松涛水库	儋州市	南丰镇、兰洋镇	100	4	40	2
	白沙黎族自治县	细水乡、南开乡、元门乡、牙叉镇、阜龙乡	150	6	80	3
	琼中黎族苗族自治县	黎母山镇	150	6	80	3

续表 3-27

水源地名称	县(市、区)	乡(镇)	远期规模		近期规模	
			预防面积	治理面积	预防面积	治理面积
迈湾水库	儋州市	兰洋镇	80	4	30	2
	屯昌县	南坤镇	100	4	50	2
	澄迈县	仁兴镇	100	4	50	2
	琼中黎族苗族自治县	黎母山镇	100	4	40	2
南渡江引水工程	海口市	东山镇	70	4	30	2
	澄迈县	永发镇	100	4	50	2
万宁水库	万宁市	南桥镇、礼纪镇、长丰镇	250	7	100	4
牛路岭水库	琼中黎族苗族自治县	和平镇、上安镇、长征镇	100	4	50	2
	万宁市	三更罗镇	100	4	50	2
	琼海市	会山镇	100	4	50	2
赤田水库	三亚市	海棠区	100	4	50	2
	保亭黎族苗族自治县	三道镇	150	4	50	2
大隆水库	三亚市	天涯区	250	10	100	5
文教河中下游	文昌市	文教镇、东阁镇	200	8	100	4
石碌水库	昌江黎族自治县	石碌镇	150	4	100	4
	白沙黎族自治县	金波乡	100	5	50	2
长茅水库	乐东黎族自治县	大安镇、抱由镇、尖峰镇	200	8	100	4
陀兴水库	东方市	板桥镇、感城镇、江边乡	150	6	100	4
大广坝水库	乐东黎族自治县	抱由镇、万冲镇	150	5	60	2
	东方市	江边乡	150	5	90	2
戈枕水库	昌江黎族自治县	七叉镇	100	4	50	2
	东方市	东河镇	100	4	50	2
红岭水库	琼中黎族苗族自治县	营根镇、中平镇、湾岭镇	200	7	100	4
合计			3 700	140	1 800	70

注:1. 迈湾水库、天角潭水库为十三五规划重点建设工程;

2. 南渡江引水工程含龙塘水源地及东山取水口;

3. 集雨面积小于 200 km² 的水库水源地,纳入相应重点片区水土流失治理工程。

5.4.2.2　任务和规模

主要任务为保护和建设以水源涵养为主的森林植被,开展生态自然修复,林下水土流失治理,近库(湖、河)及村镇周边建设植物保护带、湿地等措施,控制入河(湖、库)的泥沙及面源污染物,维护水质安全。

规模:远期累计防治面积 3 840 km^2,其中预防面积 3 700 km^2,治理水土流失面积 140 km^2。近期防治面积 1 870 km^2,其中预防面积 1 800 km^2,治理水土流失面积 70 km^2。

5.4.3　环岛沿海及附属岛屿水土保持

海南岛沿海海岸及南海诸岛是国家重点生态功能区。该区生态系统脆弱,同时受台风暴雨等的影响,潜在的水土流失危险较大。近年由于开发强度的增加,红树林、湿地、防护林带萎缩,蓄水保土功能降低,生态环境有退化趋势。应加大红树林、沿海湿地的保护,强化生产建设项目水土保持监督管理,生态敏感地区实施生态修复与保护,加强防护林带建设。

环岛沿海及附属岛屿水土保持重点预防工程包括海南岛环岛沿海水土流失重点预防工程、附属岛屿水土流失预防试点工程。

(1)海南岛环岛沿海水土流失重点预防工程。

范围:主要包括海岸线至海南环线高速公路、环线铁路之间的区域。

任务和规模:健全海岸线保护机制,加强海防林带建设,加强湿地修复与保护,实施沟岸、海岸整治,修复海岸自然环境。

规划远期累计防治面积 2 100 km^2,其中预防面积 2 000 km^2,治理面积 100 km^2。近期防治面积 1 050 km^2,其中预防面积 1 000 km^2,治理面积 50 km^2。

(2)附属岛屿水土流失预防试点工程。

范围:南海诸岛及海南岛附属岛屿,主要指陆域面积大于 1 km^2 的岛屿(见表 3-28)。

表 3-28　环岛沿海及附属岛屿水土保持重点预防工程范围及规模　　　　　单位:km^2

项目名称	县(市、区)	乡(镇、街道)	远期规模		近期规模	
			预防面积	治理面积	预防面积	治理面积
海南岛环岛沿海水土流失重点预防工程	海口市	三江镇、演丰镇、灵山镇、海秀镇、长流镇、西秀镇、石山镇	100	5	50	2
	文昌市	锦山镇、冯坡镇、翁田镇、昌洒镇、东郊镇、文教镇、东阁镇、文城镇、会文镇、重兴镇	200	10	100	5
	临高县	新盈镇、调楼镇、东英镇、临城镇、博厚镇	100	5	50	3

续表 3-28

项目名称	县(市、区)	乡(镇、街道)	远期规模		近期规模	
			预防面积	治理面积	预防面积	治理面积
海南岛环岛沿海水土流失重点预防工程	儋州市	海头镇、排浦镇、新州镇、三都区、峨蔓镇、白马井镇	200	10	100	5
	澄迈县	桥头镇、福山镇、老城镇、大丰镇	200	10	100	5
	东方市	板桥镇、感城镇、新龙镇、八所镇、四更镇、三家镇	100	5	50	3
	昌江黎族自治县	海尾镇	150	8	80	3
	乐东黎族自治县	利国镇、黄流镇、佛罗镇、尖峰镇、莺歌海镇	200	10	100	5
	琼海市	长坡镇、潭门镇、嘉积镇、博鳌镇	150	6	70	3
	万宁市	龙滚镇、山根镇、和乐镇、后安镇、大茂镇、万城镇、东澳镇	300	15	150	8
	陵水黎族自治县	椰林镇、三才镇、新村镇、英州镇、黎安镇	150	8	80	4
	三亚市	海棠区、吉阳区、天涯区	150	8	70	4
		合计	2 000	100	1 000	50
附属岛屿水土流失预防试点工程	三亚市、文昌市、万宁市、三沙市	西瑁洲、蜈支洲岛、七洲烈岛、大洲岛、永兴岛	—	—	—	—

任务和规模:结合海岛旅游规划,划定禁止扰动范围,适度开展适生植被建设,增加雨水集蓄设施,保护土壤和淡水资源。先期开展试点,为附属海岛充分截蓄淡水和保持土壤,创造和改善生境积累经验。由于附属海岛陆域规模较小,不设具体建设指标,实施阶段,建设任务从海南岛环岛沿海水土流失重点预防工程切块实施。

6 综合治理

6.1 范围与对象

6.1.1 治理范围

贯彻"综合治理、因地制宜"的要求,对水土流失地区实施综合治理,维护和增强区域水土保持功能,夯实全面建成小康社会的生态基础。

范围主要包括对重要江河湖库影响较大的水土流失区域;威胁土地资源,造成土地生产力下降,直接影响农业生产和农村生活,需开展保护性治理的区域;涉及革命老区、贫困人口集中地区、少数民族聚居区等特定区域。

规划期内重点治理范围以省级水土流失重点治理区为主,同时兼顾重点治理区以外存在严重水土流失的区域。

6.1.2　治理对象

包括存在水土流失的坡耕地、坡园地、残次林地、荒山荒地、侵蚀沟道等。

6.2　措施与配置

6.2.1　措施体系

主要包括工程措施、林草措施和耕作措施。集镇周边、重要饮用水源地,应结合美丽乡村建设,采取人工湿地净化、植物带隔离、库滨及居民庭院清洁美化等措施,建设生态清洁小流域。

工程措施包括坡改梯、坡林(园)地整治、雨水集蓄利用、径流排导、沟头防护等坡面工程,谷坊、拦沙坝、塘坝等沟道工程,削坡减载、边坡防护等边坡工程。

林草措施包括营造水土保持林、经果林、种草、植物篱,发展复合农林业,开发与利用高效水土保持植物,河流两岸及湖泊和水库的周边营造植物保护带。

耕作措施包括等高耕作、轮耕轮作、免耕少耕、间作套种等。

6.2.2　措施配置

6.2.2.1　根据治理对象配置措施

水土流失综合治理应以小流域为单元,以溪沟整治为脉络,以坡耕地、坡园地、侵蚀沟等水土流失地块为重点,坡沟兼治。

坡耕地治理主要措施有修建梯田、坡面水系整治、雨水集蓄利用、径流排导及水土保持林草措施等。

坡园地治理主要措施有带状整地、种植植物篱拦挡和增加地面覆盖防护、雨水集蓄利用、径流排导等。

残次林地以封育保护为主,同时采取补植林木等措施,林木补植主要以水土保持树种为主。

侵蚀沟分布集中的地区,采用坡面修截水沟埂,侵蚀沟内修建谷坊、拦沙坝,侵蚀沟周边乔、灌、草结合恢复植被。

6.2.2.2　根据水土保持分区的主导基础功能进行措施重点布局

根据水土流失分布及水土保持分区情况,水土流失主要集中片区涉及的主导基础功能主要有土壤保持、水质维护、蓄水保水、人居环境维护等。

(1)土壤保持功能区。以土壤保持为主导功能的区域主要分布在琼西北沿海台地阶地,行政区域主要为儋州市、临高县及澄迈县沿海。区内地貌以台地、阶地为主,丘陵地带林地退化后产生的水土流失较为严重,侵蚀沟分布相对集中,沿海还有土地沙化现象。

措施配置:以小流域为单元进行沟、坡兼治。面状侵蚀为主的区域以封育保护为主要措施,辅以苗木补植、林分改造等措施,促进生态自然修复;坡面采取截水沟措施,侵蚀沟采取沟边修沟边埂、沟道筑谷坊、沟壁建植被治理;25°以上及20°以上直接面向水库集水区的坡耕地应退耕还林,优先建设生态公益林,缓坡耕地的应采取修建水平梯田、条带状耕作、免耕少耕等措施减少水土流失,渠路配套或做好道路排水消能设施,防止路沟侵蚀,水源条件较好的完善灌排体系,提高耕地质量。沿海风沙区营造以木麻黄、大叶相思、山棘等为主的抗蚀保土耐旱的防风固沙林带。

(2)水质维护功能区。以水质维护为主导功能的区域主要分布在南渡江中下游,包括儋州市、澄迈县、定安县、屯昌县、临高县、海口市等市(县)的部分区域。区内人口分布较密,坡耕地分布多,沟岸、河岸崩塌严重,河道淤积明显。

措施配置:实施水源地清洁小流域建设,对湖库周边的林地在林分改造的基础上实施封育保护,营造湖库植物保护带,对近湖库的农村居住区建设生活污水和垃圾处置设施;改造坡耕地和坡园地并配套坡面水系工程,推进退耕还林还草实施。

(3)蓄水保水功能区。以蓄水保水为主导功能的区域主要分布在琼西丘陵阶地区,处于昌江、东方、乐东县(市)境内,少雨干旱,主要靠水利工程蓄水供水解决生产生活用水。荒地较多,林下水土流失严重,土地沙化、盐碱化严重,建设植被,固土蓄水,减少坡耕地水土流失和减轻水库的淤积和面源污染,是该区水土保持的主要任务。

措施配置:重点开展坡耕地综合整治,配套灌排渠系,加强雨水集蓄利用;推进退耕还林,加大林草措施建设力度,通过封育保护、林分改造、补种补植等措施促进生态自然修复;降低商品用材林的比例,逐步扩大生态公益林面积,推广混交种植模式,提高水源涵养和水土保持能力。

(4)人居环境维护功能区。海文沿海、东部沿海的城镇及其周边区域以人居环境维护功能为主。该区人口密度较高,人为活动强度较大,生产建设活动较为频繁,坡耕地、园地开发强度大,原生植被破坏严重。

措施配置:开展城郊林地、园地、坡耕地水土流失治理,完善坡面水系工程,对现有林地实施封育保护,加强河道、入海口的边岸保护,保护土地资源,建设生态河道。结合城市景观建设,加强滨海区防风固沙林带的建设。加强生产建设活动的监管,减轻人为水土流失强度。

6.3　重点治理项目

以水土流失重点治理区为主要范围,结合扶贫攻坚、美丽乡村建设和全面建设小康社会的需求,确定重点治理范围和对象,规划重点区域水土流失综合治理、坡耕地水土流失综合治理、林下水土流失治理、水土流失综合治理示范区建设等4类重点工程。水土流失重点治理工程及规模见表3-29。

表3-29　水土流失重点治理工程及规模　　　　　　　　单位:km^2

工程名称	远期规模	近期规模	备注
重点区域水土流失综合治理工程	530	275	含水土流失综合治理示范区建设工程
坡耕地水土流失综合治理工程	200	110	
林下水土流失治理工程	100	30	
水土流失综合治理示范区建设工程	(100)	(40)	指导性指标,由以上治理工程连片构成,不单独计列治理任务
合计	830	415	

6.3.1　重点区域水土流失综合治理

6.3.1.1　范围

主要分布在以土壤保持、水质维护和人居环境维护水土保持功能为主的区域，涉及全部省级水土流失重点治理区。包括南渡江中下游、昌化江下游、万泉河中下游、琼西北沿海、海文东部沿海、琼南沿海片区水土流失相对严重的区域。

6.3.1.2　任务和规模

主要任务以片区或小流域为单元，山水田林路渠村综合规划，以坡耕地、坡园地、侵蚀沟的水土流失治理为主，结合溪沟整治，沟坡兼治，生态与经济并重，着力于水土资源优化配置，提高土地生产力，促进农业产业结构调整，改善群众生产生活环境。

到 2030 年，累计治理水土流失面积 530 km²，其中到 2020 年治理 275 km²。重点区域水土流失综合治理项目分布情况见表 3-30。

表 3-30　重点区域水土流失综合治理工程范围及规模　　　　单位：km²

重点治理工程名称	涉及市(县)	乡(镇、街道)	远期规模	近期规模
南渡江中下游水土流失重点治理工程	儋州市	南丰镇、兰洋镇	36	18
	澄迈县	仁兴镇、中兴镇、加东镇、金江镇、瑞溪镇、永发镇、文儒镇	30	15
	定安县	定城镇、新竹镇、龙湖镇	8	4
	屯昌县	南昌镇、西昌镇	15	8
	海口市	东山镇、甲子镇、大坡镇	30	15
琼西北沿海丘陵台地侵蚀沟综合治理工程	儋州市	和庆镇、中和镇、东成镇、木棠镇、光村镇、	50	25
	临高县	南宝镇、加来农场、多文镇、和舍镇	50	25
海文东部沿海阶地水土流失重点治理工程	文昌市	铺前镇、锦山镇、冯坡镇、公坡镇、龙楼镇	47	24
昌化江下游水土流失重点治理工程	昌江黎族自治县	昌化镇、七叉镇	44	30
	东方市	大田镇、天安乡、东河镇	50	25
万泉河中下游水土流失重点治理工程	琼海市	石壁镇、会山镇、龙江镇	20	10
	定安县	中瑞农场	10	5
	屯昌县	坡心镇、南吕镇、乌坡镇	20	10
琼南沿海丘陵水土流失重点治理工程	乐东黎族自治县	九所镇	20	11
	三亚市	崖州区	10	5
	陵水黎族自治县	光坡镇	40	20
	万宁市	礼纪镇、龙滚镇、山根镇、后安镇	50	25
合计			530	275

6.3.2　坡耕地水土流失综合治理

6.3.2.1　范围

项目主要分布在坡耕地分布相对集中、水土流失相对严重的区域,将全省坡耕地面积10万亩以上的市(县)以及国定贫困县纳入项目县,包括儋州、澄迈、昌江、定安、白沙、屯昌、海口、东方、琼海、临高、乐东、琼中、保亭、五指山14个市(县)。

6.3.2.2　任务和规模

控制水土流失,保护耕地资源,提高土地生产力,减少入库泥沙和沟道淤积,减轻路沟侵蚀,改善生产条件。适宜的坡耕地改造成梯田,配套道路、灌排水系,推行保土耕作。

到2030年,累计综合治理坡耕地200 km²(30万亩),其中近期2020年治理坡耕地面积110 km²(16.5万亩)。

坡耕地水土流失综合治理工程范围及规模见表3-31。

表 3-31　坡耕地水土流失综合治理工程范围及规模　　　　　　　单位:km²

项目市县	乡(镇、街道)	远期规模	近期规模
海口市	旧州镇、新坡镇、遵谭镇、永兴镇、三门坡镇、大致坡镇	5	3
儋州市	雅星镇、大城镇、那大镇、王五镇、东城镇	12	7
澄迈县	仁兴镇、瑞溪镇、福山镇、大丰镇	12	7
临高县	多文镇、博厚镇、皇桐镇、波莲镇	12	8
定安县	龙门镇、雷鸣镇、龙河镇	10	5
屯昌县	新兴镇、南坤镇、屯城镇	6	3
昌江黎族自治县	叉河镇、十月田镇、石碌镇	15	8
东方市	大田镇、九所镇、新龙镇、感城镇、板桥镇	20	12
乐东黎族自治县	抱由镇、千家镇、尖峰镇、利国镇、九所镇、黄流镇	20	12
琼海市	长坡镇、大路镇、万泉镇、阳江镇、中原镇	10	5
白沙黎族自治县	荣帮乡、帮溪镇、七坊镇、牙叉镇	27	14
琼中黎族苗族自治县	湾岭镇、长征镇、和平镇	20	10
保亭黎族苗族自治县	什玲镇、响水镇、新政镇	16	8
五指山市	南圣镇、番阳镇、毛阳镇	15	8
合计		200	110

6.3.3　林下水土流失治理

海南省坡园地目前主要采用机械垦殖,扰动土地强度大,造林整地方式不规范,林下植被破坏,覆盖率低,加之海南省独特的气候、土壤环境,导致林下水土流失较为普遍,引起土壤养分降低,化肥使用量增加,水库泥沙淤积和富营养化加重,沟道淤积,加重山洪灾害,是热带产业可持续发展和国际旅游岛建设必须重视和解决的问题。

6.3.3.1　范围

以热带农业产业开发重点县为项目县,以槟榔、芒果等林下覆盖较差、易引起水土流失的经济林、果木林,以及稀疏残次林为重点治理范围。主要项目县为琼海、儋州、文昌、万宁、东方、定安、屯昌、澄迈、临高、昌江、乐东、陵水12个市(县),按照先行试点、稳步推进的方针,总结成熟经验后再大面积推广实施。

6.3.3.2 任务和规模

增加地表覆盖,完善坡面截排水系,合理布设生产道路,控制坡面水土流失和路沟侵蚀,保护土地生产力,减少河道、水库淤积,减轻山洪灾害。

远期治理水土流失面积100 km²,近期治理水土流失面积30 km²。

林下水土流失综合治理工程分布见表3-32。

表3-32 林下水土流失综合治理工程范围及规模

单位:km²

项目市(县)	乡(镇、街道)	远期规模	近期规模
文昌市	锦山镇、冯坡镇、抱由镇、潭牛镇、翁田镇、重兴镇、文城镇	15	5
儋州市	南洋镇、雅星镇、大成镇、那大镇、和庆镇	4	1
澄迈县	中兴镇、仁兴镇、加乐镇、瑞溪镇	4	1
临高县	博厚镇、东英镇、调楼镇、新盈镇、临城镇	4	1
定安县	黄竹镇、龙河镇、龙门镇	4	1
屯昌县	新兴镇、枫木镇、坡心镇	3	1
昌江县黎族自治县	七叉镇、叉河镇、石碌镇	25	5
东方市	江边乡、天安乡、大田镇	16	5
乐东黎族自治县	尖峰镇、千家镇	15	5
琼海市	博鳌镇、中原镇、加积镇	10	5
合计		100	30

6.3.4 水土流失综合治理示范区建设

水土流失综合治理示范区建设即水土保持生态文明建设示范区工程。

为突出重点,典型引路,示范推动,在水土流失主要分布的海南沿海丘陵台地区,拟选择昌江黎族自治县建设水土保持生态文明示范区。

示范区模式突出以农林开发水土流失治理和生态旅游为主的治理模式,示范区规模不小100 km²,由重点区域水土流失综合治理工程及其他重点治理工程连片建成。

7 监测规划

7.1 监测任务

依据法规的要求,县级以上水行政主管部门应当加强水土保持监测工作,发挥水土保持监测工作在政府决策、经济社会发展和社会公众服务中的作用。各级监测管理部门和工作机构要依法落实各自的监测任务与职责。

省水务厅统一管理辖区内水土保持监测工作,负责组织编制省级相关规划、制定相关规章制度,开展水土流失动态监测、水土保持监管重点监测以及水土保持调查,定期发布辖区水土保持公报。

省水土保持监测站负责编制水土保持监测规划和实施计划,建立水土保持监测信息网;负责水土保持监测工作,保障省级监测点的正常运行与维护;建设完善辖区内水土保持监测网络;负责监测网络运行管理、数据采集与汇总、成果分析评价与报送等工作;负责对监测工作的技术指导、技术培训和科技合作与交流;负责对下级监测成果进行鉴定和质量认证,编制水土保持监测公告。监测站点规划见附表5。

县级水行政主管部门在上级主管部门的统一部署下开展监测工作,承担辖区内监测点运行管理工作,配合水利部和省级开展水土流失动态监测,开展审批权限内生产建设项目水土保持监督性监测,开展国家水土保持重点工程治理成效监测评价,根据社会关注重点开展水土保持特定区域监测和重大水土流失事件监测,开展水土流失违法事实监测。

7.2 监测规划

7.2.1 完善站网布局

7.2.1.1 站网现状

海南省水土保持监测体系分为省水土保持监测总站和市(县)水土流失监测点两级。监测点包括地面定位监测点、野外调查单元、重要的生态建设项目和生产建设项目水土保持监测点。

目前,全省已经建成了1个监测总站和9个监测点,9个监测点分别分布在9个不同市(县),主要结合水文站建设。监测点类型包括1个综合观测场、1个坡面径流场、1个水土保持科技示范园和6个利用水文站监测点。主要河流的泥沙监测是掌握全省水土流失动态变化结果最为直观的方法。全省尚有10个市(县)没有监测点。水土保持监测点现状分布见表3-33。

表3-33 海南省水土保持监测点现状分布情况一览

编号	监测点名称	行政区		流域水系	备注
		所在市(县)	所在乡(镇)		
琼—1	蚂蝗岭小流域综合观测场	儋州市	东城镇	光村河榕妙水	
琼—2	三滩水文观测站	定安县	新竹镇	南渡江	利用水文站
琼—3	龙塘水文观测站	海口市	龙塘镇	南渡江	利用水文站
琼—4	加积水文观测站	琼海市	加积镇	万泉河	利用水文站
琼—5	乐东水文观测站	乐东黎族自治县	抱由镇	昌化江	利用水文站
琼—6	宝桥水文观测站	昌江黎族自治县	叉河镇	昌化江	利用水文站
琼—7	加报水文观测站	琼海市	东太农场	万泉河	利用水文站
琼—8	大陆坡坡面径流场	屯昌县	屯城镇	南渡江新吴溪	
琼—9	呀诺达水土保持科技示范园	保亭黎族苗族自治县	三道镇	藤桥河	示范园

7.2.1.2 站网规划

根据现状分析,按照区域代表性强、重点突出、类型多样的布局原则,综合考虑海南省地形地貌和土壤类型多样、降雨量大、土地等资源开发利用和基础设施建设强度较大等因素,海南省监测点数量在18个较为适宜。监测点的空间分布上兼顾区域、流域和水土保持类型区、水土流失重点防治区的均衡性和代表性。监测点的类型选择上侧重布设利用水文站点和自然坡面径流场,逐步增强宏观掌握区域水土流失状况的能力。通过与科研院校合作共建监测点,实现优势互补。监测站点规划见附表5。

近期对现有9个监测点进行优化调整、提升改造,同时加强自然坡面径流场和利用水文站点的建设,至2020年全省监测点规模达到11个,其中综合观测场2个、水土保持科技示范园1个,坡面径流场2个、利用水文站6个。远期再建设监测点7个,至2030年全省监测点规模达到18个,其中综合观测场5个、水土保持科技示范园2个,坡面径流场5个,利用水文站点6个(见表3-34)。

表3-34　监测点分期规模　　　　　　　　　　　　　单位:个

分期	综合观测场	水土保持科技示范园	坡面径流场	利用水文站	小计	备注
现有	1	1	1	6	9	需优化调整
近期(2020年)	2	1	2	6	11	
远期(2030年)	5	2	5	6	18	

各级水土保持监测机构在行政上受当地水行政主管部门领导,在技术上和业务上接受上级水土保持监测部门指导,各负其责、相互配合、共同开展水土保持监测工作。

各级水土保持监测站点主要任务包括完成定期监测原始数据采集、上报监测结果、整(汇)编监测成果、分析水土流失动态和水土保持效果并预测其发展趋势,及时、准确地为各级人民政府提供水土保持决策技术支持。

鼓励各级监测站(点)利用信息、技术优势,通过政府购买服务、向企业提供有偿监测服务等方式,拓展监测经费渠道。

7.2.2　开展水土流失动态监测

7.2.2.1　重点防治区水土流失动态监测

协助水利部和流域机构开展国家级水土流失重点防治区水土流失动态监测,海南省国家级水土流失重点防治区包括海南岛中部山区国家级水土流失重点预防区(无国家级水土流失重点治理区),总面积7 113 km²。

同时组织开展省级水土流失重点防治区水土流失动态监测。其中,省级水土流失重点预防区面积12 960 km²,省级水土流失重点治理区面积共3 482 km²。

7.2.2.2　监测点水土流失监测

按照各监测点的任务,开展常规水土保持监测工作,采集监测数据,定期整编监测成果,加强监测数据管理和应用,为水土保持普查提供基础数据,为区域水土流失防治及其成效评价提供支撑。

7.2.3　推进水土保持监管重点监测

7.2.3.1　开展生产建设项目水土保持监督性监测

采用资料收集、高分遥感影像解译、无人机遥测、移动采集系统和现场调查等技术手段,掌握生产建设项目扰动情况,为监督执法提供数据支撑。省水务厅负责组织实施权限内部、省批水土保持方案生产建设项目集中区或重要生产建设项目的监督性监测和"天地一体化"动态监管示范项目。市(县)水行政主管部门要加强并规范审批权限内生产建设项目水土保持监测报告的报送与管理,依托水土保持信息管理系统共享相关信息,提升监督检查效能。

7.2.3.2　开展国家水土保持重点工程治理成效监测评价

按照《水土保持综合治理效益计算方法》(GB/T 15774—2008)和相关技术标准规范,在全面收集项目建设资料的基础上,应用先进和科学的技术手段,利用重点工程"图斑精细化管理"的数据,监测水土保持措施的位置、数量、质量、工程量及工程进度。

7.2.3.3　开展水土保持特定区域监测

海南省各市(县)应根据社会关注重点和实际工作需要,有针对性地开展生态脆弱地区、禁止开垦陡坡地、湖泊和水库周边植物保护带等区域的监测工作,保障生态脆弱地区不遭受破坏、陡坡地面积不增加、植物保护带生态功能不降低。

7.2.3.4　开展重大水土流失事件监测

省级水行政主管部门根据区域水土流失影响因素信息和重大水土流失事件实际情况,制订重大水土流失事件监测预案。应用基于高分遥感、全息摄影和无人机遥测等技术手段,快速采集、实时传输水土流失事件的视频和图像等信息,及时调查水土流失灾害及其影响范围、影响程度,提出意见和建议,为应急处理、减灾救灾和防治对策提供技术支撑。

7.2.3.5　开展水土流失违法事实监测

按照《中华人民共和国水土保持法》及相关法律法规的规定,对造成严重水土流失或存在重大水土流失隐患的违法行为进行监测,鉴定违法事实,为及时消除水土流失隐患、避免人为水土流失灾害、纠纷责任认定和监督执法提供依据。重点监测在弃渣场外倾倒砂石土,在崩塌、滑坡危险区和泥石流易发区取土、挖砂、采石,未编制水土保持方案擅自开工建设等违法行为。海南省各地应及时组织监测机构开展水土流失违法行为监测,全面提升监督执法效力。

7.2.4　加强监测数据整编与共享服务

7.2.4.1　开展监测数据整汇编

各级监测机构要对水土保持调查、水土流失动态监测、水土保持监管重点监测、监测点观测及其他相关的数据进行整(汇)编,并予以发布。省级监测机构要统一监测数据整编规范要求,完善水土保持监测信息系统,充分利用信息系统平台提高监测数据的应用水平,及时发布监测成果,负责监测点观测数据整编,并将监测数据报送至水利部和流域机构;市(县)级水土保持部门要及时向省级水土保持部门报送管辖区域的水土保持监测点数据,同时报送本级开展的水土保持监测和调查的相关数据。

7.2.4.2　推进数据共享与服务

按照实施国家大数据战略的总体要求,梳理水土保持监测数据,建立数据资源清单,确定数据共享和开放的范围及方式。依托水土保持数据服务平台,实现监测数据在省、市(县)二级水利部门的纵向共享与交换。积极推进与其他部门数据的横向互联互通,面向社会公众推送开放数据,充分发挥监测数据的基础性支撑功能,满足社会公众知情权。

7.2.4.3　加强监测成果应用

各级监测机构按要求公正开展监测工作,保证监测成果的真实性、准确性和科学性。各级水行政主管部门要加强监测成果的报送管理,将监测成果广泛应用于水土保持预防保护、监督管理、综合治理等工作中,充分发挥监测工作的基础作用。

7.2.5　定期开展水土保持普查

省级每5年开展一次全省水土保持普查,分析水土流失动态变化和治理情况,校核年度水土流失动态监测成果,更新水土保持基础数据库。普查的标准时期应与经济社会发展规划基准年相匹配。应以县为单位,组织开展水土流失消长分析评价工作,为各级人民政府落实水土保持目标责任、开展生态文明评价考核提供基本依据。

7.3　监测重点项目

7.3.1　水土保持监测网络建设项目

完善全省水土保持监测网络建设,全省建成18个水土保持监测点。

7.3.2　全省水土保持普查

按照《海南省实施〈中华人民共和国水土保持法〉办法》的规定,省级水行政主管部门应当每5年组织开展一次全省水土流失调查并公告调查结果。规划期内共开展3次全省水土保持普查。普查任务主要包括:查清全省土壤侵蚀现状,掌握土壤侵蚀的分布、面积和强度;查清全省水土保持措施现状,掌握各类水土保持措施的数量和分布;更新全省水土保持基础数据库。为科学评价水土保持效益提供基础数据,为水土保持生态建设提供决策依据。

7.3.3　全省水土流失动态监测

每年开展2次,采用遥感、航拍等手段,掌握全省水土流失面积及强度分布,作为制定年度水土保持预防和治理重点、水土保持监督检查重点、水土保持年度绩效考核重要依据。

7.3.4　重点防治区域水土流失动态监测

开展水土流失重点防治区监测,掌握国家级和省级水土流失重点防治区水土流失状况,为评价水土流失重点防治区内各级政府水土保持工作成效提供依据。由省水务厅组织实施,各市(县)协助开展监测任务。水土流失重点预防区监测内容包括土地利用、植被覆盖及林缘线、生产建设项目的年度变化和扰动、弃渣等,分析预防保护区水土流失动态变化及预防保护成效。水土流失重点治理区监测内容包括水土流失面积和强度、国家水土保持重点工程实施范围,以及措施类型、数量质量、分布等,综合评价年度治理成效。

7.3.5　水土保持重点工程效益监测

为了解水土保持重点工程的治理成效,选择重点项目比较集中的典型区域,采用定位观测和典型调查相结合的方法,对水土保持工程的实施情况进行监测,分析评价工程建设取得的社会效益、经济效益和生态效益。

8　综合监管

8.1　完善监管制度

水土保持综合监管是落实预防为主的方针,推动水土流失防治由事后治理向事前预防转变的重要手段。综合监管主要内容及需配套完善的制度包括以下几个方面。

8.1.1　水土保持相关规划的监管

包括对县级以上地方人民政府组织开展水土流失重点防治区划分、水土流失状况公告、水土保持规划编制和实施等工作情况，以及基础设施建设、矿产资源开发、城镇建设、公共服务设施建设等规划中有关水土流失防治对策措施和实施情况等的监管。

配合上述监管，应建立完善水土流失状况定期调查和公告制度，建立水土流失重点防治区有关政府目标责任制和考核奖惩制度，建立基础设施建设、矿产资源开发、城镇建设、公共服务设施建设等相关规划征求水土保持意见制度。

8.1.2　水土流失预防工作的监管

包括县级以上地方人民政府开展崩塌滑坡危险区和泥石流易发区划定并公告情况，禁止开垦的陡坡地和荒坡地具体范围划定并公告情况，该行政区域内河流两岸、水库和湖泊周边、海岸带、侵蚀沟沟坡和沟岸的植物保护带范围的落实情况以及植物保护带的营造主体和管护主体、标志设立的落实情况。取土挖砂采石、陡坡地开垦种植等各类禁止行为的监管工作，水土流失严重、生态脆弱地区以及水土流失重点防治区生产建设活动等限制性行为的监管工作，生产建设项目水土保持方案编报、审批与实施工作情况等。

8.1.3　水土流失治理情况的监管

包括地方人民政府水土保持重点工程建设和运行管理情况，水土保持补偿费征收和使用情况，鼓励公众参与治理有关资金、技术、税收扶持工作情况等。

配合上述监管，应建立或完善水土保持重点工程建设与管理、水土保持重点工程后评价等制度。

8.1.4　水土保持监测监管

研究制定水土保持监测成果报送和发布制度，实行水土保持监测机构工作报告制度，推行水土保持监测机构考核制度。积极探索海南省水土保持监测机构和监测点垂直管理体制、监测点第三方运维机制。

8.2　加强能力建设

当前各级水土保持机构和队伍建设与繁重的工作不相适应。多数市(县)级水行政主管部门内，只有1~2名专职从事水土保持管理的人员，难以有效地开展监督管理等工作。应进一步建立健全水土保持管理机构，加强监督执法队伍建设，充实监督管理人员，通过加强培训和考核，提高水土保持监督管理水平。各级水行政主管部门要保障水土保持监督管理工作经费。

完善生产建设项目水土保持技术中介服务的社会化管理，建立咨询设计质量和诚信评价体系，确保形成公平、公正、开放、有效的服务秩序。发挥水土保持学会等社团组织在技术服务、行业自律、市场调节、中介桥梁中的作用，推动社会力量参与水土保持事业。厘清行政管理职能，推行政府购买技术服务，提高管理效率。

加强对全球定位技术、地理信息系统在监管上的应用，利用高分遥感影像解译、无人机遥测、移动采集系统，开展天地一体化动态监管。

8.3 加强科技支撑

8.3.1 加强水土保持科学技术研究

包括海南省土壤侵蚀规律和水土流失机制、林下水土流失防控技术、小型海岛土壤侵蚀机制及植被快速恢复与生态修复技术、生态清洁型小流域高效构建技术、生产建设项目水土流失高效防治技术、海南省坡耕地水土流失防治措施体系研究、水土保持数字化等科学技术研究等。

8.3.2 加强技术示范推广

提升呀诺达水土保持科技示范园水平,推动海口市美舍河凤翔公园湿地水土保持科技示范园和昌江水土保持生态文明示范区建设。

8.3.3 重视科技应用平台建设

依托现有的大专院校、水务、林业、国土和农业等科研机构,通过部门协作,建立野外科研实验基地;依托全省水土保持监测网络,建立水土保持试验数据管理信息共享等平台。根据新形势下水土保持工作需求,完善水土保持设计、建设、质量评估、监测和运行管理等地方标准体系。

8.4 开展信息化建设

8.4.1 建设任务

依托全省水利行业信息网络资源,建立海南省水土保持信息化体系,健全水土保持数据库管理系统,建立和完善水土保持信息化基础平台;建立并健全覆盖各级的水土保持数据库体系和数据更新维护机制,保证系统的可持续性,实现信息资源的充分共享和开发利用及水土保持日常管理工作的规范化、制度化。

8.4.2 重点建设内容

8.4.2.1 水土保持信息系统计算机网络建设

计算机网络是实现现代化水土保持信息服务的基本技术条件,对全省水土保持监测网络和信息系统建设配置的软、硬件设备进行维护与更新,进行网络系统的安全评估,保证系统软件和应用软件的正常运行。

8.4.2.2 全省水土保持数据库建设

主要包括水土流失、水土保持预防监督、生态建设项目以及其他相关信息等内容。以省级水土保持监测总站节点为单元,完成规划期内省级监测总站、各监测站点所辖水土保持信息的组织入库工作,组织进行其他水土保持信息数据库的研究、开发与建设。

8.4.2.3 水土保持综合应用平台建设

利用海南防灾减灾系统向社会公众及时发布海南省水土保持工作的政策、建设动态和成果等,满足社会公众的知情权和监督权。研发面向不同类别用户的综合应用平台。

(1)生产建设项目监督监测管理系统:对水土保持方案受理、技术审查、行政审批、监督执法、规费征收、监测、验收评估等各项业务工作的全流程化管理。使生产建设项目水土保持各类信息实现一致、互通和共享,使各项业务受理、审批和日常管理实现网络化、实时化操作。建立基于通用平台开发,可适用于现主流的 Android(安卓系统)、IOS(苹果系统)的移动终端展示平台。

(2)综合治理项目管理信息系统:以小流域为单元,按流域和行政两种空间逻辑进行一体化协同管理,以项目、项目区、小流域三级空间分布,将小流域现状和治理措施落实到地块,实现小流域综合治理项目申报、下达、立项、实施和展示等信息化管理。

(3)海南省水土保持学会管理系统:通过对注册会员的管理,包括公共服务、继续教育、资质管理和质量管理,方便日常的办公和及时发布新闻通知,提高学会的办公效率,拓展学会发展会员的途径。

8.5　宣传教育能力建设

在全省面向各级领导干部、面向社会公众、面向广大青少年,有计划、有重点、分层次组织开展水土保持国策宣传教育行动,使大家认识水土流失的状况和危害,了解水土保持在经济社会发展中的重要地位和作用,营造广大公民自觉防治水土流失,保护水土资源,关心支持水土保持工作的良好氛围。

(1)推进水土保持宣传教育进党校活动,切实提高各级领导干部的水土流失危害意识、水土资源的保护意识、水土保持法治观念和法律素质。

(2)开展水土保持典型示范和科普宣传,提高群众参与水土保持生态建设的积极性和能动性,提升水土保持防治工程的建设管理水平和科技含量。

(3)大力开展以青少年为主要对象的水土保持普及教育,使青少年学生从小养成"保持水土,从我做起"的自觉性,从而带动和影响整个社会的水土保持意识。

(4)加强水土保持技术培训。加大对水土保持监督管理、技术服务等人员的水土保持技术培训力度,提高水土保持工程设计、施工、建设与管理的水平。

(5)持续开展水土保持普法宣传。面向社会公众发放法律宣贯材料,深入厂矿企业,宣传水土保持法律法规,强化公众水土保持法制观念。运用新兴媒体,丰富拓展宣传载体,推出一批感染力强的视频、图片、文章等多种形式的宣传教育精品。

9　实施安排与投资匡算

9.1　实施安排

规划总治理水土流失面积 1 200 km^2,其中通过预防保护工程治理水土流失面积 370 km^2,开展水土流失综合治理工程治理水土流失面积 830 km^2。

9.1.1　预防进度

近期预防保护总面积 4 235 km^2,其中治理水土流失面积 185 km^2。包括重要江河源头区预防保护 1 315 km^2,其中治理水土流失面积 65 km^2;重要饮用水源地预防保护 1 870 km^2,其中治理水土流失面积 70 km^2;海南岛环岛沿海及岛屿预防保护 1 050 km^2,其中治理水土流失面积 50 km^2。

远期累计预防保护总面积 8 570 km^2,其中治理水土流失面积 370 km^2。包括重要江河源头区预防保护 2 630 km^2,其中治理水土流失面积 130 km^2;重要饮用水源地预防保护 3 840 km^2,其中治理水土流失面积 140 km^2;海南岛环岛沿海及岛屿预防保护 2 100 km^2,其中治理水土流失面积 100 km^2。

9.1.2　治理进度

近期治理水土流失面积 415 km^2,其中重点区域水土流失治理面积 275 km^2,坡耕地水土流失治理面积 110 km^2(16.5 万亩),林下水土流失治理面积 30 km^2。

远期治理水土流失面积 830 km^2,其中重点区域水土流失治理面积 530 km^2,坡耕地水土流失治理面积 200 km²(45 万亩),林下水土流失治理面积 100 km²。

规划在昌江建立水土保持生态文明建设示范区,治理规模不小于 100 km²。

各市(县)水土流失治理任务指导性指标见附表 4。

近期重点建设项目的范围、主要建设内容、建设规模等详见附表 5、附表 6。

9.2　投资匡算

9.2.1　综合单价

本规划投资匡算参考《国家发展改革委办公厅　水利部办公厅关于做好全国坡耕地水土流失综合治理"十三五"专项建设方案编制工作的通知》(发改办农经(2016)1057)、《国家水土保持重点建设工程海南省实施规划(2013—2017 年)》的投资标准,结合正在开展的水土保持工程的投资调研,按综合治理面积匡算各项目单位面积投资。各项目投资匡算指标见表 3-35。

表 3-35　各类防治项目综合单价

序号	项目	单价/(万元/km²)
1	重要江河源头区水土流失防治	75
2	重要水源地水土流失防治	75
3	海岸带水土流失防治	80
4	重点区域水土流失治理	50
5	坡耕地治理	375
6	林下水土流失治理	50

注:指治理每平方千米水土流失面积所需投资。

9.2.2　规划投资

规划期水土保持总投资约 14.40 亿元,其中预防保护投资约 2.83 亿元,综合治理投资约 10.65 亿元,水土保持监测投资约 0.49 亿元,水土保持监督管理投资约 0.43 亿元。

根据近期工程内容,按照投资匡算原则,总投资约 7.52 亿元,其中预防保护投资约 1.41 亿元,综合治理投资约 5.65 亿元,水土保持监测投资约 0.20 亿元,水土保持监督管理投资约 0.26 亿元。

远期、近期投资详见表 3-36、表 3-37。

表 3-36　海南省水土保持规划远期总投资匡算

编号	项目	数量/km²	综合单价/(万元/km²)	合计/万元
一	预防保护			28 250
1	江河源头区	130	75	9 750
2	水源地	140	75	10 500
3	海岸带及附属岛屿	100	80	8 000
二	综合治理			106 500
1	重点片区	530	50	26 500
2	坡耕地	200	375	75 000
3	坡园地	100	50	5 000

续表 3-36

编号	项目	数量/km²	综合单价/(万元/km²)	合计/万元
三	监　测			4 950
1	监测网络建设			2 000
2	动态监测			1 500
3	水土保持普查			600
4	重点防治区监测			850
四	监督管理			4 250
1	重点制度建设			900
2	能力建设			850
3	科技支撑			1 000
4	信息化建设			1 500
五	总投资			143 950

表 3-37　海南省水土保持规划近期总投资匡算表

编号	项目	数量/km²	综合单价/(万元/km²)	合计/万元
一	预防保护			14 125
1	江河源头区	65	75	4 875
2	水源地	70	75	5 250
3	海岸带及附属岛屿	50	80	4 000
二	综合治理			56 500
1	重点片区	275	50	13 750
2	坡耕地	110	375	41 250
3	坡园地	30	50	1 500
三	监测			1 980
1	监测网络建设			1 000
2	动态监测			500
3	水土保持普查			200
4	重点防治区监测			280
四	监督管理			2 550
1	重点制度建设			450
2	能力建设			500
3	科技支撑			600
4	信息化建设			1 000
五	总投资			75 155

9.3　实施效果

根据规划的目标、任务和总体布局,到 2030 年,规划的实施将使全省水土流失得到基本控制,年减少土壤流失量 241.12 万 t,年增加蓄水能力 2.18 亿 m³,全面提升海南省水土资源可持续利用能力,促进生态可持续维护,经济社会发展保障能力得以提高。

规划通过水土资源的有效治理与保护,可增加耕地数量、提高耕地质量、改善耕作条件,提高土地生产力,农业综合生产能力进一步增强,夯实农业生产发展基础,促进农村经济发展、农民增收。

到 2030 年,全省水土流失综合防治格局和体系基本形成,通过各项防治措施全面实施,各区域水土保持基础功能得到全面维护和显著提高。通过预防保护,生态维护区、水源涵养区退化的林草植被得到恢复和保护,林草覆盖率显著提高,水源涵养、水质维护、生态维护和人居环境维护功能得到维护与提高。通过坡耕地综合整治和以小流域(片区)为单元的综合治理,土壤保持、蓄水保水、农田防护功能显著增强。通过城市水土保持,改善城市的人居环境。海岛地区的生态环境得到改善,水源涵养能力得到加强。

到 2030 年,水土保持法律法规体系建立健全,通过对市(县)政府水土保持目标责任考核,强化政府水土保持生态文明建设的社会管理职能,形成比较完善的预防监督管理和监测评价体系;通过水土保持监督管理能力建设,完善水土保持政策、规划、科技支撑、机构队伍体系建设,社会服务能力得到提高;通过构建水土保持综合应用平台建设,水土保持信息化水平大幅提高。

10　保障措施

(略)

附表:

1. 海南省水土流失现状表

2. 海南省水土保持区划表

3. 海南省水土流失重点防治区分布名录

4. 海南省各市县水土流失治理任务指导性指标表

5. 海南省水土保持监测站点规划表

6. 海南省近期水土保持重点建设项目规划表(2016—2020 年)

附表 1　海南省水土流失现状表　　　　　　　　　　　单位:km²

行政区划	土地面积	水蚀面积		侵蚀强度分布				
		面积合计	占土地面积的比例/%	轻度	中度	强烈	极强烈	剧烈
合计	35 354	2 116.04	5.99	1 158.53	615.42	241.15	43.87	57.07
海口市	2 305	69.82	3.03	41.71	23.43	4.07	0.46	0.15
三亚市	1 915	92.83	4.85	48.86	26.08	14.12	0.72	3.05
三沙市	13							
五指山市	1 131	92.21	8.17	62.34	15.38	9.73	1.67	3.09

续附表 1

行政区划	土地面积	水蚀面积		侵蚀强度分布				
		面积合计	占土地面积的比例/%	轻度	中度	强烈	极强烈	剧烈
文昌市	2 485	158.98	6.40	48.75	56.38	33.86	7.94	12.05
琼海市	1 710	110.47	6.53	84.65	23.81	1.93	0.08	0
万宁市	1 884	157.88	8.38	92.41	48.91	14.75	1.81	0
定安县	1 196	40.33	3.40	30.22	9.49	0.62	0	0
屯昌县	1 232	55.9	4.54	31.78	19.8	2.74	0.78	0.8
澄迈县	2 076	72.52	3.55	48.36	19.04	3.6	1.05	0.47
临高县	1 317	83.53	6.34	74.2	0	9.26	0	0.07
儋州市	3 394	238.9	7.32	79.35	109.84	30.5	9.65	9.56
东方市	2 256	149.95	6.65	82.21	46.34	17.97	1.72	1.71
乐东黎族自治县	2 766	136.47	4.94	74.49	36.12	22	0.23	3.63
琼中黎族苗族自治县	2 704	189.08	6.99	118.05	52.57	7.97	3.9	6.59
保亭黎族苗族自治县	1 167	92.22	7.94	44.9	13.47	26.39	0.6	6.86
陵水黎族自治县	1 128	109.11	9.67	72.69	24.73	8.92	0.21	2.56
白沙黎族自治县	2 117	157.68	7.45	71.2	54.5	18.37	8.4	5.21
昌江黎族自治县	1 620	108.16	6.72	52.36	35.53	14.35	4.65	1.27

注:由于三沙市的地理位置特殊性,本次水土流失调查不包含三沙市。

附表 2　海南省水土保持区划

三级区代码及名称	分区名称	行政范围	
		市(县)	乡(镇)
海南沿海丘陵台地人居环境维护区	1.海文沿海阶地人居环境维护区	海口市	演丰镇、灵山镇、城西镇、遵谭镇、三门坡镇、甲子镇、大坡镇、长流镇、西秀镇、海秀镇、石山镇、永兴镇、三江镇、大致坡镇、秀英街道、海秀街道、中山街道、滨海街道、金贸街道、大同街道、海垦街道、金宇街道、白龙街道、蓝天街道、和平南街道、海府路街道、博爱街道、白沙街道、海甸街道、人民路街道、新埠街道、滨江街道、府城街道、凤翔街道、国兴街道
		文昌市	文城镇、铺前镇、锦山镇、抱罗镇、冯坡镇、翁田镇、昌洒镇、龙楼镇、东郊镇、文教镇、东阁镇、潭牛镇、东路镇、蓬莱镇、会文镇、重兴镇、公坡镇

续附表 2

三级区代码及名称	分区名称	行政范围	
		市(县)	乡(镇)
海南沿海丘陵台地人居环境维护区	2.南渡江中下游丘陵台地水质维护区	儋州市	南丰镇、兰洋镇、那大镇、和庆镇、洋浦开发区
		临高县	和舍镇
		澄迈县	金江镇、瑞溪镇、永发镇、加乐镇、文儒镇、中兴镇、仁兴镇
		定安县	定城镇、新竹镇、龙湖镇、黄竹镇、雷鸣镇、龙门镇、龙河镇、富文镇
		海口市	龙桥镇、龙塘镇、东山镇、云龙镇、龙泉镇、新坡镇、旧州镇、红旗镇
	3.琼北沿海台地阶地土壤保持区	临高县	临城镇、南宝镇、波莲镇、皇桐镇、调楼镇、东英镇、多文镇、博厚镇、新盈镇、加来农场
		儋州市	东城镇、光村镇、新州镇、中和镇、木棠镇、峨蔓镇、排浦镇、王五镇、白马井镇、雅星镇、海头镇、大成镇
		澄迈县	桥头镇、福山镇、大丰镇、老城镇
	4.琼东南沿海丘陵人居环境维护区	琼海市	加积镇、万泉镇、石壁镇、中原镇、博鳌镇、阳江镇、龙江镇、潭门镇、塔洋镇、长坡镇、大路镇、会山镇
		定安县	岭口镇、翰林镇、中瑞农场
		万宁市	万城镇、龙滚镇、山根镇、和乐镇、后安镇、大茂镇、东澳镇、礼纪镇、长丰镇、北大镇、南桥镇、三更罗镇
		陵水黎族自治县	椰林镇、新村镇、英州镇、本号镇、隆广镇、三才镇、光坡镇、文罗镇、黎安镇、提蒙乡、群英乡
		三亚市	崖城区、天涯区、吉阳区、海棠区
琼中山地水源涵养区	5.琼中山地水源涵养区	五指山市	通什镇、南圣镇、毛阳镇、番阳镇、水满乡、畅好乡、毛道乡
		屯昌市	屯城镇、新兴镇、枫木镇、乌坡镇、南吕镇、南坤镇、坡心镇、西昌镇
		白沙黎族自治县	牙叉镇、七坊镇、邦溪镇、打安镇、细水乡、元门乡、南开乡、阜龙乡、青松乡、金波乡、荣邦乡
		保亭黎族自治县	保城镇、什玲镇、加茂镇、响水镇、新政镇、三道镇、六弓乡、南林乡、毛感乡
		琼中黎族苗族自治县	营根镇、湾岭镇、黎母山镇、红毛镇、长征镇、中平镇、和平镇、什运乡、上安乡、吊罗山乡
	6.琼西丘陵阶地蓄水保水区	昌江黎族自治县	石碌镇、叉河镇、十月田镇、乌烈镇、海尾镇、昌化镇、七叉镇、王下乡
		乐东黎族自治县	抱由镇、万冲镇、大安镇、志仲镇、千家镇、九所镇、利国镇、黄流镇、佛罗镇、尖峰镇、莺歌海镇
		东方市	八所镇、感城镇、三家镇、板桥镇、四更镇、新龙镇、大田镇、东河镇、江边乡、天安乡
南海诸岛生态维护区	7.南海诸岛生态维护区	三沙市	

附表 3(1)　海南省水土流失重点防治区分布名录

重点防治区类型	防治区代码及名称	涉及行政区		区域面积/km²
		市(县)	乡(镇)	
国家级水土流失重点预防区	海南岛中部山区国家级水土流失重点预防区	白沙黎族自治县	牙叉镇、七坊镇、邦溪镇、打安镇、细水乡、元门乡、南开乡、阜龙乡、青松乡、金波乡、荣邦乡	7 113
		琼中黎族苗族自治县	营根镇、湾岭镇、红毛镇、长征镇、中平镇、和平镇、什运乡、上安乡、吊罗山乡、黎母山镇	
		五指山市	通什镇、南圣镇、毛阳镇、番阳镇、水满乡、畅好乡、毛道乡	
		保亭黎族苗族自治县	保城镇、什玲镇、加茂镇、响水镇、新政镇、三道镇、六弓乡、南林乡、毛感乡	
海南省省级水土流失重点预防区	SY1-海南岛北部海头至博鳌沿海水土流失重点预防区	儋州市	海头镇、排浦镇、白马井镇、新州镇、峨蔓镇、三都区	4 072
		临高县	新盈镇、调楼镇、东英镇、临城镇、博厚镇	
		澄迈县	桥头镇、福山镇、老城镇、大丰镇	
		海口市	石山镇、西秀镇、长流镇、海秀镇、新埠镇、灵山镇、演丰镇、三江镇、市辖区街道	
		文昌市	锦山镇、冯坡镇、翁田镇、昌洒镇、东阁镇、文教镇、东郊镇、文城镇、会文镇、重兴镇	
		琼海市	长坡镇、潭门镇、嘉积镇、博鳌镇	
	SY2-儋州屯昌琼海低丘台地水土流失重点预防区	儋州市	南丰镇、兰洋镇	1 399
		屯昌县	南坤镇、屯城镇	
		定安县	龙门镇	
		琼海市	会山镇	
	SY3-海南岛西部水土流失重点预防区	昌江黎族自治县	七叉镇、石碌镇、海尾镇、王下乡	3 701
		东方市	板桥镇、江边镇、东河镇、天安乡、感城镇、新龙镇、八所镇、四更镇、三家镇	
		乐东黎族自治县	利国镇、黄流镇、莺歌海镇、佛罗镇、尖峰镇、抱由镇、万冲镇	
	SY4-东南沿海水土流失重点预防区	万宁市	龙滚镇、山根镇、和乐镇、北大镇、三更罗镇、后安镇、大茂镇、万城镇、长丰镇、东澳镇、南桥镇	3 788
		陵水黎族自治县	本号镇、椰林镇、三才镇、新村镇、英州镇、黎安镇	
		三亚市	海棠区、吉阳区、天涯区	
		三沙市	所属全部岛屿	
合计				12 960

附表 3(2)　海南省水土流失重点防治区分布名录

重点防治区类型	防治区代码及名称	涉及行政区		区域面积/km²
		市(县)	乡(镇)	
海南省省级水土流失重点治理区	SZ1-琼西北沿海丘陵台地水土流失重点治理区	儋州市	和庆镇、东城镇、光村镇、中和镇、干冲区、新英湾区	1 074
		临高县	多文镇、和舍镇、南宝镇、加来农场	
	SZ2-南渡江中下游水土流失重点治理区	澄迈县	金江镇	645
		海口市	甲子镇、大坡镇	
		屯昌县	坡心镇	
	SZ3-海文东部沿海阶地水土流失重点治理区	文昌市	龙楼镇、公坡镇、铺前镇	351
	SZ4-万泉河中下游水土流失重点治理区	琼海市	石壁镇	136
	SZ5-昌江化下游水土流失重点治理区	昌江黎族自治县	昌化镇	429
		东方市	大田镇	
	SZ6-琼南沿海丘陵水土流失重点治理区	万宁市	礼纪镇	847
		陵水黎族自治县	光坡镇	
		三亚市	崖州区	
		乐东黎族自治县	九所镇	
		合计		3 482

附表 4　海南省各市县水土失流治理任务指导性指标表

单位：km²

市（县）	近期（2020 年）									远期（2030 年）								
	预防项目				治理项目				合计	预防项目				治理项目				合计
	重要江河源头预防	重要水源地预防	环岛沿海预防	小计	重点片区治理	坡耕地治理	林下水土流失治理	小计		重要江河源头预防	重要水源地预防	环岛沿海预防	小计	重点片区治理	坡耕地治理	林下水土流失治理	小计	
总计	65	70	50	185	275	110	30	415	600	130	140	100	370	530	200	100	830	1 200
海口市		2	2	4	15	3		18	22		4	5	9	30	5		35	44
三亚市	3	7	4	14	5			5	19	8	14	8	30	10			10	40
三沙市				0				0	0				0				0	0
五指山市	13			13		8		8	21	25			25		15		15	40
琼海市		2	3	5	10	5	5	20	25		4	6	10	20	10	10	40	50
儋州市		7	5	12	43	7	1	51	63		15	10	25	86	12	4	102	127
文昌市		4	5	9	24		5	29	38		8	10	18	47		15	62	80
万宁市		6	8	14	25			25	39		11	15	26	50			50	76
东方市		8	3	11	25	12	5	42	53		15	5	20	50	20	16	86	106
定安县				0	9	5	1	15	15				0	18	10	4	32	32
屯昌县		2		2	18	3	1	22	24		4		4	35	6	3	44	48
澄迈县		4	5	9	15	7	1	23	32		8	10	18	30	12	4	46	64
临高县			3	3	25	8	1	34	37			5	5	50	12	4	66	71

续附表 4

市(县)	近期(2020年) 预防项目				治理项目				合计	远期(2030年) 预防项目				治理项目				合计
	重要江河源头预防	重要水源地预防	环岛沿海预防	小计	重点片区治理	坡耕地治理	林下水土流失治理	小计		重要江河源头预防	重要水源地预防	环岛沿海预防	小计	重点片区治理	坡耕地治理	林下水土流失治理	小计	
白沙黎族自治县	17	5		22		14		14	36	35	11		46		27		27	73
昌江黎族自治县		4	3	7	30	8	5	43	50		8	8	16	44	15	25	84	100
乐东黎族自治县		6	5	11	11	12	5	28	39		13	10	23	20	15	15	55	78
陵水黎族自治县	2		4	6	20			20	26	5		8	13	40			40	53
保亭黎族苗族自治县	12	2		14		8		8	22	20	4		24		16		16	40
琼中黎族苗族自治县	18	11		29		10		10	39	37	21		58		20		20	78

附表5 海南省水土保持监测站点规划表

编号	监测点名称	行政区		流域水系	备注
		所在市（县）	所在乡（镇）		
琼-1	蚂蝗岭小流域综合观测场	儋州市	东城镇	光村河榕妙水	
琼-2	三滩水文观测站	定安县	新竹镇	南渡江	利用水文站
琼-3	龙塘水文观测站	海口市	龙塘镇	南渡江	利用水文站
琼-4	加积水文观测站	琼海市	加积镇	万泉河	利用水文站
琼-5	乐东水文观测站	乐东黎族自治县	抱由镇	昌化江	利用水文站
琼-6	宝桥水文观测站	昌江黎族自治县	叉河镇	昌化江	利用水文站
琼-7	大陆坡面径流场	屯昌县	屯城镇	南渡江新吴溪	
琼-8	呀诺达水土保持科技示范园	保亭黎族苗族自治县	三道镇		示范园
琼-9		文昌市	公坡镇	路虎山水库	
琼-10		澄迈县	金江镇	南渡江	
琼-11		临高县	临城镇	文澜江	
琼-12		白沙黎族自治县	细水乡	松涛水库	
琼-13		东方市	江边镇	大广坝水库	
琼-14		琼中黎族苗族自治县	营根镇	昌化江	
琼-15		万宁市	三更罗镇	牛禄岭水库	
琼-16		陵水黎族自治县	本号镇	陵水河	
琼-17		三亚市	天涯区	宁远河	
琼-18		五指山市	毛阳镇	昌化江	

附表 6　海南省近期水土保持重点建设项目规划表（2016—2020 年）

序号	项目分类	项目名称	实施范围	涉及县（市、区）	建设规模	主要建设内容
1	重要江河源头区水土保持	海南岛中部山区水土流失重点预防工程	南渡江、昌化江、万泉河、陵水河、宁远河上游	三亚市、五指山市、昌江黎族自治县、白沙黎族自治县、陵水黎族自治县、保亭黎族苗族自治县、琼中黎族苗族自治县	预防面积 1 250 km²，治理水土流失面积 65 km²	建立预防工程生态补偿机制。加强森林植被保护，营造水土保持与水源涵养林，实施橡胶、槟榔、特色水果林等林园地水土流失综合治理，做好山洪灾害防治
2	重要水源地水土保持（重点预防项目）	海南岛重要饮用水源地水土流失重点预防工程	松涛水库、万宁水库、牛路岭水库、赤田水库、大隆水库、石碌水库、长茅水库、大广坝水库、陀兴水库、戈枕水库、迈湾水库、天角潭水库、红岭水库、南渡江引水工程水源地、文教河中下游水源地	海口市、三亚市、五指山市、儋州市、万宁市、东方市、定安县、屯昌县、澄迈县、白沙黎族自治县、昌江黎族自治县、乐东黎族自治县、保亭黎族苗族自治县、琼中黎族苗族自治县、文昌市	预防面积 1 800 km²，治理水土流失面积 70 km²	实施封育保护，营造水源涵养林，建设清洁小流域并配套植物过滤带，加强湿地修复与建设，减少入库泥沙和农田面源污染
3	环岛沿海及附属岛屿水土保持	海南岛环岛沿海岸水土流失重点预防工程	海南岛环岛海岸	海口市、三亚市、琼海市、儋州市、文昌市、万宁市、昌江黎族自治县、临高县、澄迈县、东方市、澄迈县、乐东黎族自治县、陵水黎族自治县	预防面积 1 000 km²，治理水土流失面积 50 km²	加强海防林带建设，加强湿地修复与保护，实施沟岸整治与海岸整治，健全保护机制
4		附属岛屿水土流失预防试点工程	面积大于 1 km² 的附属岛屿	三亚市、文昌市、琼海市、万宁市、三沙市		结合海岛旅游规划，严格划定禁止扰动范围，适度开展适生植被建设，增加雨水集蓄设施，保护土壤和淡水资源

续附表 6

序号	项目分类	项目名称	实施范围	涉及县(市、区)	建设规模	主要建设内容
5	重点水土流失重点区域综合治理项目	南渡江中下游水土流失重点治理工程	南渡江中下游水土流失重点治理片区	儋州市、澄迈县、定安县、屯昌县、临高县、海口市	治理水土流失面积 60 km²	加强沟道整治，改造坡耕地和坡园地并配套坡面水系工程，推进退耕还林还草继续实施，建设生态清洁小流域的防排，导工程减轻山洪灾害，局部地区开展丘陵轻度崩岗治理
6		昌化江下游水土流失重点治理工程	昌化江下游水土流失重点治理片区	昌江黎族自治县、东方市	治理水土流失面积 55 km²	配套灌溉排水系，建设防风固沙林，开展坡耕地综合整治和沟道治理，继续推进退耕还林
7		万泉河中下游水土流失重点治理工程	万泉河中下游水土流失重点治理片区	琼海市、定安县	治理水土流失面积 25 km²	开展沟道整治，完善坡面水系工程，注重林下水土流失治理，建设生态清洁小流域
8		琼西北沿海台地丘陵蚀沟综合治理工程	琼西北沿海台地丘陵水土流失重点治理片区	儋州市、临高县	治理水土流失面积 50 km²	实施小流域综合治理。加强支毛沟治理，完善拦蓄沙体系。实施流残林下蓄水、截水工程，建设水土保持林草。推动退耕还林继续实施
9		海文东部沿海阶地水土流失重点治理工程	海文东部沿海台地水土流失重点治理片区	文昌市	治理水土流失面积 24 km²	加强沟道整治和防护林网建设，完善灌溉排水系，恢复耕还林田利用

续附表 6

序号	项目分类	项目名称	实施范围	涉及县(市、区)	建设规模	主要建设内容
10	重点区域水土流失综合治理	琼南沿海丘陵水土流失重点治理工程	琼南沿海丘陵水土流失治理片区	乐东黎族自治县、三亚市、陵水黎族自治县、万宁市	治理水土流失面积 61 km²	开展林园地水土流失治理,改造坡耕地,完善坡面水系工程,实施封育保护,建设生态清洁小流域
11	坡耕地水土流失综合治理	坡耕地水土流失综合治理重点工程	坡耕地分布较多的县	儋州市、澄迈县、昌江县黎族自治县、屯昌县、海口市、东方市、琼海市、临高县、乐东黎族自治县、琼中黎族苗族自治县、保亭黎族苗族自治县、五指山市	坡耕地综合整治 110 km²(16.5 万亩)	实施坡改梯地,配套灌排渠系和机耕道路,推行保土耕作
12	水土流失综合治理示范区建设	昌江水土流失综合治理示范区建设工程	昌江黎族自治县内水土流失重点治理区及周边区域	昌江黎族自治县	建设任务由重点区域水土流失综合治理项目及其他项目连片建设	突出以农林开发水土流失治理和生态旅游为主的治理模式
13	林下水土流失治理	坡园地水土流失专项治理工程	热带农业产业开发重点县	琼海市、儋州市、文昌市、万宁市、东方市、定安县、屯昌县、澄迈县、临高县、昌江黎族自治县、乐东黎族自治县、陵水黎族自治县	坡园地水土流失控制试点面积 30 km²	完善坡面截排水系和生产道路,推行保土耕作,增加地表覆盖,减轻面源污染

续附表 6

序号	项目分类	项目名称	实施范围	涉及县（市、区）	建设规模	主要建设内容
14		海南省水土流失动态监测项目	全省		每年一次	采用遥感、航拍等手段，掌握全省水土流失面积及强度分布，作为水土保持年度绩效考核重要依据
15	水土保持监测项目	海南省水土保持普查与公告	全省		1个	按照《海南省实施〈中华人民共和国水土保持法〉办法》的要求，每5年开展一次水土流失调查与公告
16		海南省重点防治区水土保持监测	全省水土流失重点防治区		1个	对依法划定的水土流失重点预防区和重点治理区开展水土流失及水土保持措施实施进度、效果监测，作为考核地方政府的主要依据
17		水土保持重点工程效益监测	水土保持重点工程项目区		2个	对实施的国家和省级水土保持重点建设工程开展效益监测，为绩效考核、工程布局服务

续附表 6

序号	项目分类	项目名称	实施范围	涉及县(市、区)	建设规模	主要建设内容
18		重点制度建设			3 个	《海南省水土保持目标责任制考核办法》《海南省水土保持监测与信息化实施方案》《海南省水土保持工程管护管理办法》
19		重点宣传项目			2 个	电视专题片 1 部,教育基地 1 处
20	综合监管项目	重点科研项目			5 个	海南岛基于不同母岩的土壤侵蚀规律研究,热带特色农业不同的种植方式对水土保持的影响研究,小型海岛土壤侵蚀机制及固土植物选培研究,海南省生态清洁小流域措施配置研究,海南省坡耕地水土流失防治措施体系研究
21		水土保持信息化建设项目			4 个	海南省水土保持信息网络建设工程、海南省水土保持工程、生产建设项目水土保持管理系统建设工程,水土保持生态建设项目管理系统建设工程
22		监管机构和队伍建设			1 个	各市县有水土保持管理机构,有专职水土保持行政管理人员

3.3　市级水土保持规划

本节所称的市,指设区的地级市。直辖市与省、自治区对应。未设区的县级市,与县、区对应。

3.3.1　市级水土保持规划原理

市级人民政府是介于省级人民政府和县级人民政府之间的过渡层级,原本是省级政府分区域设置的省级派出管理机关,即地区行署,后随着经济社会的发展,由省级政府派驻机关而逐步形成了一级实体管理层级。市级政府的管理主要起到上传下达作用,行政事权除一部分来自于市本级管理需要,大部分来自于省级的授权,而规划的落实则主要依靠县级人民政府。因此,市级水土保持规划主要考虑两个因素:一是落实省级水土保持规划的事项,并需要将防治任务分解到县级行政区域;二是需要由市本级财政用于水土保持工作的支出事项。因此,大多数的市级水土保持规划的任务、目标、措施,主要来自于省级水土保持规划对本市的任务分解,当省级水土保持没有出台时,也可以依据所辖县级水土保持规划汇总。

3.3.2　市级水土保持规划要点与方法

市级水土保持规划的要点是了解所辖各县(区)的水土保持需求以及市本级水土保持任务事项。规划单元依然为县级行政单元,规划方法除开展必要的调查外,基础资料的收集主要来源于县级的填报,当县级无技术力量填报时,规划单位则需代为调查和填报。市级水土保持规划主要依据上位规划的事项分解来确定规划的目标、布局、措施、资金需求等,科技支撑需求则要视本市水土流失特点而定,有国家级、省级水土流失重点防治区分布在本市的,需根据上位规划谋划科技研究与应用问题,水土流失防治任务较轻的市,可以不列科技需求。市级水土保持规划在谋划区域水土保持重点工程项目时发挥重要作用,是省级水土保持规划确定省级重点项目的重要依据和参考。

市级水土保持规划可以根据在全省的水土流失防治工作的角色是否重要,确定是否开展水土保持分区和划分市级水土流失重点预防区、重点治理区,处于全省水土流失重点区域的,可开展必要的分区或划分市级水土流失重点预防区和重点治理区,但划分市级水土流失重点预防区和重点治理区不宜再以县级为基本单元划定,应适当以中小流域、乡(镇)为单元划定。

明确市本级水土保持工作事项是市级水土保持规划的重要任务。市本级水土保持事项主要包括市级水土保持行政主管部门履职尽责的重要事项、本级财政拟投入的水土流失治理项目、全市水土保持监测点设置等内容。市本级履职尽责规划内容包括市本级水土保持机构建设、水土保持规范性文件出台计划、水土保持监管方案、水土流失目标责任制考核等;市本级财政投入的水土流失项目主要依据市政府工作计划、市本级财力情况拟定实施项目,或根据有关管理政策,对县级实施的项目给予一定的补助计划;水土保持监测站点设置主要依据水土流失类型区划分或水土保持区划,根据生产、科研需要设置,由市水土保持规划提出计划,市本级水行政主管部门或支持县级水行政部门实施落实。

3.3.3　市级水土保持规划成果案例——梅州市水土保持规划(2016—2030 年)

1　自然条件与社会经济(略)

2　水土保持形势与任务

2.1　水土流失状况

2.1.1　水土流失现状

梅州市是广东省水土流失最严重的地区之一,2013 年全国第一次水利普查成果显示,梅州市共有水土流失面积 3 235.75 km²,占总面积的 20.4%。其中轻度水土流失面积 1 238.06 km²,占水土流失面积的 38.3%;中度水土流失面积 1 072.47 km²,占水土流失面积的 33.1%;强度水土流失面积 605.15 km²,占水土流失面积的 18.7%;极强度水土流失面积 277.43 km²,占水土流失面积的 8.6%;剧烈水土流失面积 42.64 km²,占水土流失面积的 1.3%。水土流失以自然侵蚀为主,以轻、中度居多,强度以上水土流失主要由崩岗引起,全市共有崩岗 54 017 个,崩岗流失面积 457.78 km²,在崩岗流失中,宽深 10 m 以上的大型崩岗有 34 208 个,具有数量多、规模大、范围广、侵蚀剧烈、危害严重等特点。据广东省第四次遥感普查,全市有人为水土流失面积 503.97 km²,其中坡耕地水土流失面积 260.29 km²,火烧迹地水土流失面积 158.51 km²,生产建设水土流失面积 85.17 km²。生产建设中以采矿和开发区建设最为严重,分别为 34.50 km²、30.26 km²。

水土流失在区(县)分布中,五华县水土流失面积最多也最为严重,为 792.61 km²,占县域面积的 24.6%,仅崩岗就有 22 117 个,占全市崩岗数量的 40.9%。兴宁市、大埔县、梅县水土流失也有较多分布,占县域面积的 20% 左右,水土流失较轻的为梅江区、平远县、蕉岭县。

各县(市、区)水土流失面积见表 3-38,人为侵蚀分布情况见表 3-39,生产建设项目水土流失分布见表 3-40。强度分布见附表 3。

表 3-38　梅州市各县(市、区)水土流失面积及比例

项目	全市合计	梅江区	梅县区	兴宁市	大埔县	丰顺县	五华县	平远县	蕉岭县
土地总面积/km²	15 876	571	2 483	2 080	2 470	2 686	3 223	1 378	985
水土流失面积/km²	3 235.75	85.08	524.64	442.56	521.45	517.2	792.61	246.45	105.76
占土地总面积比例/%	20.4	14.9	21.1	21.3	21.1	18.4	24.6	17.9	13.2

表 3-39　梅州市各县(市、区)人为水土流失面积统计　　　　　　单位:km²

县(市、区)	人为侵蚀			
	生产建设	火烧迹地	坡耕地	合计
丰顺县	11.37	8.71	116.51	136.59
兴宁市	25.76	28.64	30.27	84.67
大埔县	4.16	12.97	27.56	44.69
五华县	10.36	96.70	32.85	139.91
平远县	11.65	3.89	21.52	37.06
梅县	13.91	6.15	24.38	44.44
梅江区	3.48	0.00	5.56	9.04
蕉岭县	4.48	1.45	1.64	7.57
合计	85.17	158.51	260.29	503.97

表 3-40　梅州市各县(市、区)生产建设项目水土流失面积统计　　　　单位:km²

县级市\类型	开发区建设	采矿	采石取土	交通运输工程	水利电力工程	合计
大埔县	0.65	0.31	2.32	0.24	0.64	4.16
丰顺县	2.43	6.06	1.18	1.27	0.43	11.37
蕉岭县	2.26	1.15	0.18	0.10	0.79	4.48
梅江区	1.87	0.81	0.09	0.63	0.07	3.47
梅县	6.44	3.48	2.28	0.99	0.72	13.91
平远县	3.21	7.21	0.46	0.21	0.57	11.65
五华县	3.44	5.27	0.50	0.94	0.21	10.36
兴宁市	9.97	10.21	0.74	3.89	0.95	25.76
合计	30.26	34.50	7.75	8.27	4.38	85.17

2.1.2　水土流失危害

　　水土流失冲刷掉大量的表土,造成土地肥力下降,危害农作物的生长;同时山上的泥沙被冲下山,淤积了圳道、塘库,抬高了河床,缩减了水利水电工程的使用寿命,影响了工程效益的正常发挥;在水土流失严重的地方,形成了山光、地瘦、人穷的恶性循环,导致生态环境的进一步恶化,造成了洪、涝、旱等自然灾害频繁,直接影响了道路、交通、通信的畅通,危及山区人民群众生命财产的安全,严重制约着当地经济的发展。梅州主要河流(汀江、石窟河除外)的含沙量比较高,梅江、五华河被列入全省含沙量最大河流之一(多年平均含沙量分别为 0.43 kg/m³ 和 0.59 kg/m³)。境内多年平均输沙量为 542 万 t。据资料统计,全市因受水土流失危害淤积水库 498 座,淤积库容 4 562.53 万 m³,淤积电站 179

座,影响发电量564.58万kW·h,淤积河道179条,长1 529 km,淤积渠道1 088 km,淤积量23.51万t,影响航运487.2 km,受害农田10 853 hm²,淤埋农田453 hm²,减少灌溉面积7 960 hm²。

由于自然因素和人为的经济活动影响,特别是近年来公路、铁路、矿场、石场、稀土矿等施工不严格采取水保措施,导致人为水土流失的现象时有发生,甚至有的地方还有扩展的趋势。

2.1.3　水土流失演变

梅州市由于受特殊的地质条件和气候条件影响,新中国成立前水土流失就很严重,母岩为花岗岩及紫色砂页岩的山丘区普遍存在水土流失现象,以崩岗危害最为严重。新中国成立后,开展了一些水土流失治理工作,取得了一定的成效,但受社会经济条件制约,一边治理、一边破坏,破坏大于治理的现象一直较为突出,如1958年开始的大炼钢铁使许多山头变成了光山秃岭,以至1959—1961年三年困难时期,大量毁林开荒,广种薄收,荒坡地、陡坡耕地大量增加,河道含沙量增多,淤积增加,洪涝灾害日益严重;1985年后开展了韩江上游水土流失严重地区整治工程,水土流失得到了有效遏制,但后期大量种植纯纸浆林,使地力减退,物种减少,砍伐后自然恢复缓慢,营林初期全垦造林形成了面蚀;进入20世纪后,经济社会发展步伐进一步加快,产业转移工业园建设、道路建设、城镇新区建设等密集的生产建设活动,也不断产生水土流失。梅州市水土流失处于动态变化中,总的趋势是水土流失面积有所增加,但侵蚀强度逐渐减弱。

以五华县为例,据五华县志,1950年,五华县水土流失面积681.1 km²,占山地面积的43.8%;至1983年,水土流失面积增加到875.87 km²,后开展韩江上游水土流失严重地区治理工程,1999年水土流失面积下降为567.20 km²;随着开发建设项目的大量增加,2006年水土流失面积上升到965.20 km²;随着党中央生态文明建设战略的提出,以及生产建设项目水土保持方案制度的全面施行,2011年水土流失面积下降为792.61 km²。2000年,据五华县水文站点实测,五华河1959—1971年多年平均输沙模数为412 t/(km²·a),1972—1985年上升到697 t/(km²·a),1985—2005年为573 t/(km²·a)。

2.2　水土保持成效与经验

2.2.1　防治成效

从1952年开始,梅州市就着手开展水土保持工作,并取得了一定成效。20世纪50年代,五华、兴宁、梅县等地开展了崩岗治理,1957年五华县因此而得到国务院奖旗;20世纪70年代,五华县、兴宁市等地开展了以建山塘、开排渠、广植树为主的小流域治理工作,解决了部分小流域黄泥水冲淹耕地的问题。但由于对水土流失的严重性、危害性、长期性认识不足,水土保持工作时断时续,治理成果得不到巩固,水土流失状况愈来愈严峻。1985年广东省第六届全国人民代表大会通过《韩江上游严重水土流失区整治及开发利用议案》,全市各级党委、政府认真贯彻执行议案决定,把治理水土流失列入重要议事日程,制定了造林绿化达标、整治水土流失两大社会工程十年整治规划,明确了治理任务和目标;1996年,广东省第八届全国人民代表大会通过《继续整治韩江上游严重水土流失区的决议》,保证了境内整治水土流失工作的连续性;2000年在认真总结前期实施广东省人大整治韩江中、上游水土流失议案经验的基础上,梅州市第三届全国人民代表大会第十八次会议通过了《关于把水土保持经费列入市财政预算的议案》,决定从2001年开始把全市水土保持经费列入市级财政预算,继续加强对市内水土流失的整治。在省、市领导的重视下,在人大的监督支持下,二十多年来,历届政府组织发动群众,掀起了一轮又一轮的水土流失综合治理热潮,探索出以小流域为单元、工程措施与生物措施相结合、治理与开发利用相结合、治理与管护相结合、水土保持"三大效益"相结合的山、水、田、林、路综合治理的新路子,开创了整治水土流失的新局面。

全市累计初步治理水土流失面积3 121.89 km²,营造水保林、薪炭林64 855 hm²,种植经济林果24 085 hm²,种草12 473 hm²;修建谷坊36 101座,拦沙坝1 375座,开挖水平沟洫186万m,共计完成土方2 238.71万m³,石方236.89万m³。

通过水土流失防治,维护了生态平衡,减少了山洪灾害。植被覆盖度由1985年的35.3%提高到2010年的80%,植物种类和群落也发生了明显变化,出现了不少喜阴湿、喜肥品种,逐渐形成了针阔叶、乔灌草混交的多层次、多品种的植物群落,各种野生动物品种不断增加,生态环境逐步向良性循环转化。随着植被的恢复,有效地调节了小气候,改善了土壤水热条件,提高了土壤肥力,减少了土壤和水分的流失,治理后的地块平均含水量比裸地高23%,有机质、氮、钾、磷分别增加179%、46%、92%和25%。全市治理区河床普遍下降0.3~1.3 m,江河水库的泥沙淤积速度变缓,1985年,全市治理区平均侵蚀模数为8 230 t/(km²·a),到1997年降至6 526 t/(km²·a),到2010年降至2 700 t/(km²·a),促进了山地灾害防治。

通过水土流失防治,促进了民生改善,提升了城乡宜居环境。据统计,到2017年底,全市共保护和改善农田面积77 200 hm²,恢复耕地1 600 hm²。将崩岗治理与发展经济林果相结合,大力发展特色农业,形成了梅州金柚、平远慈橙、嘉应茗茶等全国知名品牌林果,大大增加了群众收入,农民人均纯收入从1985年的401元提高到2017年的14 089元。由于生态环境的不断好转,全市饮用水源水质达标率和城市空气质量优良率均达100%,梅县、大埔成功创建了省旅游强县。2006年,梅州市被水利部命名为全国第三批水土保持生态环境建设示范城市。

"十二五"期间,完成黄塘河(扎田水)、蔡岭水、新彰河、罗浮河、龙村河、乌陂河、罗陂河、棉洋河等小流域综合治理工程,累积完成投资2.3亿元。加快梅江区、梅县区、兴宁市、平远县、蕉岭县、大埔县、丰顺县和五华县"五沿"崩岗治理工程建设和水土流失治理,使水土流失严重地区的生态环境恶化趋势得到有效控制,人为造成的水土流失得到有效遏制,梅县区华银雁鸣湖水土保持科技示范园被批准为国家水土保持科技示范园。梅县区和兴宁市列入《全国中小河流治理重点县综合整治和水系连通试点规划》,并启动建设,重点乡(镇)河道生态环境用水状况得到明显改善,重点河道及生态环境脆弱地区的生态得到一定程度的修复。全市新增水土流失治理面积200 km²,水土流失治理率达15.7%,生态修复面积200 km²,建设项目植被生态恢复率达80%。

2.2.2　预防监督

全市水土保持预防监督工作起步于1995年,市级水土保持预防监督职能由水土保持科具体承担。各县(市、区)情况各异,通常县(市、区)水务局均成立有水土保持股承担预防监督职能,多数县(市)成立有水土保持委员会办公室挂靠水务局,组织和领导全县

(市、区)的水土保持治理与监督管理,兴宁市单独成立有水土保持监督站,梅县区、兴宁市、五华县、大埔县成立有县水土保持试验推广站,主要从事水土保持技术指导及服务工作。各县(市、区)基本做到机构、人员、办公场所、工作经费、取证设备装备到位。

管理之初,主要开展《水土保持法》等法律法规宣传,认真贯彻落实上级有关水土保持监督管理要求,积极开展水土保持监督管理能力建设和生产建设项目水土保持示范工程建设工作,不断完善水土保持法实施办法、方案申报审批、监督检查以及设施验收等配套性文件,规范了水土保持方案审批、监督检查、设施验收、规费征收、案件查处等工作程序,取得了卓著成效。

2006年,梅县荷树园电厂煤矸石劣质煤火力发电工程被水利部命名为开发建设项目水土保持示范工程;2009年,梅县通过了"全国第一批水土保持监督管理能力建设试点县"验收。新《水土保持法》修编出台后,梅州市人民政府于2012年出台了《梅州市生产建设项目水土保持方案编报审批管理实施办法》。

2.2.3　经验与问题

(1)加强领导,健全机构,各有关部门通力协作。各级领导高度重视,市及各县(市、区)政府均安排一名行政领导主管水土保持工作。从1985年冬开始,市、县、镇(乡)各级政府成立了水土保持领导小组,下设办公室,由农委、科委、林业、水利等有关部门抽调人员充实办公室的领导力量和技术力量;1990年后,市、县(市、区)水土保持办公室先后由临时机构转为常设机构。在治理水土流失过程中,各级领导身先士卒,各有关部门密切配合,建设了各种形式的先行示范点2 000多个,在做好样板工程的基础上,及时总结推广点上的经验,以点带面,推动全市水土流失治理工作有序进行。

(2)运用科学方法,坚持以小流域为单元的综合治理。运用科学方法,制定水土流失综合治理规划,坚持以小流域为单元开展综合治理。根据流失量大、危害严重、治理后见效快的工程优先治理的原则进行分类,逐年安排治理。坚持"因地制宜、因害设防、适地适树、宜林则林、宜草则草、宜果则果"的原则,对不同的自然条件、不同的流失类型,采取不同的治理措施,合理配置工程措施和林草措施,乔灌草相结合,治理与管护相结合,做到治一片、成一片、发挥效益一片。在水土流失治理过程中,注重科学研究和成果,先后总结和推广了《水土流失快速生物治理技术成果》《糖蜜草、绢毛相思、大叶相思进行水土保持》《梅县侵蚀区水土治理蚀荒地开发利用技术研究》等多项成果,特别是糖蜜草的推广应用,对遏制泥沙下山和改善生态环境起到了很大作用。

(3)实行承包治理与开发利用相结合,巩固治理成果。为了调动群众治理积极性,增强水土保持工作后劲,全市从防护性治理转向开发性治理,坚持治理与开发利用相结合,采取思想上引导、政策上优惠、资金上扶持、技术上帮助、销售上疏通的措施,发动群众进山安营扎寨,大力推广适合山区特色的小庄园经济模式,即承包者"承包一条坑,带包一面山,管护一片林,种上一园果,饲养一栏畜,放养一口塘"的"六个一"小流域经济模式。并采取"林果结合,以果促林;果草结合,以草兴畜;长短结合,以短养长;种养结合,以养促种"的方法,有计划地在治理的地域和沙渍地上开发种果,形成山上保山下,山下促山上,把治理与开发紧密结合起来,从而达到治理保开发,开发促治理的良性循环,促进水土保持生态建设的持续发展,有效地巩固治理成果。

（4）多方筹集资金，严格资金管理。为增加对治理水土流失的有效投入，梅州市采取多渠道、多层次的资金筹措办法，在保证渠道不乱、资金用途不变的前提下，将各类山区建设资金相对集中投入到水土流失区统一使用。资金来源除国家财政专项补助经费外，各地还通过制定一些优惠政策，以"谁投资、谁受益"的方式吸引民间资金如股份制企业、合伙制企业资金的投入，以及发动热心华侨捐资，受益群众个人投资投劳等形式注入资金。

为发挥资金的最大效益，严格水保经费的管理制度，一是设立专户专账，专人专管；二是坚持"五有制度"，即治理有计划，工程有设计，施工有合同，竣工有验收，付款有审批；三是按"四四二"比例付款，即施工前付四成，完工验收合格后付四成，余额经一年洪水考验后付清。

（5）加强宣传引导，树立样板，积极引导人为水土流失防治。

《水土保持法》自1991年颁布以来，梅州市十分重视法律法规的宣传工作。每年都结合世界水日、《水土保持法》颁布周年纪念日，制作宣传册、印刷宣传标语、宣扬典型事例，动员全社会关注水土流失预防和治理工作。特别是新《水土保持法》实施以来，梅州市紧紧围绕"全力加快绿色的经济崛起，建设富庶美丽幸福新梅州"核心任务，动员厂矿企业、社会组织、民营大户参与水土流失治理，通过治理水土流失、保护水土资源，实现绿色崛起。市境内先后涌现出由广东华银（集团）有限公司、广东宝丽华荷树园电厂、广东威华集团等水土保持治理大户典型，推动了水土流失治理。

多年来，历届市委、市政府高度重视、持之以恒地推进全市的水土流失防治工作，取得了卓著成效，水土流失面积不断减少，水土流失强度不断降低，为促进全市经济社会的平稳发展做出了突出贡献。但必须清醒地认识到全市的水土流失防治工作仍然面临着严峻的形势和挑战：一是梅州市仍然是全省水土流失最严重的地区，水土流失面积比例最大，崩岗分布最多，山洪灾害最为严重；二是群众收入仍处于全省末位，生产发展与生态保护的矛盾十分突出；三是旅游特色区、生态屏障区的发展定位，绿色崛起的发展战略，为水土流失防治工作提出了更高的要求。这些均是全市各级政府及相关部门必须正视和解决的问题。

2.3 水土保持形势与任务

2.3.1 推进梅州生态文明建设，构建"一区两带"发展格局需要

党的十八大报告提出要加快建立生态文明制度，健全国土空间开发、资源节约、生态环境保护的体制机制，推动形成人与自然和谐发展的现代化建设新格局。党的十九大报告提出建设美丽中国。在广东省的主体功能区规划中，梅州市功能定位为：广东绿色崛起先行市、广东文化旅游特色区、世界客都、韩江上游重要的生态屏障和水源保护地、粤东北的区域中心城市和交通枢纽，梅江区、梅县为省级重点开发区域粤北山区点状片区，兴宁、平远、蕉岭为国家重点生态功能区南岭山地森林及生物多样性生态功能区粤北部分，丰顺、大埔为省级重点生态功能区韩江上游片区，五华为国家级农产品主产区。以上功能定位均与保护水土资源、合理利用水土资源密切相关，治理现有水土流失，增加植被覆盖，是推进梅州生态文明建设的必然要求。

绿水青山就是金山银山，也是梅州人民的幸福靠山，保护好环境，是推进生态富民强市的重要前提。梅州市委、市政府提出构建梅州"一区两带"发展格局的新思路，特别是

提出建设梅江韩江绿色健康文化旅游产业带,加强人居环境整治,建设美丽梅州,这些建设的基础就是保护和合理利用水土资源。因此,加快"五沿"崩岗治理、革命老区崩岗治理以及水土保持工程的除险加固,提升全市的生态安全保障能力十分必要和迫切。

2.3.2　中小河流治理与保障防洪安全需要

水土流失严重,导致土地生产力下降,河道、库渠淤积,对下游基础设施构成严重威胁。梅州地处山区,河流比降大,汇流时间短,遇强度大的暴雨,易造成山洪暴发,在全市范围内,几乎每年都会遭遇或大或小的洪涝灾害。1986 年 7 月、1996 年 8 月、2006 年 5 月、2017 年 6 月均遭受了严重的洪涝灾害,直接经济损失 15 亿元。治理水土流失,能够增加土壤入渗,延长洪峰形成时间,削减洪峰,降低径流侵蚀力,减少沟道、河道淤积,降低洪水水位,有利于防洪保安。新形势下,加快中小河流、山洪灾害易发区的治理,不仅是抵御自然灾害、保障工农业生产和人民生命财产安全的现实需要,也是易灾区人民群众的迫切要求,已成为梅州市亟待解决的突出问题。人类生产生活和开发建设活动产生的水土流失是中小河流山洪灾害产生的主要因素之一,因此针对山洪灾害特点,加大水土保持力度,对于完善防灾减灾体系,保障中小河流、山洪灾害易发区人民生命财产安全,维护重要基础设施安全,改善农业生产条件意义重大,刻不容缓。

2.3.3　农村生产生活条件改善与农民增收需要

梅州市山丘区面积大,母岩以花岗岩和砂页岩为主,花岗岩风化深厚,易形成崩岗,而砂页岩土层浅薄,易形成石质土或光头山,都对群众的生产极其不利。崩岗造成泥沙淤埋农田,淤积沟道,形成洪涝灾害和滑坡、泥石流,石质土则土地产出率极低甚至寸草不生。2017 年,梅州市人均 GDP 19 635 元,不足全国的一半,排名广东末位,主要原因在于梅州市山丘区比例大,城镇化率低,乡村人口多,自然条件又差,水土流失严重,制约了山丘区经济的发展,城乡居民生活水平也存在较大差距。改善农村生产生活条件,缩小城乡差距,构建和谐社会,是今后相当长时期的重要任务。

按照土地利用规划,今后每年需新增建设用地 950 hm²,不可避免地会占用耕地,每年需补充耕地 185 hm²,这些均与治理水土流失、发展农业生产相关。

按照党中央提出十三五期间全面建成小康社会的要求,贫困人口全部脱贫是全面建成小康社会最艰巨的任务。全市农村有 63 045 户 175 917 人为相对贫困人口,有 349 个行政村经省认定为相对贫困村。贫困面广、脱贫任务很重。实现全面脱贫目标,需要采取有力措施,付出艰巨努力。贫困地区往往伴随着严重的水土流失,缺乏发展后劲,陷入贫困和破坏水土资源的怪圈。治理水土流失,提高土地生产力,改善农村生产条件是脱贫致富的有效手段和根本措施之一,且在推进水土流失重点防治工程中,群众通过参与工程建设,获得劳动收入,直接受益。

2.3.4　水源保护与饮用水安全需要

饮水安全问题是本市高度重视和社会各界广泛关注的一件大事,也是今后一个时期水利工作的首要任务。据预测,2020 年,全市生活用水量将达 3.24 万 m³,生产用水量 27.76 亿 m³,而目前梅州市的可供水量约 21 亿 m³,为了满足城乡供水需求,本市已经建设清凉山、合水、黄田、龙潭-黄竹坪、虎局、桂田水库等大量的供水水源工程,今后仍需要修建 164 宗小型蓄水工程,扩建 11 宗水源工程,修建 284 宗提水工程以满足全市的用水需求。这些水库的水源地及输水工程沿线区域的水质保护,就成为当前十分必要和紧迫的任务。全市重要饮用水水源地均位于山丘区,局部存在崩岗、疏林地面蚀等水土流失问题。水土流失作为载体在向江河湖库输送大量泥沙的同时,也输送了大量施用后的化肥、农药和生活垃圾,严重影响水质安全。加强饮用水水源地的水土保持,以保护水质为核心,减少水土流失,控制入湖库泥沙和面源污染十分必要。

2.3.5　水土保持综合监督管理需要

《水土保持法》《广东省水土保持条例》对各级人民政府和水行政主管部门的水土保持职责做了明确规定,需深入分析监督管理能力、水土保持监测能力以及水土保持科技支撑等方面存在的不足,提出提高全市监督管理能力的保障措施,适应新形势下水土保持监督管理的需要。

3　建设目标与规模

3.1　规划指导思想

贯彻落实创新、协调、绿色、开放、共享的发展理念,按照梅州市委部署,抓住党中央、国务院推动原中央苏区和革命老区振兴发展的机遇,以合理开发、利用和保护水土资源为主线,全面总结梅州市水土保持的成功经验,坚持山水林田湖综合治理,对全市水土保持进行全局性、前瞻性的规划,加强预防保护和监督管理,注重综合治理;处理好水土保持与农村经济发展、资源开发、基础设施建设等的关系,制定与自然条件相适应、与经济社会可持续发展相协调的水土流失防治方略和布局,实现水土资源的可持续利用与生态环境的可持续维护,促进粮食安全、防洪安全、生态安全、饮水安全,保障梅州市"一区两带"发展战略,为全面建成小康社会发挥基础作用。

在具体规划中,紧抓梅州市属于原中央苏区和革命老区、是全国和广东省崩岗分布密度最大的地区这两个特点,坚持以项目为抓手推动全市的水土保持工作。

3.2　规划目标

3.2.1　规划水平年

规划以 2015 年为基准年,以 2020 年为近期水平年,以 2030 年为远期水平年。

3.2.2　规划目标

规划期末(至 2030 年),全市建立较为完善的水土保持综合防治体系,新增水土流失治理面积 2 110 km²,水土流失初步治理程度达到 65%,其中治理崩岗 40 000 个,治理崩岗面积 340 km²,建设生态清洁小流域 75 条,全市平均土壤侵蚀强度降低到土壤流失容许值以下,林草植被覆盖度达到 80% 以上。全市水土流失得到有效治理,山地灾害、山洪灾害明显减轻,农业与农村产业结构不断优化,粮食安全得到有效保障,农村经济和生产生活水平稳步提高,水土资源得到有效调控,生态环境和人居环境得到有效改善。人为水土流失得到控制,生产建设项目水土保持方案申报率 98%,验收率 95%。建立完善的水土保持综合治理与监管体系,实现水土流失动态监测,提高监测能力与水平,提升水行政主管部门监督管理能力和水土保持技术服务单位的科学研究及技术推广能力。通过各级政府的努力,生态文明建设取得显著成效,实现富庶美丽幸福新梅州。

其中:

水土流失重点预防区内,水土流失初步治理程度达到 95%,活动型崩岗得到全部治理,区域平均土壤侵蚀强度控制在微度水平,人为水土流失得到有效控制,建立起完善的预防管理体系。

水土流失重点治理区内,水土流失初步治理程度达到90%,活动型崩岗治理率达到80%,区内水土流失面积控制在占总土地面积的10%以下,其中中度以上水土流失面积控制在占水土流失面积的20%以下,人为水土流失得到有效控制,建立起完善的预防管理体系。

3.2.3　近期目标

至2020年,全市建立较为完善的水土保持综合防治体系,新增水土流失治理面积810 km^2,现有水土流失面积的初步治理程度达到25%,其中治理崩岗13 665个,治理崩岗面积136.74 km^2,建设生态清洁小流域15条,水土流失区土壤侵蚀强度降低到轻度以下,林草植被覆盖度达到75%以上。人为水土流失得到控制,生产建设项目水土保持方案申报率95%,验收率90%。建立完善的水土保持综合治理与监管体系,实现水土流失动态监测,提高监测能力与水平,提升水行政主管部门监督管理能力和水土保持技术服务单位的科学研究及技术推广能力。通过各级政府的努力,生态文明建设取得初步成效。

其中:

水土流失重点预防区,水土流失初步治理程度达到50%,活动型崩岗得到全部治理,区域平均土壤侵蚀强度控制在微度水平,人为水土流失得到有效控制,建立起完善的预防管理体系。

水土流失重点治理区,水土流失初步治理程度达到45%,活动型崩岗治理率达到40%,区内水土流失面积控制在占总土地面积的15%以下,其中中度以上水土流失面积占水土流失面积的30%以下,人为水土流失得到有效控制,预防管理体系完备。

3.3　规划任务

本次规划的根本任务是为推进梅州市生态文明建设,实现梅州绿色崛起,建设富庶美丽幸福新梅州奠定坚实的生态基础。具体有以下五项任务:

——治理水土流失,推进生态建设。以崩岗治理为重点推进水土流失全面深入开展,治理土地"红色"伤疤,提升林草覆盖率,维护生态平衡。

——促进防洪保安,减轻山地灾害。通过坝系、谷坊拦土,植被固土,疏溪固堤,减轻山洪灾害和滑坡泥石流灾害。

——改善农村生产条件,增加群众收入。将水土流失治理与改善群众生产生活条件相结合,实现山、水、田、林、路综合治理。

——建设宜居环境,维护饮水安全。利用水土流失治理措施,美化环境,净化水源,达到天蓝、水碧、人富的目标。

——完善监督管理机制,提升行业管理水平。分析水土保持监督管理现状,准确把握监督管理发展趋势与需求,提出具体可行的提升监督管理能力的办法和措施。

近期,继续实施梅州市"五沿"崩岗水土流失综合治理工程,扎实推进457宗革命老区崩岗治理一期工程的实施。开展梅县荷泗水小流域水土保持生态示范园和兴宁市水土保持科技示范园建设工程,提升五华县水土保持科技示范园的建设水平,增强全市的水土保持科技能力。

3.4　建设规模

至设计水平年,规划综合治理水土流失面积 2 110 km²,其中治理崩岗 40 000 个,治理崩岗面积 340 km²,建设生态清洁小流域 75 条;近期规划综合治理水土流失面积 810 km²,治理崩岗 13 665 个,建设生态清洁小流域 15 条。

水土流失重点预防区,实施水土流失重点预防面积 1 500 km²,治理水土流失面积 264 km²,区内活动型崩岗基本得到初步治理。

水土流失重点治理区,治理水土流失面积 1 456 km²,治理活动型崩岗 28 998 个。

4　总体布局

4.1　区域布局

4.1.1　水土保持分区

母岩是决定土壤特性以及土壤侵蚀特性的根本因素。根据梅州市母岩分布特征,梅州市花岗岩(岩浆岩)、变质岩、沉积岩三大类岩石基本呈地带性分布,其中母岩为花岗岩、变质岩的地带水土流失程度较重,易发生崩岗侵蚀和山地灾害,主要分布在梅州市西部、南部和东南部;母岩为砂页岩等沉积岩的地带水土流失程度总体较轻,以面状侵蚀为主,主要分布在北部、中部地区。按照母岩分布、水土流失分布及强度,全市可划分为中北部轻度水土流失区、南部东部中轻度水土流失区。

4.1.1.1　中北部轻度水土流失区

中北部轻度水土流失区包括蕉岭县、平远县、梅江区全部,梅县大部,大埔县局部,共 45 个乡(镇、街道),总面积 5 635 km²,占全市面积的 35.5%,有水土流失面积 895 km²,占全市水土流失总面积的 27.4%,平均水土流失面积比 16%。区内成土母岩以砂岩、页岩、第四纪沉积物等为主,局部有崩岗分布,约有崩岗 5 500 个,占全市崩岗总量的 10.2%。水土流失主要来源于火烧迹地、矿山开采迹地等。区内河流主要为梅江中下游及其支流,包括程江、石窟河、松源河等,输沙模数均低于 500 t/(km²·a)。梅州市水土流失重点预防区主要分布在本区。

本区土地利用程度较高,未利用地较少,土地人均拥有量高,但人均耕地少,林地多;丘岗地区崩岗侵蚀没有得到有效治理,泥少下泄,沟道淤埋,山洪灾害隐患大;历史遗留的矿山迹地较多,松散堆积体较多,是沟道淤积、山体滑坡的重要因素;原始森林破坏较多,近年恢复力度较大,但林种单一,水源涵养能力下降。

本区大部分区域位于国家级重点生态功能区"南岭山地森林及生物多样性生态功能区"内,其水土保持基础功能有水源涵养、土壤保持、生态维护、防灾减灾等功能需要,主导功能是水源涵养和土壤保持,区域的社会经济功能包括粮食生产、综合农业生产、林业生产、水源地保护、自然景观保护、生物多样性维护、土地生产力维护等。

4.1.1.2　南部东部中轻度水土流失区

南部东部中轻度水土流失区包括五华县、兴宁市、丰顺县全部,大埔县大部,梅县南口、畲江、水车三镇,共 65 个乡(镇、街道办事处),土地总面积约 10 241 km²,约有水土流失面积 2 366 km²,占全市水土流失总面积的 72.6%,平均水土流失面积比 23%,中度以上水土流失面积占 62.1%,有崩岗 48 473 个,占梅州市崩岗总数的 89.8%。区内成土母质主要为花岗石风化物以及变质岩风化物,风化层厚,易发生崩岗,也是滑坡、山洪等山地灾害的易发区域。区内河流主要有五华河、宁江、琴江、丰良河以及韩江干流。输沙模数在400~700 t/(km²·a),梅州市水土流失重点治理区主要分布在此区。

本区土地利用程度较高,未利用地较少,人均拥有土地量少,人均耕地少。经果林总量多,人均少。崩岗侵蚀普遍、严重,毁坏农田、淤积沟道,引发山洪、地质灾害。大规模农林开发、炼山造林、单一纯种桉树林等生产活动造成地力减退,动植物资源量减少,退化后难以恢复。

水土保持分区划分情况见表3-41。

表 3-41　梅州市水土保持分区基本情况统计

类型区名	县(市、区)	乡(镇、街道)	土地总面积/km²	人口/万人	水土流失面积/km²	水土流失面积比/%	崩岗/个	崩岗分布密度/(个·km²)
合计			15 876.05	506.22	3 260.76	20.5	53 973	3.4
中北部轻度水土流失区	小计		5 634.8	137.68	894.96	15.9	5 500	1.0
	蕉岭县	全县	984.66	22.78	105.76	10.7	481	0.5
	平远县	全县	1 377.78	25.75	246.45	17.9	1 304	0.9
	梅江区	全区	570.74	34.86	85.06	14.9	211	0.4
	梅县区	程江、城东、石扇、梅西、大坪、石坑、梅南、丙村、白渡、松源、隆文、桃尧、雁洋、松口	1 942.8	43.74	405.75	20.9	3 253	1.7
	大埔县	银江、大麻、清溪、三河	758.82	10.55	51.94	6.8	251	0.3
南部东部中轻度水土流失区	小计		10 241.25	368.54	2 365.80	23.1	48 473	4.7
	五华县	全县	3 223.46	128.32	792.61	24.6	22 117	6.9
	兴宁市	全市	2 079.77	114.98	442.56	21.3	11 448	5.5
	丰顺县	全县	2 686.45	68.8	517.20	19.3	7 698	2.9
	大埔县	枫朗、高陂、洲瑞、桃源、湖寮、光德、百候、大东、茶阳、西河	1 711.53	43.01	469.51	27.4	3 376	2.0
	梅县区	南口、水车、畲江	540.04	13.43	143.92	26.7	3 834	7.1

4.1.2　措施布局

4.1.2.1　中北部轻度水土流失区

1.防治途径

该区水土流失防治应以预防保护为主,对局部地区的崩岗进行治理,结合生态旅游发展,开展生态清洁型、生态旅游型小流域治理,促进群众增收和维系良好的生态环境。多方筹措资金,对现有矿山迹地进行植被恢复或土地复垦。加强水源地水土流失防治,维护供水安全。加强该区的水土保持预防保护工作,做好开发建设项目的水土保持工作。

2. 技术体系

小流域上游或山丘中上部以封禁治理措施为主,对局部的崩岗采用"上拦、下堵、中间削"措施人工修复,对局部的裸露坡面补植补栽水保林。路边、村边、河边的崩岗采用工程措施与植物措施相结合人工修复,对退化的湿地进行人工修复,村庄开展绿化美化。沟道清淤后以生态护岸为主。矿山迹地主要采取削缓边坡、设立挡墙、完善排水、覆土整治、植树种草绿化等措施。

3. 防治措施工程量

中北部轻度水土流失区约有水土流失面积 895 km²,规划期末治理水土流失面积 579 km²,治理崩岗 4 100 个,矿山迹地恢复 10 km²。

规划主要治理措施为:水保林 25 536 hm²,经果林 5 852 hm²,植草 4 381 hm²,封禁治理 25 122 hm²;沟道整治 121 km,土地整治 1 000 hm²;整治塘堰 78 个,修建谷坊(水陂) 5 552 个,拦沙坝 658 座,截水沟 577 km 等。

4.1.2.2　南部东部中轻度水土流失区

1. 防治途径

该区水土流失特点是崩岗危害严重。应以崩岗治理工程为主,结合小流域综合治理工程,改善生产条件,加强坡面、沟道水系工程建设,加强林地补植、抚育、更新,改善生态环境。对区内重要的生态功能区、生态屏障区、水源地加强水土流失预防。

2. 技术体系

以崩岗治理为重点,采取"上截、中削、下堵、内外绿化"模式治理崩岗;清淤、护岸、修筑水陂、完善机耕路等措施治理沟道;封禁管护、补种补栽、退耕还林等措施治理坡面;注重对村庄、城镇开展生态清洁型小流域综合治理。主要措施包括:

(1)采取"上截、中削、下堵、内外绿化"模式治理崩岗。

(2)利用崩岗淤积台地和洪积扇地种植柚、柑、橘、龙眼等经济果木,变侵蚀劣地为经果林地。

(3)交通便利、城镇周边将崩岗侵蚀地整理成工业用地。

(4)在山顶或立体条件较差的坡面营造以湿地松、木荷、黎朔等树种为主的水土保持林,根据坡面沟蚀大小分别采取水平沟(适用于细沟)、鱼鳞坑(适用于浅沟)整地措施。

(5)坡耕地或坡面立地条件较好的撂荒地,发展柑、橘、橙、龙眼、荔枝等经济林果。

(6)对于侵蚀比较严重的深沟,则采取自上而下修筑谷坊群,并辅以林草植被建设。

(7)沟道中下游实施护岸、清淤等措施治理沟道,保障小流域防洪安全。

(8)加强封禁治理,制止大规模农林开发和炼山造林,防治面源污染。

3. 防治措施工程量

南部东部中轻度水土流失区约有水土流失面积 2 366 km²,规划期末治理水土流失面积 1 531 km²,治理崩岗 35 900 个,矿山迹地恢复 10 km²。

规划主要治理措施为:水保林 57 885 hm²,经果林 15 220 hm²,植草 6 360 hm²,封禁治理 73 671 hm²;沟道整治 124 km,土地整治 1 000 hm²;整治塘堰 303 个,修建谷坊(水陂) 44 401 个,拦沙坝 2 104 座,截水沟 4 051 km 等。

4.2　重点布局

　　根据水利部办公厅关于印发《全国水土保持规划国家级水土流失重点预防区和重点治理区复核划分技术成果》的通知(办水保[2013]188号),大埔县、梅县、梅州市梅江区、丰顺县、兴宁市、五华县属于粤闽赣红壤国家级水土流失重点治理区,重点区县域总面积13 529 m²,其中重点治理面积2 330 km²。见表3-42。

表3-42　梅州市国家级水土流失重点预防区和重点治理区划分情况

区名称	省	县(市、区)	县个数	县域总面积/km²	重点治理面积/km²
粤闽赣红壤国家级水土流失重点治理区	广东省	梅州市梅江区、梅县、大埔县、丰顺县、兴宁市、五华县	6	13 529	2 330

　　由于国家级重点防治区以县(区)为单位划分,但每个县(区)有水土流失严重的地方,也有水土流失不严重的地方,单纯按重点治理推动水土流失防治工作不符合县(区)域实情。为将国家水土流失重点防治工作落到实处,有效推进梅州市的水土流失综合防治工作,梅州市水务局组织有关单位开展了市级水土流失重点防治区划分,并通过了专家评审。为梅州市水土流失重点防治区以镇为划分单位,全市共有18个镇纳入水土流失重点预防区,镇域面积3 145.24 km²;共有43个镇纳入水土流失重点治理区,镇域面积6 634.85 km²。梅州市水土流失重点防治区分布情况见表3-43。

　　今后一段时期,梅州市的水土流失防治工作主要在重点防治区内开展。水土流失重点防治区应实行动态管理,由市水行政主管部门根据各县水土保持工作开展情况,结合上级水土保持政策投入倾向,定期进行调查后调整公告。对水土流失重点防治区实行项目倾斜,各级政府、部门,应当将农林水等涉农项目优先安排水土流失重点防治区,为水土流失预防和治理创造条件。对水土流失重点防治区的水土流失防治任务实行政府目标责任制。涉及水土流失重点防治区的县应制定水土流失重点防治区的水土流失防治目标,在政府工作报告中应向同级人大报告水土流失重点防治工作。属于水土流失重点防治区的镇(街道)人民政府,应成立水土流失防治机构,组织实施水土流失防治工程,加强对重点防治地块的日常检查。市(县)水行政主管部门应建立水土流失重点防治项目库,把握上级水土保持生态建设政策,积极争取列入国家、省级水土流失防治项目。其他部门应在各自职责内,配合水行政主管部门的水土流失防治工作,积极争取水利、农业、林业等项目在重点防治区实施。

　　水土流失重点预防区,应重点开展以下工作:①加大现有植被保护力度,严格限制森林砍伐,禁止全垦营造经果林园和速生丰产林,减少森林采伐和造林整地环节中的水土流失,利用本市有利的水、热、土等良好的生态自我修复能力促进生态自我修复。②从严生产建设项目的审批,强化对矿山类企业水土保持工作的日常监督和指导,提高区内水土流失防治标准和等级。③要鼓励发展林业、小型农田水利工程、生态农业、休闲旅游业等绿色、生态、对水土资源破坏小的产业,促进当地经济社会生态发展。④开展生态清洁、生态景观小流域综合治理,局部水土流失采取集中整治,对有潜在危险的地块加强预防保护。

表 3-43　梅州市水土流失重点防治区各区县(市)分布情况

区县(市)	水土流失重点预防区		水土流失重点治理区		合计	
	镇(自然保护区)	面积/km²	镇	面积/km²	面积/km²	比例/%
梅江区	西阳镇	272.5	城北镇、长沙镇	214.0	486.50	85.2
梅县区	丙村镇、雁洋镇	353.40	南口镇、水车镇、畲江镇、梅西镇、城东镇、石扇镇、松源镇、白渡镇	1 160.7	1 514.10	60.9
兴宁市			大坪镇、叶塘镇、径南镇、石马镇、新圩镇、永和镇、新陂镇、刁坊镇、罗浮镇、合水镇、宁中镇	1 232.24	1 232.24	59.2
平远县	泗水镇、上举镇、差干镇、东石镇	490.82	石正镇、大柘镇、八尺镇、仁居镇	553.0	1 043.82	75.7
蕉岭县	长潭省级自然保护区、文福镇、广福镇	274.66	新铺镇、三圳镇、长潭镇(不含长潭省级自然保护区)	318.14	592.8	61.7
大埔县	大麻镇、三河镇、茶阳镇	672.04	高陂镇、湖寮镇、洲瑞镇、枫朗镇	773.14	1 476.90	59.8
丰顺县	汤西镇、北斗镇、八乡山镇、汤坑镇(不含县城区)	701.0	溜隍镇、小胜镇、潘田镇、砂田镇、潭江镇	1 013.65	1 714.65	63.3
五华县	龙村镇	349.1	棉洋镇、安流镇、横陂镇、转水镇、华城镇、河东镇	1 369.98	1 719.08	53.3
合计		3 145.24		6 634.85	9 780.09	61.6

水土流失重点治理区应重点开展以下工作:①多方筹措资金,加强区内的崩岗、侵蚀沟、火烧迹地、历史遗留矿山迹地等现有水土流失的治理力度。②重点开展生态经济型、生态安全型小流域综合治理。③在防洪安全有保障,无地质灾害的地区,鼓励将水土流失地块作为生产建设用地。④制定优惠政策措施,鼓励个人参与或公司参与水土流失治理。

依据防治目标,规划实施水土流失重点预防面积 1 500 km²,治理水土流失面积 264 km²;实施水土流失重点治理面积 1 456 km²,治理活动型崩岗 28 998 个。

5　重点预防规划

5.1　重点预防范围

根据梅州市水土流失重点预防区划分结果,梅州市重点预防区面积共 3 145.24 km²,涉及梅江区、梅县区、丰顺县、大埔县、五华县、蕉岭县、平远县 7 个县(区),18 个乡(镇),重点预防区内有水土流失面积 277.69 km²。重点预防区主要分布在中北部轻度水土流失区,重点预防的对象是具有水土保持功能的地貌,包括林地、草地、园地等具有地被植被物的范围,以及农田、梯地,水库、塘堰、湿地等具有水土保持功能的工程或地块。梅州市水土流失重点预防范围见表 3-44。

表 3-44　梅州市水土流失重点预防区范围

单位:km²

序号	重点预防区名称	县级行政区	乡(镇)	区域面积/ km²	水土流失面积/ km²
1	莲花山地水土流失重点预防区	丰顺县	八山乡镇、汤西镇、北斗镇、汤坑镇(不含城区)	701.00	72.61
		大埔县	大麻镇、三河镇、茶阳镇	703.76	64.57
		梅县区	丙村镇、雁洋镇	353.40	41.57
		梅江区	西阳镇	272.50	5.47
		五华县	龙村镇	349.10	26.60
		小计		2 379.76	210.82
2	蕉平山地水土流失重点预防区	蕉岭县	长潭省级自然保护区、文福镇、广福镇	274.66	7.72
		平远县	泗水镇、上举镇、差干镇、东石镇	490.82	59.15
		小计		765.48	66.87
	合计			3 145.24	277.69

5.2　重点预防措施

(1)抓好重点预防区建设。

对市级水土流失重点预防区,应由县级水行政府主管部门会同县级土地管理部门及相关乡镇人民政府,以土地利用图斑为基础,落实重点预防土地图斑,发布重点预防区通告,明确预防区界线,设立明显标志,制定预防区管理办法,建立预防组织,落实预防责任。同时,应明确预防区的生产发展方向及优惠政策措施,要让群众在参与水土流失预防保护工程中得到切实的实惠。

县级地方人民政府可在市级水土流失重点预防区的基础上,结合本县实际情况,建立县级水土流失重点预防区。

(2)加大投入,开展预防保护专项工程建设。

以区内的重要生态屏障区、自然保护区、水源涵养区为重点预防区域,开展重点预防保护工程。重点预防保护工程主要建设内容除完善有关法规、制度建设外,还需加大现有植被保护的力度,严格限制森林砍伐、毁林开荒,25°以上坡耕地实施退耕还林还草;坚决制止一切人为破坏现象,积极推广以电代柴、以煤代柴,发展沼气,逐步改善燃料结构,恢复、保护植被;对重点水源地,可实施生态移民。通过局部的小流域综合治理、崩岗治理,创造更好的生态修复条件,促进该区的水土保持生态良性发展。

(3)预防农业生产活动造成水土流失。

严禁毁林开荒、烧山造林、全垦造林。禁止铲草皮、挖树兜、刨草根。对25°以下5°以上的土地利用要统筹安排水土保持措施和实施方案。鼓励和推广等高耕作、沟垄种植、间茬套种、免耕等农业保土耕作措施。

市、县农业、林业主管部门及技术服务机构,在指导农业生产活动中,应将预防水土流失纳入重要的技术指导内容。

(4)重视现有治理开发成果的管护。

应根据经营权属与特点,明确相应的管护责任制,落实管护职责,保护好治理开发成果。

(5)保护现有林草植被。

各级政府建立护林组织,制定乡规民约,配备专业的护林队伍,发现乱砍滥伐行为及时制止,并依法严肃处理。对有林地开发利用必须以不破坏林草资源和水土保持为原则,采取轮封轮采措施,搞好封山育林,用封育、抚育、新造相结合的方法,积极改造次生林。定期检查树木生长情况,加强抚育管理和病虫害防治。保护现有草场,实行合理开发,合理放牧;不宜放牧的草场,提倡围栏圈养,防止放牧产生水土流失。对适宜放牧的草场,因地制宜,轮封轮牧,防止过载造成地表破坏。大力发展人工种草改良草场品质,提高草场载畜量,有计划地发展畜牧业。

(6)加强预防管理。

严格执行生产建设项目水土保持方案编报、监测和验收制度,预防和治理生产建设项目水土流失,防止人为破坏。对土石方量较大的生产建设项目,要严格论证,不允许开办可能产生严重水土流失危害的生产建设项目,对已开办的生产建设项目要强化水土流失防治,提高防治标准和等级。建立生态补偿奖励机制,各级生态建设资金要对重点预防区倾斜,加大财政转移支付力度,保障区内群众的切身利益,让区内群众愿意开展生态维护工作。

按照预防目标,水土流失重点预防区的水土流失初步治理程度达到95%,活动型崩岗得到全部治理,区域平均土壤侵蚀强度控制在微度水平。规划将重点预防区内山丘区的疏林地、荒草地、崩岗侵蚀地等存在潜在水土流失危害的区域列为重点生态修复范围,局部治理水土流失面积264 km²,治理崩岗2 184个。

5.3　分区措施布局

5.3.1　莲花山地水土流失重点预防区

5.3.1.1　范围及基本情况

沿莲花山脉分布,由3个小片组成,包括梅江区的西阳镇,梅县区丙村镇、雁洋镇,大埔县的大麻镇、三河镇、茶阳镇;丰顺县的八山乡镇、汤西镇、北斗镇、汤坑镇(不含县城区);五华县龙村镇。片区总面积2 379.76 km²。

区内共有人口34.28万,人口密度144人/km²。区内水土流失面积210.82 km²,共有崩岗 2 465 个,水土流失面积占土地总面积的 8.8%。莲花山地是梅州市的主要生态屏障区,处于省级重点生态功能区韩江上游片区内。区域植被覆盖率为 79.8%,区域水土流失较轻,水土流失以自然面蚀为主,崩岗零散分布。

5.3.1.2　任务

区内的水土流失防治主要是以水源型生态清洁小流域建设为主,对局部崩岗进行治理,封育保护现有的水土资源和地表植被,并对区内的乡村生活污水和垃圾进行统一收集,集中处理,美化乡村。

5.3.1.3　措施布局

在河流源头区、水源地上游保护区、城镇周边,结合休闲、旅游、水源保护开展生态清洁小流域建设。遵循“保护水源、改善水质、综合防治、文明发展”的原则,以生态修复、生态治理、生态保护为重要手段,创造良好的人居环境,维护小流域生态健康。

在生态屏障和水源涵养地区,防止砍伐林木和人为扰动,封育保护现有的水土资源和地表植被,主要依靠生态的自我修复能力,恢复和提高林草质量。

在较陡且植被稀疏的坡林地、坡园地,构建坡地植被缓冲带,修建雨水集蓄工程和排水渠系,建设完整的坡面径流排蓄体系。

在小流域沟道两侧,水、田、路、村、景统一规划,科学配置,沟道清淤、沟岸防护、沿岸美化等措施综合治理。

在靠近河、库边缘带,通过植树种草、人工湿地等措施,保护水质。

村庄内部采取定点存放、统一排放、集中处理、分质回用等措施,综合治理农村环境。

规划治理水土流失面积 200 km²,其中治理崩岗 1 972 个。主要措施有沟道整治 12 km(护岸、清淤),谷坊 3 284 座,拦沙坝及水陂修复 367 处,塘堰 62 口,垃圾集中收集池(点)116 处;林地补植 1 371 万株,机耕路 12 km,景观绿化 200 hm²,人工湿地 2 处。

5.3.2　蕉平山地水土流失重点预防区

5.3.2.1　范围及基本情况

包括蕉岭县的长潭省级自然保护区、文福镇、广福镇,平远县的泗水镇、上举镇、差干镇、东石镇,片区总面积 765.48 km²。

区内共有人口 9.07 万,人口密度 118 人/km²。区内水土流失面积 66.87 km²,共有崩岗 264 个,水土流失面积占土地总面积的 8.7%。本区是全市的重要生态屏障区之一,处于国家南岭山地森林及生物多样性生态功能区粤北部分,区内分布有南台山、五指石、长潭等森林生态自然保护区。境内分布有一定的稀土、铁矿等矿产资源。

5.3.2.2　任务

区内除加强封禁治理,做好生态旅游、生态清洁小流域建设外,需加强矿山迹地的生态修复,从严审批新上矿山项目,强化人为水土流失防治。

5.3.2.3　措施布局

遵循“尊重自然、保护环境、突出特色、和谐发展”的原则,以保护和合理利用水土资源、维护良好生态环境、打造人文景观为目标,资源开发与生态建设协调,实现人与自然和谐共处。主要措施布局如下:

结合自然保护区建设实施生态修复工程,采取封禁治理措施,设置封禁标志碑、护栏,禁止人为开垦、砍伐林木和放牧等生产活动,加强林草植被保护,保持土壤,涵养水源,恢复自然。

结合旅游品牌建设,合理布设山坡防护工程,完善水塘、灌排水系等小型水利水保工程,水保林和经果林搭配有致,乔灌草相结合的生物保护带,树种选择符合旅游观赏的要求。

采取清淤、生态护岸、保证河岸与河流水体有充分的交换,提升沟(河)道生态功能。沟道两侧种植或抚育具有观赏价值的乔木、灌木和草本植物。

搞好道路硬化、村庄景点美化,控制和减少污染物排放。

采取削缓边坡、设立挡墙、完善排水、覆土整治、植树种草绿化等措施做好矿山迹地的生态修复。选择大型国有矿山建设矿区水土保持生态建设示范区。

规划治理水土流失面积 64 km²,其中治理崩岗 212 个,矿山迹地修复 4 km²。主要措施包括:沟道整治 6 km(护岸、清淤),谷坊 425 座,拦沙坝及水陂修复 90 处,垃圾集中收集池(点)50 处;林地补植 516 万株,景观绿化 64 hm²,人工湿地 4 处;机耕路 6 km,土地整治 174 hm²。

6　重点治理规划

6.1　重点治理范围

根据梅州市水土流失重点治理区划分结果,共划分琴江五华河、宁江下游、梅江中游、韩江中下游、东江上游、松源河上游、石窟河流域 7 片水土流失重点治理区,共涉及梅江区、梅县区、兴宁市、大埔县、丰顺县、平远县、蕉岭县、五华县等 8 个县(市、区)40 个乡镇,重点治理区总面积 6 634.85 km²,区内水土流失面积 1 694.66 km²,其中崩岗 36 910 个,水土流失面积占土地总面积的 25.5%,崩岗密度 5.6 个/km²。

重点治理区主要分布在南部东部中轻度水土流失区。规划期内,重点治理区的水土流失治理程度达到 90%。重点治理的对象是水土流失严重的地块,包括崩岗、覆盖率差的坡林地、侵蚀沟淤积严重的沟道等。梅州市水土流失重点治理区范围见表 3-45。

6.2　重点治理措施

重点开展小流域水土流失综合治理以及崩岗专项治理,均按照山、水、田、林、路、村综合治理思路,从上游到下游,从坡面到沟道,建立完整的综合治理体系,防治模式有生态清洁型、生态经济型、生态安全型、生态旅游型小流域等。主要措施包括:

(1)对水土流失较轻的林地、荒草地采取封禁治理措施,设置封禁标识牌、护栏,禁止人为开垦、砍伐林木和放牧等生产活动,加强林草植被保护,保持土壤,涵养水源。

(2)结合当地实际,大力发展经济林果,完善经果林园排水、灌溉措施,提高小流域经济水平。种植水土保持林草,建设乔灌草相结合的生物保护带,有效保护水土资源。

(3)河(沟)道采取清淤、护岸、拦蓄和绿化等措施,对小流域内河(沟)道进行综合整治,保证基本灌溉用水量。因地制宜地修建谷坊、拦沙坝等小型工程以及栽植护沟林。

(4)合理调整农业种植结构,推广绿色、无公害栽培技术,发展生态农业。有条件的采用高标准节水灌溉、配方施肥等新型技术,推广施用有机肥料,采用生物方法及易降解、低残留的农药防治病虫害,控制和减少农业污染。

表 3-45　梅州市水土流失重点治理区范围

序号	重点治理区名称	县级行政区	乡(镇)	区域面积/km²	水土流失面积/km²	崩岗/个
1	琴江五华河水土流失重点治理区	五华县	棉洋镇、安流镇、横陂镇、转水镇、华城镇、河东镇	1 369.98	428.01	15 145
2	宁江水土流失重点治理区	兴宁市	大坪镇、叶塘镇、径南镇、石马镇、新圩镇、永和镇、新陂镇、刁坊镇、合水镇、宁中镇	957.63	376.32	8 441
3	东江上游水土流失重点治理区	兴宁市	罗浮镇	274.61	30.77	609
4	梅江中游水土流失重点治理区	梅县区	南口镇、水车镇、畬江镇、梅西镇、城东镇、石扇镇	823.6	211.94	4 372
		梅江区	城北镇、长沙镇	214	32.08	130
		平远县	石正镇	101.0	20.0	260
		小计		1 138.6	282.21	5 307
5	韩江中下游水土流失重点治理区	丰顺县	溜隍镇、小胜镇、潘田镇、砂田镇、潭江镇	1 013.65	192.58	4 046
		大埔县	高陂镇、湖寮镇、洲瑞镇、枫朗镇	773.14	178.81	1 697
		小计		1 786.79	371.39	5 743
6	石窟河水土流失重点治理区	平远县	大柘镇、八尺镇、仁居镇	452.0	93.83	656
		蕉岭县	新铺镇、三圳镇、长潭镇(不含长潭省级自然保护区)	318.14	35.37	251
		梅县区	白渡镇	187.6	45.21	224
		小计		957.74	174.41	1 131
7	松源河上游水土流失重点治理区	梅县区	松源镇	149.5	31.54	534
	合计			6 634.85	1 694.66	36 910

(5)按照上截、下堵、中间保的有效方式治理崩岗。

(6)因地制宜修建必要的生产运输道路,形成较为完善的交通运输网络。

(7)加强水保工程的管护和管理,建设健全管护队伍和制度,形成长效管护机制。

按照确定的治理目标,规划期内重点治理区的水土流失初步治理程度达到90%,活动型崩岗治理率达到80%,确定重点治理规模为:开展小流域水土流失综合治理80条,综合治理水土流失面积1 456 km²,治理崩岗28 998个。

6.3 分区措施布局

6.3.1 琴江五华河水土流失重点治理区

6.3.1.1 范围及基本情况

琴江五华河水土流失重点治理区位于五华县境内,包括五华县的棉洋镇、安流镇、横陂镇、转水镇、华城镇、河东镇6个镇。片区面积1 369.98 km²,有水土流失面积428.01 km²,占土地总面积的31.2%,崩岗15 145个。本区水土流失主要由崩岗产生,是全市崩岗数量最多,危害最严重的区域,区内平均崩岗密度11.1个/km²,分布面积7.69 hm²/km²,土地破碎,沟道淤埋,山洪宣泄不畅。本区火烧迹地分布较多。

6.3.1.2 任务

本区重点是加强崩岗治理,加强山洪沟的小流域综合治理,减少泥沙下泄,保护农田,维护居住安全,控制炼山造林,减轻环境破坏。

6.3.1.3 措施布局

以谷坊、拦沙坝、挡土墙、排洪沟等工程措施为主,林草措施为辅开展崩岗治理。崩岗治理与沟道治理相结合,形成山洪灾害综合防治体系。沟道治理采取清淤、格宾网护岸等生态、柔性防护措施,实现水体、陆域自然交换,防洪通道与生产道路、亲水绿道相结合,形成一条道路多种功能,减少占地,方便群众。

规划综合治理水土流失面积385 km²,治理崩岗12 116个。主要措施量为:水保林19 646 hm²、经果林3 313 hm²、植草1 984 hm²、封禁治理13 579 hm²;塘堰34座、谷坊12 494个、拦沙坝718个、截排水沟359 km;沟道整治18 km,土地整治143 hm²,机耕路35 km,垃圾收集点354处、人工湿地5处。

6.3.2 宁江水土流失重点治理区

6.3.2.1 范围及基本情况

宁江水土流失重点治理区位于兴宁市境内,包括兴宁市的大坪镇、叶塘镇、径南镇、石马镇、新圩镇、永和镇、新陂镇、刁坊镇、合水镇、宁中镇10个镇。片区面积957.63 km²,有水土流失面积376.32 km²,占土地总面积的39.3%,崩岗8 441个。本区是全市水土流失最严重的地区,水土流失主要由崩岗产生,是全市崩岗密度最大的区域,土地最破碎的地区,区内平均崩岗密度8.8个/km²,分布面积9.88 hm²/km²,单个崩岗面积大,破坏严重,淤埋农田,破坏交通。土地破碎,沟道淤埋,山洪宣泄不畅。

6.3.2.2 任务

本区在加强崩岗治理的同时,应加强平坝区的沟道清淤和治理,将崩岗治理与发展经果林园相结合,提高土地利用生产率。

6.3.2.3 措施布局

将大部分崩岗治理与林果产业经济发展相结合,通过削坡、分级平台、截排水沟等措施将侵蚀劣地改造为经果林地;局部村边、路边、水边的崩岗以拦沙坝、谷坊等工程措施为主,林草措施为辅,控制泥沙,减轻危害;开展沟道清淤、护岸建设,理顺水系、减轻山洪灾害。

规划综合治理水土流失面积317 km²,治理崩岗6 333个。主要措施量为:水保林12 683 hm²、经果林951 hm²、植草1 157 hm²、封禁治理16 916 hm²;塘堰54座、谷坊

11 123 个、拦沙坝 686 个、截排水沟 928 km;沟道整治 18 km,土地整治 295 hm²,机耕路 29 km,垃圾收集点 287 处、人工湿地 5 处。

6.3.3　东江上游水土流失重点治理区

6.3.3.1　范围及基本情况

东江上游水土流失重点治理区包括兴宁市的罗浮镇,面积 274.61 km²,有水土流失面积 30.77 km²,占土地总面积的 11.2%,崩岗 609 个,区内平均崩岗密度 2.2 个/km²,分布面积 2.47 hm²/km²,均为大型崩岗。该区位于东江上游枫树坝库区,省级铁山渡田河自然保护区绝大部分位于本区内。东江上中游是珠江三角洲重要水源地,各级政府正在为维护东江流域的生态安全、水质安全不遗余力。

6.3.3.2　任务

本区主要应加强崩岗治理,减轻崩岗对农田、道路、沟道造成的危害,通过人为积极干预,促进区域生态环境的持续改善,为维护东江流域的生态安全、水质安全做出贡献。

6.3.3.3　措施布局

在治理崩岗危害的基础上开展清洁生态小流域建设。拦沙坝、谷坊等工程措施与大叶相思、糖蜜草等林草措施结合,治理崩岗侵蚀;沟道清淤、生态护岸与村庄垃圾、污水集中收集处理相结合,形成生态清洁沟道。

规划综合治理水土流失面积 28 km²,治理崩岗 487 个。主要措施量为:水保林 1 108 hm²、经果林 69 hm²、植草 101 hm²、封禁治理 1 491 hm²;塘堰 5 座、谷坊 971 个、拦沙坝 60 个、截排水沟 81 km;沟道整治 2 km,土地整治 26 hm²,机耕路 3 km,垃圾收集点 25 处、人工湿地 1 处。

6.3.4　梅江中游水土流失重点治理区

6.3.4.1　范围与基本情况

梅江中游水土流失重点治理区包括梅县区的南口镇、水车镇、畲江镇、梅西镇、城东镇、石扇镇,梅江区的城北镇、长沙镇,平远县的石正镇,共 9 个镇。片区面积 1 138.6 km²,有水土流失面积 282.21 km²,占土地总面积的 24.8%,崩岗 5 307 个。本区水土流失面蚀、崩岗均有较多分布,生产建设项目产生的人为水土流失有较多占比,存在一些火烧迹地,区内平均崩岗密度 4.7 个/km²,分布面积 2.74 hm²/km²,以中小型崩岗分布为主,危害农田,影响景观。

6.3.4.2　任务

本区应加强沿路、沿江、沿水、沿城、沿空中航线及旅游景区景点等"五沿"崩岗治理,持续改善生态环境,提升全市生态建设水平。重视对生产建设项目、火烧迹地等人为水土流失的防治。

6.3.4.3　措施布局

以崩岗治理为主,将崩岗治理与经果林基地、生态观光园、生态农庄有机结合,城郊建设生态清洁小流域,偏远地区建设生态安全小流域。崩岗治理应在拦沙坝、崩岗、排洪沟等工程措施基础上,崩壁采用糖蜜草、绢毛相思、大叶相思混种的快速绿化技术,冲洪积扇则平整后建设经果林园。

规划综合治理水土流失面积 243 km²,治理崩岗 4 223 个。主要措施量为:水保林

9 110 hm²、经果林 1 594 hm²、植草 1 822 hm²、封禁治理 11 768 hm²;塘堰 24 座、谷坊 2 741 个、拦沙坝 181 个、截排水沟 317 km;沟道整治 13 km,土地整治 104 hm²,机耕路 21 km,垃圾收集点 208 处、人工湿地 5 处。

6.3.5 韩江中下游水土流失重点治理区

6.3.5.1 范围与基本情况

韩江中下游水土流失重点治理区包括丰顺县的溜隍镇、小胜镇、潘田镇、砂田镇、潭江镇,大埔县的湖寮镇、高陂镇、洲瑞镇、枫朗镇,共 9 个镇。片区面积 1 786.79 km²,有水土流失面积 371.39 km²,占土地总面积的 20.8%,崩岗 5 743 个。本区山高坡陡,是山地灾害、山洪灾害易发多发区域,水土流失面蚀、崩岗均有较多分布,是全市坡耕地分布较为集中的区域,有坡耕地约 4 000 hm²,区内平均崩岗密度 3.2 个/km²,分布面积 2.53 hm²/km²,以中小型崩岗分布为主。

6.3.5.2 任务

本区应加强生态安全型小流域综合治理,重点整治崩岗、坡耕地、火烧迹地,通过治理水土流失,减轻山地、山洪灾害。

6.3.5.3 措施布局

以工程措施为主,控制崩岗侵蚀,减少泥沙下泄和山地灾害;以蜜柚、茶叶、金针菜为主治理坡耕地,增加坡面覆盖,完善水系工程;以木荷、黎蒴、湿地松、枫杨等树种为主,治理火烧迹地,减少土壤侵蚀,提高水源涵养能力;以护岸、谷坊等工程为主,治理沟道。

规划综合治理水土流失面积 334 km²,治理崩岗 4 594 个。主要措施量为:水保林 9 539 hm²、经果林 4 680 hm²、植草 1 270 hm²、封禁治理 18 116 hm²;塘堰 104 座、谷坊 8 818 个、拦沙坝 262 个、截排水沟 1 355 km;沟道整治 20 km,土地整治 151 hm²,机耕路 19 km,垃圾收集点 193 处、人工湿地 4 处。

6.3.6 石窟河水土流失重点治理区

6.3.6.1 范围与基本情况

石窟河水土流失重点治理区包括平远县大柘镇、八尺镇、仁居镇,蕉岭县新铺镇、三圳镇、长潭镇(不含长潭省级自然保护区),梅县区白渡镇共 7 个镇。片区面积 957.74 km²,有水土流失面积 174.41 km²,占土地总面积的 18.21%,崩岗 1 131 个。石窟河是一条跨省河流,发源于福建省武平县洋石坝,其中广东省内长 87 km,流域面积 2 295 km²,主要流经平远、蕉岭两县,是梅州市北部重要的生态走廊,同时也是稀土、铁矿、石灰石等矿山、水泥生产分布集中的地区。流域内大部地区植被覆盖良好,但上述乡(镇)存在崩岗侵蚀、矿山迹地水土流失等严重水土流失现象。

6.3.6.2 任务

减轻山洪、山地灾害,减轻沟道淤积,建设清洁乡村和生态沟道,保护水质。

6.3.6.3 措施布局

以生态清洁小流域建设模式为主,沟道上游生态较好的区域,以封禁治理为主实施生态修复,局部崩岗采用工程与林草措施相结合治理修复;村庄及其周边,采取集中收集和处理垃圾、污水,美化乡村;沟道开展清淤和生态护岸,建设休憩小景;矿山迹地采取拦挡、排水、土地整治、植被恢复等措施。

　　规划综合治理水土流失面积 120 km²，治理崩岗 818 个。主要措施量为：水保林
4 569 hm²、经果林 1 683 hm²、植草 661 hm²、封禁治理 5 109 hm²；塘堰 16 座、谷坊 989 个、
拦沙坝 143 个、截排水沟 100 km；沟道整治 9 km，土地整治 237 hm²，机耕路 11 km，垃圾收
集点 98 处、人工湿地 6 处。

6.3.7　松源河上游水土流失重点治理区

6.3.7.1　范围及基本情况

　　松源河上游水土流失重点治理区包括梅县区的松源镇，土地总面积 149.5 km²，有水
土流失面积 31.54 km²，占土地总面积的 21.1%。松源镇是梅县区水土流失严重的乡镇
之一，发生过泥石流事件，溪河淤塞也较严重，分布有崩岗 534 个，区内平均崩岗密度 3.6
个/km²，分布面积 2.15 hm²/km²，全国水土流失科学考察组实地考察过崩岗严重流失情况，
同时，松源镇也是梅县区崩岗治理的典型乡镇，乌泥坑崩岗治理的成功经验也有较多报道。

6.3.7.2　任务

　　该区主要是加大崩岗治理力度，将崩岗治理与清洁生态型小流域建设相结合，打造安
全、生态、和谐的生产生活环境。

6.3.7.3　措施布局

　　以小流域为单元山、水、田、林、路综合治理，因害设防采取工程措施，因地制宜地布设
谷坊、拦沙坝、小谷坊群、截水沟、窄条梯地等。小流域内的崩岗治理采用"上拦下堵中间
削"的办法；面状流失以水平沟、鱼鳞坑整地为主，工程先行，林草紧跟，快速绿化；水土流
失地块的周边区域实施封禁治理，减少人为破坏，促进生态修复；沟道按照清洁生态型的
模式治理，改善群众生产生活环境。

　　规划综合治理水土流失面积 28 km²，治理崩岗 427 个。主要措施量为：水保林
1 064 hm²、经果林 186 hm²、植草 213 hm²、封禁治理 1 375 hm²；塘堰 3 座、谷坊 320 个、拦
沙坝 21 个、截排水沟 37 km、蓄水池 2 口；沟道整治 2 km，土地整治 12 hm²，机耕路 2 km，
沼气池 28 个，垃圾收集点 24 处、人工湿地 1 处。

7　专项工程规划

　　目前，中央层面由水利部负责组织实施的有关水土保持生态建设工程的常规项目类
型有：发改委主导的中央预算内投资水土流失重点治理工程及坡耕地综合治理工程、财政
部主导的国家水土保持重点建设工程、国家农发办主导的国家农业综合开发水土保持项
目等，此外，国家根据经济社会发展需要，在某一时段针对具体事项会单设水土保持项目，
如丹江口库区及上游水土保持工程、淤地坝建设工程等。省级层面的水土保持项目有省
财政预算的年度水土保持项目、需发改部门立项审批的小流域综合治理项目等。根据梅
州市实际，在市本级财力有限的情况下，可结合上级政府的水土保持项目设置，将本市的
水土流失防治工程择机列入上级政府水土保持项目实施计划，争取上级财政扶持实施。

7.1　革命老区及原中央苏区崩岗治理工程

7.1.1　治理范围与规模

　　赣南等原中央苏区在中国革命史上具有特殊重要的地位，梅州市属于原中央苏区。
但由于种种原因，经济社会发展明显滞后，与全国的差距仍在拉大。为支持原中央苏区振
兴发展，2012 年 6 月，国务院印发了《国务院关于支持赣南等原中央苏区振兴发展的若干

意见》(国发〔2012〕21 号),明确提出了"加大水土流失综合治理力度,继续实施崩岗侵蚀防治等水土保持重点建设工程"。2014 年 3 月,国务院批复了《赣闽粤原中央苏区振兴发展规划》,明确提出梅州市是"加大水土流失综合治理力度,继续实施崩岗侵蚀防治等水土保持重点建设工程"的主体区域之一,并应创建水土保持生态文明示范市(县),总结推广"长汀经验"。革命老区水土保持是中央近年来关注的重点,是"十三五"及其今后中央水利口水土保持工程的重点投入地区。

梅州市是我国及广东省崩岗侵蚀最严重的地区,据调查,全市共有崩岗 54 017 个,崩岗面积为 45 778 hm^2,占总流失面积的 14.1%,其泥沙流失量占全市水土流失总量的 60%以上。

崩岗侵蚀区是梅州市水土流失最严重、危害最大、迫切需要治理的水土流失区,以五华县、兴宁市尤甚,点多、面广、流失量大、危害严重,导致土地退化和区域生态环境恶化,直接危害山区人民的生存条件和生命财产安全,影响山区经济的持续发展,已成为全市全面建设小康社会的主要制约因素之一。

市内的梅县区、丰顺县、大埔县、五华县属二类老区,兴宁市属三类老区,这些县(市)均已列入国家水土流失重点治理区,梅州市全市均属于原中央苏区,且平远县、蕉岭县属于广东省山区贫困县,因此应争取全市列入国家水土保持重点建设工程。建设内容以崩岗治理为主导,实行山、水、田、林、路综合治理。

规划拟将全市的活动型崩岗全部纳入治理范围,按近期、远期分阶段开展治理,规划2016—2030 年全市治理崩岗 13 665 个。

近期以"五沿"(沿路、沿江、沿水、沿城、沿线)崩岗及全市存在安全隐患的 457 宗崩岗为重点,先期开展崩岗治理一期工程建设。

全市崩岗分布情况见表 3-46。

表 3-46　梅州市崩岗分布情况

县名	崩岗数量 /个	崩岗面积 /hm²	大型崩岗 个数/个	中型崩岗 个数/个	小型崩岗 个数/个	其中	
						活动型崩岗 个数/个	活动型崩岗 面积/hm²
梅江区	211	180	181	27	3	193	173
梅县区	7 134	4 396	4 579	2 012	543	7 066	4 333
大埔县	3 595	3 341	3 235	323	37	3 284	3 122
丰顺县	7 698	4 918	7 556	137	5	7 630	4 874
五华县	22 117	19 002	18 810	3 127	180	21 849	18 899
平远县	1 304	1 098	1 220	48	36	1 227	1 037
兴宁市	11 448	12 575	10 755	666	27	10 724	12 147
蕉岭县	481	227	258	191	32	416	211
梅西水库 管理局	29	41	29			29	41
合计	54 017	45 778	46 623	6 531	863	52 418	44 837

7.1.2　治理措施

　　由于活动型崩岗仍在不断溯源侵蚀，崩壁不时有新的崩塌发生，崩岗沟口有新的冲积物堆积，必须通过工程措施降低溯源侵蚀强度，在崩顶及两侧开挖截、排水沟，并在崩口或数个崩口下游修建谷坊，堤坝内外种树种草，逐渐抬高崩积物高程，抬高侵蚀基准面，使崩塌面达到逐步稳定。对于崩岗比较集中的小流域，在小流域出口修建拦沙坝，控制泥沙下泄，减少对下游的破坏。

　　活动型崩岗的治理模式主要分为两种：一是上拦下堵中间削，二是上拦下堵中间保。

　　上拦下堵中间削：就是崩顶开天沟、等高水平沟、品字沟拦排崩顶径流泥沙，崩壁削坡开级种树、草，崩口堵谷坊。削坡开级时将山顶部分和崩壁部分的陡坡，从上而下逐步开挖，修成一级一级的水平台阶，削坡的松土推至崩岗脚，筑成台阶，台阶宽为 0.8~1.0 m，内侧挖出宽 15~20 cm、深 20~30 cm 的水平沟，每阶 5~10 m 留一个小土挡，台阶修成反倾斜，台阶高差 0.8~1.0 m，边坡 1:0.5 或 1:1。台阶中间砌成从上而下逐步扩大的石砌溢水道或三合土溢水道，与台阶面水平沟形成叶脉状排洪道。根据实际情况进行局部削坡，植物填肚，内外绿化，快速覆盖。

　　上拦下堵中间保：采取"崩顶拦排松草帽，工程堵口果树草；生物工程同步起，植物填肚壁穿衣"。即崩顶开水平沟、天沟拦排崩顶径流，等高横作植被带工程，尽快恢复植被，松草带帽；崩岗谷口堵谷坊，配置石砌溢水道排洪，植物围封崩口；中间保就是尽量保护崩壁、崩崖、崩坡现有植被。在崩壁陡坡喷洒粪水混黄泥草种，两边打小洞种葛藤、灌木和草类稳定崩壁、崩坡和崩积锥；谷底种竹、树、草填肚，形成植物坝，防止谷底冲刷，拦蓄泥沙，尽快掩蔽崩壁，为低等植物生长创造条件。

　　崩岗的治理措施可按瓢形、条形、弧形、混合形、爪状等崩岗形态、类型和特点，因地制宜，因害设防，灵活配置工程措施和生物措施，达到综合治理崩岗的目的。治理过程中，注意对已有成功治理技术的应用，如使用糖蜜草、绢毛相思、大叶相思等快速绿化技术，做好以油茶、茶、柑橘等经济林资源建设。

　　除了对崩岗本身进行常规治理，还应加强崩岗下游沟道的治理，特别是沟道的清淤、护岸，机耕道路整修，沙埋农田恢复等。对崩岗分布十分集中的地方，可结合工业园区规划和城镇建设，将侵蚀劣地转化为城镇建设和工业用地，以彻底根治崩岗水土流失隐患。

　　规划从 2016—2030 年，全市治理崩岗 13 665 座，防治面积为 13 674 hm²，采取的治理措施有：种植水保林 7 609 hm²，经济林 3 020 hm²，果木林 2 212 hm²，种草 833 hm²，修筑谷坊 24 997 座，拦沙坝 1 500 座，开挖截、排水沟 1 916 km，建跌水 39 496 处，挡土墙 62 160 m，修崩壁小台阶 1 333 hm²。

7.1.3　治理投资

　　根据对梅州市已建和在建崩岗调查，以及各县（区）对拟治理崩岗的摸底调查，治理崩岗 13 665 个，匡算投入 214 565 万元。

7.2　生态清洁小流域建设工程

7.2.1　治理范围与规模

生态清洁小流域指流域水土资源得到有效保护、合理配置和高效利用,沟道基本保持自然生态状态,行洪安全,人类活动对自然的扰动在生态系统承载能力之内,生态系统良性循环、人与自然和谐,人口、资源、环境协调发展的小流域。

生态清洁小流域是水利部近年来大力推行的小流域综合治理建设模式,并将其建设情况纳入了各省年度考核内容。广东省每年建设任务为 35 条小流域,流域面积 175 km²,并有扩大建设规模的趋势。

根据《广东省小流域综合治理工程规划(2011—2020 年)》,全市需开展综合治理的小流域共 214 条,总面积 13 664 km²,有水土流失面积 3 070 km²。目前,已完成黄塘河、葵岭水、新彰河、罗浮河、龙村河、乌陂河、罗陂河、棉洋河等小流域综合治理工程,累积完成投资 2.3 亿元。根据梅州市近年水土保持工程建设情况,规划 2018—2030 年建设 75 条生态清洁型小流域,每年建设规模约 5 条。小流域的选取除符合《广东省小流域综合治理工程规划(2011—2020 年)》名录外,其中已列入《广东省山区五市中小河流域治理实施方案》2015—2017 年项目的小流域不列入清洁小流域建设范围,列入了 2008—2020 年建设项目且小于 50 km² 的小流域列入建设范围。

7.2.2　治理措施

以水源保护为目标,将小流域划分为生态修复区、生态治理区和生态保护区,因地制宜、因害设防布置防治措施,构成水源保护的三道防线,同时达到“安全、生态、发展、和谐”小流域的目的。

生态修复区:主要采用封禁治理措施,设置封禁标牌、护栏,减少人为活动和干扰破坏,禁止人为开垦、盲目割灌和放牧等生产活动,加强林草植被保护,保持土壤,涵养水源。

生态治理区:主要针对水土流失地块和崩岗,采取造林、拦沙坝、谷坊、截排水沟、封禁治理等措施进行综合治理。对村庄污水集中收集,采取人工湿地净化,村庄垃圾集中收集和处置。有洪水淹没受灾的农户,应协调有关部门搬迁或根据防洪标准修建防护堤保护住户安全。

生态保护区:生态自然、功能完好的沟道以自然保护为主,不宜采取工程治理措施。破坏严重的沟道,从保护生态的角度进行近自然的治理,清除沟道垃圾,沟道清淤、护岸,治理措施与周围景观协调一致。沟道两侧,因地制宜地配置由乔灌草配置而成的植被过滤带,减少污染物对水质的影响。沟道和水库交错的水陆交错带,因地制宜栽植水生植物,保护或恢复人工湿地。

规划期内全市建设清洁小流域 76 条、综合整治面积 2 390 km²,治理水土流失面积 659.61 km²。梅州市生态清洁小流域建设名录见表 3-47。参照《广东省小流域综合治理规划(2011—2020 年)》《广东省山区五市中小河流域治理实施方案》,各单项措施数量主要包括营造水土保持林 28 500 hm²,种植经济林果 5 711 hm²,封禁治理 31 078 hm²;修筑谷坊 10 895 座,建拦沙坝 1 257 座,修截水沟 1 290 km,沟道整治 322.68 km,人工湿地 207 hm² 等。总治理崩岗 7 920 个。主要建设内容见表 3-48。

表 3-47　梅州市生态清洁小流域建设名录

县名	小流域名称	面积/km²	主要问题	主要措施
梅江区	龙坑水	26	水土流失、河道淤塞、山洪灾害	清淤、护岸、崩岗治理、植被建设
	群益水	41.88	水土流失、河道淤塞、山洪灾害	清淤、护岸、崩岗治理、植被建设
梅县区	安和水	21.6	河道淤塞、面源污染、崩岗侵蚀	清淤、护岸、乡村清洁、崩岗治理
	长滩水	15.3	河道淤塞、面源污染、崩岗侵蚀	清淤、护岸、乡村清洁、崩岗治理
	均胜水	25	河道淤塞、面源污染、崩岗侵蚀	崩岗治理、植被建设、清淤、护岸
	七洲水	24	河道淤塞、面源污染、崩岗侵蚀	清淤、护岸、崩岗治理、防洪排导
	郑均水	53.3	河道淤塞、面源污染、崩岗侵蚀	清淤、护岸、乡村清洁、崩岗治理
	三乡水	83	河道淤塞、面源污染、崩岗侵蚀	清淤、护岸、崩岗治理、生态景观
	添溪水	38.3	河道淤塞、面源污染、崩岗侵蚀	清淤、护岸、崩岗治理、生态景观
	阴那水	40.5	河道淤塞、面源污染、崩岗侵蚀	清淤、护岸、崩岗治理、生态景观
	到车水	33	河道淤塞、面源污染、崩岗侵蚀	清淤、护岸、乡村清洁、崩岗治理
	湾溪水	35.7	河道淤塞、面源污染、崩岗侵蚀	清淤、护岸、崩岗治理、防洪排导
	悦来水	48.0	崩岗侵蚀、河道淤塞、山洪灾害	清淤、护岸、崩岗治理、植被建设
	澄坑水	35.0	崩岗侵蚀、河道淤塞、山洪灾害	清淤、护岸、崩岗治理、植被建设
	三畲水	28.0	崩岗侵蚀、河道淤塞、山洪灾害	清淤、护岸、崩岗治理、植被建设
	咀头水	42.0	崩岗侵蚀、河道淤塞、山洪灾害	清淤、护岸、崩岗治理、植被建设
兴宁市	下岚河	31.2	崩岗侵蚀、河道淤塞、山洪灾害	河道整治、崩岗治理、防洪排导
	大坪河	18.9	崩岗侵蚀、河道淤塞、山洪灾害	清淤、护岸、乡村清洁、崩岗治理
	石马河	15	崩岗侵蚀、河道淤塞、山洪灾害	清淤、护岸、崩岗治理、植被建设
	新陂河	17.84	崩岗侵蚀、河道淤塞、山洪灾害	清淤、护岸、崩岗治理、植被建设
	宁塘河	32.56	崩岗侵蚀、河道淤塞、山洪灾害	清淤、护岸、崩岗治理、植被建设
	径心河	15.58	崩岗侵蚀、河道淤塞、山洪灾害	清淤、护岸、崩岗治理、植被建设
	刁坊河	32.54	崩岗侵蚀、河道淤塞、山洪灾害	清淤、护岸、崩岗治理、植被建设
	永和河	35	崩岗侵蚀、河道淤塞、山洪灾害	清淤、护岸、崩岗治理、植被建设
	官峰河	18	崩岗侵蚀、河道淤塞、山洪灾害	清淤、护岸、崩岗治理、植被建设
	邹洞水	30.0	崩岗侵蚀、河道淤塞、山洪灾害	清淤、护岸、崩岗治理、植被建设
	吴田河	52.48	崩岗侵蚀、河道淤塞、山洪灾害	清淤、护岸、崩岗治理、植被建设
	宋声河	20.0	坡耕地水土流失,河道淤塞、山洪灾害	清淤、护岸、坡耕地退耕还林还果、植被建设

续表 3-47

县名	小流域名称	面积/km²	主要问题	主要措施
平远	黄地河	52.0	崩塌、滑坡、水土流失	清淤、护岸、崩岗治理、生态修复
	木溪河	41.75	崩塌、滑坡、水土流失	崩岗治理、生态修复、清淤、护岸
	樟田河	36.07	崩塌、滑坡、水土流失	清淤、护岸、崩岗治理、防洪排导
	象牙河	15.92	崩塌、滑坡、水土流失	清淤、护岸、崩岗治理、防洪排导
	河头河	81.0	崩塌、滑坡、水土流失	清淤、护岸、生态修复
蕉岭	礤背水	18.0	山洪灾害、农田淤埋	清淤、护岸、生态修复
	油坑河	31.7	山洪灾害、农田淤埋	清淤、护岸、生态修复
	老鸦山	26.8	山洪灾害、农田淤埋	清淤、护岸、防洪排导、生态修复
	直径水	28.9	山洪灾害、农田淤埋	清淤、护岸、防洪排导、生态修复
	北礤河	99.1	山洪灾害、农田淤埋	清淤、护岸、防洪排导、生态修复
大埔	曹碓坑	34.77	沟道冲刷、山洪灾害	沟道整治、防洪排导、生态修复
	南山水	16.09	沟道冲刷、山洪灾害	沟道整治、防洪排导、生态修复
	梓里水	40.0	山洪灾害、面源污染	防洪排导、生态修复
	恭州水	36.0	山洪灾害、面源污染	防洪排导、生态修复
	麻坑水	44.53	山洪灾害、面源污染	防洪排导、生态修复
	桃花溪	38.12	崩岗侵蚀、坡耕地流失	崩岗治理、植被建设、防洪排导
丰顺	大椹水	41.0	崩岗侵蚀、坡耕地流失	崩岗治理、植被建设、防洪排导
	西洞溪	25.0	崩岗侵蚀、坡耕地流失	崩岗治理、植被建设、防洪排导
	岳坑水	36.0	崩岗侵蚀、坡耕地流失	崩岗治理、植被建设、防洪排导
	小溪水	64.0	崩岗侵蚀、坡耕地流失	崩岗治理、植被建设、防洪排导
	北河溪	43.0	山洪灾害、面源污染	沟道整治、防洪排导、生态修复
五华县	万华河	19.7	崩岗侵蚀、山洪灾害	沟道整治、崩岗治理、生态修复
	高车水	13.8	崩岗侵蚀、山洪灾害	沟道整治、崩岗治理、生态修复
	洋田河	21	崩岗侵蚀、山洪灾害	沟道整治、崩岗治理、生态修复
	董源河	26.7	崩岗侵蚀、山洪灾害	沟道整治、崩岗治理、生态修复
	铁炉水	9.8	崩岗侵蚀、山洪灾害	沟道整治、崩岗治理、生态修复
	练溪河	10.6	崩岗侵蚀、山洪灾害	沟道整治、崩岗治理、生态修复
	三源水	16.6	崩岗侵蚀、山洪灾害	沟道整治、崩岗治理、生态修复
	黄梅水	29.4	崩岗侵蚀、山洪灾害	沟道整治、崩岗治理、生态修复
	锡坑水	18.7	崩岗侵蚀、山洪灾害	沟道整治、崩岗治理、生态修复

续表 3-47

县名	小流域名称	面积/km²	主要问题	主要措施
五华县	坪田水	24.6	崩岗侵蚀、山洪灾害	沟道整治、崩岗治理、生态修复
	增洞水	26.4	崩岗侵蚀、山洪灾害	沟道整治、崩岗治理、生态修复
	平西水	17.2	崩岗侵蚀、山洪灾害	沟道整治、崩岗治理、生态修复
	岽头水	14.7	崩岗侵蚀、山洪灾害	沟道整治、崩岗治理、生态修复
	宣优河	23.6	崩岗侵蚀、山洪灾害	沟道整治、崩岗治理、生态修复
	梅北水	17.2	崩岗侵蚀、山洪灾害	沟道整治、崩岗治理、生态修复
	金坑水	28.6	崩岗侵蚀、山洪灾害	沟道整治、崩岗治理、生态修复
	锡坪水	22.6	崩岗侵蚀、山洪灾害	沟道整治、崩岗治理、生态修复
	平星水	25.2	崩岗侵蚀、山洪灾害	沟道整治、崩岗治理、生态修复
	夏皋水	31.5	崩岗侵蚀、山洪灾害	沟道整治、崩岗治理、生态修复
	岐岭河	27.5	崩岗侵蚀、山洪灾害	沟道整治、崩岗治理、生态修复
	孔目水	16	崩岗侵蚀、山洪灾害	沟道整治、崩岗治理、生态修复
	长布水	73.8	崩岗侵蚀、面源污染	沟道整治、乡村清洁、生态修复
	鲤江水	18.2	崩岗侵蚀、山洪灾害	沟道整治、崩岗治理、生态修复
	牛石水	28.4	崩岗侵蚀、面源污染	沟道整治、乡村清洁、生态修复
	三坑水	25.3	崩岗侵蚀、面源污染	沟道整治、乡村清洁、生态修复
	下滩水	13.1	山洪灾害、崩岗侵蚀	崩岗治理、防洪排导、生态景观
	大吉坑	25.8	崩岗侵蚀、面源污染	沟道整治、乡村清洁、生态修复

表 3-48　梅州市生态清洁小流域主要建设内容规划表

县名	小流域名称	面积/km²	崩岗治理/个	封禁治理/hm²	水保林/hm²	经济林/hm²	谷坊/座	拦沙坝/座	截水沟/km	沟道整治/km	人工湿地/hm²
合计	76 条	2 390	7 920	31 078	28 500	5 711	10 895	1 257	1 290	322.68	707
梅江区	龙坑水	26	7	160	80	40	20	8	3	3.0	5
	群益水	42	6	100	50	25	15	5	2	1.5	3
梅县区	安和水	22	43	254	190	26	26	2	9	4.4	6
	长滩水	15	31	180	135	18	18	1	6	3.1	5
	均胜水	25	50	295	220	30	30	2	10	5.1	8
	七洲水	24	48	283	211	29	29	2	10	4.9	7
	郑均水	53	84	495	369	50	50	3	17	8.6	16

续表 3-48

县名	小流域名称	面积/km²	崩岗治理/个	封禁治理/hm²	水保林/hm²	经济林/hm²	谷坊/座	拦沙坝/座	截水沟/km	沟道整治/km	人工湿地/hm²
梅县区	三乡水	83	167	978	730	100	99	6	34	12.63	25
	添溪水	38	77	451	337	46	46	3	16	7.8	11
	阴那水	41	81	477	356	49	48	3	16	8.3	12
	到车水	33	66	389	290	40	39	2	13	6.7	10
	湾溪水	36	72	421	314	43	43	3	14	7.3	11
	悦来水	48	97	566	422	58	58	4	19	16	14
	澄坑水	35	71	413	308	42	42	3	14	10	11
	三畲水	28	56	330	246	34	34	2	11	8	8
	咀头水	42	85	85	85	85	85	85	85	7	13
兴宁市	下岚河	31.2	79	618	408	27	55	18	16	4	9
	大坪河	19	118	730	481	31	90	30	19	4.7	11
	石马河	15	120	502	331	22	80	15	13	3.2	8
	新陂河	18	85	276	182	12	40	15	7	1.8	4
	宁塘河	33	110	819	915	50	80	20	30	6	10
	径心河	16	55	250	165	11	30	15	7	1.6	4
	刁坊河	33	83	513	338	22	50	10	13	3.3	8
	永和河	35	60	108	72	5	33	20	3	0.7	2
	官峰河	18	75	750	500	35	55	10	21	12	11
	邹洞水	30.0	45	592	395	27	20	5	16	9.5	9
	吴田河	52	80	1 040	686	45	60	15	27	7	16
	宋声河	20.0	30	395	263	50	5	2	11	7	6
平远	黄地河	52	41	757	838	158	38	12	5	10.2	16
	木溪河	42	33	603	667	126	30	10	4	2.38	13
	樟田河	36	28	521	577	109	26	8	3	2.06	11
	象牙河	16	12	230	255	48	12	4	1	1.42	5
	河头河	81	64	1 189	1 317	249	60	19	7	7.36	24
蕉岭	礤背水	18	17	11	73	38	11	1	2	10	5
	油坑河	32	30	20	128	67	19	1	4	8	10
	老鸦山	27	50	217	124	55	45	5	1	0.5	8
	直径水	29	28	18	117	61	18	2	4	0.5	9
	北礤河	99	95	61	399	208	61	7	13	0.5	30

续表 3-48

县名	小流域名称	面积/km²	崩岗治理/个	封禁治理/hm²	水保林/hm²	经济林/hm²	谷坊/座	拦沙坝/座	截水沟/km	沟道整治/km	人工湿地/hm²
大埔	曹碓坑	35	51	311	120	13	135	19	3	3.5	10
	南山水	16	21	69	39	24	23	27	28	3.2	5
	梓里水	40	109	367	208	127	119	144	150	10.4	12
	恭州水	36	115	389	221	135	126	153	159	7.8	11
	麻坑水	45	57	192	109	67	62	76	79	8.8	13
	桃花溪	38	49	164	93	57	53	65	67	7.5	11
丰顺	大椹水	41	41	308	139	74	383	7	12	8	12
	西洞溪	25	47	349	158	84	435	8	13	17	8
	岳坑水	36	67	503	227	121	626	12	19	8	11
	小溪水	64	155	481	217	116	598	12	18	4	19
	北河溪	43	104	323	146	78	402	8	12	0.79	13
五华县	万华河	20	135	337	564	112	43	274	6	5.8	6
	高车水	14	98	243	272	54	135	2	5	0.26	4
	洋田河	21	150	370	414	83	206	2	7	0.4	6
	董源河	27	191	470	527	105	262	3	9	0.51	8
	铁炉水	10	70	172	193	39	96	1	3	0.19	3
	练溪河	11	247	609	683	136	339	4	12	0.66	3
	三源水	17	118	292	328	65	162	2	6	0.32	5
	黄梅水	29	210	517	580	116	288	3	10	0.56	9
	锡坑水	19	134	330	370	74	183	2	8	0.36	6
	坪田水	25	175	433	485	97	241	3	8	0.47	7
	增洞水	26	188	465	521	104	258	3	9	0.5	8
	平西水	17	123	303	339	68	168	2	6	0.33	5
	崀头水	15	105	259	291	58	144	2	5	0.28	4
	宣优河	24	162	265	442	88	215	3	1	8	7
	梅北水	17	123	303	339	68	168	2	6	0.33	5
	金坑水	29	204	503	564	113	280	3	10	0.55	9
	锡坪水	23	161	398	446	89	221	3	11	0.43	7
	平星水	25	251	620	695	138	345	4	12	0.67	8

续表 3-48

县名	小流域名称	面积/km²	崩岗治理/个	封禁治理/hm²	水保林/hm²	经济林/hm²	谷坊/座	拦沙坝/座	截水沟/km	沟道整治/km	人工湿地/hm²
五华县	夏阜水	32	225	555	622	124	309	4	11	0.6	9
	岐岭河	28	211	520	583	116	289	3	10	0.56	8
	孔目水	16	126	311	348	69	173	2	6	0.34	5
	长布水	74	526	1 299	1 456	290	722	8	25	1.41	22
	鲤江水	18	130	320	359	72	178	2	6	0.35	5
	牛石水	28	203	500	560	112	278	3	10	0.54	9
	三坑水	25	181	446	500	100	248	3	9	0.48	8
	下滩水	13	94	231	259	52	129	2	4	0.25	4
	大吉坑	26	184	454	509	102	253	3	9	0.49	8

7.2.3 治理投资

按单项措施典型设计综合单价投资估算,清洁生态小流域综合治理需投资 220 834 万元。各措施综合单价见表 3-49,各市县投资见表 3-50。

表 3-49 小流域综合治理单项措施单位投资一览

水保林/(万元/hm²)	经果林/(万元/hm²)	封育管护/(万元/hm²)	塘堰/(万元/座)	谷坊/(万元/座)	拦沙坝/(万元/座)	截水沟/(万元/km)	沟道整治/(万元/km)	人工湿地/(万元/hm²)
15 638	39 342	1 563	100 000	31 454	130 000	167 611	627 121	198 566

表 3-50 小流域综合治理投资一览   单位:万元

县名	治理投资合计	封禁治理	水保林	经济林	谷坊	拦沙坝	截水沟	沟道整治	人工湿地	其他
蕉岭县	7 247	51	1 315	1 688	484	202	407	1 223	1 218	659
平远县	14 642	516	5 714	2 715	522	689	335	1 469	1 351	1 331
梅江区	1 430	41	203	256	110	169	84	282	155	130
梅县区	31 030	878	6 588	2 555	2 033	1 573	4 580	6 888	3 114	2 821
大埔县	25 334	233	1 235	1 664	1 629	6 292	8 146	2 584	1 248	2 303
五华县	73 103	1 801	20 719	10 402	19 920	4 524	3 754	1 608	3 729	6 646
兴宁市	49 666	1 031	7 407	1 202	7 297	19 588	3 072	3 625	1 929	4 515
丰顺县	18 384	307	1 387	1 862	7 688	619	1 235	2 370	1 245	1 671
合计	220 834	4 858	44 568	22 344	39 683	33 656	21 613	20 049	13 989	20 076

7.3　坡园地治理工程

7.3.1　治理范围与规模

多年来,南方由于较好的雨热条件,植被覆盖度相对北方为高,水土流失表象不似北方明显,易被人们忽视。随着生态文明建设的推进,水土流失防治也将不断深入开展。据2006—2008 年全国水土流失科学普查,南方水土流失除崩岗较为明显外,绝大多数水土流失表现为林下水土流失,即坡林地和坡园地产生的水土流失。由于加大了水土流失治理力度和农业产业结构调整,坡耕地绝大部分变为经果林园,但由于初期的不合理整地活动,以及对水土流失防治的不够重视,坡园地水土流失成为较为普遍的现象。随着水土保持生态环境建设的深入开展,坡园地水土流失也将逐步纳入到水土流失重点治理视野中来,因此本规划专门将坡园地治理列为专项工程之一。

梅州市共有园地 26 877 hm²,其中绝大多数为坡园地。据广东省第四次遥感普查,梅州市存在坡耕地水土流失面积 260.29 km²,而梅州市的坡耕地实际上是以坡园地形式存在,基本不存在种植农作物的坡耕地。这些坡园地多数分布在沟道两岸、水库库周,其水土流失易造成地力减退和面源污染,本规划将存在水土流失的坡园地全部列入治理范围。

主要目的是治理路面沟蚀、坡面面蚀。

7.3.2　治理措施

坡园地水土流失治理措施在措施布局上注重水土保持措施与农业措施相结合,采取"林、果、草、蕉、猪、牧、沼"相结合的治理模式,把水土保持与农业结构调整相结合,从增加农民收入入手,改变"一边治理,一边流失"的状况。以"路、渠、池、沼"措施改善坡园地生产缺水,村道、果园交通不便,能源紧缺的局面,与养殖业结合,为山区农民致富创造条件,走生产发展、生活富裕、生态改善的发展道路。

具体措施包括完善机耕路,配套灌排渠系,林下套种绿肥作物增加覆盖。机耕路措施主要内容包括路面整修、砂石铺压、排水沟涵完善等,目的是减少路沟侵蚀;排水沟主要目的是理顺园区径流,减少坡面径流冲刷;林下套种主要目的是减少裸露面,增加植被覆盖度。

工程规模为治理水土流失面积 100 km²,具体措施包括整修机耕道路 30 km、排水沟120 km、整治山塘 24 座、沉沙池 300 个、沼气池 120 个、种草 2 000 hm²、小老树的补植更替 150 万株。坡园地治理规划见表 3-51。

7.3.3　治理投资

坡园地治理匡算投资 9 637 万元,详见表 3-52。

7.4　水源地泥沙和水土流失防治工程

7.4.1　治理范围与规模

保障饮用水安全是全面建设小康社会、构建和谐社会的重要内容,是促进经济社会可持续发展和稳定社会秩序的基本条件,党中央、国务院,以及省委、省政府均十分重视城乡饮用水安全问题。水源地泥沙控制和水土流失防治是水源地保护和综合整治的重要内容之一。

规划将城乡重要饮用水源地的泥沙和水土流失防治纳入水土保持专项工程。梅州市重要饮用水源地主要有:梅州市清凉山水库、盘湖水库、梅江饮用水水源地,兴宁市合水水库、和山岩水库,蕉岭县龙潭水库、黄竹坪水库,平远县黄田水库、横水水库,五华县桂田水库,丰顺县局虎水库,大埔县梅潭河水源地等。这些水源地均不同程度地存在水土流失现象,局部崩岗侵蚀较为严重,形成安全隐患和面源污染,必须加以控制。梅西水库属于梅州市重要的防洪、灌溉水库,库区内崩岗流失较为严重,亦列入水源地泥沙和水土流失防治工程进行治理。

表 3-51　梅州市坡园地水土流失治理工程规划

县名	治理坡园地面积 /km²	机耕路 /km	排水沟 /km	种草 /hm²	补植 /万株	沼气池 /座	山塘 /座	蓄水池 /口	沉沙池 /个
蕉岭县	3.22	1.0	3.9	64	4.83	5	1	10	10
平远县	5.47	1.6	6.6	109	8.2	5	1	16	16
梅江区	2.58	0.8	3.1	52	3.87	5	1	8	8
梅县	9.26	2.8	11.1	185	13.89	15	3	28	28
大埔县	7.02	2.1	8.4	140	10.53	10	2	21	21
五华县	12.07	3.6	14.5	241	18.1	15	3	36	36
兴宁市	12.83	3.9	15.4	257	19.25	15	3	39	39
丰顺县	47.55	14.2	57.0	952	71.33	50	10	142	142
合计	100.00	30.0	120.0	2 000	150	120	24	300	300

表 3-52　梅州市坡园地水土流失治理工程投资匡算　　　　　　　单位:万元

县名	机耕路	排水沟	种草	补植	沼气池	山塘	蓄水池	沉沙池	投资合计
蕉岭县	20	65	63	145	1	10	8	1	313
平远县	32	111	107	246	1	10	13	2	522
梅江区	16	52	51	116	1	10	7	1	254
梅县	57	186	181	417	4	30	23	3	901
大埔县	42	141	138	316	4	20	17	2	679
五华县	73	243	237	543	4	30	30	4	1 164
兴宁市	79	258	253	578	4	30	32	4	1 238
丰顺县	289	934	957	2 139	15	100	119	13	4 566
合计	608	1 964	2 013	4 500	33	240	249	30	9 637

规划在以上水源地的准保护区内开展泥沙和水土流失防治工程,治理水土流失面积 150 km²。今后应逐步扩大至已经划定的饮用水源保护区的所有镇级饮用水源地。

7.4.2　治理措施

主要任务是针对规划区水源地泥沙和农村面源污染,采取以小流域为单元的水土流失综合治理措施,通过治理水土流失、建设农村生活垃圾集中处理场和小型污水净化处理设施,控制入库泥沙和农村面源污染,加强水土保持预防和监督管理,控制人为水土流失,促进自然生态修复。

治理措施包括综合治理措施、自然修复措施、农村面源污染控制措施三大类。

综合治理措施：针对坡面流失，采取坡改梯、配套坡面工程（蓄水池窖、沉沙池、排灌沟渠、田间道路、等高植物篱），配合营造水土保持林草（水土保持林、经济果木林、种草）；针对沟道流失，采取谷坊、拦沙坝、淤地坝、沟道整治和塘堰整治等措施。

自然修复措施：封山禁牧，设置网围栏和封禁标牌，对疏幼林采取补植措施；开展舍饲养畜，通过"疏堵"结合，减少对林草植被的破坏，依靠自然的自我修复能力，减少水土流失和面源污染。

农村面源污染控制措施：对农村生活垃圾和污水采取集中收集和处理，结合新农村建设，建设小型污水净化处理设施和农村生活垃圾集中处理场。农村生活垃圾集中处理场每村设一处，小型污水处理净化设施选择清凉山库区试点。

规划具体措施工程量包括：规划治理水土流失面积 150 km^2，其中坡面治理 1 200 hm^2、沟道治理 6.0 km、林草措施 4 500 hm^2、自然修复措施 9 000 hm^2、农村污染控制措施 90 处、小型污水处理净化设施 1 处。

水源地泥沙控制和水土流失防治工程规划见表 3-53。

表 3-53 水源地泥沙控制和水土流失防治工程规划

水源地名称	所在县（市、区）	总治理面积 /hm^2	坡面治理 /hm^2	沟道治理 /km	林草措施 /hm^2	自然修复措施 /hm^2	农村污染控制措施 /处	小型污水处理设施 /处
清凉山水库		1 500	120	0.6	450	900	9	1
盘湖水库	梅江区	200	16	0.08	60	120	1	
梅江水源地		800	64	0.32	240	480	5	
长潭水库	蕉岭	500	40	0.20	150	300	3	
黄竹坪水库		200	16	0.08	60	120	1	
梅潭河道取水	大埔县	2 000	160	0.80	600	1 200	12	
虎局水库	丰顺县	1 500	120	0.60	450	900	9	
益塘水库	五华县	2 000	160	0.80	600	1 200	12	
合水水库	兴宁市	2 000	160	0.8	600	1 200	12	
和山岩水库		1 000	80	0.4	300	600	6	
黄田水库	平远县	1 000	80	0.40	300	600	6	
横水水库		300	24	0.12	90	180	2	
梅西水库	梅县	2 000	160	0.80	600	1 200	12	
合计		15 000	1 200	6.0	4 500	9 000	90	1

7.4.3 治理投资

参照《全国城市水源地安全保障规划》（水利部，2008—2020 年）水源地泥沙及水土保持工程投资标准,结合梅州市小流域治理实际水土保持投资情况,推算梅州市水源地泥沙及水土流失防治所需资金为 13 583 万元。

7.5 矿山迹地生态恢复试点工程

7.5.1 治理范围与规模

梅州市是广东省矿产资源较为丰富的地区,其中有保有资源储量的矿种 42 种,目前正在利用的矿种有 28 种,全市有矿产地 309 处,其中大型矿床 14 处,中型矿床 42 处,小型矿床 253 处。改革开放前矿山开采手段落后,对矿山开采造成的环境破坏和水土流失不太重视,导致许多遗留矿山迹地水土流失严重,严重影响当地自然景观。2005 年 8 月,兴宁矿难发生后,梅州市高度重视矿产资源开采的安全生产工作,整合、关闭了大量不合格的矿山企业,并采取了一定的措施进行生态修复。由于矿山迹地土壤母质剥离,植被自然恢复困难,仍有大量的裸露地表,据广东省第四次遥感普查,梅州市有矿山开采导致的人为水土流失面积 34.50 km^2,以兴宁市、平远县最为严重,分别有矿山开采水土流失面积 10.21 km^2、7.21 km^2。据梅州市金属非金属矿山关闭方案,2012—2015 年关闭矿山 17 座,如何有效地进行矿山迹地生态修复是一个重要课题。这些矿山迹地原则上由整合后的业主继续实施治理,无主矿山需由政府出资治理,由乡(镇)通过申请水土保持专项工程、土地整理工程等进行治理。对于目前仍在运行的矿山,要通过水土保持监督管理,督促矿山生产单位治理。

为有效推进矿山迹地的生态修复工作,实现矿山开采利用与生态环境保护的可持续,规划在矿山分布的重点地区开展水土保持生态修复试点,总结经验,为全市实现矿山企业的绿色发展、生态发展打下基础。

拟以平远县、蕉岭县、兴宁矿山迹地为重点,以平远县仁居镇稀土矿区、蕉岭县文福镇水泥灰岩矿区、兴宁市铁山稀土矿区为主要试点对象,开展矿山迹地生态修复试点工作。

7.5.2 治理措施

矿山迹地主要采取削缓边坡、设立挡墙、完善排水、覆土整治、植树种草绿化等措施。规划治理矿山迹地 800 hm^2,主要措施为挡土墙 16 km、排(截)水沟 32 km、土地整治 400 hm^2、植草 300 hm^2、水保林 300 hm^2、挂网喷播植草护坡 40 hm^2。

7.5.3 治理投资

矿山迹地生态恢复试点工程需投资 6 397 万元,详见表 3-54。

表 3-54　梅州市矿山迹地水土保持生态修复试点工程投资匡算

措施名称	挡土墙	截水沟	植草	水保林	挂网喷播 植草护坡	土地整治	合计
数量/km、hm^2	16	32	300	300	40	400	
单价/元	1 026	232 490	9 826	15 638	595 870	21 611	
合价/万元	1 642	744	295	469	2 383	864	6 397

7.6 自然保护区水土流失重点预防试点工程

7.6.1 预防范围与规模

全市共有各类自然保护区 50 个,总面积 17.45 万 hm^2,占全市总面积的 10.93%,是梅州市重要的生态功能区、生物宝库、生态屏障。由于地质条件、人为活动等因素，区域内存在一定的水土流失潜在危害，应积极开展水土流失重点预防工作，维护和提升自然保护区的生态功能。

拟对重点预防区内的皇佑笔自然保护区、长潭自然保护区、阴那山自然保护区、龙狮殿自然保护区开展水土流失重点预防工程。重点预防区面积 282 km^2，需治理水土流失面积 6 km^2。

7.6.2　预防措施

预防区内完善水土保持预防制度和预防机构建设。重点对预防区内的崩岗、退化林地、裸露迹地、退化湿地通过人工干预治理，促进区域域生态功能的提升。

主要措施有封禁治理 600 hm^2、补植树木 10.51 万株、人工湿地 6 hm^2，宣传碑牌 30处，以及水土保持预防制度建设等措施。补植树木应与景观协调，并带有一定的观赏性。人工湿地应注意完善防护设置及设置栈桥等亲近平台。

梅州市自然保护区水土流失重点预防试点工程建设规划见表 3-55。

表 3-55　梅州市自然保护区水土流失重点预防试点工程建设规划表

县名	自然保护区名	治理水土流失面积/km^2	主要建设内容			
			封禁治理/hm^2	人工补植/万株	人工湿地/hm^2	宣传碑牌/处
蕉岭县	皇佑笔	1	80	1.13	0.5	5
蕉岭县	长潭	1	70	1.50	1	5
平远县	龙文-黄田	3	210	4.50	3	10
梅县	阴那山	1	80	1.12	0.5	5
五华县	龙狮殿	2	160	2.26	1	5
合计		8	600	10.51	6	30

7.6.3　预防投资

自然保护区水土流失重点预防试点工程约需资金 1 838 万元，详见表 3-56。

表 3-56　梅州市自然保护区水土流失重点预防试点工程投资匡算　　　单位：万元

县名	自然保护区名	投资	主要建设内容				
			封禁治理	人工补植	人工湿地	宣传碑牌	制度建设
蕉岭县	皇佑笔	174	12	57	99	1	5
蕉岭县	长潭	290	11	75	199	1	5
平远县	龙文-黄田	859	32	225	596	2	5
梅县	阴那山	173	12	56	99	1	5
五华	龙狮殿	342	24	113	199	1	5
合计		1 838	91	526	1 192	6	25

注：封禁治理按封育期 5 年计算。

7.7　水土保持科技示范园建设

　　水土保持科技示范园建设的目的是加快水土流失防治步伐,更好地发挥水土保持科技支撑、典型带动和示范辐射作用。梅州市是广东省水土流失最严重的地区,境内的五华、兴宁、梅县、丰顺、大埔、梅江区等3县2区1市是广东省唯一的国家级水土流失重点治理片区,也是全国最早开展崩岗治理研究的地区之一,创建全国水土保持科技示范园,更好地推动全市的水土保持生态文明建设具有积极意义。示范园建设结合水土保持重点防治项目开展,以解决资金来源。规划在全市建成4个水土保持科技示范园。

7.7.1　兴宁市大坪水土保持科技示范园

　　兴宁市水土保持科技示范园位于韩江上游兴宁市大坪镇水土保持试验推广站内,占地面积52.2 hm²,示范园划分为科研观测试验区0.79 hm²、技术示范区7.55 hm²、生态建设区39.92 hm²、科普教育区1 hm²、休闲观光区2.94 hm² 五大功能区。建设内容包括:基础设施建设、各功能区工程、水土保持工程三大部分。项目概算总投资2 984.61万元,项目总建设期为5年,分两期进行建设,其中:第一期施工期为2年,主要完成园区的各项基础工程设施建设;第二期施工期为3年,主要完善基础设施、科技支撑体系、信息管理系统和监测系统,完成园区各功能小区规范化建设等。

7.7.2　梅县荷泗水小流域水土保持生态示范园建设工程

　　项目区地处韩江上游、广东省东北部的梅县荷泗水小流域内,荷泗水小流域是梅县最严重的水土流失区和重点治理区。园区面积475 hm²,包括了梅县水保站全部范围。

　　主要工程规模包括:拦沙坝10座,谷坊86座,水平截水沟5 000 m,综合护坡21处及护脚挡土墙800 m;人工配置乔灌草相结合的、针阔叶树种相混交的立体植物群落,建立合理的生态系统结构,营造水保乔木林50 hm²,水保灌木林50 hm²,人工种草100 hm²;发展特种经济林种,种植油茶50 hm²,红豆杉25 hm²;为改善植物生长的立地条件,采取水土保持耕作措施改变微地形50 hm²,平整梯田50 hm²,改良土壤75 hm²;为恢复和发展区域生物多样性,改善小区域环境和气候条件,营造湿地100 hm²,建蓄水挡洪坝7座;建设水土保持科普展览厅,建筑面积1 000 m²,作为宣扬人与自然和谐相处、以生态改善的科学理念的科普教育场所。项目总投资1 263万元。

7.7.3　梅县区华银雁鸣湖水土保持科技示范园

　　结合雁鸣湖森林公园建设,建成南方典型红壤坡地水土流失综合治理工程示范区、水土保持生态修复示范及植物科普区、水土保持科研及科普教育区、小流域水系整治示范及休闲娱乐区、水土保持经果林及“三高”农业观光示范区、开发建设项目水土保持工程示范区等6大功能区。计划投资500万元。

7.7.4　五华县水保站水土保持科技示范园

　　2007年已被命名,以崩岗治理技术展示为主,后期增加资金扶持,加强管理、维护和提高标准。计划投资800万元。

7.8　水土保持生态文明建设示范区

　　根据《全国水土保持规划》母本,梅县列入了国家水土保持生态文明建设示范区。规划相关内容见表3-57。

表 3-57　水土保持生态文明建设示范区

一级区	三级区	主要建设内容	建设地点
V 南方红壤区	V-6-2th 岭南山地丘陵保土水源涵养区	以崩岗治理和发展特色产业为主的治理模式	广东省:梅县

国家水土保持生态文明建设示范区范围选择以位于主导功能为土壤保持、蓄水保水、拦沙减沙功能的三级区为主,且综合治理模式科学合理,具有典型代表性;治理基础好,政府和群众积极性高,示范效果好,带动作用强,辐射面积大的区域。重点考虑水土保持生态文明工程以及治理基础较好的其他区域。全国共规划 104 个示范区,梅县示范区是其中之一,每个示范区水土流失综合治理面积不少于 200 km²。

示范区的建设任务是维护和提高所在区域的水土保持主导基础功能,突出区域特色,注重农业产业结构调整和农业综合生产能力提高,在现有治理状况的基础上,吸纳实用、先进、适应于本区域的水土保持技术进行科学合理的组装配套,形成具有示范推广带动效应的示范区。示范区建设任务纳入国家重点区域水土流失综合治理项目。

梅县国家水土保持生态文明建设示范区根据国家相关安排开展,示范区建设启动后,纳入全市水土保持重点工程加强扶持和管理,约需资金 47 500 万元。

8　综合监管规划

8.1　综合监管目标

水土保持监督管理重点是落实生产建设项目水土保持"三同时"制度,要求水土保持方案的申报率达到98%。实行生产建设项目水土保持监理制度,加强水土保持监测和验收,生产建设项目的水土保持监理和监测实施率达到95%,水土保持验收率达到95%。对重点监督项目,水土保持监测率要达到98%,验收率达到98%。

全市 5 县 1 市 2 区的监督管理规范化建设全面达标,监测站网全面,能够为全市的水土保持动态信息提供支撑。

8.2　监督能力建设规划

8.2.1　机构建设

按照机构到位、人员到位、办公场所到位、工作经费到位、取证设备装备到位的要求,健全机构建设。

具体要求为:市、县(市、区)水行政主管部门成立水土保持科或股,具体承担水土保持监督管理日常工作;充实配备与执法任务相适应的专职监督管理人员,至少2~3 人;水土保持监督管理机构要有固定办公场所,配备计算机、传真机等办公设备,建立完善的监督管理数据库系统,将监督管理的相关信息全部录入数据库,有标准规范的水土保持方案审批、监督检查、验收以及案件查处档案资料库(房)等;配备照相机、摄像机、经纬仪等执法取证设备,有专用交通工具或在执行公务时有用车保障,设备装备的运行情况良好。

目前,全市水土保持监督管理机构、办公场所基本到位,但人员、工作经费、取证设备仍存在薄弱环节,应予重视和加强。

8.2.2　法规配套

需完善的水土保持配套法规有：

（1）梅州市水土保持法实施细则。结合上级政府修订的水土保持法实施办法，明确当地水土流失预防、治理和监督管理的实施细则，进一步增强法规的针对性和操作性。

（2）梅州市水土保持监督检查规定。制定、完善生产建设项目监督检查制度，明确监督检查的对象、内容、重点、程序、频次、方式、整改和跟踪落实等要求，全面规范现场监督检查的各项工作，确保水土保持方案得到全面及时落实。

（3）梅州市水土保持设施验收规定。细化验收的对象、内容、范围、分类、程序和方式等要求，明确水土保持设施验收作为生产建设项目竣工验收的前置条件。

（4）水土保持监督检查管理制度。包括督察督办制度、重大事件报告制度、技术服务单位管理制度、廉政建设制度、社会监督制度等。

（5）水土流失重点预防区和重点治理区管理办法。包括重点预防区和重点治理区的进入和退出机制，目标责任考核机制，重点项目扶持机制等。

8.2.3　能力培训

从事水土保持监督管理工作的人员要全部参加监督执法培训和考核，全面提高业务素质和依法行政水平。参与水土保持方案技术评审、设施验收、技术评估等人员要参加专项培训和考试，取得考试颁发的合格证书。

水土保持监督管理人员每3年至少参加一次上级主管部门组织的业务培训。市水务局每年组织一次业务培训。

8.3　水土保持监测规划

结合全国水土保持监测站网布局，完善本市的水土保持监测站网规划。

8.3.1　监测站网布局原则

（1）监测站点具有代表性，能够反映所在流域（区域）的水土流失特性。

（2）流域面积1 000 km² 以上的主要河流均布设监测站点，监测点既要测量悬移质泥沙，也要测量推移质泥沙。

（3）上、中、下游兼顾，各主要支流兼顾，不同地貌类型兼顾。

8.3.2　监测站网布局

成立市水土保持监测站，可单设机构或在其他水土保持机构增加水土保持监测职能，其机构、人员、经费满足工作正常开展需要。

各县设立水土保持监测站，做到有牌子、有人员、有业务。水土保持监测站不仅要开展水土保持监测工作，还应利用监测成果，掌握水土流失的发生规律，总结崩岗、坡林（园）地水土流失的防治经验，为改善当地生产生活条件做好理论、技术支持。

监测点结合现有水文监测点合并开展工作。

开展国家水土保持重点工程建设后，按照开展小流域治理条数（实施片区数）总量的30%布设监测点。

8.4　监督管理重点项目

（1）生产建设项目示范工程创建。将大埔高速公路、平远稀土矿列入生产建设项目示范工程管理，从资金、技术、管理等方面给予支持。

（2）梅州市水土保持监督管理规范化建设项目。推进全市各县（市、区）达到水土保持监督管理规范化建设的要求。

（3）重点建设项目水土保持督察。将市内水土流失重点预防区内的生产建设项目，以及线性工程（铁路、公路等）、水利水电和航电枢纽工程、矿山开采等生产建设项目作为全市的重点监督项目，健全档案，加密监督管理，做好服务。

（4）信息化建设项目。建成全市互联互通、资源共享的水土保持信息平台，市水务局及各县（市、区）水务局配备计算机、信息软件、采集工具，加入全省的水土保持信息网络。

9　投资匡算与效果分析

9.1　投资匡算

水土保持投资分为生态工程投资和综合监管投资两大类。

9.1.1　生态工程投资

规划期内，规划综合治理水土流失面积 2 110 km²，匡算总投资 530 096 万元。革命老区及原中央苏区崩岗治理工程、生态清洁小流域建设工程、水土保持工程除险加固、坡园地治理、水源地泥沙和水土流失防治等专项工程只是实施对象不同、资金来源渠道不同，实质均为水土流失综合治理体系的一部分，详见表 3-58。投资匡算单位指标见附表 8。

表 3-58　梅州市水土保持生态建设工程投资匡算　　　　　　单位：万元

县名	治理投资合计	水保林	经果林	种草	封育管护	塘堰	谷坊	拦沙坝	截水沟	溪沟整治	机耕路	垃圾池	人工湿地
梅江区	10 340	3 570	4 489	897	183	100	252	299	84	251	121	15	79
梅县区	65 917	20 872	9 186	2 582	2 701	350	12 626	3 432	7 794	5 268	808	99	199
兴宁市	81 724	17 454	2 927	1 028	2 451	490	31 602	8 060	14 063	2 759	687	84	119
平远县	28 903	10 506	7 011	372	1 098	210	3 123	4 095	855	1 129	343	42	119
蕉岭县	13 581	3 508	4 414	551	400	120	1 463	728	939	941	283	35	199
丰顺县	100 018	13 091	19 761	1 645	2 879	1 810	47 058	3 874	7 526	1 819	424	52	79
大埔县	90 005	15 865	17 519	849	2 858	270	8 625	2 977	38 299	1 944	606	74	119
五华县	139 608	40 703	17 350	2 600	2 850	460	52 374	12 441	8 012	1 254	1 252	153	159
合计	530 096	125 569	82 657	10 524	15 420	3 810	157 123	35 906	77 572	15 365	4 524	554	1 072

9.1.2　综合监管投资

综合监管投资包括能力建设、监测、生产建设项目监管等经费投入。总投资约 680 万元。综合监管投资测算见表 3-59。

9.2　实施效果分析

水土保持是保护和开发利用水土资源，实现资源可持续发展，改善山丘区农业生产条件，打造生态宜居环境的一项伟大的社会公益性系统工程。其具有显著的生态、社会、经济效益。

表 3-59　梅州市水土保持监督管理投资匡算

项目		单位	数量	单价/万元	合计/万元	说明
能力建设	机构建设	年	15	10	150	
	法规配套	宗	5	10	50	
	能力培训	年·人·次	150	0.3	45	每年培训10人次,共17年
监测站网		个	9	20	180	各县(区、市)各一个站
监督管理	生产建设项目示范工程表彰	年	15	10	150	
	监督管理规范化建设	项	1	30	30	
	重点建设项目督察	年	15	5	75	
合计					680	

(1)增加植被覆盖,改善土壤性能,保护水源水质。规划实施后,增加林草面积 112 236 hm²,林草覆盖率提高 7.7%,年增加林木蓄积量 36.3 万 m³,规划期末,全市的森林覆盖率达到 75.6%。林草植被的增加,能够增加土壤入渗,增强土壤肥力,减少面源污染,保护水源水质。

(2)增加地表入渗,延缓洪峰过程,减轻山洪灾害。规划实施后,工程措施和林草措施将起到巨大的蓄水拦沙作用,延缓洪峰过程,特别是大量谷坊、拦沙坝的修建,崩岗的有效治理,能够减少沟道泥沙和农田淤积,减轻山洪灾害。

(3)改善生产条件,增加群众收入。大量的小型水利水保工程不仅能够控制水土流失,更是改善农业基础设施,提高土地生产率的有效举措。随着水土流失的控制,减少了泥沙冲入农田,保障了农田能灌能排,实现稳产高产。水保工程的实施,需要大量的劳动力参与,增加了就业机会,增加了群众收入,拉动了当地经济发展。

(4)打造美丽城乡,实现生态宜居梅州。林草植被大量增加,水土流失有效控制,农业基础设施明显改善,山地灾害减少,使得山变绿了,水变清了,群众变富了,真正实现了安全、生态、和谐、发展的目标。

10　保障措施(略)

11　附表、附图

11.1　附表

1. 梅州市社会经济现状调查表;

2. 梅州市土地利用现状及规划表;

3. 梅州市水土流失现状表;

4. 梅州市水土保持措施规划表;

5. 梅州市水土流失重点防治区治理措施规划表;

6. 梅州市水土保持专项工程项目设置及投资统计表;

7. 梅州市革命老区及原中央苏区崩岗工程规划总表;

8. 梅州市水土保持措施投资及效益匡算指标表。

附表 1　梅州市社会经济现状调查表

| 行政区 | 土地面积/km² | 人口/万人 | | | 耕地面积/hm² | 国内生产总值/万元 | 种植业产值/万元 | 林业产值/万元 | 牧业产值/万元 | 农村居民人均可支配收入/元 | 粮食单产/(kg/亩) | 人均产粮/kg |
		总人口	城镇人口	农村人口								
合计	15 876.06	550.11	202.08	348.03	162 597	10 754 252	2 326 696	155 346	707 034	14 011	512	227
梅江区	570.74	35.66	30.40	5.26	3 993	2 313 703	102 856	4 939	48 974	18 568	419	70
梅县区	2 482.86	61.33	28.79	32.54	20 998	1 877 635	620 813	9 036	108 064	17 364	609	313
兴宁市	2 079.76	118.89	37.85	81.04	31 718	1 691 850	541 027	18 589	142 663	16 150	709	284
平远县	1 377.78	26.66	9.42	17.24	16 528	800 917	136 587	12 616	35 215	15 223	366	340
蕉岭县	984.66	23.74	7.05	16.69	8 883	772 462	107 467	36 141	55 066	14 784	497	279
大埔县	2 470.35	56.88	13.26	43.62	17 439	804 731	275 621	7 948	51 445	12 666	385	177
丰顺县	2 686.45	74.58	27.30	47.28	21 944	1 031 116	213 119	33 250	125 606	12 326	384	170
五华县	3 223.46	152.37	48.01	104.36	41 094	1 461 838	329 206	32 827	140 001	12 076	503	203

附表 2　梅州市土地利用现状及规划表

单位：hm²

行政区	单位	总面积	农用地								建设用地				未利用地		
			合计	耕地			园地	林地	牧草地	其他农用地	合计	居民点工矿及其他	交通运输用地	水利设施用地	合计	自然保留地	水域
				小计	水田及水浇地	旱地											
合计	现状	1 587 606	1 447 899	168 266	168 266		26 877	1 213 981	2 176	36 600	76 138	62 435	5 053	8 650	63 569	42 705	20 864
	规划(2020 年)	1 587 606	1 448 007	165 001	165 001		27 100	1 226 400	2 176	27 331	90 200	72 349	7 920	9 931	49 398	28 354	20 864
梅江区	现状	57 074	49 262	5 770	5 495	0	2 364	40 156	0	972	5 548	4 842	410	296	2 264	1 319	945
	规划	57 074	48 167	5 324	5 049	0	2 369	39 748	0	726	6 753	5 853	575	325	2 154	1 208	946
梅县区	现状	248 286	229 040	21 255	21 530	0	11 111	190 185	3	6 486	11 695	9 783	997	915	7 551	4 420	3 131
	规划	248 286	227 867	20 663	20 938	0	11 217	191 141	3	4 843	14 662	11 966	1 631	1 065	5 757	2 627	3 130
兴宁市	现状	207 976	187 052	37 237	37 237		3 449	140 300	561	5 505	15 177	12 366	698	2 113	5 747	4 646	1 101
	规划	207 976	186 340	36 639	36 639		3 478	141 551	561	4 111	17 431	13 912	1 094	2 425	4 205	3 104	1 101
平远县	现状	137 778	130 245	14 247	14 247		1 469	110 999		3 529	4 916	3 996	327	593	2 618	1 300	1 318
	规划	137 778	129 444	14 033	14 033		1 482	111 295		2 635	6 147	4 953	513	681	2 186	868	1 318
蕉岭县	现状	98 466	89 370	9 797	9 797		3 244	74 056		2 273	5 084	3 634	533	917	4 012	2 979	1 033
	规划	98 466	88 796	8 958	8 958		3 271	74 869		1 698	6 648	4 760	836	1 053	3 022	1 990	1 032
大埔县	现状	247 035	229 705	15 900	15 900		865	209 147		3 793	8 779	7 171	780	827	8 551	3 454	5 097
	规划	247 035	229 533	15 688	15 688		872	210 140		2 833	10 098	7 925	1 223	950	7 404	2 308	5 096
丰顺县	现状	268 645	235 783	23 573	23 573		2 489	203 972	16	5 733	6 674	5 213	514	946	26 188	22 852	3 336
	规划	268 645	241 723	23 206	23 206		2 509	211 711	16	4 281	8 314	6 422	806	1 086	18 608	15 269	3 339
五华县	现状	322 346	297 442	40 487	40 487		1 886	245 165	1 596	8 308	18 266	15 430	793	2 043	6 638	1 735	4 903
	规划	322 346	296 137	40 490	40 490		1 902	245 945	1 596	6 204	20 146	16 557	1 243	2 346	6 063	1 159	4 904

附表 3　梅州市水土流失现状表

单位：km²

县级行政区	面积/km²	无明显流失面积		水力侵蚀										水土流失面积小计/km²
				轻度流失		中度流失		强度流失		极强度流失		剧烈流失		
		面积/km²	占总面积/%	面积/km²	占流失面积/%	面积/km²	占流失面积/%	面积/km²	占流失面积/%	面积/km²	占流失面积/%	面积/km²	占流失面积/%	
合计	15 876.06	12 654.39	79.7	1 238.06	38.3	1 072.47	33.1	605.15	18.7	277.43	8.6	42.64	1.3	3 235.75
梅江区	570.74	485.66	85.1	34.96	41.1	19.54	23.0	15.85	18.6	14.40	16.9	0.32	0.4	85.08
梅县区	2 482.86	1 958.38	78.9	216.45	41.3	152.98	29.2	87.31	16.6	64.97	12.4	2.94	0.6	524.64
兴宁市	2 079.76	1 637.21	78.7	209.72	47.4	149.37	33.8	58.67	13.3	15.15	3.4	9.65	2.2	442.56
平远县	1 377.78	1 131.35	82.1	80.81	32.8	133.31	54.1	24.88	10.1	5.83	2.4	1.62	0.7	246.45
蕉岭县	984.66	855.1	86.8	49.86	47.1	46.96	44.4	6.8	6.4	1.58	1.5	0.56	0.5	105.76
大埔县	2 470.35	1 948.90	78.9	138.19	26.5	135.75	26.0	183.47	35.2	55.40	10.6	8.64	1.7	521.45
丰顺县	2 686.45	2 193	81.6	149.79	29.0	183.62	35.5	107.72	20.8	73.89	14.3	2.18	0.4	517.2
五华县	3 223.46	2 444.79	75.8	358.28	45.2	250.94	31.7	120.45	15.2	46.21	5.8	16.73	2.1	792.61

附表 4 梅州市水土保持措施措施规划表

县（市、区）	总面积/km²	治理水土流失面积/km²	治理措施				小型水利水土保持工程措施				
			水保林/hm²	经果林/hm²	种草/hm²	封育治理/hm²	塘堰/座	谷坊/个	拦沙坝/座	截水沟/km	沟道整治/km
合计	15 876.06	2 110	80 421	21 073	10 742	98 793	380	49 980	2 764	4 631	245
梅江区	570.74	35	1 453	726	581	745	6	51	15	3	3
梅县区	2 482.86	356	13 347	2 335	2 628	17 280	35	4 014	264	465	84
兴宁市	2 079.76	297	11 576	951	1 212	15 893	51	10 062	624	840	45
平远县	1 377.78	159	6 718	1 782	379	7 023	21	993	315	51	18
蕉岭县	984.66	68	2 368	1 186	592	2 703	11	491	58	59	14
大埔县	2 470.35	337	10 145	4 453	864	18 283	27	2 742	229	2 285	31
丰顺县	2 686.45	335	8 371	5 023	1 674	18 417	181	14 961	298	449	29
五华县	3 223.46	523	26 443	4 617	2 812	18 449	48	16 666	961	479	21

附表 5　梅州市水土流失重点防治区治理措施规划表

防治类型	重点区名	片区面积/km²	水土流失面积/km²	治理水土流失规模 面积/km²	其中治理崩岗/个	水保林/hm²	经果林/hm²	种草/hm²	封禁治理/hm²	塘堰/座	谷坊/个	拦沙坝/座	截水沟/km	沟道整治/km	土地整治/hm²	机耕路/km	垃圾池/处	人工湿地/处
重点预防区	莲花山地	2 380	211	200	1 972	6 009	2 303	761	10 956	62	3 284	367	812	12	91	12	116	2
	蕉平山地	765	67	64	212	2 223	902	349	2 878	10	425	90	38	6	174	6	50	4
	小计	3 145	278	264	2 184	8 232	3 205	1 110	13 834	72	3 709	457	850	17	265	18	166	6
重点治理区	琴江五华河	1 370	428	385	12 116	19 646	3 313	1 984	13 579	34	12 494	147	359	18	143	35	354	5
	宁江	911	352	317	6 333	12 683	951	1 157	16 916	54	11 123	686	928	18	295	29	287	5
	东江上游	275	31	28	487	1 108	69	101	1 491	5	971	600	81	2	26	3	25	1
	梅江中游	1 045	270	243	4 223	9 110	1 594	1 822	11 768	24	2 741	181	317	13	104	21	208	5
	韩江中下游	1 787	371	334	4 594	9 359	4 680	1 270	18 116	104	8 818	1 280	1 355	20	151	19	193	4
	石窟河	769	134	120	818	4 568	1 683	661	5 109	16	989	143	100	9	237	11	98	6
	松源河上游	149	32	28	427	1 064	186	213	1 375	3	320	21	37	2	12	2	24	1
	小计	6 305	1 618	1 455	28 998	57 538	12 476	7 208	68 354	240	37 456	3 058	3 177	82	968	120	1 189	27
合计		9 451	1 896	1 719	31 182	65 770	15 681	8 318	82 188	312	41 165	3 515	4 027	100	1 233	138	1 355	33

附表6 梅州市水土保持专项工程项目设置及投资统计表 单位:万元

工程类别	建设规模	投资
1.革命老区及原中央苏区崩岗治理工程	治理崩岗13 665个	214 565
2.生态清洁型小流域建设工程	建设生态清洁型小流域76条,小流域总面积2 363 km²	220 832
3.坡园地水土流失治理工程	治理水土流失面积100 km²	9 637
4.水源地泥沙和水土流失防治工程	12个水源地,治理水土流失面积150 km²	13 583
5.矿山迹地生态修复试点工程	治理水土流失面积8 km²	6 397
6.自然保护区水土流失重点预防试点工程	治理水土流失面积6 km²	1 838
7.水土保持科技示范园建设	建设科技示范园4个	5 548
8.水土保持生态文明建设示范区	建成示范区面积200 km²	47 500
9.水土保持监督管理能力建设		646

附表7 梅州市革命老区及原中央苏区崩岗工程规划总表

序号	宗数/宗	规划投资/万元	备注
合计	13 665	214 565	
梅江区	32	1 135	
梅县区	2 009	27 004	
兴宁市	2 742	35 100	
平远县	367	5 285	
蕉岭县	93	1 132	
大埔县	914	42 665	
丰顺县	1 830	28 280	
五华县	5 665	73 645	
市属梅西水库	13	319	

11.2 附图

1.梅州市水土流失现状及分布图(略);

2.梅州市水土保持类型区划分图(略);

3.梅州市水土流失重点防治区划分图(略)。

附表8 梅州市水土保持措施投资及效益匡算指标表

措施类型	单位	单价/万元	保土效益/t	蓄水效益/m³
水保林	hm²	15 638	55	600
经果林	hm²	39 342	75	900
种草	hm²	9 826	90	600
挂网喷播植草	hm²	595 870		
封育管护	hm²	1 563	20	300
塘堰	座	100 000	60	1 000
谷坊	座	31 454	30	10
拦沙坝	座	130 000	1 000	100
灌排渠	km	232 490		
截水沟	km	167 611		
蓄水池	个	8 267		90
沟道整治	km	627 121		
土地整治	hm²	21 611		
机耕路	km	201 922		
挡土墙	m	1 026		
宣传碑牌	个	20 000		
沼气池	个	2 757		
垃圾池	个	2 474		
人工湿地	处	198 566		

3.4 县级水土保持规划

3.4.1 县级水土保持规划原理

县级水土保持规划的理论同省级水土保持规划基本一致,即通过现状调查与评价,分析近期、远期县域经济社会发展对水土保持工作的需求,提出规划目标、任务和建设规模,再结合县域水土流失分布特点,合理开展工作布局和措施布局。

县级水土保持与省级水土保持规划的不同点在于,由于规划区域范围变小,社会发展、经济发展对水土保持的需求相对单一,水土流失类型相对较少,防治措施更为具体。科技支撑和水土保持监测可根据县情实际确定,上位规划没有确定以及本级没有需求的,可以不列入规划内容。

县级水土保持规划的经济社会发展对水土保持的需求相对省级水土保持规划更为细化和缩小:

在保障粮食安全方面,按乡(镇)或小流域分析是否需要进行坡耕地整治。对于非粮食主产区,主要分析人均产粮是否满足人畜需求;对粮食主产区,主要分析是否有提高耕地条件或保护耕地不被破坏的需求。

在生态环境保障方面,分析有没有荒草地、裸地、稀疏林草地需要治理,有没有水源地需要保护和治理等。

在防治水、旱、风沙灾害方面,主要是通过减小水土流失,减轻山洪灾害。

水土保持的基本功能主要体现在以上三方面,但实施水土保持措施后,其本身具有调整产业结构、发展农村经济、改善乡村生产生活条件等作用,也可以将以上内容纳入需求分析。

通常水土流失较为严重的县级行政区,经济社会发展也较落后,县级财政往往很少有经费大量投入水土保持工作,因此从需求角度确定了县域内不同乡(镇)或小流域的任务和规模后,还要根据中央、省级财政的水土保持投入情况,分析在本县投入的可能,以确定治理规模。

县级水土保持规划与市级水土保持规划的区别在于:市级水土保持规划是一个承上启下的过渡性规划,偏重于指导性,县级水土保持规划是带有省级水土保持规划、市级水土保持规划在县域内落实的性质,更偏重于落地实施。

3.4.2　县级水土保持规划要点与方法

县级水土保持规划的内容和方法基本同省级水土保持规划,但也有区别,主要体现在:

一是规划单元不同。省级水土保持规划以县为基本规划单元,县级水土保持规划以乡(镇)或小流域为基本单元,在平原网河区,由于小流域分界不明显,也可以以河涌、片区为规划单元。

二是规划的实施差异。省级水土保持规划的实施主体主要为各县(区、市)人民政府,但县级水土保持规划的实施主体主要为县级水行政主管部门或与水土保持工作相关的生态环境、自然资源、农业农村、林草等部门,经济较为发达的县(市、区),可以将乡(镇)列为实施主体,但绝大部分县(市、区)的乡(镇)经济社会管理事权较弱,主要以配合、协调为主。也就是说,省级水土保持规划可以将任务和目标落实到县,但县级水土保持规划不宜将任务和目标落实到乡(镇),当然措施布置仍然可以按镇、小流域、村进行布局。

三是规划布局有差异。省级水土保持规划的布局包括工作布局和项目布局,工作布局和项目布局均是以县为单元开展的。县级水土保持规划不需要再进行工作布局和项目布局,而是需要提出工作计划和项目清单,并提出具体的工作内容和项目建设的地点、主要措施、所需投资、效益等。

四是一般不开展重大科技支撑规划。

县级水土保持规划目标的确定方法与省级水土保持规划基本一致;规划措施数量及项目数量的确定方法与省级水土保持规划基本一致,均以典型小流域调查和设计为基础确定;资金筹措方式与省级水土保持规划基本一致。

3.4.3　县级水土保持规划成果案例——大埔县水土保持规划(2018—2030 年)

1　自然条件与社会经济(略)

2　水土保持形势与需求

2.1　水土流失状况

2.1.1　水土流失现状

大埔县水土流失比较严重,因山高坡陡,花岗岩土母质面积大,土质疏松,遇台风暴雨冲刷后极易流失,其特点是分布范围广,流失类型多,强度大,危害大。根据 2011 年全国第一次水利普查结果,全县有水土流失面积为 521.45 km²。其中轻度 122.06 km²,中度 126.80 km²,强烈 153.45 km²,极强烈 88.80 km²,剧烈 30.33 km²。除自然水土流失外,还有采矿、道路建设、城镇建设、工业园区建设等开发建设项目水土流失以及火烧迹地、坡耕地等人为水土流失。水土流失集中分布在母岩为花岗岩的区域,南部多于北部,东部多于西部,以高陂镇、枫朗镇、洲瑞镇以及茶阳镇南部分布最为集中。从流域分布看,主要分布在韩江干流下段沿岸、赤山溪合溪中上游、梅潭河中上游、漳溪河中上游、小靖河下游及茶阳街道以下汀江两岸等区域。水土流失表现形式有面蚀、沟蚀和崩岗,全县存在大小崩岗 3 595 处,崩口面积 33.41 km²,多数仍处于活动状态,是最主要的水土流失隐患,治理难度大。全县有证开采的矿点 22 处、废弃矿井 10 处,以及一些无证无主的砂石料场存在不同程度的水土流失现象。

大埔县水土流失分布详见表 3-60。

表 3-60　大埔县各镇水土流失分布情况

镇名	土地总面积/km²	水土流失面积/km²	水土流失占土地总面积的比例/%	水土流失强度分布/km²				
				轻度	中度	强烈	极强烈	剧烈
青溪	238.25	12.31	5.16	4.55	1.85	3.08	1.97	0.86
三河	152.06	25.78	16.95	9.54	3.87	6.44	4.12	1.81
银江	210.98	9.24	4.38	3.42	1.39	2.31	1.48	0.64
大麻	230.14	25.91	11.26	9.59	3.89	6.48	4.15	1.80
茶阳	241.21	40.88	16.95	13.08	10.22	12.26	4.50	0.82
西河	211.82	28.84	13.62	9.23	7.21	8.65	3.17	0.58
大东	97.87	14.13	14.44	4.52	3.53	4.24	1.55	0.29
枫朗	169.16	67.83	40.10	14.92	17.66	20.48	10.60	4.17
百侯	112.26	33.39	29.75	7.35	8.69	10.08	5.22	2.05
湖寮	203.40	44.49	21.87	9.79	11.58	13.43	6.95	2.74
洲瑞	83.06	36.90	44.43	6.09	9.61	11.14	7.61	2.45
高陂	309.89	117.90	38.05	19.45	30.69	35.59	24.32	7.85
桃源	74.60	31.40	42.10	5.18	8.18	9.48	6.48	2.08
光德	127.13	32.45	25.53	5.35	8.45	9.80	6.69	2.16
全县合计	2 461.83	521.45	21.18	122.06	126.80	153.45	88.80	30.33

2.1.2　水土流失危害

由于水土流失冲刷掉大量的表土,土地肥力下降,危害农作物的生长;同时山上的泥沙被冲下山,淤积了圳道、塘库,抬高了河床,缩减了水利水电工程的使用寿命,影响了工程效益的正常发挥;在水土流失严重的地方,形成了山光、地瘦、人穷的恶性循环,导致生态环境的进一步恶化,造成了洪、涝、旱等自然灾害频繁,直接影响了道路、交通、通信的畅通,危及山区人民群众生命财产的安全,严重制约着当地经济的发展。

自然因素和人为的经济活动影响,特别是近年来公路、矿场、石场、稀土矿等施工不严格采取水保措施,导致人为水土流失的现象时有发生,甚至有的地方还有扩大的趋势。

2.1.3　水土流失演变

大埔县由于受特殊的地质条件和气候条件影响,新中国成立前水土流失就很严重,母岩为花岗岩及紫色砂页岩的山丘区普遍存在水土流失现象,以崩岗危害最为严重。新中国成立后,开展了一些水土流失治理工作,取得了一定的成效,但受社会经济条件制约,一边治理、一边破坏,破坏大于治理的现象一直较为突出,如1958年始的大炼钢铁使许多山头变成了光山秃岭,以至1959—1961年三年困难时期,大量毁林开荒,广种薄收,荒坡地、陡坡耕地大量增加,河道含沙量增多,淤积增加,洪涝灾害日益严重;1985年后开展了韩江上游水土流失严重地区整治工程,水土流失得到了有效遏制。2000年后,水土流失防治工作断续开展,生产建设项目水土流失大量增加,但退耕还林和天然林保护工程的实施,水土流失强度大量减轻,自然环境总体趋好。

新中国成立前夕,全县水土流失面积为245.7 km²。1955年普查结果,全县水土流失面积为214.9 km²。1983年国家航片普查水土流失面积为395.57 km²,占山地面积的17.57%,其中面状流失282.96 km²,沟状流失62.29 km²,崩岗流失50.32 km²,崩口7 428处,是梅州市水土流失严重的县之一,严重的水土流失给全县工农业生产和人民群众生命财产安全带来了极大的影响和危害。1985年实施《韩江上游严重水土流失整治及开发利用议案》,通过10多年来的小流域综合治理,连续治理,生态环境发生了很大变化,收到了明显的治理效益。据1998年卫星遥感普查结果,自然水土流失面积为171.63 km²,人为水土流失面积为3.56 km²。自然因素水土流失面积中,面状85.02 km²,沟状53.43 km²,崩岗33.18 km²。据2006年卫星遥感普查,自然水土流失面积为136.66 km²,人为水土流失面积为62.77 km²,自然水土流失面积下降,人为水土流失显著上升。2011年,全国开展了第一次水利普查,由于采用技术手段的差异,植被盖度和坡度不再作为水土流失辨别的决定条件,而以实际抽样调查为准,通过抽样调查,即使有林木覆盖的地方,但地表没有草本覆盖的情况下,遇强降雨仍会产生水土流失现象。因此,普查表明全县有水土流失面积为521.45 km²,虽然面积有所增加,但强烈以上水土流失面积比例明显降低,即水土流失强度大幅下降。

2.2　水土保持成效与经验

2.2.1　防治成效

早在1949年,中共大埔县委领导水土流失严重的王兰乡群众开展治理工作,订立封山育林公约,分村、分组包干封堵了全乡206处崩岗,1950年雨季,山洪水位就降低了1尺多,显著地减轻了危害程度。王兰乡的经验,为全省水土保持工作树立了榜样。1955

年被选出席了全国、全省劳动模范大会,获得"治理水土流失模范乡"称号,评为本省水利特等劳动模范(集体)。

改革开放以来,历届县委、县政府持续重视水土流失防治工作,先后开展了韩江上游水土流失治理工程、大埔县南部花岗岩区水土保持生态建设工程、生态修复试点工程、梅州市"五沿"崩岗治理工程、革命老区崩岗治理一期工程等和南方崩岗治理技术、坡耕地水土流失规律及防治技术等研究工作,建成了枫朗镇调和河小流域等"全国水土保持生态环境建设示范小流域"。

在水土流失治理工作中,大埔县认真贯彻不同时期的水土保持工作方针,采取以乡(镇)、小流域为单元,工程措施与生物措施相结合,治理与开发利用相结合,治理与管护相结合,水土保持"三大效益"相结合的山、水、田、林、路综合治理的新路子,实行治、造、堵、管、改、封综合治理。以工程为基础,林草为根本,开发促治理,以草先行,树、果、草并举,贯穿于治理全过程,重点解决崩岗和严重沟、面状水土流失治理,把眼前利益与长远利益有机结合起来,建立了治理、管理和开发利用一条龙的综合承包体系,开展了大规模的水土流失治理工作,开创了整治水土流失的新局面。经过多年的艰苦努力,初步建立起广泛的水土流失综合防护工程体系,取得了显著的生态、社会效益和经济效益,生态环境得到了明显改善,林草覆盖率逐步提高,初步改善了穷山恶水的面貌。

1990—2010 年间,全县累计初步治理水土流失面积为 270.69 km²。全县范围内危害大,直接影响农田、房屋的崩岗以及严重的沟、面状流失区基本得到治理。据统计,工程措施累计修筑谷坊 2 557 座,拦沙坝 213 座,开挖水平天沟 31.3 万 m;植物措施共计造林 44 304 hm²,其中造水保林 8 638 hm²,经济林 1 853 hm²,种草 2 146 hm²,封禁治理 31 667 hm²。

2014—2017 年,开展"五沿"崩岗治理和革命老区崩岗治理一期工程,共治理崩岗 48处,治理水土流失面积 25 km²。

水土流失治理后效益明显,通过了几十年的综合治理,特别是通过实施《韩江上游严重水土流失整治及开发利用议案》,建造了一大批水土保持设施,有效地控制了水土流失,使大埔县水土流失区面貌发生了可喜的变化,出现了"山渐绿、水渐清、人渐富"的喜人景象。

2.2.2　预防监督

全县水土保持预防监督工作起步于 1985 年,县成立有水土保持委员会办公室挂靠水务局,组织和领导全县的水土保持治理与监督管理,水土保持预防监督职能由水土保持委员会办公室承担,后水务局内设水土保持股,承担水土保持行政管理职能。大埔县成立有县水土保持试验推广站,主要从事水土保持技术指导及服务工作。基本做到机构、人员、办公场所、工作经费、取证设备装备到位。

管理之初,主要开展《水土保持法》等法律法规宣传,认真贯彻落实上级有关水土保持监督管理要求,积极开展水土保持监督管理能力建设和生产建设项目水土保持示范工程建设工作,不断完善水土保持法实施办法、方案申报审批、监督检查以及设施验收等配套性文件,规范了水土保持方案审批、监督检查、设施验收、规费征收、案件查处等工作程序,取得了卓著成效。

2.2.3　经验与问题

大埔县水土流失治理工作的主要经验和做法有：

(1)领导重视,机构落实。县委、县政府高度重视,成立了水土保持委员会,下设水土保持办公室,编制为县直属副局级事业单位,挂靠水利局,负责全县水土保持治理及保护工作,县、镇、村由主管农业工作的领导负责此项工作,县水务局、水保办、镇水管所负责工程的规划、设计、实施工作,县、镇人大负责监督检查工作落实情况,做到级级有人抓,层层有人管,确保了水土流失治理工作的正常开展。

(2)坚持以镇为单位,小流域为单元,抓山、水、田、林、路综合治理促奔小康。结合实际,各部门通力协作,密切配合,统一规划,水保部门治山、水利部门治水、农业部门治田、林业部门治林、交通部门治路,通过治理取得良好效果,有效改善农业生产、生活条件,加快农业生产发展,增加农村经济收入,为实现农业的可持续发展奠定良好的基础。

(3)坚持工程措施和林草措施相结合,治理崩岗采用上拦、下堵、中间稳的方法,修建谷坊、拦沙坝、开挖水平天沟,崩口内种竹等植物,广泛建立工程防护体系,对沟状流失采取开水平天沟,建谷坊群,平整梯田,种树、种草等措施,对面状流失则采取封禁治理为主,适当补植、补播树、草等,尽快恢复植被,做到因地制宜,宜林则林,宜草则草,宜果则果,乔、灌、草结合等,做到治理一片,成一片,发挥效益一片。

(4)坚持治山、治水与治穷致富相结合,治理与管护结合。制定优惠政策,鼓励群众进山安营扎寨,实行一条龙承包,开发治理荒山,耕山种果,大力发展经济林,开办小庄园,即承包一片山,种上一园果,管护一片林,施养一栏畜,放养一口塘,使治理与开发挂钩,山上治理与山下开发同步进行。为调动群众的积极性,采取了思想上引导、销售上疏通的办法,使群众真正得到实惠,收到较好的经济效益,不少农户从耕山中找到了一条致富的道路,有效地巩固了治理成果。

(5)坚持治理水土流失与开发水土资源相结合,做到山上保山下,山下促山上,因地制宜,适地适树,加速达到治理保开发,开发促治理的良性循环,从而建立水土保持综合防护治理、工程维护运行机制,初步取得了治理水土流失的成效。

(6)严格水保资金的管理,坚持领导一支笔审批,做到"工程有规划,设计有图纸,工程有预算,施工有合同,竣工有验收,付款有审批"等六有制度,并请人大、财政、审计等有关人员进行不定期检查,保证了水保资金专款专用,严格管理,确保资金发挥实效。

治理与生态的自我修复相结合。为加快水土流失防治步伐,大埔县认真实施水土保持生态自然修复,颁布了《关于防治水土流失,促进生态修复的通告》等文件,通过制定乡规民约进行封山育林,引导农户改燃节柴、以电代柴、改厕办沼气及利用太阳能等新型能源,逐步改变广大农户的生产、生活习惯,减少对大自然植被的破坏,让大自然充分地进行休养生息,发挥生态的自我修复能力,使昔日比较脆弱的流失区的生态系统得到较快的恢复。

大力宣传《水土保持法》,抓好水土保持监督执法。为了使水保法规更加深入人心,家喻户晓,我们坚持开展全方位、多层次、多形式的系列宣传活动,利用出版专栏张贴标语、宣传画,挂横幅,出动宣传车以及广播电视等形式进行法规宣传,通过宣传,增强了广大干部群众的水土保持意识和法制观念,使"谁开发、谁保护、谁造成水土流失、谁治理"

的理念深入人心,严肃查处违法行为,使大埔县水保工作进入了依法监督综合治理的良性循环轨道。

存在的主要问题有如下几点:

(1)崩岗治理任务仍然艰巨,大部分崩岗仍然活动。前期治理过程中所修建的谷坊、拦沙坝等工程,由于使用年限较长,大部分已淤满,这些工程如不及时维修加固,极易垮坝、损毁而造成新的危害。

(2)林分结构单一。在前期治理过程中种植的树种主要以针叶树为主,林分结构单一,急需补种一些阔叶树种,以营造良好的生态景观。

(3)治理资金投入不足。由于大埔县是贫困县,治理水土流失的经费不足,治理进度缓慢,造成原有的水土流失面积未治理完毕,新的自然流失又发生、治理进度慢于流失发生的速度的现象时有发生,建议上级加大资金投入。

(4)监督执法工作有待进一步完善。随着社会经济发展步伐的加快,大埔县开发建设项目的数量急剧增加,但监督执法的人员、装备跟不上,导致一些开发建设项目没有坚持水土保持方案报告制度,存在乱挖、乱采、乱倒弃渣现象,新的人为水土流失时有发生。

(5)旅游特色区、生态屏障区的发展定位,绿色崛起的发展战略,为水土流失防治工作提出了更高的要求。这些均是全县各部门和镇政府必须正视和解决的问题。

2.3　水土保持形势与需求

2.3.1　推动生态富民强县的需要

党的十九大报告提出我们要建设的现代化是人与自然和谐共生的现代化,要推进绿色发展,加大生态系统保护力度,并提出要开展国土绿化行动,推进荒漠化、石漠化、水土流失综合治理,强化湿地保护和恢复,加强地质灾害防治。在广东省的主体功能区规划中,大埔为省级重点生态功能区韩江上游片区,需加强莲花山、凤凰山等山系的生态建设和环境保护,扩大国家生态公益林面积,加快修复破坏的森林植被,加强水土流失治理。梅州市委在市委六届六次全会上提出构建梅州"一区两带"发展格局的新思路,特别是提出建设梅江韩江绿色健康文化旅游产业带,加强人居环境整治,建设美丽梅州。大埔县政府工作报告中也提出要围绕构建"一区两带六组团"发展新格局,以构建韩江(大埔)产业带为龙头,立足"生态立县、实业富县、文旅兴县"三个定位,做好"红色、绿色、古色"三篇文章,推动生态富民强县,全力开创决胜全面建成小康社会新局面。

因此,无论是中央、省、市的战略发展布局,还是大埔县自身建设需要,加强革命老区崩岗治理以及清洁小流域建设,保护和合理利用水土资源,提升全县的生态安全保障能力十分必要和迫切。

2.3.2　中小河流治理与保障防洪安全需要

由于水土流失严重,土地生产力下降,河道、库渠淤积,对下游基础设施构成严重威胁。大埔县地处山区,河流比降大,汇流时间短,遇强度大的暴雨,易造成山洪暴发,在全县范围内,几乎每年都会遭遇或大或小的洪涝灾害。1986 年 7 月、1996 年 8 月、2006 年 5 月、2016 年 8 月均遭受了严重的洪涝灾害。治理水土流失,能够增加土壤入渗,延长洪峰形成时间,削减洪峰,降低径流侵蚀力,减少沟道、河道淤积,降低洪水水位,有利于防洪保安。新形势下,加快中小河流、山洪灾害易发区的治理,不仅是抵御自然灾害、保障工农业生产和人民生命财产安全的现实需要,也是易灾区人民群众的迫切要求,已成为大埔县亟待解决的突出问题。人类生产生活和开发建设活动产生的水土流失是中小河流山洪灾害产生的主要因素之一,因此针对山洪灾害特点,加大水土保持力度,对于完善防灾减灾体系,保障中小河流、山洪灾害易发区人民生命财产安全,维护重要基础设施安全,改善农业生产条件意义重大,刻不容缓。

2.3.3　农村生产生活条件改善与农民增收需要

大埔县山丘区面积大,母岩以花岗岩和砂页岩为主,花岗岩风化深厚,易形成崩岗,而砂页岩土层浅薄,易形成石质土或光头山,都对群众的生产极其不利。崩岗造成泥沙淤埋农田,淤积沟道,形成洪涝灾害和滑坡、泥石流,石质土则土地产出率极低甚至寸草不生。2016 年,大埔县人均 GDP 21 232 元,只有全市的 88%、全省的 30%、全国的 39.5%,是全省扶贫开发 21 个重点县之一,贫困面较大、贫困人口较多,脱贫任务重。主要原因在于大埔县山丘区比例大,城镇化率低,乡村人口多,自然条件差,水土流失严重,制约了山丘区经济的发展,城乡居民生活水平也存在较大差距。改善农村生产生活条件,缩小城乡差距,构建和谐社会,是今后相当长时期的重要任务。

按照党中央提出"十三五"期间全面建成小康社会的要求,贫困人口全部脱贫是全面建成小康社会最艰巨的任务。截至 2017 年底,全县仍有未脱贫 407 户 1 215 人。实现全面脱贫目标,需要采取有力措施,付出艰巨努力。贫困地区往往伴随着严重的水土流失,缺乏发展后劲,陷入贫困和破坏水土资源的怪圈。治理水土流失,提高土地生产力,改善农村生产条件是脱贫致富的有效手段和根本措施之一,且在推进水土流失重点防治工程中,群众通过参与工程建设,获得劳动收入,直接受益。

2.3.4　水源保护与饮水安全需要

饮水安全问题是全县高度重视和社会各界广泛关注的一件大事,也是今后一个时期水利工作的首要任务。全县共有 2 个县城集中供水点 46 个乡(镇)供水点,均为河流型水源,水质基本能满足Ⅱ类水质标准,但全县饮用水水源地均位于山丘区,林果种植业普遍,局部存在崩岗、疏林地面蚀等水土流失问题。水土流失作为载体在向江河湖库输送大量泥沙的同时,也输送了大量施用后的化肥、农药和生活垃圾,影响水质安全。加强饮用水水源地的水土保持,以保护水质为核心,减少水土流失,控制入湖库泥沙和面源污染十分必要。

2.3.5　水土保持综合监督管理需要

《水土保持法》2010 年修订后,强化了水土保持地位,丰富了监督管理手段。根据新《水土保持法》的要求,面向未来发展,深入分析监督管理能力、水土保持监测能力以及水土保持技术推广应用等方面存在的不足,提出保障措施,提高全县监督管理能力,是适应新形势下水土保持监督管理的需要。

2.4　上位规划与要求

《全国水土保持规划(2015—2030 年)》已于 2015 年 10 月由国务院批复,《广东省水土保持规划(2016—2030 年)》于 2017 年 1 月由省政府批复,《梅州市水土保持规划(2016—2030 年)》已完成技术审查进入批复阶段。

依据《全国水土保持规划(2015—2030 年)》,2015—2020 年,全国新增水土流失治理面积 32 万 km²;到 2030 年,全国新增水土流失治理面积 94 万 km²。大埔县列入了粤闽赣红壤国家级水土流失重点治理区,属于重点区域水土流失综合治理、坡耕地水土流失综合治理、侵蚀沟综合治理三大国家重点治理项目范围。

依据《广东省水土保持规划(2016—2030 年)》,2020 年,全省水土流失治理率达到 24%;到 2030 年,全省水土流失治理率达到 64%。大埔县被列入了坡地治理工程、崩岗治理工程、韩江上游水土流失重点治理工程等近期重点治理工程。

据《梅州市水土保持规划(2016—2030 年)》,至 2020 年,全市现有水土流失面积的初步治理程度达到 25%,其中治理崩岗 13 665 个;至 2030 年,水土流失初步治理程度达到 65%,其中治理崩岗 40 000 个。规划提出大埔县需治理水土流失面积 337 km²,大埔县的大麻镇、三河镇、茶阳镇列入莲花山地市级水土流失重点预防区,湖寮镇、高陂镇、洲瑞镇、枫朗镇列入韩江中下游市级水土流失重点治理区,并列入革命老区及原中央苏区崩岗治理工程、生态清洁小流域建设工程、坡园地治理工程、水源地泥沙和水土流失防治工程等重点防治工程。

3　任务与目标

3.1　规划指导思想

以习近平新时代中国特色社会主义思想为指引,积极践行人与自然和谐共生的生态文明建设基本方略,抓住党中央、国务院推动原中央苏区和革命老区振兴发展的机遇,立足省委明确的粤北山区生态发展定位,以合理开发、利用和保护水土资源为主线,全面总结水土保持的成功经验,坚持山水林田湖系统治理,加强预防保护和监督管理,处理好水土保持与农村经济发展、资源开发、基础设施建设等的关系,制定与自然条件相适应、与经济社会可持续发展相协调的水土流失防治方略和布局,实现水土资源的可持续利用与生态环境的可持续维护,促进粮食安全、防洪安全、生态安全、饮水安全,为构建韩江(大埔)产业带,推动生态富民强县,全力开创决胜全面建成小康社会新局面打好坚实的生态基础。

在具体规划中,紧抓大埔县属于原中央苏区和革命老区、是国家级水土流失重点治理区这两个特点,坚持以项目为抓手推动全县的水土保持工作。

3.2　规划任务

本次规划的根本任务是为推进大埔县生态文明建设,实现大埔绿色崛起,建设富庶美丽幸福新大埔奠定坚实的生态基础。具体有以下五项任务:

——治理水土流失,推进生态建设。以崩岗治理为重点推进水土流失全面深入开展,治理土地"红色"伤疤,提升林草覆盖率,维护生态平衡。

——促进防洪保安,减轻山地灾害。通过坝系、谷坊拦土,植被固土,疏溪固堤,减轻山洪灾害和滑坡泥石流灾害。

——改善农村生产条件,增加群众收入。将水土流失治理与改善群众生产生活条件相结合,实现山、水、田、林、路综合治理。

——建设宜居环境,维护饮水安全。利用水土流失治理措施,美化环境,净化水源,达到天蓝、水碧、人富的目标。

——完善监督管理机制,提升行业管理水平。分析水土保持监督管理现状,准确把握监督管理的发展趋势与需求,提出具体可行的提升监督管理能力的办法和措施。

近期,扎实推进 62 宗革命老区崩岗侵蚀综合治理工程(梅州市革命老区崩岗治理一期工程),着手大埔县国家水土保持重点建设工程 2020 年度项目实施方案编制,接续开展国家水土保持重点建设工程的实施。

3.3　规划目标

3.3.1　规划水平年

规划以 2017 年为基准年,以 2020 年为近期规划年,以 2030 年为远期规划年,即近期规划期为 2018—2020 年,远期规划期为 2021—2030 年。

3.3.2　近期目标

至 2020 年,新增水土流失综合治理面积 90 km²,崩岗生态修复 100 宗。生产建设项目水土流失得到有效遏制,水土保持方案编报率、水土保持设施验收率达到 90% 以上。建立完善的水土保持综合治理与监管体系,开展水土流失重点治理区的水土保持动态监测工作,构建水土保持信息管理平台,提升水行政主管部门的监督管理能力和水土保持技术服务单位的技术推广能力。通过各部门和镇政府的努力,生态文明建设取得初步成效。

3.3.3　远期目标

规划期末(至 2030 年),全县建立较为完善的水土保持综合防治体系,新增水土流失综合治理面积 320 km²,崩岗生态修复 2 500 宗,水土流失初步治理程度达到 60%,全县平均土壤侵蚀强度降低到土壤流失容许值以下,林草植被覆盖率达到 85% 以上。水土流失重点治理区的水土流失初步治理程度达到 80%。山地灾害、山洪灾害明显减轻,农业与农村产业结构不断优化,粮食安全得到有效保障,农村经济和生产生活水平稳步提高,水土资源得到有效调控,生态环境和人居环境得到有效改善。人为水土流失得到控制,生产建设项目水土保持方案申报率 98%,验收率 95%。建立完善的水土保持综合治理与监管体系,实现水土流失动态监测,提高监测能力与水平,提升水行政主管部门的监督管理能力和水土保持技术服务单位的技术推广能力。通过各部门和各镇政府的努力,生态文明建设取得显著成效,实现富庶美丽幸福新大埔。

4　总体布局

4.1　总体方略

以《广东省水土保持条例》、国家和省级主体功能区规划为依据,按照"预防为主、保护优先、全面规划、综合治理、因地制宜、突出重点、科学管理、注重效益"的方针,以县水土流失类型区划分、水土流失重点预防区和重点治理区划分为基础,统筹县域经济社会发展与水土资源保护的关系,以不断提升区域水土保持功能为目标,分区防治,综合施策,加强重点区域的综合防治,制定与县域经济社会发展规划相适应的水土流失预防、治理措施及管理政策,构建全县水土流失综合防治体系。

预防:坚持"预防为主、保护优先",采取突出重点、分级管理、强化约束的预防策略。对自然因素和人为活动可能造成的水土流失进行全面预防,促进水土资源"在保护中开发,在开发中保护",加强封育保护和局部治理,保护地表植被,扩大林草覆盖,将潜在水土流失危害消除在萌芽状态,加强监督、严格执法,从源头上有效控制水土流失。小靖河、银江、莒溪水上游以及丰溪林场、大埔林场、洲瑞林场等山地水系源头区域森林覆盖率高、生物多样性丰富、生态功能极为重要,是重点预防保护区域,需加强预防管理制度建设,明确生产建设行为和农林开发活动限制性要求,严格控制水土流失影响较大的生产建设项目,以生态清洁小流域建设为主,提升区域的生态和水源涵养功能。

治理:坚持"综合治理、因地制宜",采取整体推进、局部优先、突出重点的治理策略。根据各地的自然和社会经济条件,分区分类合理配置治理措施,坚持生态优先,以小流域为单元,以崩岗治理为重点,结合乡村人居环境整治,实施山水田林湖草系统治理,工程措施、林草措施和农业耕作措施相结合,形成综合防护体系,维护水土资源可持续利用。依据全县区域发展规划,按照区域定位和治理需求,区分治理的轻重缓急,合理确定全县近、远期治理规模,整体推进全县水土流失治理。根据全县水土流失分布,加强枫朗、高陂、桃源、洲瑞、西河等水土流失重点区域的治理。

管理:水土保持综合监管是落实预防为主的方针,推动水土流失防治由事后治理向事前预防转变的重要手段。要以加强监管能力建设为首要任务,建立健全水土保持预防工作管理、重点治理项目管理、生产建设项目水土保持监督性监测管理等制度,建设和运用水土保持信息化管理平台,形成依法行政、高效规范的水土保持管理体系。

4.2　区域布局

大埔县在全国水土保持区划中的一级区属南方红壤区(Ⅴ区),二级区属南岭山地丘陵区(Ⅴ-6),三级区属南岭山地水源涵养土壤保持区(Ⅴ-6-1hr)。《广东省水土保持规划(2016—2030年)》在国家水土保持三级区划的基础上进行了细分,大埔县属于南岭山地水源涵养生态维护区。据《梅州市水土保持规划(2016—2030年)》,大埔县的银江镇、大麻镇、青溪镇、三河镇属于梅州市中北部轻度水土流失区,枫朗镇、高陂镇、洲瑞镇、桃源镇、湖寮镇、光德镇、百侯镇、大东镇、茶阳镇、西河镇属于梅州市南部东部中轻度水土流失区。在梅州市中北部轻度水土流失区,水土保持基础功能有水源涵养、土壤保持、生态维护、防灾减灾等功能需要,主导功能是水源涵养和生态维护,本区水土流失防治应以预防保护为主,对局部地区的崩岗进行治理,结合生态旅游发展,开展生态清洁、生态旅游小流域治理,促进群众增收和维系良好的生态环境;在梅州市南部东部中轻度水土流失区,本区主导水土保持基础功能是土壤保持和防灾减灾,应以崩岗治理工程为主,结合小流域综合治理工程,改善生产条件,加强坡面、沟道水系工程建设,加强林地补植、抚育、更新,改善生态环境。对区内重要的生态功能区、生态屏障区、水源地加强水土流失预防。

由于大埔县地貌、土壤类型多样,各镇农业生产布局和经济发展布局差异较大,为更加贴切地指导各镇的水土保持工作,全县在市级水土保持区划的基础可进一步细分。母岩是决定土壤特性以及土壤侵蚀特性的根本因素。根据大埔县母岩分布特征,大埔县花岗岩(岩浆岩)、变质岩、沉积岩三大类岩石基交错分布,母岩为花岗岩的区域主要分布在县东南部丘陵地带,包括光德、桃源、高陂、枫朗镇、百侯、湖寮区等大部分地区,青溪镇大部分也以花岗岩为土壤母岩,土壤类型主要为红壤、赤红壤;变质岩主要分布于大麻镇东部和银江镇北部山区,主要为震旦纪变质砂岩、片岩;沉积岩主要分布于茶阳北部、西河镇中南部、大东镇全部、三河镇大部、大麻镇西部等梅江、韩江、梅潭河两侧,岩石类型主要为侏罗纪砂页岩、紫色碎屑岩、三叠系含煤碎屑岩等沉积岩。其中,母岩为花岗岩、变质岩的地带水土流失程度较重,易发生崩岗侵蚀和山地灾害,主要分布在梅州市西部、南部和东南部;母岩为砂页岩等沉积岩的地带水土流失程度总体较轻,以面状侵蚀为主。全县水土流失面积和强度由西向东、由北向南递增,可分为西部山地丘陵轻度水土流失区、东部北部低山高丘轻中度水土流失区、中部低丘盆地中度水土流失区、南部高中丘强度水土流失区。

4.2.1　西部山地丘陵轻度水土流失区

西部山地丘陵轻度水土流失区包括青溪、三河、银江、大麻 4 个镇,总面积 754.17 km²,占全县面积的 30.6%,总人口 11.27 万人,耕地面积 66.16 万亩,人均耕地面积 0.55 亩,是以柚子为主的水果主产区,农民人均纯收入 11 425 元。区内成土母岩以砂岩、页岩、片麻岩、第四纪沉积物等为主,是全县主要的紫色土分布区,森林植被较好,林草植被覆盖率为 85.2%。

有水土流失面积 73.23 km²,水土流失面积占区域土地总面积的 8.81%,占全县水土流失总面积的 14.0%。局部有崩岗分布,约有崩岗 382 个,占全县崩岗总量的 10.6%。水土流失主要来源于火烧迹地、矿山开采迹地等。区内河流主要为梅江下游干流、汀江西岸、韩江西岸及其支流,包括银江河、麻坑水、那水、梓里水、青溪水、长治水等,输沙模数均低于 500 t/(km²·a)。

本区土地利用程度较高,未利用地较少,土地人均拥有量高,但人均耕地少,林地多。丘岗地区崩岗侵蚀没有得到有效治理,泥沙下泄,沟道淤埋,山洪灾害隐患大;历史遗留的矿山迹地较多,松散堆积体较多,是沟道淤积、山体滑坡的重要因素;原始森林破坏较多,近年恢复力度较大,但林种单一,水源涵养能力下降。

本区水土保持基础功能有水源涵养、土壤保持、生态维护、防灾减灾等功能需要,主导功能是水源涵养和生态维护,区域的社会经济功能包括粮食生产、综合农业生产、林业生产、水源地保护、自然景观保护、生物多样性维护、土地生产力维护等。

本区水土流失防治主要策略是以预防保护为主,对局部地区的崩岗进行治理,结合生态旅游发展,开展生态清洁、生态旅游小流域治理,严格控制矿山开采,提升青溪自然保护区、三河坝湿地保护区、英雅山自然保护区的生态功能,促进群众增收和维系良好的生态环境。

4.2.2　东部北部低山高丘轻中度水土流失区

东部北部低山高丘轻中度水土流失区包括茶阳、西河、大东 3 个镇及丰溪林场,总面积 631.20 km²,占全县土地面积的 25.6%,总人口 11.99 万,耕地面积 7.60 万亩,人均耕地面积 0.63 亩,为人均耕地面积最多的分区,该区是县内林、粮、烟的主要产区,也是松香、毛竹的主要生产基地,农民人均纯收入 11 600 元。区内成土母岩有花岗岩、砂岩、页岩、第四纪沉积物等多种类型,地质灾害程度总体较轻,地带性土壤以红壤为主,林草植被覆盖率为 83.4%。

有水土流失面积 83.85 km²,水土流失面积占区域土地总面积的 13.3%,占全县水土流失总面积的 16.1%。崩岗分布较多,约有 1 007 个,占全县崩岗总量的 28%,主要分布于汀江右岸、漳溪河中上游,除崩岗外,还有较多坡耕地水土流失分布。区内河流主要为漳溪河、莒溪水中上游、富溪水中上游等。

本区农业生产的主导方向是搞好粮食生产的同时建立优质的烤烟生产基地,着力发展壮大高效农业、生态农业。本区水土保持主导基础功能是水源涵养和土壤保持,水土流失特点是崩岗小而分散,危害道路、农田安全;坡耕地水土流失造成地力减退,河道淤积。在开展崩岗治理的同时,加强坡耕(园)地的坡面水系建设和沟道清淤、美化建设,为高效农业和美丽乡村建设打好基础。

4.2.3　中部低丘盆地中度水土流失区

中部低丘盆地中度水土流失区包括百侯、湖寮、枫朗 3 镇,总面积 481.55 km²,占全县土地面积的 19.5%,总人口 18.22 万人,耕地面积 5.80 万亩,人均耕地面积 0.32 亩,为人均耕地面积最少的分区,是茶叶、粮食主要生产基地,农民人均纯收入 12 161 元。区内成土母岩以花岗岩为主,河谷盆地第四纪沉积物有较多分布,属地质灾害多发区,地带性土壤以赤红壤为主,随山地垂直带黄壤、红壤、菜园土均有较多公布,林草植被覆盖率为 80.6%,在分区中最小。

有水土流失面积 145.72 km²,水土流失面积占区域土地总面积的 30.3%,占全县水土流失总面积的 24.9%。本区是全县坡园地和坡耕地水土流失比例最大的区域,主要分布于梅潭河上游;崩岗分布较多,约有 908 个,占全县崩岗总量的 25.3%,散布于丘陵地带;本区陶瓷、石场分布较多,枫朗是茶叶主产区之一,人为水土流失分布较多。本区主要属于梅潭河流域,湖寮镇部分区域属于韩江干流东岸。

本区粮食产量较高,是全县的主要粮食产区之一。该区要在搞好粮食生产的同时,积极发展果、菜、茶、畜牧、养殖为主的多种经营与工副业生产;加强山地的综合开发利用,集约经营,提高经营和生态效益。本区水土保持主导基础功能是土壤保持和防灾减灾,水土流失特点是崩岗小而分散,危害道路、农田安全;坡耕地水土流失造成地力减退,河道淤积。在开展崩治治理的同时,加强坡耕(园)地的坡面水系建设和沟道清淤、美化建设,为高效农业和美丽乡村打好基础。

本区水土保持的重点是开展坡园地水土流失治理,改造坡耕地,完善坡面水系工程;开展崩岗治理,减轻山地灾害;建设城郊生态清洁小流域。同时,强化对开发建设行为的监管,开展城镇局部水土流失的治理和城郊生态环境建设,满足人民群众对良好宜居环境的需求。

4.2.4　南部高中丘强度水土流失区

南部高中丘强度水土流失区包括高陂、光德、桃源、洲瑞四镇及大埔林场、洲瑞林场,总面积 594.9 km²,占全县土地面积的 24.1%,总人口 16.5 万人,耕地面积 6.78 万亩,人均耕地面积 0.41 亩,本区耕地以水田为主,坡耕地和坡园地均较少。光热水资源条件好,但地力不高,亩均产量不高,农民人均纯收入 11 976 元。区内成土母岩基本以花岗岩为主,河谷盆地有第四纪沉积物分布,属地质灾害多发区,地带性土壤为赤红壤为主,林草植被覆盖率为 83.0%。

有水土流失面积 218.66 km²,占区域土地总面积的 36.8%,占全县水土流失总面积的 41.9%,是全县水土流失分布面积最多、水土流失强度最大、崩岗分布密度最大的区域。约有崩岗 1 429 个,占全县崩岗总量的 39.7%,崩岗面积占全县崩岗总面积的 41.9%,广布于路边、村边、河边、农田边。本区是陶瓷工业最集中的区域,也是全省在建的最大水利工程高陂水利枢纽工程所在地,工程建设本身不可避免地扰动破坏以及大量的砂石土等建筑材料的开采均可能造成较大的水土流失。本区水系属韩江干流区域及赤山溪、合溪流域。

本区水土保持基础主导功能是土壤保持。水土流失防治应以崩岗治理为重点实施小流域综合治理,加强坡面水系整治和沟道侵蚀治理,完善保土减蚀体系。实施疏残林下蓄水、截水工程,重视植被恢复和改造,加强偏远山区的封禁治理,提高区域生态环境质量。强化对开发建设行为的监管,减少人为水土流失。

4.3 重点布局

4.3.1 确定原则与方法

4.3.1.1 确定原则

(1)便于落实和考核水土流失防治工作的原则。结合大埔县实际,重点防治区以村为基本单位。

(2)水土流失潜在危险较大,对防洪安全、水资源安全和生态安全有重大影响的主要江河源头区、水源涵养区、饮用水水源保护区、自然保护区以及主体功能区规划确定的禁止开发区域等,划定为水土流失重点预防区。

(3)生态环境明显退化,崩塌、滑坡危险区和泥石流易发区等水土流失较严重的区域,划定为水土流失重点治理区。

(4)定性与定量指标相结合的原则。

(5)相对集中连片,重点防治区连片面积宜大于 50 km^2。

(6)与国家级、省级、市级水土流失重点防治区划分相衔接。已列入国家级、省级、市级水土流失重点防治区的行政区,应纳入县级水土流失重点防治区,县级重点预防区与重点治理区不相交叉。

4.3.1.2 指标体系

根据大埔县实际情况,筛选出定量和定性指标,建立指标体系,见表 3-61、表 3-62。

表 3-61　大埔县水土流失重点预防区划分指标体系构成

划分指标			划分条件
定量指标	林草覆盖率/%	≥85	同时满足
	轻微度水土流失面积比/%	≥90	
定性指标	是否位于江河源头区	是	满足其中一条
	生态功能重要性	重要	
	是否属于主体功能区规划的禁止开发区	是	

4.3.2 重点区域分布

根据《全国水土保持规划(2015—2030 年)》,大埔县属于粤闽赣红壤国家级水土流失重点治理区。由于国家级重点防治区以县(区)为单位划分,但每个县(区)有水土流失严重的地方,也有水土流失不严重的地方,单纯按以治理为主推动全县的水土流失防治工作不符合县(区)域实情。为将国家水土流失重点防治工作落到实处,梅州市水务局组织有关单位开展了市级水土流失重点防治区划分,并通过了专家评审。梅州市水土流失重点防治区以镇为划分单位,其中大埔的大麻镇、三河镇、茶阳镇列为市级水土流失重点预防区,重点预防区面积 672.04 hm²,以预防保护为主开展水土流失防治工作;高陂镇、湖寮镇、洲瑞镇、枫朗镇列为市级水土流失重点治理区,重点治理区面积 773.14 km²,以崩岗治理为重点开展水土流失防治工作。

表 3-62　大埔县水土流失重点治理区划分指标体系构成

划分指标				划分条件
定量指标	土壤侵蚀强度	水土流失面积比/%	≥20	同时满足
		中度以上水土流失面积比/%	≥50	
	坡耕地	坡耕地面积/hm²	≥10	满足其中一条
	园地	园地面积/hm²	≥15	
		崩岗个数/个	≥10	
		崩岗面积/hm²	10	
定性指标	水土流失危害程度		严重	满足其中一条
	水土流失治理紧迫性		迫切	
	民生治理要求的迫切性		迫切	

《水土保持法》第二十四条规定,生产建设项目选址、选线应当避让水土流失重点预防区和重点治理区;无法避让的,应当提高防治标准,优化施工工艺,减少地表扰动和植被破坏范围,有效控制可能造成的水土流失。为推动生产建设项目水土保持监督管理规范化,以县或以镇为单位作为生产建设项目选址的制约性因素显然限制范围太过宽泛,该镇正常的经济建设活动都将受到制约而产生重大影响,因此应对重点预防和重点治理区域进一步细分,尽可能贴合水土流失防治实际。

依据确定的县级水土流失重点预防区和重点治理区划分原则和划分指标,在原市级水土流失重点预防区和重点治理区内,确定 13 个村列为重点预防区、44 个村列为重点治理区,并在其他乡(镇)新增 20 个村及大埔林场、尖山林场为县级水土流失重点预防区,31 个村为县级水土流失重点治理区。全县确定水土流失重点预防区面积 475.33 km²,重点治理区面积 656.50 km²。

大埔县水土流失重点预防区和重点治理区名录见表 3-63、表 3-64。

4.3.3　重点区域防治布局

今后一段时期,大埔县的水土流失防治工作主要在重点防治区内开展。水土流失重点防治区应实行动态管理,由县水行政主管部门根据各镇水土保持工作开展情况,结合上级水土保持政策投入倾向,定期进行调查后调整公告。对水土流失重点防治区实行项目倾斜,县财政、发改、林业、农业、国土(矿管)、水利、环境等部门,应当将林业建设、生态建设、土地整治、矿山治理、中小河流治理、水土流失治理、高效农业项目等涉及生态建设、荒漠化防治的项目优先安排在水土流失重点防治区,为水土流失预防和治理创造条件。属

表 3-63　大埔县水土流失重点预防区名录

序号	重点预防区类型								涉及镇（场）	涉及行政村	面积/km²
	国家级		省级		市级		县级				
	预防区名称	预防区范围	预防区名称	预防区范围	预防区名称	预防区范围	预防区名称				
1	无	无	无	无	莲花山地水土流失重点预防区	大麻镇 三河镇 茶阳镇	小靖河上游水土流失重点预防区		茶阳镇	大觉村、茅坪村、古村村	77.15
									国营丰溪林场	溪上村、七里溪村、丰村	
2							英雅水梅江水土流失重点预防区		大麻镇	桃石村、水口村、那口村、坑尾村	104.05
									三河镇	白石村、先觉村、良江村	
3							青溪水上游水土流失重点预防区		青溪镇	青华村、铲坑村、虎市村、上坪沙村、祝丰村、青溪村、蕉坑村	79.89
4							银江上游水土流失重点预防区		银江镇	胜坑村、礤头村、明新村、坪上村	87.69
5							漳溪河上游水土流失重点预防区		光德镇	上坪村	54.41
									桃源镇	上墩村、坪新村、尖山林场	
									国营大埔林场		
									湖寮镇	高道村、大安村、进光村	
6							大埔县中部山区水土流失重点预防区		高陂镇	黄泥坳村、黄坑村	72.14
									百侯镇	帽山村	
合计											475.33

表 3-64　大埔县水土流失重点治理区名录

序号	重点治理区类型 国家级 治理区名称	治理区范围	省级 治理区名称	治理区范围	市级 治理区名称	治理区范围	县级 治理区名称	涉及镇（场）	涉及行政村	面积/km²
1	粤闽赣红壤国家级水土流失重点治理区	大埔县	无	无	韩江中下游水土流失重点治理区	洲瑞镇 高陂镇 湖寮镇 枫朗镇	韩江干流水土流失重点治理区	洲瑞镇	赤水村,华光村,田背村,下营村,嶂岸村,大坑村,南村村	144.51
								高陂镇	古田村,三洲村,培美村,坪溪村,党溪村,桃花村,陂寨村,黄塘村,古野村,古田西村,埔田村,赤坑村	
2							梅潭河水土流失重点治理区	湖寮镇	下坜村,山子下村,双坑村,莪坑村,岭下村,密坑村	145.01
								枫朗镇	石圳村,溪背坪村,黄沙坑村,枫朗村,坎下村,保安村,大埔角村,王兰村,芹彩洋村,隔背村,墩背村,龙公坑村	
3							合溪赤山溪水流失重点治理区	百侯镇	曹鲚村,侯北村,东山村,白罗村	163.67
								高陂镇	五家畲村,平原村,董屋村,逆流溪村,福贝村,尧溪村	
								光德镇	雷锋村,澄坑村,富岭村,上漳村	
								桃源镇	桃星村,桃锋村,团结村,新东村	
4							汀江下游水土流失重点治理区	茶阳镇	安乐村,乌石村,浒田村,迪麻村,广陵村,西湖村,恋墩村,太宁村,群丰村,商庵村	127.58
5							漳溪河中上游水土流失重点治理区	西河镇	北塘村,黄堂村,漳溪村,下黄砂村,上黄砂村,车龙村,东方村,富里村,和平村,大靖村	75.73
合计										656.50

于水土流失重点防治区的镇(街道)人民政府,应成立水土流失防治机构,组织或协调水土流失防治工程的实施,加强对水土流失治理工程建设的监督和检查。县水行政主管部门应建立水土流失重点防治项目库,把握上级水土保持生态建设政策,积极争取列入国家、省级水土流失防治项目。其他部门应在各自职责内,配合水行政主管部门的水土流失防治工作,积极争取水利、农业、林业、环境、国土等项目在重点防治区实施。

水土流失重点预防区,应重点开展以下工作:

(1)加大现有植被保护力度,严格限制森林砍伐,禁止全垦营造经果林园和速生丰产林,减少森林采伐和造林整地环节中的水土流失,利用本县有利的水、热、土等良好的生态自我修复能力促进生态自我修复。

(2)从严生产建设项目的审批,强化对矿山类企业水土保持工作的日常监督和指导,提高区内水土流失防治标准和等级。

(3)鼓励发展林业、小型农田水利工程、生态农业、休闲旅游业等绿色、生态、对水土资源破坏小的产业,促进当地经济社会生态发展。

(4)开展生态清洁、生态景观小流域综合治理,局部水土流失采取集中整治,对有潜在危险的地块加强预防保护。

水土流失重点治理区应重点开展以下工作:

(1)多方筹措资金,加强区内的崩岗、侵蚀沟、火烧迹地、历史遗留矿山迹地等现有水土流失的治理力度。

(2)重点开展生态经济、生态安全小流域综合治理。

(3)在防洪安全有保障,无地质灾害的地区,鼓励将水土流失地块作为生产建设用地。

(4)制定优惠政策措施,鼓励个人参与或公司参与水土流失治理。

依据防治目标,水土流失重点预防区和重点治理区治理水土流失面积不低于200 km²,崩岗生态修复不少于2 000宗。

5　预防规划

5.1　预防范围与对象

5.1.1　预防范围

坚持"预防为主、保护优先",对全县所有的河流山川,实施全面的预防保护。陡坡及荒坡垦殖、林木采伐、农林开发以及开办涉及土石方开挖、填筑或者堆放、排弃等生产建设活动及生产建设项目,都应根据水土保持法律法规的要求,采取综合防治措施,预防水土流失的发生。

预防的重点范围包括县级水土流失重点预防区,韩江、梅江、汀江、梅潭河等主要江河的两岸,湖泊和水库周边,重要饮用水水源地,自然保护区,县人民政府划定并公告的崩塌、滑坡危险区和泥石流易发区以及公布的重要饮用水水源保护区、重要生态功能区等。

5.1.2　预防对象

(1)现有的天然林、郁闭度高的人工林、覆盖度高的草地等林草植被。

(2)河流湿地、河流两岸以及湖泊和水库周边的植物保护带。

(3)水土流失综合治理成果及其他水土保持设施。

5.1.3　容易发生水土流失的区域

根据国务院批复的《全国水土保持规划(2015—2030年)》关于容易发生水土流失的其他区域界定原则,《广东省水土保持规划(2016—2030年)》据此指出全省陆域均属于容易发生水土流失的区域,但建议根据地方的实际情况,对辖区内地势较平坦的区域,明确防治措施和职责后列为不易发生水土流失的区域,并在制定地方性规划时明确。

大埔县属于粤东山区,山地灾害、山洪灾害多发,全境总体上均属于容易发生水土流失的区域。

5.2　预防原则

(1)突出重点。突出对水土流失重点预防区的预防保护,以封育保护为主要技术措施,局部辅以治理措施,配套管理措施,并对危害较大的生产建设活动实行必要的限制。

(2)发挥生态自我修复的能力。尊重自然规律,充分利用适宜的光、热、降雨资源,实施封育保护,逐步提高其涵养水源、保持土壤等功能。

(3)与相关规划相协调。预防保护应当遵循主体功能区规划及国土、林业、农业等规划的总体格局,预防措施应与主体功能区要求相适应,预防保护指标应与相关规划相衔接。

5.3　预防措施

5.3.1　措施体系

预防措施体系包括限制开发和禁止准入、保护管理、封育、辅助治理及能源替代等措施。

限制开发和禁止准入:禁止在崩塌、滑坡危险区和泥石流易发区从事取土、挖砂、采石、采矿等可能造成水土流失的活动;生产建设项目选址、选线应当避让水土流失重点预防区,经专题论证无法避让的,应提高水土流失防治标准,优化施工工艺,减少地表扰动和植被损坏范围,有效控制可能造成的水土流失;在森林防火期以及崩岗、岩溶区等植被恢复困难的区域禁止炼山;禁止在25°以上陡坡地开垦种植农作物;禁止采取全坡面全垦方式整地等。

保护管理:县自然资源管理部门应当划定崩塌、滑坡危险区和泥石流易发区的范围,经县人民政府批准后向社会公告;应当确定本行政区域内河流两岸、水库和湖泊周边、侵蚀沟坡和沟岸的植物保护带范围,落实植物保护带的营造主体和管护主体,设立标志;在坡地上造林,种果树、茶树、油茶等经济林以及中药材的,应当采取修建梯地、鱼鳞坑整地、保留梯地间植被等水土保持措施,防止造成水土流失;水土保持重点预防区的森林、林木、林地应当按照有关规定逐步划定为生态公益林;在林区采伐林木,采伐方案或采伐作业设计中应当有水土保持措施,在水土流失重点预防区和重点治理区采伐林木的,林业主管部门批准采伐后应当将采伐方案或者采伐作业设计及其批准文件抄送同级水行政主管部门;在封山育林区及水土流失严重地区,当地镇政府及相关主管部门应当采取措施,改变野外放养牲畜的习惯,推行圈养。

封育措施包括:森林植被抚育更新、网围栏、人工种草、舍饲养畜等。

辅助治理措施包括:对局部区域水土流失采取林草植被建设、坡改梯、侵蚀沟治理、农村垃圾和污水处理设施建设、人工湿地及其他面源污染控制等措施。

农村替代能源包括:以小水电代燃料、以电代柴、太阳能等新能源代燃料等措施。

5.3.2　措施布局

根据所处区域功能和不同的预防对象,确定预防措施布局。

5.3.2.1　西部山地丘陵区

西部山地丘陵区是县级水土流失重点预防区的主要分布区域。青溪水上游水土流失重点预防区、英雅梅江水土流失重点预防区、银江上游水土流失重点预防区均位于本区内。同时,青溪自然保护区、大仁崇自然保护区、三河坝湿地自然保护区、英雅山自然保护区也位于本区范围,重点预防区总面积 271.63 km²,自然保护区总面积 168.26 km²。

本区水土保持主导功能是水源涵养和生态维护,主要措施配置是,注重封育保护和水源涵养植被建设,配套建设植物保护带、沼气池、农村垃圾和污水处理设施及其他面源污染控制措施;局部的零星崩岗予以治理,其他存在水土流失的地块应采取林草植被建设、谷坊等措施综合治理。防治方向是开展生态清洁、生态旅游小流域治理。

5.3.2.2　东部北部低山高丘区

小靖河上游水土流失重点预防区位于本区,丰溪林场及丰溪自然保护区是本水土流失重点预防区的主体区域。本区水土保持主导基础功能是水源涵养和土壤保持。本区虽然植被较好,但崩岗数量较多,小而分散。本区的预防措施配置是结合休闲、旅游、水源保护开展生态清洁小流域建设;封育保护现有的水土资源和地表植被,主要依靠生态的自我修复能力,恢复和提高林草质量;在较陡且植被稀疏的坡林地、坡园地,构建坡地植被缓冲带,修建雨水集蓄工程和排水渠系,建设完整的坡面径流排蓄体系;在靠近河、库边缘带,通过植树种草、人工湿地等措施,保护水质;村庄内部采取定点存放、统一排放、集中处理、分质回用等措施,综合治理农村环境;对局部的崩岗予以治理。

5.3.2.3　中部低丘盆地区

大埔县中部水土流失重点治理区位于本区,帽山自然保护区属于本区。

本区水土保持主导基础功能是土壤保持和防灾减灾。本区的预防措施除开展常规的封禁治理外,应开展崩岗生态修复,继续加大林草植被建设力度和林地改造更新,提升林地生物多样性和生态功能。

5.3.2.4　南部高中丘区

漳溪河上游水土流失重点预防区位于本区,以大埔林场、尖山林场为重点预防区的主体区域。本区水土保持主导基础功能是土壤保持。本区应大力建设水土保持林草,加大林地改造更新,加强山区的封禁治理,治理崩岗,消除水土流失隐患。

5.3.3　实施办法

(1)抓好重点预防区建设。

对水土流失重点预防区,由县级水行政府主管部门发布重点预防区通告,明确预防区界线,设立明显标志,制定预防区管理办法,建立预防组织,落实预防责任。同时,明确预防区的生产发展方向及优惠政策措施,要让群众在参与水土流失预防保护工程中得到切实的实惠。

(2)加大投入,开展预防保护专项工程建设。

以区内的重要生态屏障区、自然保护区、水源涵养区为重点预防区域,开展重点预防保护工程。重点预防保护工程主要建设内容除完善有关法规、制度建设外,还需加大现有植被保护的力度,严格限制森林砍伐、毁林开荒,25°以上坡耕地实施退耕还林还草;坚决制止一切人为破坏现象,积极推广以电代柴、以气代柴,发展沼气,逐步改善燃料结构,恢复、保护植被;对重点水源地,可实施生态移民。通过局部的小流域综合治理、崩岗治理,创造更好的生态修复条件,促进该区的水土保持生态良性发展。

预防保护专项工程以积极争取中央、省、市级项目资金支持为主,在县财政许可的条件下,每年均拨付一定的专项资金开展工程建设。

(3)预防农业生产活动造成水土流失。

严禁毁林开荒、烧山造林、全垦造林。禁止铲草皮、挖树兜、刨草根。对25°以下5°以上的土地利用要统筹安排水土保持措施和实施方案。鼓励和推广等高耕作、沟垄种植、间茬套种、免耕等农业保土耕作措施。

县农业、林业主管部门及技术服务机构,在指导农业生产活动中,应将预防水土流失纳入重要的技术指导内容。

(4)重视现有治理开发成果的管护。

应根据经营权属与特点,明确相应的管护责任制,落实管护职责,保护好治理开发成果。

(5)保护现有林草植被。

以村为单位建立护林组织,制定乡规民约,配备专业的护林队伍,发现乱砍滥伐行为及时制止,并依法严肃处理。对有林地开发利用必须以不破坏林草资源和水土保持为原则,采取轮封轮采措施,搞好封山育林,用封育、抚育、新造相结合的方法,积极改造次生林。定期检查树木生长情况,加强抚育管理和病虫害防治。

(6)加强预防管理。

严格执行生产建设项目水土保持方案编报、监测和验收制度,预防和治理生产建设项目水土流失,防止人为破坏。对土石方量较大的生产建设项目,要严格论证,不允许开办可能产生严重水土流失危害的生产建设项目,对已开办的生产建设项目要强化水土流失防治,提高防治标准和等级。建立生态补偿奖励机制,各级生态建设资金要对重点预防区倾斜,加大财政转移支付力度,保障区内群众的切身利益,让区内群众愿意开展生态维护工作。

5.4　重点预防项目

以水土流失重点预防区为基础,兼顾其他急需开展预防工作的区域,确定重要江河源头区、重要水源地等2类重点预防工程。本着遵循"大预防、小治理"的原则,充分考虑预防保护的迫切性、集中连片、重点预防为主兼顾其他的原则,确定各项目的范围、任务和规模。规划重点预防面积 250 hm²,治理水土流失面积 20.6 km²。

主要任务是针对规划区水源地泥沙和农村面源污染,以大面积自然修复措施为主,对局部水土流失进行综合治理,配套农村面源污染措施,加强水土保持预防和监督管理,控制人为水土流失,促进自然生态修复。

自然修复措施:封山禁牧,设置网围栏和封禁标牌,对疏幼林采取补植措施;开展舍饲养畜,通过"疏堵"结合,减少对林草植被的破坏,依靠自然的自我修复能力,减少水土流失和面源污染。

综合治理措施:针对坡面流失,配套坡面工程(蓄水池窖、沉沙池、排灌沟渠、田间道路、等高植物篱），配合营造水土保持林草（水土保持林、经济果木林、种草）；针对沟道流失，采取谷坊、拦沙坝、生态护岸等措施。

农村面源污染措施：加强农村生活垃圾的集中收集和处理，建设小型污水净化处理设施，对农村庭院进行美化清洁改造。

重点预防项目及规模见表3-65。

表 3-65　水土流失重点预防项目及规模

项目类型	工程名称	预防面积/km²	其中治理水土流失面积/km²	主要建设内容			
				自然修复/hm²	溪沟治理/km	崩岗治理/处	乡村清洁/处
重要江河源头区水土流失重点预防工程	小靖河上游水土流失重点预防工程	30	2.5	2 700	15.0	5	6
	青溪水上游水土流失重点预防工程	30	2.5	2 700	15.0	5	7
	英雅水梅江水土流失重点预防工程	45	4.0	4 000	25.0	10	7
	银江上游水土流失重点预防工程	35	3.0	2 600	18.0		4
	漳溪河上游水土流失重点预防工程	20	2.0	1 700	10.0	15	5
	大埔县帽山水土流失重点预防工程	28	2.2	2 500	14.0	15	6
重要水源地水土流失重点预防工程	山丰水库水源地水土流失重点预防工程	6	0.4	35	2.0	2	1
	梅潭河水源地水土流失重点预防工程	10	1.0	800	2.0	4	3
	乡镇集中式生活饮用水水源地水土流失重点预防工程	46	3.0	4 200	8.0	20	20
合计		250	20.6	21 235	109	76	59

6 治理规划

6.1 范围与对象

6.1.1 治理范围

贯彻"综合治理、因地制宜"的要求,对水土流失地区实施综合治理,维护和增强区域水土保持功能,夯实全面建成小康社会的生态基础。

范围主要包括对重要江河湖库影响较大的水土流失区域;威胁土地资源,造成土地生产力下降,直接影响农业生产和农村生活,需开展保护性治理的区域;涉及革命老区、贫困人口集中地区、少数民族聚居区等特定区域。

规划期内重点治理范围以县级水土流失重点治理区为主,同时兼顾重点治理区以外存在严重水土流失的区域。

6.1.2 治理对象

以崩岗为主要治理对象,以及存在水土流失的坡耕地、坡园地、残次林地、荒山荒地、侵蚀沟道等。

6.2 措施与配置

6.2.1 措施体系

主要包括工程措施、林草措施和耕作措施。集镇周边、重要饮用水源地应结合美丽乡村建设,采取人工湿地净化、植物带隔离、居民庭院清洁美化等措施,建设生态清洁型小流域。

工程措施包括上截、下拦、林草填肚的崩岗治理工程,坡改梯、坡林(园)地整治、雨水集蓄利用、径流排导、沟头防护等坡面工程,谷坊、拦沙坝、塘坝等沟道工程,削坡减载、边坡防护等边坡工程。

林草措施包括营造水土保持林、经果林、种草、植物篱,发展复合农林业,开发与利用高效水土保持植物,河流两岸及水库的周边营造植物保护带。

耕作措施包括等高耕作、轮耕轮作、免耕少耕、间作套种等。

6.2.2 措施配置

6.2.2.1 根据治理对象布局

水土流失综合治理应以小流域为单元,以溪沟整治为脉络,以崩岗、坡耕地、坡园地等水土流失地块为重点,坡沟兼治。

崩岗治理主要采取上截、下堵、中间保的方式,即崩岗上边坡外沿布设截水沟阻止坡面来水,崩口设谷坊、拦沙坝拦截崩岗泥沙,崩肚内削坡减载种植林草。

坡耕地治理主要措施有修建梯田、坡面水系整治、雨水集蓄利用、径流排导及水土保持林草措施等。

坡园地治理主要措施有带状整地、种植植物篱拦挡和增加地面覆盖防护、雨水集蓄利用、径流排导等。

残次林地以封育保护为主,同时采取补植林木等措施,林木补植主要以水土保持树种为主。

溪沟主要采取清淤、护岸、拦水陂、湿地,结合人行道建设、植物保护带建设等,提高行洪能力和改善生产生活环境。

6.2.2.2　根据区域的主导基础功能进行措施重点布局

1) 东部北部低山高丘轻中度水土流失区

汀江下游、漳溪河中上游水土流失重点治理区位于本区,水土保持主导基础功能是水源涵养和土壤保持。本区的治理途径是开展崩岗治理,加强坡耕地的坡面水系建设和沟道清淤、美化建设,为高效农业和美丽乡村打好基础。

以生态清洁小流域建设模式为主,沟道上游生态较好的区域,以封禁治理为主实施生态修复,局部崩岗采用工程与林草措施结合治理修复;村庄及其周边,采取集中收集和处理垃圾、污水,美化乡村;沟道开展清淤和生态护岸,建设休憩小景;矿山迹地采取拦挡、排水、土地整治、植被恢复等措施。

2) 中部低丘盆地中度水土流失区

梅潭河水土流失重点治理区位于本区,水土保持主导基础功能是土壤保持和防灾减灾。应加强生态安全型小流域的综合治理,重点整治崩岗、坡耕地、火烧迹地,通过治理水土流失,减轻山地、山洪灾害。

措施配置是以工程措施为主,控制崩岗侵蚀,减少泥沙下泄和山地灾害;以蜜柚、茶叶、金针菜为主治理坡耕地,增加坡面覆盖,完善水系工程;以木荷、黎蒴、湿地松、枫杨等树种为主,治理火烧迹地,减少土壤侵蚀,提高水源涵养能力;以护岸、谷坊等工程为主,治理沟道。将崩岗治理与经果林基地、生态观光园、生态农庄有机结合,城郊建设生态清洁小流域,偏远地区建设生态安全小流域。

3) 南部高中丘强度水土流失区

韩江干流、合溪赤山溪水土流失重点治理区位于该区,水土保持主导基础功能是土壤保持。本区重点是加强崩岗治理,加强山洪沟的小流域综合治理,减少泥沙下泄,保护农田,维护居住安全,控制炼山造林,减轻环境破坏。

措施布局是以谷坊、拦沙坝、挡土墙、排洪沟等工程措施为主,林草措施为辅开展崩岗治理。将崩岗治理与沟道治理相结合,形成山洪灾害综合防治体系。沟道治理采取清淤、格宾网护岸等生态、柔性防护措施,实现水体、陆域自然交换,防洪通道与生产道路、亲水绿道相结合,形成一条道路、多种功能,减少占地,方便群众。

6.3　重点治理项目

以水土流失重点治理区为主要范围,结合扶贫攻坚、美丽乡村建设和全面建设小康社会的需求,确定重点治理范围和对象,规划崩岗治理934宗、建设生态清洁小流域6条、坡耕地水土流失综合治理3.1万亩。大埔县属于国家级水土流失重点区,可根据上级政策,将以上项目单列或合并组合,形成年度国家水土保持重点工程予以实施。

6.3.1　崩岗治理工程

大埔县属于原中央苏区及革命老区,原中央苏区及革命老区是中央近年来关注的重点,是"十三五"及其今后中央水土保持工程的重点投入地区,自2017年度始,已列入国家水土保持重点工程建设范围并付诸实施,已下达治理水土流失任务10 km^2,完成崩岗治理20宗。

规划将全县仍在活动的且危害较大的崩岗纳入治理范围,按近期、远期分阶段开展治理,规划2018—2030年全县治理崩岗934个。各镇崩岗治理计划见表3-66。

表 3-66　大埔县崩岗治理工程规划

镇名	治理崩岗数量/个	崩岗面积/hm²	防治面积/km²
百侯镇	46	42.75	3.20
湖寮镇	95	88.28	6.62
高陂镇	167	155.19	11.64
光德镇	38	35.31	2.65
桃源镇	61	56.69	4.26
大东镇	19	17.66	1.32
枫朗镇	143	132.89	9.98
洲瑞镇	76	70.63	5.29
银江镇	13	12.08	0.90
大麻镇	32	29.74	2.23
三河镇	8	7.43	0.56
茶阳镇	158	146.83	11.01
西河镇	72	66.91	5.02
青溪镇	6	5.58	0.42
合计	934	867.97	65.10

6.3.2　生态清洁小流域建设工程

生态清洁小流域指流域水土资源得到有效保护、合理配置和高效利用,沟道基本保持自然生态状态,行洪安全,人类活动对自然的扰动在生态系统承载能力之内,生态系统良性循环、人与自然和谐,人口、资源、环境协调发展的小流域。

生态清洁小流域建设是实施乡村振兴战略、推进生态文明建设、建设美丽中国的一项重要举措。坚持山水林田湖草系统治理理念,统筹生产生活生态,把生态清洁小流域建设与农村人居环境整治、美丽乡村建设有机结合起来,协同推进流域水系整治、水土流失综合治理、生态农业推广、人居环境改善,实现山清、水净、村美、民富。

规划大埔县每年建设 2~3 条清洁小流域,2018—2030 年共建设 30 条清洁小流域。

主要建设内容是以水源保护为目标,将小流域划分为生态修复区、生态治理区和生态保护区,因地制宜、因害设防布置防治措施,构成水源保护的三道防线,同时达到"安全、生态、发展、和谐"小流域的目的。

生态修复区:主要采用封禁治理措施,设置封禁标牌、护栏,减少人为活动和干扰破坏,禁止人为开垦、盲目割灌和放牧等生产活动,加强林草植被保护,保持土壤,涵养水源。

生态治理区:主要针对水土流失地块和崩岗,采取造林、拦沙坝、谷坊、截排水沟、封禁治理等措施进行综合治理。对村庄污水集中收集、采取人工湿地净化,村庄垃圾集中收集和处置。有洪水淹没受灾的农户,应协调有关部门搬迁或根据防洪标准修建防护堤保护住户安全。

生态保护区:生态自然、功能完好的沟道以自然保护为主,不宜采取工程治理措施。破坏严重的沟道,从保护生态的角度进行近自然的治理,清除沟道垃圾,沟道清淤、护岸,治理措施与周围景观协调一致。沟道两侧,因地制宜地配置由乔灌草配置而成的植被过滤带,减少污染物对水质的影响。沟道和水库交错的水陆交错带,因地制宜栽植水生植物,保护或恢复人工湿地。

规划期内全县建设生态清洁小流域30条、综合整治面积947 km²,治理水土流失面积170.20 km²。参照《广东省小流域综合治理规划(2011—2020年)》《广东省山区五市中小河流域治理实施方案》,各单项措施数量主要包括营造水土保持林2 533 hm²,种植经济林果1 357 hm²,封禁治理13 130 hm²;修筑谷坊1 662座,建拦沙坝1 551座,修截水沟1 563 km,沟道整治132.6 km,人工湿地158 hm²等。共治理崩岗412个。大埔县生态清洁小流域主要建设内容规划见表3-67。

表3-67 大埔县生态清洁小流域主要建设内容规划

镇名	小流域名称	面积/km²	崩岗治理/个	封禁治理/hm²	水保林/hm²	经济林/hm²	谷坊/座	拦沙坝/座	截水沟/km	沟道整治/km	人工湿地/hm²
茶阳镇	广陵溪	15	19	194	37	20	25	23	23	2	2
	长治水	50	60	647	125	67	82	76	77	6.5	8
西河镇	大黄沙坑	13	6	168	32	17	21	20	20	1.7	2
	荷树坑	28	10	362	70	37	46	43	43	3.7	4
大东镇	富溪水	19	3	246	47	25	31	29	29	2.5	3
	寨子里水	16	2	207	40	21	26	24	25	2.1	2
丰溪林场	小靖河(丰溪林场段)	30		388	75	40	49	46	46	3.9	5
青溪镇	百余坑	16	1	207	40	21	26	24	25	2.1	2
	西坑	26	1	336	65	35	43	40	40	3.4	4
三河镇	良江溪	26	1	336	65	35	43	40	40	3.4	4
大麻镇	英雅河	31	6	401	77	41	51	47	48	4.1	5
	小留附麻溪	24	10	620	120	64	78	74	74	6.2	8
银江镇	明新溪	32	3	414	80	43	52	49	49	4.2	5
	昆仑溪	32	3	414	80	43	52	49	49	4.2	5
湖寮镇	山丰水	42	20	543	105	56	69	64	65	5.5	6
	横坑水	31	28	711	137	73	90	84	85	7.2	9
	南桥水	50	25	647	125	67	82	76	77	6.5	8

续表 3-67

镇名	小流域名称	面积/km²	崩岗治理/个	封禁治理/hm²	水保林/hm²	经济林/hm²	谷坊/座	拦沙坝/座	截水沟/km	沟道整治/km	人工湿地/hm²
百侯镇	帽山水	23	8	298	57	31	38	35	35	3	4
	曹鲇水	35	8	453	87	47	57	54	54	4.6	5
枫朗镇	枫朗水	50	25	647	125	67	82	76	77	6.5	8
	沐教水	50	20	647	125	67	82	76	77	6.5	8
	和村水	18	15	233	45	24	29	28	28	2.4	3
洲瑞镇	大坑河	47	15	608	117	63	77	72	72	6.1	7
	禾坪溪	32	24	673	130	70	85	80	80	6.8	8
高陂镇	车下溪	28	14	362	70	37	46	43	43	3.7	4
	赤山水	50	25	647	125	67	82	76	77	6.5	8
光德镇	上坪溪	22	9	285	55	29	36	34	34	2.9	3
	漳溪水	50	20	647	125	67	82	76	77	6.5	8
桃源镇	桃源水	50	25	647	125	67	82	76	77	6.5	8
	东坑溪	11	6	142	27	16	18	17	17	1.4	2
合计		947	412	13 130	2 533	1 357	1 662	1 551	1 563	132.6	158

6.3.3　坡耕地水土流失综合治理工程

坡耕地是广大人民群众赖以生存的耕地资源,同时也是水土流失的主要来源地之一。坡耕地水土流失综合治理是国务院批复的《全国水土保持规划(2015—2030 年)》确定的重点治理项目之一,基于大埔县的农业生产特点,坡耕地的存在形式是以坡式果园、茶园等形式存在,针对坡耕地综合治理工程,也可称作坡园地水土流失综合治理工程。

实施坡地水土流失综合治理,是做好耕地资源储备,提高项目区环境容量,促进农业特色产业,改善项目生态环境的有效举措。大埔县崩岗与坡地水土流失往往交替演变,实施坡耕地综合整治,可有效促进项目区生态环境的改善,减少崩岗数量。规划选择坡地规模较大,现状存在严重的水土流失,综合治理后具有较好的经济效益的区域实施综合治理。综合治理内容包括坡地内部修筑水平竹节沟蓄水拦沙,合理设置田间道路和机耕路,田间道路采用透水砖铺砌,机耕路砂砾化或硬化,内侧设置排水沟和消力池及过路管沟,避免路沟侵蚀。完善灌溉渠、蓄水池等灌排设施,利用雨水集蓄开展节水灌溉,梯田埂栽植黄花、金银花等地埂植物,裸露坡面进行绿化,防止水土流失,坡地下部适宜建塘的地方设置小型蓄水塘堰等。根据大埔县坡耕地分布现状,规划坡耕地水土流失综合治理 3.1万亩。坡耕地水土流失综合治理工程分布及主要建设内容见表 3-68。

表 3-68　大埔县坡耕地水土流失综合治理工程规划

镇名	实施面积/万亩	产业类型	水平阶/亩	水平沟/km	机耕路/km	田间道路/km	排水沟/km	沉沙池/个	蓄水池/座	塘堰整治/座
枫朗	1.1	茶叶	244	366.63	22.0	143.0	166.65	53	28	4
高陂	1.0	柚、茶	222	333.30	20.0	130.0	151.50	48	25	4
西河	0.5	茶、柚	111	166.65	10	65.0	75.75	24	22	2
大东	0.5	茶	111	166.65	10	65.0	75.75	24	23	2
合计	3.1		688	1 033.23	62.0	403.0	469.65	149	98	12

7　综合监管规划

7.1　综合监管目标

水土保持监督管理重点是落实生产建设项目水土保持"三同时"制度,要求水土保持方案的申报率达到98%。实行生产建设项目水土保持监理制度,加强水土保持监测和验收,生产建设项目的水土保持监理和监测实施率达到95%,水土保持设施验收率达到95%。对重点监督项目,水土保持监测率要达到98%,验收率达到98%。

全县水土保持监督管理规范化建设全面达标和提升,监测站网全面,能够为全县的水土保持动态信息提供支撑。

7.2　监督能力建设规划

7.2.1　机构建设

按照机构到位、人员到位、办公场所到位、工作经费到位、取证设备装备到位的要求,健全机构建设。

具体要求为:县水行政主管部门水土保持股应充实配备与执法任务相适应的专职监督管理人员,至少2~3人;水土保持监督管理机构要有固定办公场所,配备计算机、传真机等办公设备,建立完善的监督管理数据库系统,将监督管理的相关信息全部录入数据库,有标准规范的水土保持方案审批、监督检查、验收以及案件查处档案资料库(房)等;配备照相机、摄像机、经纬仪等执法取证设备,有专用交通工具或在执行公务时有用车保障,设备装备的运行情况良好;工作经费列入财政保障。

列入水土流失重点预防或重点治理任务的镇政府,应配套水土保持专职管理人员,参与预防和治理工作的协调管理。

7.2.2　法规配套

需完善的水土保持配套法规有:

(1)大埔县水土保持法实施细则。结合上级政府修订的水土保持法实施办法,明确当地水土流失预防、治理和监督管理的实施细则,进一步增强法规的针对性和操作性。

（2）大埔县水土保持监督检查规定。制定、完善生产建设项目监督检查制度，明确监督检查的对象、内容、重点、程序、频次、方式、整改和跟踪落实等要求，全面规范现场监督检查的各项工作，确保水土保持方案得到全面及时落实。

（3）水土保持监督检查管理制度。包括督查督办制度、重大事件报告制度、技术服务单位管理制度、廉政建设制度、社会监督制度等。

（4）水土流失重点预防区和重点治理区管理办法。包括重点预防区和重点治理区的进入和退出机制，目标责任考核机制，重点项目扶持机制等。

7.2.3　能力培训

从事水土保持监督管理工作的人员要全部参加监督执法培训和考核，全面提高业务素质和依法行政水平。水土保持监督管理人员每 3 年至少参加一次上级主管部门组织的业务培训，县水务局内部每年组织一次业务培训。

7.3　水土保持监测规划

结合省、市水土保持监测站网布局，完善本县的水土保持监测站网规划。

县设立水土保持监测站，做到有牌子、有人员、有业务。水土保持监测站不仅要开展水土保持监测工作，还应利用监测成果，掌握水土流失的发生规律，总结崩岗、坡林（园）地水土流失的防治经验，为改善当地生产生活条件做好理论、技术支持。

结合现有水文监测点合并开展工作。逐步在梅潭河、漳溪河、小靖溪、莒溪、银江河、赤山溪、合溪设立水土保持监测点。监测点既要测量悬移质泥沙，也要测量推移质泥沙。

开展国家水土保持重点工程建设后，按照开展小流域治理条数（实施片区数）总量的 30% 布设监测点。采用定位观测和典型调查相结合的方法，对水土保持工程的实施情况进行监测，分析评价工程建设取得的社会效益、经济效益和生态效益。

7.4　监督管理重点项目

（1）重点建设项目水土保持督察。将县内水土流失重点预防区内的生产建设项目，以及铁路、公路、矿山开采、水利水电工程等生产建设项目作为全县的重点监督服务项目，健全档案，重点跟踪，及时提醒，做好服务。

（2）信息化建设项目。建成全县互联互通、资源共享的水土保持信息平台，县水务局应配备计算机、信息软件、采集工具，加入全省的水土保持信息网络。

8　实施安排与投资匡算

8.1　实施安排

2018—2020 年：规划综合治理水土流失面积 90 km²，其中重要江河源头区水土流失重点预防工程治理水土流失面积 5.0 km²，重要水源地水土流失重点预防工程治理水土流失面积 1.4 km²，治理崩岗 100 宗，建设生态清洁小流域 4 条。

2021—2030 年，规划综合治理水土流失面积 230 km²，其中重要江河源头区水土流失重点预防工程治理水土流失面积 11.2 km²，重要水源地水土流失重点预防工程治理水土流失面积 3.0 km²，治理崩岗 834 宗，建设生态清洁小流域 30 条，建成坡耕地水土流失综合治理工程 3.1 万亩。详见表 3-69。

表 3-69 大埔县水土保持规划实施进度安排

项目		2018—2020 年	2021—2030 年	合计
治理水土流失面积总目标/km²		90	230	320
其中,水土流失重点防治工程治理	重要江河源头区水土流失重点预防工程/km²	5.0	11.2	16.2
	水库水源地水土流失重点预防工程/km²	1.4	3.0	4.4
	崩岗治理工程/(宗/hm²)	100/92.93	834/775.04	934/867.97
	生态清洁小流域建设/(条/km²)	4/30.0	26/140.2	30/170.20
	坡耕地水土流失治理/万亩		3.1	3.1

8.2 投资匡算

8.2.1 综合单价

本规划投资匡算参考国家发展改革委办公厅 水利部办公厅《全国坡耕地水土流失综合治理"十三五"专项建设方案》(发改办农经〔2017〕356 号)、水利部《国家水土保持重点工程 2017—2020 年实施方案》(水财务〔2017〕213 号)的投资标准,结合正在开展的水土保持工程的投资调研,按综合治理面积匡算各项目单位面积投资。各项目投资匡算指标见表 3-70。

表 3-70 各类防治项目综合单价

序号	项目	单位	单价/万元
1	重要江河源头区水土流失防治	km²	150
2	重要水源地水土流失防治	km²	150
3	崩岗治理	hm²	24.25
4	重点区域水土流失治理	km²	50
5	坡耕地治理	万亩	2 500

8.2.2 规划投资

规划 2018—2020 年水土保持总投资 5 077 元(不计非重点工程投资),其中重点预防项目投资 960 万元,重点治理项目投资 3 737 万元,水土保持监测投资及水土保持监督管理投资 380 万元。

规划 2021—2030 年水土保持总投资 36 802 万元(不计非重点工程投资),其中重点预防项目投资 2 130 万元,重点治理项目投资 33 572 万元,水土保持监测投资及水土保持监督管理投资 1 110 万元。

远、近期投资详见表 3-71、表 3-72。

表 3-71　大埔县 2018—2020 年水土保持规划投资匡算

编号	项目	数量	单位	综合单价/万元	合计/万元
一	重点预防项目				960
1	江河源头区治理	5.0	km²	150	750
2	水源地治理	1.4	km²	150	210
二	重点治理项目				3 737
1	崩岗治理工程	92.23	hm²	24.25	2 237
2	生态清洁小流域	30.0	km²	50	1 500
三	监测				290
1	监测点建设	1	批	50	50
2	水土保持普查	1	次	100	100
3	重点防治区监测	3	年	30	90
4	水土保持信息化建设	1	批	50	50
四	监督管理				90
1	能力建设	3	年	10	30
2	监督管理规范化建设	1	项	30	30
3	重点建设项目督察	3	年	10	30
五	合计				5 077

表 3-72　大埔县 2021—2030 年投资匡算

编号	项目	数量	单位	综合单价/万元	合计/万元
一	重点预防项目				2 130
1	江河源头区治理	11.2	km²	150	1 680
2	水源地治理	3.0	km²	150	450
二	重点治理项目				33 572
1	崩岗治理工程	775.74	hm²	24.25	18 812
2	生态清洁小流域	140.2	km²	50	7 010
3	坡耕地整治	3.1	万亩	2 500	7 750
三	监测				900
1	监测点运行	10	年	20	200
2	水土保持普查	2	次	100	200
3	重点防治区监测	10	年	30	300
4	水土保持信息化运行	10	年	20	200
四	监督管理				200
1	能力建设	10	年	10	100
3	重点建设项目督察	10	年	10	100
五	合计				36 802

8.3　实施效果分析

水土保持是保护和开发利用水土资源,实现资源可持续发展,改善山丘区农业生产条件,打造生态宜居环境的一项伟大的社会公益性系统工程。其具有显著的生态、社会、经济效益。

(1)本工程实施后,全县增加林草面积 3 271 hm^2,林草覆盖率提高 1.33%,并实施封禁治理 25 288 hm^2,从而增加土壤含水量、生物生长量,改善水、土、气、生态环境质量。

(2)增加地表入渗,延缓洪峰过程,减轻山洪灾害。规划实施后,工程措施和林草措施将起到巨大的蓄水拦沙作用,延缓洪峰过程,特别是大量谷坊、拦沙坝的修建,崩岗的有效治理,能够减少沟道泥沙和农田淤积,减轻山洪灾害。

(3)改善生产条件,增加群众收入。大量的小型水利水保工程不仅能够控制水土流失,更是改善农业基础设施,提高土地生产率的有效举措。随着水土流失的控制,减少了泥沙冲入农田,保障了农田能灌能排,实现稳产高产。水保工程的实施需要大量的劳动力参与,增加了就业机会,增加了群众收入,拉动了当地经济发展。

(4)打造美丽城乡,实现生态宜居大埔。林草植被大量增加,水土流失有效控制,农业基础设施明显改善,山地灾害减少,使得山变绿了,水变清了,群众变富了,真正实现安全、生态、和谐、发展的目标。

9　保障措施(略)

10　附表、附图(略)

3.5　水土保持专项工程规划

3.5.1　水土保持专项工程规划原理

水土保持专项工程规划是对特定区域开展的预防和治理水土流失做出的专项部署。专项工程规划与综合规划的区别在于,专项工程规划聚焦某一特定水土流失区域或水土流失类型进行的工程建设部署,综合水土保持规划包括预防、治理、监测、监督、科技等多项内容,专项工程规划原则上在综合规划的指导下开展,是综合规划部分内容的细化和落实。

3.5.1.1　专项工程规划依据

水土保持专项工程规划依据有国民经济和社会发展规划、水土保持综合规划、人大提案等。水土保持专项规划通常都有明确的建设目的和预期,或解决特定水土流失问题。

3.5.1.2　专项工程规划核心要素

主要包括 5 点:确定工程实施范围(区域)、工程建设规模、工程建设主要内容、工程投资及资金来源、实施年度(年限)。

3.5.1.3　专项工程规划的内在逻辑

以工程建设的必要性为前提,在可筹集的资金预期与可实现的解决特定水土流失问题的效益预期中,寻找最佳交叉点。

3.5.2　水土保持专项工程规划要点与方法

3.5.2.1　拟定规划范围

将具有特定水土流失问题的区域初步纳入规划范围,经开展一定深度的调查研究后,根据各规划单元的工作基础、工程建设条件,筛选、确定规划范围。

3.5.2.2　开展一定深度的调查研究

对于初步拟定的工程实施范围,开展调查研究,了解需要解决的特定水土流失事项的分布、危害、经验、群众需求等,以及该特定事项产生的地质、气候、水文、社会生产背景。

3.5.2.3　论证工程建设的必要性

在现状评价的基础上,从治理水土流失、改善生态环境、遏制山地灾害、发展农业生产、推动乡村发展、建设美丽河湖、提升区域水土保持基础功能等方面,选取需要解决的一个或几个主要问题,论证工程建设的不可或缺及其必要性。

3.5.2.4　分析确定工程建设规模

根据工程建设的任务、目标预期,综合现有的人力、物力、财力、技术等建设条件,确定建设规模。

3.5.2.5　明确工程建设的主要内容

结合规划范围水土流失特点调查、水土流失治理经验调查、水土保持相关技术规范的规定等,确定工程建设的主要内容。规划范围不同片区地理条件、水土流失类型、水土保持措施类别等分异规律较为明显的,可以分区确定建设内容。具体建设内容根据工程性质确定。属于特定区域水土流失治理工程的,如石漠化区域水土流失治理,主要建设内容包括坡改梯、水保林、经果林、封禁治理、保土耕作、小型水利水保工程等内容。崩岗区域水土流失治理,主要建设内容包括谷坊、拦沙坝、坡面水系工程、水保林、封禁治理等内容。

3.5.2.6　估算水土保持投资

通过典型小流域调查或设计,推算工程的各项水土保持措施建设数量,按照水土保持工程概估算编制办法,估算水土保持投资。属于地方自行建设的工程,按地方水利工程概(估)算编制办法编制工程规划的估算。

3.5.2.7　编制分阶段或分年度实施计划

按照轻重缓急和财力情况,列出分阶段或分年度实施计划,作为下阶段项目立项上马阶段工程设计的依据。

3.5.2.8　进行效益分析

水土保持工程以社会效益、生态效益为主,社会效益主要包括提高土地生产力、减轻山地灾害、改善群众生产生活条件的效益,生态效益包括蓄水量增加、林草植被覆盖率增加、生物量增加等效益,经济效益主要是农业增产增收、农民增收等效益。也要进行一定的财务分析,以确定工程的建设、运行管理方式。

3.5.3　水土保持专项工程规划成果案例——广东省崩岗防治规划

1　规划概要

1.1　崩岗防治的必要性

崩岗是我国华南地区水土流失最严重的一种土壤侵蚀类型,主要发生于花岗岩类母质残积物上。

　　广东省崩岗主要分布在韶关、河源、梅州、惠州、汕尾、阳江、湛江、茂名、肇庆、清远、潮州、揭阳、云浮等 13 个市共 54 个县 544 个镇。涉及市(县)土地总面积为 8.40 万 km²,占广东省总土地面积的 46.7%;总人口 3 443.65 万人,其中农村人口 2 551.14 万人。

　　广东省是我国崩岗侵蚀最严重的省份之一,根据 1999 年广东省遥感调查结果,崩岗面积为 98 284 hm²,占总流失面积的 7.57%,其泥沙流失量占广东省水土流失总量的 60% 以上。主要集中分布在经济欠发达山区,点多、面广、流失量大、危害严重,导致土地退化和区域生态环境恶化,直接危害山区人民的生存条件和生命财产安全,影响山区经济的持续发展,已成为广东省全面建设小康社会的主要障碍因素之一。治理崩岗、控制水土流失是落实以人为本的科学发展观,全面建设小康社会、和谐广东,贯彻新时期水利部治水新思路,促进山区经济持续发展,提高群众生活水平的迫切需要。

1.2　崩岗数量

　　全省占地面积在 60 m² 以上的崩岗共有 107 941 座,崩岗面积 82 760 hm²,崩岗防治面积 111 846 hm²。其中,活动型崩岗 99 889 座,面积 79 781 hm²;相对稳定型崩岗 8 052 座,面积 2 979 hm²。从形态上看,混合形崩岗最多,共 33 812 座,面积 33 965 hm²;条形崩岗 24 015 座,面积 11 868 hm²;瓢形崩岗 23 816 座,面积 19 780 hm²;弧形崩岗 14 662 座,面积 6 753 hm²;爪状崩岗 11 636 座,面积 10 394 hm²。按崩岗大小分,60~1 000 m² 的小型崩岗 7 922 座,占 7.3%;1 000~3 000 m² 的中型崩岗 23 650 座,占 21.9%;≥3 000 m² 的大型崩岗 76 369 座,占 70.8%。

1.3　规划的主要工程量

　　规划 2006—2030 年,治理崩岗 107 941 座,治理面积 1 118 km²,修建谷坊 13.8 万座,拦沙坝 94 座,截排水沟 1 090 万 m,跌水 22.9 万处,挡土墙 18.4 万 m,崩壁小台阶 1.5 万 hm²,水保林 1 014 km²,经济林 41 km²,果木林 41 km²,种草 815 km²。

1.4　投资估算及分期投资

　　本规划估算总投资为 580 754.21 万元,其中工程措施费为 356 688.48 万元,植物措施费为 92 052.86 万元,封育治理措施费为 59 969.27 万元,独立费用为 39 170.72 万元,基本预备费为 32 872.88 万元。

　　计划近期(2006—2010 年)投资 174 226.26 万元,中期(2011—2020 年)投资 232 301.69 万元,远期(2021—2030 年)投资 174 226.26 万元。

2　基本情况

2.1　自然环境

　　广东省全省土地面积 179 757 km²。规划区涉及韶关、河源、梅州、惠州、汕尾、阳江、湛江、茂名、肇庆、清远、潮州、揭阳、云浮共 13 市的 54 个县(市)544 个镇,涉及市(县)土地面积 83 994 km²。

　　广东省属亚热带季风气候,雨量充沛。受季风影响,年内降水有显著的季节变化,干湿季分明;全年热量丰富,夏长冬短,无霜期长;风向随季节变换。全省年平均气温 18~24 ℃,年日照时数 1 973.6 h。多年平均降水量为 1 771 mm,雨量高峰期为 4—9 月,占全年雨量的 80% 以上。年平均登陆台风为 6.1 次,每年 6—10 月是台风影响本省的主要时期,台风伴随暴雨、特大暴雨。受台风及地形的影响,形成三个降雨中心:天露山南侧恩平、阳江一带(年降雨量为 2 548.2 mm);粤东莲花山脉东南坡的丰顺、揭阳、揭西、普宁、海丰一带(年降雨量为 2 382.8 mm);北江下游的清远、英德、佛冈、龙门及连江、绥江上游一带(年降雨量为 2 215.7 mm)。降雨中心的雨时及雨量较集中,最大暴雨强度达 60~80 mm/h。广东省 1 h 极大降水量多年平均各地都大于 40 mm,1 h 极大降水量最高记录 195.5 mm(2000 年 5 月 10 日,);6 h 极大降水量多年平均大部分地区大于 80 mm,极端最高值 632.8 mm(1998 年 5 月 12 日);24 h 极端最高值 654.5 mm(1987 年 5 月 21—22 日)。由于雨量充沛,暴雨强度大,地表径流量大,山区、河流上游、坡度较陡的坡地常会暴发山洪,冲刷地表,导致山泥倾泻,山丘崩塌,对土壤侵蚀产生严重影响。

广东省地势北高南低,北部五岭山脉为长江水系与珠江水系的分水岭,山地、丘陵占 62%,台地占 13%,其余为盆地、谷地和滨海平原。由花岗岩组成的丘陵,土层通常较厚,是水土流失较严重的地区,也是崩岗发生的主要地区。

广东省地质构造复杂,区内分布有花岗岩类岩石;红色岩层即白垩纪—第三系的紫色页岩和红色砂砾岩构成的岩系也广泛分布于省内山区的山间盆地、谷地、丘陵及台地;此外砂页岩类、变质岩类、石灰岩类也有分布。花岗岩类岩石出露面积达 55 000 km²,占全省陆地面积的 30%。该类岩石在本区极易风化,可形成较厚的风化层,厚度均在 10 m 以上。粤东五华县、兴宁市、梅县、大埔县及粤西德庆县、广宁县、信宜市等地由粗粒花岗岩组成的丘陵、台地,因该类岩石更易风化且人为作用强烈,植被被破坏,风化层厚度达 20~50 m,极易产生土壤侵蚀,部分发展至沟蚀、崩岗侵蚀,本规划区大多位于花岗岩地区。但在粤北中、低山地区出露的花岗岩,因植被覆盖率较高,人为作用相对较少,强度侵蚀相对较少。

广东省地带性分布的土壤类型自北而南:北部为中亚热带红壤,中南部为南亚热带赤红壤,雷州半岛一带则为砖红壤。广东省由南至北依次呈现热带、南亚热带、中亚热带气候特征,相应也决定了植物的地带性规律。由南而北为热带常绿季雨林、南亚热带季风常绿阔叶林及亚热带常绿阔叶林。但由于在长期的人类经济活动作用下,原生植被已被破坏,大部分消失,代以次生林及人工补植林。根据 2004 年的广东省统计年鉴,全省森林覆盖率达 57.3%。规划区的主要树种有马尾松、木荷、藜蒴、湿地松、大叶相思、绢毛相思、杉木、毛竹、桉树、茶、柑橘、荔枝、龙眼、桃金娘、岗松等。

2.2　社会经济

据《2004 广东统计年鉴》,广东省陆地面积 17.98 万 km²,下辖 21 个地级市 31 个县级市 43 个县 3 个自治县 45 个市辖区,总人口 7 954.22 万。本规划涉及的 13 个市的土地面积 160 865 km²,2003 年总人口 4 655.88 万,其中非农业人口 1 542.31 万,农业人口 3 113.57 万;涉及 54 个县的总人口为 3 443.65 万,其中农业人口 2 551.14 万。

广东省耕地总面积 305.8 万 hm²,占土地总面积的 17.0%;林地 1 018.5 万 hm²,占 56.6%;园地 85 万 hm²,占 4.7%;牧草地(2.8 万 hm²)与居民点及工矿用地(127 万 hm²)共占 7.2%。广东省土地资源形势比较严峻,农业与非农业建设用地矛盾突出,耕地资源相对贫乏,后备资源不容乐观,人均耕地仅有 0.038 hm²。

规划区耕地总面积 283.03 万 hm²,林地 942.67 万 hm²,园地 78.67 万 hm²,牧草地 2.16 万 hm²,其他用地 302.12 万 hm²。

　　根据统计,2003 年全省农业总产值为 1 908.66 亿元,比上一年增长 2.8%,粮食总产量 1 488.00 万 t。近年来强调发展"三高农业",大力采用新技术,调整农业结构,建立农业"龙头"产业,逐步建立现代化的农业体系,使农业稳步发展。

2.3　水土流失及水土保持

　　根据 1999 年广东省水利厅水保农水处与中山大学地球与环境科学院的遥感调查统计,广东省水土流失面积 1 421 757 hm^2,占全省土地总面积的 8.0%,其中自然侵蚀面积 1 152 018 hm^2,占总水土流失面积的 81.03%;人为侵蚀面积 269 739 hm^2,占总水土流失面积的 18.97%。具体侵蚀类型及面积见表 3-73。

表 3-73　广东省水土流失情况表(1999 年)

侵蚀类型		面积/hm^2	所占比例/%
自然侵蚀	面蚀	649 374	56.4
	沟蚀	218 317	19.0
	崩岗	98 284	8.5
	溶蚀	185 906	16.1
	滑坡	137	0.0
	小计	1 152 018	
人为侵蚀	采矿	5 368	2.0
	采石取土	12 895	4.8
	陡坡开荒	12 590	4.6
	修路	6 151	2.3
	开发区	72 887	27.0
	坡耕地	157 482	58.4
	其他人为侵蚀	2 366	0.9
	小计	269 739	

　　规划区共有水土流失面积 12 980.49 km^2,占总土地面积的 8%,其中崩岗面积 98 284 hm^2,占总流失面积的 8.5%,虽然侵蚀面积在各侵蚀类型中所占的比重不是很大,但其大部分属于强度以上侵蚀,水土流失强度很大,产生的水土流失危害十分严重。

2.3.1　水土流失主要原因分析

　　(1)山地丘陵多,人口密度大。

　　在广东省 17.98 万 km^2 的土地面积中,山地、丘陵地面积占 62%,平原占 25%,台地占 13%,而大于 25°的陡坡地面积占山区和丘陵区面积的 40%,为水土流失的发生提供了必要的条件。2003 年底,广东省人口已达 7 954.22 万,平均人口密度达 442.39 人/km^2,是全国人口密度最大的省份之一,人均耕地面积不足 0.6 亩,人地矛盾大,许多丘陵台地成为开发的主要对象,加剧了水土流失的发生。

　　(2)降雨多、强度大、年内分配不均。

　　广东省的主要气候特征是高温多雨,年均降雨量达 1 771 mm,最大 1 h 和 24 h 多年平均降雨量分别达 245 mm 和 915 mm,由暴雨引发严重水土流失的情况时有发生,如清新县 1982 年 5 月的一次强降雨过程,造成大面积的崩塌、滑坡,新增水土流失面积 146.7 km²;平远县 1990 年 8 月的一场暴雨,造成滑塌 100 多处,新增水土流失面积 5 km²;恩平等地 1998 年 5—6 月间的几场暴雨造成了许多滑坡、崩塌等,均是自然因素引发严重水土流失的典型。

(3)土层浅薄、母岩具有易侵蚀的特点。

广东省大部分山地土壤层浅薄,一般低山、高丘花岗岩有效土壤的土层只有 50~100 cm,变质岩区土层更薄,一般只有 30~50 cm,而流失严重的紫色砂页岩区许多只剩下未风化的母岩,土壤层基本丧失。全省第一大母岩的花岗岩,分布面积约占全省土地面积的 30%,由于花岗岩风化壳深度可达数十米,且黏结力差,节理发育,抗冲抗蚀能力小,植被破坏后,从面蚀逐步发展为沟蚀,沟头继续发展就会导致崩岗的发生。全省有 50% 的流失面积发生在花岗岩母岩上,约占该母岩面积的 9%。紫色砂页岩也是易受侵蚀的岩类,约有 14% 的该类母岩受到不同程度的侵蚀。

2.3.2　水土流失危害

全省土壤侵蚀面积占全省陆地面积的 8%,近年自然侵蚀面积总体来说有所减少,但个别地区还在增加;人为侵蚀面积在经济发达地区迅速增加,造成土地资源遭受破坏;水库河道港口淤塞;威胁城市安全,生态环境恶化,对全省社会、经济的可持续发展构成严重障碍。

2.3.3　水土保持

广东省从 1951 年开始治理水土流失,经过治理生产条件得到明显改善,促进了区域经济的发展,加快了脱贫致富奔小康的步伐,生态环境得到明显改善。五十多年来共完成初步治理面积 11 727.2 km²,营造水土保持林 54.67 万 hm²,经果林 4.09 万 hm²,梯田 7.65 万 hm²,封禁治理 46.6 万 hm²,种草 4.27 万 hm²。1986 年省人大提出了韩、北江上游,东江中上游、江河整治等四个有关水土保持的议案,在议案实施过程中,将流失区划分成 533 条小流域,采取工程与植物、农业耕作等措施相结合,在工程措施上以修筑谷坊、拦沙坝、沟洫工程为主,控制侵蚀沟的发展;在生物措施上采用乔木与灌木、草类相结合,针叶树种与阔叶树种相结合,豆科与非豆科植物相结合,速生植物种与建群树种相结合,形成复层植被,力求尽快控制水土流失,避免了过去零星分散治理,工程措施与生物措施脱节,治理效果不理想的情况,真正做到治一片、成一片、发挥效益一片。在治理过程中以科技为先导,采取边治理边试验边示范边推广的办法,推广先进技术,按照建设生态农业的思路搞好综合开发利用,发挥水土资源的最大效益,改过去单纯的防护性治理为治理与开发相结合。通过调查,1997 年比 1988 年减少水土流失面积 4 327 km²,原侵蚀最严重的五华县、兴宁市、南雄市、梅县、龙川县、大埔县等重点治理县(市),侵蚀面积减少超过 200 km²,为脱贫致富奔小康服务,取得了显著成效。

2.4　崩岗侵蚀

崩岗是我国华南地区水土流失最严重的一种土壤侵蚀类型,是花岗岩丘陵山地在降雨径流、地下水和重力的综合作用下,厚层风化物发生崩塌后形成的一种特定地貌形态的侵蚀现象,是坡地侵蚀沟谷发育的高级阶段。崩岗侵蚀在我国集中分布于长江以南的广东、江西、湖南、福建、广西等省(区),在热带、亚热带区的花岗岩、砂砾岩、泥质页岩、千枚岩等岩类均有不同程度的分布,主要发生于花岗岩类母质残积物上。

2.4.1　类型和分布

根据 2004 年 10 月至 2005 年 7 月底进行的全省崩岗普查的调查成果,占地面积在 60 m² 以上的崩岗有 107 941 座,总面积约为 827.60 km²。其中,活动型崩岗 99 889 座,占崩岗总量的 92.54%,面积为 79 781 hm²,占崩岗面积的 96.4%;相对稳定型 8 052 座,面积 2 979 hm²,占崩岗面积的 3.6%。从形态上看,混合形崩岗最多,共 33 812 座,面积 33 965 hm²,占崩岗总面积的 41.04%;条形崩岗 24 015 座,面积 11 868 hm²,占崩岗面积的 14.34%;瓢形崩岗 23 816 座,面积 19 780 hm²,占崩岗面积的 23.90%;弧形崩岗为 14 662 座,面积 6 753 hm²,占崩岗面积的 8.16%;爪状崩岗 11 636 座,面积 10 394 hm²,占崩岗面积 12.56%。按崩岗大小分,60~1 000 m² 的小型崩岗 7 922 个,占 7.3%;1 000~3 000 m² 的中型崩岗 23 650 个,占 21.9%;≥3 000 m² 的大型崩岗 76 369 个,占 70.8%。

崩岗主要发生在海拔 300 m 以下,花岗岩和红色砂砾岩丘陵地区。从崩岗的分布看,崩岗相对主要集中分布在韩江上游、东江上游及西江中下游的德庆县花岗岩地区,尤以韩江上游山区流失面积为最大,也最为严重。其中,梅州市 9 个县(市、区)均有分布,崩岗总数 54 017 个,占全省总个数的 50.04%;崩岗面积 45 778 hm²,占全省崩岗面积的 55.31%。五华县则以 22 117 座、面积 19 002 hm² 居全省之最,其管辖的 16 个镇都有不同程度的崩岗侵蚀,水土流失之剧烈、面积之广、危害之大,是南方红壤丘陵区罕见的,在全国也是最严重的;另外,该区的兴宁市和揭西县崩岗数均超过万座,居全省的前列。东江上游的河源市 6 个县(区)均有不同程度的分布,崩岗面积 25 081 hm²,占全省崩岗面积的 30.3%。另外西江下游的德庆县一带也较为严重,鉴江流域、东江上游、北江上游等均有分布。各县(市、区)具体崩岗面积和分布见表 3-74。

表 3-74　崩岗数量分布表

流域	省 (自治区)	地区 (市)	县 (市、区)	镇	崩岗数/ 个	崩岗面积/ hm²	平均崩岗 面积/ (hm²/个)	防治面积/ hm²
北江	广东	韶关	乐昌市	12	227	36.36	0.16	59.31
			南雄市	16	416	383.74	0.92	531.76
			仁化县	3	4	0.95	0.24	2.68
			始兴县	6	46	28.46	0.62	43.79
			新丰县	9	106	11.13	0.11	11.13
			浈江区	1	2	1.59	0.80	2.45
韶关小计			6	47	801	462.23	0.58	651.12
东江	广东	河源	紫金县	20	3 013	4 239.85	1.41	5 879.70
			龙川县	25	7 961	11 541.58	1.45	18 688.94
			和平县	1	4 002	5 222.93	1.31	5 793.22
			东源县	22	3 170	2 000.42	0.63	2 123.44

续表 3-74

流域	省（自治区）	地区（市）	县（市、区）	镇	崩岗数/个	崩岗面积/hm²	平均崩岗面积/（hm²/个）	防治面积/hm²
北江、东江	广东	河源	连平县	13	4 076	988.50	0.24	1 173.55
东江	广东	河源	源城区	5	665	1 088.03	1.64	1 137.22
河源小计			6	86	22 887	25 081.31	1.10	34 796.07
韩江	广东	梅州	梅县	21	7 215	4 464.00	0.62	6 684.64
			大埔县	14	3 595	3 340.81	0.93	5 633.34
			丰顺县	16	7 698	4 917.98	0.64	7 584.10
			五华县	16	22 117	19 002.16	0.86	20 894.26
			平远县	11	1 304	1 097.46	0.84	1 750.38
			兴宁市	18	11 448	12 575.00	1.10	16 195.6
			蕉岭县	9	481	226.95	0.47	249.83
			梅江区	2	130	112.18	0.86	196.75
			梅西水库管理局		29	41.00	1.41	53.63
梅州小计			9	107	54 017	45 777.54	0.85	59 242.53
北江	广东	清远	连南县	5	6	1.13	0.19	2.35
			连山县	6	57	22.67	0.40	27.20
			英德市	17	38	23.24	0.61	25.41
			佛冈县	6	110	30.37	0.28	66.04
清远小计			4	34	211	77.41	0.37	121.00
东江	广东	惠州	惠东县	6	725	486.10	0.67	729.11
惠州小计			1	6	725	486.10	0.67	729.11
北江	广东	阳江	江城区	2	3	2.43	0.81	2.43
			阳西县	1	2	1.17	0.59	1.17
			阳春市					
阳江小计			3	3	5	3.60	0.72	3.60
西江	广东	云浮市	云城区	5	32	55.27	1.73	111.78
			郁南县	15	500	260.97	0.52	543.31
			云安县	8	286	133.33	0.47	290.43
			罗定市	13	613	576.72	0.94	1 104.45
			新兴县	12	216	117.90	0.55	307.60

续表 3-74

流域	省 (自治区)	地区 (市)	县 (市、区)	镇	崩岗数/ 个	崩岗面积/ hm^2	平均崩岗 面积/ (hm^2/个)	防治面积/ hm^2
	云浮小计			5	53	1 647	1 144.19	0.69	2 357.57
西江	广东	肇庆市	德庆县	13	8 572	1 787.19	0.21	1 988.04
			高要市	12	94	73.30	0.78	117.89
			广宁县	17	275	118.90	0.43	118.90
			怀集县	8	246	73.72	0.30	358.72
			封开县	7	123	57.03	0.46	57.07
			四会市	6	260	64.39	0.25	75.83
	肇庆小计			6	63	9 570	2 174.53	0.23	2 716.45
韩江	广东	潮州市	潮安县	2	9	0.90	0.10	1.00
			饶平县	12	49	16.99	0.35	16.99
			湘桥区					
	潮州小计			3	14	58	17.89	0.31	17.99
韩江	广东	汕尾市	陆河县	8	327	37.15	0.11	11.93
			陆丰市	19	536	23.65	0.04	26.39
			海丰县	14	90	167.11	1.86	41.90
			城区	4	17	1.95	0.11	2.74
	汕尾小计			4	45	970	229.86	0.24	82.96
韩江	广东	揭阳市	揭东县	13	3 852	1 717.51	0.24	1 974.28
			揭西县	25	11 208	3 862.69	0.34	7 932.03
			普宁市	14	139	18.42	0.13	40.24
	揭阳小计			3	52	15 199	5 598.62	0.37	9 946.55
九洲江	广东	湛江	廉江市	17	309	309.00	1.00	320.00
	湛江小计			1	17	309	309.00	1.00	320.00
鉴江	广东	茂名	高州市	11	927	1 292.70	1.39	647.09
			化州市	6	615	105.06	0.17	187.42
	茂名小计			2	17	1 542	1 397.76	0.91	834.51
	广东省合计			13	54	544	107 941	82 760.04	0.77	111 846.29

2.4.2　崩岗侵蚀的模式和主要特点

崩岗侵蚀从其发育的动力过程看主要有两种模式：一是由面蚀—沟蚀—崩岗侵蚀的渐变式；二是短时期大暴雨或人为破坏、溪流淘蚀而引起崩塌滑坡的山坡上而同时形成的，属突发式。从全省情况看，崩岗作为一种剧烈的水土流失形态，主要有如下特点：

(1)崩岗多、沟谷深、强度大。

崩岗多、沟谷深、强度大、分布广是崩岗侵蚀的主要特点。如五华县崩岗侵蚀面积为190 km²，占流失总面积的22.96%，共有大小崩岗22 117处，其中深宽10 m以上的崩岗就有8 376处，占总数的38%，其中崩岗深宽在40~50 m的约占40%，个别深宽达70~80 m。

崩岗主要发生在海拔150~250 m，相对高度50~150 m的花岗岩风化红壤丘陵山地上，多分布在山脚和山腰下部的坡面上，有的崩岗上从分水岭下至山脚，沟深一般高十几米，有的高达数十米至百米。崩岗侵蚀面积虽然不大，但流失量大。据五华县水保站调查测算，侵蚀模数高达3万~5万t/(km²·a)，纯崩岗的侵蚀模数最高达15万t/(km²·a)，是本区危害最大的一种水土流失，也是目前水土流失防治的主要对象。

(2)流失物质粗。

由于花岗岩、砂岩、砂砾岩地区发育的土壤，颗粒较粗，粒径在2~0.5 mm占30%以上，粗砂和砾石较多，小于0.01 mm的黏粒仅占20%。因此，地表径流冲刷下来的泥沙大部分就近堆积，只有少数泥沙以悬移质形式随径流输出流域外，造成上游堆积量大，致使不少农田变成沙坝。

(3)崩岗形态多样。

根据崩岗所处发育活动情况，崩岗划分为活动型和相对稳定型两种类型。活动型是指崩岗沟仍在不断溯源侵蚀，崩壁有新的崩塌发生，崩岗沟口有新的冲积物堆积。相对稳定型是指崩壁没有新的崩塌发生，崩岗沟口没有或只有极少量新的冲积物堆积，崩岗植被覆盖度达到75%以上。

崩岗的形态特征即崩岗在侵蚀过程中，在坡面形成外部形态各异的现象，具体可分为瓢形、条形、爪状、弧形、混合形等5种形态。"晴天张牙舞爪，雨天头破血流"是崩岗形态的生动写照。

(4)侵蚀土壤有机质和养分含量低，造林种草不易成活。

由于花岗岩强度流失区土壤颗粒粗，结构疏松，透水性强，保肥力差，经过强度剧烈流失，土壤有机质含量不足1%，造林种草成活率低，生长缓慢。

2.4.3　崩岗的危害

根据华南师范大学地理系吴克刚教授及加拿大多伦多大学地理系陆兆熊教授、郭鼎教授对广东省德庆县深涌小流域所观测资料的分析，崩岗侵蚀强度在2.15万~21.61万t/(km²·a)，按2.15万t/(km²·a)推算，全省崩岗区每年流失土壤1 790万t以上，这么大的流失量必然给附近及下游居民等带来很大的危害。

(1)侵蚀地表，恶化生态环境，破坏土地资源。

由于严重的崩岗侵蚀，地表被侵蚀、冲刷，山体被切割而支离破碎，水土资源日益贫乏，失去利用价值。主要表现为：①跑水：由于地表被侵蚀切割，土层裸露面积增大，土壤结构遭受破坏，渗透能力减低，土壤吸水能力下降。降大雨、暴雨时，坡面的大部分雨水形成地表径流,集中流入崩岗,由崩岗沟底挟带大量泥沙流入农田和溪流、河道。②跑土跑肥:在崩岗侵蚀劣地,由于水力和重力的共同作用下,土壤不断被淋失、剥蚀、搬运而流失,同时造成土壤养分的大量减少。③冲毁、埋压耕地:当坡地发生崩岗侵蚀后,其下泄的大量砂粒和泥浆危害下游农田,轻者因遭受泥水淹没而影响生产,重者因遭受大量泥沙的埋压、蚕食而丧失耕作能力。此外,崩岗区流失掉的大量泥沙淤积在山涧、小河的河床上,使许多山涧小河成为地上悬河,而沿河两旁的农田则成为"落河田"的现象,同时,由于地下水位上升,土壤的生产力下降。

流失最严重的五华县乌陂河流域年均表土受侵蚀深度高达 2.3 cm,每年流失有机质 9.49 万 t、氮 0.55 万 t、磷 0.62 万 t、钾 5.52 万 t。在花岗岩丘陵山地崩岗侵蚀区,不但表土流失,甚至风化层、半风化层也遭侵蚀流失,形成完全丧失地力的不毛之地,有的甚至基岩裸露,为重新造林绿化、恢复植被带来极大的困难。

(2)破坏水利设施,降低水利效益。

崩岗侵蚀产生的大量泥沙、石砾随着径流沿途淤积下游的库塘、渠道等水利设施,严重影响了防洪及蓄水灌溉效益的发挥。大量泥沙的淤积,占用有效库容,降低了水利设施的使用效益,甚至丧失使用功能。

据统计,五华县有 474 座山塘发生淤积,其中 322 座淤成沙库,166 座水库中,严重淤积的有 77 座,淤积库容 838 万 m³,年均淤积量达 24.41 万 m³,相当于每年报废 1 座小(2)型水库,减少灌溉面积 1 000 hm²;33 座水电站受影响,减少装机容量 543 kW,其中报废水电站 13 座,损失装机容量 322 kW。县内有 105 条大小河流普遍淤高,境内 2 条较大的河流五华河和琴江河,20 世纪 50 年代初期,可分别通航到龙川县的龙田圩和紫金县的洋头圩。现河床分别淤高 90 cm 和 54.3 cm,丧失水运航程 106 km 和 117 km,特别严重的五华河中游支流乌陂河,下游河床淤高 1.7 m,几乎成为悬河,河流断流。

(3)洪、涝、旱灾害频繁。

严重的水土流失,导致生态失调,造成大雨大灾、无雨旱灾的状况。五华县被泥沙吞没的农田有 0.56 万亩,泥沙淹侵农田 7.48 万亩,受旱、内涝积水田 2.94 万亩。据 1970—1984 年统计,全县共发生水灾 23 次,受淹农田面积 98.78 万亩,发生旱灾 5 次,受灾面积达 61.8 万亩,造成粮田变沙坝 0.32 万亩;冲毁山塘 516 座,冲垮 430 座,冲坏小(2)型水库 21 座,河陂 6 404 座,河堤决口 17 617 处,长 246 km;冲毁桥梁 1 486 座,倒塌房屋 11 702 间,死亡 37 人。1986 年 7 月 11 日受强台风的影响,县城受浸 4 d,受灾人口 80 多万,死亡 45 人,受伤 580 人,倒塌民房 6.04 万间,损坏大小桥梁 752 座,损坏公路 384 km,受灾农田 33 万亩,损失价值达 1.7 亿元;损坏水库 8 座、山塘 870 座,堤围决口 6 780 处,长 157 km;损坏电站 1 座,装机容量 320 kW,经济损失 2.8 亿元。

(4)可能诱发山洪、地质等灾害。

强度、剧烈侵蚀诱发潜在侵蚀,危险性大。深厚的风化层为径流冲刷提供了大量的泥沙来源,加之坡度陡,地表植被状况日趋恶化,多数流失区土壤潜在侵蚀处于危险、极险型,可能诱发山洪、地质等灾害,对区域生态环境改善、经济社会的发展和人民群众的安全构成了严重威胁。

2.5　崩岗治理现状

2.5.1　治理现状与成效

广东省的崩岗整治研究工作在新中国成立前即开始,新中国成立后从 20 世纪 50 年代开始,在高要、德庆、五华、罗定等县(市)崩岗侵蚀区相继成立水土保持试验站,开展了水土流失规律、崩岗防治技术等方面的研究工作,取得了显著的成绩。在 80 年代,五华、德庆等地的崩岗治理经验受到了全国水土保持部门的肯定及推广。1985 年,广东省人大通过了"整治韩江、北江上游,东江中上游水土流失的议案",全省水土保持工作进入了新的起点,从上而下成立机构,制定政策,展开了大规模的水土流失整治工作,开创了全省水土保持工作的新局面,在整治水土流失的同时,崩岗侵蚀也得到了初步治理。

据崩岗侵蚀最严重的梅州市统计,截至 2000 年,梅州市初步治理水土流失总面积 2 867 km²,共修建谷坊 67 528 座,拦沙坝 3 785 座,完成沟洫工程 6 880 km,共计完成土方 3 121 万 m³,石方 451 万 m³,累计投资 26 074 万元。如五华县的乌陂河小流域,流域面积 23.23 km²,母岩主要为燕山期花岗岩,原山体切割较深,节理裂隙发育,风化壳达数十米至近百米,全流域水土流失面积 15 km²,占山地面积的 80%,大小崩岗 2 772 个,达 100 个/km² 以上。1952 年开始试验治理,采取综合治理措施,修建谷坊 3 250 座,挖水平沟 135 km,鱼鳞坑 6 914 个,开水平梯田 649 亩,营造水保林 22 300 亩,种竹 5 804 株,各种果树 56 854 棵。经过这次典型调查,目前该流域植被覆盖率已达到 90% 以上,再现了青山绿水的景象,生态系统得到恢复。

崩岗治理虽然取得了一定的成绩,但由于治理经费不足,崩岗治理只是局部进行,缺少连续性,采取的大部分工程措施均在 10 年前形成,并且标准不高,缺少高质量的植物措施,经过这次调查,目前大部分谷坊已经淤满,部分被冲毁,植被覆盖只是稀疏的马尾松,覆盖率很低,大部分崩岗没有得到控制,遇降雨水土流失强度仍然很大。

2.5.2　崩岗治理的重要经验和做法

崩岗治理是一项系统而长期的工作,需要不断总结成功的经验和方法指导下一步的崩岗治理工作。根据对广东省长期以来治理崩岗的总结,主要经验有如下几条:

(1)坚持以小流域为单元,进行连续的综合治理。对崩岗流失严重的地区必须坚持连续治理,连续治理是巩固治理成果的必要手段。"十年树木",这是一种自然规律,修建谷坊、拦沙坝工程也不能一步到位,而是要逐年维修加高。因此,只有进行连续治理,治理效果才能体现,流失区的面貌才能尽快得到改观。

(2)坚持治理与开发利用相结合。治理是开发的基础,开发是治理的必要手段,只有坚持开发性的治理,才能调动群众治理的积极性,治理成果才能巩固。

(3)多方筹集治理资金。推行各种承包责任制,如实行"谁治、谁管、谁受益"的政策在近 10 年的治理中发挥了重要作用,通过提供优厚条件广泛发动社会力量承包治理,吸引了社会各界及港澳同胞在流失区开办果园,有力地促进了治理工作的开展。

(4)依靠科技,提高治理水平。近 10 年的治理过程中,采取边治理、边试验、边示范、边推广的办法先后开展了 10 多个课题的研究,成果随即应用于实践,取得了良好的效果,使许多严重水土流失区实现当年治理、当年就控制水土流失危害,值得今后推广、借鉴。

2.5.3　存在的主要问题

崩岗侵蚀是红壤丘陵区最为严重的水土流失类型,其侵蚀性强、易发生、数量大、发展迅猛、治理难度大;以前虽然取得了不少成功的经验,但同样存在不少的问题,大部分崩岗虽然经过初步治理,但由于后期加高维修工作跟不上,而达不到理想的效果,植被覆盖率仍然不高,大部分谷坊已经淤满甚至因缺少维护而被冲废。存在问题主要有如下几方面:

(1)治理经费不足,治理工作开展不平衡。10多年来只是部分地区列入了议案治理范围,仍有许多急需治理的地区得不到治理;列入治理的也因补助标准低而只达到初步治理标准,需进行维修加固,提高治理水平,并进行连续治理。

(2)全体人民水土保持意识仍较淡薄。不但群众的意识不强,各级政府部门的领导、干部对水土保持是我国的一项基本国策的认识仍然不足,不利于水土保持工作向纵深发展。

(3)科技含量不高,直接制约治理工作的开展。崩岗防治问题复杂,流失量大,涉及的学科众多,治理技术仍处在较低的水平上,有许多重大课题未能形成合力进行攻关,直接影响了治理进度和治理效果。

3　规划原则、目标与总体布局

3.1　规划的依据和原则

全面贯彻落实"十六大"精神,坚持以人为本的科学发展观,贯彻新时期水利部治水新思路和水土保持司提出的"预防监督、综合防治、生态修复、监测预报"水土保持工作要求,针对崩岗侵蚀的特点,以人工治理为主导,预防保护与综合治理相结合,将工程措施和植物措施相结合,近期效益和远期效益相结合,因地制宜地开展崩岗综合防治,有效地控制水土流失,加快区域生态建设步伐,促进人与自然的和谐相处,实现人口、资源、环境与经济协调发展。

编制规划的基本原则:

(1)因地制宜,全面规划,突出重点,分步实施。

(2)加强预防保护和监督管理,防止人为破坏加剧崩岗的发生和发展。

(3)科学合理地配置工程措施、植物措施,形成多目标、多功能、高效益的防护体系。

(4)坚持预防保护和综合治理相结合,治理与开发相结合,近期效益与远期利益相结合,生态效益、经济效益、社会效益相结合的原则。

(5)坚持多渠道筹集资金的原则。

(6)加强水土流失动态监测工作,及时全面地掌握崩岗区水土流失动态和防治效果。

3.2　规划水平年

本规划基准年为2003年,近期水平年为2010年,中期水平年为2020年,远期水平年为2030年。

3.3　规划目标

规划总体目标为:通过本规划的实施,经过25年的治理,使规划区内的崩岗基本得到治理,水土流失得到有效控制,生态景观明显改善,建成较完善的崩岗动态监测体系。

近期目标(2006—2010年):规划区崩岗治理率(把活动型崩岗治理成相对稳定型崩岗的个数占活动型崩岗总数的百分比)达到30%以上;加强崩岗各项治理措施的保护,使相对稳定型崩岗植被覆盖度不断提高,严禁对崩岗区内植被的破坏、杜绝不合理的土地开发与利用,并严格控制人为因素造成新的崩岗,基本建立起水土保持预防监督体系;初步建立崩岗侵蚀区监测网络,开展崩岗侵蚀动态监测。

中期目标(2011—2020年):规划区崩岗治理率达到70%以上,已治理崩岗植被覆盖率达到60%以上,并建立起完善的水土保持预防监督体系和崩岗侵蚀区监测网络系统,定期发布崩岗侵蚀区水土流失动态监测公告。

远期目标(2021—2030年):在巩固提高前期崩岗治理成果的基础上,进一步提高崩岗治理标准,使规划区崩岗治理率达到100%,花岗岩区的崩岗得到初步治理,崩岗趋于稳定,水土流失得到有效控制,生态景观明显改善,经济社会发展与生态环境步入良性循环轨道。

3.4　总体布局

治理崩岗措施整体布局上要落实以人工治理为主导,预防保护和综合治理并重的工作方针。一方面要采取预防保护措施,防止崩岗的发生;另一方面要对已形成的崩岗进行综合治理,植物措施和工程措施并举,控制崩岗侵蚀的蔓延,同时要加速植被恢复,形成多目标、多功能、高效益的防护体系,促进崩岗侵蚀区生态环境步入良性循环。

防治措施布局:在集水坡面采取营造混交林,提高坡地植被覆盖率;在崩岗沟头挖天沟或山边沟,用以拦截、分散坡面径流,防止对沟头的冲刷;在崩岗沟壑修筑土石谷坊、拦沙坝,抬高侵蚀基准面;在沟壑下游淤积地、崩积体、崩壁及洪积扇地带,采取生物措施,快速提高沟壑植被覆盖度。

3.5　规划指标

规划从2006年至2030年的25年间,全省将治理崩岗107 941座,防治面积为111 846 hm²,需采取的治理措施有:种植水保林101 408 hm²,经济林4 138 hm²,果木林4 138 hm²,种草81 525 hm²,修筑谷坊137 855座,拦沙坝94座,开挖截、排水沟1 090万m,建跌水229 458处,挡土墙183 807 m,修崩壁小台阶15 317 hm²,进行封禁治理109 684 hm²。

根据《全国水土保持生态建设规划》和崩岗治理的有关标准及广东省崩岗所在流域的崩岗治理特点,初步确定治理后各项指标:

(1)完成治理面积111 846 km²,崩岗治理程度达到100%,实施封育治理面积1 096.84 km²。

(2)小流域年输沙量减少80%以上,侵蚀模数降到1 500 t/(km²·a)以下;综合治理措施保存率90%,林草面积达宜林宜草面积的90%以上,植被覆盖率达到80%以上;生态环境开始走向良性循环。

(3)建立健全水土保持预防监督机制和法规体系,使崩岗侵蚀得到有效控制,生态环境恶化的趋势得到有效遏制,治理后崩岗基本不造成对下游的危害。

4　崩岗防治规划

4.1　预防保护和预防监督规划

为切实做好对崩岗侵蚀的防治工作,必须进行有效的预防保护和预防监督,保证崩岗治理范围内不受人为不合理活动的影响,保护和巩固现有水土保持设施及治理成果,促进生态环境向良性发展。

水土流失预防、监督的主要任务有：一是对现有的植被和水土保持设施加强预防保护，特别是要重点预防保护现有林地、草地和谷坊、截排水沟等水土保持设施，防止破坏和水土流失的发生发展；二是对交通、水利工程、工矿企业等生产建设与资源开发活动，实施水土保持监督管理，把生产建设活动造成的水土流失降低到最低程度。具体措施如下。

（1）宣传措施。

充分利用各种媒体，采取多种形式，开展水土保持有关法律法规的宣传，增强全民的水土保持国策意识，提高全民法制观念和生态环境保护意识。

（2）建立健全预防监督机制。

各县（市、区）要健全水土保持预防监督机构，落实人员，制定预防监督、预防保护规划，并组织实施，依法做好预防保护和监督。

（3）完善地方性配套法规建设。

各县（市、区）人民政府要根据《中华人民共和国水土保持法》及其实施条例，结合本县（市、区）的实际情况，因地制宜地制定实施意见及有关的管理制度，逐步使水土保持生态环境建设及崩岗防治监督管理工作走向规范化、制度化。制定监督检查办法，定期进行全面检查，查处违法案件。

（4）建立完善开发建设项目水土保持方案申报审批制度，落实水土保持"三同时"制度。

对修路、开矿、采石、开发区等基本建设项目，要根据《中华人民共和国水土保持法》的有关规定，编制水土保持方案，向水土保持主管部门申报，审查批准后方可实施，做到建设项目中的水土保持设施与主体工程同时设计、同时施工、同时投入使用，工程竣工时，必须有水土保持行政主管部门参加验收的水土保持设施。

（5）制定管护制度，落实管护责任。

长期以来，由于管理工作未能跟上，大量的水保工程在暴雨中遭到损毁，人工林草遭到破坏，降低了保持水土的功能和经济效益。因此，必须在认真贯彻落实国家有关法规、政策的基础上，实行多层次、全方位的监督管护，对此首先要依靠镇、村两级组织采取有效措施加强管理；其次要充分依靠和发挥广大群众的监督作用；再次要落实管护责任。县级水土保持监督管理部门除全面监督检查外，要重点监督乡规民约制度的建设、管护组织的建立、管护责任制的落实等。对于人工林草地和果园，要制定管理、保护和抚育制度，专人管护；对水保工程设施，在每年汛前和每次大暴雨后，要及时检查，发现损毁、缺口、漏洞，应及时修补，防止扩大。同时，对破坏水土保持设施的案件，要配合有关部门进行严肃处理，防止人为破坏水土保持设施案件的发生。

4.2 治理措施规划

本次规划以县为单位、以崩岗为治理单元进行治理措施的规划布置。各单项治理措施的规划是在典型调查的基础上，首先确定单位崩岗面积所对应的崩岗防治面积，通过确定不同崩岗类型（活动型崩岗和相对稳定型崩岗）应采取的治理措施的定额，利用单位面积内活动型崩岗和相对稳定型崩岗所占比例进行加权平均，得出单位崩岗面积所需采取的各种措施的定额；经过典型扩大，得出崩岗治理的各项措施数量。

4.2.1　工程措施

崩岗整治工程的主要内容是拦排崩顶径流,消除冲刷,稳定重心,缓洪吞沙,防止崩塌。工程措施是治理崩岗不可缺少的重要技术手段,工程措施用于改变崩岗坡度及地形,控制径流对土体的破坏,并可拦蓄水沙,兴利除弊,为植物生长创造条件。本次规划所包括的工程措施主要有谷坊,拦沙坝,溢洪道,截、排水沟,跌水,挡土墙及崩壁小台阶等 7 项内容。

4.2.1.1　谷坊

谷坊工程的主要作用是拦截径流泥沙、减缓沟床比降、稳定沟床、节制山洪,从而改善沟床中的植物生长条件,促进崩岗稳定,保护下游农田,是治理崩岗的重要工程措施之一。谷坊按材料和形式,可分为三种结构形式:①石谷坊,崩岗谷口深度大,宽度小,径流集中,兴建石谷坊,谷坊中央开溢水道排洪;②土石谷坊,崩岗谷口深度小,但宽度大,径流分散,兴建土石谷坊,配上石砌溢水道排洪;③土谷坊,崩岗谷口深度小,但宽度大,径流分散且慢,周围植被较好,兴建土谷坊,配以石砌溢水道排洪。结合广东的实际情况,此次规划采用土谷坊及干砌石谷坊两种类型。

布置原则:谷坊选择在沟底比较平直、谷口狭窄、基础良好的地方修建,崩沟较长时,应修建梯级谷坊群,修建谷坊要坚持自下而上的原则,先修上游后修下游,分段控制。

设计标准:谷坊按 10 年一遇 24 h 暴雨设计

断面设计:计算坝高与容量关系,根据当地地形,通过计算。按照设计容量,求得相应的坝高。

本规划中,谷坊断面尺寸参照《水土保持综合治理 技术规范 崩岗治理技术》和《水土保持综合治理 技术规范 沟壑治理技术》中的定型设计:谷坊坝高采用 3~5 m,土谷坊顶宽 1.5 m、上游坡比 1:1.5、下游坡比 1:1.5,石谷坊顶宽 1.0 m、上游坡比 1:1、下游坡比 1:0.5。

本规划针对活动型崩岗修筑谷坊 137 855 座,其中土谷坊 110 284 座,干砌石谷坊 27 571 座。

4.2.1.2　拦沙坝

拦沙坝主要修建在水土流失危害较大的山坑或小流域出口处,对多处崩岗或整个小流域内的水土流失起到拦截和控制的作用,有利于保护下游农田、河道及水利设施。

拦沙坝工程设计标准,一般采用 10 年一遇 24 h 最大降水量设计。拦沙坝全部采用干砌石重力坝,其设计步骤与技术要求与土谷坊相同,断面尺寸经稳定计算确定。估计坝高 6 m,顶宽 3.0 m,上游坡比 1:1、下游坡比 1:1,每座平均长度 100 m。

本规划针对活动型崩岗修建拦沙坝 94 座。

4.2.1.3　溢洪道

溢洪道是保证谷坊、拦沙坝工程安全的重要措施,每座土坝(谷坊或拦沙坝)都应配置溢洪道,溢洪道在交通不便处,可设成踏步作道路通行。

布置原则:土谷坊的溢洪口设在土坝一侧的坚实土层或岩基上,上下两座谷坊的溢洪口尽可能左右交错布设。

设计标准:过水断面采用 10 年一遇设计洪水。

溢洪口设计:按宽顶堰溢流口形式计算。

溢洪道多用 M7.5 浆砌石砌筑,底厚 0.25~0.30 m,两侧墙则视断面需要及地基情况而决定其高度,排水纵坡一般应小于 1:2。

本规划针对活动型崩岗修建溢洪道 137 949 处。

4.2.1.4 截、排水沟

截、排水沟是崩岗顶部和岸坡的重要防护工程,其作用在于拦截坡面径流,防止崩岗溯源侵蚀,截、排水沟对稳定崩岗具有不可忽视的作用,凡具有一定集水面积的崩岗都应修建。

布置原则:截水沟布设在崩口顶部外沿 5 m 左右,基本上沿等高线布设,并取适当比降。从崩口顶部正中向两侧延伸。截水沟长度以能防止坡面径流进入崩口为准,一般 10~20 m,特殊情况下可延伸到 40~50 m。截水沟深度一般为 0.4~0.6 m,宽 0.5~0.8 m。崩口顶部已到分水岭的,或由于其他原因不能布设截水沟的,应在其两侧布设"品"字形排列的短截水沟。

但在坡度很陡的山坡上,不宜开挖截水沟。当崩岗周围有比较坚硬的岩石或有较好的植被而不易被水流冲刷时,可以布设排水沟,以便把崩岗上部地带的雨水集中起来排走。布设排水沟时应十分注意其可靠程度,以免造成新的人为水土流失。

截、排水沟设计标准:按 10 年一遇 24 h 暴雨量设计。

断面设计:采用半挖半填的沟埂式梯形断面,沟底宽一般 0.4~0.5 m,深 0.6~0.8 m,两侧坡比 1:1,埂顶宽 0.3~0.5 m,外坡比 1:1。截、排水沟采用浆砌石衬砌约 30 cm。

规划修建截、排水沟约 1 090 万 m。其中,针对活动型崩岗修建 1 014 万 m,针对相对稳定型崩岗修建 76 万 m。

4.2.1.5 跌水

当纵向排水沟通过崩岗地形陡峭区域时,为保持排水沟的设计比降,以免流速过大且发生冲刷破坏,或避免大填方或大挖方,可将水流落差集中,在落差集中处修筑跌水。

1)布设原则

设计采用台阶式跌水形式,单级跌水落差一般不超过 2.5 m。单级跌水由进口段、跌水墙和消能段三部分组成,多级跌水是由若干个单级跌水首尾相连而成的。

工程采用浆砌石砌筑而成,施工时要做好清基。

2)技术要求

(1)进口段:一般由渐变段和跌水口组成。渐变段是跌水口与上游排水沟相连接的收缩段,由两侧翼墙和护底组成,两侧翼墙采用八字墙,其顶部应高出沟内水位 0.2~0.3 m,进口端应做齿墙伸入沟壁,以控制两侧渗水,避免冲刷沟壁。跌水口常用浆砌片石护底,以防止水流对沟底的冲刷,片石护底厚度 0.25 cm,跌水口采用梯形断面。

(2)跌水墙:其一侧挡水,另一侧挡土,多按重力式挡土墙设计,跌水墙一般为直立式,直墙上游面垂直,下游面为 1:0.3~1:0.5 的坡度,其断面尺寸与墙高及地基好坏有关,通常顶宽 0.5~1.0 m。

(3)消力池:设于跌水口下游,横断面一般为折线形,侧墙和胸墙采用挡土墙形式,迎水面为直立壁,背水面为较陡的斜面,顶宽一般为 40 cm。斜面坡度:当墙高 1 m 时为直立墙,墙高1~2 m时为1:0.25,墙高2~3 m时为1:0.3。消力池底部宽度可大于跌水口宽度,长度等于第二共轭水深的4~5倍,底板衬砌厚度可取40~50 cm。

(4)出口:包括连接段和整流段,连接段边墙收缩率应不小于3:1,以束水导流。整流段断面与排水沟断面一致,用浆砌块石砌护,长度不小于3倍下游排水沟的水深。

本规划计划修建跌水229 458处。其中,针对活动型崩岗修建213 396处,针对相对稳定型崩岗修建16 062处。

4.2.1.6　挡土墙

挡土墙是为了防止较大型崩岗突然性的崩塌,拦挡大量的崩落物,减弱崩落物对沟口的冲压,起到一定的保护作用。主要用于治理弧形崩岗和混合形崩岗,当这两种类型崩岗因沟口太宽不宜修筑谷坊或拦沙坝时可采用的护岸固坡工程措施,挡土墙采用重力式挡墙,类型主要有浆砌石挡土墙。

挡土墙典型设计:挡土墙可采用俯斜式重力挡土墙,墙身最大墙高3 m,顶宽0.5 m,墙背坡度20.1°(坡降1:0.37),墙面直立,基础高0.5 m、宽1.85 m,基础开挖以挖至基岩为准,整个墙体M5浆砌石砌筑。在挡土墙基础以上布设排水孔,上、下排排水孔成“品”字形排列,各排排水孔水平距离2 m,排水孔断面尺寸为20 cm×20 cm,坡降3%。每隔10~15 m设一沉降缝兼伸缩缝,缝宽2 cm。

本规划针对活动型崩岗修建挡土墙183 807 m。

4.2.1.7　崩壁小台阶

崩壁小台阶又称削坡开级,主要通过切削崩岗陡壁,减缓坡降,并自上而下挖成台阶,为植树种草创造有利条件,以堵住重力侵蚀的危险源地。它是目前治理活动型崩岗行之有效的措施。但对高达十几米或几十米的崩壁进行削坡开级,需要花费大量的人力、物力和财力,且技术性要求较高,因此只对那些崩壁陡峭,溯源侵蚀严重,崩塌量大以致严重威胁交通、河道、水利设施、农田及村庄安全的活动型崩岗,在具备施工要求的条件下才布置此措施。

1. 布设原则

一般用于大、中型规模的活动型崩岗,将崩壁悬崖陡坡逐级削成台阶,以稳定崩壁和改善植树种草条件。

2. 技术要求

(1)台阶面宽一般为0.5~0.6 m,高差0.8~1.0 m,外坡1:0.5~1:1.0;阶面向内呈5°~10°反坡。

(2)根据崩壁每一具体位置的坡度与土体的紧松情况,分别确定小台阶的宽度、高度与外坡。

(3)一般崩壁坡度上部较陡,下部相对较缓;土质上部坚实,下部相对疏松。小台阶从上到下应逐步加大宽度,缩小高度,同时放缓外坡。

(4)在每一坡面各级小台阶的两端,从上到下修排水沟,块石衬砌或种草皮防冲。

本规划计划针对活动型崩岗修建崩壁小台阶15 317 hm²。

4.2.2　林草措施

林草工程是崩岗整治的一项治本措施,它包括人工造林植草、封山育林育草等。由于崩岗各部位的地形、土质、小气候条件不尽相同,必须依据崩岗立地特点进行林草的选择配置。对于土质好的地方,尽可能开发利用,发展经济林果,增加水土保持的经济效益。

布置原则:在营造水保林时应选择根系发达,耐旱耐瘠,适应性强的植物种类,以喜阳性灌木、草本为主,或者种草先行,逐步形成草、灌、乔多层覆盖。

4.2.2.1 水土保持林

水土保持林按所在崩岗的部位可分为下面三种类型。

1)坡面水土保持林

崩岗多分布在阳坡,侵蚀强度大,崩岗顶部和坡面又是易受雨水冲刷的地方,表土基本上已冲刷殆尽,心土裸露,土壤贫瘠,水分缺乏,植物难以生长。营林植物种类应具有根系发达、耐旱耐瘠、适应性强的特点。坡面上的树种可根据当地条件选择马占相思、木荷、红锥、藜蒴、三角梅、勒杜鹃、银合欢、竹子等混种。

2)崩壁水土保持林草

崩岗壁坡度陡峭、立地条件特别恶劣,尤其是活动型崩岗,常有崩塌发生,林草难以立足,必须配合工程措施。对于基本稳定的崩岗,崩壁一般都有稀疏的植被,主要是采取封山育林育草,崩壁削坡开级虽为林木生长创造了有利条件,但坡面台阶几乎全是心土层或母质层,造林种草仍较困难。台阶造林可采用换客土、施基肥、植草皮和营养袋育苗造林等方法,提高存活率。台阶土坎具有较陡的边坡,要种植藤本、草本,防止新的冲蚀。草本可选用芒萁、猪屎豆、糖蜜草、百喜草、香芋等,藤本可选用葛藤、爬山虎、蟛蜞菊等。

3)沟底水土保持林草

崩岗沟底是径流汇集的通道,崩岗的大量泥沙从这里冲入下游,如果没有防护措施,随着水流的冲刷将会使沟底下切加剧,目前沟底造林主要是结合谷坊工程进行。有的稳定型或半稳定型的崩岗,沟底已停止下切,并有一定的泥沙堆积,可配合边坡治理,大力造林种草和封沟育林育草,不断提高沟底抗蚀能力。如在崩岗陡崖下大量塌积物上种植香根草、芒萁、棕叶芦、象草、地毯、糖蜜草、柱花草等各种草类和粉丹竹、青皮竹、佛肚竹、撑竿竹等各种竹类,这样与崩口谷坊紧密结合,逐步稳定崩岗。

根据全省各地治理崩岗的经验,主要可选择耐干旱、耐瘠薄、生长快、根系发达、覆盖面积大、易繁殖、萌芽更新能力强的马占相思、夹竹桃、银合欢作为造林先锋树种,混种木荷、红锥等阔叶树种。在春季或雨季采用穴状整地方式进行植苗造林,苗木用一、二级实生苗,种植密度较林业常规造林要加大 20% 以上,一般种植密度为 2 500 株/hm^2。

本规划营造水保林面积 101 408 hm^2。其中,针对活动型崩岗造林 94 309.1 hm^2,针对相对稳定型崩岗造林 7 098.5 hm^2。

4)种草

据调查,大多数经过初步治理的崩岗由于缺少草被,虽然有一定数量的马尾松等乔木覆盖,但水土流失仍然比较严重,崩岗也很难得到控制,可以说植草覆盖是治理崩岗的必要手段。草本植物选择耐旱、耐瘠薄、速生、生长量大的品种,可选用芒萁、象草、百喜草等作为先锋草种,对崩岗的恶劣立地条件进行撒播,覆盖地表,固结地表,同时为灌木及乔木的生长创造条件。种草于 3 月下旬至 4 月撒播,播种量为 40 kg/hm^2。

本规划计划种草 81 525 hm^2。其中,针对活动型崩岗种草 75 818.4 hm^2,针对相对稳定型崩岗种草 5 706.8 hm²。

5）抚育管理

种植后的头 3 年内，做好幼林抚育工作，每年进行 1~2 次松土、除草、培垄、定株、修枝、施肥、浇水、喷药等。

本规划需要抚育幼林 109 684 hm²。其中，针对活动型崩岗抚育 102 006.1 hm²，针对相对稳定型崩岗抚育 7 677.9 hm²。

4.2.2.2　经果林

部分崩岗的冲积扇及谷坊、拦沙坝内的淤积地，立地条件相对较好，水分较为充足，可在该地块或崩岗发展轻微的地方经过水平阶整地后来种植经济林果，实行高标准种植，集约化管理，注重栽培和管理的科学化和规范化，以提高崩岗治理的经济效益。经果林一般 1 100 株/hm²。根据广东的实际情况，可选用柑橘、笋竹、龙眼等。

本规划营造优质、高产、适销对路的经济果木林 8 276 hm²，经济林 4 138 hm²，果木林 4 138 hm²。其中，活动型崩岗营造经济林 3 848 hm²，果木林 3 848 hm²；针对相对稳定型崩岗营造经济林 290 hm²，果木林 290 hm²。经济林品种可选择板栗、油桐等。

4.2.2.3　封禁治理措施

由于崩岗区生态系统非常脆弱，受人为破坏很容易再引发崩岗的产生与发展，但规划区气候条件优越，有利于通过封育治理，加速植被自我修复，防治水土流失。本设计封育治理主要布设在水土流失为中轻度，具有一定数量母树或根蘖更新能力较强的疏幼林地、灌丛地和荒山荒坡。

1）组织管理措施

（1）在规划区交通便利、位置明显的地段设立规划区封育治理标志碑（牌），标明封禁治理的范围，并在封禁治理范围内设立明显标志。

（2）成立封禁管护组织，专人管护，落实管护责任。

（3）根据国家和地方政府的有关法规，制定乡规民约，由乡（镇）政府行文公告，杜绝人为破坏，确保封禁区内植被能迅速得到恢复。

（4）加强预防监督，巩固封育治理成果。

2）技术措施

（1）封禁方式。

选择全年封禁作为本次封禁设计的主要方式，同时辅以轮封轮牧、季节封禁方式，同时设立封育标志，封育治理方式见表 3-75。

表 3-75　封育治理方式

封禁方式	原植被情况	恢复难易程度	人畜活动	备注
全年封禁	残留很少破坏严重	较困难	严禁人畜进入	
季节封禁	破坏较轻	较快	开放期允许人畜进入	晚秋和冬季可开放
轮封轮牧	保存较多	较快	开放期允许人畜进入	封禁 3~5 年后开放 1 年

规划设置拦护 109 684 km。其中,针对活动型崩岗设置拦护 102 006 km,针对相对稳定型崩岗设置拦护 7 678 km。

（2）辅助措施。

为加快植被恢复,减轻封育治理实施的压力,在治理区内开展农村替代能源建设,设计建设沼气池等,解决群众烧柴困难。同时在封育治理区进行补植、补播水土保持林。其造林设计同水土保持林设计。

4.2.2.4　规划防治工程量

通过不同崩岗类型应采取治理措施定额推算,得出本规划的总工程量见表3-76,各市规划工程量详见表3-77。

表 3-76　广东省崩岗防治规划工程量汇总表

序号	项目	单位	数量
一	第一部分 工程措施		
1	崩壁小台阶	hm²	15 317
2	谷坊、水窖、蓄水池工程		
	谷坊	座	137 855
3	小型蓄排、引水工程		
	截、排水沟	m	10 899 268
	跌水	处	229 458
4	治沟骨干工程		
	拦沙坝	座	94
	挡土墙	m	183 807
二	第二部分		
1	水土保持造林工程		
	水保林	hm²	101 408
	经济林	hm²	4 138
	果木林	hm²	4 138
	幼林抚育	hm²	109 684
2	水土保持种草工程		
	种草	hm²	81 525
三	第三部分 封育治理措施		
1	拦护设施	km	109 684

表 3-77　广东省崩岗防治规划工程量汇总

| 市 | 工程措施 | | | | | | 林草措施 | | | | | 封禁措施 |
	谷坊/座	拦沙坝/m³	截、排水沟/m	跌水/处	挡土墙/m	崩壁小台阶/hm²	水保林/hm²	经济林/hm²	果木林/hm²	种草/hm²	幼林抚育/hm²	拦护设施/km
韶关市	770	2 823	60 874	1 282	1 027	86	566	23	23	455	613	613
河源市	41 778	153 187	3 303 137	69 540	55 704	4 624	30 733	1 254	1 254	24 707	33 241	33 241
梅州市	76 253	279 593	6 028 781	126 922	101 670	8 473	56 092	2 289	2 289	45 095	60 670	60 670
清远市	129	473	10 195	215	172	14	95	4	4	76	103	103
惠州市	810	2 969	64 018	1 348	1 080	90	596	24	24	479	644	644
阳江市	6	22	474	10	8	1	4	0	0	4	5	5
云浮市	1 906	6 988	150 687	3 172	2 541	212	1 402	57	57	1 127	1 516	1 516
肇庆市	3 622	13 281	286 380	6 029	4 830	402	2 665	109	109	2 142	2 882	2 882
潮州市	30	109	2 356	50	40	3	22	1	1	18	24	24
汕尾市	383	1 404	30 265	637	510	43	282	11	11	226	305	305
揭阳市	9 326	34 194	737 325	15 523	12 434	1 036	6 860	280	280	5 515	7 420	7 420
湛江市	515	1 887	40 694	857	686	57	379	15	15	304	410	410
茂名市	2 327	8 538	184 082	3 873	3 105	276	1 712	71	71	1 377	1 851	1 851
合计	137 855	505 468	10 899 268	229 458	183 807	15 317	101 408	4 138	4 138	81 525	109 684	109 684

4.2.3　崩岗监测规划

为了更好地治理崩岗,实现对崩岗分布、发生规律、治理进度与效益进行动态监测,需形成监测网络全面地实行监测从而达到动态监测目的。建立崩岗监测网络可利用现有的水土保持监测网络系统,规划崩岗监测站点,形成崩岗监测网络,进行系统的监测,为长期的崩岗治理提供决策服务。

4.2.3.1　规划目标

本规划的总体目标是:应用通信和计算机技术,建成可靠、快速、实用、先进的监测系统,为掌握规划区崩岗面积、分布和程度,河流的泥沙来源,以及治理情况及其效果提供有效手段;为预测崩岗发展趋势,编制水土流失治理规划提供依据;为水土保持预防、监督和治理工作打下扎实的基础;为国家和地方各级政府决策提供可靠的科学依据;为生态环境建设和社会经济发展服务。具体的目标包括以下几个方面:

(1)监测规划区崩岗的分布、面积与流失量的逐年变化、植被结构变化、工程、生物耕作等治理措施总体效益的消长演变情况及生态环境动态变化过程。

(2)对规划区开发建设项目的分布、影响面积、开发建设前后及开发建设过程中造成的水土流失状况、弃土弃渣量、位置、破坏地表植被状况及造成的危害、开发建设单位和个人在开发建设过程中采取的水土保持措施进行动态监测。

(3)对各项水土保持工程、生物措施逐年的变化情况、治理进度、措施数量与质量和水土保持效益进行监测。

4.2.3.2　监测点的布设

规划区内原有部分水土保持监测站(水土保持试验站),在一定程度上进行了定点的监测水土流失和水土保持各项治理措施的效益的工作,但监测站网整体的建设进度较慢,水平较低。而且随着经济的发展和水土保持工作的全面开展,对水土流失的监测预报提出了更高的要求,过去的监测手段、方法、内容和站点的布设等许多方面已不能适应当前水土保持形势发展的需要。根据《中华人民共和国水土保持法》及其实施条例和《水土保持生态环境监测网络管理办法》的要求,为探索适合本规划区监测工作的方法和途径,积累经验,对区内的崩岗发展动态进行监测预报,推动区内监测工作全面有效的开展,拟从项目初期(2006年)开始,在规划区内崩岗数量大于500座的21个县开展监测网站的建设。

根据《广东省水土保持监测网络建设实施方案》,结合崩岗地区的实际情况和各市的监测网络建设情况,本监测站网的布设遵循以下三个方面的原则:

(1)规划区监测站网分三级布设,水利厅设立一个监测总站,各市设监测分站,各县(市、区)设立监测站点。

(2)崩岗数量监测任务较重(大于5 000座)的县加设监测站点。

(3)结合规划区内《水土保持监测网络实施方案》中监测网络建设,纳入统一规划,并对方案中未进行监测网络配置的县(市、区)补充配置。

规划区内监测网络的总体布设如下:

一级是监测总站(1个),设在广东省水利厅;二级是监测分站(8个),分别设在河源、梅州、惠州、云浮、肇庆、汕尾、揭阳、茂名市水利局;三级是监测站点(50个),设在规划区内崩岗数量大于 500 座的 21 个县。

4.2.3.3　监测内容

规划区崩岗的分布、面积与流失量的逐年变化,植被结构变化,工程、生物耕作等治理措施总体效益的消长演变情况及生态环境动态变化过程;对崩岗治理工程各项治理措施逐年的变化情况、治理进度、措施数量与质量和水土保持效益进行监测;监测崩岗治理前后土壤流失量及径流量的变化。对区域内崩岗状况及治理效果进行预测预报。

4.2.3.4　监测方法

根据《水土保持技术规范》(SD 238—87)和《水土保持试验规范》(SD 239—87)中统一的监测方法和技术标准,进行水土保持的监测预报。水土保持监测采用的方法主要有:

1)遥感监测

遥感监测属宏观监测方法,适合于大流域或大范围的动态监测。遥感监测主要有航空遥感监测和航天遥感监测两种方法,利用陆地卫星遥感技术对全区域的水土流失和水土保持状况进行动态监测,利用航空遥感技术对各重点区域进行动态监测。

2)遥测监测

在流域内选取有一定代表性的区域,利用现代化的遥测技术对其崩岗状况及其防治动态进行监测,记录监测数据,分析崩岗分布与强度、植被状况、水土流失治理面积及保存率等,并处理各类信息,与人工监测的结果进行对比,取得可靠的监测数据,达到对崩岗状况和防治动态进行监测的目的。

3)对比监测

在一定的区域内,利用时空的相对变化进行监测,以掌握崩岗变化情况。如:监测在同一区域内,配置不同的水土保持治理措施的效果;监测在不同的区域采取相同的水土保持治理措施的作用;监测在同一区域内不同的降水、径流、水土流失量的变化情况等。对比监测是水土保持监测中应用最广泛的方法之一。

4)定点监测与抽样调查相结合

定点监测是水土保持监测的一种最基本的方法。在有一定代表性的地方建立监测点进行定点定期监测,并辅以抽样调查,采用数学方法对所获得的监测信息及调查资料进行分析处理,推算出大范围的监测成果。抽样调查适合大范围、难度较大的项目的监测。如预防保护区的植被覆盖度、植被结构变化情况等,监督区人为造成的水土流失量、对环境的影响等,治理区治理措施的达标率、保存率、土地利用结构变化等,可通过抽样调查,以局部推断整体而进行监测预报。

5)数学模型方法

通过对不同治理程度、不同崩岗防治措施配置下的不同区域进行多方面的专项调查试验,采用统计学的方法,建立多种形式的数学模型对水土保持动态进行监测预报。

6)地理信息系统

建立崩岗区实际情况的水土保持监测预报地理信息系统和相应的数据库,在计算机系统支持下对监测获得的信息进行存储处理,对整个崩岗区及重点区域的崩岗动态进行预测预报,提供各类防治信息,满足各级行政主管部门及广大社会用户要求。

5　投资估算

5.1　编制依据

(1)水利部水总〔2003〕67号《关于颁布〈水土保持工程概(估)算编制规定〉的通知》;

(2)《水土保持工程概算定额》;

(3)国家计委和建设部〔2002〕10号文"关于勘测设计收费的通知";

(4)典型调查资料。

5.2　基础单价编制

5.2.1　人工估算单价

根据《水土保持生态建设工程概(估)算编制规定》,工程措施人工工资采用1.5元/工时,植物措施人工工资采用1.2元/工时。

5.2.2　材料预算价格

主要材料全部采用2004年第二季度价格。材料价格主要包括材料原价、运杂费、采购保险费等。

因规划区跨几个不同地市,故采用全省的平均价格进行水土保持工程单价分析。水土保持措施主要是谷坊,拦沙坝,挡土墙,截、排水沟,跌水,削坡和坡改梯工程,水保林,经果林及种草等,由于工程点较为分散,每个施工点的工程量不大,因此主要工程材料如水泥、块石、砂子就近从市场购买,主要材料预算价格即为当地市场价。材料、苗木等参照当地现行价格计算。

主要材料预算价格如下:325#水泥,337.40元/t;柴油预算价格,3.47元/kg;砂,40.00元/m³;碎石,65.00元/m³;块石,25.00元/m³;草籽,40.00元/kg;水保林苗木,2.00元/株;果木林、经济林苗木,8.00元/株;化肥,5.00元/kg;施工用电,1.20元/(kW·h);施工用水,1.00元/m³。

5.2.3　施工机械台时费

施工机械台时费定额采用水利部水总〔2003〕67号文发布的《施工机械台时费定额》。

5.3　工程单价编制

5.3.1　定额标准

工程措施、植物措施定额均采用水利部水总〔2003〕67号文发布的《水土保持工程概算定额》。其中,封禁治理措施中的拦护根据实际情况估算,按建筑工程定额估算围栏单价。

5.3.2　取费标准

依据水利部水总〔2003〕67号文发布的《水土保持生态建设工程概(估)算编制规定》取费。

5.3.2.1　其他直接费

工程措施中的梯田工程按基本直接费的2%计算,设备及安装工程、其他工程不计此项,其他各项工程按基本直接费的3%计算;林草措施按基本直接费的1.5%计算;封禁措施按基本直接费的1%计算。

5.3.2.2　间接费

工程措施中的梯田工程、机械固沙、谷坊、水窖工程按直接费的 5% 计算,治沟骨干工程、蓄水池工程、小型蓄排、引水工程按直接费的 7% 计算,设备及安装工程、其他工程不计此项;植物措施中的育苗棚、管护房、水井等不计此项,其他各项工程按直接费的 5% 计算;封禁措施按直接费的 4% 计算。

5.3.2.3　企业利润

工程措施中的设备及安装工程不计此项,其他各项工程按直接工程费和间接费之和的 3%;植物措施中的育苗棚、管护房、水井等不计此项,其他各项工程按直接工程费和间接费之和的 2% 计算;封禁措施按直接工程费和间接费之和的 2% 计算。

5.3.2.4　税金

工程措施中的设备及安装工程不计此项,其他各项工程按直接工程费、间接费和企业利润三项之和的 3.22% 计列;植物措施中的育苗棚、管护房、水井等不计此项,其他各项工程按直接工程费、间接费和企业利润三项之和的 3.22% 计列;封禁治理措施按直接工程费、间接费和企业利润三项之和的 3.22% 计列。

5.4　独立费用及预备费

5.4.1　独立费用

5.4.1.1　建设管理费

按工程措施、植物措施和封禁治理措施三部分之和的 2% 计算。

5.4.1.2　工程建设监理费

按工程措施、植物措施和封禁治理措施三部分之和的 2% 计算。

5.4.1.3　科研勘测设计费

勘测设计费原则上按国家计委、建设部计价格[2002]10 号文《工程勘察设计收费标准》,本规划按工程措施、植物措施和封禁治理措施三部分之和的 2.9% 计算,其中包括科学试验研究费 0.4%,勘测设计费按 2.5% 计列。

5.4.1.4　水土保持监测费

按工程措施、植物措施和封禁治理措施三部分之和的 0.6% 计算。

5.4.1.5　工程质量监督费

按工程措施、植物措施和封禁治理措施三部分之和的 0.2% 计算。

5.4.2　预备费

基本预备费按工程措施、植物措施、封禁治理措施和独立费用四部分之和的 6% 计算,不列价差预备费。

5.5　投资估算

根据以上定额、费用标准,本项目水土保持工程总投资为 580 754.21 万元,其中工程措施费 356 688.48 万元,植物措施费为 92 052.85 万元,封育治理措施费 59 969.27 万元,独立费用 39 170.72 万元,基本预备费 32 872.88 万元,详见表 3-78。

5.6　分期投资

根据崩岗治理目标,初步规划近期、中期、远期的投资比例分别为 30%、40%、30%,即近期(2006—2010 年)投资为 174 226.26 元,中期(2011—2020 年)投资为 232 301.69 万元,远期(2021—2030 年)投资 174 226.26 万元。

表 3-78　广东省崩岗防治规划投资估算总表　　　　单位:万元

序号	工程或费用名称	建安工程费	植物措施费		设备费	独立费用	合计
			栽(种)植费	苗木、草、种子费			
一	第一部分 工程措施	356 688.48					356 688.48
1	崩壁小台阶	2 186.30					2 186.30
2	谷坊、水窖、蓄水池工程	253 705.47					253 705.47
	谷坊	253 705.47					253 705.47
3	小型蓄排、引水工程	89 979.85					89 979.85
	截、排水沟	80 843.56					80 843.56
	跌水	9 136.29					9 136.29
4	治沟骨干工程	10 816.86					10 816.86
	挡沙坝	2 337.42					2 337.42
	挡土墙	8 479.44					8 479.44
二	第二部分　林草措施		20 294.40	71 758.45			92 052.85
1	水土保持造林工程		18 837.08	58 714.41			77 551.49
	水保林		4 859.07	51 210.84			56 069.91
	经济林		3 561.65	3 751.79			7 313.43
	果木林		3 561.64	3 751.78			7 313.43
	幼林抚育		6 854.72				6 854.72
2	水土保持种草工程		1 457.32	13 044.04			14 501.36
	种草		1 457.32	13 044.04			14 501.36
三	第三部分　封育治理措施	59 969.27					59 969.27
1	拦护设施	59 969.27					59 969.27
四	第四部分　独立费用					39 170.72	39 170.72
1	建设管理费					10 174.21	10 174.21
2	工程建设监理费					10 174.21	10 174.21
3	科研勘测设计费					14 752.61	14 752.61
4	水土流失监测费					3 052.26	3 052.26
5	工程质量监督费					1 017.42	1 017.42
	一至四部分合计	416 657.75	20 294.40	71 758.45		39 170.72	547 881.32
	基本预备费(6%)						32 872.88
	静态总投资						580 754.21
	价差预备费						
	建设期融资利息						
	工程总投资						580 754.21

5.7 资金筹措

由于本项目主要集中在广东省经济欠发达地区,项目的实施是落实科学发展观,全面建设小康社会,和谐广东,促进山区经济持续发展,提高群众生活水平的需要,项目建设主要以生态效益和社会效益为主,主要体现在减少地表径流、增加蓄水效益、减少土壤侵蚀量、控制水土流失量、减轻水土流失危害及生态环境向良性转化等方面,直接经济效益甚少。建议以国家投资为主、地方及群众自筹为辅的方式安排资金来源,崩岗治理工程的资金投入组成初步按中央、地方及群众自筹三部分考虑,投资比例为5:4:1。按此计算,需中央补助 290 377.11 万元,地方配套 232 301.68 元,群众自筹 58 075.42 元。

6 实施意见

6.1 实施原则

6.1.1 总体原则

崩岗防治是一项系统工程,规划治理年限达 25 年,如何分步实施是崩岗治理的重要措施之一,制定主要实施原则如下:

(1)加强预防保护与综合治理相结合的原则。

(2)因地制宜,突出重点,分步实施,分期治理的原则,将影响人民生命安全、严重危害农田、影响饮水安全及环境景观的崩岗列入近期治理范围。

(3)坚持工程措施与生物措施及封禁治理相结合,治理与开发相结合,生态效益、社会效益与经济效益相结合,近期利益与远期利益相结合的原则。

(4)坚持多渠道筹集资金的原则。

6.1.2 近期规划选点的原则

近期规划的实施对指导整个规划的实施有着非常重要的意义,因此对近期规划的选点必须非常慎重,初拟近期规划选点条件如下:

(1)影响人民生命安全、危害农田、影响饮水安全及环境景观等崩岗区,主要包括居民区、农田保护区、水源保护区、主要交通干线两侧可视范围等。

(2)崩岗集中连片,危害、影响较大的重点地区。

(3)领导重视,有一定群众基础的地区。

(4)有一定治理经验及技术基础,具有组织实施崩岗防治的技术力量的地区。

(5)具有一定的开发利用价值、可吸引社会资金的崩岗区。

6.2 实施意见

本规划治理年限为 25 年,周期长,根据分期治理的原则,规划区内 107 941 座崩岗分为近、中、远期进行治理。近期治理崩岗 32 382 座,中期治理崩岗 43 177 座,远期治理崩岗 32 382 座。

规划期内,修筑谷坊 137 855 座,拦沙坝 94 座,截、排水沟 1 090 万 m,跌水 229 458处,挡土墙 183 807 m,崩壁小台阶 15 317 hm^2,水保林 101 408 hm^2,经济林 4 138 hm^2,果木林 4 138 hm^2,种草 81 525 hm^2。

通过本规划的实施,经过 25 年的治理,使规划区内的崩岗基本得到治理,水土流失得到有效控制,生态景观明显改善,建成较完善的崩岗动态监测体系。

近期目标(2006—2010 年):规划区崩岗治理率达到 30%以上;中期目标(2011—2020

年)：规划区崩岗治理率达到 70% 以上，已治理崩岗植被覆盖度达到 60% 以上；远期目标（2021—2030 年)：在巩固提高前期崩岗治理成果的基础上，进一步提高崩岗治理标准，使规划区崩岗治理率达到 100%，花岗岩区的崩岗得到初步治理，崩岗趋于稳定，水土流失得到有效控制，生态景观明显改善，经济社会发展与生态环境步入良性循环轨道。

其中近期规划（2006—2010 年）主要可在韩江上游、东江水源保护区及西江下游的崩岗重点地区选择近期规划实施项目，主要包括五华、梅县、兴宁、龙川、紫金、揭西、惠东、德庆等县。近期实施计划为：规划区内崩岗治理率达到 30% 以上；崩岗各项治理措施基本到位并加强对各项治理措施的保护，使相对稳定型崩岗的植被覆盖度不断提高，严禁对崩岗区内植被的破坏、杜绝任何不合理的土地开发与利用，并严格控制人为因素造成新的崩岗产生，基本建立起水土保持预防监督体系；初步建立崩岗侵蚀区监测网络，开展崩岗侵蚀动态监测。

7 规划实施效果评价

7.1 效益分析

7.1.1 计算方法

7.1.1.1 编制依据

(1)《水土保持综合治理效益计算方法》(GB/T 15774—1995)。

(2)全省有关县(市、区)水土保持综合治理工程的统计资料。

7.1.1.2 分析原则

(1)效益分析只计算使用投资而新增加的各项治理措施的效益。

(2)计算效益的各项治理措施面积按保存面积计算。

(3)效益只从各项治理措施全部产生效益的那一年开始计算，计算期为 20 年(经果林果品效益计算期为 8 年)，各规划期基准年分别为 2011 年、2021 年、2030 年。

7.1.2 经济效益

水土保持的经济效益，有直接经济效益和间接经济效益两类。

7.1.2.1 直接经济效益

直接经济效益主要计算经果林增产果品，修建的沟道治理工程、小型水利水保工程和沟洫工程产生的直接经济效益则通过前述各项效益体现。

本规划各项治理措施全部发挥效益后，计算期内可增加果品 4 655 万 kg，可产生直接经济效益 2 793 万元。详细计算见表 3-79、表 3-80。

7.1.2.2 间接经济效益

间接经济效益(无实物产出的效益)主要计算量化分析的减沙保土效益，即计算因项目保持水土，减少河道、坝库或其他水利工程的泥沙淤积，从而节省的工程开支或清淤开支效益以及崩岗治理后减少对农田、房屋及交通水利等基础设施的损害等。

7.1.3 生态效益

治理崩岗侵蚀产生的生态效益主要包括蓄水效益和保土效益。蓄水效益是指各项治理措施增加土壤入渗，减少地表径流的效益。保土效益主要是指各项治理措施减少土壤侵蚀的效益。

表 3-79　广东省崩岗规划治理区主要水土保持措施增产能力计算

规划期	项目	基本农田	水保林	经济林	种草	果木林	封禁治理
		粮食	木材	果品	饲草	果品	木材
近期	生效所需时间/a	1	5	3	1	3	4
	增产定额/[kg/(hm²·a)、m³/(hm²·a)]	1 500	15	1 000		1 500	5
	实施面积/hm²		30 422.3	1 241.4	24 457.6	1 241.4	
	措施保存率/%	95	85	90	80	95	90
	增产总量/(万 kg、万 m³)		582	559		838	
中期	生效所需时间/a	4	5	3	1	3	4
	增产定额/[kg/(hm²·a)、m³/(hm²·a)]	1 500	15	1 000		1 500	5
	实施面积/hm²		40 563.1	1 655.2	32 610.1	1 655.2	
	措施保存率/%	95	85	90	80	95	90
	增产总量/(万 kg、万 m³)		776	745		1 117	
远期	生效所需时间/a	4	5	3	1	3	4
	增产定额/[kg/(hm²·年)、m³/(hm²·a)]	1 500	15	1 000		1 500	5
	实施面积/hm²		30 422.3	1 241.4	24 457.6	1 241.4	
	措施保存率/%	95	85	90	80	95	90
	增产总量/(万 kg、万 m³)		582	559		838	
合计	增产总量/(万 kg、万 m³)		1 940	1 862		2 793	

表 3-80　广东省崩岗规划治理区各类产品单价及增产值

规划期	项目	粮食	果品	饲草	小计
近期	单价/(元/kg、元/m³)	1.00	0.60	0.25	
	增产量/万 kg		1 397		
	增产值/万元		838		838
中期	单价/(元/kg、元/m³)	1.00	0.60	0.25	
	增产量/万 kg		1 862		
	增产值/万元		1 117		1 117
远期	单价/(元/kg、元/m³)	1.00	0.60	0.25	
	增产量/(万 kg)		1 397		
	增产值/万元		838		838
合计	增产量/万 kg		4 656		
	增产值/万元		2 793		2 793

　　经过综合治理,规划区内崩岗侵蚀面积逐步减少,水土流失量减少,水土流失危害减轻,植被覆盖度增加,有利于生态环境步入良性循环,生态系统得到恢复,生态环境得到明显改善。

　　本规划各项治理措施全部发挥效益后,计算期内可增加蓄水效益231 022万m³,减少土壤侵蚀量76 314万t。详细计算见表3-81。

表3-81　广东省崩岗规划治理区主要林草措施蓄水保土计算

规划期	项目	基本农田	水保林	经济林	种草	果木林	封禁	小计
近期	生效所需时间/a	1	2	3	1	3	3	
	蓄水定额/[m³/(hm²·a)]	1 500	1 050	750	500	750	750	
	保土定额/[t/(hm²·a)]	300	250	200	300	200	150	
	实施面积/hm²		30 422.3	1 241.4	2 457.6	1 241.4		57 363
	措施保存率/%	95	85	95	75	95	90	
	拦蓄入渗水量/万m³		48 873	1 504	17 426	1 504		69 307
	保土量/万t		11 637	401	10 456	401		22 894
中期	生效所需时间/a	1	2	3	1	3	3	
	蓄水定额/[m³/(hm²·a)]	1 500	1 050	750	500	750	750	
	保土定额/[t/(hm²·a)]	300	250	200	300	200	150	
	实施面积/hm²		40 563.1	1 655.2	32 610.1	1 655.2		76 484
	措施保存率/%	95	85	95	75	95	90	
	拦蓄入渗水量/万m³		65 165	2 005	23 235	2 005		92 409
	保土量/万t		15 515	535	13 941	535		30 525
远期	生效所需时间/a	1	2	3	1	3	3	
	蓄水定额/[m³/(hm²·a)]	1 500	1 050	750	500	750	750	
	保土定额/[t/(hm²·a)]	300	250	200	300	200	150	
	实施面积/hm²		30 422.3	1 241.4	24 457.6	1 241.4		57 363
	措施保存率/%	95	85	95	75	95	90	
	拦蓄入渗水量/万m³		48 873	1 504	17 426	1 504		69 307
	保土量/万t		11 637	401	10 456	401		22 894
合计	拦蓄入渗水量/万m³		162 911	5 012	58 087	5 012		231 022
	保土量/万t		38 789	1 337	34 852	1 337		76 314

7.1.4　社会效益

　　规划实施后,规划治理区的生态环境将得到明显改善,主要表现在以下几方面:

　　(1)水土流失基本得到控制,水土流失危害减轻。

　　规划治理区经过25年的连续、综合治理,全部崩岗基本得到治理,治理程度达到

100%。各项治理措施的合理布设,形成了立体的崩岗综合防治体系,水土资源得到合理利用,蓄水、保土能力增强,保护土地不遭受破坏,避免水土流失面积继续扩大。

(2)减轻规划治理区及下游地区的自然灾害。

计算期内可增加蓄水效益 231 022 万 m^3,减少 76 314 万 t 泥沙进入江河,有效减轻洪涝、泥石流、干旱、滑坡、崩塌等自然灾害,对保护当地农田、交通、工矿、城镇和人民群众生命财产的安全,使群众具有安居乐业的生产生活环境,对维护社会安定、稳定人心将起到极为重要的作用。

(3)改善农业生产条件。

通过实施谷坊、拦沙坝、沟道整治等沟道治理措施,恢复、保护基本农田,为农业生产创造良好的条件。

(4)生态环境向良性转化。

通过营造水土保持林、种草和实施封禁治理,增加林草植被面积,提高林草植被覆盖率,不但可有效地涵养水源,同时可有效地改善崩岗的小生态系统。

综上所述,本规划实施后,将会极大地提高崩岗侵蚀区土地利用率和劳动生产条件,促进当地土地利用结构的调整,为农业的可持续发展创造条件。泥沙下泄量的减少,将使下游农田及灌溉渠道不再受到冲毁和淹埋,为正常的农业生产提供了保障,保证了水利工程设施的安全,同时随着生态环境的逐步改善,水旱灾害发生频率和造成的损失将大大减小。本规划的实施在改善生态环境、减轻洪涝灾害危害、提高土地生产力的同时,还可调动群众治理开发崩岗的积极性,增强广大群众的水土保持国策意识,促进物质文明和精神文明建设,改善和提高群众的物质文化水平,达到经济可持续发展、和谐广东的目的。

7.2　实施效果评价

水土保持综合治理措施实施后,综合治理水土流失面积 111 846 hm^2,建设生态水保林 101 408 hm^2,高效、优质经济林 4 138 hm^2、果木林 4 138 hm^2,系统优化配置了各种水利水保工程。经过测算,保土 76 314 万 t,保水 231 022 万 m^3。治理区水土流失强度下降,年土壤侵蚀模数控制在轻度侵蚀范围之内;调整流域内的土地利用结构,使土地利用结构趋于合理,流域的生态环境和农业生产条件得到显著改善,经济果木林面积扩大,水土资源得到有效的保护和利用,增产增收,促进地方经济发展,提高了土地生产力和劳动生产率,群众人均产值、人均纯收入增加,为群众的脱贫致富奠定了坚实的基础;与此同时,减少了泥石流的发生,带来更显著的社会效益。

8　保障措施

编制崩岗治理规划的最终目的是预防和治理崩岗侵蚀。保证崩岗治理规划的落实,是实现最终目标的重要环节,而建立健全系统有效的保障体系是实现这一目标的关键。本防治规划的保障措施主要从加强组织领导、重视技术指导、明确资金来源与运用等几方面加以落实。

8.1　组织领导

为保证崩岗治理规划的顺利实施,建立健全组织领导机构是十分必要的。本项目实施时,建议由广东省水利厅组织领导实施,由县(市)领导亲自挂帅,各地水土保持部门具体负责治理规划的具体实施。并做好如下管理工作:

（1）组织实施崩岗治理规划提出的各项防治措施；

（2）制定治理规划实施、检查、验收的具体办法和要求；

（3）负责资金的筹措和合理使用，务必保证治理规划资金的足额到位；

（4）做好与治理规划监督管理部门及有关各方的联系和协调工作，接受监督管理部门的检查和监督；

（5）切实加强《水土保持法》的学习，增强宣传力度，使水保成为每一位参与者的自觉行为。

8.2　政策法规

水土保持是一项基本国策，是国民经济和社会发展的基础，是国土整治的重要内容，是山区发展的生命线。从广东省来看，崩岗是一种严重的水土流失形式，治理难度大，成本高，周期长，崩岗防治工作要广泛组织社会各方面的力量，建立崩岗防治的长效机制。

从广东省水土保持发展历程、水土保持工作经验和社会发展要求来看，崩岗的防治工作要从点到面，从局部到规模，从水利部门单一行业到全社会的方向发展，要不断完善多元化、多渠道、多层次的投入机制，建立水土保持生态建设长效补偿机制、水土保持工程项目建管体制、封禁区群众生产生活补偿机制、水土流失防治公众参与、社会共管的激励机制，为与各项机制相适应，要抓紧制订发展民营水保大户的资金扶持办法、重点水土保持工程建设运行管理办法、开展崩岗治理与生态示范区建设、推进水土保持产业化进程、加强水源地崩岗生态建设的工作方案、加强水保生态修复工作、加强水保（崩岗）监督工作、加强崩岗监测工作、加强水土保持宣传工作等。

推进崩岗防治进程，必须有效贯彻落实《水土保持法》，一是广泛宣传《水土保持法》中关于"任何单位和个人都有保护水土资源、防治水土流失的义务"和"对破坏水土资源、造成水土流失的单位和个人进行检举"条款；二是加大执法监督力度，各级主管部门建立健全水土保持生态建设监测机构，对崩岗区、生态脆弱区、重点防治区和大型开发建设项目区进行动态监测，建设自动化的水土保持信息采集、处理、传输与发布系统，为水保执法提供可靠依据。各级政府根据崩岗治理要求，发布命令、张贴公告，村村制订乡规民约，发动群众相互监督，共同遵守封禁令和生态保护规定。建立执法队伍，加大宣传力度，实行舆论监督。坚持正面宣传教育与反面曝光相结合的方法，引起各级政府和有关部门领导重视；采取政策规定、乡规民约、宣传教育与经济处罚多措并举，扼制违法事件发生。请人大、政协领导出面，组织有公安、政法、纪检、监察部门负责人参加的执法联合检查，督促各级政府和有关部门严格执法，严肃查处违法违纪案件，巩固发展水土保持生态治理成果。三是完善崩岗有关防治工作的配套法规规章，如退耕还林还草管理办法，自然生态封禁修复实施办法，开发建设项目水土保持方案编制管理办法，水土保持设施补偿费、水土流失防治费计收管理办法，水土保持预防监督费使用管理办法，水土保持生态环境监测网络管理办法，治理开发农村"四荒"资源管理办法，生态脆弱区和水土流失重点防治区划分公告，水土保持行政执法责任制实施办法，水土保持错案和执法过错责任追究实施细则等，通过完善配套法规规章，争取使水土保持生态建设事事有法可依，件件有章可循。

8.3　技术保障

8.3.1　规划设计工作

设计单位要本着实事求是及认真负责、精益求精的精神，做好崩岗防治各个阶段的设计工作,利用当前护坡与水土流失治理的新技术,使崩岗规划做到技术上可行、经济上合理、实施后效益明显。

8.3.2　依靠科技进步,提高治理水平

一是按照"统一规划、突出重点,量力而行、分步实施"的原则,由省水土保持部门组织对规划区崩岗进行全面、详细的调查,科学地编制防治总体规划。二是认真总结全省群众在长期治理崩岗实践中积累的成功经验,广泛吸取各科研部门和梅州市五华县及肇庆市德庆县等地开展崩岗治理所取得的科技成果,积极推广崩岗防治新技术,坚持植物措施与工程措施相结合,加快治理进度。三是尽快建立崩岗防治监测网点,对崩岗侵蚀和防治现状进行动态监测、分析和评价。四是健全科技队伍,举办崩岗防治技术培训,不断提高生产者的素质和技术管理水平。五是围绕可持续发展战略,针对本省实际情况,选择一些科技含量较高的崩岗治理课题和治理开发中存在的难题,由相关部门进行重点攻关,并及时把科研成果尽快地推广应用到治理实践中。

8.3.3　突出治理重点,分步实施

鉴于全省崩岗数量多、分布广、治理任务重这一实际情况,治理时要本着"先急后缓、规模连片、注重效益"的原则,在统一规划的基础上,分年度、分片区进行治理。计划在近期治理期间集中资金和力量,对五华县、德庆县等重点崩岗侵蚀区进行综合治理,抓出成效,树立典型示范,以点带面,推动崩岗治理工作的全面、扎实开展,力争用 25 年时间基本完成全省崩岗综合治理任务。

8.4　资金保证

本规划投资坚持国家、地方、群众相结合,坚持以政府投资为主,群众投工投劳为辅的原则。需中央补助 290 377.11 万元,地方配套 232 301.68 万元,群众自筹 58 075.42 万元。

为保证资金,从各种渠道筹措的治理资金,做到专人管理,专账登记,专款专用。实行治理有规划,工程有计划,施工有合同,竣工有验收,付款有审批的管理制度。制定领导、工程技术人员和工程实施单位的职责,系统规范项目管理、资金管理和质量管理,尽快发挥投资效益。同时,完善相关监督机构的监管制度,加大监管力度,确保资金合理、有效地使用。

3.6　规划实施方案

3.6.1　规划实施方案的提出

规划实施方案是我国新发展阶段出现的一种前期工作形式。主要出现于两种情形。一是由于全国水土保持规划自上而下逐级制订,对一些平原地区及其他水土流失不易发生的城市区域,地级市的水土保持规划已将县级行政区的水土保持事项规定的较为清晰,县级行政区主要解决上位规划的落实问题,因此出现了县级水土保持规划实施方案。二是优化基本建设程序产生。2015 年 5 月,国务院提出"放管服"改革以后,各部委均提出了优化基本建设程序的前期工作流程的一些做法。在水利行业,通常的基本建设程序有规划—项目建设书—可行性研究—初步设计—招标设计—施工图设计—工程施工—阶段验收—竣工验收等程序,对于一些项目建设已有上位规划依据、建设内容清晰、投资额度不大的项目,主管部门出台了一些精简、优化前期工作的措施,将规划与项目建议书两个阶段

合并一个阶段,直接编制规划性质的实施方案,其内容深度基本达到项目建议书要求,但包括规划阶段的必要性、项目合理性原则论证。此种实施方案与专项工程规划基本类似。

3.6.2　规划实施方案编制要点与方法

规划实施方案的主要内容包括编制规划实施方案的背景、方案的任务与目标、方案需要落实的具体项目或工作内容、投资来源及保障措施等。

规划实施方案的编制方法和步骤主要包括如下几点:

(1)弄清编制规划实施方案的必要性、与上位规划的衔接关系及其区别。提出规划实施方案的规划目标。

(2)开展必要的调查和深化研究,提出规划实施方案需要解决的重要事项或工作。

(3)逐项落实规划事项。属于规划建设项目的,需要明确项目实施范围、建设规模、建设内容、投资匡算及来源、实施年度。属于工作事项的,需明确工作主体、工作内容、工作方式、经费及措施等。

(4)细化任务图、任务表、责任分工、年度进度要求。

3.6.3　规划实施方案案例——广州市黄埔区水土保持规划实施方案(2019—2030年)

1　方案背景

1.1　形势需求

为落实习近平总书记新时代生态文明建设思想,党中央、国务院将生态文明建设纳入了地方政府的目标考核体系,制订了党政领导干部生态环境损害责任追究办法。水土保持生态建设是生态文明建设的重要内容,根据《广东省生态文明建设目标评价考核实施办法(粤办发〔2018〕6号)、《广州市生态文明建设目标评价考核实施办法》,生态文明建设目标评价考核实行年度评价,5年考核制度,新增水土流失治理目标属于绿色发展重要监测指标。

广州市人民政府高度重视水土保持工作,批准印发了《广州市水土保持规划(2016—2030年)》(简称市规划)。依据市规划,黄埔区2016—2030年需完成水土流失治理面积24.58 km²,包括生产建设项目水土流失治理1.55 km²,重要生态功能区水土流失治理0.17 km²,小流域水土流失治理6.50 km²,自然生态恢复治理16.36 km²。由于市规划是以2013年广东省水利厅发布的第四次遥感调查数据为基数(水土流失信息采集年份实为2011年),其中广州市老辖区(荔湾、越秀、东山、海珠、芳村、天河、白云、黄埔、萝岗)水土流失面积为80.06 km²,并无黄埔区单独的水土流失面积本底数据和分布图,且市规划提出的小流域治理、自然生态恢复等任务并无明确治理范围,加之近几年全区的河涌(小流域)治理已发生了较大的变化。为切实落实市规划,结合省、市水土保持目标责任考核要求,有必要开展《广州市水土保持规划黄埔区实施方案(2021—2030年)》的编制工作。

《广州市水土保持规划黄埔区实施方案(2021—2030年)》既是《水土保持法》的要求,也是落实广州市水土保持规划、切实推进黄埔区生态文明建设的现实需求。

1.2　现状背景

1.2.1　社会经济

黄埔区位于广州市东部,土地面积484.17 km²。共辖14个街道1个镇,共有102个社区居委会 28 个村民委员会,2018 年末全区户籍人口 52.76 万,常住人口 111.41 万。2018 年,全区实现地区生产总值 3 465 亿元,财税总收入 1 052 亿元。

2015 年,全区有耕地 2 983 hm²,林草地 26 165 hm²,居民点及工矿交通用地 13 239 hm²,水利及水利设施用地 2 560 hm²,其他土地 1 834 hm²,生产建设项目用地 1 636 hm²。全区坡度小于 5°的面积 257.20 km²,占 53.12%;5°~8°的面积 33.30 km²,占 6.88%;8°~15°的面积 67.82 km²,占 14.01%;15°~25°面积 88.59 km²,占 18.30%;25°~35°的面积 33.37 km²,占 6.93%;大于 35°的面积 3.69 km²,占 0.76%。耕地、园地每年呈下降趋势。

近年来,区委、区政府坚持绿水青山就是金山银山,坚持不懈地治理黑臭河涌,推进河涌两岸清理整治,实现水清、岸绿、景美。实施黄埔公园、香雪公园、街心公园等城市街景、园林绿化美化,建成绿道 32 km,人均公园面积 17.5 m²。2018 年,全区有林地面积 160.34 hm²,森林覆盖率 43%。

1.2.2　自然地理

黄埔区地处北回归线以南,阳光充足,雨量充沛,气候温和,属亚热带海洋性气候,年平均气温为 21°,年均降雨量为 1 694 mm。

黄埔区地处珠江三角洲北部,地形起伏平缓,平原台地低丘分布明显。全区地貌可分珠江和东江三角洲冲积平原与侵蚀台地低丘陵,其中南部、珠江两岸区为冲积平原地区,地势低平,高程在 0.4~2.4 m(珠基,下同),易受江河洪水和台风、暴潮袭击;西部与北部为侵蚀台地低丘陵,地势起伏较大,水库山塘较大,易受山洪灾害。

主要土壤有渗育性水稻土、潴育性水稻土、花岗岩赤红壤;植被主要有山林地马尾松、马占相思、美叶桉、黎蒴、芒萁、芒草,荔枝、柑橙、乌榄、板栗、华南毛蕨等。

境内平均径流深 903 mm,年内降雨有干雨季节交替规律。湿季 4—9 月,干季 10 月至翌年 3 月,汛期在 4—9 月,水量占全年的 82%。区内河网密布,地表水十分丰富,东江自北东向西南流过,区域内有河涌 82 条,总长度约 341.95 km,较大的河流(涌)有凤凰河、平岗河、金坑河、南岗河、乌涌等。

1.2.3　水土流失与水土保持现状

近年来,黄埔区扎实推进水环境治理,全面落实河长制,多条黑臭河涌达到国家考核要求,双岗涌国考断面水质达标。林业生态文明建设扎实推进,仅 2017 年碳汇造林 2 526 亩,2018 年、2019 年水土流失治理图斑由造林图斑构成。黄埔区加大了生态建设和保护力度,生态环境持续优化、质量逐年提高,水土流失呈逐年减少趋势,水土流失面积以轻度面蚀为主,但水土流失量仍主要来自工程侵蚀。黄埔区自然水土流失主要分布在大田山以北和西面的丘陵台地稀疏林地或荒地,人为水土流失主要由园区建设、道路建设、房地产业等生产建设产生,局部坡地开发短期内会有水土流失产生。

据广州市水土保持监测站遥感监测,黄埔区有水土流失面积 38.40 km²(2019 年),占黄埔区土地总面积的 7.93%,其中黄埔区土壤侵蚀面积以自然侵蚀为主,自然侵蚀占比为 67.12%,工程侵蚀占 32.88%。侵蚀强度等级中,轻度侵蚀面积最大,为 28.95 km²,中度、强烈、极强烈和剧烈的侵蚀面积分别为 7.59 km²、1.03 km²、0.40 km² 和 0.43 km²。年侵蚀总量 94.6 万 t,其中工程侵蚀量 91 万 t,占总侵蚀量的 96.2%。

黄埔区土壤侵蚀面积及强度分布见表 3-82。

表 3-82　广州市黄埔区土壤侵蚀统计　　　　　　　　单位:km²

行政区名	土壤侵蚀强度						合计		
	轻度	中度	强烈	极强烈	剧烈	小计	侵蚀总面积	土地面积	侵蚀占比
黄埔区	28.95	7.59	1.03	0.40	0.43	38.40	38.40	484.17	7.93%

结合 2019 年水土流失动态监测成果下发图斑,对水声水库、金坑水库、木强水库、白汾水库、龙头山森林公园、牛头山等自然水土流失情况以及生产建设项目进行现场调查,共调查 128 个图斑,面积 53.43 hm²。根据实际调查情况,黄埔区水土流失主要发生在裸露地以及低植被覆盖度区域,常见裸露地主要为生产建设项目施工场地、废弃采石场、坡地(经果林)以及工业园区尚未建设土地等。水土流失图斑现状调查统计表见表 3-83。

表 3-83　水土流失图斑现状调查统计

图斑位置 (项目名称)	经、纬度	轻度侵蚀		中度侵蚀		强烈侵蚀		极强烈侵蚀		剧烈侵蚀	
		数量 /个	面积 /m²	数量 /个	面积 /m²	数量 /个	面积 /m²	数量 /个	面积 /m²	数量 /个	面积 /m²
水声水库 坝肩左侧	113°31′28.57″、 23°13′23.36″	1	3 098								
水声水库 坝肩右侧	113°31′44.05″、 23°13′17.55″	4	70 213							3	268
水声水库库 尾青峰场	113°32′44.35″、 23°13′51.79″	4	10 471							4	364
金坑水库坝 肩北侧采石坑	113°31′9.18″、 23°15′54.23″	4	37 430	4	6 970	6	24 212	3	4 117	1	901
木强水库 西侧	113°28′47.22″、 23°13′15.98″	3	9 390	1	600					2	2
白汾水库 大坝处	113°29′56.36″、 23°24′17.77″	4	2 909					3	300	4	368
龙头山森林 公园广场 东北侧	113°30′10.27″、 23°5′57.37″	3	3 815								
龙头山森林 公园广场西侧	113°29′55.07″、 23°05′50.81″	5	4 511								
牛头山	113°25′35.47″、 23°12′38.53″	4	42 509	2	132	1	167	6	711	8	786
J-9-114 废弃 工地	113°29′48.00″、 23°12′34.20″	22	18 687	8	25 664	10	24 035				
广州百济神州 生物制药有限公司 新厂建设项目	113°29′27.33″、 23°22′32.40″	2	174 298	3	61 650	3	5 766				
合计		56	377 331	18	95 016	20	54 180	12	5 128	22	2 689

黄埔区"十三五"以来,共完成水土流失治理面积 16.19 km²,其中造林面积 4.04 km²,封禁治理 10.6 km²,生产建设项目水土流失治理 1.55 km²。

1.2.4　水土保持分区及布局

黄埔区不涉及各级水土流失重点防治区。

黄埔区在全国水土保持区划体系中,黄埔区一级区属南方红壤区(Ⅴ),二级区属华南沿海丘陵台地区(Ⅴ-7),三级区属华南沿海丘陵台地人居环境维护区(Ⅴ-7-1t);在广东省水土保持区划中,属中部三角洲人居环境维护水质维护区(Ⅲ2);在广州市水土保持区划中,地跨中部低山微丘土壤保持水源涵养区和南部冲积平原人居环境水质维护区。区域水土保持主导基础功能为人居环境维护,水土流失治理途径主要为强化人为水土流失治理和绿化美化工作。黄埔区水土保持区划见表 3-84。

表 3-84　广州市黄埔区水土保持区划

行政区	面积/km²	分区名称
九佛街道、龙湖街道、新龙镇	305.75	中部低山微丘土壤保持水源涵养区(Ⅱ区)
黄埔街、红山街、鱼珠街、夏港街、大沙街、文冲街、南岗街、穗东街、长洲街、联和街、永和街、萝岗街、长岭街、云埔街	178.42	南部冲积平原人居环境水质维护区(Ⅲ区)

1.2.4.1　区划布局

1)中部低山微丘土壤保持水源涵养区(Ⅱ区)

主要任务:控制人为水土流失,强化低山微丘区自然水土流失治理,实施生态清洁小流域治理。

防治需求:①实施区域内重要水保生态功能区如自然保护区、森林公园等地预防保护措施,维护现有植被和自然生态系统,控制面源污染;②加强低山、丘陵现有植被的保护,适当进行林分改造,减少人为活动的干扰,加大水土流失重点预防区内水源涵养林和水土保持林的建设和保护力度,防止植被破坏造成水土流失,强化整地和林草立体配置,营造植被防护带,注重周边生态环境建设,加强土壤保持工作,控制水土流失。③加大对区域生产建设项目的监督管理,规范采石、取土、园区开发等,重点实施裸地、侵蚀劣地、采石取土遗留地的植被恢复,防治水土流失。

治理模式:重要水保生态功能区生态修复模式,生态清洁型小流域水土流失治理模式、坡面水系治理模式。

2)南部冲积平原人居环境水质维护区(Ⅲ区)

主要任务:控制人为水土流失,加强城市水土保持,实施生态清洁型小流域治理。

防治需求:①实施重要水源地水质保护措施,改善地表水环境,提高水体自净能力,维持河流健康生命;控制面源污染,加快推进内河涌的全面综合治理和生态修复,促进该区生态环境发生根本性改变;②将监督管理工作放在首位,加强生产建设项目的管理,按照"谁建设,谁保护;谁造成水土流失,谁负责治理"的原则,督促开发建设单位限期进行水土流失治理,重点做好弃土弃渣的拦蓄及侵蚀劣地植被恢复。

治理模式:城市水土流失治理模式、河川生态环境修复模式、清洁小流域(片区)治理模式。

1.2.4.2　山区、丘陵区、容易发生水土流失的其他区域

依据广州市水土保持规划(2016—2030 年),黄埔区不涉及山区和丘陵区。

广州市确定了容易发生水土流失的其他区域指标,在平原区内以镇级行政区为单元选取容易发生水土流失的其他区域。主要指标有:镇级行政区内是否涉及海拔在 200 m以上且相对高差在 50 m 以上的区域,是否涉及湿地保护区、风景名胜区、自然保护区、饮用水源保护区及其他生态保护红线区等具有重要生态功能的镇级行政区,涉及具有一定规模的矿产资源集中开发区和经济开发区的镇级行政区;涉及河流两侧一定范围,具有岸线保护功能的镇级行政区,以及涉及水质维护、人居环境维护功能的重要区域等指标。

其中黄埔区容易发生水土流失的区域位于九佛街道、龙湖街道、新龙镇,总面积为175. 10 km² 。详见表3-85

表 3-85　黄埔区水土流失易发区界定情况表　　　　　　　单位:km²

序号	市(区)	涉及镇(街)	面积	区域易发区判定特征
1	黄埔区	九佛街道、龙湖街道、新龙镇	175. 10	涉及金坑水库、金坑森林公园等(其他生态保护红线严控区)

1.3　广州市水土保持规划的任务要求

1.3.1　水土流失治理任务

据广州市水土保持规划,2016—2020 年需治理水土流失面积 18.50 km²,其中 2016年、2017 年、2018 年、2019 年已分别治理 3. 25 km²、4.9 km²、4.0 km²、4.04 km²,2020 年市级下达给区级的治理任务是 3.3 km²,从目前进展情况看,能够完成年度任务,整个十三五期间,黄埔区水土流失治理能够超额完成任务。

据广州市水土保持规划,2016—2030 年需治理 24.58 km²,其中 2016—2020 年累计已治理水土流失面积 16.19 km²,按理 2021—2030 年仅需治理 8.39 km² 水土流失面积,但水土流失是一个动态变化的过程,部分治理地块经过治理,水土流失强度降低了,但水土流失现象仍会发生,因此 2021—2030 年仅治理 8.39 km² 水土流失面积无法达到"现在水土流失面积得到基本治理,区域农业生产条件和生态环境得到明显改善,维护人居环境安全,维护水源安全"的总体目标,也无法满足政府生态文明建设责任考核的需要。因此,鉴于 2019 年,黄埔区仍有水土流失面积 38. 40 km² 的实际,2021—2030 年,黄埔区的水土保持建设任务保持市规划确定的 2016—2030 年需治理 24.58 km² 的建设任务不变。

水土保持生态建设的内容主要分为生产建设项目治理、重要生态功能区水土流失治理、小流域水土流失治理、自然生态恢复治理,并以自然生态恢复治理为主。区年度治理任务由市水务局根据省水利厅年度任务安排下达,与规划任务有一定的差异,但总的治理任务和目标基本保持不变。

市规划黄埔区治理任务见表 3-86。

表 3-86　广州市水土保持规划黄埔区综合治理任务明细　　单位：km^2

责任主体	治理类型	实现途径	治理面积
黄埔区 人民政府	生产建设 项目治理	区域：全区范围内的生产建设项目造成水土流失区域； 治理面积 1.55 km^2； 措施：建设单位自行治理，水行政主管部门监督监管	1.55
	重要生态 功能区 水土流失治理	区域：黄埔区其他严控区； 治理面积 0.17 km^2； 措施：封育、林相改造； 牵头单位：林业部门	0.17
	小流域水土 流失治理	区域：南岗河、金坑河、凤凰河小流域； 治理面积 6.50 km^2； 措施：封禁治理、林相改造、水土保持林草、截排水沟； 牵头部门：水务部门	6.50
	自然生态 恢复治理	区域：境内Ⅱ区扣除上述区域外 75% 的自然水土流失，境内 Ⅲ区除上述区域外 80% 的水土流失； 治理面积：16.36 km^2； 措施：封禁治理、林相改造、水土保持林草； 牵头单位：水务部门	16.36
	小计		24.58

1.3.2　综合监管任务

除需要完成水土流失治理任务目标外，还需加强水土保持行业监管。主要内容如下。

1.3.2.1　制度建设

以《水土保持法》、相关法律法规为依据，完善配套法规和制度建设。完善生产建设项目水土保持方案编报管理、水土保持行政执法责任管理等制度，强化生产建设项目水土保持监督检查，提高水土保持综合监管水平。对非水土流失易发区，监督管理主要内容包括，生产建设项目是否按照《广东省水土保持条例》第二十八条落实水土保持措施，是否造成水土流失，对卫星遥感解译的裸露地块进行监督检查，配合水利部及其流域机构、省水行政主管部门对非水土流失易发区生产建设项目进行监督检查，对监督检查中发现的水土流失问题，应当责令限期整改或者采取补救措施。依法查处违反水土保持法律、法规的行为。

依据《广州市水土保持管理办法》，明确区级各部门水土保持职责以及工作边界，根据水土保持的工作内容有序开展工作，规范监督管理工作，提升管理水平。

1.3.2.2　宣传教育能力建设

适应国家、省、市强化生态文明建设的需要，以十九大关于生态文明建设的总体要求为指导，以贯彻《水土保持法》《广东省水土保持条例》、强化全社会水土保持法制观念、促进生态文明建设为目的，面向各级干部、社会公众，有计划、有重点、分层次组织开展水土保持国策宣传教育活动，营造广大公民自觉防治水土流失，保护水土资源，关心支持水土保持事业的良好氛围。

1.3.2.3 水土保持监督管理能力建设

水土保持监督管理能力建设：做到水土保持条例实施细则、方案审批、现场监督检查、设施验收、水土保持生态补偿等规定"五完善"；全面实现机构、人员、办公场所、工作经费、取证设备装备"五到位"；实现水土保持方案审批、监督检查、设施验收、规费征收、案件查处工作"五规范"；实现生产建设项目水土保持方案申报率、实施率和验收率"三达标"。

监督管理基础平台建设：利用水利部天地一体化平台，实现水土保持信息网络的互联互通；整合各行业各部门各地市的水土保持有关数据和信息资源，包括科研基地、科技示范园、宣传教育基地等，建成水土保持数据库体系。

1.3.2.4 监测任务

建立全区水土流失监测网络；基本建成功能完备的数据库和应用系统，实现监测信息资源的统一管理，水土保持基础信息平台初步建成；初步实现水土流失重点防治区动态监测全覆盖，水土流失及其防治效果的动态监测能力显著提高；大中型生产建设项目水土保持监测得到全面落实，生产建设项目集中区水土保持监测稳步推进。

2 任务与目标

2.1 指导思想

以十九大关于生态文明建设的总体要求为统领，坚持绿水青山就是金山银山的理念，认真贯彻落实《水土保持法》《广东省水土保持条例》和市委市政府的决策部署，以广州市水土保持规划为指引，结合黄埔区水土流失特点和经济社会发展需求，因地制宜，部门联动，突出监管，防治结合，提升区域生态环境质量，为全区经济社会可持续发展保驾护航。

2.2 编制原则

2.2.1 与市规划衔接原则

本实施方案是对黄埔区水土流失防治任务的分解与落实，其建设时间、建设规模、治理类型与市规划基本保持一致，水土流失防治目标原则上应略大于市规划。

2.2.2 实事求是原则

水土流失分布及存在的生态问题应通过遥感调查或实地调查确认，不夸大、不回避问题，由于市水土保持规划基准年虽然为2015年，但水土流失数据及其分布采用的是以2011年为基准年、2013年发布的广东省第四次遥感普查成果数据，已与2018年存在较大变大，此次实施方案制订的水土流失分布，应以近期水土流失遥感调查及实地调查相结合为准。

2.2.3 措施可行、责任明确原则

水土流失防治属于政府负总责、水行政部门主管、多部门参与的一项生态公益事业。应当明确各镇（街道）的水土流失防治职责，区级各部门的职责、任务和措施，要基本做到每个水土流失图斑都有防治责任单位。水土流失防治措施要能落地生根、能持久发挥生态效益。

2.2.4 满足形势发展需求原则

生态文明建设是党和政府的一项长期任务，随着社会的不断发展，人民对优美生态环境需要的内涵也会逐步提升，水土流失防治作为生态建设的重要内容，加之广州市作为国家中心城市，黄埔区是广州市中心区之一，其水土流失防治标准和建设内容应当具有一定

的前瞻性。同时,要落实在监管上强手段、在治理上补短板的水土保持工作总要求。

2.3　编制水平年与实施期限

市规划的规划水平年为 2015 年,规划阶段为 2016—2030 年,其中 2016—2020 年为近期,2016—2030 年为远期。2016 年、2017 年、2018 年、2019 年黄埔区已按市规划要求完成了年度任务,依据省市生态文明建设目标评价考核为 1 年评价、5 年考核的要求,本次实施方案规划水平年设置两个阶段,即 2021—2025 年、2026—2030 年两个实施阶段。

2.4　方案任务

(1)落实市规划任务。据广州市水土保持规划,黄埔区至 2030 年需治理水土流失面积 24.58 km²,其中生产建设项目治理 1.55 km²、重要生态功能区水土流失治理 0.17 km²、小流域水土流失治理 6.50 km²、自然生态恢复治理 16.36 km²。实施方案应按照市规划任务逐项措施进行落实,在实施方案编制过程中,可以根据黄埔区实际进行治理类型调整,但总的水土流失治理指标不得低于市规划确定的任务。

(2)推进黄埔区生态建设。实施方案在落实市规划措施中,应紧密结合黄埔区碧道建设、美丽黄埔行动、森林小镇建设、林业工作方案、高标准农田整治等工作落实水土流失治理任务,根据一河一策方案,积极开展小流域水土流失治理。

(3)提出监督管理任务和措施。结合新时代水利改革发展"水利工程补短板、水利行业强监管"的总基调,以及"切实将工作重心转到监管上来的"水土保持工作新思路,在水土保持监管上强手段,补齐制度建设短板,明确部门职责,充分利用第三方服务机构提供监管技术,提出经费预算。

(4)提出信息化建设方案。提出区级天地一体化监管平台的运行、维护办法,区级各部门水土保持有关数据和信息资源的共享、整合办法,明确年度监测、重点区域监测、监督性监测的频次和经费。

(5)提出分期实施意见和保障措施。

2.5　方案目标

根据全区水土流失特点、水土保持现状以及存在的问题等,结合国民经济和社会发展对水土保持的要求,将水土保持与城镇化建设、碧道建设、森林生态建设、高标准农田建设、河涌整治、生态保护等结合起来,充分考虑整体与局部、开发与保护、近期与远期的关系,通过预防保护、小流域治理、综合监管等措施,使区域生态环境得到明显改善,人居环境质量明显提高,水源水质有效保障,为国民经济和社会可持续发展创造良好的条件。

(1)2021—2025 年:完成水土流失治理面积 12.58 km²,5 年减幅水土流失面积 4 km²。水土保持违法违规查处率 98% 以上。水土保持监测常态化,水土保持监督管理体系健全。5 年考核自评得分 90 分以上。

(2)2026—2030 年:完成水土流失治理面积 12 km²,5 年减幅水土流失面积 5.4 km²,全区水土流失面积控制在 6.0% 以内,轻度水土流失面积占流失面积的比例在 80% 以上,水土保持违法违规查处率 99% 以上,现有水土流失面积得到基本治理,生产建设项目水土流失有效控制,基本实现水清、岸绿、景美的和谐美丽黄埔。5 年自评得分 95 分以上。

3　生产建设项目水土流失治理

3.1　治理范围

治理范围为全区在建生产建设项目及历史遗留生产建设项目的扰动破坏面积。从近几年黄埔区生产建设项目治理情况看,2016 年、2017 年、2018 年历年扰动面积分别约为 18.02 km²、15.16 km²、14.75 km²,其中新增分别约为 3.03 km²、2.95 km²、2.62 km²。2019 年,黄埔区新增生产建设项目 30 个,新增扰动面积 2.53 km²。扰动地表面积总体呈逐年减少的趋势,详见表 3-87。

表 3-87　黄埔区 2016—2018 年生产建设项目水土流失情况　　　单位:hm²

年度	扰动地表面积	新增扰表	延续扰动
2016	1 802.01	302.83	1 499.18
2017	1 515.95	294.51	1 221.44
2018	1 474.68	262.25	1 212.43

3.2　治理规模及措施

生产建设项目水土流失治理是生产建设单位的常态化工作,生产建设项目水土流失面积是动态变化的,综合历年趋势拟定治理规模。总体实现生产建设项目水土流失面积减幅 1.60 km² 以上的目标。

2021—2025 年:全区总扰动面积控制在 13 km² 以内,其中年度新增扰动面积控制在 2.4 km² 以内,年度治理生产建设项目水土流失面积 2.5 km² 以上,5 年削减生产建设项目水土流失面积 1.0 km² 以上。

2026—2030 年:全区总扰动面积控制在 10 km² 以内,其中年度新增扰动面积控制在 2.0 km² 以内,年度治理生产建设项目水土流失面积 2.0 km² 以上,水土流失保持动态平衡并减弱。

生产建设项目水土流失治理措施主要由边坡植物防护、植物隔离带、生产生活区的绿化美化以及排水、拦挡、沉沙等措施构成。较为直观表象的主要为植物(绿化美化)措施,工程措施、临时措施不能直接体现治理成果。要实现减少 1.60 km² 以上的水土流失面积任务,就需在生产建设项目扰动图斑中,增加林草植被面积 1.60 km²(保存面积)以上。

3.3　实施部门及组织方式

生产建设项目水土流失治理的责任主体是生产建设项目开办单位和个人。区水行政主管部门通过实施生产建设项目水土保持方案报批制度、水土保持监督性监测、水土保持设施验核查等机制,监督生产建设项目认真落实生产建设过程的水土流失防治措施,确保生产建设项目水土流失逐年减少,并最终保持动态平衡状况。

4　自然生态恢复治理

4.1　治理范围

黄埔区自然水土流失,主要为林下及荒坡地水土流失,水土流失类型以面蚀为主,还有少量沟蚀;自然水土流失面积 25.89 km²。

根据广州市水土保持规划,自然生态恢复治理范围为:黄埔区境内(Ⅱ区)扣除小流域水土流失治理区域以及重要水土保持生态功能区治理区域外 75% 的自然水土流失,黄埔区境内(Ⅲ区)扣除小流域水土流失治理区域以及重要水土保持生态功能区治理区域外 80% 的自然水土流失,治理面积 16.36 km²。

自然水土流失面积构成主要为稀疏林地和自然裸露地。黄埔区自然水土流失范围见表 3-88。

表 3-88　广州市黄埔区自然水土流失范围明细

水土保持区划	镇(街道)	行政区面积/km²	水土流失面积/km²			自然生态恢复治理面积
			自然侵蚀	工程侵蚀	合计	
中部低山微丘土壤保持水源涵养区(Ⅱ区)	九佛街道、龙湖街道、新龙镇	305.75	16.35	8.01	24.36	10.33
南部冲积平原人居环境水质维护区(Ⅲ区)	黄埔街、红山街、鱼珠街、夏港街、大沙街、文冲街、南岗街、穗东街、长洲街、联和街、永和街、萝岗街、长岭街、云埔街	178.42	9.54	4.67	14.21	6.03
合计		484.17	25.89	12.68	38.57	16.36

注:水土流失面积采用 2019 年广州市水土流失动态监测成果。

4.2　治理规模及措施

4.2.1　治理规模

黄埔区自然生态恢复治理面积 16.36 km²。根据黄埔区社会经济发展及生态文明建设对水土保持的要求,以及自然水土流失面积构成及特点,确定治理规模如下:

2021—2025 年:治理面积 8.74 km²,其中治理稀疏林地水土流失面积 6.24 km²,治理自然裸露地水土流失面积 2.50 km²。

2026—2030 年:治理面积 7.62 km²,其中治理稀疏林地水土流失面积 5.12 km²,治理自然裸露地水土流失面积 2.50 km²。

4.2.2　治理措施

黄埔区自然水土流失区域多属于稀疏林草地和自然裸露地,且 80% 以上为轻度侵蚀,以面状侵蚀为主。稀疏林草地主要以封禁治理为主要措施,辅以苗木补植、林相改造等措施,促进生态自然修复,提高林草地的水土保持功能,控制区域水土流失。自然裸露地采取水土保持整地后造林为主。

2021—2025 年:封禁治理 6.24 km²,水土保持造林 2.50 km²。

2026—2030 年:封禁治理 5.12 km²,水土保持造林 2.50 km²。

4.3　投资匡算及实施计划

4.3.1　投资匡算

根据《广州市水土保持规划(2016—2030 年)》,结合黄埔区治理工程投资单价匡算,黄埔区自然生态恢复治理(2021—2030 年)总投资 2 625.61 万元。其中:2021—2025 年投资 1 317.40 万元,2026—2030 年投资 1 308.21 万元。黄埔区自然生态恢复治理投资匡算见表 3-89、表 3-90。

表 3-89 黄埔区自然生态恢复治理投资匡算

序号	项目		单位	数量	单价/元	合计/万元	备注
1	封禁治理		km²	11.36	82 000	93.15	
2	水土保持林草	林草栽植	km²	5.0	3 860 000	1 930.0	
		土地整治	km²	5.0	1 204 918	602.46	数量与植草栽植重合
	合计			16.36		2 625.61	

表 3-90 黄埔区自然生态恢复治理分年度投资匡算 单位:万元

序号	项目		合计	2021—2025 年	2026—2030 年
1	封禁治理		93.15	51.17	41.98
2	水土保持林草	林草栽植	1 930.00	965.00	965.00
		土地整治	602.46	301.23	301.23
	合计		2 625.61	1 317.40	1 308.21

4.3.2 实施计划

2021—2025 年:重点开展中部低山微丘土壤保持水源涵养区(九佛街道、龙湖街道、新龙镇)封禁治理工程和裸露地治理工程,其中封禁治理 6.24 km²,裸露地治理工程 2.50 km²。封禁治理以封育稀疏林草地实现自然生态修复为主,裸露地治理工程以裸露地及低覆盖度的草地种植水土保持林草为主。

2026—2030 年:重点开展南部冲积平原人居环境水质维护区封禁治理工程和裸露地治理工程,其中封禁治理 5.12 km²,裸露地治理工程 2.50 km²。

4.4 实施部门及组织方式

黄埔区自然生态恢复治理工作中牵头部门为区水利部门,其中封禁治理由水利部门实施,林草措施由林业部门实施,各镇(街道)配合组织实施。

5 重要水土保持生态功能区治理

5.1 治理范围

重要水土保持生态功能区指法定生态保护区中的风景名胜区、森林公园、湿地公园、地质公园以及生态系统重要区中的重要土壤保持、水源涵养、生物多样性保护地区、水土流失敏感区。

黄埔区重要生态功能区,总面积 19.84 km²,具体见表 3-91。

表 3-91　广州市黄埔区重要水土保持生态功能区范围明细　　　　单位:km²

镇、街道	面积
九佛街道、龙湖街道、新龙镇	9.74
联和街道	8.77
永和街道	0.11
萝岗街道	0.76
东区街道	0.46
合计	19.84

5.2　治理规模及措施

5.2.1　治理规模

根据《广州市水土保持规划(2016—2030)》,至规划远期 2030 年,黄埔区重要水土保持生态功能区预防面积 19.84 km²,治理面积 0.17 km²。

根据黄埔区社会经济发展及生态文明建设对水土保持的要求,2021—2025 年预防面积 9.74 km²,治理面积 0.10 km²;2026—2030 年预防面积 10.10 km²,治理面积 0.07 km²。

5.2.2　治理措施

重要水土保持生态功能区按照"预防为主"方针和"大预防、小治理"的指导思想进行防治。重要水土保持生态功能区森林面积较大,林草覆盖率较高,但由于长期以来采、育、用、养失调,森林草地植被遭到不同程度的破坏,生态系统稳定性降低,主要采取封育保护措施;对局部水土流失区域,采取补种补植措施;对水土流失相对严重的疏林地、林下水土流失地,不合理的经济林地,采取林相改造措施。

2021—2025 年:封育保护 9.74 km²;补植补种 0.06 km²,林相改造 0.04 km²。

2026—2030 年:封禁保护 10.10 km²;补植补种 0.04 km²,林相改造 0.03 km²。

5.3　投资匡算及实施计划

5.3.1　投资匡算

根据《广州市水土保持规划(2016—2030 年)》,结合黄埔区治理工程投资单价匡算,黄埔区重要水土保持生态功能区治理总投资 109.85 万元,其中 2021—2025 年投资 56.36 万元,2026—2030 年投资 53.49 万元。黄埔区重要水土保持生态功能区治理投资匡算见表 3-92。

表 3-92　黄埔区重要水土保持生态功能区治理投资匡算

序号	项目	数量/km²	单价/元	2021—2025 年/万元	2026—2030 年/万元	合计/万元
1	封育保护	19.84	42 700	41.59	43.13	84.72
2	补种补植	0.10	1 420 000	8.52	5.68	14.20
3	林相改造	0.07	1 562 000	6.25	4.68	10.93
	合计			56.36	53.49	109.85

5.3.2　实施计划

2021—2025 年:重点开展九佛街道、龙湖街道、新龙镇重要水土保持生态功能区的防治工作,预防保护面积 9.74 km²,治理面积 0.10 km²。

2026—2030 年:重点开展黄埔区联和街道、永和街道、萝岗街道、东区街道重要水土保持生态功能区的防治工作,预防保护面积 10.10 km²,治理面积 0.07 km²。

5.4　实施部门及组织方式

黄埔区重要水土保持生态功能区防治工作由林业部门牵头,各镇(街道)配合组织实施。

6　小流域水土流失治理

6.1　治理范围

小流域综合治理是加快生态环境建设的有效途径。小流域水土流失综合治理是小流域综合治理的主要建设内容,是改善生态环境,减轻山洪灾害、山地灾害的根本措施。根据《广州市水土保持规划》,至 2030 年,黄埔区重点开展南岗河小流域、金坑河小流域、凤凰河小流域 3 条小流域综合治理工程,总面积 231.0 km²;水土流失面积 18.41 km²,见表3-93。

表 3-93　广州市黄埔区小流域水土流失治理范围明细

小流域名称	镇(街道)	境内流域面积/km²	境内干流长度/km
南岗河	长岭街、萝岗街、云浦街、南岗街	111.3	24.12
金坑河	新龙镇、龙湖街	58.3	12.00
凤凰河	九佛街道、龙湖街	61.4	19.31
合计		231.0	55.43

当前,小流域的主干河道均得到了基本整治,但支沟和坡面基本没有治理,小流域水土流失治理主要在支沟和坡面进行。

6.2　治理规模及措施

6.2.1　治理规模

根据《广州市水土保持规划(2016—2030 年)》,至规划远期 2030 年,黄埔区小流域水土流失治理项目治理水土流失面积 6.50 km²。

根据黄埔区社会经济发展及生态文明建设对水土保持的要求,以及广州市水务局下达的各年度治理任务,结合黄埔区已经开展的治理工程,2019 年度实施了《南岗河(北二环至开创大道段)景观河涌综合整治工程》治理水土流失面积 0.19 km²,2021—2025 年治理面积 3.50 km²,2026—2030 年治理面积 2.86 km²。

6.2.2　治理措施

以实现"安全、生态、发展、和谐"的小流域为目的,开展水土流失综合治理,按照山、水、林、田、湖、草综合治理的思路,结合小流域的水土流失特点和自然经济条件,各有侧重地开展安全型、生态清洁型小流域治理。

对于轻度侵蚀部分,主要采取封禁保护,使其植被自然恢复,对于部分裸露区域采用补植树木的方式进行治理;对于中度以上侵蚀区域主要对裸露区域进行植树种草,并修建部分坡面水系工程进行治理。

2021—2025 年:治理面积 3.50 km²,其中封禁治理 3.0 km²,水土保持林草 0.50 km²,截排水沟、渠 0.91 km。

2026—2030 年:治理面积 2.86 km²,其中封禁治理 2.40 km²,水土保持林草 0.46 km²。

6.3　投资匡算及实施计划

6.3.1　投资匡算

根据《广州市水土保持规划(2016—2030 年)》,结合黄埔区治理工程投资单价匡算,黄埔区小流域水土流失治理(2021—2030 年)总投资 660.23 万元。2021—2025 年投资 296.25 万元,2026—2030 年投资 267.75 万元。黄埔区小流域水土流失治理投资匡算见表 3-94。

表 3-94　黄埔区小流域水土流失治理投资匡算

序号	项目	数量/km²	单价/元	2021—2025 年/万元	2021—2025 年/万元	合计/万元
1	封禁治理	5.4	82 000	24.60	19.68	44.28
2	水土保持林草	0.96	3 860 000	193.00	177.56	370.56
3	土地整治	0.96	1 204 918	60.25	55.42	115.67
4	截排水沟、渠	0.91	368 000	33.49	18.40	15.09
	合计			296.25	267.75	564.0

6.3.2　实施计划

2021—2025 年:重点开展金坑河小流域水土流失综合治理工程,治理面积 3.50 km²。

2026—2030 年:重点开展凤凰河小流域水土流失综合治理工程,治理面积 2.86 km²。

6.4　实施部门及组织方式

黄埔区小流域水土流失治理工作由水利部门牵头,各镇(街道)配合组织实施。

7　综合监管与能力建设

水土保持综合监管是落实"预防为主、保护优先"的方针、推动水土流失防治由事后治理向事前预防转变的重要手段。强化水土保持综合监管有利于提升政府公共服务和社会管理能力。

7.1　完善监督管理制度

7.1.1　生产建设项目水土保持方案审批及水保设施验收制度

严格水土保持方案审批,对不符合水土保持的法律法规、技术标准等要求的一律不予许可,严守生态红线。

加强生产建设项目水土保持设施自主验收的监督管理。对存在较严重问题的项目,接受报备的水行政主管部门应当组织开展现场核查。对不符合规定程序或者不满足验收标准和条件的,应当责令限期整改,逾期不整改或者整改不到位的依法予以处罚,并追究相关单位和人员的责任。

7.1.2 开展水土保持区域评估

对各类开发区建设推行水土保持区域评估。由开发区管理机构在"五通一平"之前编制水土保持区域评估报告,报批准设立开发区的同级人民政府水行政主管部门或者其他审批部门审批。水土保持区域评估报告应当明确水土流失防治的任务和责任主体。开发区内的项目水土保持方案实行承诺制或者备案制管理。开发区管理机构应当督促入驻生产建设单位履行好水土流失防治责任和义务。

7.1.3 建立水土保持监督检查审批联动机制

新《水土保持法》(2010年修订)更加突出了水土保持预防保护,明确了水土保持方案的管理、验收、补偿制度,强化了水土保持的法律责任,赋予了水行政主管部门更多更重的水土保持监督检查职责和行政处罚权力,建立水土保持监督检查及项目审批联动机制。建立各镇(街道)之间、各部门之间的沟通协调机制,定期召开协调会,密切配合,齐抓共管,形成合力,研究解决推进水土保持防治过程中所遇到的重大问题,高效、协同、有序推进规划实施。水土保持部门统一规划、统一执法监督、统一发布公告信息,加强综合管理,建设、国土、环保、农业、林业等有关部门要按职责制定有利于水土保持防治政策;加强指导、支持和监督镇(街道)水土保持工作,协调跨区域、跨流域水土保持,督促检查突出的水土保持问题。

7.1.4 严格责任追究

生产建设单位和个人是人为水土流失防治的责任主体,水土保持技术服务单位和施工单位分别对其技术成果、工程施工过程和质量负责并承担相应责任。对生产建设中发生的水土保持问题,各级水行政主管部门要依据《水土保持法》和水土保持问题责任追究办法等规定,确定违法违规情形,认定责任单位并经责任单位确认,依法严肃追究生产建设单位、技术服务单位和施工单位等相关单位和个人的责任。

7.1.5 加大违法违规查处力度

各级水行政主管部门要健全监管与执法的联动机制,对遥感监管、日常检查发现的生产建设:"未批先建""未验先投""未批先弃"等违法违规行为要建立台账、严格查处、逐一销号,对重大违法违规项目要挂牌督办。

7.2 加强水土保持监测

7.2.1 开展水土流失区域动态监测

建立区水土流失监测网络;基本建成功能完备的数据库和应用系统,实现监测信息资源的统一管理,水土保持基础信息平台初步建成;初步实现水土流失重点防治区动态监测全覆盖,水土流失及其防治效果的动态监测能力显著提高;大中型生产建设项目水土保持监测得到全面落实,生产建设项目集中区水土保持监测稳步推进。

7.2.2 开展重点生产建设项目监督性监测

切实提高对重点生产建设项目水土保持的高效监管,加强测管协同的有效衔接,按照国务院行政审批"放管服"改革的精神,积极推进政府职能与管理方式转变,积极开展水土保持监督性监测工作。

充分发挥监测对监督管理的技术支撑,增强监督检查能力,促进监管工作步入规范化轨道,提高监督管理工作的信息化和现代化水平,促使政府主管部门依法履行法定职责和义务。

7.3　完善信息化建设

依托现有水利行业信息网络资源,深入推进水土保持信息化建设工作,建成互通互联、资源共享的水土保持工作信息平台,全面提升全市水土保持的信息化和现代化水平。

和上级水行政主管部门做好对接,完善水土保持基础数据库,配合构建监督管理、综合治理、动态监测、数据发布等,实现预防监督的动态监控、综合治理的"图斑"精细化管理、监测数据的即时采集与分析、信息服务的快捷有效。

7.3.1　信息化基础平台建设

利用遥感资料,在地理信息系统的支持下,建立信息化基础平台,对土壤侵蚀、水土保持综合治理及监督管理等进行动态监测,构建水土保持综合信息数据库,实现水土保持信息资源共享。

7.3.2　信息基础设施建设

建设水土保持设施,信息化改造现有站点仪器设备,统筹利用水文站点及科研站点。

配备水土保持现场监管设备,获取生产建设项目与综合治理项目监管信息。建立布局合理、天地一体、手段多元互补的水土保持监管立体信息基础设施,提高水土保持信息采集能力。

7.3.3　水土保持数据库建设

利用现有水利行业信息网络资源,实现水土保持信息网络的互联互通;整合各行业的水土保持有关数据和信息资源,建立广州市水土保持数据库体系,主要包括综合治理数据库、监督管理数据库和元数据等内容。

7.3.4　门户网站建设

依托已有水利信息化平台,完善水土保持信息发布、在线服务、在线办公,形成互联互通、资源共享,促进水土保持信息共享和业务协同。

7.4　搭建宣传平台

水土保持是一项群众性、社会性工作,需要人们充分了解和积极参与。在全区范围内广泛、深入、持久地开展水土保持国策宣传教育,提高全民水土保持法制观念,提高广大水保人员依法行政能力,提高社会公众参与水土保持的积极性。

7.4.1　定期开办培训班

在落实开发建设项目"三同时"制度时,每年至少组织一次法律法规知识和防治技术培训班,邀请有关科研单位和大专院校的专家、学者,对区、镇两级水保项目管理人员和科技骨干进行培训,提高项目管理、规划设计和新技术的推广应用水平;进一步加强对开发建设单位业主、施工单位人员的宣传和培训。

7.4.2　科技示范园宣传

利用科技示范园做好宣传工作。根据区域水土流失防治需求,研究打造水土保持示范区为平台,包括水土保持科技示范园、水土保持生态文明工程等,集中开展科学研究和技术推广项目,建设精品工程,起到发挥典型带动和示范辐射作用,普及提高全社会的水土保持科技意识的目的。

7.4.3 青少年水土保持普及教育基地建设

建立政府—学校—科普教育基地"三位一体"的联动机制,大力开展以青少年为主要对象的水土保持普及教育,使青少年学生从小养成"保持水土,从我做起"的自觉性,从而带动和影响整个社会水土保持工作的有序开展。

8 保障措施(略)

第 4 章　水土保持生态保护与治理工程设计

水土保持工作属于一项涵盖水利、农业、林业、自然资源、生态环境等多部门的跨界工作,水土保持工程类别也因主管部门不同而实施重点不同,珠江流域的水土保持工程类型主要有石漠化综合治理工程、坡耕地综合整治工程、崩岗综合治理工程、生态清洁小流域建设、矿区废弃地修复、江河源头区水土流失治理工程、生态修复工程等。工程设计是工程实施的基础,是工程得以实现的必要前提,工程设计得合理与否直接决定工程项目建设的目标能否实现。

4.1　石漠化综合治理

石漠化是土壤侵蚀长期作用的结果,土壤侵蚀是石漠化过程中某一阶段作用强度的体现,两者在成因上存在互为因果关系。强烈的土壤侵蚀导致土被丧失、植被退化、岩石裸露,石漠化形成。但石漠化亦会加剧水土流失,特别是地表径流的损失。石漠化综合治理是以保持土壤为核心,逐步恢复林草植被和自然生态系统的重点生态建设工程,主要措施有林草植被建设、坡改梯及配套田间生产设施、小型蓄排引水工程等。石漠化综合治理的本质和特点与岩溶石漠化区的水土流失治理在有效的治理措施上并无实质性区别,只是投资部门不同,其目标效益关注不同,从水土流失治理角度来看,石漠化综合治理即是石漠化区的水土流失综合治理。

4.1.1　设计理念

依据《岩溶地区水土流失综合治理技术标准》(SL 461—2009),石漠化区的水土流失治理应根据水土流失特点与发展规律,在充分分析当地人口、资源和环境承载力的基础上,采取预防和治理并重的方针。对存在潜在石漠化危险的土地,应采取预防保护和综合治理相结合的措施;对轻度、中度石漠化的土地,应实行综合治理;对中度、重度石漠化的土地,应采取封育治理为主的综合治理措施。在进行综合治理时,以小流域为单元,将水土流失综合治理与当地退耕还林还草相结合,与饮水安全和"三小"(小水池、小水窖、小山塘)工程相结合,与生态修复和生态移民相结合,与乡村公路和扶贫开发项目建设相结合,与产业兴农和优化农村能源结构相结合,与畜牧业发展和土地整治相结合,与地道中药材相结合,查漏补缺,各建其功,但最终要能够达到生态修复、生产发展等目标。

4.1.2　设计要点

4.1.2.1　目标的确定

石漠化区水土流失治理通常应包括水土流失治理、生态环境改善、发展农村经济 3 类目标。

水土流失治理目标:通常用水土流失治理程度表示,即区域内治理过的水土流失面积占原有水土流失面积的比例,一般要求达到70%以上。设有把口监测站的小流域,还可以设计减沙率、土壤蓄水率等指标。

改善生态环境目标:主要用林草植被覆盖率、森林覆盖率、林草地郁闭度等表示,村民居住比较集中的村落,也可增加污水防治率、垃圾收贮率等清洁指标。

发展农村经济目标:主要有耕地有效灌溉面积、特色农林产业园面积、人均纯收入等指标。治理后,人均纯收入增速应高于周边地区的增速。

4.1.2.2 治理规模的确定

主要包括水土流失治理面积,坡改梯、水保林、经果林、种草、封禁治理等主要水土保持措施面积,还可以设立蓄水设施建设数量、机耕路建设数量、垃圾收集池、湿地面积数量,确有需要的情况下,扶持设立少量的牲畜养殖场也是可以的。各治理措施面积的确定,主要在土地利用现状的基础上分析确定,其他设施数量的确定,主要根据对当地群众需求的调查后结合资金量综合确定。

4.1.2.3 土地利用现状的评价与措施规划

在土地类型归类的基础上,依照土地坡度、有机质、有效土层、土壤植被、盐渍化、石砾含量、灌溉条件等限制性因素的多少,采用最低条件限制因素法和评分法,对各类土地适宜性和适宜程度进行分析评价,经过认真分析比对,将流域内土地资源评价进行分级类列,一级土地一般宜农,不需改造;二级土地可改造为水平梯地;三级土地宜营造经果林;四级土地宜栽植水保林或封育补植;五级土地难以人工治理,宜采取封禁治理。

4.1.2.4 措施的优化布局

在水土流失综合治理措施布设上,应以水为主线,以治理水土流失、抢救土地资源、遏制土地石漠化为目的,综合考虑地表水和地下水转换的关系,以实施梯田工程、坡面水系工程、沟道治理工程、落水洞治理工程等为主要手段,同时充分利用生态的自我修复能力,实施封育治理,并应适当发展水土保持林草、薪炭林,积极发展经济林和果木林。坡耕地改造为梯田时,宜配套坡面水系工程和耕作便道。营造果木林时,可配套坡面水系工程和耕作便道。通常实行山顶林、草、药,山腰果、蔬菜,山脚种主粮的立体布局,采取封育、造林、播草、种药、建田、拦砂、排水、蓄水、通水电路的方式,坚持生态经济并进的综合治理模式。

4.1.3 典型案例——关岭布依族苗族自治县岩溶地区石漠化综合治理享乐 小流域初步设计

1 基本情况

1.1 自然条件

享乐小流域属于关岭布依族苗族自治县典型的岩溶峡谷石漠化综合治理区,各种土壤侵蚀类型和石漠化类型在流域内明显分布,各种等级水土流失和石漠化均有体现,能基本代表关岭布依族苗族自治县水土流失和石漠化特征,流域土地总面积为 25.73 km²。位于云贵高原东部脊状斜坡南侧向广西丘陵倾斜的斜坡地带,流域内最高海拔 1 764 m,最低海拔 1 133 m,相对高差 631 m。流域内出露地层主要属三叠系地层,出露岩石主要有石灰岩、砂页岩,其中石灰岩面积 24.44 km²,砂页岩面积 1.29 km²。

享乐小流域属亚热带季风气候区,多年平均降雨量 1 236 mm,多年平均气温 19.2 ℃,≥10 ℃的积温 4 675.2 ℃,无霜期 298 d。水热同季,冬季有雾的气候特征为水土保持综合治理生物措施冬季和雨季造林提供了可行的空间环境。

流域土地面积中坡度≤5°的土地面积占土地总面积的 37.1%,25°以上的土地面积占土地总面积的 22.7%。土壤主要是以石灰岩、砂页岩为成土母质成土的石灰土主,兼有水稻土和黄壤。小流域原生植被遭受破坏较为严重,森林覆盖率为 10.4%,多为次生乔木林、疏幼林,主要有杉木、柳杉、马尾松、楸树、桦木等。

享乐小流域属于珠江流域北盘江水系,流域内地表水较为丰富,但工程性缺水严重。地下水以喀斯特水为主,储量也比较丰富,但其补给和储存条件复杂。经实地踏勘和估测,现有泉眼 7 处,泉水量达 92.70 万 m³,可利用泉水量达 67.60 万 m³,目前已经进行利用的泉眼有 5 处,已利用泉水量仅 10.14 万 m³,大部分泉水经由位于享乐村洼地内的三个落水洞流入暗河。

1.2 土地利用现状

耕地:耕地总面积为 1 177.2 hm²,占流域总面积的 45.8%,其中水田面积 459.2 hm²,占耕地总面积的 39.0%,梯坪地面积 301.7 hm²,占耕地总面积的 25.6%,坡耕地面积 416.3 hm²,占耕地总面积的 35.4%。流域耕地面积中坡度≤5°的土地面积 760.9 hm²,占耕地总面积的 64.6%;5°～15°的面积 288.1 hm²,占耕地总面积的 24.5%;15°～25°的面积 128.2 hm²,占耕地总面积的 10.9%;≥25°的耕地已进行退耕或已撂荒,现有人均耕地面积 0.16 hm²。

林地面积占流域总面积的 20.7%、荒山荒坡面积占流域总面积的 26.5%、水域面积占流域总面积的 0.3%、交通运输用地面积占流域总面积的 0.4%、城镇村及工矿用地面积占流域总面积的 6.3%。

水土流失主要来源于坡耕地和荒山荒坡。

1.3 社会经济情况

享乐小流域位于普利乡、花江镇境内,涉及普利乡的丫新村上白岩组和丫口田组 138 户 385 人;花江镇的享乐村、养元村、杉木村、厂上村、蚂蝗村、永睦村 1 494 户 6 957 人。人口密度 285 人/km²,粮食总产量 275.50 万 kg,平均单产 156 kg,主要以水稻、玉米为主,人均粮食 375 kg,农业人均耕地面积 0.16 hm²。人均耕地面积偏低。经果林均分布在农户的房前屋后,没有形成规模,均为家庭式畜牧业,没有进行规模化经营,市场化水平较低。

水利设施较薄弱,工程性缺水较为严重,通过该项目的实施基本能得以解决。

1.4 水土流失、石漠化现状与治理情况

1.4.1 水土流失、石漠化状况

享乐小流域属斜坡切割面上水力侵蚀类型区,水土流失以面蚀为主,兼有沟蚀,经本次设计调查统计,流域内水土流失面积 16.27 km²,占土地总面积的 63.2%,其中:轻度流失面积 395.0 hm²,占土地总面积的 15.4%;中度流失面积 959.6 hm²,占土地总面积的 37.3%;强度流失面积 266.6 hm²,占土地总面积的 10.4%;极强度流失面积 5.8 hm²,占土地总面积的 0.2%,年均土壤侵蚀模数 2 460 t/(km²·a)。

流域内石漠化面积 16.92 km²，占土地总面积的 65.8%，其中：潜在石漠化面积 362.1 hm²，占石漠化面积的 21.4%；轻度石漠化面积 881.3 hm²，占石漠化面积的 52.1%；中度石漠化面积 236.2 hm²，占石漠化面积的 14.0%；重度以上石漠化面积 212.0 hm²，占石漠化面积的 12.5%。

1.4.2　水土流失、石漠化的危害

严重的水土流失使流域内环境恶化、经济贫困、生产停滞、人类生命财产受到极大威胁，土壤表层受到严重破坏，肥力降低，对农业生产造成很大的破坏，同时带来严重的环境问题，其危害主要有以下几个方面。

(1)土地石化，严重制约当地经济的发展。

水土流失使有限的土地资源遭受严重的破坏，尤其是陡坡耕地，一遇大雨，大量的泥沙即顺水流下泄，造成土壤流失殆尽，据本次设计调查统计每年泥沙流失量达 3 700 t，导致山上石化、岩石裸露，光山秃岭，山下沙化，耕地被淹埋毁坏，制约当地经济的发展。

(2)肥力降低，粮食产量低而不稳。

水土流失导致土层变薄，土壤层次缺失，土体结构破坏，土壤养分流失，肥力降低，随着水土流失程度的加剧，土地日益瘠薄，保水、保土、保肥能力差，造成粮食产量低而不稳。

(3)水源枯竭，灌溉面积减少，人畜饮水困难。

由于植被遭受破坏，林草覆盖率低，水源涵蓄能力差，水土流失严重，致使每年进入冬春季节，水源枯竭，造成保灌面积减少，人畜饮水困难。

(4)淤积河道、渠道，降低防洪标准。

由于严重的水土流失，每逢暴雨，山洪挟带大量的泥沙流入河道、渠道内，使河床抬高，渠道淤塞，削弱了河道、渠道的泄洪效益，降低了防洪标准。由于享乐排洪渠及落水洞被泥沙淤塞，2008 年 5 月 18 日，花江镇降雨量达 61.2 mm，享乐坝子 800 余亩水田被水淹没达 9 d，导致 350 余亩水田种植的水稻被淹没致死。

(5)生态环境恶化，水旱、地质灾害频繁。

由于植被大幅度减少，山光岭秃，地表径流加快，达 50 mm 以上的降雨就会造成洪灾，500 余亩农田、1 200 m 乡村公路及 22 户村民每年都有被水淹沙壅的危险，同时流域内小气候也发生了很大的变化，地表温度升高，蒸发量加大，干旱加剧，地表组成物质水分的急剧增加和流失、地下水位的降低均易引发地质灾害，流域内 2008 年 3 月就由于山体出现裂缝，79 户农户进行搬迁，仅需投入建房资金达 200 余万元。

(6)水土流失与贫困恶性循环。

水土流失与流域内群众的贫困互为因果关系，近几年，水土流失严重，制约当地经济的发展，导致流域内一部分群众仍处于贫困线以下，究其原因，主要是生态环境恶化，农业基础条件薄弱，经济环境恶劣，群众生活贫困而无力投入水土流失综合治理。

1.4.3　水土流失、石漠化治理现状

享乐小流域水土流失面积 16.27 km²，占总流域面积的 63.2%，严重的水土流失已成为当地经济发展的主要制约因素。长期以来由于资金缺乏，未能开展大规模、集中连片的水土流失综合治理工作，现有水土保持设施面积 532.2 hm²，其中乔木林 4.0 hm²，疏幼林 528.2 hm²，水土保持设施防治面小，对水、土的控制效果差，还不足以遏制流域内较为严

重的水土流失。近年来,经过省、市、县水利部门的大力宣传,增强了广大群众的水土保持意识,要求进行水土流失治理的积极性普遍高涨,因此投入资金进行小流域水土保持综合治理不仅非常迫切和必要,而且也具备工程实施的"天时、地利、人和"条件。

2 建设目标、规模和总体布局

2.1 建设目标

2.1.1 水土流失治理目标

享乐小流域通过综合治理,各项治理措施严格按照国家标准实施,治理程度可达88.5%,新增加水土保持设施面积14.31 km²,形成了对严重水土流失治理的一系列防护系统,各项措施发挥其综合效益后,蓄水、保土、缓洪效益显著,每年减少水流失量13.29万 m³,减少土壤流失量0.17万 t。

2.1.2 改善生态环境目标

通过综合治理,森林覆盖率可达38.9%以上,人为的水土流失得到有效控制。与享乐排洪工程相结合,与"三小"工程相结合,提高防洪、蓄水能力;与易地扶贫搬迁工程相结合,大力推行陡坡耕地还林型耕作方式,以达到保水、保土、保肥的目的,促进流域内生态环境良性循环。

2.1.3 发展农村经济目标

与土地整治工程相结合,通过对土地利用结构的调整,土地粗放型利用方式向集约型、生态型利用方式转变,耕地有效灌溉面积增加276.0 hm²,土地生产率增长50%以上。与石漠化综合治理试点项目相结合,发展生态经营、畜牧经营、地道中草药经营,人均纯收入提高30%以上。

2.2 工程总体布局

根据享乐小流域的地形地貌特点、水文气候特征、土壤的适宜性评价、土地资源等级和土地利用现状进行组合分析,以治理水土流失、改善生态环境、发展区域经济为中心,采取工程措施、生物措施、耕作措施相结合,针对不同的土地类型分别配置相应的治理措施。

(1)在山顶及坡面上,中轻度水土流失区,对现存郁闭度小于0.5的天然林、疏幼残存林、灌木林以及部分有自我修复能力的荒山荒坡采取封育治理的办法,制定乡规民约、村规民约等制度,运用专职管护人员进行管护,同时对部分地块进行人工补植补种,在荒山荒坡上营造水土保持林,加速修复速度,增加林草植被,提高坡面的滞水、蓄水、保土能力。

(2)流域内农户生活贫困,多年来一直依赖土地作为生活的唯一来源,针对流域内人多地少、产业结构单一的特性,对坡耕地和小块梯地采取退耕造林种植经果林与林下种草、种植反季节蔬菜相结合的模式进行治理,坡耕地是水土流失的重点来源区,仅实施退耕造林,营造经果林不足以对水、土进行加固保护,在兼顾流域内农民的吃粮、用钱问题的同时,可以采取以耕代抚,种植反季节蔬菜、种植牧草或经济作物,发展林下种植、养殖、种草圈养,形成以林为屏障,以农为根本,以牧为发展,以调整产业结构为目的的三维格局,确保小流域内的各项治理措施能治、能管、能保、能创效、能发展。

(3)对坡度5°~25°,水土流失严重的坡耕地实施坡改梯工程,将土地梯化,增大土地耕作有效面积,拦截泥沙,增强土地肥力,防止泥沙下泄淤积水库,淤塞渠道,延长水库的使用寿命,保证渠道的行洪安全,配套实施作业便道、蓄水池、截(排)水沟,将项目区内天然降水集蓄起来,丰枯互补,调剂使用,从而实现了由降雨径流→水土流失→旱、涝低产的恶性循环向降雨→集雨浇灌→稳产高产的良性循环转变;使流域经济由单一粮食生产向经济作物、林果、反季节蔬菜等多方面发展;促进了传统旱作农业向集约化农业的转变。探索出"梯田+科技+水利+便道+产业"的坡改梯综合治理开发模式,降低群众的劳动强度,达到旱涝保收的效果。

(4)在坡改梯、经果林、水土保持林措施图斑内布设蓄水池,与现有水利工程、截(排)水沟相结合,利用山泉、水库、截(排)水沟拦截的地表径流作为水源,通过管道连接,形成微型水利管网化设施,调节水源互补,同时在支毛沟修筑拦沙坝,构成沟道防护体系,延长地表水在图斑内的滞留时间,促进小气候向良性循环发展。

(5)以沼气建设为纽带,发展和完善"经果林(种植)—猪(养殖)—沼(农村能源)—农肥"经济循环链,解决流域内农户的燃料、肥料、饲料问题,节约资金发展农、林、牧、副业等,创建整洁的农村人居环境,削弱人畜对生态环境的破坏,增强生态环境承载力,减轻生态环境的压力,有效维护水土保持综合治理成果。

享乐小流域综合治理措施配置情况见表4-1。

表4-1　享乐小流域综合治理措施配置情况　　　　　　　单位:hm²

土地利用现状		面积	其中流失面积	措施配置							保土耕作	未参与配置面积	
				治理面积	石坎梯田	土坎梯田	水保林	经果林	种草	封育治理		总面积未参与配置面积	其中水土流失未参与配置面积
耕地	水田	459.2										459.2	
	梯坪地	301.7										301.7	
	坡耕地	416.3	416.3	380.4	24.9		56.3	299.2				35.9	35.9
	小计	1 177.2	416.3	380.4	24.9		56.3	299.2				796.8	35.9
林地	有林地	4.0										4.0	
	灌木林												
	疏林地	528.2	528.2	368.0						368.0		160.2	160.2
	其他林地												
	小计	532.2	528.2	368.0						368.0		164.2	160.2
园地	经济林												
	果木林												
	小计												

续表 4-1

土地利用现状		面积	其中流失面积	措施配置							保土耕作	未参与配置面积	
				治理面积	石坎梯田	土坎梯田	水保林	经果林	种草	封育治理		总面积未参与配置面积	其中水土流失未参与配置面积
草地	牧草地												
	荒山荒坡	682.5	682.5	682.5			347.6			334.9			
	小计	682.5	682.5	682.5			347.6			334.9			
交通运输用地		10.8										10.8	
水域及水利设施用地		7.8										7.8	
城镇村及工矿用地		162.1										162.1	
其他土地													
合计		2 572.6	1 627.0	1 430.9	24.9		403.9	299.2		702.9		1 141.7	196.1

注:未参与配置面积是指没有布置措施的土地面积,等于总面积减去治理面积。

2.3 建设规模

享乐小流域治理面积 1 430.9 hm²,其中水土保持林 403.9 hm²,经果林 299.2 hm²,封育治理 702.9 hm²(其中补植补种 468.4 hm²);梯田工程 24.9 hm²,作业便道 1 490 m,机耕道 370 m。小型水利水保工程:蓄水池 13 个,沉沙池 18 个,截水沟 447 m,排水沟 1 043 m,塘堰 1 个,落水洞治理 1 个。沟道整治:拦沙坝 1 座;泉水引用:引水渠 2 400 m,管道 9 840 m,蓄水池 11 个。

3 水利水保工程设计

3.1 坡改梯工程

3.1.1 坡改梯

根据土地资源评价等级和土地资源现状评价成果,结合本流域实地勾绘图斑,因地制宜,因害设防,在征求多方意见,对多种方案进行反复论证的情况下,为防治水土流失,保护饮水安全,延长水利设施使用寿命,在流域内布设梯田工程 24.9 hm²。

3.1.1.1 设计原则

(1)因地制宜,山、水、田、林、路统一设计,坡面水系、田间道路和梯田综合配置,优化布设。

（2）根据合理利用土地资源的要求，本次设计在 5°~15°以下的坡耕地上选择坡度较缓、土质较好、距村庄近，交通条件方便的地方进行建设。

（3）所设计的图斑施工中，工程投资省，土石方量少，便于施工。

（4）埂坎材料就地取材，埂坎面积占耕地面积较少。

（5）集中连片，规模治理。

（6）沿等高线呈长条带状布设，坡沟交错面大，地形破碎的坡面，田块布设按大弯就势、小弯取直的原则，田块尽量取长、取宽，做到生土平整，表土复原，当年不减产。

3.1.1.2　设计标准

水平梯田的设计防洪标准为 10 年一遇 3~6 h 最大暴雨，可减少径流 90%，减少泥沙 95%以上，为节约投资，田面宽度必须达 5 m 以上。

3.1.1.3　梯田工程设计断面要素

水平梯田断面要素关系为

田坎高度：$H = B_X \sin\theta = B_m \tan\theta$

田面毛宽：$B_m = H \cot\theta$

田面净宽：$B = B_m - b = H(\cot\theta - \cot\alpha)$

田坎占地宽：$b = H \cot\alpha$

式中：θ 为原地面坡度；α 为梯田田坎坡度；B_X 为原坡面斜宽。

除上述因素外，田边布设蓄水埂，高 0.2~0.3 m，顶宽 0.3~0.4 m，内外坡比 1:0.3。

3.1.1.4　梯田工程规格要求

根据享乐小流域实际和工程实施可操作性，按照地面坡度设计三个坡改梯断面。由于石料丰富，全部按石坎梯田设计。

（1）沿等高线布设，大弯就势，小弯取直。

（2）田坎高度小于 2.5 m。

（3）田面宽度要求大于 5 m，不足 5 m 的打乱地界进行土地平整，满足有效耕作面要求。

3.1.1.5　梯田工程施工方法

1）定线

（1）根据梯田区的坡面，在其正中从上到下划一条中轴线。

（2）根据梯田断面设计的田面斜宽 B_X，在中轴线上划出各台梯田的 B_X 基点。

（3）从各台梯田的 B_X 基点出发，用手水准向左右两端分别测定其等高点，连接各等高点成线，即为各台梯田的施工线。

（4）在定线过程中，遇局部地形复杂处，根据大弯就势、小弯取直的原则处理，有时为保持田面等宽，需适当调整埂线位置。

2）清基

（1）以各台梯田的施工线为中心，上下各划出 60 cm 宽作为清基线。

（2）在清基线范围内清除表土厚约 20 cm，暂时堆放在清基线下，施工中与整个田面保留表土结合处理。

（3）将清基线内地面浮土及草根杂物清除，埂坎清基到石底或硬土层上。平台应成倒坡。

3)修砌石坎

(1)先要备好石料,大小搭配均匀,堆放在田坎下侧。

(2)逐层向上修砌,每层需用比较规整的较大块石(长40~50 cm,宽20~30 cm,厚15~20 cm),砌成田坎外坡,各块之间上下左右都应挤紧,上下两层的中缝要错开呈"品"字型,较长的石坎每隔10~15 m留一层陷缝。

(3)石坎外坡以内各层,要求与外坡相同,但所用石料不必强求规整,修砌过程中整个石坎应均匀地逐层升高,压顶块石要求规整,且具较大尺寸。

(4)石坎外坡坡度要求1:0.75,内坡接近垂直,顶宽0.4~0.5 m,根据不同坎高,算得石坎底宽,相应加大清基宽度。

4)坎石填膛与修平田面

(1)两道工序结合进行,在下挖上填与上挖下填修平田过程中,将夹在土内的石块、石砾拾起,分层堆放在石坎后,形成一个三角形断面对石坎的支撑。

(2)堆放石块,石砾的顺序是:从下向上,先堆大块,后堆小块,然后填土进行田面平整。

(3)通过坎后填膛,平整后的田面30~50 cm深以内没有石块、石砾,以利耕作。

5)保留表土

(1)表土逐台下移法,适用于坡度较陡,田面较窄(10 m以下)的梯田。整个坡面梯田逐台从下向上修,先将最下面一台梯田修平,不保留表土,再将第二台拟修梯田田面的表土取起,推到第一台田面上,均匀铺好。第二台梯田修平后,将第三台拟修梯田田面表土取起,推到第二台田面上,均匀铺好,如此逐台进行,直到各台修平。

(2)表土逐行置换法,适用于坡面坡度较缓,梯田田面较宽(20~30 m)的梯田。先将田面中部约2 m宽修平,将其上下两侧各约1 m宽表土取来铺上,挖上侧1 m宽田面,填下侧1 m宽田面,将平台扩大到4 m宽,再向上下两端各发展1 m宽,将平台扩大为6 m,如此继续,直到把整个田面修平。

(3)表土中间堆置法,适用于田面宽10~15 m的梯田。先将拟修田面的表土全部取起堆置在田面中心位置,堆宽约2 m,再将中心线上方田面生土取起填于下方田面,把整个田面修平,将堆置在中心线的表土均匀铺运到整个田面上。

3.1.2　作业便道

为了便利当地群众在田间耕作、采收、运输和经营管理而修建的宽度在1.5~3 m的硬化路,并将路的边沟作为引(排)水沟,与蓄水池工程共同构成路-沟-池的便利耕作枢纽。

3.1.2.1　设计原则

(1)作业便道配置必须与坡面水系和灌排渠系相结合,统一规划,统一设计,防止冲刷,保证道路完整、畅通;

(2)布局合理,有利生产,方便耕作和运输,提高劳动生产效率;

(3)占地少,节约用地;

(4)尽可能避开大挖大填,减少交叉建筑物,降低工程造价;

(5)便于与外界联系;

(6)大力推广机耕,减少畜耕,降低耕作成本和畜对林地占有量。

3.1.2.2　设计标准

作业便道的防洪设计标准为 5 年一遇 24 h 最大暴雨计算,主要布设在坡改梯图斑内,解决耕作和农作物运输问题,结合新农村建设工作,采用宽为 1~3 m 的混凝土路。

3.1.2.3　便道要素

作业便道一般分为一级道、二级道或三级道。

一级道:为梯田区与村、组道路或公路连接的通道,称为大道。路宽为 4~5 m,道路走向,多呈直线。

二级道:为梯田区内的主干道路,与大道相连,是连接区外的通道,称为干道。路宽为 2~3 m,道路走向,多呈"之"字形或螺旋形。

三级道:为田块之间和通往区内主干道的通道,称为小道。路宽为 0.6~1 m,道路走向,沿等高线布设。

本次设计主要用于坡改梯图斑内用于耕作和运输农产品,所以根据现场踏勘情况,采用二级道和三级道。

3.1.2.4　规格要求

(1)作业便道和坡面水系(灌排)都是连片梯田,要与坡改梯同步实施。

(2)道路两侧开挖排洪沟和修建消力设施,应与整个坡面水系相通、相连。沟、路相邻的,可利用开挖的土方,用作路基填筑。

(3)混凝土路基以黏土略含沙质为好,要求将土层夯紧夯实,铺上 10 cm 的干砌石,用灌浆法进行灌浆、碾平,再铺上 3 cm C10 混凝土压顶。

(4)路面中间稍高于两侧,略呈龟背形,转道外侧稍高于内侧,转弯角度不能太小,一般为 15°。

3.1.2.5　施工管护方法

一级道要求:大道位置选在坡脚下较平坦的地方,路基多为填筑式,路的边坡为 1:1,路面应高于地面,如路的一侧与沟渠相邻,施工时,先把沟渠按设计要求修建好,然后进行路基填筑,节约投资,保持完整。

二级道要求:干道沿坡脊分水线布置,坡度不能太陡,高山地区二级路,不需越过坡顶,将沿等高线最高的一条三级路修建成二级路。防止道路冲刷,路两侧或单侧建排洪沟,与两侧水平沟相通,排洪沟为梯形或矩形断面,底面低于路面不小于 0.5 m。在坡度较陡部位,建消力坎、井、池等,或采取混凝土护面,保护路基稳定。

三级道要求:小道沿等高线方向布设,按相对高差 30~40 m 布设一条,在临高坡一边开挖水平沟,拦截径流,水平沟与干道排洪沟相通,梯形断面,底面低于路面不少于 0.3 m,小道修筑可采取半挖填式,填方部位要夯实,边坡要稳定,路面平整稳固。

在施工过程中,要特别注意防止造成新的水土流失,搞好路面的排水、分段引水进地或引进旱井、蓄水池,妥善处理好废弃土石的堆放和原有地貌植被。

3.1.3 机耕道

3.1.3.1 布置原则

为改善人们生产生活条件,通过现场走访和实地查看,结合当地镇人民政府的要求,在该小流域内布置机耕道0.37 km,主要是当地群众急需解决的耕作道路。布置按就地面情况而定,要求就势,路基开挖在基岩上,减少工程路基造价。开挖路面坡度不能陡于10%。

3.1.3.2 工程设计

机耕道路基为石基岩,路肩M7.5浆砌石砌筑,顶宽40 cm,底宽40 cm,厚度为25 cm,顶面M10砂浆抹面;路面使用泥石路面,用砂泥按1:3的比例拌和,平铺于路面上,用压路机辗压夯实而成,厚度为20 cm。

3.1.3.3 工程完工后的管护

工程完工,通过验收组织相关单位进行验收后,现场移交当地镇或村,由当地镇人民政府自行管理和自行维护。

3.2 小型水利水保工程

3.2.1 蓄水池

针对享乐小流域典型的工程性缺水特点,利用原有的水利设施,以拦蓄地表径流,充分利用自然降雨或泉水,就近供耕地、经果林的浇灌和人畜饮水需要而修建的蓄水量为100 m³的蓄水工程,利用管道将蓄水池进行串联或并联,减轻水的供需矛盾,调节部分地方水源不足等问题。

3.2.1.1 设计原则

蓄水池的设计原则:布设在坡面水汇流的低凹处或有水源处与排水沟、沉沙池、管道形成水系网络,尽量考虑少占耕地,来水充足,蓄引方便,造价低,基础稳定地点进行建设。灌溉用蓄水池可采用高位水池串联或并联田间水池。

沉沙池:主要用于对蓄水池进水进行沉淀、过滤,沉沙池的大小视小水池、小水窖进水水源的含沙情况而定。

管道安装:管槽开挖40 cm×40 cm,塑料管用热接、管件接法进行安装,试水不渗漏后进行深埋、覆盖。

3.2.1.2 设计标准

蓄水池的设计标准采用5年一遇24 h最大降雨量。

3.2.1.3 蓄水池设计

1)需水量计算

根据不同作物集雨灌溉次数及有关规程规范和文件要求,梯田工程内配套的蓄水池以种植蔬菜每年2季进行计算,每季灌水8次,灌水定额为:165 m³/hm²,每年每公顷总用水量为:$W_{总用}=165$ m³/hm²×8×2 = 2 640 m³/hm²。经果林及水保林,每年1季,采用小管出流灌,每季灌水4次,灌水定额为:190 m³/hm²,每年每公顷总用水量为:$W_{总用}=$ 190 m³/hm²×4 = 760 m³/hm²。

2)工程规模的确定

①供水保证率。

集雨灌溉采用 $P = 50\%$。

②不同材料集流面在不同降雨量地区的年集流效率。

享乐小流域多年平均降雨量为 1 236 mm,不同材料集流面的年集流效率为:自然土坡(植被稀少)35%。

③蓄水工程容积确定。

$$V = KW/(1 - a)$$

式中:V 为蓄水容积,m³;W 为全年需水量,m³;a 为蓄水工程蒸发、渗漏损失系数,取 0.08;K 为库容系数,湿润、半湿润地区取 0.32。

④蓄水池个数的确定。

蓄水池数量采用复蓄指数法计算,即蓄水池的供水能力等于总容积乘以复蓄指数,复蓄次数根据实际情况和参照有关资料确定,取供水保证率 $P = 50\%$ 复蓄指数为 2.1 进行计算,但有常流水源可引用的蓄水池不进行供需分析。

享乐小流域根据实际情况和经果林、坡改梯工程灌溉用水及人畜饮水的需要,通过对水源进行分析评价,来水量能满足用水、蓄水需求,水源可靠,设计兴建 100 m³ 蓄水池 2 个,200 m³ 蓄水池 11 个,配套 1 m³ 沉沙池 18 个和 9 840 m 管道。蓄水池以墙身 2.6 m 高,蓄水深 2.5 m 来设计墙身断面,抗滑系数大于 1.05,抗倾系数大于 1.01,抗滑抗倾均满足要求。蓄水池的建筑材料:池壁为 M5 水泥砂浆砌块石,内墙 M10 砂浆抹面,C10 混凝土浇筑防渗底板,水池盖板为 C20 钢筋混凝土。

3.2.1.4　蓄水池施工

(1)蓄水池的施工按选定的池址和设计形状及断面尺寸进行放线开挖。在放线时,进出口位置应与截、排水沟(渠)或管道连接。

(2)池墙(岸埂)清基至硬基上,开挖放线时留足衬砌厚度,对易垮塌的破碎岩石和松软地层应边开挖边衬砌边回填。池底必须夯实,并进行防渗处理。

(3)蓄水池周围要留 1 m 左右的过道。

(4)在池内做防渗处理,以保证蓄水池不漏水。

施工时每一道工序需经技术人员验收合格后再进行下一道工序的施工,技术人员随时进行抽查和现场指导施工。

3.2.2　截水沟、排(灌)水沟设计

3.2.2.1　设计原则

(1)与坡改梯、作业便道、蓄水池工程同时设计,以沟涵、便道为骨架,与坡改梯、蓄水池贯通、串联,形成完整的防御、利用体系。

(2)根据不同的防治对象,因地制宜确定沟渠工程的类型数量,并按高水高排或高用、中水中排或中用、低水低排或低用的原则设计。

(3)在坡面上要考虑布设截、排、引、灌沟涵工程,截水沟、排水沟可兼作引水渠、灌溉渠。

(4)截水沟与排水沟相接,并在连接处前后做好沉沙、防冲设施。

(5)梯田工程内承接背沟两端的排水沟,垂直等高线布设。

(6)截排水沟、引水沟、灌溉渠在坡面上的比降,按截、排、用水去处的位置而定。

(7)坡面沟渠工程规划避开滑坡体、危岩等地带,同时考虑节约土地,节省投资。

3.2.2.2 设计标准

按5年一遇24 h最大降雨量设计。

3.2.2.3 断面设计

为了拦截坡面径流,引水灌溉,排出多余来水,防止冲刷,流域内设计截水沟447 m,排水沟1 043 m,断面为宽×高＝0.8 m×1 m,沟底比降 i＝1/1 000、1/500。

3.2.2.4 施工设计

排洪渠的施工除参照蓄水池的施工外,渠底比降要均匀,保证在排水、引水过程中不冲、不淤,断面满足引、排水需要。

3.2.3 塘堰

3.2.3.1 设计原则

(1)蓄水池、沟渠工程同时设计,以沟渠和管道为脉络,将水输入缺水地块内,使死水变活。

(2)对病险水塘堰进行除险加固,增大库容,增加其灌溉辐射面和有效灌面。

3.2.3.2 设计标准

采用5年一遇24 h最大降雨量设计。

3.2.3.3 断面设计

坝体断面考虑墙身自重、静水压力、水浪动水压力作用情况下的重力坝进行计算,经计算,采用顶宽1.7 m,底宽8.1 m,高10 m,内坡垂直,基础埋深1 m的浆砌石梯形结构。

3.2.3.4 施工设计

施工队在施工时先制订施工计划,做好材料和机具的准备,做好施工场地的布置,安排交通道路、材料堆放、工棚位置、土石料场。拟定施工管理制度和施工细则,做好施工导流和排水计划,施工放线时注意对准坝轴线和中心位置,认真地校核高程,然后根据坝址的地形确定放线步骤和方法,对固定的边线桩、坝轴线两端的混凝土桩及固定水准点要妥加保护以利测量放线。对基础清理必须做到如下几点:

(1)坝基清基范围比坝的坡脚线加宽0.5~0.6 m,凡在清理范围内的地表土以及其他表层覆盖物、风化岩等均必须清除。

(2)基础开挖若为岩石基础,采用小爆破的方式,在接近设计高程0.5 m时,改为人工开凿,以免放炮震动,影响基岩强度,将基础挖成微向上倾斜的齿状,岸坡基础开挖形成一定的缓坡。

(3)基础的处理:对穿过的坝体的断层、破碎带,采用深挖填充混凝土的办法处理,砌筑必须保证质量:①施工中选用石料石质均匀、无裂缝、不夹泥,质地坚硬的新鲜岩石。②石料在使用前要将其表面洗刷干净,砌筑时再用水洒湿,避免吸收砂浆中的水分,砌筑前要将基础清洗干净,先在基础上铺一层较稠的砂浆,约3 cm,再将石料放在砂浆上,相邻石料接缝不大于2.5 cm。石料放好后用脚踩或用手锤捶击使之紧密结合,铺放一段后从竖缝灌满砂浆,再将薄片石块从砂浆中嵌入缝隙。用手捶销加敲紧,再用铁钎捣实。坝的表面采用料石或较大规格的块石的方向砌筑,以保证坚固美观。砌石要做到平、稳、紧、满。③坝体砌好后要做好养护工作,一般2周,最少不得少于7 d,坝体表面覆盖草袋,并经常洒水,使之湿润,冬季养护温度不低于5 ℃,坝体在未达到要求强度时不能在上面放置重物或修凿石块。④施工质量控制是必不可少的,首先是砌石控制,不合格的石料不加工,不上坝,不砌入坝体,砌石要严格遵守操作规程,再就是砂浆控制,水泥、沙一定要合格,砂浆的配合比要严格掌握,要派专人进行施工指导,严格控制坝体各部的结构尺寸,施工过程要有施工质量控制记录。⑤在下游修筑护坦,防止水流对坝基的破坏,增加坝体的安全性。

3.2.4 落水洞治理

落水洞治理的方式主要是将洞口清理规整后,采取浆砌石或混凝土衬砌,以防止落水洞坍塌堵塞,同时接合引流沟(排水沟)治理,防止石块、泥沙进入落水洞内。

3.2.4.1 设计原则

(1)以天然落水洞为基础的原则。

(2)与排水沟配套实施原则。

3.2.4.2 设计标准

采用 5 年一遇 24 h 最大降雨量设计。

3.2.4.3 断面设计

断面按挡土墙静土压力进行稳定计算。

经计算,本次治理的落水洞设计为上口宽 7.06 m、下底宽 4 m、高 6 m 的倒圆台形,采用浆砌石衬砌厚度 40 cm。

3.2.4.4 施工设计

落水洞的施工参照渠道施工,内壁必须做到光滑,与渠道连接处设置栅栏,防止体积较大的物体进入落水洞内堵塞泄水底孔。

3.3 拦沙坝

拦沙坝是为了拦沙滞洪,减少泥沙或泥石流对下游的危害,利于下游河道的治理和开发,提高侵蚀基准面,固定沟床,防止沟底下切,拦洪蓄水、减少地表径流、增加工程蓄水量而修建的坝高 3~6 m 的拦挡建筑物,淤出的沙土可复垦作为生产用地。

3.3.1 设计原则

拦沙坝的设计原则是因害设防,最大限度地发挥综合功能,坝轴线要短,库容要大,拦沙效果好,坝址附近地质条件较好,利于布设建筑物,便于就地取材,施工条件好,避开较大的弯道、跌水、断层、洞穴等不利因素。

3.3.2 设计标准

拦沙坝的设计标准采用 10 年一遇 3~6 h 最大降雨量。

3.3.3 拦沙坝断面设计

享乐小流域拦沙坝根据实际地形地貌,设计修建浆砌石重力坝 1 座,坝长 20 m,中间留 4 m 溢流口,顶宽 1.0 m,底宽 5.0 m,坝高 5.0 m,基础埋深 0.6 m。

3.3.4 拦沙坝施工

拦沙坝施工时要先制订好施工计划,做好材料和机具的准备,做好施工场地的布置,合理安排交通道路、材料堆放、工棚位置、土石料场。要拟订施工管理制度和施工细则,要做好施工导流和排水计划,施工放线时要注意对坝轴线和中心位置、高程进行认真的校核,然后根据坝址的地形确定放线步骤和方法,对固定的边线桩,坝轴线两端的混凝土桩及固定水准点要妥加保护以利测量放线。对基础清理应该做到如下几点：

（1）坝基清基范围比坝的坡脚线加宽 0.5~0.6 m，凡在清理范围内的地表土以及其他表层覆盖物，风化岩等均应清除。

（2）基础开挖时若为岩石基础，可用小爆破的方式，但在接近设计高程 0.5 m 时，应改为人工开凿，以免放炮震动，影响基岩强度，基础要挖成微向上倾斜的齿状，岸坡基础开挖要有一定的坡度，不宜过陡。

（3）基础的处理：对穿过坝体的断层、破碎带，可采用深挖填充混凝土的办法处理，拦沙坝的砌筑要保证质量必须做到：①选用石料石质均匀、无裂缝、不夹泥、质地坚硬的新鲜岩石。②石料在使用前要将其表面洗刷干净，砌筑时再用水洒湿，避免吸收砂浆中的水分，砌筑前要将基石清洗干净，先在基础上铺一层较稠的砂浆约 3 cm，再将石料放在砂浆上，相邻石料接缝不大于 2.5 cm。石料放好后用脚踩或用手锤捶击使之紧密结合，铺放一段后从竖缝灌满砂浆，再将薄片石块从砂浆中嵌入缝隙。用手捶销加敲紧，再用铁钎捣实。坝的表面采用料石或较大规格的块石的方向砌筑，以保证坚固美观。砌石要做到平、稳、紧、满。③坝体砌好后要做好养护工作，一般 2 周，最少不得少于 7 d，坝体表面覆盖草袋，并经常洒水，使之湿润，冬季养护温度不低于 5 ℃，坝体在未达到要求强度时不能在上面放置重物或修凿石块。④施工质量控制是必不可少的，首先是砌石控制，不合格的石料不加工，不上坝，不砌入坝体，砌石要严格遵守操作规程，再就是砂浆控制，水泥、沙一定要合格，砂浆的配合比要严格掌握，要派专人进行施工指导，严格控制坝体各部的结构尺寸，施工过程要有施工质量控制记录。⑤在下游修筑护坦，防止水流对坝基的破坏，增加拦沙坝的安全性。

3.4　泉水引用

3.4.1　设计原则

根据享乐小流域的水文特征，泉水引用工程设施布设在流域内的泉点处 4 个泉水点及三座水库、山塘处。工程设施由蓄水池、引水管道、引水渠组成。本着方便安全、经济合理、施工管理便利、运行成本低的原则，经过认真深入的调查研究，在项目区内设计泉水引用工程建设蓄水池 11 口（100 m³ 蓄水池 1 个，200 m³ 蓄水池 10 个），管道 9 840 m，引水渠 2 400 m。

3.4.2　设计标准

根据前述小型水利水保工程中蓄水池工程设施水量平衡计算可知，流域内现有泉水储量完全能满足流域内群众生活、生产及流域内生态用水需要，因此供水保证率可达 100%。本次设计主要考虑水的引、用问题，因此本次设计布设了 11 口蓄水池和 9 840 m 管道，运用管道将蓄水池与水源进行串联或将蓄水池进行并联，将泉水越过低洼处引至高处进行供水。

3.4.3　断面设计

断面设计参照小型水利水保工程中蓄水池、渠道断面设计。

3.4.4　施工设计

蓄水池和引水渠施工设计参照小型水利水保工程中蓄水池、渠道施工设计。

管道施工：管槽开挖 40×40 cm，塑料管用热接、管件接法进行安装，试水不渗漏后进行深埋、覆盖。

4 施工组织设计和分年度实施计划

4.1 施工组织设计

享乐小流域水土保持综合治理为了使各项治理措施发挥其最大效益,促进当地群众的积极性、责任心和参与热情,本次设计各项措施采取专业施工队施工和群众投劳施工相结合的方式统一组织施工。与流域所涉及的乡(镇)、村签订投工投劳承诺,并与施工人员签订施工承包合同和施工安全合同。

4.1.1 物资采购

为了确保施工材料质量安全,施工的各种材料及苗木由县纪委、县财政局、县水利局采取政府统一采购,并请小流域所涉及的乡(镇)政府、乡(镇)林业部门和群众代表三方和施工承包方人员进行质量监督,保障各项措施均能达到应有的使用年限。

4.1.2 道路交通

享乐流域有花江镇至永宁镇、花江至上关的县级公路从中穿过,交通很方便,可以满足施工要求,水、电、石料等均可就地解决。

4.1.3 施工安排

由专业队伍承包的工程,按合同要求常年施工,群众承包的工程可在农闲季节进行。根据各项治理措施及施工要求,需群众投劳 11.6 万工日,项目区现有劳动力 5 543 人,只需年均每人出工 21 个工日就能改善其生活、生产空间。

4.2 分年度实施计划

享乐小流域计划 2009 年实施,小流域治理面积 1 430.9 hm²,其中水土保持林 403.9 hm²,经果林 299.2 hm²,封育治理 702.9 hm²(其中补植补种 468.4 hm²);梯田工程 24.9 hm²,作业便道 1 490 m,机耕道 370 m。小型水利水保工程:蓄水池 13 个,沉沙池 18 个,截水沟 447 m,排水沟 1 043 m,塘堰 1 个,落水洞治理 1 个。沟道整治:拦沙坝 1 座。泉水引用:引水渠 2 400 m,管道 9 840 m,蓄水池 11 个。工程总投资 415.30 万元,拟申请中央投资 311.48 万元,地方匹配 103.82 万元。

5 投资概算与资金筹措

5.1 投资概算

5.1.1 编制依据

(1)水利部水总〔2003〕67 号《关于颁布水土保持工程概(估)算编制规定和定额的通知》;

(2)国家计委、建设部计价格〔2002〕10 号《工程勘察设计收费管理规定》;

(3)国家发改委、建设部发改价格〔2007〕670 号《建设工程监理与相关服务收费管理规定》;

(4)国家计委收费管理司、财政部综合与改革司计司收费函〔1996〕2 号《关于水利建设工程质量监督收费标准及有关问题的复函》。

5.1.2 编制方法

5.1.2.1 基础单价

1)人工预算单价

根据规定,本工程人工预算单价采用 1.50 元/工时。

2)材料预算价格

水泥、板枋材等主要材料预算价格采用当地 2008 年市场价加运至工地的运杂采保费计算,沙、碎石、块石直接采用当地市场价,电价按 0.6 元/(kW·h)计算,其他次要材料预算价格参考市场价确定,苗木购置费参照贵州省物价局、林业厅《关于发布我省 2005 年常用造林树种苗木最高限价的通知》(黔价监调〔2005〕107 号)和《关岭布依族、苗族自治县物价局、林业局文件》(关价字〔2006〕02 号)执行。采购及保管费费率按 1.5%计算。

3)施工机械台时费

施工机械使用费按《水土保持工程概算定额》附录中的施工机械台时费定额计算。

5.1.2.2　有关取费标准

1)其他直接费

梯田工程取基本直接费的 2%,其他工程取基本直接费的 3%。

2)间接费

梯田工程、谷坊、水窖工程取直接费的 5%,其他取直接费的 7%。

3)利润

工程措施取直接费与间接费之和的 3%。

4)税金

按直接费、间接费、利润之和的 3.22%计算。

5)独立费用

(1)建设管理费包括项目经常费和技术支持培训费,项目经常费按 0.8%计算,技术支持培训费按 0.4%计算;

(2)工程建设监理费按 670 号文计算;

(3)科研勘测设计费按国家计委、建设部计价格〔2002〕10 号文《工程勘察设计费收费标准》计算;

(4)水土流失监测费按第一部分至第三部分之和的 0.5%计算;

(5)工程质量监督费按第一部分至第三部分之和的 0.1%计算。

6)基本预备费

费率取 3%,价差预备费为 0。

5.1.3　投资概算

5.1.3.1　资金投入

根据有关定额,费用标准,设计工程量及投资筹措设想,本项目一年建设期间,需要总投资 415.30 万元。

5.1.3.2　劳力投入

本项目实施共需投入人工 13.08 万工日,需群众投劳 11.59 万工日。

5.1.3.3　物资投入

总工程量 92.28 万 m^3,其中土方 13.84 万 m^3,石方 74.56 万 m^3,混凝土 3.8 万 m^3,需水泥 1.77 万 t、砂 13.94 万 m^3、块石 74.55 万 m^3、钢筋 12 t。

享乐小流域工程总投资为 415.30 万元,本项目建设期为一年,其中梯田工程需投入 109.80 万元,小型水利水保工程需投入 176.64 万元,拦沙坝需投入 4.97 万元,泉水引用需投入 88.14 万元,独立费用需投入 23.65 万元,基本预留费 12.10 万元。

享乐小流域水土保持措施投资概算总表见表 4-2。

表 4-2　享乐小流域水土保持措施投资概算

序号	工程或费用名称	单位	数量	单价/元	合计/万元
Ⅰ	第一部分　工程措施				379.55
一	梯田工程				109.80
1	坡改梯	hm²	24.87		96.58
	购买石坎(坡度 100~150)	hm²	7.21	69 845.6	50.37
	购买石坎(坡度 50~100)	hm²	11.19	35 623.4	39.87
	拣集石坎(坡度 50~100)	hm²	6.47	9 811.3	6.34
2	作业便道	m	1 490		7.67
	浆砌块石	m³	447.0	171.5	7.67
3	机耕道	m	370	150.0	5.55
二	小型水利水保工程				176.64
1	蓄水池		13		41.88
	封闭式矩形 100 m³ 水池	个	2	19 942.6	3.99
	封闭式矩形 200 m³ 水池	个	11	34 443.7	37.89
2	沉沙池(1 m³)	个	18	996.2	1.79
3	截水沟	m	447		3.63
	土方开挖	m³	60	4.1	0.02
	渠底干砌块石	m³	13	97.2	0.13
	M5 浆砌块石	m³	134	171.5	2.30
	C10 混凝土护底、压顶	m³	26.8	334.2	0.90
	M10 砂浆抹面	m²	268.2	10.5	0.28
4	排水沟	m	1 043		65.20
	土方开挖	m³	1 314	4.1	0.54
	渠底干砌块石	m³	209	97.2	2.03
	M5 浆砌块石	m³	2 868	171.5	49.20
	C10 混凝土护底、压顶	m³	271.2	334.2	9.06

续表 4-2

序号	工程或费用名称	单位	数量	单价/元	合计/万元
	M10 砂浆抹面	m²	4 172.0	10.5	4.37
5	塘堰	个	1		63.67
	土方开挖	m³	583.2	4.1	0.24
	浆砌块石	m³	3 498.9	171.5	60.02
	C10 混凝土压顶	m³	102.0	334.2	3.41
6	落水洞	个	1		0.47
	土方开挖	m³	80.4	4.1	0.03
	M5 浆砌块石	m³	19.1	171.5	0.33
	M10 砂浆抹面	m²	106	10.5	0.11
三	沟道治理工程				4.97
1	拦沙坝	座	1		4.97
	土方开挖	m³	168.0	4.1	0.07
	浆砌块石	m³	266.7	171.5	4.58
	C10 混凝土压顶	m³	9.6	334.2	0.32
四	泉水引用				88.14
1	引水渠	m	2 400		35.58
	土方开挖	m³	2 011	4.1	0.83
	渠底干砌块石	m³	120	97.2	1.17
	M5 浆砌块石	m³	1 344	171.5	23.06
	C10 混凝土护底、压顶	m³	240.0	334.2	8.02
	M10 砂浆抹面	m²	2 400.0	10.5	2.51
2	管道	m	9 840		16.12
	管道购置(ø50 塑料管)	m	9 840	15.6	15.31
	管槽开挖	m³	1 968.0	4.1	0.81
3	蓄水池				36.44
	封闭式矩形 100 m³ 水池	个	1	19 942.6	1.99
	封闭式矩形 200 m³ 水池	个	10	34 443.7	34.44
Ⅱ	第二部分 林草措施				

续表 4-2

序号	工程或费用名称	单位	数量	单价/元	合计/万元
Ⅲ	第三部分　封育治理				
Ⅳ	第四部分　独立费用				23.65
一	建设管理费				4.55
1	项目经常费				3.04
2	技术支持培训费				1.52
二	工程建设监理费				2.39
三	勘测设计费				14.42
四	水土保持监测费				1.90
五	工程质量监督费				0.38
Ⅴ	第四部分　基本预留费				12.10
	工程总投资				415.30

5.2　资金筹措

工程总投资 415.30 万元,其中中央投资 311.48 万元,占总投资的 75%;地方匹配 103.82 万元,占总投资的 25%(省占 5%,市占 10%,县占 10%)。

6　效益分析

根据《水土保持综合治理　效益计算方法》(GB/T 15774—1995)进行。

6.1　经济效益

水土保持的经济效益,有直接经济效益和间接经济效益两类。

6.1.1　直接经济效益

直接经济效益主要计算坡改梯粮食增产量,水保林、封育治理增加木材、枝条,经果林增产果品的增产量和增产值。增加的木材不计算增产值。小流域各项治理措施全部发挥效益后,一年可获得直接经济效益 3.9 万元。

6.1.2　间接经济效益

本项目的实施,提高了土地产出率,减少了陡坡耕地面积,节约了群众投入陡坡耕地的人力、物力,增加了群众收入,同时工程措施的实施也为群众提供了良好的生产生活空间,每年至少可节约用于耕作和取水的劳动工日 59.57 万工日以上,即每年可节约劳工费 893.55 万元(按 15 元/工日计算),同时节约的人工至少也可以再创造 893.55 万元的劳动报酬,因此仅节约劳动力一项就可产生 1 787.1 万元以上的经济效益。另外,在节约能源、节省农业生产投入等方面也可以产生间接经济效益。

6.2　生态效益

通过项目的实施,水土流失治理程度将达到 88.5%,森林覆盖率提高到 38.9%以上,初步形成乔、灌、草多层次多结构的植物群落,控制水土流失,随着各项水土保持治理措施发挥综合效益,水土资源得到有效保护,水冲沙压现象逐步减少,农业小气候明显改善,气温、湿度、风力等发生变化,改善了农业生产条件。土壤的水分、氮、磷、钾和有机质含量和土壤团粒结构都将发生变化,随着水土流失进入水体的有害元素减少,面源污染得到控制,保护了水源和水质,生态环境日渐良好,过去的穷山恶水逐步变为青山绿水,生态环境向良性循环的方向改变,人们安居乐业。根据表 4-2 计算,各项措施面积及蓄水保土定额,小流域内各项治理措施全部发挥效益后,一年能增加蓄水能力为 13.29 万 m³,保土减蚀能力为 0.17 万 t。

6.3　社会效益

本项目实施后,将有效地改善当地农业生产条件,提高土地利用率,促进土地利用结构和农村产业结构的合理,实现农业高产、稳产。同时,减轻水土流失的危害,增加了各项水利设施的使用寿命,促进社会进步和农村两个文明建设,提高环境容量和人民群众物质文化生活水平,促进社会主义新农村的发展。

项目各项措施完成并充分发挥效益后,将极大地改善生态环境,为社会可持续发展奠定坚实的基础,完善流域内生物多样性,减轻洪涝、泥石流、干旱、虫害等自然灾害,巩固流域内十多年来的治理成果。保障了项目建设区及下游人民生命财产的安全,使群众具有安居乐业的生产生活环境。

项目的实施很大程度地促进土地利用结构和农村产业结构的合理调整,有效地改善当地农业生产条件,提高土地利用率和劳动生产率,实现农业高产稳产,提高环境容量,促进劳动力的转移,缓解人地矛盾,加快农村脱贫致富,提高群众物质文化生活水平和科技素质,促进农村社会进步和两个文明建设。为十六大提出的全面实现小康社会奋斗目标起到强有力的推动作用。

7　项目组织管理

7.1　组织管理机构

本项目如得以实施,关岭布依族苗族自治县将成立领导小组,安排专人专车,蹲点工地,并由县人民政府与项目所涉及的乡(镇)签订责任状,同时实施领导小组与技术人员签订责任状,将其纳入年终目标考核内容,作为人事作用的重要依据。工程的实施具体工作由水利局负责组织,质量监督由水土保持监督站和县水利水电工程质量监督分站负责,建立明确的分工制度,责任到人,对工作中成绩显著的给予奖励,充分调动各方面的积极性。

7.2　组织管理措施

7.2.1　项目法人制

本项目的项目法人为关岭布依族苗族自治县水利局,项目由关岭布依族苗族自治县水利局实施,工程竣工验收后移交当地人民政府管理,本设计如得以实施,将在关岭布依族苗族自治县"珠江上游南北盘江石灰岩地区水土保持综合治理工程"领导小组的领导下,由水利局组织实施,明确分工,责任到人。

7.2.2　财务管理制

为了保证资金的专款专用,小流域治理的资金设立专账,按水土保持重点工程项目相关的资金管理要求,设专职财务人员负责资金的管理与使用,做到资金开支手续齐备,账目清楚,无截留、挪用资金现象。为了保证该工程的投入得以全面完成,将推行以项目法人责任制为主体的管理制度,按照严格科学、高效的原则推进管理工作的制度化、规范化、科学化。做到项目资金专户蓄存，严格管理，遵守财经纪律，坚持一支笔签字、手续完备的报销原则，账目日清月结，不得截留挪用，不得挥霍浪费。

7.2.3　落实目标责任制和管护责任制

为了把治理的各项措施落到实处，要层层签订责任书，责任书中要定领导、定任务、定质量、定资金、定工期、定奖惩。工程措施部分由专业施工队承包，生物措施部分由群众承包。要签订施工合同、安全合同、合同条款要清晰，内容要全面。

水土保持综合治理工程要发挥其保水保土功能，要发挥其经济、生态、社会效益，必须做到"十分建，十分管"，把建管放到同等重要的地位，建管同步进行，以建促管，以管固建。对封育补植区和水土保持林区，从种植时开始实行专人管理，在种植期间由施工队伍安排专人管理，工程验收合格后，由项目所在乡(镇)政府组织人员负责进行管护；在封育治理区内有明确的封育范围，树立专门的标志碑牌，在项目启动后由乡(镇)政府组织人员进行管护，经果林由农户自己种植、管护，由供苗户和技术人员无偿提供技术指导服务。

7.2.4　项目公示制和投工投劳承诺制

实行项目公示，接受群众监督。在工程实施区实行项目公示，政务公开，推行"阳光工程"让群众了解工程实施的内容、目标，自愿参与工程建设，并在广泛征求群众意见的基础上，结合水土保持法律法规，制定乡规民约、村规民约。

在项目实施前，与流域所涉及的乡(镇)政府及村签订投工投劳承诺书，让群众参与建设，参与管理，提高群众的积极性，实行谁种、谁管、谁受益的原则。

7.3　技术保障措施

搞好技术培训是项目实施的技术保障，项目采取集中培训和现场示范推广相结合的方式进行培训，培训的主要内容有如下：

(1)《水土保持法》及相关的法律法规。

(2)梯田修筑和维护技术。

(3)坡面水系工程施工和维护技术。

(4)水保林、经果林的栽培和管理技术。

(5)水土保持治理成果的管护。

(6)行政、财务、档案、管理。

7.4　质量保证措施

组织好施工和现场技术指导，工程实行专业施工和群众施工相结合，按设计统一标准，集中连片，规模治理，施工时，水利局及相关部门的工程技术人员到现场进行技术指导，解决工程建设中遇到的技术问题，做到蹲点第一线，严把技术、质量关。本设计如得以实施，结合小流域实际，制定一定的管理办法及实施细则，具体规定的工程范围，由花江镇政府宣传发动群众投工投劳，水利局技术员驻守工地，技术上统一要求，做到规范化、标准化，严格把关，做到精心施工，确保工程按时、按质、按量完成任务。

各项工程设施的质量监督，以初步设计及上级批复为依据，对工程措施中的清基，砌体材料规格强度，各种材料使用比例，施工放线及植物措施的整地，株行距规格，施底肥，种苗质量等环节要严格把关。

享乐小流域水土流失及石漠化治理工程特性见表4-3。

表 4-3　享乐小流域水土流失及石漠化治理工程特性

名称	单位	数量	名称	单位	数量
一、小流域基本情况			沉沙池	座	5
(一)位置与面积			截水沟	m	240
位置		关岭自治县花江镇	排水沟	m	560
所属流域		珠江	塘堰	座	1
小流域面积	km²	25.73	治理落水洞	个	1
(二)自然概况			(三)沟道整治		
主要土壤类型		黄壤	谷坊	座	
多年平均降雨量	mm	1 236	拦沙坝	座	1
多年平均气温	℃	19.2	防护堤	m	
森林覆盖率	%	10.4	(四)泉水引用		
植被覆盖率	%	21.9	引水池	座	
≥10 ℃积温	℃	4 675.2	引水渠	m	2 400
无霜期	d	298	管道	m	9 840
(三)社会经济情况			蓄水池	座	11
总人口	人	7 342	五、施工组织设计		
农村人口	人	6 218	(一)主要工程量		
劳动力	人	5 543	土方量(挖填)	m³	138 385
人口密度	人/km²	285	石方量(挖填)	m³	903
人均耕地	hm²/人	0.16	混凝土	m³	37 992
人均产粮	kg/人	375	浆砌石方量	m³	101 418
农民人均纯收入	元/人	1 148	干砌石方量	m³	644 147
(四)水土流失、石漠化情况			(二)主要材料用量		
主要水土流失类型			水泥	t	17 740
水土流失面积	km²	16.27	砂子	m³	139 409
石漠化面积	km²	16.92	块石	m³	745 565
土壤侵蚀模数	t/(km²·a)	2 460	钢筋	t	12
已治理面积	km²	0.04	(三)施工机械	台班	148 478
现状治理度	%	0.2	(四)总投工	万工日	130 758.25
二、设计标准			(五)建设期	年	1
工程防御暴雨标准	5 年一遇 24 h 最大降雨量	mm	136	六、工程投资与资金筹措		
	10 年一遇 3~6 h 最大降雨量	mm	52.6	(一)总投资	万元	380.09
三、工程规模			(二)资金筹措		
综合治理面积	km²	14.40	中央投资	万元	285.00
四、主要水利水保措施数量			地方配套	万元	95.09
(一)坡改梯			群众自筹	万元	0.00
石坎梯田	hm²	34.4	七、工程效益		
土坎梯田	hm²		年减沙效益	万 t	0.17
(二)小型水利水保工程			年蓄水效益	万 t	13.29
蓄水池	座	5	累计直接经济效益	万元	3.92

4.2 坡耕地综合治理

4.2.1 设计理念

耕地是土地的精华,是人类生命和农业生产赖以存在和发展的源泉,而坡耕地是水土流失的主要策源地,珠江流域 6°以上坡耕地 342 万 hm²,占耕地总面积的 29.6%,以红河流域和珠江上游南北盘江最为集中和严重。

在设计理念上,坚持以人为本,紧紧围绕保证山丘区粮食安全、生态安全及农村经济社会发展的要求,以建设高标准的基本农田为核心,梯田、经果林、种草、水土保持林、生态自然修复统筹规划,坡改梯、林草措施、坡面水系工程、田间道路等多种措施并举,在实现人均粮食 400 kg 自给标准的基础上,适度经济作物、经果林、牧草的种植,促进山丘区多种经济的发展,改单一农业生产为农林牧副全面发展,使农业生产结构得到合理调整。以水土资源可持续利用维护山丘区粮食安全和生态安全,支撑山丘区经济社会的发展,推动山丘区走上生产发展、生活富裕、生态良好的文明发展道路。在项目点和建设地块的选择上,将坡耕地整治与国家水土保持重点防治工程、退耕还林、农村能源建设、生态移民、山丘区小城镇建设等水土保持生态建设相关工程有机结合,充分发挥综合作用和整体效益。在具体措施布设上以小流域为单元,因地制宜,田、水、路、林、草等多种措施并举,形成引、蓄、灌、排相结合的配套工程体系。缺水的地方注重蓄、灌设施建设,多雨水的地方注重排水设施建设。

4.2.2 设计要点

珠江流域地跨西南岩溶区和南方红壤丘陵区,西南岩溶区又可分为西南土石区和西南石灰岩区,其坡耕地整治要点各不相同。

4.2.2.1 西南土石区

该区的主要特点是山地、丘陵为主,降水量大而集中,土层薄,降水地面汇流快,水土流失严重,水源涵蓄能力差,干旱严重,坡耕地面积大,人均基本农田占有量小,中低产田比重大,耕地总体质量较差,生产能力较低,农村产业结构不合理,农村生产生活条件差。

1) 技术路线

以治理水土流失、抢救土地资源、防止土地"石化",促进粮食增产和经济社会持续发展为目标,大力发展坡改梯工程,对 25°以下易进行坡改梯的坡耕地改造为梯田,形成保水、保肥、保土的高产基本农田和经济作物用地,解决当地粮食生产和经济作物用地矛盾,同时配套坡面水系和集雨蓄水工程。对 25°以上的坡耕地实施退耕还林草,通过整地后种植特色经济果木林,发展畜牧业和多种经济。通过坡耕地整治,达到控制水土流失,提高粮食产量,确保粮食安全,促进地方经济发展,增加农民的经济收入,建立经济社会可持续发展的生态保障系统。

2) 布设要求

针对土石山区地形地貌地质特点,坡改梯工程主要布设在山腰 25°以下近水、近路和居民点附近的宜改坡耕地上,保持梯田相对集中连片,根据地块情况修筑,宜石则石,宜土则土,或拣石垒坎、预制装配成坎等,建设基本农田和经济作物用地,在坡耕地的上部修建排、灌水沟渠,沿排灌水沟渠修建蓄水池、水窖,田间配套生产道路。形成山下水田水浇地、山腰梯田的产粮和经济作物区。在 25°以下不宜坡改梯的坡耕地及 25°以上交通方便、土层较深厚的坡耕地上,采取工程整地措施(果梯、水平阶、竹节沟等),配套小型蓄排工程和田间道路,发展适宜当地条件的优良经果林品种。同时对土质条件较差的坡耕地,采取水平阶和窄条梯田方式整地,改造成牧草地,发展畜牧业。

4.2.2.2　西南石灰岩区

该区的主要特点是母岩为石灰岩,岩溶喀斯特地貌发育,基岩成土速度慢,土地瘠薄,岩石裸露,水源涵蓄能力差,降水地面汇流快,小雨大涝,无雨则旱,人均耕地面积小,坡耕地面积大。这一地区的主要问题是水土流失危害大,地表石漠化日益严重,农业生产条件和生态环境恶化,生态平衡严重失调,粮食紧缺,地方经济落后,群众生产生活条件差。

1)技术路线

以改善群众生产生活条件为切入点,以治理水土流失,抢救土地资源、防止土地石漠化,促进生态环境与社会经济持续发展为目标。以建设基本农田为核心,解决集雨蓄水和排灌工程为重点,以发展经果林、种草养畜为突破口。既首先是保护好有限的耕地资源,特别是 15°以下的缓坡地,是喀斯特石山区最珍贵的土地资源,坚决实施坡改梯工程,形成水、肥、土条件较好的基本农田。对 15~25°的坡耕地,也要大力实施坡改梯工程,有计划地修造梯田(地),确保人均 1 亩高标准农田。同时,对 25°以上的坡耕地实施退耕还林草。通过坡耕地的合理开发与利用,搞好基本农田建设,种植特色经济果木林,发展畜牧业,调整农业产业结构,从而减少坡耕地的垦殖率,达到减少水土流失,减缓石漠化的扩展和漫延,建立经济社会可持续发展的生态保障系统,促使区域经济持续稳定协调发展。

2)布设要求

针对石漠化地区地形地貌地质特点,坡改梯工程主要是石坎坡改梯,布设在 5°~25°相对平缓的河谷坡地、半高山台地和丘陵坡地适宜坡改梯的地块,在坡耕地的上部与光山秃岭结合部修建排、灌水沟渠,沿排、灌沟渠修建蓄水池、水窖,田间配套生产道路。经果林和草主要布设在"鸡窝地""碗碗土"地块和 25°以上坡耕地上。经果林布设要求交通方便、土层较深厚的坡耕地上,采取工程整地措施(果梯、水平阶、竹节沟等),配套小型蓄排工程和田间道路,发展适宜当地条件的优良经果林品种。同时对土质条件较差的坡耕地,采取水平阶和窄条梯田方式整地,发展牧草地。由于该区地形破碎,坡改梯工程因地制宜,不过分强调规模治理、集中连片。

4.2.2.3　南方红壤丘陵区

该区域的特点是以丘陵、岗地为主,雨量充沛,但土壤颗粒较粗,蓄水性能差,干旱严重。坡耕地面积大,低丘岗地区坡耕地坡度较缓,一般小于 15°,中浅丘陵区坡耕地坡度较大,一般在 15°~30°。耕地土层较薄,但水热条件较好,土壤养分相对丰富,具有较大的开发利用潜力。这一地区的主要问题是水土流失严重,危害大,人多地少,人地矛盾突出,人均基本农田少。

1) 技术线路

以治理水土流失，确保粮食安全，促进生态改善、社会经济持续发展为出发点，大力发展坡改梯工程，以建设基本农田为核心，形成保水、保肥、保土的高产基本农田和经济作物用地，解决当地粮食生产和经济作物用地矛盾，同时配套坡面蓄水和排灌工程；利用区位优势和自然条件，注重经果林和牧草建设，确保粮食安全，经济发展和生态改善。通过坡耕地整治，达到控制水土流失，提高水源涵养能力，促进粮食、经济、生态共同协调发展，建立经济社会可持续发展的生态保障系统。

2) 布设要求

针对该区的地形地貌地质条件，坡改梯工程布设在山腰 15° 以下近水、近路和居民点附近土层厚度在 20 cm 以上易进行坡改梯的坡耕地上，梯坎应就地取材，按宜土则土、宜石则石的原则修筑，梯田相对集中连片，作为基本农田和经济作物用地。在坡耕地的上部修建排、灌水沟渠，沿排、灌沟渠修建蓄水池，田间配套生产道路。将 25° 以下交通方便、土层厚度大于 30 cm 的坡耕地改造为经果林果用地，采取工程整地措施，发展为果园梯田、茶园梯田等，发展适宜当地条件的优良经果林果品种。在坡度大于 25° 的坡耕地上，采取水平阶和窄条梯田方式整地，改造成茶园、山茶园或牧草地，发展多种产业。

4.2.3　典型案例——五华县坡耕地综合整治实施方案

1　项目背景

坡耕地是广大人民群众赖以生存的耕地资源，同时也是水土流失的主要来源地之一。坡耕地水土流失综合治理是国务院批复的《全国水土保持规划（2015—2030 年）》确定的重点治理项目之一，根据《国家发展改革委办公厅 水利部办公厅关于做好全国坡耕地水土流失综合治理"十三五"专项建设方案编制工作的通知》（发改办农经〔2016〕1057 号）全国将开展坡耕地水土流失综合治理 490 万亩；根据《广东省发展改革委 广东省水利厅关于广东省坡耕地水土流失综合治理"十三五"专项建设方案项目县基本情况的报告》（粤发改农经〔2016〕313 号），全省拟开展坡耕地综合治理 27.51 万亩，其中五华县 2 万亩。

五华县属广东粤北山区，原中央苏区和革命老区县，省级贫困县。全国水土保持区划中，属于岭南山地丘陵保土水源涵养区，是广东省水土流失最严重的县。2014 年，五华县人均地区生产总值 10 286 元，是梅州市人均的 50.1%，农民人均年纯收入 9 387 元。

五华县有耕地面积 62.2 万亩，有坡耕地 7.21 万亩，是水土流失的重要来源。基于广东省的农业生产特点，坡耕地的存在形式是坡式果园、茶园等，针对坡耕地综合治理工程，省内也称为"坡地水土流失综合整治工程"。

2016 年 8 月，受五华县水土保持委员会办公室委托，中水珠江规划勘测设计有限公司承担了《五华县坡耕地水土流失综合治理专项工程实施方案》的编制任务。在五华县水务局、水保办技术人员的大力配合下，通过全面收集农业、林业、牧业、国土、水利等部门的近期调查及规划，开展了项目区坡耕地普查，完成了不同坡度、不同地类典型地块的外业勘测，并进行了典型设计。通过典型设计数据对项目区措施数量进行推求，对典型勘测以外的图斑进行逐块踏勘，在此基础上于 2017 年 3 月下旬完成了《五华县坡耕地水土流失综合治理专项工程实施方案》的编制工作。

　　根据本实施方案,项目实施后将产生明显的生态、经济和社会效益,对全县开展大规模坡耕地整治起到积极的引导示范作用;同时,项目区地方政府重视,群众实施该工程愿望迫切,积极性高,有利于项目全面实施。

2　建设的必要性、任务和规模

2.1　项目建设的必要性

　　近年来,国家粮食连年丰收,加之种粮的经济收益不高,五华县真正在坡耕地上种植粮食作物的很少,基本上都已改种果树、茶叶等附加值高的林特产品,目前坡耕地实际上是以坡园地、坡林地的形式存在。但耕地是人类生存必备的资源,必须做好储备,以备不时之需,虽然已改造成果园、茶园,但其土地生产能力不能降低,已降低的应逐步提高,以确保耕地具有良好的生产能力,国内国际形势一旦发生较大变化,能够很快保证粮经作物的产出和供给。

　　项目区内水土流失严重、生态环境脆弱,人多地少,垦殖率高,坡地蓄水保土措施不足,加之降雨量大,坡地水土流失严重,造成土壤肥力下降,路沟、塘库淤积,沟道水流混浊,饮水安全难以保障,农村生产生活环境质量难以提高,坡地水土流失综合治理十分必要。

　　(1)实施坡地水土流失综合治理,是做好耕地资源储备的需要。五华县现耕地62.2万亩,人均耕地仅0.46亩,人均产粮210 kg,人均耕地少,人均占有粮食数量低,耕地资源严重不足,粮食自给率低,粮食安全得不到有效保障。同时,五华县2014年城镇化率为30.34%,远低于梅州市和广东省平均水平,推进城镇化建设是必然要求,十三五期间五华县新增建设用地2.52万亩,均不可避免地进一步挤占耕地,即使占补平衡,但新增耕地质量难以保证。因此,提高现有坡地的土地生产力,做好耕地资源的储备,是县情决定的战略需求。

　　(2)实施坡地水土流失综合治理,是提高项目区环境容量的需要。拟定的项目区涉及6个镇12个行政村,人均耕地0.61亩,人多地少是项目区目前最为突出的现实问题,远远超过环境所能够承载的程度,影响当地经济和社会的发展。因此,实施耕地水土流失综合治理工程,改造低品质耕地,稳定并增加坡地产出率,提高单位面积人口环境容量,促进项目区社会和经济可持续发展,不仅是解决目前突出问题的重要途径,也是项目区干部、群众的迫切需求和殷切希望。

　　(3)实施坡地水土流失综合治理,是促进农业特色产业的需要。五华县委、县政府制定的近期发展战略中,培育县域农业特色主导产品,推进耕山致富示范点建设,扎实抓好绿茶、板栗、百香果、金柚等"一镇一品""一村一品"建设及特色休闲农业基地建设,培育壮大农业龙头企业、农民专业合作社等是重要内容。据调查,项目区目前现有坡地面积6.92万亩,低产、土层瘠薄的坡地占到了80%,据2014年统计资料,坡地栽植茶叶的亩产量为53.7 kg,只有全市平均水平的70%(同期梅州市为76.8 kg/亩);栽植柑桔的亩产量为731 kg,只有梅县区的46.3%(同期产出率为1 578 kg/亩)。坡地质量不高,产出率低是五华县发展特色产业的瓶颈,必须开展坡地水土流失治理,保持水土、蓄积地力、完善灌排渠系、配套和硬化耕作道路,切实打好特色产业发展的基础工程。

　　(4)实施坡耕地水土流失综合治理,是改善项目生态环境的需要。五华县是全国崩岗分布最为密集的县(区)之一,崩岗与坡地水土流失往往交替演变,实施坡耕地综合整治,可有效促进项目区生态环境的改善,减少崩岗数量。

(5)实施坡耕地水土流失综合治理,是原中央苏区即革命老区振兴发展,全面建成小康社会的需要。五华县属原中央苏区和革命老区,由于自然和历史原因的影响,五华县至今仍然是一个水土流失严重、经济欠发达的地区,虽然历届党委和政府为改变贫穷落后面貌进行了不懈努力,无奈财力薄弱,确无自筹资金组织大规模水土保持工程建设的实力。要从根本上改善农业生产条件,提高粮食产量,减少贫困人口、缩小贫富差距,采取坡耕地综合治理工程,对低产坡耕地进行整治,将是人民群众脱贫致富、奔小康,实现共同富裕的一项可行之法。

本次选择的项目区域,坡地规模较大,现状存在严重的水土流失,综合治理后具有较好的经济效益。

2.2　建设任务与目标

五华县坡地水土流失综合治理专项工程将以坡地蓄水保土工程为重点,合理配套坡面水系、田间道路等工程,提高地力,保护和合理开发利用水土资源,满足群众生存发展的基本需要和解决他们生产生活中的实际问题,实现防治水土流失与促进产业发展有机结合。主要目标如下:

(1)治理水土流失目标:到 2019 年末项目共完成坡耕地整治面积 24 800 亩(1 653.33 hm²),年减少土壤侵蚀量 4.0 万 t,拦沙率达到 80% 以上,增加蓄水 60 万 m³。

(2)发展农村经济目标:通过蓄水保土措施提高坡地质量和土地生产力;完善配套道路,减少路面沟蚀,提高耕作、采收、管理效率。使坡地产出率提高 20%,亩均增收 500 元以上。形成特色种植业基地,夯实农村发展基础。

(3)通过项目工程的实施,推动大户治理和产业基地形成,创造就业机会,增加群众收入。

2.3　项目区选择及建设规模

2.3.1　项目区选择

坡地水土流失综合治理项目区选择依据坡地整治的相关要求进行,主要遵循以下几个方面的原则:

(1)革命老区(中央苏区)及贫困地区,经济发展较为滞后,需要资金、技术、创新理念支持。

(2)脱贫攻坚重点村、组,贯彻中央精准扶贫精神,全方位保障精准扶贫工作。

(3)坡耕地面积大、且集中连片,水土流失相对集中的村、组。

(4)人均耕地(基本农田)较少的区域,需做好耕地资源储备。

(5)有一定的产业雏形,资金能够得到有效利用,预期效益明显。

(6)乡镇村干部重视,群众积极性较高的地区。

根据项目区选择原则,五华县水务局组织各镇人民政府在全县进行了摸底调查,对各个拟实施的坡地地块进行了建档登记,对拟实施地块利用 Google、Bigmap 等地图软件截图留底,并在 1:1 万地形图上标绘。在各镇调查摸底的基础上,根据项目区选取原则,初步确定郭田、横陂、河东、龙村、转水、长布 6 镇共 11 个片为项目建设范围。项目区基本条件见表 4-4。

表 4-4　五华县坡耕地综合治理工程实施方案（2017—2019 年）项目区范围

项目区	镇名	图斑名（号）	面积/亩	产业类型	建设需求	实施年度
五华县中部片区	郭田镇	牛栏坑	3 000	油茶	机耕路（硬化）、排水沟、水平沟、蓄水池、边坡治理等	2017
	横陂镇	双龙山	2 000	绿茶	机耕路（硬化）、拦沙坝（水塘），排水沟,坡面植坡	2018
	河东镇	三丫塘	1 500	红心柚	窄条梯地,机耕路及田间道路,水平沟,排水沟,蓄水池,坡面植坡等	2019
五华县南部片区	龙村镇	雷公肚	4 000	高山茶	窄条梯地,机耕路及田间道路,水平沟,排水沟,坡面绿化等	2017
		湖中古塘	2 000	柚子、兰花、中药材	窄条梯地,机耕路及田间道路,水平沟,排水沟,蓄水池,坡面植坡等	2017
		登云岭新艳	4 000	高山茶	机耕路及田间道路,水平沟,排水沟,山塘,坡面植坡等	2018
五华县北部片区	转水镇	新民村	2 000	油茶	机耕路及田间道路,水平沟,排水沟,坡面植坡等	2017
		新华黄沙塘	2 000	油茶	机耕路及田间道路,水平沟,排水沟,坡面植坡等	2018
		下潭村冷水坑	1 300	苗木繁育及油茶	机耕路及田间道路,水平沟,排水沟	2019
		新丰寨	1 000	油茶、柚	机耕路及田间道路,水平沟,排水沟,坡面植坡等	2019
	长布镇	太平村柿花基地	2 000	柿花、果木	机耕路及田间道路,水平沟,排洪沟	2019
合计			24 800			

2.3.2　建设规模

五华县坡耕地综合整治工程 2017—2019 年拟建规模为坡地整治 24 800 亩（1 653.33 hm²）。

根据项目区的实际建设需求,经汇总统计,需新修水平阶 550 亩,水平竹节沟 1 653 km,机耕路 49.6 km,田间道路 322.4 km,排水沟 375.72 km,沉沙池 120 口,蓄水池 62

座,塘堰整治 10 座,梯坎植物护坡 24.45 万株,撒播种草 165.32 hm²,铺植草皮 24.80 hm²,栽植灌木 66 133 株。

3　项目区概况

3.1　自然概况

3.1.1　地质地貌

　　五华县地处韩江上游,全县总面积 3 237.36 km²。五华县以丘陵为主,低山、谷地相间,地形复杂多样,山地占 49.1%,丘陵占 41.3%,河谷冲积平原占 5.4%,盆地占 4.2%。按照地形特点主要可分为:西部山地盆地区、东南山地丘陵区、北部丘陵区、中部河谷平原区。五华县地质较复杂,岩石主要有侵入岩、喷出岩、砂质岩、石灰岩、花岗岩等,由这些岩类构成山地、丘陵、盆地等地貌。

3.1.2　气候水文

　　五华县属南亚热带季风性湿润气候,春暖较早,夏秋高温多雨,冬寒较迟,生长期长,利于植物生长,一年三熟,四季宜耕。多年平均日照 1 900 多 h,年均太阳总辐射量为 500.4 kJ/cm²,年平均气温 20.6 ℃,1 月平均气温 11.9 ℃,7 月平均气温 28.7 ℃;3—9 月为雨季,平均降水量为 1 498 mm,多年平均水面蒸发量 1 850.4 mm,多年平均陆地蒸发量为 880 mm。多年平均风速 1.6 m/s,最大风速可达 12.0 m/s,风向为西北。全年日平均气温稳定通过 10 ℃的作物生长期积温为 7 250 h。项目区耕地复种指数为 2.3。全年无霜期为 300 d,初霜日最早为 11 月 19 日(1979 年),终霜日最迟为 3 月 4 日(1972 年)。五华县季风气候明显,春末到秋初多吹偏南风,冬春季节多吹西北风,境内风速均较小,全年平均风速 1.6 m/s,历年出现的最大风速为 21 m/s。

　　项目区河流属韩江流域琴江水系,集雨面积 10 km² 以上大小河流 98 条,大于 100 km² 的支流有 12 条,多年平均径流量 25.52 亿 m³(不含过境水 13.03 亿 m³),琴江县境内干流全长 100 km,河床比降 1.1%,据梅林尖山水文站资料,多年平均流量 43 m³/s,最大流量 2 630 m³/s(1960 年 6 月 9 日),最小年流量 4.6 m³/s(1963 年),平均输沙量 0.517 kg/m³,上游河床质为粗沙,下游河床质为细沙,水土流失严重,河床逐年淤高,近年生产建设项目大量建设,河道采沙加剧,河床有所下切。项目区径流年际变化与降雨同步,但变率要比降雨量的变率大。4—9 月降水量占全年降雨量的 70%以上,降雨强度大,暴雨频繁。冬春(10 月至次年 3 月)雨量稀少,江河水位低落,常常出现春旱,因此春旱和夏季洪涝均较为严重,加上夏秋汕头、厦门一带登陆的强台风,形成暴雨灾害,造成丘陵山区山洪暴发,平原积水成灾,严重影响流域内农业生产及人民生命财产的安全。根据广东省水文总站出版的《广东省水文图集》和《广东省水资源综合规划》成果计算确定:10 年一遇 1 h、6 h、24 h 最大降雨量分别为 75 mm、116.9 mm、164.4 mm。

3.1.3　土壤植被

　　五华县自然土壤成土母质以花岗岩、混合花岗岩为主,母岩风化后,风化壳深厚松散,容易破碎。据普查统计,全县有七个土类:黄壤、红壤、赤红壤、紫色土、水稻土、潮沙泥土(坝地)和菜园地等。在南亚热带季风气候条件和生物因素作用下,土壤普遍呈酸性。在强烈的淋溶作用下,土壤中磷、钙、钠、钾含量少,铁铝残留较多。

由于受自然条件的影响,各种岩石风化形成不同类型的自然土,以花岗岩风化而成的红壤和赤红壤为主,含沙量较高。pH值4.5~6.0,有机质含量0.6%左右,土壤结构松散,抗冲抗蚀性能差。赤红壤土壤抗蚀能力极差,在地表裸露的情况下,极易产生面蚀、沟蚀和崩岗流失。

项目区属南亚热带常绿阔叶林地带,闽、粤、桂南部栲类、厚壳桂林、栽培植被区。多为次生草本植物群落、灌木丛和稀疏乔木,或由人工栽培的用材林、经济林、防护林及部分天然薪炭林。植物资源丰富,主要有松、杉、桐、桉、竹、油茶、油桐、紫胶等。药用植物有毛冬青、巴戟等,草品种也十分丰富,有芒箕、芦苇、芒草、白茅、葛藤和其他藤类植物、蕨类等。主要经济树种有油茶、油桐、茶,水果有柑橘、细核荔枝、李(奈)、果合柿等。大部分山地、丘陵基本绿化,全县森林覆盖率约69.53%。

项目区自然概况有以下特点:项目区土壤是以红壤为主,部分为黄壤,多是花岗岩、砂页岩风化而成,土壤黏性较差,加之属于亚热带季风气候区,降雨量大,且较为集中,极易造成水土流失,项目区在产业发展过程中,必须实施蓄水保土措施,当地多年来成功经验是开挖水平沟,使雨就地入渗,减少径流,保住土壤和肥力;其次合理规划机耕路和排水系统,减轻山洪灾害和提高种植采收效率。另外,从地形上看,项目区属于山地丘陵地貌单元,坡度较陡,项目建设过程中,由于大面积扰动地表,短时间内会加重水土流失量,但随着时间的推移,梯带趋于稳定,排水系统、护坡措施发挥作用,水土流失将会得到有效控制,生态、经济效益逐步显现。此外,在项目建设中的头一年会一定程度影响基地的产出和收入,施工中应尽可能减少扰动面积,使影响降到最低。

3.2　社会经济情况

3.2.1　社会经济现状

项目区涉及郭田、横陂、河东、龙村、转水、长布6镇,乡村总人口43.98万人。

2014年项目区农业总产值38.70亿元,占总产值的57.19%;林业产值占总产值的5.51%;牧业产值占总产值的29.31%;渔业产值占总产值的3.20%;副业占总产值的4.76%。农民年均纯收入7 243元。

粮食生产和多种经营是项目区的主导产业。粮食生产作物有一年一熟制、一年两熟制、二年三熟制,其主要作物种类有水稻、玉米、花生、大豆、烟叶、薯类等,播种面积48.66万亩,全年粮食总产量12.68万t,平均单产314 kg/亩,人均产粮288 kg,粮食产量不高,人均产量低于全省平均水平。项目区林业用地面积106 352 hm^2,占土地面积的74.6%。项目区经果林主要有柑橘、柚、茶、油茶、荔枝、龙眼、李子等,林特经济总量低。项目区畜牧业生产主要从事牛、猪、羊、鸡、鸭等家畜家禽养殖,以家庭养殖为主,所需饲料均采用农产品的秸秆、麸皮等粉碎加工,配以少量的精饲料喂养和放牧等。项目区地处山丘区,水产养殖较少,水库以供水、灌溉为主,渔业产值低,以家庭为单位承包经营为主。

近年来,五华县委、县政府大力加强耕山致富示范点建设,积极推进油茶、茶叶、特色水果种植基地的建设,促进了农业的进一步发展,但同时也带来了不同程度的水土流失问题,因此科学合理的开发坡地,实施坡地水土流失综合治理工程十分必要。

3.2.2　农业生产条件

(1)交通:通过近年的村村通公路建设,项目区通村公路全覆盖,基本为混凝土路面。拟治理地块均有简易道路通达,基本为根据需要开挖的土质路面,路面排水不健全,路面及两侧边坡冲刷严重。田间道路没有系统规划,为生产过程中随机踩踏而成。

(2)通信:11 个项目区中,除郭田镇牛栏坑、横陂镇双龙山、龙村镇古塘、转水镇新民、转水镇新丰寨 5 个项目片移动网络全覆盖外,其余项目区地块内无移动网络或覆盖不全。项目区所在村组周边农户和基地驻地有固定电话、电视和信息网络。

(3)水利设施:项目片现有小型水库 4 座,塘堰 7 口,年蓄水量 204.7 万 m^3,蓄水池 7 口,灌溉保证率约 40%。项目区内的村组实施了农村安全饮水项目,项目区辐射的村组饮水状况有所改善,但项目片区内无人饮供水设施,生产用水取自山塘,以抽取为主。这些水利设施为项目区内的生产、生活提供了一定的用水需要,但与现代农业和生活用水还存在着很大的差距。

(4)供电:项目区内农户供电普及率 100%。农村用电通过网改后,实行同网同价。

(5)农村能源:主要以煤、电、燃气为主,较少使用薪柴、作物秸秆。

(6)技术管理与社会服务:五华县水土保持工程实行了项目法人制、招标投标制、监理制、公示制、承诺制。县级水利水保部门负责计划任务编报、组建项目法人,乡(镇)负责组织协调各村统计、上报治理需求,监督、协调工程实施,村委员会负责将涉及本村的工程在村内公示,征求意见,作出工程建设承诺,监督工程的实施,中标的施工企业按设计要求进行施工。水土保持涉及相关部门有财政、农业、林业、畜牧业、土地管理、气象,各部门在各自职责范围内提供全方位的服务,确保各项工程措施建设任务的实施。

3.2.3　社会经济发展需求

项目区以种植业为主导产业,农业、林业产值占农村总产值的 62.6%,从项目区各乡(镇)收入差距分析,各项目区内土地生产力状况与农业总产值、农民经济状况成正比关系,由于农民的大部分收入都是通过种植粮食作物获得的,对土地的依附程度较高,土地生产力的高低将直接影响到项目区的农业总产值、农民经济收入。项目区人均耕地仅0.61 亩,人均产粮 288 kg,耕地最少的横陂镇人均耕地不足 0.5 亩,耕地严重不足,粮食安全难以保障。项目区需提高耕地质量,维持耕地数量,切实做好耕地储备工作,打好农业产业发展的基础条件。

项目区有坡地 6.92 万亩,土地产出低,部分改造为茶园、果园等产业基地,由于水土流失没有得到很好的治理,产出低,收益不高,部分实施产业与生态旅游相结合的初衷并没实现,由于交通不便、生态环境不良,旅游参观者极少。项目区需治理坡地水土流失,开展生态建设,做好通水、通路基础设施。

项目区仍有 4 500 亩果园、6 000 亩耕地需解决浇灌条件,1 220 人、1 300 头大牲畜需解决饮水问题。

综上所述,目前项目区水土流失严重,农民收入低,远未摆脱传统农业的束缚,农业产业结构不合理、调整进展缓慢,农业投入严重不足,这些问题严重影响和制约着项目区农业及农村经济的发展。项目区土地利用不尽合理,坡耕地比重较大,严重制约当地的经济发展,这也是经济落后的主要原因。但随着项目的实施,以市场为导向发展特色产业,以区域经济发展规模经济,进行产业结构调整,势必大幅度提升群众生产生活条件和新农村建设及维护粮食、生态安全。

3.3　坡地情况

3.3.1　土地利用现状

项目区土地总面积 1 424.86 km²,其中:耕地面积 17 963.9 hm²,占总面积的12.61%,在耕地面积中,水田、水浇地 13 351.9 hm²,旱地及坡耕地 4 612.0 hm²;园地1 680.2 hm²,占总面积的 1.18%;林地面积106 352.0 hm²,占总面积的74.64%;城镇及工矿用地6 973.2 hm²,占总面积的4.89%;其他用地(包括水域、难利用地)面积7 947.7 hm²,占总面积的5.57%。

3.3.2　坡地现状

项目区现有坡耕地面积6.92万亩,拟实施治理24 800亩,拟治理坡耕地的坡度组成为:5°~8°坡耕地3 073亩,占坡耕地总面积的12.4%;8°~15°坡耕地为8 918亩,占坡耕地总面积的36.0%;15°~25°坡耕地为12 809亩,占坡耕地总面积的51.6%。坡耕地坡度整体较陡,易产生严重的水土流失。

坡耕地目前以种植茶、柚、油茶、花生、烤烟等农特经果为主。

根据走访农户调查和统计资料,项目区内土地利用尚存在以下问题:一是耕地数量严重不足,人均耕地面积仅0.61亩;二是垦殖指数高,人均作物总播种面积粮食种植面积1.1亩,高于全县平均水平,但产量低;三是坡耕地面积大,配套基础设施薄弱,农业生产力水平较低,境内水土流失严重,农业抵御自然灾害的能力差;四是农业种植基地发展处于初级水平,生态化、商品化程度较低,开发利用水平低。但项目区具有较好的气候、植物资源,以及靠近珠江三角洲发达地区的便利,具有开发利用的潜力。

根据项目区乡(镇)调查摸底情况,愿意参与坡耕地综合治理的主要是已有一定产业雏形的农业特色种植业基地。依据当前的土地生产经营形式的变化,住在乡村的家庭日益空心化,集体会战、分户治理均难以开展,大户承包、规模开展、产业发展已成为必由之路。经统计和筛选,郭田镇牛栏坑油茶基地、横陂双龙山种养基地、河东镇三丫塘种养基地、龙村镇雷公肚高山茶种植基地、湖中古塘多种经营种养基地、登云岭新艳绿茶种植基地、转水镇新民村油茶基地、新华黄沙塘油茶基地、下潭村冷水坑油茶及林木开发基地、新丰寨休闲农业产业园,长布镇太平村柿花基地等11个坡地集中连片占,急需开展水土流失综合整治工作,集中连片总面积24 800亩。

3.4　项目区主要特点

拟定的项目区是根据项目区选择原则,经过多方考察、综合对比确定的,存在以下几个特点:

(1)工程实施基础较好。拟定的项目区均已形成一定的产业基础,土地使用权、经营权属明确,工程落实施工较易。

(2)符合政府产业政策发展规划和布局,属于当地政府鼓励支持项目。

(3)当地经济发展较为滞后,能够提供就业能力,增加群众收入。

(4)普遍存在水土流失问题,土地生产力不高,产出率低,且对沟道形成淤积,影响防洪安全和农村饮水安全。

4　总体布置与措施设计

4.1　水土保持分区

五华县总体地貌属南方山地丘陵区,在广东省水土保持区划中属岭南东部山地丘陵保土水源涵养区。根据项目区所处县域区位,大致可分为五华县北部片区、中部片区、南部片区。

北部片区:包括转水镇的新民村油茶基地、新华村黄沙塘油茶基地、下潭村冷水坑油茶及林木开发基地、新丰寨休闲农业产业园及长布镇太平村柿花基地,项目区面积8 300亩。北部片区均为丘陵地带,海拔100~300 m,母岩主要为粗粒花岗岩,坡面有崩岗发育,坡度介于15°~25°,现状为水平窄式梯带种植,3~5年生苗,坡面覆盖较差,路面冲刷、坡面冲刷情形多,蓄水设施不足。

中部片区:包括郭田镇牛栏坑油茶基地、横陂镇双龙山旅游区、河东镇三丫塘蜜柚种养基地。项目区面积6 500亩,属高丘地形,海拔300~500 m,母岩主要为中生代侏罗纪沉积岩地层,砂页岩分布广泛,以面蚀、浅沟蚀为主,坡度介于15°~25°,穴状种植、梯带种植均有,部分为原始地形,截水、保土措施不足,冲刷严重,田间道路零乱,成为水流通道,蓄水设施不足,配套道路不足,路沟侵蚀严重。

南部片区:包括龙村镇的雷公肚高山茶种植基地、湖中古塘多种经营种养基地、登云岭新艳绿茶种植基地。项目区面积约10 000亩,属中低山地貌,海拔700~1 000 m,花岗岩和沉积岩均有分布,以变质砂页岩居多,花岗岩主要为微晶花岗岩。基地均环绕水库、水塘或天然山顶湖泊展开。蓄水保土措施不足,配套道路不足,较为偏远,生产条件不便,土壤质地变差,水库水质多混浊。

4.2　总体布置

按照项目区水土流失类型和坡地综合治理的实际需求,因地制宜、切合实际地布设各项措施。

总体布置方案为:坡地内部修筑水平竹节沟蓄水拦沙,合理设置田间道路和机耕路,田间道路采用透水砖铺砌,机耕路砂砾化或硬化,内侧设置排水沟和消力池及过路管沟,避免路沟侵蚀。完善灌溉渠、蓄水池等灌排设施,局部试点利用雨水集蓄开展节水灌溉,梯田埂栽植黄花、金银花等地埂植物,裸露坡面进行绿化,防止水土流失。坡地下部适宜建塘的地方设置小型蓄水塘堰。根据以上方案,以项目点为单位,逐个设计。

根据项目区地形图和平面布置,经各点调查统计,主要建设内容为:综合治理坡地24 800亩,其中新修水平阶550亩,水平沟1 653.168 km,机耕路49.6 km,田间道路322.4 km,排水沟375.72 km,沉沙池120口,蓄水池62座,塘堰整治10座。

各项目区主要建设内容见表4-5。

表 4-5　五华县坡耕地综合整治工程主要建设内容表

镇	图斑名（号）	面积/亩	水平阶/亩	水平沟/m	机耕路/m	田间道路/m	排水沟/m	沉沙池/个	蓄水池/座	塘堰整治/座
郭田镇	牛栏坑	3 000		199 980	6 000	39 000	45 450	10	8	2
横陂镇	双龙山	2 000		133 320	4 000	26 000	30 300	10	8	2
河东镇	三丫塘	1 500	200	99 990	3 000	19 500	22 725	8	10	1
龙村镇	雷公肚	4 000	150	266 640	8 000	52 000	60 600	20	5	
	湖中古塘	2 000	200	133 320	4 000	26 000	30 300	10	10	2
	登云岭	4 000		266 640	8 000	52 000	60 600	20	5	1
转水镇	新民村	2 000		133 320	4 000	26 000	30 300	10	2	
	新华黄沙塘	2 000		133 320	4 000	26 000	30 300	10	4	
	下潭村冷水坑	1 300		86 658	2 600	16 900	19 695	7	3	
	新丰寨	1 000		66 660	2 000	13 000	15 150	5	3	1
长布镇	太平村柿花基地	2 000		133 320	4 000	26 000	30 300	10	4	1
合计		24 800	550	1 653 168	49 600	322 400	375 720	120	62	10

4.3　措施设计

4.3.1　水平阶设计

水平阶主要用于保持水土,蓄养地力,以便利于耕作和栽植经济作物。国家及相关部门目前没颁布相关的技术标准,本次按窄条梯田形式,结合坡改梯设计标准和经果林整地标准设计。

4.3.1.1　设计原则

水平阶工程布设根据各项目点的需求布设。选择地面坡度在 10°~20° 的坡耕地,土层厚度在 30~50 cm,便于实现机械化和水利化经营管理的地方,以坡面水系和道路网络为骨架,适度规模,集中连片布设。梯埂沿等高线布置,遵循大弯就势、小弯取直、统一集中施工的原则。

4.3.1.2　设计标准及参数

根据《水土保持工程设计规范》(GB 51018—2014),本工程按Ⅱ区 3 级标准设计,排水设计标准采用 3 年一遇短历时暴雨。本地区降雨量大于 800 cm,水系工程布设原则为以排为主、蓄排结合。

水平阶设计功能要求:田面净宽 ≥3 m,外设 30 cm 宽埂坎,高 20 cm,埂坎外坡 1:0.5、内坡 1:0.5,阶面外高内低,向内顷斜,坡率 1%,田面覆盖熟土层,厚度大于 20 cm。内设素土夯实排水沟,排水沟宽 0.3 m、深 0.2 m,沟边坡 1:0.5。

4.3.1.3　水平阶布设及措施数量

根据项目区需求及地形条件,按照设计办法,设计成果见表4-6。

表4-6　水平阶设计成果

镇	项目分区	水平阶面积/亩	原地面平均坡度/(°)	水平阶			地埂		阶内排水沟		亩均工程量/m³
				水平阶宽度/m	台阶高度/m	田面坡率/%	埂宽/m	埂高/m	沟宽/m	沟深/m	
河东镇	三丫塘	200	17	3	0.9	1.0	0.3	0.2	0.3	0.2	88.3
龙村镇	雷公肚	150	13	3	0.7	1.0	0.3	0.2	0.3	0.2	71.60
龙村镇	湖中古塘	200	18	3	1.0	1.0	0.3	0.2	0.3	0.2	96.60
合计		550									

注:亩均工程量为挖方量,挖填平衡。

4.3.2　水平沟(截水沟)设计

水平沟是坡地水土流失防治的重要措施,主要功能是截断和拦蓄坡面径流,拦截坡面泥沙,阻止水土流失,保持地力,从而维护土地生产力,促进农业生产。坡面布设水平竹节沟也是五华县多年来治理水土流失和农业生产中成熟的经验之一。

4.3.2.1　设计原则

水平沟设计参照多蓄少排型截水沟设计。截水沟汇水坡面长,则沟道断面大,沟道总长小;汇水坡面短,沟道断面小,截水沟总的长度长。

在坡地内,自上而下沿等高线设置,每隔10 m(水平距)设1条截水沟(坡地已修整成水平阶的,大约为每3个阶面设置1条),沟底每隔5 m设0.2~0.3 m的小土埂,阻止水流横向冲刷。

4.3.2.2　设计标准及参数

设计标准采用坡面截排水工程3级标准,即3年一遇短历时暴雨。按规范应设计0.2 m的安全超高,考虑本工程水平沟均布设在已开梯的坡地上或规划设计的水平阶地上,设计的阶面本身外高内低,具有一定的蓄水功能,为减少工程量,不设安全超高。

4.3.2.3　水平沟典型设计

选择五华县北部片区转水镇新民村油茶基地1#图斑作为典型设计对象。该地块面积120亩,地面平均坡度15°,查《广东省水文图集》(2000年),推算该地块3年一遇24 h降水量为120.1 mm,截水沟沿等高级每隔10 m布设,长度按5 m一节,地块侵蚀强度为中度,土壤侵蚀模数取3 000 t/(km²·a),按拦截2年土壤侵蚀量计算,土壤容重取1.35 g/cm³。

计算参数及计算结果见表4-7。

表 4-7　水平沟典型设计参数及计算成果

基本参数		计算过程			设计成果	
项目	数值	项目	公式	计算结果		
3 年一遇 24 h 降雨量/mm	120.1	一次暴雨径流模数/（m³/hm²）		840.7	截水沟断面面积/m²	0.885
径流系数	0.7	一次暴雨径流量/m³	$V_w = M_w F$	4.204	底宽/m	0.7
截水沟长度/m	5	2 年土壤侵蚀量/m³	$V_s = 2M_s F$	0.222	深/m	0.8
截水沟集水面积/hm²	0.005	截水沟容量/m³	$V = V_w + V_s$	4.426	坡比	1:0.5

4.3.2.4　水平沟分布及数量

水平沟是坡地治理最基本的水土保持措施,每个片区、每个地块均需布设水平沟。根据典型设计情况,本工程共设计水平沟 1 653.168 km,土方开挖 145.478 8 万 m³,水平沟的布设情况见表4-8。

表 4-8　水平沟布设情况

镇	图斑名(号)	实施面积/亩	设计暴雨/mm	水平沟间距/m	水平沟断面				水平沟总长度/m	总土石方量/m³
					水平沟截面积/m²	沟底宽/m	沟深/m	沟壁坡率		
郭田镇	牛栏坑	3 000	120.1	10	0.88	0.7	0.8	1:0.5	199 980	175 982
横陂镇	双龙山	2 000	120.1	10	0.88	0.7	0.8	1:0.5	133 320	117 322
河东镇	三丫塘	1 500	120.1	10	0.88	0.7	0.8	1:0.5	99 990	87 991
龙村镇	雷公肚	4 000	120.1	10	0.88	0.7	0.8	1:0.5	266 640	234 643
龙村镇	湖中古塘	2 000	120.1	10	0.88	0.7	0.8	1:0.5	133 320	117 322
龙村镇	登云岭	4 000	120.1	10	0.88	0.7	0.8	1:0.5	266 640	234 643
转水镇	新民村	2 000	120.1	10	0.88	0.7	0.8	1:0.5	133 320	117 322
转水镇	新华黄沙塘	2 000	120.1	10	0.88	0.7	0.8	1:0.5	133 320	117 322
转水镇	下潭村冷水坑	1 300	120.1	10	0.88	0.7	0.8	1:0.5	86 658	76 259
转水镇	新丰寨	1 000	120.1	10	0.88	0.7	0.8	1:0.5	66 660	58 661
长布镇	太平村	2 000	120.1	10	0.88	0.7	0.8	1:0.5	133 320	117 321
合计		24 800							1 653 168	1 454 788

4.3.3　排水沟设计

4.3.3.1　设计原则

本次设计排水沟范围为坡地内各连通水沟(不含水平阶、梯地内侧的结构性排水沟)、山边洪水沟、道路排水沟,根据各地块的实际需求布设。遵循以下原则:

(1)排水沟设于机耕路、田间耕作道路、人行步梯一侧或两侧,弯道处需设过路管涵。

(2)坡地与林地交界需布设排水沟。

(3)排水沟应接于天然沟道,大于冲刷临界流速后应设急流槽或消力池过渡。弯道处、地块分界处、接天然沟道连接处应设沉沙池。

(4)排水沟断面依据水土保持工程设计规范设计,同时应考虑施工便利要求,排水沟衬砌方式应结合当地建材市场供应情况确定。

(5)为了保证沟渠的连通,穿路采用埋设涵管,涵管直径$\phi 30$,两端各一个沉沙池。

4.3.3.2　设计标准及参数

根据水土保持工程设计规范中坡面截排水工程的级别划分,本工程属于三级,设计标准采用3年一遇短历时暴雨。本工程采用3年一遇1 h最大降雨量设计。

4.3.3.3　典型设计

以转水镇新民村油茶基地$3^{\#}$图斑的地块为例进行设计。图斑面积为10.2 hm^2,根据地形图,共设计排水沟8条1 480 m,排水沟最大周边汇水面积约为2.0 hm^2,见表4-9。

表4-9　$3^{\#}$图斑排水沟洪峰流量计算成果

参数	单位	数量
汇流面积	km^2	0.02
降雨强度	mm/h	15.87
径流系数		0.7
设计流量	m^3/s	0.06

经试算,当坡降取0.01,排水沟底宽0.3 m,边坡1:0.5,其最高水深为0.3 m,断面最大过流流量为$0.088 \text{ m}^3/\text{s}$时,大于排水沟的设计流量,见表4-10。

表4-10　$3^{\#}$图斑排水沟断面复核试算表

	断面形式	梯形
拟定断面	底宽/m	0.3
	边坡	1:0.5
	最高水深/m	0.3
	比降 I	0.01
	糙率 n	0.025

续表 4-10

试算结果	过水面积 $W/\mathrm{m^2}$	0.135
	湿周 χ/m	0.971
	水力半径 $R=W/\chi/\mathrm{m}$	0.139
	谢才系数 $C=\dfrac{1}{n}\sqrt[6]{R}$	55.56
	最大过水流量 $Q=AC\sqrt{RI}/(\mathrm{m^3/s})$	0.088

同理,当坡降较陡时,可选择矩形排水沟,以减少占地面积,经试算,当坡降为 0.01 时,选择 0.3 m×0.3 m 的矩形浆砌石排水沟时,其过流能力为 0.115 m³/s,仍大于 0.06 m³/s 的排水需求。

4.3.3.4　排水沟结构形式

排水沟根据实际需求,可选择土质、浆砌石、砖砌、混凝土等衬砌结构。

土质排水沟布设在坡率缓、集雨面积小的坡地内部。

浆砌石排水沟适用于坡度较陡、冲刷较强、石料方便的坡地,常用于机耕路伴行排水沟或急流槽,边墙衬砌厚度不小于 30 cm,沟底衬砌厚度不小于 20 cm。

砖砌排水沟主要用于田间生产道路的结构性排水沟的衬砌,衬砌厚度不小于 12 cm。

混凝土排水沟主要用于石料不便、需减少排水沟占地的坡地及机耕路伴行排水沟,可采用现浇形式或预制混凝土板搭接组合。厚度不小于 8 cm,强度大于 C20。

4.3.3.5　工程量

根据典型设计及本工程布局需求,本工程共布设排水沟 375.72 km,排水沟类型包括砖砌排水沟 148.8 km,浆砌石排水沟 130.2 km,混凝土排水沟 93.0 km。连接管涵 3 720 m。排水沟分布情况见表 4-11。

表 4-11　排水沟分布情况

镇	图斑名(号)	实施面积/亩	设计暴雨/mm	排水沟类型	排水沟断面			数量/m
					沟底宽/m	沟深/m	沟壁坡率	
郭田镇	牛栏坑油茶基地	3 000	15.87	砖砌	0.2	0.2	1:0	18 000
				浆砌	0.3	0.3	1:0.5	15 750
				混凝土	0.3	0.3	1:0	11 250
				连接管	ϕ 30			450
横陂镇	双龙山旅游区	2 000	15.87	砖砌	0.2	0.2	1:0	12 000
				浆砌	0.3	0.3	1:0.5	10 500
				混凝土	0.3	0.3	1:0	7 500
				连接管	ϕ 30			300
河东镇	三丫塘种养基地	1 500	15.87	砖砌	0.2	0.2	1:0	9 000
				浆砌	0.3	0.3	1:0.5	7 875
				混凝土	0.3	0.3	1:0	5 625
				连接管	ϕ 30			225

续表 4-11

镇	图斑名(号)	实施面积/亩	设计暴雨/mm	排水沟类型	排水沟断面			数量/m
					沟底宽/m	沟深/m	沟壁坡率	
龙村镇	雷公肚高山茶种植基地	4 000	15.87	砖砌	0.2	0.2	1:0	24 000
				浆砌	0.3	0.3	1:0.5	21 000
				混凝土	0.3	0.3	1:0	15 000
				连接管	ϕ 30			600
	湖中古塘多种经营种养基地	2 000	15.87	砖砌	0.2	0.2	1:0	12 000
				浆砌	0.3	0.3	1:0.5	10 500
				混凝土	0.3	0.3	1:0	7 500
				连接管	ϕ 30			300
	登云岭新艳水库旁	4 000	15.87	砖砌	0.2	0.2	1:0	24 000
				浆砌	0.3	0.3	1:0.5	21 000
				混凝土	0.3	0.3	1:0	15 000
				连接管	ϕ 30			600
转水镇	新民村油茶基地	2 000	15.87	砖砌	0.2	0.2	1:0	12 000
				浆砌	0.3	0.3	1:0.5	10 500
				混凝土	0.3	0.3	1:0	7 500
				连接管	ϕ 30			300
	新华黄沙塘油茶基地	2 000	15.87	砖砌	0.2	0.2	1:0	12 000
				浆砌	0.3	0.3	1:0.5	10 500
				混凝土	0.3	0.3	1:0	7 500
				连接管	ϕ 30			300
	下潭村冷水坑	1 300	15.87	砖砌	0.2	0.2	1:0	7 800
				浆砌	0.3	0.3	1:0.5	6 825
				混凝土	0.3	0.3	1:0	4 875
				连接管	ϕ 30			195
	新丰寨休闲农业产业园	1 000	15.87	砖砌	0.2	0.2	1:0	6 000
				浆砌	0.3	0.3	1:0.5	5 250
				混凝土	0.3	0.3	1:0	3 750
				连接管	ϕ 30			150

续表 4-11

镇	图斑名(号)	实施面积/亩	设计暴雨/mm	排水沟类型	排水沟断面			数量/m
					沟底宽/m	沟深/m	沟壁坡率	
长布镇	太平村柿花基地	2 000	15.87	砖砌	0.2	0.2	1:0	12 000
				浆砌	0.3	0.3	1:0.5	10 500
				混凝土	0.3	0.3	1:0	7 500
				连接管	φ30			300
合计				砖砌				148 800
				浆砌				130 200
				混凝土				93 000
				连接管				3 720

4.3.4　蓄水池设计

4.3.4.1　布设原则

(1)以拦蓄坡面径流作为水源的蓄水池布设在坡面局部低凹处,与排水沟(或排水型截水沟)的终端相连,以容蓄坡面排水。

(2)以容蓄提水、引水作为水源的蓄水池布设坡面高处,以利于自流滴灌、浇灌。

(3)蓄水总容量根据需求布设,单个蓄水池容量和形式根据地形及建设条件设计。

4.3.4.2　设计标准

防御暴雨标准一般采用 10 年一遇最大 24 h 降雨量。

4.3.4.3　蓄水池容积确定

根据设计频率下的一次坡面径流总量、蓄排关系和修建省工、使用方便等原则,因地制宜具体确定,单池容量一般不小于 35 m³。

4.3.4.4　工程设计

蓄水池选用方形开敞式,由水池、人梯、进水口、溢水口和护栏等部分组成。蓄水池池体为方形,长 5 m,宽 4 m,深 1.75 m,为防止地基应力、不均匀沉陷以及温度变化等情况导致底板开裂、渗漏,池底板采用 C15 钢筋混凝土浇筑,厚 20 cm;侧墙高度 1.75 m,侧墙为砖砌,厚 24 cm,表面抹 2 cm 厚的 M10 水泥砂浆。

蓄水池的进水口和溢洪口均采用机砖衬砌,矩形断面、进水口断面尺寸:底宽 30 cm,深 30 cm,溢洪口断面尺寸:口底宽 30 cm,深 30 cm。

根据稳定验算,侧墙稳定安全系数 $K=1.35>1.2$,符合稳定要求。

为满足蓄水池清淤的需要,设置人梯一座,宽度 1.0 m,高 1.75 m,采用机砖砌筑。在池顶设溢水口与排水沟连接,梯形断面上顶宽 0.6 m,下底宽 0.3 m。蓄水池四周设砖砌露花围栏,护栏高 1.0 m。根据蓄水池自流灌溉的需要,在蓄水池侧墙处预埋 PVC 放水管,管径 15 cm,与灌溉渠道相接,并设蝶阀控制开关。

4.3.4.5 工程量

本工程建设蓄水池共62座,工程量详见表4-12。

表4-12 蓄水池工程量

镇	项目区	实施面积/亩	蓄水池数量/座	砌砖/千块	M10砂浆抹面/m³	碎石垫层/m³	C15混凝土/m³	钢筋/kg	抗渗剂/kg	蝶阀/个	PVC管/m
郭田镇	牛栏杭	3 000	8	84.64	31.84	30.00	40.00	142.80	192.00	8	8
横陂镇	双龙山	2 000	8	84.64	31.84	30.00	40.00	142.80	192.00	8	8
河东镇	三丫塘	1 500	10	105.80	39.80	37.50	50.00	178.50	240.00	10	10
龙村镇	雷公肚	4 000	5	52.90	19.90	18.75	25.00	89.25	120.00	5	5
	湖中古塘	2 000	10	105.80	39.80	37.50	50.00	178.50	240.00	10	10
	登云岭	4 000	5	52.90	19.90	18.75	25.00	89.25	120.00	5	5
转水镇	新民村	2 000	2	21.16	7.96	7.50	10.00	35.70	48.00	2	2
	新华黄沙	2 000	4	42.32	15.92	15.00	20.00	71.40	96.00	4	4
	下潭村冷水坑	1 300	3	31.74	11.94	11.25	15.00	53.55	72.00	3	3
	新丰寨	1 000	3	31.74	11.94	11.25	15.00	53.55	72.00	3	3
长布镇	太平村	2 000	4	42.32	15.92	15.00	20.00	71.40	96.00	4	4
合计		24 800	62	655.96	246.76	232.5	310	1 106.7	1 488	62	62

4.3.5 沉沙池

沉沙池布设在排灌沟渠中间或末端及蓄水池进水口处,起到沉沙、防冲和沟渠承接的作用。

4.3.5.1 布设原则

(1)沉沙池布设在蓄水池进水口的上游附近。排水沟(或排水型截水沟)排出的水量,先进入沉沙池,泥沙沉淀后,再将清水引入池中。

(2)沉沙池的具体位置,根据当地和工程条件确定,可以紧靠蓄水池,也可以与蓄水池保持一定距离。

(3)沉沙池的容积根据地形条件确定,为施工便利,宜采用常规定型尺寸,使用中及时清理维护。

4.3.5.2 工程设计

沉沙池池体为矩形,宽1.5 m,长3.0 m,池深1.0 m,侧墙及底板采用机砖砌筑,表面采用M10水泥砂浆抹面,抹面厚2 cm,池体进水口与出水口错开布置。进口规格:30 cm×30 cm,沉沙池规格为300 cm×100 cm×150 cm,出口规格与进口相同。

4.3.5.3　工程量

本工程建设沉沙池共 120 座,工程量详见表 4-13。

表 4-13　沉沙池工程量

镇名	项目区	实施面积/亩	沉沙池数量/座	砌砖/千块	M10 砂浆抹面/m³
郭田镇	牛栏坑	3 000	10	10.1	7.7
横陂镇	双龙山	2 000	10	10.1	7.7
河东镇	三丫塘	1 500	8	8.08	6.16
龙村镇	雷公肚	4 000	20	20.2	15.4
	湖中古塘	2 000	10	10.1	7.7
	登云岭	4 000	20	20.2	15.4
转水镇	新民村	2 000	10	10.1	7.7
	新华黄沙塘	2 000	10	10.1	7.7
	下潭村冷水坑	1 300	7	7.07	5.39
	新丰寨	1 000	5	5.05	3.85
长布镇	太平村	2 000	10	10.1	7.7
合计		24 800	120	121.2	92.4

4.3.6　蓄水堰

蓄水堰一般开挖在地势低洼的山坑口,一是起到蓄水抗旱作用;二是沉积雨水冲刷下来的泥沙,防止造成水土流失危害。要求深挖 2 m 左右,堰顶设溢流口。蓄水堰工程以龙村镇湖中古塘项目作典型设计。

4.3.6.1　建设条件

地质条件好,有一定集雨面积,能发挥灌溉效益、基础稳固的地形低凹处。

4.3.6.2　技术要求

(1)坝型:对区内综合情况进行分析,确定区内的坝型均采用 C20 混凝土重力坝。

(2)设计标准:以《水土保持综合治理技术规范》(GB/T 16453—2008)为标准,防御暴雨标准采用 10 年一遇最大 24 h 降雨量。

4.3.6.3　工程设计

坝体:根据当地材料的适宜性,坝型选用 C20 混凝土重力坝,根据坝址处的地形地质条件确定其典型断面尺寸为:坝轴线长 20 m,坝高 3.0 m,坝顶宽 1.0 m,迎水坡垂直,背水坡 1:0.6,溢流口尺寸为 0.5 m×4.0 m。放水管采用 φ300 钢管,有闸阀控制开关,下游接灌溉沟渠。

4.3.6.4　稳定分析

1)基本假定

(1)坝体为均质、连续、各向同性的弹性材料。

(2)取单宽1 m计算,不考虑坝体之间的内部应力。

(3)本工程规模小,只计算坝体的抗滑稳定,不对坝体剖面进行浅层与深层抗滑稳定分析以及坎基面应力分析。

2)计算工况

稳定分析按最不利工况,即坝后蓄满水时进行计算。

3)抗滑稳定分析

经计算:$K_t = 2.51 > 1.5$,满足设计要求。

4.3.6.5　工程量

本工程建设蓄水堰共10座,工程量详见表4-14。

表4-14　蓄水堰工程量

镇名	项目区	数量/座	土方开挖/m³	C20混凝土/m³	闸阀/个	φ300钢管/m
郭田镇	牛栏坑	2	477	409.17	2	6
横陂镇	双龙山	2	477	409.17	2	6
河东镇	三丫塘	1	239	204.59	1	3
龙村镇	湖中古塘	2	477	409.17	2	6
	登云岭新艳水库	1	239	204.59	1	3
转水镇	新丰寨	1	239	204.59	1	3
长布镇	太平村	1	239	204.59	1	3
合计		10	2 387	2 045.87	10	30

4.3.7　机耕路

项目区内通常已有机耕路,均为土质路面,雨水冲刷严重,泥泞难行,沟槽较多,通行不便。为了方便农民耕种、运输和水土保持工程管理及维修,需要在坡地治理区域内整修耕作道路。

4.3.7.1　设计原则

(1)机耕路必须与坡面水系和灌排渠系相结合,统一规划,统一设计,防止冲刷,保证道路完整、畅通。

(2)以满足生产需要为原则,布局合理,有利生产,方便耕作和运输,提高劳动生产效率。

(3)占地少,节约用地。

(4)尽可能避开大挖大填,减少交叉建筑物,降低工程造价。

(5)坡度大于3%的砂质道路或泥质较多的坡地内采用混凝土路面,坡度小于3%砂质坡地采用泥结石路面。

4.3.7.2　设计标准

路面宽 3.5 m,每 200 m 布置一处会车平台。

泥结石路面厚度为 0.25 m,其中碎石垫层厚 15 cm,泥结碎石面层厚 10 cm,碎石粒径 2~4 cm,泥结碎石面层中黏土含量不超过 15%,分层填筑,机械压实。

混凝土路面采用 C25 混凝土厚 18 cm,垫层为 10 cm 厚的粗砂。

路面一侧或双侧设排水沟。

4.3.7.3　工程量

机耕路总长 49.6 km,其中泥结石道路 22.32 km,混凝土道路 27.28 km。工程量为土方开挖 8.68 万 m^3,土方回填 8.68 万 m^3,泥结石 7.812 万 m^2,C20 混凝土路面 9.548 万 m^2。分布见表 4-15。

表 4-15　机耕路分布及工程量

镇	项目区	泥结石道路/m	混凝土道路/m	道路总长/m	土方开挖/m^3	土方回填/m^3	垫层碎石/m^3	泥结石/m^2	混凝土路面/m^2
郭田镇	牛栏坑	2 700	3 300	6 000	10 500	10 500	735	9 450	11 550
横陂镇	双龙山	1 800	2 200	4 000	7 000	7 000	490	6 300	7 700
河东镇	三丫塘	1 350	1 650	3 000	5 250	5 250	367.5	4 725	5 775
龙村镇	雷公肚	3 600	4 400	8 000	14 000	14 000	980	12 600	15 400
	湖中古塘	1 800	2 200	4 000	7 000	7 000	490	6 300	7 700
	登云岭	3 600	4 400	8 000	14 000	14 000	980	12 600	15 400
转水镇	新民村	1 800	2 200	4 000	7 000	7 000	490	6 300	7 700
	新华黄沙塘	1 800	2 200	4 000	7 000	7 000	490	6 300	7 700
	下潭村冷水坑	1 170	1 430	2 600	4 550	4 550	318.5	4 095	5 005
	新丰寨	900	1 100	2 000	3 500	3 500	245	3 150	3 850
长布镇	太平村	1 800	2 200	4 000	7 000	7 000	490	6 300	7 700
合计		22 320	27 280	49 600	86 800	86 800	6 076	78 120	95 480

4.3.8　田间作业道路

为了方便农民耕种、运输和水土保持工程管理及维修,需要在土坎梯田区域内修建田间作业道路。

4.3.8.1　立地条件

在连片的经济果木林园地或坡地中布置,尽量与坡面水系工程相结合,防止冲刷;尽可能避开大挖大填,对坡度较大的道路修成台阶状;路面平整;布局合理,利于生产,方便耕作和运输;占地少,节约耕地;便于与外界联系。

4.3.8.2　设计标准

根据群众生产、采收便利设计。

4.3.8.3　工程设计

生产作业道和坡面水系构成连片经济果木林区的骨架,其布局应有利于生产、方便耕作和运输,以提高劳动生产效率。本工程规划生产道路322.4 km,其路面宽度一般为1.0 m,平坦处采用15 cm厚的碎石路面,垫层为5 cm厚的粗砂,路面平整,单侧布设排水沟;坡陡处设成步梯,采用8 cm厚C15粗砂混凝土现浇或透水砖单层衬砌。

4.3.8.4　施工要求

路面中间稍高于两侧,弯道外侧高于内侧,利于排水,保护路基。采用半挖半填式施工,填方部位要夯实,边坡稳定,路面平整。

4.3.8.5　工程量

本工程建设生产道路总长322.4 km,其中碎石道路96.72 km,混凝土道路122.512 km,砖砌道路103.168 km。工程量详见表4-16。

表4-16　田间作业道路工程量

镇	项目区	碎石道路/m	混凝土道路/m	砖砌道路/m	土方开挖/m³	碎石/m³	混凝土/m³	砖砌/m³	砂垫层/m³
郭田镇	牛栏坑	11 700	14 820	12 480	11 700	1 754	1 187	624	1 950
横陂镇	双龙山	7 800	9 880	8 320	7 800	1 170	790	416	1 300
河东镇	三丫塘	5 850	7 410	6 240	5 850	878	593	312	975
龙村镇	雷公肚	15 600	19 760	16 640	15 600	2 340	1 581	832	2 600
	湖中古塘	7 800	9 880	8 320	7 800	1 170	790	416	1 300
	登云岭	15 600	19 760	16 640	15 600	2 340	1 581	832	2 600
转水镇	新民村	7 800	9 880	8 320	7 800	1 170	790	416	1 300
	新华黄沙塘	7 800	9 880	8 320	7 800	1 170	790	416	1 300
	下潭村冷水坑	5 070	6 422	5 408	5 070	761	514	270	845
	新丰寨	3 900	4 940	4 160	3 900	585	395	208	650
长布镇	太平村	7 800	9 880	8 320	7 800	1 170	790	416	1 300
	合计	96 720	122 512	103 168	96 720	14 508	9 801	5 158	16 120

4.3.9　植物防护

坡地水平阶的阶坎、水平沟(竹节沟)的沟埂、机耕路的挖填边坡,由于施工裸露,易引起水土流失,施工结束后应恢复植被。

4.3.9.1　水平阶植物防护

水平阶阶坎的植物防护以种植簇状类并有一定经济价值的植物为主。植物品种选择黄花、剑麻,穴播,单行,株距 50 cm,设计水平阶种植黄花或剑麻 24.45 万株。

4.3.9.2　水平沟沟埂植物防护

截水沟的沟埂以撒播种草为主,草种以选择狗牙根、野豌豆等低矮或匍匐类植物,沟埂内外坡均植草,设计沟埂植草 165.32 万 m²。

4.3.9.3　机耕路植物防护

机耕路的挖填边坡采取铺植草皮和栽植灌木相结合。草皮选择台湾草、狗牙根或大叶油草,灌木可选择黄荆、黄栀子。草皮沿边坡满铺,灌木沿挖填边坡单行种植,株距 1.5 m。设计机耕路铺植草皮 24.80 万 m²,灌木 66 133 株。

植物防护措施工程量见表 4-17。

表 4-17　植物防护措施工程量

镇	项目区	水平阶植物防护	水平沟沟埂防护	机耕路植物防护	
		黄花/株	植草/万 m²	草皮/万 m²	灌木/株
郭田镇	牛栏坑油茶基地		20.00	3.00	8 000
横陂镇	双龙山		13.33	2.00	5 333
河东镇	三丫塘种养基地	88 893	10.00	1.50	4 000
龙村镇	雷公肚高山茶种植基地	66 671	26.67	4.00	10 667
	湖中古塘多种经营种养基地	88 893	13.33	2.00	5 333
	登云岭新艳水库旁		26.66	4.00	10 667
转水镇	新民村油茶基地		13.33	2.00	5 333
	新华黄沙塘油茶基地		13.33	2.00	5 333
	下潭村冷水坑		8.67	1.30	3 467
	新丰寨休闲农业产业园		6.67	1.00	2 667
长布镇	太平村柿花基地		13.33	2.00	5 333
合计		244 457	165.32	24.80	66 133

5　施工组织设计

5.1　工程量

根据工程设计数量计算工程量。本工程总开挖、回填土石方 180.072 7 万 m³,混凝土 3.720 4 万 m³;直播草籽 7 697 kg,灌木 6.61 万株,施工机械台班 2.36 万个,总用工 34.835 1 万个。工程措施工程量计算调整系数见表 4-18。

表 4-18 工程措施工程量计算调整系数

系数		1.01~1.02	1.02~1.03	1.03~1.04	1.04~1.05
工程措施	土石方开挖量/万 m³	>500	500~200	200~50	<50
	土石方填筑、砌石工程量/万 m³	>500	500~200	200~50	<50
	混凝土工程量/万 m³	>300	300~100	100~50	<50
植物措施		1.03			

项目工程量、物资及投劳情况见表 4-19。

表 4-19 项目区小流域工程量、物资及投劳情况

序号	工程名称	规划措施		土石方量			主要材料用量						人工
		单位	数量	土方/ m³	石方/ 万 m³	混凝土/ m³	水泥/ t	机砖/ 千块	钢筋/ t	树苗/ 万株	种籽/ kg	草皮/ 万 m²	总用工日/ 工日
1	水平阶	亩	550	48 565									
2	水平沟	km	1 653	1 454 788									
3	机耕路	km	49.6	86 800		17 173							
4	田间道路	km	322.4	96 720		9 801	6 829.06						
5	截排水沟	km	375.72	110 364		8 184	10 285.06						
6	蓄水堰	座	10	2 387		2 046							
7	蓄水池	座	62	62									
8	沉沙池	个	120	1 041				367.03					
9	植物防护									6.61	7 697	24.80	
19	合计			1 800 727	0	37 204	16 998	17 481.15	1.22	6.61	7 697	24.80	348 351

5.2 施工条件

项目区内有大小乡村公路与县城主干道相连,对外交通较为便利,施工所需的机械设备外购材料及设备可直接运到村委会或工地,可以满足施工要求。供水设施健全,施工用水可自行解决。供电通过网改后,已实行同网同价,电力供应有保障,足够满足施工用电需要。

施工所需建筑材料及油料均可在项目所在集镇采购,货源充足。项目建设所需草籽可在五华县城进行采购。物资采购利用合同包工包料形式由承包方采购,主要树种通过

优选采购,以此来保证材料和苗木供应的质量。

由于五华县多年来已实施韩江上游水土流失严重地区综合治理工程、崩岗治理试点工程、"五沿崩岗"治理工程、中小河流治理工程等,在已治理区域,农业生产的产业结构得到有效调整,村民居住环境得到改善,促进了区域环境生态平衡发展,看到已治理区农民获益后,项目区内干群参与水土保持的积极性较高,对土地改造有较为迫切的要求,农民积极性普遍较高,项目区土地流转政策稳定,经验成熟,有一定的产业基础,资金使用及管理可靠,项目区具备工程实施的良好条件。

5.3　施工工艺和方法

主要施工技术参数:混凝土垫层标号为 C15,现浇构件及建筑物为 C20,砌筑用砂浆为 M7.5 水泥砂浆,回填土压实度要求达到 90% 以上,阶坎及水平沟埂填筑质量干容重应达到 1.3 t/m³ 以上。

5.3.1　水平阶施工

水平阶施工可采用机械化与人工修整相结合的方式进行,水平阶开挖可采取 0.4 m³ 挖掘机开挖和填筑,自下而上逐阶施工。阶内排水沟采用人工开挖和人工修筑阶坎。

施工要求如下:

(1)水平阶施工时,应按设计布置图实地放样后施工。施工时,严格按照放线、剥离表土、开挖台阶、回填表土、人工挖沟、阶坎整修的程序进行。

(2)阶面应稍向内倾,水平成带,梯田田面、田坎应等高。

(3)水平阶在定线时,遇局部地形复杂处,应根据大弯就势、小弯取直的原则处理。

(4)对于田坎的基础,应将基础范围内厚约 0.5 m 表土挖掉,清除杂物,整平,夯实,形成反坡。

(5)水平阶修筑完成后,其耕作层厚度不小于 0.3 m。

(6)在进行水平阶坎种植植物时,要加强管理,清除杂草。

(7)田间管理:每年汛后和每次大暴雨后,应及时进行补修。

5.3.2　水平沟(竹节沟)

水平沟施工前应先定线,可采用 0.4 m³ 挖掘机开挖、人工修整和填筑沟埂,沟埂应及时种草覆绿,防止暴雨冲刷。每年汛后和每次大暴雨后,应及时清沟。

5.3.3　排水沟

排水沟的纵坡一般按自然坡降来确定,按明渠方式进行施工,必须保证沟道畅通,符合水力曲线要求,严禁出现转急弯或大小不等的葫芦节,在施工时应结合沉沙池一起施工,起到降缓水势、消力沉沙的作用。由人工开挖土石方,拖拉机将 U 形槽、碎石、水泥、沙等材料运至地头,人工或搅拌机搅拌砂浆并砌筑。对于过路排水,通过埋设涵管进行连接,涵管两端各设置一个沉沙池。

截水沟必须保证沟道畅通,符合水利曲线要求,严禁出现转急弯或大小不等的葫芦节。在施工中截水沟略高于排水沟布设,与排水沟连接处设置跌水消能,断面采用梯形,有利于田面排水。

5.3.4　沉沙池

沉沙池与排水沟同时施工,进水口与出水口应相互错开,其断面尺寸应相同;沉沙池的施工以开挖为主,避不开填方时必须用石料、混凝土衬砌,进水口底部高程略低于出水口的高程。

5.3.5　蓄水池

蓄水池严格按照设计的地理位置、标准进行施工,施工工艺及方法为首先采用挖掘机进行基坑挖取,人工修边,然后对基础进行处理,确认达到设计防渗要求后,进行墙壁砌筑及砂浆抹面,同时在进出水口处预留排水口。蓄水池建设完成后,在其四周设置围挡,并设置安全警示。

5.3.6　机耕路

机耕路采用机械施工,推土机平整,边坡采用机械或人工夯实,原则上应以挖作填,挖填平衡。道路两侧开挖排洪沟和修建消力设施,应与整个坡面水系相通、相连。沟、路相邻的,可利用开挖的土方,用作路基填筑;路面中间稍高于两侧,略呈龟背形,转道外侧稍高于内侧,转弯角度不能太小,一般为 15°;路基应压实,混凝土路面应严格按照混凝土强度等级加强检测。

机耕路成型后,道路边坡要及时进行植草植树防护,减少水土流失。

5.3.7　田间道路

田间道路应尽量与排水沟相伴,人工施工为主,要求顺线,陡坡处竖向的田间道路每上升 10 m 设一个长度大于 1 m 的休息平台。

5.3.8　塘堰整治

堰体采用埋石混凝土浇筑。

施工前应做好土料、石料的准备工作,并妥善解决施工导流,放水涵管兼作施工导流,则放水涵管应提前施工;按设计尺寸进行施工放线,注意对放水涵管、溢流口等控制位置的放线,对施工定线用的样桩,妥加保护。

埋石混凝土浇筑前,浇筑的水平工作面按常规施工缝处理,清除仓面浮浆、残渣,打毛冲洗使其表面充分湿润,使块石与混凝土的接合面为毛面结合。块石埋设应做到错开摆放,缝紧浆饱。

在铺筑底部混凝土前,石料洒水湿润,使其表面充分湿润,但不得残留积水;铺混凝土厚度为 8 cm 左右,以盖住凹凸不平的层面为度,人工稍加平整,并剔除超径突出的骨料,然后摆放石料,铺混凝土范围超前块石摆放 1~2 m,并且超前不得大于 30 cm。

石料采用竖向摆放,预留三角缝,缝宽控制在 8~10 cm,不得靠到模板,埋石率控制在 20%。

石料摆放就位好后,应及时进行竖缝灌混凝土。竖缝混凝土分 2 次灌混凝土二次振捣,采用 1.7 kW 插入式振捣器进行振捣,振动时间一般控制在 20~30 s,以振捣后混凝土开始泛浆不冒气泡为度,相邻两振点的距离一般控制在 1.5 倍振捣作用半径(约 250 mm),特别注意防止重振和漏振。每层的仓块应交错搭接控制,避免出现贯穿横缝。

埋石混凝土分层进行施工,每层浇筑高度约 0.8 m。

5.3.9　植物措施施工

所需林木种苗和种子在方案实施初期与本地苗圃合同订购或协议就近育苗,同时选择有经验的专业队伍进行施工。

选用优良种源种子培育的、品种优良、植株健壮、根系发达、符合《主要造林树种苗木质量分级》(GB 6000—1999)规定的苗木。一般应在造林 1 个月前整好地,全面整地深度 30 cm 左右。春、秋季造林,造林前根据树种、苗木特点和土壤墒情,对苗木进行剪梢、截干、修根、修枝、剪叶、摘芽、苗根浸水、蘸泥浆等处理;也可采用促根剂、蒸腾抑制剂和菌根制剂等新技术处理苗木。栽植穴的大小和深度应略大于苗木根系;定植后苗干要竖直,根系要舒展,深浅要适当,填土一半后提苗踩实,再填土踩实,最后覆上虚土,最终栽植深度应略超过苗木根颈。

铺种的草皮应无病虫害,生长旺盛,草皮厚度不应小于 50 mm。在翻土整地、清除杂物后,搬运草皮铺设,然后轻拍实草皮,浇水、清理场地。

5.4　施工组织形式

蓄水堰、机耕路、排水沟、蓄水池、沉沙池采用公开招标的形式,由专业施工队伍施工。严格按合同管理进行施工,监理进行质量控制,村民进行监督,水土保持技术部门负责指导。每一个分项目区一个标段。

水平阶、水平沟、田间道路、植物防护由项目区的基地业主或受益群众自行实施,项目管理部门监督和验收,实行报账制管理。

5.5　施工进度

拟分 2017 年、2018 年、2019 年 3 个年度实施。

2017 年度:综合治理坡地 11 000 亩,其中新修水平阶 350 亩,水平竹节沟 733.26 km,机耕路 22.0 km,田间道路 143.0 km,排水沟 166.65 km,沉沙池 50 座,蓄水池 25 座,塘堰整治 4 座,地埂植物 15.56 万株,植草 73.33 万 m²,铺植草皮 11.0 万 m²,植灌木 29 334 株。

2018 年度:综合治理坡地 8 000 亩,其中水平竹节沟 533.28 km,机耕路 16.0 km,田间道路 104.0 km,排水沟 121.2 km,沉沙池 40 座,蓄水池 17 座,塘堰整治 3 座,植草 53.33 万 m²,铺植草皮 8.0 万 m²,植灌木 21 333 株。

2019 年度:综合治理坡地 5 800 亩,其中新修水平阶 200 亩,水平竹节沟 386.63 km,机耕路 11.6 km,田间道路 75.4 km,排水沟 75.4 km,沉沙池 30 座,蓄水池 20 座,塘堰整治 3 座,地埂植物 8.89 万株,植草 38.67 万 m²,铺植草皮 5.80 万 m²,植灌木 15 467 株。

各年度及各项目点建设规模及主要建设内容见表 4-20。

每年度任务实施计划为第 1 年 10 月开工,第 2 年 3 月完成,避开主汛期。

表 4-20　各年度及各项目建设规模及主要建设内容

实施年度	项目镇	项目区	建设规模/亩	主要建设内容
2017	郭田镇	牛栏坑	3 000	水平竹节沟 199.98 km,机耕路 6.0 km,田间道路 39.0 km,排水沟 45.45 km,沉沙池 10 座,蓄水池 8 座,塘堰整治 2 座,植草 20 万 m²,铺植草皮 3.0 万 m²,植灌木 8 000 株
	龙村镇	雷公肚	4 000	新修水平阶 150 亩,水平竹节沟 266.64 km,机耕路 8.0 km,田间道路 52 km,排水沟 60.6 km,沉沙池 20 座,蓄水池 5 座,地埂植物 6.67 万株,植草 26.67 万 m²,铺植草皮 4.0 万 m²,植灌木 10 667 株
	龙村镇	湖中古塘	2 000	新修水平阶 200 亩,水平竹节沟 133.32 km,机耕路 4.0 km,田间道路 26.0 km,排水沟 30.3 km,沉沙池 10 座,蓄水池 10 座,塘堰整治 2 座,地埂植物 8.89 万株,植草 13.33 万 m²,铺植草皮 2.0 万 m²,植灌木 5 333 株
	转水镇	新民村油茶基地	2 000	水平竹节沟 133.32 km,机耕路 4.0 km,田间道路 26.0 km,排水沟 30.3 km,沉沙池 10 座,蓄水池 2 座,植草 13.33 万 m²,铺植草皮 2.0 万 m²,植灌木 5 333 株
		小计	11 000	新修水平阶 350 亩,水平竹节沟 733.26 km,机耕路 22.0 km,田间道路 143.0 km,排水沟 166.65 km,沉沙池 50 座,蓄水池 25 座,塘堰整治 4 座,地埂植物 15.56 万株,植草 73.33 万 m²,铺植草皮 11.0 万 m²,植灌木 29 334 株
2018	横陂镇	双龙山	2 000	水平竹节沟 133.32 km,机耕路 4.0 km,田间道路 26.0 km,排水沟 30.3 km,沉沙池 10 座,蓄水池 8 座,塘堰整治 2 座,植草 13.33 万 m²,铺植草皮 2.0 万 m²,植灌木 5 333 株
	龙村镇	登云岭	4 000	水平竹节沟 266.64 km,机耕路 8.0 km,田间道路 52.0 km,排水沟 60.6 km,沉沙池 20 座,蓄水池 5 座,塘堰整治 1 座,植草 26.67 万 m²,铺植草皮 4.0 万 m²,植灌木 10 667 株
	转水镇	新华黄沙塘	2 000	水平竹节沟 133.32 km,机耕路 4.0 km,田间道路 26.0 km,排水沟 30.3 km,沉沙池 10 座,蓄水池 4 座,植草 13.33 万 m²,铺植草皮 2.0 万 m²,植灌木 5 333 株
		小计	8 000	水平竹节沟 533.28 km,机耕路 16.0 km,田间道路 104.0 km,排水沟 121.2 km,沉沙池 40 座,蓄水池 17 座,塘堰整治 3 座,植草 53.33 万 m²,铺植草皮 8.0 万 m²,植灌木 21 333 株

续表 4-20

实施年度	项目镇	项目区	建设规模/亩	主要建设内容
2019	河东镇	三丫塘	1 500	新修水平阶 200 亩,水平竹节沟 99.99 km,机耕路 3.0 km,田间道路 19.5 km,排水沟 22.73 km,沉沙池 8 座,蓄水池 10 座,塘堰整治 1 座,地埂植物 8.89 万株,植草 10.0 万 m²,铺植草皮 1.50 万 m²,植灌木 4 000 株
	转水镇	下潭村冷水坑	1 300	水平竹节沟 86.67 km,机耕路 2.6 km,田间道路 16.9 km,排水沟 19.70 km,沉沙池 7 座,蓄水池 3 座,植草 8.67 万 m²,铺植草皮 1.30 万 m²,植灌木 3 467 株
	转水镇	新丰寨	1 000	机耕路 2.0 km,田间道路 13.0 km,排水沟 15.15 km,沉沙池 5 座,蓄水池 3 座,塘堰整治 1 座,植草 6.67 万 m²,铺植草皮 1.0 万 m²,植灌木 2 667 株
	长布镇	太平村	2 000	机耕路 4.0 km,田间道路 26.0 km,排水沟 30.3 km,沉沙池 10 座,蓄水池 4 座,塘堰整治 1 座,植草 13.33 万 m²,铺植草皮 2.0 万 m²,植灌木 5 333 株
		小计	5 800	新修水平阶 200 亩,水平竹节沟 386.63 km,机耕路 11.6 km,田间道路 75.4 km,排水沟 87.88 km,沉沙池 30 座,蓄水池 20 座,过路管涵 1 740 m,塘堰整治 3 座,地埂植物 8.89 万株,植草 38.67 万 m²,铺植草皮 5.80 万 m²,植灌木 15 467 株

6　水土保持监测与技术支持

6.1　监测内容与方法

项目监测工作主要通过问卷调查、典型图斑、基地产业调查、设置样方等方式进行经济效益、保水、保土效益的分析与评价。

6.1.1　问卷调查

对项目区内及周边的群众进行广泛调查,调查对象包括坡地使用权人、坡地经营权人、基地临时雇工、受益农户、周边村民、村组干部、镇政府工作人员等,主要调查内容包括坡改整治是否有益生产、是否保持水土、是否同意坡地整治、工程质量如何以及主要建议等。

6.1.2　典型图斑监测

选择一个典型图斑,开展农户土地利用、产业结构调整情况、经济产出等情况监测。

6.1.3　基地产业调查

对整个基地的土地组成、参与农户、产业类型、发展阶段、投入产出等进行监测,分析基地的土地产出效益。

6.1.4　样方观测

在项目工程实施前,选择具有一定代表性的坡地,按 10 m×10 m 标准建立观测样方若干,设立护栏和标志,杜绝人为破坏。收集样方坡度、土壤特性、生物多样性等指标,跟踪调查治理前后水土流失变化和坡地地力的效果,根据项目进度调查获取有关数据。项目区坡地样方基本情况详见表 4-21。

表 4-21　项目区坡地样方基本情况

项目区名	典型样方现状及调查内容					
	地形		土壤			
	坡度/ (°)	坡长/ m	孔隙度/ %	粒径组成百分比含量/%		有机质/ %
				2.0~0.1 mm	0.1~0.002 mm	≤0.002 mm	
牛栏坑	18	10					
双龙山	22	10					
三丫塘	15	10					
雷公肚	14	10					
湖中古塘	15	10					
登云岭新艳水库旁	16	10					
新民村	20	10					
新华黄沙塘	16	10					
下潭村冷水坑	14	10					
新丰寨	20	10					
太平村	18	10					

6.1.5　保土效益监测

分别在坡度15°、20°的坡地上选择坡长10 m以上的图斑,周边设截水沟,下部设沉沙池,采用沉沙池法,计算保土效益,观测时段为3年。统计表见表4-22。

表 4-22　项目区典型沉沙池效益统计

项目区	沉沙池编号	沉沙池建设时间	沉沙池以上集水区土地利用状况/hm²				沉沙池总容量/m³	沉沙池沉沙量动态变化/m³		
			耕地					第一年	第二年	第三年
			水田	旱坪地	梯地	坡耕地				
	1									
	2									
	3									
	1									
	2									
	3									

6.2　监测经费与人员

监测经费从项目工程总投资水土流失监测费用中列支。

县水保办确定 2 名监测站人员负责监测管理、技术指导及监测资料整理。现场监测可在当地聘请有一定文化的人员经培训后担任,每个项目点布设 1 人。降雨后县监测人员应当现场参与和指导监测工作并及时带回样本进行测定。

共需 2 名固定监测人员、12 个监聘人员。

项目区内开展水土保持监测工作有助于及时掌握项目内水土流失及其防治动态,为水土保持预防监督和综合治理,建立良好生态环境提供信息,对于贯彻《水土保持法》、转变政府职能、实现科学决策、进一步搞好水土保持生态环境建设有着极其重要的意义。开展水保监测关键在于落实监测经费,其次在于选好人员,监测人员必须认真、负责、求实。

监测机构应建立坡地整治水土保持监测信息数据库,监测成果应及时整理填报,每年初应及时整理总结上一年度的监测成果,每个项目点应形成年度监测报告,整个项目应形成监测总结报告。

6.3　技术支持

6.3.1　技术培训

为更好地建设坡地整治工程,达到开展项目建设的初衷,项目主管部门应组织开展项目区参建单位的技术培训工作。

技术培训由县水保办组织,采取集中培训的方式,技术培训包含两个层次:一是管理技术的培训,培训内容主要有水土保持防治工程管理办法和水土保持治理技术,培训对象为县、镇行政管理人员和县、镇水利站技术人员,培训将采取办班的方式,聘请专业老师授课,注重培训效果。二是治理技术的培训,培训内容主要有坡地治理工程管理技术、水土保持治理技术、坡地施工技术、坡面水系工程施工技术要点、田坎植物护坡技术要点等,培训对象为项目主管、项目施工单位、广大干部群众,培训以现场指导为主,确保每个单项工程的质量。项目区技术培训内容和人次安排见表 4-23。

表 4-23　培训内容和人次安排

类别	培训内容	培训单位及对象	总人次	每年人次	
				第一年	第二年
管理技术	水土保持治理工程管理技术	县、镇行政人员	12	6	6
	水土保持治理技术	县、镇行政人员	10	5	5
治理技术	坡地整治施工技术	项目施工单位、项目区干部群众	40	20	20
	坡面水系工程施工技术要点	项目施工单位、项目区干部群众	40	20	20
	梯田植物护坡措施施工技术要点	项目施工单位、项目区干部群众	40	20	20
（总计）			142	71	71

6.3.2　技术推广

在县水保办的指导下,项目区应组建科技服务组织机构,服务到户,指导到田。采用现场示范、技术培训等多种形式进行宣传推广,确保示范推广项目达到预期效果。

在整个项目区确定一个项目点建设综合治理开发示范区,示范区宜控制在 10 hm² 左右为宜。

示范区紧紧围绕减轻水土流失与提高坡地产出率进行试点示范,通过水平阶、水平沟、坡面水系以及植物防护措施的配套与完善,在改善生产条件和生态环境方面有了明显的效果后进行推广应用。

6.3.3 能力建设

五华县水土保持技术管理和服务机构健全,县政府专门成立由县水土保持委员会办公室专职负责水土保持工程的建设与管理;县水利局内设有水保股,负责水土保持行政管理事务;县水利局下设有五华县水保站,负责水土保持技术的试验和推广工作及水土保持监测服务工作。

五华县水土保持管理及技术服务机构,应通过参与坡地整治工程的建设,加强管理能力的技术能力建设,及时了解水土保持工程建设的新形势、新技术,通过走出去学习、请进来指导等方式,切实提高水土保持从业人员的管理能力和技术水平。

7 投资概算及资金筹措

五华县坡耕地综合整治工程 2017—2019 年建设规模为综合治理坡地 24 800 亩,其中需新修水平阶 550 亩,水平竹节沟 1 653 km,梯坎植物护坡 24.45 万株,机耕路 49.6 km,田间道路 322.4 km,排水沟 375.72 km,沉沙池 120 口,蓄水池 62 座,塘堰整治 10 座。

本工程总挖、填土石方 180.07 万 m³,混凝土 3.72 万 m³,砌砖 12 140 m³,浆砌石 32 928 m³,撒播种草 165.32 hm²,铺植草皮 24.80 hm²,栽植灌木 6.61 万株,施工机械台班 2.36 万个,总用工 34.84 万个。

分三个年度实施,每年实施工期为 6 个月,即第一年 10 月至第二年 3 月。

项目概算总投资为 8 194.67 万元,其中建筑工程费用 6 747.39 万元(工程措施 6 153.24 万元,植物措施 598.15 万元),临时工程 271.97 万元,独立费用 785.09 万元,基本预备费 390.22 万元。

申请省级水土保持工程专项资金实施,其中 2017 年投资 3 748.38 万元,2018 年投资 2 513.24 万元,2019 年投资 1 933.04 万元。

投资概算总表及分部工程见表 4-24。

表 4-24　工程项目概算总表　　　　　　　　　单位:万元

序号	工程或费用名称	建安工程费	设备购置费	独立费用	合计	占一至五部分投资/%
1	坡耕地水土流失综合治理工程	7 019.36		785.09	7 804.45	100.00
一	第一部分　建筑工程	6 747.39			6 747.39	86.46
1	郭村镇牛栏坑	818.11			818.11	10.48
2	横陂镇双龙山	477.78			477.78	6.12
3	河东镇三丫塘	428.15			428.15	5.49

续表 4-24

序号	工程或费用名称	建安工程费	设备购置费	独立费用	合计	占一至五部分投资/%
4	龙村镇雷公肚	1 111.75			1 111.75	14.25
5	龙村镇湖中古塘	627.34			627.34	8.04
6	龙村镇登云岭新艳水库	1 052.28			1 052.28	13.48
7	转水镇新民村油茶基地	529.18			529.18	6.78
8	转水镇新华黄沙塘油茶基地	539.31			539.31	6.91
9	转水镇下潭村冷水坑	345.92			345.92	4.43
10	转水镇新丰寨	276.49			276.49	3.54
11	长平镇太平村柿花基地	541.08			541.08	6.93
二	第四部分 临时工程	271.97			271.97	3.48
1	临时房屋建筑工程	100.1			100.1	1.28
2	其他临时工程	34.24			34.24	0.44
3	安全防护文明施工费	137.63			137.63	1.76
五	第五部分 独立费用			785.09	785.09	10.06
1	建设管理费			220.58	220.58	2.83
2	工程建设监理费			123.41	123.41	1.58
3	生产准备费					
4	工程科学研究试验费					
5	工程勘测设计费			355.87	355.87	4.56
6	建设及施工场地征用费					
7	其他			85.23	85.23	1.09
	一至五部分投资合计				7 804.45	100.00
	基本预备费				390.22	
	静态总投资				8 194.67	
	价差预备费					
	建设期融资利息					
	坡耕地整治工程总投资				8 194.67	

8　效益分析

8.1　基础效益

基础效益主要包括蓄水效益、保土效益。依据《水土保持综合治理 效益计算方法》（GB/T 15774—2008），结合项目区实际，主要通过有无项目对比法计算，即通过实施综合治理措施而增加的效益。水土保持措施生态效益指标见表4-25。

表4-25　水土保持措施生态效益指标

项目	治理措施		保土效益定额		保土效益/t	蓄水效益定额		蓄水效益/m³
	单位	数量	单位	数量		单位	数量	
水平阶	亩	550	t/(亩·a)	1.33	732	m³/(亩·a)	66.7	36 685
水平沟	km	1 653	t/(km·a)	19.9	32 895	m³/(km·a)	360	595 080
机耕路	km	49.6	t/(km·a)	7	347	m³/(km·a)		0
田间道路	km	322.4	t/(km·a)	2	645	m³/(km·a)		0
排水沟	km	375.72	t/(km·a)		0	m³/(km·a)		0
蓄水堰	座	10	t/(座·a)	135	1 350	m³/(座·a)	2 000	20 000
蓄水池	座	62	t/(座·a)		0	m³/(座·a)	45	2 790
沉沙池	个	120	t/(个·a)	1.5	180	m³/(个·a)		0
地埂植物	万株	24.45	t/(万株·a)	5	122	m³/(万株·a)	45	1 100
沟埂植草	hm²	165.32	t/(hm²·a)	20	3 306	m³/(hm²·a)	180	29 758
铺植草皮	hm²	24.80	t/(hm²·a)	20	496	m³/(hm²·a)	180	4 464
栽植灌木	万株	6.61	t/(万株·a)	10	66	m³/(万株·a)	90	595
合计					40 139			690 472

8.1.1　蓄水效益

项目区坡耕地水土综合整治工程实施后，每年可减少地表径流约69.05万 m³。

8.1.2　保土效益

项目区坡耕地水土综合整治工程实施后，每年可减少土壤侵蚀量约4.01万 t。

8.2　社会效益

该项目实施后，水土资源得到有效保护和合理利用，土地产出率将明显提高，农业生产和群众生活条件得到显著改善，人口环境容量得到提高，生态系统向良性循环转化，促进项目区经济社会快速发展。产生的社会效益主要有如下几个方面：

（1）调整农业产业结构，完善农业基础设施，为实现"两高一优"的农业奠定了基础。蓄水池、沟渠、塘堰整治等水利设施得到完善，提高农田抵御干旱、洪涝的能力，农村产业结构发生变化，以粮食为主的农业产业结构将得到调整并趋于合理，促进地方经济的发展。

（2）提高了劳动生产率，增大了环境容量。各项水土保持措施实施后，项目区的水土资源得到有效保护和合理利用，缓解了人地矛盾，使人口、资源、环境与经济发展走上良性循环，农民能够快速致富，为安居乐业提供了有力保证。

（3）提高农民的生产技能和管理水平。在项目实施过程中，将有一大批农民接受各级各类专业技术培训，熟练掌握一两门实用技术，显著提高生产技能和管理水平，并通过他们的"传、帮、带"，起到典型引路和示范推广作用，在项目区内广泛应用农业科学技术，提高广大农民的现代农业意识，使传统封闭的农业逐步向现代农业转化。

（4）改善了项目区内农业生产和群众的生活条件。项目实施后，减轻当地和治理区下游的自然灾害损失，促进区域经济发展。项目的建设将会带动当地农副产品、建筑材料以及其他商品的流通，促进商品经济的发展，提高了群众的生活水平，加快了项目区内群众的全民奔小康的步伐。

工程项目的实施，将促进土地利用结构和农村产业结构的合理调整，有效地改善当地农业生产条件，提高土地利用率、劳动生产率，缓解五华县人多地少的矛盾，做好耕地储备。

8.3 经济效益

依据《水土保持综合治理 效益计算方法》（GB/T 15774—2008）和《水利建设项目经济评价规范》（SL 72—2013），采用动态计算方法进行效益分析。

8.3.1 直接经济效益计算内容

直接经济效益是指在实施水土保持措施后增加的效益，主要包括兴修水平阶，配套小型水利设施，推行水土保持措施所增产的粮经作物及果品。

8.3.2 经济评价方法

计算期：效益计算期为20年，即2020至2039年末。各项水土保持措施的直接经济效益从开始发挥效益的年份算起，计算期为20年。

基准年：为项目实施的2017年，基准点为2017年年初。

社会折现率：按7%计算。

经济效益：经典型调查，有保水保土措施及完善的灌排水系统的坡地较普通坡地亩均增产茶叶10 kg、油茶（原果）125 kg、柑橘150 kg等，折合亩均增加产值约560元。本次共实施坡地整治24 800亩，年均可增加直接经济收益1 388.8万元。

运行费：工程措施的运行费主要是用于工程维护的材料费和部分人工费，按工程措施总投资的3.0%计列，平均分摊于效益计算期的各年份内，包括坡面整治工程（蓄水池、排灌沟渠、沉沙池、田间道路）、沟道防护（谷坊）。林草措施的运行费参照水土保持工程概算定额，确定为450.00元/（hm² · a）。年运行费为201.30万元。

流动资金：依据相关规定，本工程流动资金取运行费用的20%，流动资金为40.26万元。

折旧：本工程不计折旧费。

经济评价：经济评价基准年为2017年，折算率取7%，效益计算期为20年，残值忽略不计。完成坡地整治工程后，累计直接经济效益为14 712.97万元，效益费用比为1.80；经济净现值为12 153.88万元；经济内部收益率为7.7%，投资回收年限为10年，见表4-26。可见本项目在经济上是可行的。

表 4-26　项目区经济评价指标

序号	项目	单位	指标
1	效益流入量 B	万元	14 712.97
2	费用流出量 C	万元	2 559.09
3	净效益流量 P	万元	12 580.39
4	效益费用比 R		1.80
5	经济净现值 $ENPV$	万元	12 153.88
6	经济内部收益率 $EIRR$	%	7.7
7	投资回收年限 T	年	10

4.3　崩岗综合治理

4.3.1　设计理念

崩岗,是南方红壤区的一种特殊的土壤侵蚀类型,是丘陵岗地上沟蚀和重力侵蚀结合的一种特殊形式,具有侵蚀面积小、侵蚀量巨大,发展速度快、突出性强,治理投入大、治理困难等特点。

在南方红壤区,崩岗主要发源于花岗岩及泥质页岩分布的丘陵区,这些区域又是群众生产活动较为密集的区域,由于崩岗时常对农田、道路形成破坏,并对群众房屋构成安全威胁,这些区域群众生产生活的发展历程,其实就是与崩岗灾害作斗争的过程,因此崩岗治理经验是十分成熟的。事实上,崩岗既与人为水土流失有关,也是一种自然水土流失现象,与人类生产活动不紧密的崩岗其实没有治理的必要,也不可能将所有的崩岗都进行治理。

崩岗的治理,应以小流域或片区为单元,以崩壁及冲积扇为重点治理范围,统筹崩岗上游区及下游沟道影响区,以防止扩大发育、泥沙下泄为最直接目标任务,坚持预防保护和综合治理并重原则,既采取预防保护措施,从源头防止崩岗发生,又结合植物措施和工程措施对已形成的崩岗进行综合治理,控制崩岗侵蚀发展,加速植被恢复,同时对崩岗侵蚀已造成影响的下游沟渠水系等进行治理,减轻影响,最终形成多目标、多功能、高效益的防护体系,消除崩岗安全隐患,保护水土及耕地资源。

崩岗的防治任务主要包括:防治崩岗、崩塌、滑坡等,减轻由其引起的自然灾害隐患;治理水土流失,涵养水源,保护土地资源,减少沙压农田、淤积水系;保护和修复自然生态环境,维护生态系统的稳定性,丰富生物多样性;落实环境保护及生态建设等相关规划任务;开发侵蚀劣地,提高土地利用效率,促进农村经济社会发展。

4.3.2　设计要点

(1)选择合适的治理对象。崩岗治理应以小流域或片区为单元进行统筹治理,并以路边、田边、村边、水边的正在产生危害的崩岗为主要治理对象。

(2)明确治理目标。崩岗治理工程的具体目标主要包括:单个崩岗拦沙率、林草植被覆盖率、侵蚀劣地利用率、崩岗范围内及周边生态环境状况等。具体应满足：单个崩岗拦沙率不宜低于 80%；林草植被覆盖率不宜低于 60%；崩岗范围内及周边生态环境状况应有较明显改善。

（3）合理确定治理规模。崩岗治理工程建设规模应主要包括综合治理水土流失面积，并分行政区乡（镇）、村（居）描述治理崩岗数量、封禁治理面积、整治河（沟）长度等主要措施或单项工程数量。

（4）制订完善的防治措施体系。在崩岗治理措施上，主要采取上拦下堵中间削的办法。即崩顶开天沟、等高水平沟、品字沟拦排崩顶径流和泥沙，崩壁削坡开级形成崩壁小台阶（沟状）种树、草，崩口堵谷坊。在崩岗治理的同时，加强封禁管护，对局部淤积较深、塌岸严重的沟道疏溪固堤整治沟道。

（5）科学制订施工方案。要严格控制机械施工道路的长度和破坏面积，偏远崩岗采用机械施工，施工道路破坏的面积可能会超过崩岗本身的水土流失面积，当施工条件不许可时，宁愿放弃治理，以避灾、减灾预防为主。

4.3.3　典型案例——2017 年度五华县崩岗治理实施方案

1　项目概况与设计依据

1.1　项目背景

赣闽粤原中央苏区在中国革命史上具有特殊重要的地位，五华县是广东省重点革命老区，由于种种原因，五华县的经济社会发展明显滞后，与全国的差距仍在拉大。为支持原中央苏区振兴发展，2012 年 6 月，国务院印发了《国务院关于支持赣南等原中央苏区振兴发展的若干意见》（国发〔2012〕21 号），明确提出了"加大水土流失综合治理力度，继续实施崩岗侵蚀防治等水土保持重点建设工程"。2014 年 3 月，国务院批复了《赣闽粤原中央苏区振兴发展规划》（国函〔2014〕32 号）（简称《规划》），《规划》明确提出梅州全市是"加大水土流失综合治理力度，继续实施崩岗侵蚀防治等水土保持重点建设工程"的主体区域之一，并应创建水土保持生态文明示范市（县），总结推广"长汀经验"。

2014 年 3—4 月，水利部刘宁副部长、水保司原刘震司长等先后到梅州检查、调研，要求加大水土流失特别是崩岗的治理力度，重点解决影响范围大、与群众生产生活关系密切的崩岗水土流失问题。2014 年 4 月，梅州市水务局作出了《关于开展全市崩岗治理工程安全隐患排查工作的通知》，通过摸底排查，根据轻重缓急的原则，确定对存在安全隐患的 476 宗崩岗列入《梅州市革命老区及原中央苏区崩岗治理一期工程》，先期开展治理。2016 年 4 月，水利部水保司蒲朝勇司长再次到梅州开展革命老区水土保持工作调研，指出了以崩岗治理为重点开展水土流失治理工作。

2017 年 1 月，广东省人民政府印发了《广东省人民政府关于广东省水土保持规划（2016—2030 年）的批复》（粤府函〔2017〕8 号），明确提出了"对崩岗等侵蚀沟道和水土流失严重的坡地进行重点整治"。《广东省水土保持规划（2016—2030 年）》将崩岗治理工程确定为近期重点治理项目，五华县在列。

2017 年初，梅州市水务局组织各区（县）编制了《梅州市革命老区及原中央苏区崩岗治理一期工程实施方案》，梅州市发展和改革局对该实施方案进行了批复（梅市发改农经〔2017〕124 号）。2017 年 5 月，水利部印发了《国家水土保持重点工程 2017—2020 年实施方案》（水财务〔2017〕213 号），将广东省 15 县列入重点工程建设范围，拟治理水土流失面积 1 046.00 km²，治理崩岗 360 座，梅州市 8 县（市、区）全部属于重点工程建设范围。

2017 年 9 月，广东省财政厅、广东省水利厅先后印发了《关于下达中央水利发展资金（第四批）的通知》（粤财农〔2017〕236 号）、《2017 年中央水利发展资金（第四批）项目清单的通知》（粤水规计函〔2017〕2132 号），梅州市革命老区及原中央苏区崩岗治理一期工程列入建设范围。2017 年 10 月 17 日，梅州市水务局印发了《2017 年中央水利发展资金（第四批）项目清单的通知》（梅市水字〔2017〕68 号），下达五华县 2017 年水土流失治理任务 15.00 km²。

长期以来，五华县高度重视水土保持工作，大力开展了水土流失及崩岗综合治理，修建了一大批谷坊、拦沙坝等工程，有效控制了水土流失，保障了生态安全，减少了山洪灾害的发生，水土流失及崩岗治理经验成熟。开展五华县革命老区及原中央苏区 2017 年度崩岗治理一期工程，对推进五华县生态文明建设，促进五华县全面脱贫具有重要意义。

1.2　项目建设的必要性

由于崩岗具有侵蚀模数大、发展速度快、对周边直接影响面积大的特点，危害严重。2004 年 7 月，水利部专门启动了崩岗防治规划工作；2009 年 4 月，水利部批复了《南方崩岗防治规划（2008—2020 年）》（水规计〔2009〕195 号）。根据《全国水土保持规划（2015—2030 年）》、《赣闽粤原中央苏区振兴发展规划》（发改地区〔2014〕480 号）、《广东省水土保持规划（2016—2030 年）》，崩岗治理工程均是生态文明建设的重点工程。

（1）崩岗防治是大力推进生态文明建设，实现良好生态环境的根本需要。

党的十八大确定了大力推进生态文明建设的发展战略，要求加大生态系统和环境保护力度，实施重大生态修复工程，其中需大力推进水土流失综合治理。崩岗是南方最重要的水土流失形式，崩岗侵蚀是该地区生态退化的直接动因，是导致经济贫困的重要因素。因此，开展崩岗防治，实施以工程措施、林草措施及封禁治理相结合的治理方式，对防治崩岗侵蚀，维护当地生态环境，改善群众生产生活条件，促进经济社会可持续发展有着极其重要的作用，也是推进生态文明建设，实现安全宜居美丽城乡的重要举措。

（2）崩岗防治是抢救土地资源，变山地灾害为可利用资源的重要措施。

五华县崩岗普查资料显示，全县共有 22 117 座崩岗，主要为活动型崩岗，并且小型崩岗发育成大中型崩岗的速度非常快，崩岗侵蚀现状严峻。若不加以治理，崩岗侵蚀所产生的泥沙量将不断增加，遭受崩岗损坏威胁的土地面积也将成倍增加，对土地资源尤其是下游农田的破坏将日益加剧，使高产田变为低产田，甚至使良田变成砂砾裸露的砂碛地，这势必成为五华县最主要的山地灾害，也是毁坏土地资源的头号"杀手"。

通过采取积极有效的防治措施，不仅可以保护崩岗周边土地资源环境不受破坏，还可有效保护和增加下游可耕种土地。这对土地资源相对缺乏、耕地需求矛盾日益突出的五华县来说，是抢救和保护土地资源非常有效的措施。

（3）崩岗防治是消除安全隐患，保障山区经济发展的必由之路。

根据五华县崩岗危害调查，项目区有 2/3 以上的崩岗对下游农田、村庄、交通道路等基础设施造成直接的严重危害。18 810 座崩岗为大型崩岗，流失程度已达到强度以上，如果任其发展，将存在极大的安全隐患，危及人民群众生活、生产安全和公共安全。通过对崩岗的有效防治，可初步解决崩岗泥沙对下游的影响问题，崩岗治理一小片，受益一大片，经果林等防治措施本身也能产生经济效益,不仅可以大大节约国家资金,还能为当地经济的可持续发展提供生态安全保障,促进山区经济的发展。

(4)崩岗防治是控制水土流失,改善生态环境的基本需求。

五华县水土流失严重,面积达 792.61 km²,其中中度以上水土流失面积约占 54.8%。水土流失带走大量肥力强、有机质高的表土,导致耕作层变薄,肥力下降,保水能力降低,土地质量下降甚至丧失。水土流失导致崩岗侵蚀区泥沙淤积河床、降低江河行洪能力,给区域的工农业生产和群众生命财产安全带来威胁。开展崩岗防治工作,控制水土流失,已经成为当地生态环境建设最迫切的任务,是维护地区生态安全、建设美丽城乡的基本需求。

1.3　建设任务、目标与规模

1.3.1　建设任务

(1)落实原中央苏区振兴发展规划的确定事项,为实现五华县的跨越式发展服务。

(2)保护土地资源,减少因崩岗流失产生的沙压农田、淤积水库、影响生态环境等问题。

(3)开发侵蚀劣地,提高土地利用效率,提高群众生活水平,促进社会主义新农村建设的进程和区域经济的可持续发展。

1.3.2　建设目标

对选定的安全隐患严重、已造成较大危害的崩岗进行初步治理,建立起崩岗防护体系,树立崩岗侵蚀区综合治理水土流失的典型,积累崩岗防治经验。通过治理,使单个崩岗拦沙率达到 80% 以上,林草植被覆盖率达到 60% 以上,崩岗范围及周边环境面貌得到明显改观。

1.3.3　建设规模

根据五华县各镇政府调查摸底排查结果,确定五华革命老区及原中央苏区崩岗治理一期工程(2017 年)在华城镇、双华镇、转水镇开展,防治水土流失面积 15.00 km²,治理崩岗 20 宗,其中华城镇 3 宗、双华镇 7 宗、转水镇 10 宗。

1.4　设计依据与说明

1.4.1　设计依据

(1)《赣闽粤原中央苏区振兴发展规划》(国家发展改革委员会,发改地区〔2014〕480号);

(2)《南方崩岗防治规划(2008—2020 年)》(水规计〔2009〕195 号);

(3)《水土保持工程初步设计报告编制规程》(SL 449—2009);

(4)《南方红壤丘陵区水土流失综合治理技术标准》(SL 657—2014);

(5)《水土保持综合治理　技术规范　沟壑治理技术》(GB/T 16453.3—2008);

(6)《水土保持综合治理　技术规范　崩岗治理技术》(GB/T 16453.6—2008);

(7)《水土保持综合治理　效益计算方法》(GB/T 15774—2008);

(8)《水土保持工程概(估)算编制规定》(水总〔2003〕67 号);

(9)《广东省水土保持规划(2016—2030 年)》;

(10)《关于印发〈水土保持小流域综合治理项目实施方案编写提纲〉(试行)的通知》(水利部　水保生函〔2010〕22 号);

(11)《中央财政水利发展资金使用管理办法》(财政部　水利部　财农〔2016〕181 号);

(12)《关于印发 2017 年中央水利发展资金(第四批)项目清单的通知》(梅州市水务

局 梅市水字〔2017〕68 号）；

(13)《关于印发 2017 年下达中央水利发展资金(第四批)的通知》(梅州市财政局 梅市财农〔2017〕111 号)。

1.4.2　设计说明

1.4.2.1　防治模式

治理崩岗措施整体布局上要落实以人工治理为主导,预防保护和综合治理并重的工作方针。一方面要采取预防保护措施,防止崩岗的发生;另一方面要对已形成的崩岗进行综合治理,林草措施和工程措施并举,控制崩岗侵蚀的蔓延,同时要加速植被恢复,形成多目标、多功能、高效益的防护体系,促进崩岗侵蚀区生态环境步入良性循环。

活动型崩岗的治理模式主要分为两种:一是"上拦下堵中间削",二是"上拦下堵中间保"。同时将崩岗治理与沟道治理相结合,切实减轻崩岗危害。

1.4.2.2　设计原则

(1)群众接受,技术可行。选定群众愿意开展治理的崩岗进行治理,采取的治理技术成形、实用,树种选择与土地适宜性结合,与当地生态经济发展结合。

(2)逐个崩岗进行措施布局,选择典型崩岗进行各项措施定型设计,按照典型设计推算工程量。

1.4.2.3　设计基础

1)数据基础

社会经济情况以 2016 年为基数。水土流失现状参考 2011 年水利普查资料和 2012 年第四次遥感调查数据,同时以实际调查为准。

2)图件基础

在 1:20 万的行政区划图上标注项目位置,以 1:1 万地形图为现状调查底图,崩岗工程措施布置以实测不小于 1:2 000 的地形图上布置。

1.4.2.4　设计范围

经各有关乡(镇)摸底排查,最终筛选在华城镇、双华镇、转水镇 3 镇开展水土流失综合治理,重点整治 20 宗危害较大的崩岗,并对周边区域实施预防保护及生态修复工作。

2　项目区选择及概况

2.1　项目区选择

2.1.1　选取原则

根据崩岗治理及侵蚀现状,对存在安全隐患、急需治理的崩岗状进行治理,选取时,包括以下原则:

(1)对下游农田、村庄、道路、水源等影响较为严重的,存在较大危害的;

(2)项目所在乡(镇)党委、政府对崩岗治理工作高度重视,村、组积极配合,地块承包户愿意治理的;

(3)项目区具有较好的生态、经济效益,通过崩岗治理,可使周边群众受益的。

2.1.2　项目区确定

根据以上选取原则,结合镇水管所调查摸底情况,确定华城镇、双华镇、转水镇 3 镇开展水土流失综合治理,重点整治 20 宗危害较大的崩岗。

各崩岗位置、面积、类型等具体情况详见表 4-27。

表 4-27　五华县革命老区及原中央苏区 2017 年度崩岗治理一期工程崩岗分布情况表

编号	乡（镇）	村	小地名	经度	纬度	崩岗面积/m²	崩岗平均深度/m	沟口宽度/m	崩岗形态	崩岗类型	土壤类型	治理面积/m²
合计			20			318 711						350 582
小计			3			16 653						18 318
1	华城镇	城东村	01	115°37.210′	24°05.857′	3 098	28	21	瓢形	活动型	花岗岩红壤土	3 408
2	华城镇	城东村	02	115°37.241′	24°05.693′	11 063	34	32	混合形	活动型	花岗岩红壤土	12 169
3	华城镇	城东村	03	115°37.177′	24°05.626′	2 492	32	22	混合形	活动型	花岗岩红壤土	2 741
小计			7			244 673						269 141
1	双华镇	矮车村	下围湾	115°49.232′	23°44.045′	8 907	42	85	混合形	活动型	花岗岩红壤土	9 798
2	双华镇	华南村	上须里	115°50.206′	23°44.808′	5 190	31	46	条形	活动型	花岗岩红壤土	5 709
3	双华镇	华南村	大塘里	115°50.045′	23°44.646′	5 839	33	75	混合形	活动型	花岗岩红壤土	6 423
4	双华镇	华南村	田青山 01	115°50.318′	23°44.591′	5 790	27	62	混合形	活动型	花岗岩红壤土	6 369
5	双华镇	华南村	田青山 02	115°50.244′	23°44.533′	14 049	29	48	混合形	活动型	花岗岩红壤土	15 454
6	双华镇	富美村	小水坑	115°49.958′	23°43.586′	84 888	23	34	混合形	活动型	花岗岩红壤土	93 377
7	双华镇	虎石村	冷水坑	115°48.285′	23°46.611′	120 010	19	56	混合形	活动型	花岗岩红壤土	132 011
小计			10			57 385						63 123
1	转水镇	新民村	龙华庵 01	115°42.585′	24°02.922′	6 974	16	38	混合形	活动型	花岗岩红壤土	7 671

续表 4-27

编号	乡（镇）	村	小地名	经度	纬度	崩岗面积/m²	崩岗平均深度/m	沟口宽度/m	崩岗形态	崩岗类型	土壤类型	治理面积/m²
2	转水镇	新民村	龙华庵 02	115°42.670′	24°02.931′	5 592	28	32	弧形	活动型	花岗岩红壤土	6 151
3	转水镇	新民村	龙华庵 03	115°42.558′	24°02.920′	1 085	25	12	条形	活动型	花岗岩红壤土	1 194
4	转水镇	新民村	成亚山	115°41.722′	24°02.529′	4 341	31	12	瓢形	活动型	花岗岩红壤土	4 775
5	转水镇	青西村	余禾塘岭背 01	115°40.636′	24°04.866′	8 644	36	42	混合形	活动型	花岗岩红壤土	9 508
6	转水镇	青西村	余禾塘岭背 02	115°40.647′	24°04.805′	8 879	29	28	瓢形	活动型	花岗岩红壤土	9 767
7	转水镇	三源村	瘦田坑	115°40.348′	24°04.418′	7 610	35	126	瓢形	活动型	花岗岩红壤土	8 371
8	转水镇	三源村	下坑里	115°40.161′	24°03.208′	4 254	32	27	混合形	活动型	花岗岩红壤土	4 679
9	转水镇	黄梅村	水塘旁 01	115°43.868′	24°00.938′	4 731	22	24	混合形	活动型	花岗岩红壤土	5 204
10	转水镇	黄梅村	水塘旁 02	115°43.978′	24°00.819′	5 275	37	28	瓢形	活动型	花岗岩红壤土	5 803

2.2　水土流失及崩岗现状

2.2.1　水土流失及崩岗现状

五华县是广东省水土流失最严重的地区之一,全国第一次水利普查数据显示,五华县共有水土流失面积 792.61 km²,占总面积的 24.2%。其中轻度水土流失面积 358.28 km²,占水土流失面积的 45.2%;中度水土流失面积 250.94 km²,占水土流失面积的 31.7%;强烈水土流失面积 120.45 km²,占水土流失面积的 15.2%;极强烈水土流失面积 46.21 km²,占水土流失面积的 5.8%;剧烈水土流失面积 16.73 km²,占水土流失面积的 2.1%。水土流失以自然侵蚀为主,以轻、中度居多,强烈以上水土流失主要由崩岗引起,全县共有崩岗 22 117 个,崩岗流失面积 19 002 hm²,在崩岗流失中,宽深 10 m 以上的大型崩岗有 18 810 个,具有数量多、规模大、范围广、侵蚀剧烈、危害严重等特点。项目区有崩岗 8 057 个,崩岗流失面积 4 533 hm²。

项目区崩岗作为一种剧烈的水土流失形态,主要有如下特点:

2.2.1.1　崩岗多、沟谷深、强度大

崩岗主要发生在海拔 150~250 m、相对高度 50~150 m 的花岗岩风化红壤丘陵山地上,多分布在山脚和山腰下部的坡面上,有的崩岗上从分水岭、下至山脚,沟深一般高十几米,有的高达数十米至百米。崩岗侵蚀面积虽然不大,但流失量大。据五华县水保站调查测算,侵蚀模数高达 3 万~5 万 t/(km²·a),纯崩岗的侵蚀模数最高达 15 万 t/(km²·a),是本县危害最大的一种水土流失,也是目前水土流失防治的主要对象。

2.2.1.2　流失物质粗

由于花岗岩、砂岩、砂砾岩地区发育的土壤颗粒较粗,粒径在 2~0.5 mm 的占 30%以上,粗砂和砾石较多,小于 0.01 mm 的黏粒仅占 20%。因此,地表径流冲刷下来的泥沙大部分就近堆积,只有少数泥沙以悬移质形式随径流输出流域外,造成上游堆积量大,不少农田变成沙坝。

2.2.1.3　崩岗形态多样

根据崩岗所处发育活动情况,崩岗划分为活动型和稳定型两种类型。活动型是指崩岗沟仍在不断溯源侵蚀,崩壁有新的崩塌发生,崩岗沟口有新的冲积物堆积;稳定型是指崩壁没有新的崩塌发生,崩岗沟口没有或只有极少量新的冲积物堆积,崩岗植被覆盖度达到 75%以上。

崩岗的形态特征即崩岗在侵蚀过程中,在坡面形成外部形态各异的现象,具体可分为条形、瓢形、弧形、爪状、混合形等 5 种形态。

2.2.1.4　侵蚀土壤有机质和养分含量低,造林种草不易成活。

由于花岗岩强度流失区土壤颗粒粗,结构疏松,透水性强,保肥力差,经过强度剧烈流失,土壤有机质含量不足 1%,造林种草成活率低,生长缓慢。

2.2.2　崩岗的危害

(1)侵蚀地表,恶化生态环境,破坏土地资源。

由于严重的崩岗侵蚀,地表被侵蚀、冲刷,山体被切割而支离破碎,水土资源日益贫乏,失去利用价值。主要表现为:①跑水:由于地表被侵蚀切割,土层裸露面积增大,土壤结构遭受破坏,渗透能力减低,土壤吸水能力下降。降大雨、暴雨时,坡面的大部分雨水形

成地表径流,集中流入崩岗,由崩岗沟底夹带大量泥沙流入农田和溪流、河道。②跑土跑肥:在崩岗侵蚀劣地,在水力和重力的共同作用下,土壤不断被淋失、剥蚀、搬运而流失,同时造成土壤养分的大量减少。③冲毁、埋压耕地:当坡地发生崩岗侵蚀后,其下泄的大量砂粒和泥浆危害下游农田,轻者因遭受泥水淹没而影响生产,重者因遭受大量泥沙的埋压、蚕食而丧失耕作能力。此外,由于崩岗区流失掉的大量泥沙,淤积在山涧、小河的河床上,使许多山涧小河成为地上悬河,而沿河两旁的农田则成为"落河田"的现象,同时,由于地下水位上升,土壤的生产力下降。

(2)破坏水利设施,降低水利效益。

崩岗侵蚀产生的大量泥沙、石砾随着径流沿途淤积下游的库塘、渠道等水利设施,严重影响了防洪及蓄水灌溉效益的发挥。大量泥沙的淤积,占用有效库容,降低了水利设施的使用效益,甚至丧失使用功能。

(3)可能诱发山洪、地质等灾害。

极强烈、剧烈侵蚀诱发潜在侵蚀,危险性大。深厚的风化层为径流冲刷提供了大量的泥沙来源,加之坡度陡,地表植被状况日趋恶化,多数流失区土壤潜在侵蚀处于危险、极险型,可能诱发山洪、地质等灾害,对区域生态环境改善、经济社会的发展和人民群众的安全构成了严重威胁。

3　工程总体布置

以崩岗治理为核心,崩岗周边实施封禁治理,有条件的地方引入社会资本实施水保林和经果林建设。

3.1　崩岗治理

崩岗是水力侵蚀与重力侵蚀共同作用的结果,两者相互联系,又相互促进,并不断发展。崩岗的发展包括沟头前进、沟谷扩展和沟床下切。沟床下切是下泄径流冲刷力输导崩塌物质而导致沟谷纵深发展,使沟壁临空而不断扩大,在重力作用下,不断发生崩塌,再度形成陡岩而发生崩塌。如此反复,导致崩岗不断发展,其发展速度决定崩塌物质输导的快慢。

崩岗发生与发展的根本原因在于人类破坏植被造成植被逆向演替,生态环境退化。崩岗最终稳定依赖植被恢复,整治崩岗的根本途径是人工干预、逆转其恶性演变的进程和方向,建立新的生态平衡。

3.1.1　总体布局

治理崩岗措施整体布局上要落实以人工治理为主导,预防保护和综合治理并重的工作方针。一方面要采取预防保护措施,防止崩岗的发生;另一方面要对已形成的崩岗进行综合治理,林草措施和工程措施并举,控制崩岗侵蚀的蔓延,同时要加速植被恢复,形成多目标、多功能、高效益的防护体系,促进崩岗侵蚀区生态环境步入良性循环。

崩岗迅猛发展的关键在于强劲的外营力和丰富沙源,主要取决于崩塌物输导的快慢,周期变化的长短。欲根治崩岗必须输导外营力,固定崩积锥,稳定崩壁,这是整治崩岗的技术关键。

根据崩岗的发育规律,结合生态学原理,确定崩岗防治措施总体布局为:在集水坡面营造混交林,提高坡地植被覆盖率;在崩岗沟头挖天沟或山边沟,用以拦截、分散坡面径流,防止对沟头的冲刷;在崩岗沟壑修筑土石谷坊、拦沙坝,拦截泥沙,抬高侵蚀基准面;在沟壑下游淤积地、崩积体、崩壁及洪积扇地带,采取林草措施,快速提高沟壑植被覆盖度。

3.1.1.1　输导消能

崩岗发展的主要外营力来自崩岗上游集水坡面和崩积锥坡面的径流。拦截、分散、输导集水坡面集水和崩积锥坡面径流,减弱流入崩岗内径流,以控制径流对沟头的冲刷,防止沟头崩塌扩展。大量的径流下泄,增强了沟道的输沙能力,引起沟床下切,导致沟谷加深,加大了沟头的溯源作用,缩短交替周期,加快了崩岗的发展。因而,分散、输导坡面集水及崩积锥坡面径流,抬高侵蚀基面,削弱崩岗沟头势能,是整治崩岗的重要一环。

3.1.1.2　固沙防冲

据观测,崩岗侵蚀85%的泥沙来自崩塌物的再侵蚀,因此切断崩塌物质输导通道,制止再侵蚀和搬运,可促进崩岗稳定。通过人工干预恢复植被,在沟坡、谷底密植糖蜜草、竹类、山毛豆、簕仔树、湿地松等繁殖力强、难掩埋、速生快长的乔灌草,筑成生物坝过水滤沙,稳定沟床,利用新技术尽快覆盖崩壁、崩积锥,为生态自我修复创造条件,固沙防冲,防崩护壁,促进崩岗稳定。

3.1.1.3　预防保护与综合治理相结合

由于崩岗形成后,整治难度大,因此最积极主动的措施是预防保护。预防保护为先,结合综合治理措施,将崩岗消灭在萌芽之中。对发生崩岗的整个流域进行全面、分类防治,以改善崩岗周围的生态环境,全面控制水土流失,以大包围的形式促进崩岗的个体整治,控制新的崩岗发生和崩岗群的形成。

3.1.2　单个崩岗措施布局

根据拟治理崩岗各自的特征及自然条件、施工条件,逐个确定治理措施配置。各个崩岗的措施布置详见表4-28。

表 4-28　崩岗措施布置情况

编号	崩岗名	现状图	措施布局
1	华城镇城东村 01		在现状拦沙坝的基础上增加一级拦沙坝(高 3 m),改造原排洪沟和步级。坡面猪屎豆、糖蜜草伴肥混合撒播

续表 4-28

编号	崩岗名	现状图	措施布局
2	华城镇城东村 02		最下部、原平台外侧、原平台内侧设三道格宾笼石谷坊，从最上一道谷坊边设排洪沟连接第二、第三道谷坊排洪沟排往坡脚。坡面猪屎豆、糖蜜草伴肥混合撒播。新建临时道路 50 m
3	华城镇城东村 03		崩岗顶部用生态袋谷坊堵坡面来水冲刷成的沟壑，并挖土质排水沟将崩岗外侧汇水引流分散到崩岗外。崩岗中部及下部用生态袋谷坊拦挡，谷坊两侧用 DN300 PVC 管作排水管排除崩岗洪水。坡面猪屎豆、糖蜜草伴肥混合撒播。新建临时道路 100 m
4	双华镇矮车村下围湾		崩岗顶部用生态袋谷坊堵坡面来水冲刷成的沟壑，并挖土质排水沟（或水平沟）将崩岗外侧汇水引流分散到崩岗外侧。崩岗下部设土质拦沙坝及浆砌石排洪沟，坝体用狗牙根、百喜草覆绿，坝内侧及外侧冲积扇栽苦竹。崩岗坡面猪屎豆、糖蜜草伴肥混合撒播，坡脚种植葛藤、爬山虎。新建临时道路 300 m

续表 4-28

编号	崩岗名	现状图	措施布局
5	双华镇华南村上坝里		崩岗顶部 5 m 外人工开挖水平沟,崩岗最下部设格宾笼拦沙坝及浆砌石排洪沟,崩岗坡面猪屎豆、糖蜜草伴肥混合撒播,及若干葛藤、爬山虎。新建临时道路 200 m
6	双华镇华南村大塘里		崩岗顶部 5 m 外人工开挖水平沟及土质排水沟截断山坡水流,崩岗最下部设格宾笼拦沙坝及浆砌石排洪沟,崩积体外围原自然小沟道顺直后两侧用格宾笼衬砌,并搭接 2 块过路钢筋混凝土板。坡面挖小台阶种葛藤、爬山虎。新建临时道路 200 m
7	双华镇华南村田背山 01		坡脚不宜高强度扰动。坡脚设 3 m 高格宾笼拦沙坝,拦沙坝外侧设浆砌石排水沟。新建临时道路 500 m

续表 4-28

编号	崩岗名	现状图	措施布局
8	双华镇华南村田背山 02		崩岗顶部及外侧设装配式排水沟(U 形混凝土槽,或混凝土板搭接),崩岗最下部设土质拦沙坝,坝体用狗牙根、百喜草覆绿,坝内侧及外侧冲积扇栽苦竹(苦笋)。坡面种葛藤、爬山虎,新建临时道路 500 m
9	双华镇富美村小水坑		沿沟道纵断面,每 3 m 高设格宾笼坝一道,沟道两岸用格宾笼护砌,两侧坡面每 4~6 m 一个台阶进行土地整治,每个台阶外沿设宽 0.5 m、高 0.3 m 的梯形埂坎,台阶内用石灰、黏土、农家肥进行土壤改良(可种巨尾桉),台阶坡面植大莞草、狗尾草、狗牙根、马唐草及香根草、柱花草、紫花苜蓿等混合横向条播。两侧坡面横向各设混凝土排洪沟 2 道,合适处设纵向排洪沟排往沟道
10	双华镇虎石村冷水坑		每 4~6 m 一个台阶进行土地整治,每个台阶外沿设宽 0.5 m、高 0.3 m 的梯形埂坎,台阶内用石灰、黏土、农家肥进行土壤改良(可种巨尾桉),台阶坡面植大莞草、狗尾草、狗牙根、马唐草及香根草、柱花草、紫花苜蓿等混合横向条播。两侧及内部设混凝土排洪沟,合适处设纵向排洪沟排往沟道

续表 4-28

编号	崩岗名	现状图	措施布局
11	转水镇新民村龙华庵 01		崩岗顶部外 5 m 开挖土质截水沟引流,崩岗内侧用生态袋谷坊拦沙,改造原拦沙坝排洪沟,崩岗坡面猪屎豆、糖蜜草伴肥混合撒播,间种植葛藤、爬山虎。新建临时道路 300 m
12	转水镇新民村龙华庵 02		崩岗顶部外 5 m 开挖土质截水沟引流,崩岗口设土质拦沙坝一道,坝坡狗牙根、百喜草植草护坡,坝肩设浆砌石排洪沟,崩岗坡面猪屎豆、糖蜜草伴肥混合撒播,间种植葛藤、爬山虎。冲积扇及平台植木荷、箣仔树、大叶相思。新建临时道路 300 m
13	转水镇新民村龙华庵 03		崩岗顶部外 5 m 开挖土质截水沟引流,崩壁用生态袋谷坊拦沙,PVC 管做排洪设施。崩岗坡面猪屎豆、糖蜜草伴肥混合撒播,间种植葛藤、爬山虎。新建临时道路 300 m

续表 4-28

编号	崩岗名	现状图	措施布局
14	转水镇新民村成亚山		崩岗口设土质拦沙坝一道，坝坡狗牙根、百喜草植草护坡，坝肩设浆砌石排洪沟，崩壁下种植葛藤、爬山虎。新建临时道路 300 m
15	转水镇青西村余禾塘岭背 01		边坡分 2 级平台，平台内侧设排水沟及急流槽。设道路混凝土排水沟 500 m，边坡坡脚浆砌石护面墙高 3 m，护面墙以上种爬山虎、蟛蜞菊。裸露平台间种翅荚决明
16	转水镇青西村余禾塘岭背 02		崩岗顶部外 5 m 开挖土质截水沟引流，崩岗口设土质拦沙坝一道，坝坡狗牙根、百喜草植草护坡，坝肩设浆砌石排洪沟，崩岗坡面猪屎豆、糖蜜草伴肥混合撒播，间种植葛藤、爬山虎。植湿地松。新建临时道路 300 m
17	转水镇三源村瘦田坑		此处为 2 个崩岗，均在崩岗口设土质拦沙坝一道，坝坡狗牙根、百喜草植草护坡，坝肩设浆砌石排洪沟，崩岗坡面猪屎豆、糖蜜草伴肥混合撒播，间种植葛藤、爬山虎。新建临时道路 200 m

续表 4-28

编号	崩岗名	现状图	措施布局
18	转水镇三源村下坑里		崩岗顶部外 5 m 开挖土质截水沟引流,崩岗口设格宾笼拦沙坝一道,浆砌石或混凝土排洪沟 200 m,崩岗坡面猪屎豆、糖蜜草伴肥混合撒播,间种植葛藤、爬山虎。植湿地松。新建临时道路 300 m
19	转水镇黄梅村水塘旁 01		崩岗口设格宾笼拦沙坝一道,内部合适外再设生态袋谷坊一道,浆砌石或混凝土排洪沟 200 m,崩岗坡面猪屎豆、糖蜜草伴肥混合撒播,间种植葛藤、爬山虎。植湿地松。新建临时道路 100 m
20	转水镇黄梅村水塘旁 02		崩岗口设土质拦沙坝一道,坝坡狗牙根、百喜草植草护坡,坝肩设浆砌石排洪沟。崩岗坡面削坡,后猪屎豆、糖蜜草伴肥混合撒播,种湿地松。新建临时道路 100 m

3.2　其他措施

项目区(3 镇 9 村)水热条件较好,有自然修复的条件。为实现水土流失综合治理,针对项目区(3 镇 9 村)崩岗周边宜遭受破坏的疏林、幼林、郁闭度较高的荒草地,实施封禁治理,封育期 5 年。

对项目区内的茶园、蜜柚园等经果林园,引导承包户采取水平阶整地、沟垄种植、增加地表覆盖等保土耕作措施,减轻水土流失,维护土地生产力,增加可持续发展能力。

3.3　措施规模

本工程共治理水土流失面积 15.00 km^2,其中治理崩岗 20 宗。

　　主要治理措施有:布设拦沙坝 9 座(土质拦沙坝 7 座、生态格网拦沙坝 2 座)、谷坊 28 座(土谷坊 4 座、生态格网谷坊 12 座、生态袋谷坊 12 座)、截(排)水沟 4 499 m、护面墙 352 m、DN300 PVC 排水管 80 m、改造步级 17 m、沉沙池 38 座、崩壁小台阶 0.12 hm²,土地整治 9.76 hm²,种植水保林 11.57 hm²,种植爬山虎 1 632 株,种草 20.30 hm²,封禁治理 1 468.13 hm²。

4　防治措施设计

4.1　工程措施

4.1.1　谷坊

　　谷坊工程的主要作用是拦截径流泥沙、减缓沟床比降、稳定沟床、节制山洪,从而改善沟床中的植物生长条件,促进崩岗稳定,保护下游农田,是治理崩岗的重要工程措施之一。谷坊按材料和形式,可分为三种结构形式:①石谷坊,崩岗谷口深度大,宽度小,径流集中。兴建石谷坊,谷坊中央开溢洪道排洪。②土石谷坊,崩岗谷口深度小,但宽度大,径流分散。兴建土石谷坊,配上石砌溢洪道排洪。③土谷坊,崩岗谷口深度小,但宽度大,径流分散且慢,周围植被较好。兴建土谷坊,配以石砌溢洪道排洪。结合项目区内崩岗的实际情况,本次工程采用土谷坊、生态格网谷坊及生态袋谷坊三种类型。

4.1.1.1　布设原则

　　(1)在对沟道自然特征与开发状况进行详查的基础上,拟定谷坊工程类型、工程建筑程序。

　　(2)谷坊工程类型要因地制宜、就地取材、经久耐用、抗滑抗倾、能溢能泄、便于开发、功能多样。

　　(3)谷坊规格和数量,要根据综合防治体系对谷坊群功能的要求,突出重点,兼顾其他,统筹规划,精心设计。

　　(4)谷坊坝址要求"口小肚大",沟底比较平直、谷口狭窄、沟底和岸坡地形、地质状况良好,建筑材料方便。

　　(5)崩沟较长时,应修建梯级谷坊群,谷坊工程的修筑程序,要按水沙运动规律,由高到低,从上至下逐级进行,分段控制。

4.1.1.2　设计标准

　　依据《水土保持综合治理 技术规范 崩岗治理技术》(GB/T 16453.6—2008)、《水土保持综合治理 技术规范 沟壑治理技术》(GB/T 16453.3—2008),采用 10 年一遇 24 h 最大降雨标准进行设计,并满足稳定的要求。

4.1.1.3　谷坊类型确定

　　谷坊有多种类型,按建筑材料不同可以分为土谷坊、石谷坊、土石谷坊、混凝土谷坊、生态格网谷坊及生态袋谷坊等。谷坊的类型选择取决于地形、地质、建筑材料、劳力、技术、经济、防护目标等因素。一般情况下宜就地取材,本项目选择谷坊类型为土谷坊、生态格网谷坊;但石料运输需要良好的交通条件,在交通不便处采用生态袋谷坊。

4.1.1.4　工程设计

　　1)土谷坊

　　土谷坊主要布设于多崩口谷坊的次崩口处,集雨区相对小,产沙量和出沙量相对较小。本次工程土谷坊以双华镇矮车村下围湾崩岗进行典型设计。

(1)坝高设计。

谷坊的拦沙容量采用下式计算:

$$V = FM_sY$$

式中:V 为拦沙容量, m^3; F 为谷坊集雨面积, 取 0.003 km^2; M_s 为土壤侵蚀模数, 参照《2006 年广东省土壤侵蚀遥感调查》等相关资料, 并结合现场崩岗侵蚀实际情况确定为20 850 $m^3/(km^2 \cdot a)$; Y 为设计淤满年限, 设计按淤满年限为 5 年考虑。

计算得拦沙容量为 313 m^3, 由此确定其相应的拦沙高度为 2.0 m。

(2)断面设计。

土谷坊断面尺寸参照《水土保持综合治理 技术规范 崩岗治理技术》(GB/T 16453.6—2008)中的定型设计, 土谷坊坝高采用 3 m, 顶宽 1.5 m、上游坡比 1:1.0、下游坡比 1:1.5, 土谷坊具体尺寸见表 4-29。

表 4-29 土谷坊设计尺寸

项目	坝高/m	顶宽/m	底宽/m	上游坡比	下游坡比
土谷坊	3.0	1.5	9.0	1:1.0	1:1.5

(3)稳定分析。

按最不利工况, 即谷坊淤满时, 进行谷坊稳定分析。

按照计算公式, 淤沙容重取 $\gamma_g = 19$ kN/m^3, 内摩擦角 $\varphi = 26°$ 时, 计算得抗滑稳定安全系数 $K_s = 1.31 > 1.3$(满足要求), 抗倾安全系数 $K_t = 2.66 > 1.4$(满足要求)。

2)生态袋谷坊

交通不便地区由于运石料上山问题难以解决, 可以采用生态袋谷坊。

生态袋谷坊高度确定的原则是材料能承受水和泥沙压力而不致毁坏。由计算确定项目区内谷坊高为 3.0 m, 清基深 0.5 m, 坝轴线长 10.0 m 左右, 本工程生态袋谷坊断面尺寸为高 3.0 m, 顶宽 1.5 m, 迎水坡比 1:0.2, 背水坡比 1:0.8。

谷坊溢流口堰设在谷坊顶部, 正常在坝顶中间处, 如遇弯沟, 则设置在偏近里弯一侧, 或整个坝体上移或下移以错开弯道。断面尺寸取决于上游洪水流量, 当谷坊溢流口宽取1.0 m, 深取 0.5 m 时, 计算得过流量值为 0.46 m^3/s, 满足泄流要求, 本典型设计取溢流口宽 1.0 m, 深 0.5 m。

施工要点如下:

(1)清基:如是土质沟床, 要清除地面上的虚土、草皮、树根以及含腐殖质较多的土壤, 清到坚实的母质土上, 夯实;如是石质沟床, 要清除到风化物, 两侧沟邦要嵌入 0.3~0.5 m。

(2)砌筑:清基过后, 用装好的生态袋顺水流方向平摆, 袋底向迎水面, 后一排压在前一排的缝口上, 各层错缝叠砌, 砌一层踩实一层, 使袋间无间隙, 防止渗水。需注意, 生态袋不宜装满, 一般以 70% 为宜, 便于踩实, 不留缝隙, 如有空隙也可以用黏土填堵并压实。

(3)坝面处理:为克服生态袋日晒易老化的缺点, 生态袋谷坊可采用厚度较大的塑料布做坝面整体封闭, 或用无纺布做坝面处理。防晒封料的边缘处理:在坝脚处开挖 0.2~

0.5 m 深槽,封料前缘在槽身内固定;在坝后开挖 0.2~0.5 m 深槽,封料后缘在槽身内固定,岸基两侧封料随坝身向两岸延伸固定。

3) 生态格网谷坊

小流域内石料丰富,谷坊选择采用格宾笼砌筑。谷坊高为 3.0 m,清基深 0.5 m。

生态格网谷坊断面尺寸参照《水土保持综合治理 技术规范 沟壑治理技术》(GB/T 16453.6—2008)中的浆砌石定型设计,生态格网谷坊坝高采用 3 m,顶宽 1 m、底宽 2.0 m,垫层厚 0.5 m。

溢流口设置于谷坊顶部,断面尺寸取决于上游洪水流量,谷坊溢流口宽取 1.5 m,深取 0.4 m 时,计算得过流量值为 0.48 m³/s。谷坊满足抗滑、抗倾稳定要求。

本工程总共修建谷坊 28 座,其中土谷坊 4 座、生态袋谷坊 12 座、生态格网谷坊 12 座。工程量详见表 4-30。

表 4-30 谷坊工程量

谷坊类型	谷坊数量/座	谷坊高/m	谷坊总长/m	顶宽/m	上游坡比	下游坡比
土谷坊	4	3.0	144	1.5	1:1.0	1:1.5
生态袋谷坊	12	3.0	138	1.5	1:0.2	1:0.8
生态格网谷坊	12	3.0	394	1.0	直立	1:0.8

4.1.2 拦沙坝

拦沙坝工程的主要作用是拦截径流泥沙、减缓沟床比降、稳定沟床、节制山洪,从而改善沟床中的植物生长条件,促进崩岗稳定,保护下游农田,是治理崩岗的重要工程措施之一。拦沙坝按材料和形式,可分为三种结构形式:①石拦沙坝,崩岗谷口深度大,宽度小,径流集中。兴建石拦沙坝,拦沙坝中央开溢洪道排洪。②土石拦沙坝。崩岗谷口深度小,但宽度大,径流分散。兴建土石拦沙坝,配上石砌溢洪道排洪。③土拦沙坝,崩岗谷口深度小,但宽度大,径流分散且慢,周围植被较好。兴建土拦沙坝,配以石砌溢洪道排洪。结合项目区内崩岗的实际情况,本次工程采用土拦沙坝、生态格网拦沙坝两种类型。

4.1.2.1 布设原则

(1)在对沟道自然特征与开发状况进行详查的基础上,拟定拦沙坝工程类型、工程建筑程序。

(2)拦沙坝工程类型要因地制宜、就地取材、经久耐用、抗滑抗倾、能溢能泄、便于开发、功能多样。

(3)拦沙坝规格和数量,要根据综合防治体系对拦沙坝功能的要求,突出重点,兼顾其他,统筹规划,精心设计。

(4)拦沙坝坝址要求"口小肚大",沟底比较平直、谷口狭窄、沟底和岸坡地形、地质状况良好,建筑材料方便。

(5)崩沟较长时,应修建梯级谷坊群,拦沙坝工程的修筑程序,要按水沙运动规律,由高到低,从上至下逐级进行,分段控制。

4.1.2.2 设计标准

依据《水土保持综合治理 技术规范 崩岗治理技术》(GB/T 16453.6—2008)、《水土

保持综合治理 技术规范 沟壑治理技术》(GB/T 16453.3—2008),采用 10 年一遇 24 h 最大降雨标准进行设计,并满足稳定的要求。

4.1.2.3　拦沙坝类型确定

拦沙坝有多种类型,按建筑材料不同可以分为土拦沙坝、石拦沙坝、土石拦沙坝、混凝土拦沙坝、生态格网拦沙坝等。拦沙坝的类型选择取决于地形、地质、建筑材料、劳力、技术、经济、防护目标等因素。一般情况下宜就地取材,本项目选择拦沙坝类型为土拦沙坝、生态格网拦沙坝。

4.1.2.4　工程设计

1)土拦沙坝

土拦沙坝主要布设于多崩口崩岗的初崩口处,集雨区相对小,产沙量和出沙量相对较小。本次工程土拦沙坝以双华镇矮车村下围湾崩岗进行典型设计。

(1)坝高设计。

拦沙坝的拦沙容量采用下式计算:

$$V = FM_sY$$

式中:V 为拦沙容量,m^3;F 为拦沙坝集雨面积,取 0.008 km^2;M_s 为土壤侵蚀模数,参照《2006 年广东省土壤侵蚀遥感调查》等相关资料,并结合现场崩岗侵蚀实际情况确定为 20 850 $m^3/(km^2 \cdot a)$;Y 为设计淤满年限,设计按淤满年限为 5 年考虑。

计算得拦沙容量为 835 m^3,由此确定其相应的拦沙高度为 5.0 m。

(2)断面设计。

土拦沙坝断面尺寸参照《水土保持综合治理 技术规范 崩岗治理技术》(GB/T 16453.6—2008)中的定型设计,土拦沙坝坝高采用 5.0 m,顶宽 3.0 m、上游坡比 1:1.0、下游坡比 1:1.5,土拦沙坝具体尺寸见表 4-31。

表 4-31　土拦沙坝设计尺寸

项目	坝高/m	顶宽/m	底宽/m	上游坡比	下游坡比
土拦沙坝	5.0	3.0	15.5	1:1.0	1:1.5

(3)稳定分析。

按最不利工况,即拦沙坝淤满时,进行拦沙坝稳定分析。

淤沙容重取 $\gamma_g = 19$ kN/m^3,内摩擦角 $\varphi = 26°$ 时,计算得抗滑稳定安全系数 $K_s = 1.34 > 1.3$(满足要求),抗倾安全系数 $K_t = 2.72 > 1.4$(满足要求)。

2)生态格网拦沙坝

小流域内石料丰富,拦沙坝选择采用格宾笼砌筑。坝高为 5.0 m,清基深 0.5 m。

生态格网谷坊断面尺寸参照《水土保持综合治理 技术规范 沟壑治理技术》(GB/T 16453.3—2008)中的浆砌石定型设计,生态格网谷坊坝高采用 5.0 m,顶宽 2.0 m、底宽 4.0 m,垫层厚 0.5 m。

溢流口设置于拦沙坝顶部,断面尺寸取决于上游洪水流量,拦沙坝溢流口宽取 1.5 m,深取 0.4 m 时,计算的过流值为 0.48 m^3/s。拦沙坝满足抗滑、抗倾稳定要求。

本工程总共修建拦沙坝 9 座,其中土拦沙坝 7 座、生态格网拦沙坝 2 座。工程量详见

表 4-32。

表 4-32　拦沙坝工程量

拦沙坝类型	数量/座	高/m	总长/m	顶宽/m	上游坡比	下游坡比
土拦沙坝	7	5.0	317	3.0	1:1.0	1:1.5
生态格网拦沙坝	2	5.0	90	2.0	直立	1:0.8

4.1.3　截、排水沟

截、排水沟是崩岗顶部和岸坡的重要防护工程,其作用在于拦截坡面径流,防止崩岗溯源侵蚀,截、排水沟对稳定崩岗具有不可忽视的作用,凡具有一定集水面积的崩岗都应修建。

4.1.3.1　布置原则

截水沟布设在崩口顶部外沿 5.0 m 左右,基本上沿等高线布设,并取适当比降。单个崩岗,截水沟从崩口顶部正中向两侧延伸;多个崩岗集中区,截水沟可考虑统一布设,从崩口顶部最高点向两侧延伸。截水沟长度以能防止坡面径流进入崩口为准,同时连接自然沟道或当地的排水沟道,一般出崩口外延 10~20 m,特殊情况下可延伸到 40~50 m。根据实地调查,现有截水沟深度一般为 0.3~0.4 m,宽 0.3~0.4 m。崩口顶部已到分水岭的,或由于其他原因不能布设截水沟的,应在其两侧布设品字形排列的短截水沟。

在坡度很陡的山坡上,不宜开挖截水沟。当崩岗周围有比较坚硬的岩石或有较好的植被而不易被水流冲刷时,可以布设排水沟,以便把崩岗上部地带的雨水集中起来排走。布设排水沟时应特别注意其可靠程度,以免造成新的人为水土流失。

4.1.3.2　设计标准

依据《水土保持综合治理　技术规范　小型蓄排水工程》(GB/T 16453.4—2008),采用 10 年一遇 24 h 最大降雨标准进行设计。

设计洪峰流量采用下式计算:

$$Q_P = C_2 H_{24P} F^{0.84}$$

式中:Q_P 为设计洪水,m^3/s;C_2 为随频率而异的系数,10 年一遇系数为 0.044;H_{24P} 为 24 h 设计暴雨,10 年一遇 H_{24P} 为 139.40 mm;F 为集雨面积,km^2。

断面过洪流量采用明渠均匀流公式计算:

$$Q = AR^{\frac{2}{3}} I^{\frac{1}{2}} / N$$

式中:N 为沟渠糙率,取 0.025;A 为沟渠断面面积,m^2;R 为水力半径,m;I 为沟渠比降,取 3%。

根据现场调查,截排水沟控制面积按 2.50 hm^2 汇水面积考虑,求得洪峰流量为 0.27 m^3/s。设计频率下的最大洪峰流量计算见表 4-33。

表 4-33　洪水分析计算

设计频率	汇流面积/km^2	系数 C_2	设计暴雨 H_{24P}/mm	洪峰流量/(m^3/s)	计算公式
10 年一遇	0.025	0.044	159.40	0.27	$Q_P = C_2 \cdot H_{24P} \cdot F^{0.84}$

4.1.3.3　断面设计

根据计算出的最大径流量,代入公式 $Q = AR^{\frac{2}{3}} I^{\frac{1}{2}} / N$ 进行试算,确定断面尺寸为宽×高 = 0.4 m×0.4 m,浆砌石衬砌厚度 0.3 m。再用断面尺寸验证过洪流量,经计算,$Q_{过} = 0.284$ m³/s $> Q_{设}$,则断面设计尺寸完全满足行洪要求,说明确定的断面尺寸合适。排灌沟渠设计断面处的最大过洪流量计算结果见表 4-34。

表 4-34　设计断面最大过洪流量计算

断面面积/m²	湿周/m	水力半径/m	$R^{\frac{2}{3}}$	$I^{\frac{1}{2}}$	N	过洪流量/(m³/s)
0.16	1.2	0.13	0.261	0.17	0.025	0.284

4.1.3.4　工程量

本工程修建截水沟 4 499 m。

4.1.4　崩壁小台阶

崩壁小台阶又称削坡开级,主要通过切削崩岗陡壁,减缓坡降,并自上而下挖成台阶,为植树种草创造有利条件,以堵住重力侵蚀的危险源地。它是目前治理活动型崩岗行之有效的措施。但对高达十几米或几十米的崩壁进行削坡开级,需要花费大量的人力、物力和财力,且技术性要求较高,因此只对那些崩壁陡峭,溯源侵蚀严惩,崩塌量大以致严重威胁交通、河道、水利设施、农田及村庄安全的活动型崩岗,在具备施工要求的条件下才布置此措施。

4.1.4.1　布设原则

一般用于大、中规模的活动型崩岗,将崩壁悬崖陡坡逐级削成台阶,以稳定崩壁和改善植树种草条件。

4.1.4.2　技术要求

(1)台阶面宽一般为 0.5~0.6 m,高差 0.8~1.0 m,外坡 1:0.5~1:1.0;阶面向内呈 5°~10° 反坡。

(2)根据崩壁每一具体位置的坡度与土体的紧松情况,分别确定小台阶的宽度、高度与外坡。

(3)一般崩壁坡度上部较陡,下部相对较缓;土质上部坚实,下部相对疏松。小台阶从上到下应逐步加大宽度,缩小高度,同时放缓外坡。

(4)在每一坡面各级小台阶的两端,从上到下修排水沟,块石衬砌或种草皮防冲。

4.1.4.3　措施设计及工程量

本工程设崩壁小台阶 5 处,面积为 0.12 hm²。

4.1.5　沉沙池

4.1.5.1　布设原则

沉沙池布设在截水沟末端及截水沟与排水沟的连接处,起到沉沙、防冲和沟渠承接的作用。

4.1.5.2　设计标准

根据工程规模,沉沙池的设计标准确定为 10 年一遇 24 h 暴雨。

4.1.5.3　工程设计

沉沙池池体为矩形,宽 1.5 m,长 3.0 m,池深 1.0 m,侧墙及底板采用机砖砌筑,表面采用 M10 水泥砂浆抹面,抹面厚 2 cm,池体进水口与出水口错开布置。进口规格:30 cm×30 cm,沉沙池规格为 300 cm×100 cm×150 cm,出口规格同进口相同。沉沙池断面尺寸及工程量详见表 4-35。

表 4-35　沉沙池断面尺寸及工程量

项目	断面尺寸				工程量	
	池体形式	池宽/m	池长/m	池深/m	机砖/千块	砂浆/m³
砖砌沉沙池	矩形	1.5	3.0	1.0	1.01	0.77

本工程修建沉沙池 38 座。

4.1.6　土地整治

鉴于本工程双华镇富美村及虎石村的小水坑、冷水坑两处崩岗群具有面积大、裸露多、沟壑众多等特点,考虑对其进行土地整治,将原有冲刷地面平整为多级平台,通过开挖、回填土方及后期林草措施,固定崩落的土壤。

土地整治包括场地平整、土方开挖及土方填筑等工序,本工程需进行土地整治面积为 9.76 hm²,其中双华镇富美村小水坑崩岗、双华镇虎石村冷水坑崩岗进行土地整治面积分别为 5.37 hm²、4.39 hm²。

4.2　林草措施

林草工程是崩岗整治的一项治本措施,它包括人工造林植草、封山育林育草等。由于崩岗各部位的地形、土质、小气候条件不尽相同,必须依据崩岗立地特点进行林草的选择配置。

布置原则:在营造水保林时应选择根系发达、耐旱耐瘠、适应性强的植物种类,以喜阳性灌木、草本为主,或者种草先行,逐步形成草、灌、乔多层覆盖。

4.2.1　水保林

4.2.1.1　布设原则

(1)适地适树,因地制宜,以获得稳定持续的林分环境,改善立地质量为目标。

(2)选择乡土树种,或经多年栽培,适应性较强的引进树种,提高造林成活率。

(3)营建复层林相,充分利用营养钵,建立稳定的生态体系。

(4)充分发挥各种立地条件的土地生产力,以获得最大的水土保持效益。

4.2.1.2　设计标准

1)造林树种

确定造林树种的基本原则是"适地适树",以适生的乡土树种为主,并引进和推广外地的优良树种。针对不同的立地类型条件,选择生物生态特性与其地形、土壤、水分相适应的乔、灌木树种。根据五华县治理崩岗的经验,主要可选择耐干旱、耐贫瘠、生长快、根系发达、覆盖面积大、易繁殖、萌芽更新能力强的湿地松、大叶相思、木荷、杉木、胡枝子、簕仔树、青皮竹等。

　　造林密度大的大小,直接影响着林木的郁闭及林木生长于分化。造林密度的确定以造林目的、树种特性、立地条件等为依据。本次设计是按《造林技术规程》(GB/T 15776—2016)标准确定主要适生造林树种的初植密度,具体见表 4-36。

表 4-36　主要水土保持林种植密度及需苗量

树种	株距/m	行距/m	定植点数量/ (个/hm²)	苗龄及等级	种植方式	需种苗量/个
湿地松	2.5	2.5	1 500	1 年生一级苗	植苗	1 530
大叶相思	2.5	2.5	1 500	1 年生一级苗	植苗	1 530
木荷	2.5	2.5	1 500	1 年生一级苗	植苗	1 530
杉木	2.5	2.5	1 500	1 年生一级苗	植苗	1 530
胡枝子	2.0	2.5	2 000	1 年生一级苗	植苗	2 040
簕仔树	2.0	2.5	2 000	1 年生一级苗	植苗	2 040
青皮竹	2.0	2.5	2 000	1 年生一级苗	植苗	2 040

　　2)工程整地

　　整地时间:一般在前一年秋、冬进行。

　　整地方式:水土保持造林,一般都应采取工程整地,以保水、保土、促进苗木正常生长。在该地区由于其地形、土质的立地条件较差,一般采用块状整地,规格为 40 cm×40 cm×40 cm。

　　3)设计标准

　　植苗造林:根据多年的试验、示范技术造林,植苗造林是宜选的造林方法。最好的是袋装苗移栽,苗木可用一、二级实生苗。在春季或雨季进行,要确保苗木随起随运,及时栽植。为了保护苗根湿润,最好采用就地苗木,随起随栽。

　　4)工程设计

　　项目区涉及的主要造林树种相对较多,采用两种树种株间混交造林模式,以大叶相思(乔木)、胡枝子(灌木)进行典型设计。

4.2.1.3　工程量

　　本工程营造水保林 11.57 hm²,种植苗木 39 286 株,详见表 4-37。

表 4-37　水保林工程量汇总表

崩岗点	水保林/hm²	需种苗量/株				
		大叶相思	木荷	簕仔树	青皮竹	合计
华城镇城东村 01 号崩岗	0.09	88	88	87	87	350
华城镇城东村 02 号崩岗	0.48	406	406	406	406	1624
华城镇城东村 03 号崩岗	0.09	84	84	83	83	334

续表 4-37

崩岗点	水保林/hm²	需种苗量/株				
		大叶相思	木荷	簕仔树	青皮竹	合计
双华镇矮车村下围湾崩岗	0.59	505	505	504	504	2 018
双华镇华南村上坝里崩岗	0.35	300	300	299	299	1 198
双华镇华南村大塘里崩岗	0.39	335	335	334	334	1 338
双华镇华南村田背山 01 号崩岗	0.39	332	332	332	332	1 328
双华镇华南村田背山 02 号崩岗	0.85	720	720	719	719	2 878
双华镇富美村小水坑崩岗	3.59	3 001	3 001	3 001	3 000	12 003
双华镇虎石村冷水坑崩岗	2.94	2 456	2 456	2 456	2 455	9 823
转水镇新民村龙华庵 01 号崩岗	0.16	143	143	142	142	570
转水镇新民村龙华庵 02 号崩岗	0.16	141	141	140	140	562
转水镇新民村龙华庵 03 号崩岗	0.03	33	33	32	32	130
转水镇新民村成亚山崩岗	0.04	47	47	46	46	186
转水镇青西村余禾塘岭背 01 号崩岗	0.14	125	125	124	124	498
转水镇青西村余禾塘岭背 02 号崩岗	0.33	286	286	285	285	1 142
转水镇三源村瘦田坑崩岗	0.29	248	248	247	247	990
转水镇三源村下坑里崩岗	0.22	193	193	192	192	770
转水镇黄梅村水塘旁 01 号崩岗	0.23	201	201	200	200	802
转水镇黄梅村水塘旁 02 号崩岗	0.21	186	186	185	185	742
合计	11.57	9 830	9 830	9 814	9 814	39 286

4.2.2 种草

据调查,大多数经过初步治理的崩岗由于缺少草被,虽然有一定数量的木荷、簕仔树、大叶相思、马尾松等乔木覆盖,但水土流失仍然比较严重,崩岗也很难得到控制,可以说植草覆盖式治理崩岗的必要手段。

4.2.2.1 草种选择

根据项目区的气候、土壤条件,草本植物选择耐旱、耐贫瘠、速生、生长量大的品种,可选用糖蜜草、山毛豆(小灌木)、百喜草、马塘、雀稗、狗牙根等。

4.2.2.2 种植

首先做好选种和种植处理,对恶劣立地条件的崩岗进行直播,覆盖地表,同时为灌木和乔木的生长创造生长条件。在 3 月下旬至 4 月采用混合草籽直播,播种量为 40 kg/hm²。

种草密度及需苗量见表 4-38。

表 4-38　种草密度及需苗量

树(草)种	苗龄及等级	种植方法	需苗量/(株/hm^2)
混合草籽	净度≥95%,发芽率≥85%	直播	40 kg

4.2.2.3　工程量

本工程种草面积 20.30 hm^2。

4.2.3　栽植藤本植物

崩岗崩壁较陡,部分无法采取削坡处理,崩壁裸露,影响环境及易形成水土流失,需增加植被覆盖。对无法采用种草、植水保林的崩壁,在崩岗下部栽植爬藤类植物。爬藤种类主要采用葛藤、爬山虎、蟛蜞菊、牵牛、长春藤等。

设计种植爬藤 1 632 株。

4.3　封禁治理措施

由于崩岗区生态非常脆弱,受人为破坏很容易再次引发崩岗的产生与发展,但项目区气候条件优越,有利于通过封育治理,加速植被自我修复,防治水土流失。本次设计封育治理主要布设在沿线崩岗周边,具有一定数量母树或根蘖更新能力较强的疏幼林地、灌丛地和荒山荒坡。

4.3.1　组织管理措施

(1)在交通便利、位置明显的地段设立封育治理标志牌,标明封禁治理范围,并在封禁治理范围内设立明显标志。

(2)成立封禁管护组织,专人管护,落实管护责任。

(3)根据国家和地方政府的有关规定,制定乡规民约,有乡(镇)政府行文公告,杜绝人为破坏,确保封禁区内植被能迅速得到恢复。

(4)加强预防监督,巩固封禁治理成果。

4.3.2　技术措施

封禁方式:轮封、半封、全封。

轮封:根据当地群众生产、生活的需要,划定放牧区,对其他地区实行封禁,封禁期 3～5 年,待植物恢复到一定程度后,再轮换封禁原开放地区。

半封:在保证林木不被破坏的前提下实行季节性封育,在林木休眠期开山,对幼林中龄林可以定期进行抚育管理,将修枝、间苗等产下的枝柴等作为群众收入。

全封:即全面封禁,不准在封禁区内放牧,从事多种经营等一切不利于植被恢复的人为活动。

4.3.3　实施措施

(1)综合分析,全面规划。对植被状况、主要树种更新能力、方式、年限及成材时间,母树,幼树的数量、分布、土地条件以及社会经济状况,群众对木材、林副产品、薪柴及放牧要求,生活习惯等进行调查,综合分析,全面规划,提出封禁措施和封禁年限,根据规划划定封禁区周边界线,在封禁明显地段设立封禁标志牌和网围栏。

（2）加强抚育管理，促使封禁治理尽快见效。本工程规划封育管护面积为 1 468.13 hm²。在封育管护区确定管护人员、栽设封管牌，封育管护区内需要配备封育管护人员，架设封育管护牌；封禁管护牌按 C20 钢筋混凝土进行预制，封禁管护牌高 2.5 m，宽 1.5 m，厚 8 cm，基础埋深 0.5 m。正面刻字"封山育林区"，背面写上封禁范围、时间、负责人以及管护制度等相关内容。

4.3.4 辅助措施

为了加快植被恢复，在封禁治理区内进行补植水保林，需要补种的封育管护面积为 58.50 hm²，主要选择本土优势树种湿地松和大叶相思，种植点采用正方形配置，行株距 10 m×10 m，造林密度 100 株/hm²，补植苗木 5 850 株。

封育管护所需工程量见表 4-39。

表 4-39　封禁治理措施

项目镇	村	封育管护			
		封育管护面积/hm²	管护人员/人	苗木补植/株	封禁碑牌/个
华城镇	城东村	150.58	1	600	2
双华镇	矮车村	100.38	1	400	2
	华南村	225.86	2	900	2
	富美村	125.48	2	500	2
	虎石村	219.60	2	875	2
转水镇	新民村	238.41	2	950	2
	青西村	156.85	1	625	2
	三源村	100.38	1	400	2
	黄梅村	150.59	2	600	2
合计		1 468.13	14	5 850	18

5　施工组织设计

5.1　工程量

5.1.1　防治措施量

工程布设拦沙坝 9 座(土质拦沙坝 7 座、生态格网拦沙坝 2 座)、谷坊 28 座(土谷坊 4 座、生态格网谷坊 12 座、生态袋谷坊 12 座)、截(排)水沟 4 499 m、护面墙 352 m、DN300 PVC 排水管 80 m、改造步级 17 m、沉沙池 38 座、崩壁小台阶 0.12 hm²，土地整治 9.76 hm²，种植水保林 11.57 hm²，种植爬山虎 1 632 株，种草 20.30 hm²，封禁治理 1 468.13 hm²。

5.1.2　工程量

主要工程量：土石方开挖 13.72 万 m³，土石方填筑 4.21 万 m³，混凝土 83 m³，水保林苗木 39 286 株,种草 20.30 hm²,投工合计 2.32 万工日。

主要材料量:水泥 307.59 t、块石 8 109.524 m³、碎石 408.939 m³、砂 1 264.849 m³、电 2 305.833 kW·h、柴油 45.181 t。

5.2　施工条件

从 20 世纪开始治理水土流失以来,五华县总结水土流失治理经验,尤其是崩岗治理取得了显著成效,形成了一套良好的治理模式,为以后的崩岗治理工作奠定了良好的基础。广大干部群众在多年的崩岗治理实践中得到了实惠,治理崩岗的热情和积极性高涨,迫切要求尽快实施。因此,项目的实施已具备了良好的外部环境。

5.2.1　劳动力保障

项目区各项措施主要由当地农民实施。2016 年项目区各镇有农业人口 16.20 万人,劳动力 9.72 万个。本项目建设期内,共需劳力 2.32 万工日。由于项目区经济发展水平较低,农民基本上只从事农业生产活动,每年有 4~5 个月农闲时间。因此,采取专业队常年施工和农闲时集中施工相结合,农村劳动力完全能满足项目建设的需要。

5.2.2　施工材料

工程建设以土石方工程为主,施工所需的水泥、钢筋、炸药、木材等材料均可在县城或乡(镇)购买,建设所需要的材料完全满足需要。

项目建设所需砂、石材料从就近的砂场、石料场购买,根据苗木就近供给的原则,在本县相关苗圃采购,草种则由项目区各村采集,如不够用则向项目区外的其他镇调剂。

5.2.3　施工时间

方案治理措施多为小型工程,如谷坊、截排水沟等,均为分散作业,时间较短,受天气条件的影响较小,一般一年四季都可以施工。土石方工程应尽量避开雨季,以防止工程建设造成新的水土流失。

5.2.4　交通条件

项目区交通便利,各村均通公路,主要沟道均有生产道路,施工用汽车、拖拉机等十分普及。但根据现场实地调查,大部分崩岗无道路直达施工点,需要修建施工临时道路。根据调查情况,每座崩岗需要修建 15~40 m 施工临时道路连接乡村道路,可满足施工材料运输。按平均每座崩岗修建 25 m 临时施工道路计算,需修建施工临时道路 3.80 km,施工临时道路宽 2.0 m,采用泥结石路面,厚 20 cm,施工结束后进行清理、平整,保留供当地村民使用。

5.2.5　水电条件

施工用电:项目区内电网改造已完成,设备良好,电力充足。

施工用水:项目区内有常流水,施工用水可从沟河内抽取使用。

同时,本治理工程施工所需用水及用电量不大,各施工地点现有水电条件基本可满足施工需要。

5.3　施工工艺与方法

5.3.1　生态袋谷坊施工

施工时,生态袋规格尺寸根据设计图纸要求选定,选用耐水、耐旱、抗紫外线破坏,强度高的生态袋。具体施工工艺如下:

（1）生态袋成捆运到工地后，要在靠近安装位置的平整场地上打开。

（2）生态袋的几何尺寸、安装平面位置、高程均要符合设计要求。

（3）填充生态袋，生态袋填充物为开挖料、种植土和复合肥的混合物，人工将配置好的混合物装进生态袋，须确保生态袋完全填充饱和，然后用封口机将袋口封好，扎带封口应距离袋口 10 cm 左右，扎口带要求具有自锁式扎带。

（4）根据放线情况，按设计要求堆垒生态袋，堆垒时生态袋间预留 3 cm 左右空隙，以保障压实后的生态袋袋尾和袋头相接，但不产生搭接，每层生态袋间采用连接扣连接，保证对垒后的生态袋平顺、圆滑。局部不规整位置生态袋采用人工用木夯实，并控制生态袋最终的成型规格，以满足设计要求。

5.3.2　拦沙坝

生态格网拦沙坝施工时，生态格网网眼规格尺寸根据设计图纸要求选定，选用质地坚硬、不易风化、粒径合格的石料。具体施工工艺如下：

（1）生态格网成捆运到工地后，要在靠近安装位置的平整场地上打开。避免损坏笼体和网线表面 PVC 涂层。

（2）生态格网的几何尺寸、安装平面位置、高程均要符合设计要求。

（3）格网安装就位后，填充石料，石料填充应密实稳固，填充石料时，应认真细心操作，要轻搬轻放，禁止乱抛乱砸，以免损坏笼体和网线表面上 PVC 涂层。

（4）相邻格网（包括格网盖）进行绑扎连接。用双胶钢丝扎牢，扎点间距为 30 ～ 50 cm；格网盖纵向部分和格网笼体绑扎间距一般为 50 cm。

（5）护坡底边线、顶边线要顺直、整齐。

5.3.3　溢洪道

5.3.3.1　位置选择

土谷坊溢洪道选在土坝的坝肩位置（左侧或右侧），以不影响土坝安全、不造成新的沟蚀为前提，选坚实土层为宜；石谷坊（拦沙坝）溢洪道布设在坝中央。

5.3.3.2　定线

溢洪道过水断面必须按设计的宽度、深度、边坡施工，同时要严格掌握溢洪道底高程，不能超高或降低。

5.3.3.3　开挖

土质山坡开挖溢洪道时，过水断面边坡不小于 1∶1.5，过水断面以上山坡不小于 1∶1.0。在断面变坡处要留一平台，宽 1.0 m 左右。溢洪道上部的山坡应开挖排水沟，以保证安全。溢洪道开挖的土方尽量利用上坝，在施工顺序安排上，与谷坊、拦沙坝结合进行。

岩石山坡上开挖溢洪道，沿溢洪道轴线开槽，再逐步扩大到设计断面。不同风化程度岩石的稳定边坡比为：弱风化岩石 1∶0.5 ～ 1∶0.8，微风化岩石 1∶0.2 ～ 1∶0.5。

最后用浆砌石衬砌溢洪道。

5.3.4　截、排水沟

5.3.4.1　施工放样

选线时要避开滑坡体、坡积物、危岩、外斜岩层、地面裂缝、泥石流等地段。对选好的线路进行纵横断面测量，做好记录并钉中桩，根据记录和设计要求绘制纵断面图，确定中桩挖填高程到实地放样。

5.3.4.2　沟渠开挖

挖土:沟渠挖土方应由中心向外,先深后宽,分块分层开挖,并按照设计坡度逐渐放坡。挖到设计深度前,应先挖够深度,再挖够渠底宽度,最后才进行修坡。沟渠的边坡不得有显著的凹凸现象,在同一个设计标准断面中,各桩号的渠底边线、堤顶线连起来应成一条直线,在弯道处应为一规律曲线。

填筑:先清除地基上的杂质,填土时注意新老土及上下层之间的结合,斜坡地面应挖成阶梯形,必要时加凿齿槽与填土衔接,地面经夯实后才开始填土。

5.3.4.3　砌筑

砌筑时先砌两侧墙,后做沟槽底,侧墙石按设计砌石断面施工。砌筑条石时,上下层纵缝应错开;砌筑片石时,应注意将横缝与纵缝相互错开,每层横缝的厚度要保持均匀。

5.3.5　崩壁小台阶

5.3.5.1　定线

根据设计尺寸,定好各台开挖线,用手水准校正是否水平,对崩壁上局部不稳定的土体应事先清除,然后定线。

5.3.5.2　台面开挖

从上到下逐台开挖,阶面做成 5°~10° 反坡(各台反坡的坡度要基本一致)。每台的阶面,外侧填方部分应分层踩实,内侧挖方部分修成后再挖松 20 cm,以利于植树、种草。

5.3.5.3　排水沟开挖

每一小台阶两端从上到下开挖排水沟,并用草皮或块石衬砌,出水口设消力池。

5.3.6　林草措施

5.3.6.1　造林密度

水保林的栽植密度较大,乔灌草结合时,要求要有 1 500 株/hm^2 以上,树种通常是 2.5 m×2.5 m 的规格。在一些特殊地类中,密度要求更大,如在崩壁松坡部分,可高达 2 000 株/hm^2 甚至 2 500 株/hm^2,以期迅速达到固土抗崩的目的。

5.3.6.2　整地和基肥

在坡地上工程未触及的部分,可按植物种类进行穴状整地。整地规格为 0.4 m× 0.4 m~0.8 m×0.8 m,并最好隔冬整地让土穴越冬风化。每穴约下 5 kg 基肥或 100 g 磷钾肥,磷钾比以 7∶3 为宜。在一些人工或自然堆积而成的松土、松坡或滑塌敏感(如崩壁)的地方,不要事先整地,栽植时亦不宜大穴,但要下足基肥。整地和基肥一定要注意标准和质量,它是水保林能否迅速覆盖地面的关键。

5.3.6.3　育苗

为了保证造林成活,原则上能用容器育苗的树种均要用容器育苗。一般容器育苗上山前苗高 25~40 cm 为佳。松、杉类的容器苗,其营养土要有菌土渗混,保证上山前松苗形成良好的菌根,豆科树种有根瘤菌。水土保持林的植物种类较多,育苗时间、方法要据植物不同而异。

5.3.6.4　栽植

大多数树种宜在春季栽植。水土流失区中全裸的山地,在旱季时 20 cm 以内的自然含水量易出现低于凋萎系数的状况,因而栽植深度以 20 cm 左右为宜。

5.3.6.5 抚育管理

栽植 1~2 个月后,雨天或雨后适量追肥,结合扩穴松土工作。木荷、籍仔树、大叶相思、糖蜜草等树、草种,若当年能追 1~2 次磷钾肥,一年可达覆盖的效果。

5.4 施工组织形式

项目建设主要由县水土保持办公室负责组织实施,项目镇政府负责做好征地、督促、施工条件协调等工作。谷坊、拦沙坝、截排水沟、护面墙等工程由专业施工队进行施工;集中连片的种植水保林、种草等由村、组进行集中施工。封禁治理由镇政府组织项目所在村组实施。

项目施工采取以人工施工为主、机械施工为辅的方法进行。专业施工队按合同要求,常年施工;集体和农户承包的任务,在农闲季节施工,主要集中在每年的冬春两季。在施工过程中,建立领导联系点和技术人员蹲点制度,要求水土保持技术人员深入现场,提供技术指导和服务,县政府要把项目的实施作为一项重要任务,纳入议事日程。

5.5 施工进度安排

2017 年 11 月施工准备。

2017 年 12 月至 2018 年 1 月完成谷坊、拦沙坝、排水沟等水保工程。

2018 年 2 月完成水土保持林草措施以及封禁治理。

4.4 生态清洁小流域建设

4.4.1 设计理念

生态清洁小流域建设工程设计应尊重自然、顺应自然和保护自然,坚持节约资源和保护环境的基本国策,充分树立和践行"绿水青山就是金山银山""山水林田湖草沙系统治理""高质量"等新发展理念,在满足水土流失治理的基本前提下,突出绿色发展、循环发展、低碳发展及生态文明建设的相关要求。应深入贯彻落实乡村振兴、美丽中国、生态文明建设等国家战略,将小流域治理与幸福河湖建设、水美乡村建设、水网构建、美丽乡村建设、社会主义新农村建设、乡村旅游及特色产业发展等有机结合,统筹协调水土流失防治、乡村防洪排涝、水资源保护、土壤环境改善、生态维护及提升、自然与人居环境改善、生产及生活条件提升等多功能体系,充分发挥水土保持生态治理的综合效益。

在措施布局与构建中,以小流域为单元,以水系、村庄和城镇周边为重点治理范围,以水土流失防治、水资源保护、生态维护及提升、农村面源污染防治、水环境改善为重点任务,兼顾农村水网构建、乡村防洪排涝、人居环境改善、生产条件提升等多元任务,以问题为导向,因病施策,统筹规划,系统治理,绿色生态,因地制宜地将水土保持措施、河道综合整治措施、生态保护修复措施、面源污染防治措施、水环境提升改善措施、水系连通措施、人居环境改善措施和生产耕作条件改善措施等多元措施有机融合,形成联防联治,集中连片,构建清洁、安全、生态、宜居、文化等良性循环的小流域,促进经济社会健康、快速、绿色、高质量、可持续发展。

4.4.2　设计要点

4.4.2.1　明确建设任务

具体建设任务主要包括一个或多个任务：①整治河沟湖库水系，保障防洪排涝安全，提升水系容貌及环境；②防治面源污染，建设清洁型小流域，保证饮水安全及水土环境；③治理水土流失，涵养水源，减少河沟湖库泥沙，保护水土资源；④保护和修复自然生态环境，维护生态系统稳定性，丰富生物多样性；⑤防治崩岗、崩塌与滑坡等，减轻由其引起的自然灾害风险；⑥改善农村生产生活条件和人居环境，建设美丽乡村，促进经济社会发展。

4.4.2.2　确定建设目标、指标

生态清洁小流域治理工程的具体目标应主要包括水土流失综合治理度、林草保存面积占宜林宜草面积的比例、有林地面积占林草地面积的比例、垃圾收集及防护率、污水收集处理率、沟道淤积整治率、污染源控制情况、人居环境改善程度等，其中水源区生态清洁小流域还宜包括小流域出口水质、土壤侵蚀强度、化肥施用、农药使用等方面内容，具体应满足以下要求：①水土流失综合治理度不宜低于 70%。②林草措施面积不宜低于宜林宜草面积的 70%。③流域泥沙减少 60% 以上（保土减沙效益中应以减蚀作用为主）。④水土流失治理面积应在项目区当年度或上一年度水土流失动态监测数据的基础上，根据工程区水土流失调查的实际情况及治理措施综合确定。⑤垃圾收集方面若以完善防护措施为主应明确防护完善率。⑥污水收集处理率可采用范围内的污水处理率或年入河污水减少量表示。⑦污染源控制包括面源、生活、养殖污染等，可采用（定量）整治率或定性描述。⑧人居环境改善程度可采用与治理前进行对比的定性描述。

4.4.2.3　科学进行分区

生态清洁小流域宜以沟河道为主干，将项目区从上到下、由远及近依次分为生态自然修复区、综合治理区、沟（河）道及湖库周边整治区。生态自然修复区主要指位于项目区或流域上游，现状植被覆盖总体较好，水土流失强度轻，危害较小，通过减少人畜破坏，辅以林草措施，生态可以得到自然修复的区域。综合治理区主要指项目区或流域中下游，村庄农田及水系周边人类活动频繁，水土流失较为剧烈，崩岗、耕地、园地、荒地等水土流失集中，污染主要来源地，自然及人居环境有待整治的区域。沟（河）道及湖库周边整治区主要指项目区或流域下游的沟、河、湖、库、塘等水域、岸坡及其管理范围内的区域。

4.4.2.4　拟定工程建设内容及规模

生态清洁小流域治理工程建设规模应主要包括综合治理水土流失面积、综合整治河（沟）长度、综合整治湖库塘数量、治理崩岗座数、综合整治坡地面积、封禁治理面积、污水处理设施座数、环境整治措施数量、绿化美化措施数量等主要措施或单项工程数量。可根据水土流失现状及环境现状，采用防治目标反推算需要治理的水土流失面积及整治数量。

4.4.2.5　制订措施体系及布局

1）生态自然修复区

（1）在林草植被覆盖相对较好的区域或不具备植被恢复条件的区域，应主要采取封禁措施，保护林草植被，蓄水保土，涵养水源。

（2）在林草植被覆盖相对较差但具备植被恢复条件的区域，应采取补植、人工抚育等措施，促进林草植被恢复。

（3）应同时在封育区周边设置围栏、界桩、封育标志、宣传标志等，防止人为扰动破坏、污染物排放等。

2）综合治理区

（1）南方红壤区的生态清洁小流域应兼顾崩岗治理，根据各崩岗规模、活动程度、有无治理施工条件等逐个进行针对性设计。对有治理施工条件的相对稳定型崩岗应采取拦排结合，封育修复措施；对有治理施工条件的活动型崩岗应按照"上拦下堵中间削"或"上拦下堵中间保"的治理模式，因地制宜地实施坡面截排水、沉沙消能、谷坊、拦沙坝、崩壁小台阶、林草、封育等综合防治措施；无治理施工条件的崩岗，采取封禁治理，自然修复。

（2）对 5°以下的缓坡或平原耕地及园地，宜结合高标准农田建设，实施保土耕作、田间道路等措施；对 5°~15°的坡耕地或坡园地，应实施坡改梯、保土耕作、经果林、田间道路、坡面截排水、小型蓄水等措施；对 15°~25°的坡耕地或坡园地，应实施坡改梯、经果林、保土耕作、田间道路、坡面截排水、小型蓄水等措施；25°以上的坡耕地及坡园地，实施退耕（果）还林及封育治理。

（3）对有治理施工条件的水土流失严重的裸露地、荒地、疏幼林、残次林等坡地，实施坡面截排水措施、林草措施、封育措施；无治理施工条件的实施封育治理，自然恢复。

（4）对滨海环湖区风力侵蚀严重的，实施防护林等林草措施。

（5）对村镇等人类活动频繁的"四旁"（路旁、沟旁、渠旁和宅旁），应因地制宜地实施污水处理措施（污水处理湿地、截污管网等）、垃圾收集处理措施（垃圾收集池、垃圾箱、垃圾防护棚等）、人居环境改善措施（生态及文化景观节点、生态交通、四旁绿化）、宣传措施等。

3）沟（河）道及湖库周边整治区

（1）受人为干扰较少、生态功能较好的沟（河）道及湖库，以预防保护及植物措施为主，不宜采取过多的工程措施。

（2）岸坡或管理范围内存在自然或人为水土流失、受水土流失影响严重、人为干扰较多、自然形态破坏严重或水生态、水环境、水安全、周边自然及人居环境、生产及生活条件等存在明显问题的，应因地制宜地采取清违清障、清淤疏浚、生态护岸护坡、生态固床陂、下（过）河设施、亲（取）水设施、排水设施、生物浮岛、沿岸缓冲过滤带、岸坡绿化美化、滨河生态景观节点、滨河绿道等措施。

绝大多数生态清洁小流域采取的治理模式是：村庄旁的沟道进行清淤、护岸、设置休闲步道、村庄污水集中收集处理（处理设施通常由生态环境部门制定），改善人居环境，小流域水土流失主要依靠封禁治理实现自然修复。

4.4.3　典型案例——开平市四九河生态清洁小流域治理工程实施方案

1　项目背景

1.1　建设背景

四九河生态清洁小流域属潭江流域,其所在的开平市为华南沿海城市,大部分区域地形平坦,雨水充沛,受台风及潮汐影响明显,水土流失现象较普遍,但多以轻度为主,且鉴于其隶属粤港澳大湾区珠江三角洲城市群的重要战略定位,区域经济社会的发展对水土资源、生态环境及人居环境保护有着更高的定位与要求。

生态清洁小流域是水利部近年来十分重视和大力推广的水土流失治理及生态修复模式,是满足群众生产生活需要、实现水土流失治理及生态修复的良好途径,是建设水美乡村及生态文明建设的重要举措,符合四九河小流域水土流失治理现实需要。本工程小流域建设将治坡与治沟相结合,治理流域内水土流失,同时进行河道清洁、清淤、护岸、岸坡绿化,打造清洁河道,并结合群众生产生活需求,完善流域排水体系,建设滨河亲水绿道、滨水生态景观节点、水环境提升工程、完善垃圾防护和污水收集设施,改善群众亲取水条件,形成生态良好、生产发展、生活富裕的安全、生态、和谐的生态清洁小流域。

本项目是落实生态文明建设、促进粤港澳大湾区发展、"水利工程补短板"及乡村振兴的具体举措,是农民增收、构建和谐社会的必然要求,是流域群众生产生活的现实需要,是开平市落实生态文明建设的迫切需求,其实施十分必要和迫切。

1.2　项目建设的必要性

(1)实现珠三角"九年大跨越"及落实生态文明建设的具体举措。

2013 年,广东省委省政府根据习近平总书记 2012 年底视察广东时提出的"三个定位、两个率先"的总体目标,提出了珠三角"九年大跨越",在国家和省有关方针路线指引下,结合自身发展的实际情况,《广东省"十三五"水利建设、发展和改革方向研究》提出"珠江三角洲发展生态水利、粤东西北地区发展民生水利",明确"生态引领、均衡发展"的总体方向,确定"治水升级、清水乐民、兴水强基、润水惠农、强水攻坚、慧水发展"六大水利发展战略。

开平市地处珠江三角洲,大部分区域地形平坦,雨水充沛,受台风及潮汐影响明显,水土流失现象较普遍,但多以轻度为主,在《全国水土保持规划 2015—2030 年》《广东省水土保持规划 2016—2030 年》及《江门市水土保持规划 2016—2030 年》中,开平市分别被划定为华南沿海丘陵台地人居环境维护区、中部三角洲人居环境维护水质维护区和山地丘陵区,且鉴于其隶属粤港澳大湾区的重要战略定位,区域经济社会的发展对水安全保障、水土资源、生态环境及人居环境保护有着更高的定位与要求。因此,在开平市四九河开展生态清洁小流域治理是着力民生水利建设,加快地区协调发展,统筹治水与治山、治水与治林、治水与治田、治水与治村、治水与治路,坚持生态水利和民生水利建设并重的重要体现,是落实生态文明建设、促进珠三角"大跨越"发展的具体举措。

(2)开平市及江门是践行粤港澳大湾区发展规划的基础组成部分。

2019 年 2 月 18 日,经党中央、国务院同意,正式公开发布了《粤港澳大湾区发展规划纲要》,其中提出了湾区"绿色发展,保护生态"的发展原则,要求大力推进生态文明建设,践行"两山"理论,树立绿色发展理念,坚持节约资源和保护环境的基本国策,并明确提出要"强化水资源安全保障、推进生态文明建设、打造生态防护屏障、加强环境保护和治理、创新绿色低碳发展模式"等具体任务,本项目所在地属于粤港澳大湾区西部城市的组成部分,建设任务及内容既包含生态修复,又涵盖水环境保护治理及人居环境改善等,是开平及江门践行粤港澳大湾区发展规划的基础组成部分。

(3)中小河流治理措施的补充及延续,符合群众生产生活的现实需要。

项目区内以农业及旅游业为主,现状生态环境总体较好,但仍存在一些问题,主要有以下几个方面,一是部分取土挖石,村庄基础设施建设项目、砍伐、自然滑塌及桉树林种植等造成水土流失;二是区内垃圾收集防护及污水收集处理设施尚不完善,局部区域甚至沟道垃圾散落、乱丢乱弃,污染水体,影响人居环境和区域的产业发展;三是虽然近来平陆续开展了中小河流治理工程,但项目区内及周边中小河流仅治理了泥海河部分干支流河段,未包含人口及农田集中的四九河等支流,且措施以清淤护岸及滨河生态节点为主,未包含水土流失治理及人居环境整治等措施;四是部分河段仍存在河道植物、垃圾、泥沙淤积严重侵占河床现象,既影响水环境质量也影响行洪安全。五是流域内农村及滨河交通、亲水、取水条件较差,影响生产生活条件,小流域现状与安全、和谐、秀美的清洁型美丽乡村有一定差距,急需综合治理,促进流域社会经济的稳定发展。

(4)改善生活生产条件、增加收入、促进旅游发展、构建和谐社会的必然要求。

目前,项目区内的主要收入仍主要为农业及务工等,根据《开平市城市总体规划(2012—2020)》以及《粤港澳大湾区发展规划纲要》,塘口镇定性为开平市西北部旅游名镇、以碉楼村落为特色的国家级华侨文化旅游胜地、功能互补的田园式卫星城镇,但目前项目区内的生产生活基础条件、生态环境条件等距离规划目标仍存在一定差距,而本项目建设除可以直接大幅改善农业生产条件,提高农业收入外,还致力于打造独具特色的休闲观光型清洁小流域,为即将实施的乡村振兴及旅游名镇打好基础,全面持续增加农民收入、促进农村小康建设。同时项目实施也有助于促进村风文明、村容整洁、民主管理和农村和谐,促进农村精神文明建设,对和谐社会构建有极大的推动作用。

(5)开平市水土保持生态建设的迫切需求。

开平市为华南沿海城市,虽大部分区域地形平坦,水土流失较为轻微,但区内雨水充沛,受台风及潮汐影响明显,加上种植桉树林、砍伐、局部自然滑塌、修路建房、修墓、采土挖石、乡村基建及开垦耕地等现象,水土流失仍普遍存在。近年来,开平市虽然做了大量的水土流失防治工作,人为和自然水土流失得到了一定控制,但仍存在隐患,加之其地属粤港澳大湾区珠江三角洲城市群,战略区位重要,区域经济社会的发展对水土资源、生态环境及人居环境保护有着更高的定位与要求,需加强生态建设和环境保护,加快修复破坏的森林植被,加强水土流失治理。本项目建设能够为开平市新时期水土保持生态建设积累经验,有助于切实保障区域生态环境及经济社会发展需求,有助于加快开平市的振兴发展步伐。

综上,本项目建设是非常必要和迫切的。

1.3　项目建设的可行性

(1)项目实施符合塘口镇各级、各类建设发展规划要求。

《粤港澳大湾区发展规划纲要》《开平市城市总体规划(2011—2020 年)》《江门市西部发展区发展战略规划(2019—2035 年)》《开平市乡村振兴战略规划(2018—2022 年)》《开平市全域旅游发展规划(2018—2030 年)》及《开平市塘口镇总体规划(2013—2035 年)》等各级、各类规划均把塘口镇的乡村旅游、文化旅游放在重要战略定位位置,拟将塘口镇打造为"碉楼之乡,田园之城,世界文化遗产旅游名镇",而本项目建设正是致力于打造独具特色的休闲观光型清洁小流域,与当地发展规划相辅相成,相互促进,共同改善农村生产条件和生活环境,促进农村经济发展及生态文明建设。

(2)基础条件优越,易和周边重点项目形成"连片"效应,生态及示范效益显著。

一方面流域及周边人杰地灵,山清水秀,山水景美,田园风光秀丽,基本无重污染工业项目,且地处以碉楼村落为特色的国家级华侨文化旅游胜地,是著名的"华侨之乡、碉楼之乡和曲艺之乡",天然基础及自然环境条件优越;另一方面项目区地处粤港澳大湾区珠江三角洲城市群,区内开阳高速、G325 复线、赤马线旅游景观轴和城镇建设轴四大骨交通干线贯穿,交通发达,区位重要;再者流域范围内有开平碉楼与村落自力村、全国乡村旅游重点村强亚村、立园旅游区、谢创故居、荣桂坊、天下粮仓、神坑风景区、冈陵蔬菜基地等文化及乡村旅游资源,且北毗孔雀湖国家湿地公园,南临赤坎古镇、赤坎欧陆风情街赤坎骑楼、赤坎人民公园及南楼纪念公园,西南紧邻塘口公园,隔江眺望开平市区,上下游进一步联通了赤马线旅游景观轴及塘口森林小镇精品旅游线路。易以较低投入打造效果显著的清洁小流域示范工程,和周边项目及设施形成"以线串点、以点带面"的生态示范连片效果,成为塘口镇乃至开平市生态文明建设及乡村振兴的"点睛之笔",生态效益与示范效益显著。

(3)政府高度重视,村民积极响应参与。

本项目建设得到开平市政府、塘口镇政府等相关部门的高度重视,从项目区的选取到实施措施,均进行了详细的调研和分析论证,各级各部门积极支持,全力配合推动项目建设。本项目建设对改善当地生态环境和人居环境,发展流域经济,带动农民脱贫致富及提高生活水平等意义重大,群众认可度及参与积极性较高,得到当地农民积极拥护与大力支持,均表示愿意配合解决好项目用地及投工投劳等任务,全力配合本项目顺利建设,并愿意参与建成后的日常管护工作。

(4)资金筹措及管理有保障。

开平市以往实施的水土保持项目基本均能如期建成,项目资金落实有力,质量有保证,运行良好,管护比较到位,建设及管理经验丰富。鉴于上述该项目区位及建设的重要性,开平市各级政府、主要领导均高度重视,大力支持本项目,相关部门均表示积极配合,本级财政配套资金落实保障有力,项目建设相应的配套资金有保障。开平市财政局、水利局、塘口镇等已制订了资金筹措方案,建立和健全项目建设和资金管理制度,提高资金使用效率,确保工程顺利进行。

(5)技术手段可行。

本工程主要是在调查和充分论证分析的基础上,以流域为单位,将治沟和治坡相结合,将植物措施及工程措施相结合,治理范围及方案根据项目区实际情况,并结合已有治理经验,在传统河道治理的基础上充分考虑生态性及流域面上的治理及保护,注重改善提高项目区内环境容貌及水生态环境,治理思路有所创新,且技术上是可行的。

1.4 设计原则

(1)和现有治理工程既不重复避免过度治理,又能相互补充结合,形成上下游、左右岸连片连段治理,发挥长效机制。

(2)和现有道路、田园、住宅布局、绿地及空间环境、休闲观光产业有机联系。

(3)以人为本,贯彻以人为本理念,努力创造舒适、美观、休闲的人居环境和自然景观,营造布局合理、环境优美的生活场所和休闲观光场所,促进当地经济发展。

(4)生态和谐,坚持可持续发展,严格执行国家和地方的有关规范,传承地域文脉,营造功能合理、结构清晰、生态和谐、安全舒适的环境和景观。

(5)综合最优,追求社会效益、生态效益和经济效益的最大化,处理好整体与局部、长远和当前之间的关系,为项目区的有序开发、社会化管理创造有利条件。

2 基本概况调查

2.1 项目区选择

2.1.1 选择原则

(1)水土流失及自然环境有待改善、沟道急须治理、镇村基础设施和规划目标存在差距,对区域社会经济发展规划及群众的生产生活影响大的区域。

(2)当地政府、村级组织较为积极,群众有要求治理的愿望,能够提供必要的工程占地,工程能够顺利施工的区域。

(3)和现有工程相互补充,易形成连片、连段治理效果,带动示范作用明显的区域。

(4)建设效益明显,后期运行管护能够落实的区域。

2.1.2 选择原因

(1)存在问题影响广泛,建设紧迫性及效益突出。

项目区地属粤港澳大湾区珠江三角洲城市群,战略区位重要,且拟规划打造"碉楼之乡,田园之城,世界文化遗产旅游名镇",区域功能定位对水土环境、生态环境及人居环境保护有着更高的定位与要求。区内雨水充沛,台风较多,加上种植桉树林、修路建房、修墓、采土挖石、乡村基建及开垦耕地等均造成水土流失;部分河段河道淤积、行洪断面被侵占、岸坡杂乱、垃圾污水等收集防治措施不完善,田间、乡村环境、交通及取亲水设施不完善,村容村貌、自然环境及人居环境有待提升;加之流域内水流流速慢,水体环境交换较弱,上述各类问题对居民生产生活和当地社会经济发展影响更为明显,迫切需要进一步提升生态环境及人居环境。

(2)项目建设及管护得到各级政府、各部门及群众的大力支持。

本项目建设得到开平市政府、塘口镇及相关部门的高度重视,均积极支持项目建设,全力配合推动项目建设。根据现场走访调查,本项目群众认可度及参与积极性较高,当地农民积极拥护与大力支持,均表示愿意配合解决好项目用地及投工投劳等任务,全力配合本项目顺利建设,并愿意参与建成后的日常管护工作。

(3)和周边项目互补,形成"连片、连段"治理效果,共同打造亮点及示范。

在开平市振兴发展战略和水利规划中始终坚持"生态优先、创新驱动、协同发展"的原则,将民生水利、生态文明建设列为主要建设内容之一。生态清洁小流域建设尚处于探索与起步阶段,本工程建设不但要满足清洁小流域建设的总体要求与思路,同时也要起到示范性、带头性的作用。

拟选项目区四九河小流域人杰地灵,山清水秀,山水景美,田园风光秀丽,基本无重污染工业项目,且地处以碉楼村落为特色的国家级华侨文化旅游胜地,是著名的"华侨之乡、碉楼之乡和曲艺之乡",天然基础及自然环境条件优越。一方面项目区地处"粤港澳大湾区"珠江三角洲城市群,区内开阳高速、G325 复线、赤马线旅游景观轴和城镇建设轴四大骨干交通干线贯穿,交通发达,区位重要;另一方面流域范围内有开平碉楼与村落自力村、全国乡村旅游重点村强亚村、立园旅游区、谢创故居、荣桂坊、天下粮仓、神坑风景区、冈陵蔬菜基地等文化及乡村旅游资源,且北毗孔雀湖国家湿地公园,南临赤坎古镇、赤坎欧陆风情街赤坎骑楼、赤坎人民公园及南楼纪念公园,西南紧邻塘口公园,隔江眺望开平市区,上下游进一步联通了赤马线旅游景观轴及塘口森林小镇精品旅游线路。本项目建设易以较低投入打造效果显著的清洁小流域示范工程,和周边项目及设施形成"以线串点、以点带面"的生态示范连片效果,成为塘口镇乃至开平市生态文明建设及乡村振兴的"点睛之笔",生态效益与示范效益比较显著。

2.1.3　小流域选择

根据项目区选取原则及原因分析,选定项目区为四九河小流域,具体为以四九河干流为核心,兼顾上下游及周边人口及农田集中的支流范围,总面积为 73.90 km²。

2.2　项目区概况调查

2.2.1　自然条件调查

2.2.1.1　地理位置

四九河小流域位于开平市中部,距市区 9 km,东与长沙街道连接,南与赤坎镇、百合镇相邻,北接马岗、沙塘镇,西与恩平市沙湖镇接壤;流域范围基本均属于塘口镇镇域范围,总流域面积 73.90 km²,共涉及南屏、以敬、潭溪、北义、仲和、里村、宅群、强亚、三社、升平、四九、卫星、冈陵、魁草、龙和、水边共 16 个管理区(行政村)和塘口圩居委会 1 个居委会,共约 3.2 万人。目前项目区及周边有 G15 开阳高速、X555 县道、754 乡道、128 乡道、549 村道等,到各村的四级公路等基本贯通。

2.2.1.2　地形地貌

流域位于珠江三角洲恩开盆地内,主要为冲积台地,兼有少量低山丘陵,境内地势平坦、低洼、开阔,西侧、东侧分别为罗汉山和百立山,以低山丘陵地貌为主,中部以农田鱼塘等为主,为平原盆地地貌,地势整体呈现北高南低、东西高中部低的趋势。流域范围内最高海拔约 223.8 m,位于流域范围东北侧牛仔栏水库上游水源头处的百立山附近;最低海拔约 1.50 m,位于流域范围东北角的四九河出口附近。治理河段两岸植被较发育,主要为水葫芦、杂草、桉树林、果木、耕地、菜地等。

2.2.1.3　水文气象

开平市属亚热带海洋性季风气候,常年温和湿润,雨量充沛,日照时间长,受台风、暴雨等自然灾害袭击较多。多年平均温度 22.3 ℃,最高温度 39.4 ℃,最低温度 1.0 ℃;地区雨量丰沛,但时空分布不均匀且年际变化大,多年平均降雨量 1 940 mm,最大年降雨量 2 878.8 mm(1981—1982 年),最小年降雨量 1 274 mm(1969—1970 年),汛期(5—9 月)

降雨量占全年的70.5%;多年平均最大风速12.14 m/s,年极大风速33.6 m/s,相应风向东北东,夏季盛吹东南季风,冬季则以东北季风为主;多年平均水面蒸发量1 222 mm,年最大蒸发量1 535.6 mm;多年平均相对湿度80%;日照时数2 838 h左右;区内主要自然灾害为洪涝灾害、台风等。

2.2.1.4 河流水系

主要水系有四九河、泥海河升平支流、北面百立山脚的大沙河水库主干渠北分干渠、西面罗汉山脉山脚的大沙河水库主干渠南分干渠等,其中本次治理河道主要位于四九河干流,兼顾周边人口及农田集中的卫星支流河口段、龙岗支流河口段、四九河和升平支流连通河段等支流河段,四九河是泥海河的一级支流、镇海水的二级支流、潭江的三级支流,发源于开平市塘口镇冈陵村以北,流经冈陵一村、冈陵二村、四九村、魁草村、龙和村,于塘口圩镇塘旧新村下游附近注入泥海河干流,四九河干流全长11.39 km,集雨面积为19.83 km^2(不含大沙河水库主干渠以上集雨面积),比降0.54‰。

2.2.2 工程地质概况调查

2.2.2.1 区域地质

根据1:25万国家《地质图》(F49-C-002004江门市幅),区域内出露的地层有第四系地层(Q_4)和晚三叠系小坪组(T_3x)、晚寒武系八村群水石组(ϵ_3^8)沉积岩地层。其中第四系地层分布广泛,空间分布较复杂。自上而下,按地质成因划分,依次是全新统人工堆积层(Q_4^s)、全新统冲积层(Q_4^{al})、全新统残积层(Q_4^{el})。

本工程区域地质范围位于开平市塘口镇,根据1/50万《广东构造体系图》资料,工程区位于恩平—新丰褶断构造带的东侧分支金鸡—鹤城断裂北的边缘,区内历经多次构造运动,以断裂构造为主,断裂构造以北东向为主、其次为北西向,金鸡—鹤城断裂长约90 km,宽5~60 m。北段走向0°~10°,倾向南东,倾角50°~70°,为燕山—喜山期多期活动断层,金鸡—鹤城断裂在鹤城附近被西江断裂错断。以上断层均属于古地质构造,区域地质较为稳定。

2.2.2.2 地震基本烈度

根据《中国地震动参数区划图》(GB 18306—2015),本区地震基本烈度为Ⅵ度,设计基本地震动峰值加速度为0.05g,地震动反应谱特征周期为0.45 s,设计地震分组为第一组。场地土多属软弱土,覆盖层厚度在9~80 m,场地类别属Ⅲ类,区内无现代活动性断层,属区域构造稳定性好的地区。

2.2.2.3 工程地质条件

根据相关项目地质勘察成果,治理河段河岸浅表为人工素填土,呈松散状,密实度较低;大多为天然岸坡,下部土层部分为粉质黏土,呈可塑状,部分为粉土。部分岸坡存在冲刷现象。在钻孔深度范围内,沿线地基岩土从上至下按成因类型可划分为①填筑土(Q_4^{ml})、②$_1$淤泥(Q_4^{al})、②$_2$粉质黏土(Q_4^{al})、②$_3$粉砂(Q_4^{al})、②$_4$中砂(Q_4^{al})、③残积土(Q^{el})、④$_1$粉砂岩和④$_2$粉砂岩。

2.2.2.4 不良地质条件

本工程主要不良地质条件为淤泥,普遍分布于河床及周边,尤其是鱼塘段,深度2~5 m,工程力学性质较差,地基普遍存在变形稳定问题,容易产生大的沉降和不均匀沉降,对建筑物的抗滑稳定不利。

2.2.2.5 工程地质评价

区域内地质构造简单,土层较简单,土质均匀,上部冲积层的抗冲刷能力较差,部分人口及农田集中河段建议进行适当护岸加固,且建议以②$_2$粉质黏土(Q_4^{al})、②$_3$粉砂(Q_4^{al})、②$_4$中砂(Q_4^{al})、③残积土、④$_1$粉砂岩和④$_2$粉砂岩,作为护岸加固工程的基础持力层,淤泥质不良土体段建议采用抛石挤淤等方式进行基础处理。场地附近未见有区域性断裂构造及全新活动断裂构造通过迹象,场地地形地貌条件简单,稳定性较好。

2.2.2.6 天然建筑材料

1)土料

根据工程设计的要求,本工程不涉及新建堤防等,参考上述地勘成果,河道大部分开挖土石符合土方填筑要求,土方回填均利用开挖料,不设专门土料场;由于工程区域的限制,砂石等天然建筑材料均从市场购买。

2)砂料

项目区内未见砂砾料场分布,工程使用砂砾料数量有限,建议从工程区之外购买建材商品运入。参考江门市科禹水利规划设计咨询有限公司编制的《开平市泥海河中兴至营嘴段治理工程初步设计报告》(2019年4月)中的勘察成果,距离较近的砂料外购点位于交流渡桥下游,开平市赤坎镇悦兴砂场,该外购点砂料来源于潭江或镇海水上游,船运至砂场,砂料类别为中砂,质量、储量均满足工程要求,且运输条件较好,平均运距约为10 km,建议就近选购。

3)石料

参考江门市科禹水利规划设计咨询有限公司编制的《开平市泥海河中兴至营嘴段治理工程初步设计报告》(2019年4月)中的勘察成果,工程建设所需的石料拟由沙塘镇东北面蒟畔石场直接购买成品,该料场石料属硬质岩石,生产石料规格、质量与产量均能满足设计和相关规范要求,其中各主要用石点从蒟畔石场外购砂料平均运距约10 km,交通便利。

2.2.3 经济社会情况调查

本次治理的四九河小流域范围基本位于塘口镇镇域范围内,总流域面积73.90 km²。塘口镇位于开平市中部,东与长沙街道连接,南与赤坎镇、百合镇相邻,北接马岗、沙塘镇,西与恩平市沙湖镇接壤,镇政府所在地塘口圩社区距市区约8 km。全镇区域面积73.50 km²,下辖南屏、以敬、潭溪、北义、仲和、里村、宅群、强亚、三社、升平、四九、卫星、冈陵、魁草、龙和、水边共16个管理区(行政村)和塘口圩居委会1个居委会,总人口约3.2万人,2018年塘口镇实现一般公共预算收入1 150.57万元,实现规模以上工业增加值6 964万元,固定资产投资29 105万元,社会消费品零售总额47 170万元。

塘口镇田园村落交错,阡陌纵横,自然风光秀丽,且地处以碉楼村落为特色的国家级华侨文化旅游胜地,是著名的"华侨之乡、碉楼之乡和曲艺之乡",近年来,塘口镇积极实施乡村振兴战略,结合全域旅游战略部署,大力开展农村人居环境整治工作,建设美丽宜居生态乡村,借助碉楼、生态等特色旅游资源优势,深度挖掘本土文化瑰宝和侨乡风情,在统筹利用全镇旅游资源的基础上,保留每一座村落的独有特色,积极引进文化创意产业、田园综合体等活化村落、优化乡村旅游的布局和业态,依托乡村振兴、美丽乡村及乡村旅游等相关政策引导,加快乡村文旅融合发展,力争进一步做大做强乡村文旅等相关产业。

2.2.4　水土流失现状调查

2015 年开平市行政区划面积 1 656.94 km²,其中耕地 307.40 km²,园地 67.19 km²,林地 869.34 km²,草地 19.40 km²,城镇村及工矿用地 126.58 km²,交通运输用地 22.75 km²,水域及水利设施用地 214.98 km²,其他土地 29.30 km²。地形地貌以山地丘陵为主,区内植被茂盛,森林众多,植被以松树、桉树、阔叶树为主,森林覆盖率达 42.81%。经统计,2010 年开平市水土流失总面积 201.13 km²,占全区面积的 12.14%,占江门地区水土流失总面积的 14.68%。按侵蚀类型划分,包括自然侵蚀 189.25 km²,人为侵蚀 11.88 km²(其中开发区建设 6.59 km²,采石取土 0.61 km²,交通运输工程 0.73 km²,水利电力工程 0.07 km²,火烧迹地 2.95 km²,坡耕地 0.931 89.25 km²);其中自然侵蚀以轻度、中度为主,人为侵蚀以工程侵蚀、火烧迹地为主。按侵蚀区域分布,土壤侵蚀主要位于赤水镇、金鸡镇、苍城镇、龙胜镇、大沙镇,占开平市土壤侵蚀总面积的 64.76%。水土流失表现形式有面蚀、沟蚀和崩岗,水土流失冲刷掉表土,造成土地肥力下降,危害农作物的生长,同时山上的泥沙被冲下山,淤积了圳道、塘库、抬高了河床,影响水利工程功能的正常发挥,崩岗、崩塌严重的区域甚至存在诱发泥石流、滑坡等地质灾害的隐患,在人为水土流失严重的地方,造成生态环境的恶化,特别是公路、矿场、石场等人类活动区域未全面落实水土保障制度,导致人为水土流失的现象时有发生,影响当地生态环境甚至制约经济社会发展。

本项目塘口镇地处珠江三角洲恩开盆地内,区内主要为冲积台地,兼有少量低山丘陵,经调查统计,流域内水土流失以轻度为主,侵蚀类型以水力侵蚀为主,强度及剧烈侵蚀主要为砍伐、局部滑塌等裸露山体、村庄基建及部分果园农业开垦等,轻度、微度侵蚀主要存在于疏幼林地、桉树林种植、农田等区域。流域河沟普遍存在泥沙淤积,水葫芦等植物侵占河道,影响环境及生态旅游产业的发展,急需整治。

2.2.5　存在的问题调查

(1)仍存在一定的水土流失,影响当地经济社会发展。

目前,开平市四九河小流域内水土流失以轻度为主,且已实施了部分水土保持措施,并取得了部分成效,区内水土流失情况基本得到了控制,但由于地质原因和气候条件,土壤抗侵蚀能力差,局部区域仍然存在一定的水土流失,土地涵养能力下降,河床淤积、山体裸露、水土环境较差等现象仍存在,一定程度上影响当地群众的生产、生活环境和经济社会的发展。因此,必须加大水土流失治理步伐和规模,适应国民经济和社会发展要求,迅速改善生态环境,以实现人与自然的和谐共处。

(2)局部岸坡存在淘刷甚至崩塌隐患,水质、水环境问题仍较为突出。

四九河小流域内人口、村庄及农田较为集中,但目前部分河段河岸裸露陡峭,存在冲淘甚至崩塌隐患;区内鱼塘遍布、畜禽养殖较多,但目前污水集中收集、处理设施尤其是村级尚未全面建成,191 个自然村中,目前仅约 90 个自然村建成使用,部分居民生活用水、养殖废水、残留化肥农药未经处理、拦截、吸收直接入河,加之项目区位于涝区范围,受外江洪水影响,水流速度较慢,水体交换及自净能力较差,水葫芦遍布河道,水质、水环境相对较差。

(3)村容村貌及人居环境有待进一步改善。

近年来随着乡村振兴、美丽乡村实施,大部分乡村设置了一定的垃圾箱、垃圾筒等简易分散收集设施,镇级污水收集处理设施及乡村标准卫生厕所也逐步普及,但距离打造世界旅游名镇、实现全面乡村振兴、美丽乡村最终目标仍有一定差距,局部区域村容村貌及人居环境仍有待进一步改善,部分村庄附近甚至沿河两岸杂草丛生,加之乡村污水多未加集中处理,一定程度上影响生态环境,影响村民的日常生活和乡村振兴的良好推进,按照现状人口统计,流域内年均产生生活垃圾约 6 188.94 t、生活污水约 79.22 万 m³。另外,治理范围内沿河及田间等道路缺乏,或仅有坑洼狭窄小路,交通、取水、亲水条件较差。因此,从保护及改善村庄的生态状况、提高环境质量、构建和谐村庄、促进乡村发展、推进乡村振兴的角度考虑,需要对人居环境进行必要整治和改善。

3　建设任务与规模

3.1　建设任务

本工程建设任务是:以小流域为单元,以控制水土流失、防治面源污染、保护水源为重点,坚持山、水、田、林、路、村统一规划,因地制宜,通过沟道综合治理、生态自然修复、水土流失治理、面源污染防治、水环境提升、村庄人居环境改善和滨河交通、亲水、取水条件完善等措施,实现流域生态系统良性循环,促进项目区经济社会健康、快速、可持续发展。

具体任务如下:

(1)治理水土流失,减轻山洪地质灾害隐患。

(2)修复自然生态环境,保护水土资源。

(3)完善生活垃圾和生活污水收集处理净化设施,保护水质,改善村庄人居环境。

(4)整治河道及其周边,改善河流自然生态条件,保障行洪通畅。

(5)结合绿道建设改善生产生活交通及取、亲水条件。

(6)控制面源污染。

河道整治要求尽可能建设生态河岸,并结合当地乡村振兴、新农村建设规划、生态旅游、乡村建设规划等相关规划,积极营造水生态、水文化、水景观节点工程,维持和改善沿河两岸自然生态环境、水环境和人居环境,实现河畅、水清、岸绿、景美、宜居的治理目标,发挥河道综合功能。

3.2　建设目标

基本控制流域内的水土流失,有效处理流域内的生活垃圾及生活污水,防治农业面源污染,有效保护和合理利用水土资源,结合绿道建设改善农村交通及取、亲水条件,将项目区打造成为生态环境优美、田园风光秀丽、村容村貌整洁、区位优势突出的安全、生态、清洁、和谐的生态清洁小流域样板,全面改善项目区生产生活环境,促进农业产业结构调整和优化,带动农民增收致富,促进农村和谐稳定,实现生态良好、生产发展、生活富裕。

具体指标如下:

(1)流域综合治理程度达到80%以上,水土流失得到基本控制。

(2)林草保存面积占宜林宜草面积的比例大于85%,其中林地面积占林草地面积的比例达到60%以上,项目区生态环境持续改善,实现生态系统良性循环。

(3)垃圾分散收集措施防护率不小于80%,减少入河污水 3.50 万 m³,村庄人居环境及水体环境得以显著改善。

（4）沟道淤积整治率达到90%以上，基本实现行洪安全。

（5）有效控制农业面源污染，实现人与自然和谐发展。

3.3　建设规模

工程建设规模为综合治理水土流失面积26.78 km²。具体包括如下几点：

（1）河道整治：整治河道15.56 km，其中清淤15.56 km、生态护岸4.67 km。

（2）水土流失治理：营造乔灌草水土保持林4.10 hm²、保土耕作1.35 km²、封禁治理面积25.39 km²、设置截排水沟2 172 m、沉沙池11座、机耕路3.73 km、设封禁碑牌19座、水土保持宣传牌21个。

（3）人居环境整治：设置亲水生态景观节点3处、亲水绿道5 315 m（其中新建4 564 m，路面提升751 m）、河岸绿化美化9 710 m²，布设湿地系统2个、生物浮岛840 m²，设置垃圾收集防护棚66套。

4　总体布置与措施设计

4.1　总体布置

为全面针对性对小流域进行综合治理，本次将四九河小流域治理分为生态自然修复区、综合治理区、沟（河）道周边整治区共3个区。

4.1.1　生态自然修复区

生态自然修复区主要位于流域中上游，现状植被覆盖总体较好，桉树林种植普遍，部分区域存在开垦园地、修路和退化林地，水土流失主要为面蚀，以轻度为主，水土流失强度较轻，危害较小，通过减少人畜破坏，辅以林草措施，生态可以得到自然修复。

4.1.2　综合治理区

综合治理区主要位于裸露山体、流域中下部和村庄农田及水系周边，除部分植被良好区域水土流失相对轻微外，裸露山体及田间水土流失是内源污染及沟道淤积的主要来源之一；村庄垃圾集中收集防护不够完善，垃圾丢弃散落，形成面源污染；污水直排河道，造成水域污染；项目区周边取、亲水条件较差，自然及人居环境有待提升。除植被良好区域采取封禁治理外，拟进行人工治理恢复生态环境和建设宜居环境。

4.1.3　沟（河）道周边整治区

沟（河）道周边整治区位于人口及村庄密集的干、支流河段。局部沟道淤积严重、水葫芦等植物遍布，水体交换及自净能力较弱，水环境质量有待改善；部分沟道存在垃圾，污染环境，影响景观；沟道周边耕地、园地田间交通简陋、缺乏，群众亲水、取水及生产生活不便。本区需治理沟道长约15.56 km，采取清淤疏浚、生态护岸、设亲水绿道、营造亲水生态景观节点、岸坡绿化美化等措施进行综合治理。

其中各分区措施布置如下：

（1）生态自然修复区。

在疏幼林植被稀疏处及桉树林下水土流失明显处，采取人工抚育措施，同时设置封禁碑牌和护栏，并加强对林草植被保护，对水土流失及面源污染形成"源头控制"。封禁治理面积25.39 km²，设置封禁碑牌19个。

（2）综合治理区。

综合治理区主要为村镇周边区域及裸露山体。主要是通过设置截排水、沉沙措施、植水保林、植草等治理裸露区域，完善机耕交通及排水沉沙等保土耕作水土保持措施，加强水土保持宣传；清理垃圾，在现有垃圾收集设施基础上增设防护棚；居民生活污水尽可能接入湿地系统，经净化外排或净化再利用，形成水土流失及污染物的"中部拦截"；植乔灌草水土保持林 4.10 hm²，保土耕作 1.35 km²，设置截排水沟 2 172 m，沉沙池 11 座，设置机耕道 3.73 km，设水土保持宣传牌 21 个；布设污水处理湿地系统 2 个，垃圾防护棚 66 个。

（3）沟（河）道周边整治区。

开展河道护岸、清淤疏浚，河道两旁结合群众生产生活需要、施工临时道路布设及现状交通情况布设亲水绿道，在有条件的河滩岸坡设置亲水生态景观节点，其他村镇等人口集中河道岸坡植景观植物绿化美化，全面提升岸坡及周边生态环境，同时形成既具有景观效果又具有污染物拦截净化作用的末端"第一层净化带"，尽可能防止污水直接入河，在干支流出口水流平稳区域结合景观效果设置生物浮岛，对入河污染物进一步净化、吸收与分解，形成区域污染物最末端的"第二层净化带"。本次整治沟道 15.56 km，其中清淤 15.56 km，护岸 4.67 km，亲水生态景观节点 3 处，亲水绿道 5 315 m（其中新建 4 564 m，路面提升 751 m），河岸绿化美化 9 312 m²，生物浮岛 840 m²。

4.2 河道整治

4.2.1 河道现状

本次治理重点是小流域范围内人口及村庄密集的干、支流河段，具体包括四九河干流段、卫星支流河口段、龙岗支流河口段，总长 15.56 km。沟（河）道周边整治区存在的主要问题是：①上游水土流失、生活生产垃圾及生活污水直接排入河道，造成河道淤积及水体污染，侵占行洪断面，威胁水环境及河道观感；②水葫芦等杂草灌木丛生，侵占河道，堵塞河床，缩窄行洪断面影响水体交换及观感；③部分河段河岸裸露陡峭，存在冲淘甚至崩塌隐患；④现状岸顶田间交通简易、缺乏，周边亲水、取水条件较差。通过清淤、清障，对存在塌岸隐患的现状路坎及堤岸进行防护，防止周边园地、耕地及房屋等受损，提高河道的行洪能力，保障行洪畅通，改善河道观感、水环境质量及景观水面，尽可能保留施工道路建设滨河绿道，并在有条件的岸坡滩地打造亲水生态景观节点。

4.2.2 防洪标准

本工程河道治理段所在区域保护对象为沿岸的岗陵一、岗陵二、四九、卫星、三社、魁草、龙和塘口圩社区等沿河村镇，根据《防洪标准》（GB 50201—2014）保护人口小于 20 万人，园地面积小于 30 万亩，本工程不设防洪标准，主要通过清淤、清障，对人口及农田集中且存在崩塌隐患的河段沿河两岸现状路坎及堤岸进行加固防护，提高河道的行洪能力，使得治理河段能安全通过 5 年一遇洪峰流量，不冲毁周边农田、房屋等，同时改善河沟生态廊道容貌观感及环境质量。

4.2.3 治理措施

经计算及现场调查分析，参照生态清洁小流域建设导则，河道治理措施以清淤疏浚和预防保护河岸为主，提高河道的自净、溶解、纳消能力，主要以湿地植物结合生态护岸为主,重点村庄与乡村振兴及生态旅游乡村建设等当地规划开发结合,适量布置与环境协调的水景生态驳岸、美化措施,尽量保持河道自然景观。

4.2.3.1 清淤疏浚工程

1) 清淤疏浚原则

(1) 疏浚布置强调投资与效益相适应,局部利益与总体利益相结合,重点清除河道水葫芦及污染的表层底泥,有助于恢复、提升河道的过水能力、生态功能、景观功能。

(2) 疏浚线布置顺应河势,并与洪水的主流呈大致平行,考虑与已建工程平顺连接,不突然放大或缩小河道宽度,不采用大折角或急弯,不过大改变天然水流状态。

(3) 各支流疏浚后河底高程要与干流河道河底高程相衔接,并结合过水能力、护岸或堤岸结构安全等因素确定。

(4) 尽量保留局部段已有的河心洲及凹岸现有的滩涂地,尽量保留岸坡上不影响行洪的竹木(特别是树龄较大的古木),河道清淤疏浚主要向凸岸侧进行,清淤过程中避免影响岸坡、涉河建筑物或房屋的稳定,应在建筑物左右岸预留不小于 2 m 的安全距离。

(5) 对于清淤疏浚应侧重于水质改善、水流畅通,要确保环保施工,做好淤泥的后期处理或综合利用,防止发生二次污染。

(6) 慎重考虑用地,确保可实施性。

2) 清淤疏浚范围确定

本次清淤疏浚范围主要位于小流域内人口及农田集中的干、支流河段,这些干支流多为流域内乡村主要的生活灌溉用水来源,但受上游砍伐、种植桉树林、开垦耕地、园地及周边开发建设项目等人类活动影响,存在水土流失现象,河道比降较小,水流速度较慢,水葫芦丛生,部分河段河床淤积速度较快,水葫芦等植物、垃圾及淤积泥沙等侵占河道等现象普遍,削弱河道泄洪过流能力和水土交换及自净能力。

根据现场调查及实测资料,结合河床现状及治理情况等确定本次拟对四九河干流段、卫星支流河口段、龙岗支流河口段共 3 段进行清淤疏浚,清淤河段总长约 15.56 km。对拟清淤疏浚的河道清除河道中及两岸影响行洪的水葫芦、灌木、杂草及违规农作物,并对河道及两岸的生活及生产垃圾进行清理,保证河道两岸清洁;对河床淤积物进行适当清理,保障行洪畅通。

具体清淤疏浚范围见表 4-40。

表 4-40　清淤疏浚范围及清淤断面参数

治理河段	措施起点	措施终点	长度/m	清淤纵比降	清淤宽度/m	清淤深度/m
四九河干流段	SJ0+000	SJ10+573	10 573	0.000 8	5~20	0.3~0.5
龙岗支流段	LG0+000	LG2+178	2 178	0.002 5	3~5	0.3~0.5
卫星支流段	WX0+000	WX2+807	2 807	0.001 5	3~5	0.3~0.5
合计			15 558			

3) 清淤疏浚横断面

河道疏浚设计先确定河道中线,然后以中线为基准,清淤断面既要满足过流需要,又要满足沿岸居民区尽量不受淹的要求,据此计算出断面河底宽度,确定为最小的河道疏浚宽度。各段疏浚的河底宽度不小于最小河道疏浚宽度,并且根据每段河滩宽度和过水断面情况加以调整,最终确定清淤疏浚底宽。

4)清淤疏浚纵断面

中心轴线基本沿现状河道深泓线布置,保留自然走向,顺应河势,尽量保留河滩和弯道等天然形态有利于生物多样性,为各种生物创造适宜的生存环境。河道清淤疏浚设计比降应满足河道不冲不淤的要求,现状河床冲淤已达到基本稳定,本次治理河道比降基本保持原河床比降不变,以河道深泓线对应河底高程作为清淤疏浚的底高程向两侧拓宽,局部淤积严重河段进行挖深,因此河道设计纵坡基本与现状天然纵坡一致。

5)清挖料处理

根据以上原则、范围及设计断面等,确定不同断面的清淤量和清淤后的河底高程,清淤疏浚河道总长约 15.56 km。

本次清淤采用机械与人工相结合的方式分期分段进行,对于河床较窄的河段,采取人工辅以清淤、清障,对于河道较宽且淤积严重的重点治理河段,采用 0.5~1.0 m³ 挖掘机下河作业,清挖河道淤积土石方。根据地质调查资料,淤积物主要为泥沙、枯枝落叶、垃圾等,为避免弃渣,减少新增水土流失,淤积物中少量表层含有机质较高、肥力较高的淤泥可就近铺植于绿化区域表层,其他清挖料均利用于生态景观节点场地平整、岸坡培厚加固或施工道路填筑等需填方的区域进行综合利用,其余清出垃圾就近运至垃圾填埋场,作无害化处理。

4.2.3.2　护岸工程

1)护岸材料选择

目前,河道治理常用的生态型护岸主要有植物(植草)护岸、土工材料复合种植基护岸、水保植生毯护岸、格宾石笼护岸、仿木排桩护岸及生态浆砌石护岸等,各种类型护岸特点见表 4-41。

2)水位变动区以上护岸选择

四九河小流域位于珠江三角洲恩开盆地,地势平坦,河床比降较小,水流速度较慢,植物护岸、土工材料复合种植基护岸、水保植生毯护岸、植草砖、连锁块等均能满足要求,但考虑生态清洁小流域"大保护、小治理"建设的总体思路,本次大部分选择施工简单、贴近自然、造价较低的草皮或水生美化植物护坡作为护坡材料。

3)水位变动区及水下护岸选择

格宾石笼护岸、浆砌石护岸、仿木排桩护岸、鱼巢式生态框等均可满足本工程堤岸防护的需求。考虑格宾石笼易挂树枝垃圾,影响河道行洪及美观,如后期养护不足也会导致网箱内杂草丛生,影响观感;仿木排桩生态性较差,运用多年后排桩间可能发生交错变形,同时对地质条件要求较高,打桩时遇到石块及坚硬土体不易施工,淤泥等不良地基较深时投资大幅增加。本次治理河段河岸土质大多数为粉质黏土和淤泥质土,土质松散,抗冲刷能力较差,局部存在淘刷破坏隐患,且堤后基本为农田、村庄、鱼塘,结合河段实际情况,为保护堤岸稳定安全,且改善乡村环境和水环境,经征求当地政府及群众意见,本次选择生态性好、易于施工且开挖较小、占地较少的鱼巢式生态框作为岸坡护脚结构,其中四九河干流 SJ1+528～SJ1+904、SJ2+194～SJ2+820 位于四九河干流出口段,水面较宽,水深较深,两岸河段均采用三层生态框护脚+草皮护坡型式,四九河干流 SJ5+969～SJ6+270 两岸、SJ9+376～SJ9+569 左岸、SJ9+003～SJ9+298 左岸、SJ8+572～SJ9+569 右岸段位于四九河干流中上游,河道稍窄,水位较低,本次采用双层生态框护脚+草皮护坡型式,四九河干流 SJ1+904～SJ2+194 两岸河段目前已建混凝土护脚措施,本次对该河段补充采取植物护坡的型式。同时为提升河道的净化能力、生态功能及景观功能,在护坡坡脚处及生态框内种植水生植物美人蕉。

表 4-41　常用护岸技术经济性能比较

名称	适用性	效果	每米造价/元	施工难度
植物	(1)常水位以上及水位变动区; (2)流速一般不大于 2 m/s	(1)生态性好; (2)植物生长初期较脆弱	5～13	施工简单
土工材料复合种植基	(1)常水位以上及水位变动区; (2)流速不大于 4 m/s	(1)生态性好; (2)植物生长初期较脆弱	20～40	施工较简单
水保植生毯	(1)常水位以上及水位变动区; (2)流速不大于 4 m/s	(1)生态性好; (2)植物生长初期较脆弱	30～50	施工较简单
格宾石笼	(1)水上水下均可; (2)流速不大于 5 m/s	(1)生态性较好; (2)结构较可靠,对地基适应性强	350～385	施工难度一般,需要一定的施工作业面,可湿地作业,工期较短
仿本排桩	(1)水上水下均可; (2)流速不大于 6 m/s	(1)生态性一般; (2)结构可靠,对地基适应性强	585～715	采用打桩机械岸顶压桩,施工简单,工期短
生态浆砌石	(1)水上水下均可; (2)流速不大于 6 m/s	(1)生态性一般; (2)结构可靠,整体性强	550～680	施工难度一般,需要较大的施工作业面,水下施工需填筑围堰,工期较长
鱼巢式生态框	(1)水上水下均可; (2)流速不大于 6 m/s	(1)生态性好; (2)结构可靠,整体性强	420～490	施工简单、开挖小、可湿地作业,工期较短

4)地基处理

根据项目区周边已经实施的中小河流资料及相应工程地质勘察报告,护岸建基面存在淤泥层,层顶高程-1.90~-0.42 m,层厚4.0~0.8 m,平均层厚2.22 m,淤泥以下为粉质黏土层,该层稍湿,可塑状态,中等压缩地基承载力为80~90 kPa。经过技术经济对比,采用在抛石挤淤方式进行地基处理,抛石挤淤厚0.8 m,抛石上铺设厚0.1 m碎石垫层。

5)护岸典型断面

综上所述,结合各治理河段实际情况,本次护岸结构采用3层鱼巢式生态框+草皮护坡 A 型,2层鱼巢式生态框+草皮护坡 B 型及坡面修整+草皮护坡 C 型三种护岸型式。

(1)A 型护岸。

A 型护岸采用鱼巢式生态框(预制混凝土构件),下部设三层鱼巢式护坡构件,每层高度0.50 m,即墙身高1.5 m。墙下设0.2 m厚C20混凝土基础、0.10 m厚的碎石垫层和0.8 m厚的抛石挤淤,生态框后回填碎石垫层厚0.3 m,垫层后铺排水反滤土工布,顶层生态框内回填种植土并种植水生植物美人蕉,美人蕉间距0.2 m;双排种植,底两层生态框内回填碎石,生态框以上采用草皮护坡,护坡坡度1:2~1:2.5,部分护岸坡顶结合绿道设计,详见图4-1。

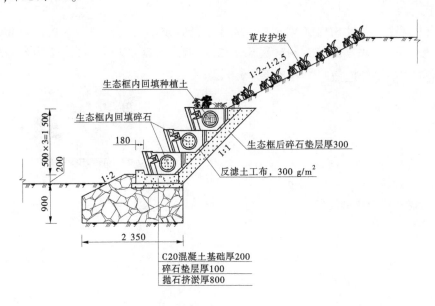

图 4-1　A 型护岸标准断面图　(单位:mm)

(2)B 型护岸。

B 型护岸采用鱼巢式生态框(预制混凝土构件),下部设两层鱼巢式护坡构件,每层高度0.50 m,即墙身高度1.0 m。墙下设0.2 m厚C20混凝土基础、0.10 m厚的碎石垫层和0.8 m厚的抛石挤淤,生态框后回填碎石垫层厚0.3 m,垫层后铺排水反滤土工布,顶层生态框内回填种植土并种植水生植物美人蕉,美人蕉间距0.2 m,双排种植,底两层生态框内回填碎石,生态框以上采用草皮护坡,护坡坡度1:1.5~1:2。结构形式见图4-2。

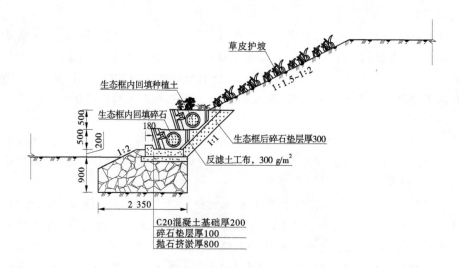

图 4-2　B 型护岸标准断面图　（单位：mm）

（3）C 型护岸。

C 型护岸主要是对 SJ1+904~SJ2+194 左右两岸现状已建混凝土护脚的河段进行坡面修整，培厚堤身，培厚修整后岸坡坡比 1:2，坡面采用草皮护坡型式，坡脚处种植美人蕉，坡顶结合绿道设计，结构形式见图 4-3。

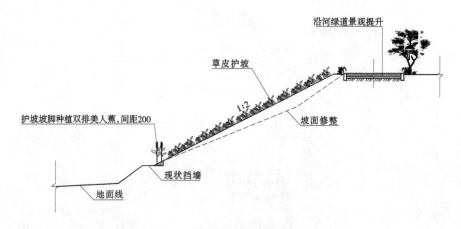

图 4-3　C 型护岸标准断面图　（单位：mm）

根据以上布置情况，本工程护岸总长 4 671 m，均位于四九河干流，其中 A 型护岸长 2 004 m，B 型护岸长 2 087 m，C 型护岸长 580 m，部分岸顶设施滨水绿道，详见表 4-42。

表 4-42　护岸措施统计表

治理河段	措施起点	措施终点	长度/m		合计	备注
			左岸	右岸		
四九河干流段	SJ1+528	SJ1+904	376		376	护岸 A
	SJ1+904	SJ2+194	290		290	护岸 C
	SJ2+194	SJ2+820	626		626	护岸 A
	SJ5+969	SJ6+270	301		301	护岸 B
	SJ9+003	SJ9+298	295		295	护岸 B
	SJ9+376	SJ9+569	193		193	护岸 B
	SJ1+528	SJ1+904		376	376	护岸 A
	SJ1+904	SJ2+194		290	290	护岸 C
	SJ2+194	SJ2+820		626	626	护岸 A
	SJ5+969	SJ6+270		301	301	护岸 B
	SJ8+572	SJ9+569		997	997	护岸 B
合计			2 081	2 590	4 671	

根据计算结果,各工况下边坡均满足稳定要求。

4.2.3.3　亲取水平台

为满足治理河道沿岸居民亲水需求,本次设计在河道岸坡处设置 10 处下河步级及亲水平台,其中四九河干流段 8 处,卫星支流河口段及龙岗支流河口段分别 1 处。下河步级及亲水平台均采用 M7.5 浆砌石砌筑,桩号分别为 SJ2+689 左岸、SJ1+661 右岸、SJ2+346 右岸、SJ2+736 右岸、SJ6+043 右岸、SJ8+086 右岸、SJ9+206 右岸、SJ9+298 右岸、LG1+102 右岸及 WX1+971 右岸处。

4.3　水土流失治理

4.3.1　工程措施

4.3.1.1　截排水沟

1)裸露山体治理区

本次治理小流域位于珠江三角洲恩开盆地内,主要为冲积台地,兼有少量低山丘陵,流域内房屋及农田密集,低山丘陵总体植被茂盛,水土流失总体较轻微,但经现场调查、无人机航摄、查阅卫星图片可知,区内仍存在少量崩塌或砍伐后尚未恢复植被的裸露山体,水土流失较为明显,本次需重点治理。

(1)布置原则。

截、排水沟是山体顶部和岸坡的重要防护工程,其作用在于拦截坡面径流,防止坡面溯源侵蚀,截、排水沟对稳定裸露山体具有不可忽视的作用,凡上游具有一定集水面积的裸露山体都应修建。

截水沟布设在裸露山体顶部外沿 5 m 左右,基本上沿等高线布设,并取适当比降。单个山体、截水沟从裸露山体顶部正中向两侧延伸;多个裸露区集中的,截水沟可考虑统一布设,从裸露区顶部最高点向两侧延伸。截水沟长度以能防止坡面径流进入裸露区域为准,同时连接自然沟道或当地的排水沟道,一般出裸露区域外延 10~20 m,特殊情况下可延伸到 40~50 m。根据实地调查,现有截水沟深度一般为 0.3~0.4 m,宽 0.3~0.4 m。裸露山体顶部已到分水岭的,或由于其他原因不能布设截水沟的,应在其两侧布设品字形排列的短截水沟。

在坡度很陡的山坡上,不宜开挖截水沟。当裸露区周围有比较坚硬的岩石或有较好的植被而不易被水流冲刷时,可以布设排水沟,以便把裸露区上部地带的雨水集中起来排走。布设排水沟时应特别注意其可靠程度,以免造成新的水土流失。

(2)设计标准。

依据《水土保持综合治理 技术规范 小型蓄排水工程》(GB/T 16453.4—2008),采用 10 年一遇 24 h 最大降雨标准进行设计。

设计洪峰流量采用下式计算:

$$Q_P = C_2 H_{24P} F^{0.84}$$

式中:Q_P 为设计洪水,m^3/s;C_2 为随频率而异的系数。10 年一遇系数为 0.044;H_{24P} 为 24 h 设计暴雨,10 年一遇 H_{24P} 为 173.65 mm;F 为集雨面积,km^2。

断面过洪流量采用明渠均匀流公式计算:

$$Q = AR^{\frac{2}{3}} I^{\frac{1}{2}} / N$$

式中:N 为沟渠糙率,取 0.025;A 为沟渠断面面积;R 为水力半径;I 为沟渠比降,取 3%。

根据现场调查,截、排水沟控制面积按最大裸露区面积 3.00 hm^2 汇水面积考虑,求得洪峰流量为 0.61 m^3/s。

(3)断面设计。

根据计算出的流量,代入公式 $Q = AR^{2/3} I^{1/2} / N$ 进行试算,确定断面尺寸为底宽 0.6 m、高 0.6 m、内坡比 1:1 的梯形断面,C20 混凝土衬砌厚度 0.15 m。再用断面尺寸验证过洪流量,经计算,$Q_{过} = 0.63$ $m^3/s > Q_{设}$,则断面设计尺寸完全满足行洪要求,说明确定的断面尺寸合适,见图 4-4。

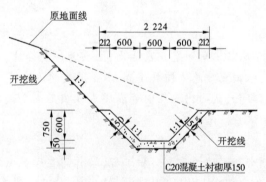

图 4-4 截水沟典型设计图 (单位:mm)

（4）工程量。

本工程修建截水沟 562 m。

2）保土耕作区

四九河小流域位于开平粮仓"塘口镇"，区内农田及耕地面积较大，但部分耕地田间机耕道缺乏、田埂兼作机耕便道，经长年踩踏、机械压占等，地表植被破坏、裸露，加之排水沉沙设施尚未全面完善，是造成田间水土流失的主要因素之一，对耕作存在一定的影响，本次为进一步控制田间水土流失，需完善田间机耕道及排水沉沙等保土耕作水土流失治理措施，经统计本次需进行保土耕作治理的耕地共约 1.35 km²。

本次结合补充的田间机耕道边沟设计，补充完善部分排水沟渠，参照周边田间灌排末端渠道尺寸及结构，田间排水沟采用尺寸为底宽 0.3 m，高 0.3 m，C20 混凝土衬砌厚度 0.1 m 的矩形断面，见图 4-5。经统计，本工程补充田间排水沟 1 610 m。

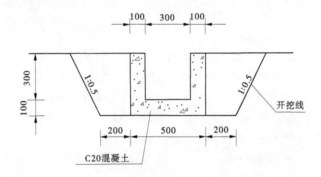

图 4-5　田间排水沟典型设计图　（单位：mm）

4.3.1.2　机耕道

结合周边交通情况，在保土耕作区域补充完善适当的机耕道。机耕道宽 3.0 m，采用 C20 混凝土路面厚 200 mm，路面下铺设厚砂卵石垫层厚 200 mm，垫层两侧回填 20 mm 粗砂或碎石及 1~4 mm 厚砂砾或石屑，机耕路两侧若连接田间排水沟需在连接处铺设 300 g/m² 土工布及 φ50PVC 排水管排水反滤。经统计，本工程共建设机耕道 3.73 km，见图 4-6。

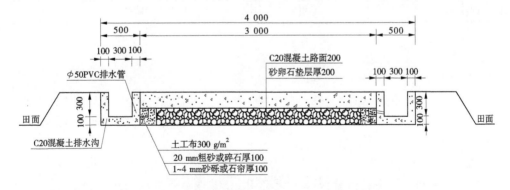

图 4-6　机耕道典型设计图　（单位：mm）

4.3.1.3　沉沙措施

本次拟在各截水沟或排水出口末端设置沉沙池，沉沙池采用 C20 混凝土浇筑，沉沙池尺寸 3 m×1.5 m×0.7 m(长×宽×深)，壁厚及底板厚 0.3 m，根据截、排水沟及谷坊布设情况统计，共计列沉沙池 11 座。

4.3.2　植物措施

为防治裸露山体造成的水土流失，本次在砍伐等造成的裸露山体区域植"乔灌草"水保林，布设原则如下：

(1)适地适树，因地制宜，以获得稳定持续的林分环境，改善立地质量为目标。

(2)选择乡土树种，或经多年栽培，适应性较强的引进树种，提高造林成活率。

(3)营建复层林相，"乔灌草"相结合，充分利用营养钵，建立稳定的生态体系。

(4)充分发挥各种立地条件的土地生产力，以获得最大的水土保持效益。

4.3.2.1　水保林

1)造林树种

确定造林树种的基本原则是"适地适树"，以适生的乡土树种为主，并引进和推广外地的优良树种。针对不同的立地类型条件，选择生物生态特性与其地形、土壤、水分相适应的乔、灌木树种。根据开平市及周边治理的经验，充分考虑耐干旱、耐贫瘠、生长快、根系发达、覆盖面积大、易繁殖、萌芽更新能力强等特性，乔木可选择湿地松、大叶相思、木荷、杉木，灌木可选择胡枝子、簕仔树、青皮竹、猪屎豆等。

造林密度的大小，直接影响着林木的郁闭及林木生长与分化。造林密度的确定以造林目的、树种特性、立地条件等为依据。本次设计是按《水土保持综合治理　验收规范》(GB/T 15773—2008)标准确定主要适生造林树种的初植密度，具体见表 4-43。

表 4-43　主要水土保持林种植密度及需苗量

树种	株距/m	行距/m	定植点数量/(个/hm²)	苗龄及等级	种植方式	需种苗量/(株/km²)
大叶相思	3	3	1 112	1 年生一级苗	植苗	1 135
木荷	3	3	1 112	1 年生一级苗	植苗	1 135
簕仔树	3	3	1 112	1 年生一级苗	植苗	1 135
青皮竹	3	3	1 112	1 年生一级苗	植苗	1 135

2)工程整地

整地时间：一般在前一年秋、冬进行。

整地方式：水土保持造林，一般都应采取工程整地，以保水、保土、促进苗木正常生长。在该地区由于其地形、土质的立地条件较差，一般采用块状整地，规格为 40 cm×40 cm×40 cm。

3)设计标准

植苗造林：根据多年的试验、示范技术造林，植苗造林是宜选的造林方法。最好的是袋装苗移栽，苗木可用一、二级实生苗。在春季或雨季进行，要确保苗木随起随运，及时栽植。为了保护苗根湿润，最好采用就地苗木，随起随栽。

4) 工程设计

项目区涉及的主要造林树种相对较多,采用两种树种株间混交造林模式,以大叶相思(乔木)、胡枝子(灌木)进行典型设计。

5) 工程量

本工程在裸露山体治理区营造水保林 4.10 hm², 种植乔木 2 279 株、灌木 2 279 株。

4.3.2.2　种草

为全面防治裸露山体区域造成的水土流失,除在坡面种植乔木和灌木外,植草覆盖也是治理的必要手段。

1) 草种选择

根据项目区的气候、土壤条件,草本植物选择耐旱、耐贫瘠、速生、生长量大的品种,可选用糖蜜草、山毛豆(小灌木)、百喜草、马塘、雀稗、狗牙根等。

2) 种植

首先做好选种和种植处理,对恶劣立地条件的裸露山体进行直播,覆盖地表,同时为灌木和乔木的生长创造生长条件。在 3 月下旬至 4 月采用混合草籽直播,播种量为40 kg/hm²。

3) 工程量

本工程种草面积 4.10 hm²。

4.3.3　封禁治理

封禁治理是对具有一定数量的根蘖更新能力强和母树天然下种条件形成的覆盖度在40.0%~60.0%的疏林地,通过封禁的方法加上人工补植、治理和科学管理,促进植物恢复和生长的水保措施。

4.3.3.1　封禁方式和管理制度

1) 布设原则

对流域源头远山、河沟上游及水土流失较为明显的区域内的幼林、疏林实行全面封禁;根据当地群众生产与生活实际需要,对燃料林采取轮换封禁的办法;在保证林木不受破坏的前提下,对燃料林实行季节封禁。在林木生长季节,实行休眠开山,对幼林、中龄林进行抚育管理,将修枝、剪枝产下的枝柴作为燃料,定时间封禁;在树木冒出新芽,开花结果时实行封禁;其他时间进入林区砍柴,割条或进行副业生产。

2) 组织管理

制定镇规民约,明确封禁要求。由塘口镇人民政府制定封禁管理制度,并发文公告,禁止在封禁区从事砍伐、采薪、割草、放牧等生产活动,确保封禁区林、灌、草防护功能迅速得到恢复;在封禁区林地的四周,做出明显标志,明确封禁范围;设立监管人员,安排专人看管,在封禁区设立专、兼职管护员,制定管护办法,落实责任,明确目标,定期检查验收,奖惩兑现;切实解决群众生产生活的实际问题,为生态修复创造良好条件,对群众燃料、用材、放牧及林副产品利用等问题,制定切实可行的解决办法,使群众认识到封禁治理的好处,通过农业局实施的沼气池、节柴灶等辅助措施,解决群众的燃料问题,减轻对封禁治理的压力;加强预防监督,市水务部门及水土保持部门在重点防治区域依法行使预防监督权,对破坏封禁区的典型案件及时查处,巩固封禁治理成果。

4.3.3.2　技术措施

轮封：根据当地群众生产、生活的需要，划定放牧区，对其他地区实行封禁，封禁期3~5年，待植物恢复到一定程度后，再轮换封禁原开放地区。

半封：在保证林木不被破坏的前提下实行季节性封禁，在林木休眠期开山，对幼林、中龄林定期进行抚育管理。

全封：即全面封禁，不准在封禁区内放牧、从事多种经营等一切不利于植被恢复的人为活动。

4.3.3.3　措施实施

（1）综合分析，全面规划。对植被状况、主要树种更新能力、方式、年限及成材时间、母树、幼树的数量、分布、土地条件以及社会经济状况，群众对木材、林副产品、薪柴及放牧要求、生活习惯等进行调查，综合分析，全面规划，提出封禁措施和封禁年限，根据规划划定封禁区周边界线，在封禁明显地段设立封禁标志牌。

（2）加强抚育管理，促使封禁治理尽快见效。开平市四九河小流域共规划封禁治理面积为25.39 km²，在本次治理小流域封禁治理区内需要配备管护人员，设置封禁碑牌；封禁碑牌按C20钢筋混凝土进行预制，牌高2.15 m，宽0.8 m，厚15 cm，基础埋深0.65 m。正面刻字"封山育林区"，背面写上封禁范围、时间、负责人，以及管护制度等相关内容。经现场调查及卫星影片查看，本次选定需要补种的疏林地约1.56 km²，主要选择本土优势树种，种植点采用正方型配置，本次根据需补种区域林木密度等实际情况，按造林密度600株/hm²进行补植补种，补植苗木93 738株。

4.3.4　宣传措施

（1）继续以"世界水日""世界环保日""世界荒漠化日"为契机，通过专题讲座、报纸、户外公益广告宣传、新媒体等多种途径，加强水土保持宣传教育；继续推进水土保持"进工地、进农村、进学校"的宣传要求；加强与学校、企业等合作进行专题讲座，全方位提高全社会保护水土资源的意识和自觉性。

（2）在四九河小流域范围主要交通要道旁、主要河流水系旁、林区出入口、镇村附近等设置水土保持宣传碑牌，宣传碑牌初步考虑采用搪瓷不锈钢包边，背面四方管结构，牌宽2.00 m，高1.20 m，下设2根镀锌烤漆管，长2.90 m，直径0.058 m，正面刻"加强水土流失防治，保护生态系统环境"等宣传标语。本次根据四九河小流域范围及实际情况拟设置宣传碑牌21个。

4.4　人居环境整治措施

4.4.1　水环境提升

项目区地处珠江三角洲恩开盆地，属内河涌，流域地势平坦，河流比降较小，流速较低，加之四九河流域内人口、村庄及农田密集，鱼塘遍布，畜禽养殖较多，目前污水集中收集及处理设施，尤其是村级尚未全面建成，部分居民生活用水、养殖废水、残留化肥农药未经拦截、处理直接入河，加之项目区受外江洪水影响，水体交换及自净能力较差，水葫芦遍布河道，水质、水环境相对较差。

本次拟在流域上中游林地及田间实施水土保持措施对水土流失及面源污染形成"源头控制"；对中游田间及村镇实施田间水土流失治理及生活污水集中收集处理措施，对水土流失及面源污染形成"中部处理";对流域下游滨河区域实施生态护岸、水生态景观及岸坡绿化美化措施,对污染源形成入河前的"下游拦截",并结合河道生态清淤清障清除表层污染底泥、干支流出口河段设置生物浮岛等措施,对入河的污染物形成"末端净化";最终将水土流失治理、河道岸坡防护、河道生态廊道景观提升等措施通过水环境提升治理统一规划,形成污染源"源头控制、中部处理、下游拦截、末端自净"的从上至下、从工程措施到植物措施的全面系统综合治理体现,以提升河流水环境。

4.4.1.1　生活污水处理

1) 生活污水处理现状

本工程治理河段沿岸人口密集,主要涉及岗陵一、岗陵二、四九、卫星、三社、魁草、龙和塘口圩社区等沿河村镇等,目前除塘口圩镇污水处理设施较完善及约一半自然村污水处理湿地已建成外,流域内另有约一半自然村生活污水多呈粗放型排放,基本均无污水排放收集处理系统,污水沿道路边沟、暗管、路面排放甚至直接泼洒至就近的水体。生活污水多数仍是传统的合流制排水,不经处理就直接就近排入水体。生活污水主要包括厨余废水、洗浴废水、洗衣废水这三类。

生活污水主要特征如下:

(1) 乡村分布广且分散,大部分暂未建设收集管网及处理设施。

(2) 乡村生活污水浓度低,变化大。

(3) 乡村大部分生活污水的性质相差不大,水中基本上不含有重金属和有毒有害物质,含一定量的氮、磷,水质波动大,可生化性强。

(4) 不同时段的水质不同。

(5) 厕所排放的污水水质较差,但可进入化粪池用作肥料。

2) 生活污水处理措施

目前小流域内有约一半自然村未建设污水收集处理设施,污水大部分仍是直排入河,对水质造成一定影响,并可能影响到下游居民用水安全,本次需根据实际情况对部分村庄采取人工湿地等生态形式的生活污水处理试点工程措施,以保护四九河、泥海河、镇海水及潭江水质。

对于农村生活污水的处理,主要分为两种情况:对居住分散,生活污水不适合集中处理的村庄,因地制宜,采取分户处理、分散排放的形式治理,严禁污水未经处理直接入河污染水质,分散式污水处理主要以三格式化粪池、沼气池措施为主,定期清掏沼气(粪)池污泥、渣液,作为农业有机肥料利用;对居住比较集中的行政村或村民小组,考虑建设生态型的小型的人工湿地作为村庄的生活污水处理池,对生活污水进行统一收集和处理,当含有毒物和杂质(农药、生活污水)的流水经过湿地时,流速减慢,有利于毒物和杂质的沉淀及排除,栽植湿地植物也能有效地吸收有毒物质,从而达到减轻环境污染、增强水体自净能力、提高防污控污能力、净化下游水源、保护河流水质的目的。同时,可以充分利用湿地美化乡村,与生态旅游观光项目相结合,发挥湿地的娱乐功能,把湿地建设和周边水生态景观节点及旅游乡村设施联合打造,建成居民休闲娱乐的场所,丰富居民的生活,改善村庄生态环境,提高居民生活质量,构建和谐村庄。远期乡村振兴等规划的污水集中收集处理设施实施后本次建设的湿地仍可作为入厂前的预处理措施或出厂尾水处理设施。

　　本阶段受限于工程投资因素,拟选取流域内的南和自然村及大鹏自然村分别建设1处人工湿地,结合人居环境改善措施,积累经验,后期考虑结合乡村振兴规划建设等逐步在全流域推广。

　　(1)分散处理措施。

　　畜禽养殖粪便废水与生活污水要分别进行收集和处理,即畜禽养殖粪便废水一般采用沼气池,生活污水经三格式化粪池发酵、杀菌、沼渣和粪渣作为肥料用于生态农业,严禁向池塘、河流直排,沼气池、化粪池容量与畜禽养殖量、服务人口量相对应,其容积必须满足国家《村庄整治技术规范》(GB 50445—2008)的要求。

　　根据农村标准化三格式化粪池设计标准,三格式化粪池的储存期为40 d,每格的容积计算为:

　　第一格容积(m^3)=排放量$[3.5 \ kg/(人 \cdot d)]$×人数×25(d)/1 000;

　　第二格容积(m^3)=排放量$[3.5 \ kg/(人 \cdot d)]$×人数×15(d)/1 000;

　　第三格容积=第一格容积+第二格容积;

　　总容积=第一格容积+第二格容积+第三格容积。

　　(2)集中处理措施。

　　对居住比较集中的村镇或村民小组,生活污水采取集中处理,通过化粪池、污水收集管道汇入人工湿地系统,处理达标后作为灌溉水或排入河沟。人工湿地系统水质净化技术是一种生态工程方法,其原理是在一定的填料上种植特定的湿地植物,建立起人工湿地生态系统,当污水通过系统时,经砂石、土壤过滤,植物根际的多种微生物活动,污水中的污染物和营养物质被吸收、转化或分解,水质得到净化。经过人工湿地系统处理后的水,达到地表水质标准,可直接排入湖泊、水库或河流中。因此,该处理措施适合本区生活污水的处理。本工程人工湿地采用潜流湿地系统,并与景观相结合。

　　(3)人工湿地系统典型设计。

　　考虑选定的南和自然村及大鹏自然村人口分布、地形条件、污水可接入性以及用地等实际情况,本次湿地设计以500人污水排放控制。通过现场查勘,南和自然村及大鹏自然村目前无人工污水收集系统,雨水、生活污水通过沟渠直接排放至四九河。结合居民分布,在2个村下游各设置一个人工湿地污水处理系统,湿地布置结合村庄生态景观建设、健身活动区协调布置,为群众建设集环境改善、水质保护、休闲娱乐一体的区域,其处理工艺流程如图4-7所示。

图4-7　生活污水人工湿地处理流程示意图

①生活污水量。根据《农村生活饮用水量卫生标准》(GB 11730—89)和目前的用水条件,生活用水量按 80 L/d 人计,产污系数 0.8,污水量为 64 L/(d·人)。

②污水收集。污水收集采用管道收集,排水主管拟采用 DN300PE 双壁波纹管,排水入户管每户接 10 m ϕ 110PVC 管。污水管道依据地形坡度铺设,坡度不小于 0.3%。在管道交会处、转弯处、管径或坡度改变处、跌水处以及直线管段上每隔 40 m 设置检查井。

③格栅池。格栅池停留时间按 1 h 计算,格栅池最小容积为 2.67 m^3。

④厌氧调节池。为确保厌氧发酵充分,厌氧调节池设计的水力停留时间按 3 h 计算,其最小容积为 8.0 m^3。

⑤厌氧水解池。为确保厌氧水解充分,厌氧水解池设计的水力停留时间按 4 h 计算,设计的水力停留时间时间按 7 h 计算。其最小容积为 10.67 m^3。

⑥人工湿地。为了节约用地,本工程人工湿地采用复合垂直下行流人工湿地,在填料床表层栽种耐水且根系发达的植物,污水经格栅池、调节池、厌氧水解池预处理后进入湿地床,以潜流方式流过滤料,污水中有机质被碎石滤料和植物根系拦截吸附过滤,被微生物与植物根营养吸收、分解,使污水获得净化。

湿地的表面积设计按最大日流量水力负荷进行计算,根据《人工湿地污水处理技术导则》(RISN-TG 006—2009),采用设计负荷 $L = 0.32$ $m^3/(m^2 \cdot d)$,人工湿地床有效面积 F 计算如下:

$$F = \frac{Q}{L} = \frac{64 \ m^3/d}{0.32 \ m^3/(m^2 \cdot d)} = 200 \ m^2$$

人工湿地植物的选择:人工湿地植物应因地制宜选择,总体要求要耐水、根系发达、多年生、耐寒,具有吸收氮、磷量大,兼顾观赏性、经济性。目前常用的有芦苇、香蒲、菖蒲、美人蕉、风车草、水竹、水葱、大米草、鸢尾、蕨草、灯芯草、再力花等。水芹、空心菜已试用于湿地,亦有较好效果。栽种方法视植物而定,一般每平方米 8~10 穴,每穴栽 2~3 株,亦可用行距 10 cm,簇距 15 cm 控制。

污水处理湿地建成效果示意图见图 4-8。

图 4-8　污水处理湿地建成效果示意图

4.4.1.2　水土自净措施

　　目前较常用的河湖水体自净措施主要包括植物措施、物理吸附过滤措施、化学药剂及生物菌落等措施,其中物理吸附过滤措施处理对象污染源较单一,化学药剂措施针对性强见效快,但治理时效较短,生物菌落成本较高易受本底生物干扰,且物理、化学、生物措施主要用于"死水"区域,本次考虑项目区内水流速度较慢的实际情况及生态清洁小流域治理理念,拟采用生态性、自然、治理时效久、易于管护且较为经济的生物浮岛方式。

　　本次综合考虑汇水情况、污染源分布及已建污水处理设施等实际情况,分别在四九河出口、升平支流连接河段出口四九河下游段、广陵支流连接河段及升平支流三河交叉口及天下粮仓支流出口结合生态景观效果布设 4 个生物浮岛区域(见图 4-9),既对主要干支流流出水体进行吸收处理,又对外江倒灌水体进行吸收处理,兼有造景效果,其中浮床采用单个 33 cm×33 cm 或 10 cm×10 cm 抗腐蚀且耐久性较好的 HDPE 材料结构,植物选用净化效果好、易于管护的鸢尾、水生美人蕉、香蒲、花菖蒲等。经统计,本次共规划生物浮岛总面积 840 m²。

图 4-9　生物浮岛建成效果示意图

4.4.2　生活垃圾收集防护

　　根据现场查勘,流域内各村镇等已设置了一定的简易垃圾箱、垃圾桶及垃圾收集防护棚等,但尚不能满足全面乡村振兴及垃圾分类的要求,部分收集措施过于简易,或基本直接露天摆放,或设置在路边、村中,垃圾易随风或因动物畜禽翻动散落,流域内仍存在一定垃圾污染,村内、田间甚至河边仍存在塑料袋、化肥农药袋等生活垃圾及建筑垃圾,且雨天雨水流经垃圾收集措施渗滤液流出污水多数直接进入流域,既影响了群众身体健康,也影响了环境景观,污染了河流水质,对四九河、镇海水甚至潭江水水质也构成一定的影响。为改善村民的居住环境和减少对河流水质的污染,拟在人口集中的村镇口、路边、河边、田边等,对现状垃圾收集措施进行规整、加强防护措施,补充设置垃圾收集防护棚,禁止随意倾倒堆放,严禁垃圾入河。

　　防护棚按照服务住户和人口数量,在现有垃圾收集及防护措施的基础上设置,其设置位置及容量参照垃圾收集池,设置数量及位置要经过社会调查,得到村镇许可,其位置要满足距离居住区 100 m 以上、背风、路旁等基本要求,其容量要满足垃圾分类收集对垃圾箱、桶的摆放要求等,型式、造型与村庄景观须相协调,且满足基本的防雨、防散落等要求。根据上述原则本工程拟布设垃圾防护棚 66 套。

4.4.3 绿化美化

主要包括水生态景观节点、滨河亲水绿道及岸坡绿化美化 3 部分:在沟道生态护岸、清淤疏浚基础上,本工程结合周边群众生产生活需要及现有交通情况,利用保留的施工便道布设亲水绿道;在村庄等人口集中等有条件的岸滩营造亲水生态景观节点;在部分未规划亲水生态景观节点及滨河绿道的乡村人口集中河段或临河交通要道沿岸植景观行道树、水景植物及岸坡绿化等措施对河岸进行绿化美化。

4.4.3.1 滨河亲水绿道

为改善区内交通、休闲条件,打通周边赤马线旅游景观轴及塘口森林小镇精品旅游线路,上下连通,形成连片、连段效果,全面改善项目区及周边自然和人居环境,本次拟在重点治理河段沿岸布设亲水绿道,总长约 5 315 m,分别位于泥海河干流左岸 0+000～002+303、四九河干流右岸 0+000～003+012,其中四九河干流右岸 1+643～2+394 段现状为水泥路面入户村道,为了和其他新建绿道衔接,本次在现状水泥路面基础上按新建绿道标准加铺彩色混凝土、两岸种植绿化树种等措施进行提升改造,绿道路面均采用 2.5 m 宽的彩色混凝土铺装。

其他滨河绿道大部分路段现状路面基础主要以原状土、碎石路面以及河岸荒草地为主,铺设绿道不仅方便抢险救灾和周边村民的出行,还有助于四九河流域景观游览交通,连接周边景区,路线接通后既能行驶机动车辆,也可作为自行车道及行人休闲散步的亲水绿道。另外,在绿道的两侧各种植成排行道树及花灌木,高层种植香樟、串钱柳、小叶紫薇等乔木,间隔 5 m,低层种植杜鹃、大叶龙船花、野牡丹、红花檵木、紫叶鸭跖草等花灌木,草本植物以马尼拉草为主。具体结构详见图 4-10。

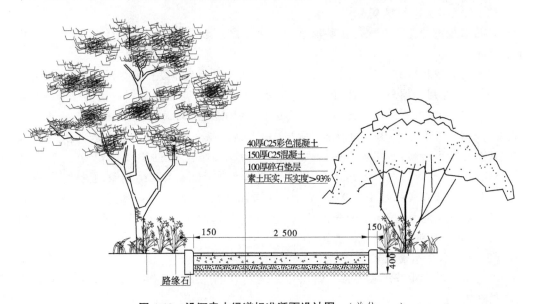

图 4-10 沿河亲水绿道标准断面设计图 (单位:mm)

4.4.3.2 生态绿化节点设计

1)布置原则

(1)生态优先,兼顾经济。

以改善乡村的生态环境为第一目标,优先考虑绿化的生态效益,树种选择要以乔木为主,营造乡村森林生态系统;其次合理配置树种,创造景观效益,发挥绿化的美化作用;充分利用房前屋后隙地规划发展小果园、小花园、小药园、小竹园、小桑园等,发挥绿化的经济效益。

(2)因地制宜,反映特色。

与当地地形地貌、山川河流、人文景观相协调,采用多样化的绿地布局,对路旁、宅旁、水旁和高地、凹地、平地等采取灵活多样的绿化形式,见缝插绿。自觉保护、发掘、继承和发展各村庄的特色,充分展示镇村风光。

(3)合理分布。

在乡村内的生产、生活区要合理分布绿化区域,布置于整个乡村,形成布局均衡、富有层次的绿地系统。

(4)保护为先,造改结合。

设计时要严格保护好风景林、古树名木、围村林、村边森林等原有绿化,将其融入村庄绿化设计中。在绿化实施过程中,要改造与新建结合,充分利用原有绿地。

2)生态节点绿化。

本工程拟在人口集中的岗陵东明、永安、龙安3个自然村分别结合沟道整治及人居环境整治等措施,综合考虑当地群众意见,本着"生态优先、因地制宜、以人为本"的原则,以拟布置的沿河碧道为连接线,充分利用沿河两岸现有地形及环境,布设沿河碧道、休闲设施、健身设施、亲水设施、植物绿化等园林小景,综合打造集休闲、娱乐、亲水、健身、观光为一体的3个滨河水生态节点。

(1)东明水生态景观节点。

东明水生态景观节点绿化主要位于四九河干流左右岸,桩号为9+212~9+333,占地面积约1 760 m²。

节点主要依托现有周边良好的人居环境,在四九河两岸布设一处休闲区域,主要由三大区块组成,分别为综合娱乐区、休憩区、观景平台等;其中综合娱乐广场主要位于现有乡道的西侧,鉴于该区域面积较大,可作为周边村民休闲娱乐的区域,区内设置了儿童游乐园、健身器材、弧形花架、乘凉树池等,另外结合周边池塘水面,还设置了亲水平台,丰富人们的娱乐与亲水活动;休憩区紧邻四九河右岸,面积相对较小,主要以休憩为主,紧邻河岸,布设了一座长廊供人们休息乘凉,周边主要以生态树池等其他休憩设施为主,为人们提供一处能够相互交流的区域;观景平台位于四九河左岸,紧邻荷花池,亭亭玉立的荷花在夏日的骄阳里竞相盛开,争奇斗艳,迷人的水韵、醉人的荷香形成了夏日里一道亮丽独特的风景,是一处观景的极佳位置。

(2)永安水生态景观节点。

永安水生态景观节点主要位于四九河干流左右岸,桩号为006+019~006+206,占地面积约3 277 m²。

该处节点紧邻754乡道,周边人口比较密集,但缺乏集中休闲运动场地,居民日常生活较为单调。针对实际情况本节点合理利用现状地形,分别布设了运动娱乐广场及休闲平台两个场地。其中,运动娱乐广场主要包括运动场地及娱乐场地两块区域,在运动场地中,主要设置了篮球场、羽毛球场、乒乓球场以及健身器材等运动功能设施,满足人们的健身需求;娱乐广场地主要有儿童游乐园、长廊、生态树池等设施,丰富人们日常的娱乐活动;而休闲平台主要是为周边居民提供一处静心的场地,场地内设置凉亭及生态树池,平台紧邻河道,既能乘凉又能亲水,同时也美化了周边环境。

(3)龙安水生态景观节点。

龙安水生态景观节点绿化主要位于四九河干流右岸,桩号为 001+652~001+766,占地面积约 2 634 m²。

该节点主要位于龙安村沿河一侧荒草地,根据现场调查,龙安村周边缺乏相应的公共设施及休闲场地。因此,本节点结合实际情况,在紧邻四九河右岸布设一处滨河休闲区,整个园区呈绿化环绕式布局,四周布设植物绿化及模纹花坛,中心区域作为活动休闲区域,将周边环境与广场内部隔离开,为人们提供一处优质的休闲场地。公共设施方面主要布设了儿童游乐园、乒乓球场、健身器材、凉亭、生态树池等设施,丰富人们的休闲娱乐活动。

(4)植物选取。

在植物选取上,由于园区处于河岸边,应优先选用抗涝又适合在沙滩地种植的植物,同时种植一些景观树种,增添园区的景观色彩,在植物搭配上采用了乔灌草高低搭配形式,丛植与混植,孤植与列植,相互交错,形成自然和谐的景观造景。在植物的选取上,乔木主要种植了小叶榕、串钱柳、小叶紫薇、宫粉紫荆、鸡蛋花、野牡丹、杜鹃、香樟、大叶龙船花、紫叶鸭跖草等植被美化环境。

4.4.3.3　岸坡绿化美化

在人口相对集中但未实施水生态景观措施的河段种植美人蕉、黄花槐等景观植物及草皮护坡绿化美化河道,共绿化美化岸坡面积约 97 110 m²,和上下游生态护岸、亲水生态景观节点及绿道设计相互衔接,再结合区域总体良好的自然生态环境,达到"成片、成带"的全流域绿化美化效果,基本建成"树在村中、村在林中、村村绿色环绕"的生态景观型新农村。该部分主要栽植黄花槐 917 株、美人蕉 320.9 m²,草皮护坡 9 710 m²。

4.5　矿区废弃地生态修复

矿区废弃地指矿山开采过程中或开采结束后产生的大量非经治理而无法使用的土地,通常包括采空区、塌陷区、剥离土堆置区、尾矿堆积区等。由于这些区域往往地表裸露、冲沟遍布、水土污染、生态失调,水土流失及环境污染严重,因而也是水土保持工作关注的重点区域。珠江流域的矿区废弃地主要分布在南北盘江上游、东江上游、北江上游、韩江上游等山丘区。由于地处水系上游,因而矿区的水土流失及污染对水源涵养和水质影响较大,必须予以高度重视。

矿山废弃地生态修复一般是指对矿业活动破坏的土地、土壤、林草、地表水与地下水、矿区大气、动物栖息地、微生物群落等生态系统恢复到接近于采矿前的自然生态环境,或重建成符合人们某种特定用途的生态环境。

4.5.1 设计理念

矿区生态修复是一个完整的生态系统工程,它不仅包括植物,还包括动物与微生物,系统内部之间以及系统与相邻系统之间均发生着物质能量和信息的交换,真正意义上的修复,应该在保证植物种植的基础上,保持生态系统的稳定性,以修复生物多样性为目的,在土壤、植物、微生物之间通过良性循环,使生态修复不仅有景观效果,还能修复整个系统的自净能力,从而为整体生态系统的良性发展提供保障。

应遵循山水林田湖草系统修复理念,着眼人与自然和谐共生,以形成水净、山绿、地力良好的良性生态环境为目标,采取截水拦沙、削坡减载、整地改良、植被恢复、生物去污、湿地净化等基本措施,因地制宜,形成符合当地特色的矿区生态系统。通常生态修复类型可分为自然地貌型、复耕复垦型、产业发展型、园林景观型、复合型等多种类型,并以自然地貌恢复为主要类型。无论哪种类型,核心都是做好水、土、植被的保护、利用和修复。

在自然地貌恢复中,应注重借助生态自我修复的功能、自然演替的规律,辅以必要的人工干预,实现矿区生态修复目的。自然地貌修复的主要内容包括地貌重塑、土壤重构、植物遴选与种植、生物多样性、景观异质性等。

4.5.2 设计要点

规划设计应符合国家重大战略要求,坚持生态环境效益优先和安全、高效、可持续利用,坚持因地制宜、详细调查、最佳效益、治理与预防相结合等原则。

(1)详细调查,科学诊断矿区废弃地存在的生态问题及产生原因。

要对矿区废弃地的开采历史、影响范围、生态问题、水土资源特性以及区内的林草生长情况、治理工作开展情况进行详细的调查、勘察与了解,并进行必要的水样、土样、生物样本检测分析,了解有无超过正常标准及超标程度,为有针对性地采取修复措施打好基础。

(2)综合研判,制定可实现的修复目标

矿山废弃地生态修复根据矿区类型及所处区位各有侧重。自然地貌修复型的突出植被盖度、地表水质类型;复耕复垦型的突出土层厚度、有机质含量、单位面积作物生长量;产业发展型的突出产业园面积、产量、收入增长情况;园林景观型的突出林草面积、花卉面积、步道长度、进园人次等。目标的制定应综合可投入资金、现有的技术水平、可能产生突破的技术领域,综合确定。

(3)制定可行的生态修复措施,并注重一定的创新性。

在地貌重塑中,尽可能与周围地貌环境相协调,并注重水的灵性,根据地形高低错落,凹凸有致,对坡面径流进行合理的分散或归集,形成水面、湿地镶嵌其中。对非稳定边坡要削坡减载,做好拦挡、截水,防止水土流失。

土壤重构中,进行必要的客土覆盖、土壤改良、结构改造等。如在酸性土壤中可掺入一定量的石灰中和;在砂质土壤中,增加一些黏土,形成一定的黏聚力;板结的土壤中,采取秸秆还田或增施有机肥等。对有污染的土壤,可以黏土和粉煤灰为原料,构建不同设计构型的隔离层,减轻污染物对植物生长的影响。

植被恢复与生物多样性构建中,主要以乡土树、草种为主,适当兼顾花卉、降尘、吸污等功能的植物,条件较差时,也可以采用微生物技术恢复生境。

(4)注意人文和景观设计。

矿区废弃地本身就是人为不合理的生产活动产生的,又是借助人类的智慧进行修复,矿区废弃地修复活动本身就是一个完善、升华人类生产行为的一个反映。因此,在修复活动中,尽可能留下能引起人类反思、能够自觉形成热爱自然的人文氛围,在今后的生产过程中,以更加文明的、更可持续的方式生产、生活。

4.5.3　典型案例——寻乌县文峰乡柯树塘废弃矿区环境综合治理和生态修复工程设计

1　项目背景

2013 年 11 月,习近平总书记在《关于〈中共中央关于全面深化改革若干重大问题的决定〉的说明》中系统提出了山水林田湖综合治理理论,指出"对山水林田湖进行统一保护、统一修复是十分必要的"。2015 年 9 月,中共中央、国务院印发了《生态文明体制改革总体方案》,提出"树立山水林田湖是一个生命共同体的理念,按照生态系统的整体性、系统性及其内在规律,统筹考虑自然生态各要素、山上山下、地上地下、陆地海洋以及流域上下游,进行整体保护、系统修复、综合治理,增强生态系统循环能力,维护生态平衡"。2015 年 11 月,党的第十八届五中全会提出"筑牢生态安全屏障,坚持保护优先、自然恢复为主,实施山水林田湖生态保护与修复工程,开展大规模国土绿化行动",生态安全屏障建设在此成为关注焦点。

为贯彻党中央、国务院决策部署,落实十八届五中全会、中央经济工作会议以及《生态文明体制改革总体方案》关于开展山水林田湖生态保护与修复的要求,2016 年 10 月,财政部、国土资源部、环境保护部三部门印发《关于推进山水林田湖生态保护修复工作的通知》(财建〔2016〕725 号)。文件指出,山水林田湖生态保护修复一般应统筹包括矿山环境治理恢复、土地整治与污染修复、生物多样性保护、流域水环境保护治理、全方位系统综合治理修复等重点内容,对地方开展的跨区域重点生态保护修复加强统筹协调。整合资金,切实推进山水林田湖生态保护修复。

习近平总书记在参加第十二届全国人大三次会议江西代表团审议时,殷殷嘱托江西"走出一条经济发展和生态文明相辅相成、相得益彰的路子,打造生态文明建设的江西样板"。2016 年 8 月,李克强总理到赣州市视察并作了重要讲话。关于支持赣州生态屏障建设,总理表示完全支持。赣州市委市政府高度重视生态文明建设和山水林田湖生态修复工作,为积极落实十八届五中全会、中央经济工作会议以及《生态文明体制改革总体方案》关于开展山水林田湖生态保护与修复的要求,以及习近平总书记的重要批示,根据财政部、国土资源部、环境保护部三部门印发的《关于推进山水林田湖生态保护修复工作的通知》(财建〔2016〕725 号)的部署和精神,结合赣州市"我国南方地区重要生态安全屏障"的战略定位,以及赣州市地处赣江和东江源头、南岭生物多样性保护优先区域、南方丘陵山地生态屏障区、南岭山地森林及生物多样性生态功能区的实际,组织相关部门专题研究了赣州市山水林田湖生态保护与修复项目工作,并组织编制了《江西赣州南方丘陵山地生态保护修复工程实施方案(2016—2019 年)》。

寻乌县是东江发源地,东江流域面积占全县总面积的 84%,东江是珠江水系三大河流之一,东江源头水质水量对整个东江流域的水生态安全意义重大,被称为珠三角和香港地区的"生命之水""经济之水"。为加快推进东江生态文明建设,建立合理的生态补偿机制,加强东江流域水环境治理和生态保护力度,不断提升水环境质量,2016 年 10 月,江西、广东两省人民政府签署了《东江流域上下游横向生态补偿协议》,明确了东江流域上下游横向生态补偿期限暂定三年,跨界断面水质年均值达到Ⅲ类标准水质达标率并逐年改善。同时,寻乌矿产资源丰富,是世界"稀土王国",全县现已探明稀土储量 50 多万 t,远景储量 150 万 t 以上,为世界最大的离子吸附型稀土矿区,然而稀土的开采带来经济效益的同时,也给寻乌的生态环境造成了严重的破坏,文峰乡柯树塘是寻乌县稀土开采最为集中的区域。为落实中央、省、市关于山水田林湖综合治理的有关精神,寻乌县政府组织编制了《寻乌县文峰乡柯树塘废弃矿区环境综合治理和生态修复工程实施方案》,并被赣州市列入了先期启动的试点工程。寻乌县文峰乡柯树塘废弃矿区环境综合治理和生态修复工程初步划分为 4 个标段,分别体现流域水环境保护治理、矿山环境治理恢复、土地整治与污染修复、全方位系统综合治理修复 4 类不同主导功能的区域,为今后全方位启动山水田林湖综合治理工程做好试点、积累经验。

本工程为寻乌县文峰乡柯树塘废弃矿区环境综合治理和生态修复工程的第一标段,主要体现流域水环境保护治理,重点是确保综合治理区的断面水质达标。

2 项目区概况

2.1 流域概况

寻乌县地处江西省东南边境,居闽、粤、赣三省交界处,东邻福建武平和广东平远,南邻广东兴宁、龙川,西毗安远、定南,北接会昌,介于东经 115°21′22″ ~ 115°54′22″,北纬 24°30′44″~25°12′10″。项目区位于寻乌水中游文峰乡上甲村,距离寻乌县城距离约 20 km。

2.1.1 河流水系

寻乌县内水系发达,河流众多,全县有大小河流 547 条,河流总长度 1 902 km,河网密度为 0.823 km/ km²。其中流域面积大于 100 km² 的河流有 7 条,大于 10 km² 的河流有 73 条。

县内河流分为三大水系,即珠江流域的东江水系,长江流域的赣湘水系和韩江水系。其中东江发源于江西省寻乌县三标桠髻钵山,海拔 1 101.9 m。东江水系流域面积 1 974 km²,占全县总面积的 85%,寻乌干流长度 153 km,占东江河长的 22%,寻乌东江水系流域面积占整个东江源流域面积的 37.8%,占江西东江流域面积的 55.7%,流域面积大于 100 km² 的河流有 5 条,流域面积大于 10 km² 的河流有 60 条,境外来水流域面积 105.45 km²。水资源总量为 16.7 亿 m³,过境客水面积 0.9 亿 m³,合计水资源总量为 17.6 亿 m³。

湘水水系流域面积 192.52 km²,占全县总面积的 8.3%,分布在本县东北部,流域面积大于 100 km² 的河流有 2 条,流域面积大于 10 km² 的河流有 8 条,境外来水流域面积 89.07 km²。县水资源总量为 1.64 亿 m³,过境客水 0.76 亿 m³,合计水资源总量为 2.4 亿 m³。

韩江水系流域面积 154.74 km²,占全县总面积的 6.7%。在县内没有汇集成大的流域,分散在县界边缘出境。水系内河流流域面积较小,没有大于 100 km² 的河流,大于 10 km² 的河流仅有 5 条,水资源总量为 1.32 亿 m³。

全县水资源总量为 21.32 亿 m³(包括过境客水),全县人均占有水量 7 107 m³/人,耕地平均水量为 10 351 m³/亩。

2.1.2　项目区选择

废弃矿区环境综合治理与生态修复工程试点项目区选择的原则主要有以下几个方面：

(1)寻乌县水利局通过实地调研全县的稀土尾砂矿区土壤环境、水环境情况，确定了"统一规划、综合治理"的方针。

(2)依据寻乌县各水质断面的调查情况，目前氨氮超标比较严重的河段为寻乌水石排、寻乌医院段等。

(3)为使试点项目区能够顺利施工、取得良好的效果，项目区需具备良好的施工交通、水电等条件，因此试点的重点放在寻乌水中游。

依据以上原则，经与水利局技术人员充分研究，最终确定项目区选择在文峰乡上甲村境内的柯树塘稀土矿区，距离县城约 20 km，交通运输条件较为便利。项目区位于寻乌水二级支流中坑寨河流域范围内，河道污染物氨氮超标比较严重，水土流失十分严重，多年来一直未得到系统的综合治理。

2.2　水文气象

2.2.1　水文

项目区占地面积 11.7 hm²，项目区内河道长度约 0.99 km，属于寻乌水二级支流中坑寨河支流，中坑寨河发源于乌泥嶂，流经中坑寨，最终在磷石背汇入寻乌水，河流长度 4.5 km，流域面积 11.95 km²，河流出口平均流量 0.32 m³/s，流域年径流量 1 011 万 m³。

项目区的径流主要来自降水补给，年际变化大，年内分配不均，52%的年径流集中于汛期，基本无断流现象。稀土矿附近的水土流失导致积沙严重淤积河道。

中坑寨河小流域水文特征见表 4-44。

表 4-44　中坑寨河小流域水文基本情况

流域名称	流域面积/km²	干流长度/km	河床坡降/‰	流域出口平均流量/(m³/s)	流域年径流量/万 m³	干流水能理论蕴藏量/kW
中坑寨	11.95	4.5	14.44	0.32	1 011	112

2.2.2　气象

寻乌县地处中亚热带南缘季风区，因距海洋较近，受到海洋气候调节，加之位置偏南，纬度较低，地形作用明显，形成了明显的亚热带湿润气候。据气象资料显示，多年平均气温 17.9 ℃，≥10 ℃年有效积温在 5 600 ℃以上，7 月平均气温为 26.2 ℃，极端最高气温为 38.2 ℃，1 月平均气温为 7.6 ℃，极端最低气温为 -5.4 ℃。年均降雨量为 1 639.1 mm，年内降雨分布不均，常产生暴雨、干旱现象，年最大降雨量(1961 年)2 488.7 mm，年最少降雨量(1 963 年)1 028.5 mm，4—6 月降雨量最多，占总量的 50%左右，多以暴雨出现，10 月至次年 1 月降雨量最少，占总量的 13%左右。年均降雨天数 162 d，无霜期 306 d，年均日照时数 1 943.8 h，太阳总辐射量 110 J/cm²。

2.3　水资源现状

2.3.1　水资源开发利用情况

寻乌全县建有中小型水库 51 座，山塘 559 座，各工程合计有效灌溉面积 15 万亩，占全县耕地面积 18.98 万亩的 79%,但老化失修严重,标准很低。建有大小堤防工程 76 处,堤线长 90.17 km,保护耕地 1.09 万亩,保护人口 4.04 万。建有 13 个自来水厂,其中县城自来水厂 1 座,日供水量 1.5 万 t,可满足县城 4 万居民的生产生活用水,建设乡(镇)、村集中供水点 111 个,已解决 42 个行政村的饮水问题,累计解决农村 8.6 万人的饮水问题。全县建有小水电站 150 座,总装机容量 9.5 万 kW,年发电量近 2 亿 kW·h。

目前在建的大湖水库,概算 7.56 亿元,控制流域面积 42.8 km²,是一座以供水为主、兼有灌溉、防洪等综合效益的中型水库。工程建成后,年供水量 2 018 万 t,可解决远期县城 12.44 万人和工程沿线乡镇 6.33 万人的饮水问题,改善灌溉面积 8.46 万亩,并为下游澄江镇的防洪安全提供有力保障,是寻乌县重要饮用水源水库。

2.3.2 水资源存在问题

2.3.2.1 水质水量成衰减趋势

据斗晏资料分析,1990 年以前寻乌水降雨径流系数为 0.55,2000 年以后实际数据分析情况是降雨径流系数不足 0.5,地面径流量减少近 10%。

1985 年有关部门对寻乌水监测显示,pH、硬度、挥发酚、氰、汞、砷、六价铬、氟、镉、铅、锌、铜、高锰酸盐指数、氨氮、砂氮、亚硝氮、悬浮物 17 项指标,全部达到国家《地面水环境质量标准》(GB 3838—83)Ⅰ类水标准,符合国家源头水的使用目的和保护标准。1991 年寻乌水的水质监测 17 项指标,全年、平、枯水期达到国家(GHB1-1)地表水Ⅱ类水质标准。1996 年全年、平、枯水期寻乌水达到Ⅱ类水质标准。1999 年全年、平、枯水期寻乌水达到Ⅲ类水质标准。1999 年和 2000 年寻乌水全年、平、枯水期约 50 km 长河段达到Ⅲ类水质标准。2007 年 1—8 月水文部门在寻乌县水源、县城 2 处、斗晏出口共 4 处每月取水样送检化验一次,结果为水源点基本保持Ⅱ类水标准,县城 2 个点保持Ⅲ类水标准,斗晏出口基本在Ⅲ~Ⅳ类水标准。根据《2014 年江西省水资源公报》,寻乌水江西省与广东省交界的斗晏断面,2013 年存在水质超标的情况,主要超标项为氨氮,2014 年该断面全年、汛期、非汛期水质均为Ⅲ类水。

2.3.2.2 森林涵养水源功能低下

目前寻乌县的天然林已越来越少。据统计,全县林分活立木平均每亩蓄积量仅为 1.57 m³,低于全市(2.91 m³/亩)、全省(2.56 m³/亩)的水平。虽然经过近几年的封山育林和造林,但成熟林、过熟林少,中幼林、纯林偏多,尤其是种属繁多的原始植物,天然阔叶林退化成单一林,灌丛或荒山秃岭的趋势仍在继续。

2.3.2.3 水土保持功能低下

一是矿区水土流失亟待治理。历史上,寻乌是水土流失区,但一直未列入水土保持重点县。稀土、铁矿、铅锌矿等矿产资源开采产生的尾沙虽有拦沙坝、挡土墙等予以保护,但大量裸露的泥土遇雨仍有相当部分直接冲入寻乌河。全县水土流失 366.52 km²,仅稀土矿区就有水土流失面积 58.79 km²,亟待复垦和治理。二是流域治理发展不平衡,尚有 447 hm² 水土流失面积有待治理。由于资金困难,影响治理后的成果管护和后续效益发挥。

2.4 区域地质概况

寻乌县地势四周高、中间低,呈东北向西南方向倾斜。东北、西北和东南为山地,仅中部有丘陵、岗地,沿河两岸有狭缓谷地。县内海拔 1 000 m 以上的山峰 30 座,与广东交界的项山甄主峰海拔 1 529 m,为全县最高点。

根据地貌成因类型和形态特征,废弃矿区所在的地貌以山地、丘陵为主,分为两种类型:侵蚀构造低山、侵蚀构造高丘陵。地形坡度一般 10°～25°,在未遭受采矿破坏区域,植被发育尚好,覆盖率可达 40°～70°,主要为松、杉及灌木。

寻乌县土壤类型主要为红壤、黄壤,水稻土也有一定的分布。成土母质为火成岩风化物、泥质岩类、紫色砂砾岩、第四纪红色黏土等。红壤主要分布于沟道两岸缓坡地带,是在中亚热带气候条件下形成的地带性土壤,剖面发育完整,除表层颜色较灰暗外,心土和底土均为红色的坚实土层,全剖面酸性。黄壤主要分布在山体上部及山脊,土层较厚,质地中壤,保水性能一般,土壤养分中等,缺磷,呈酸性。耕作土地主要为水稻土,是经长期水耕熟化而成的,具有独特的剖面性态特征的一类土地,是粮食生产的重要基地。

区内植被是湿润的亚热带常绿阔叶林区,植物种类繁多,原生植被类型有常绿、落叶阔叶混交林、针阔混交林、针叶林、竹林、荒山灌草丛,其中以针阔混交林分布较广。但由于稀土的不合理开采造成面目疮痍、地表严重破坏、岩石裸露、寸草不生的"南方沙漠",原生植被破坏十分严重。据调查,区内现有植被主要以自然恢复及人工恢复植物为主,主要乔木有杉木、马尾松、湿地松等,林下植被主要有铁芒萁、蕨类、八月草、巴茅、鸡眼草等,植被覆盖十分稀疏。

寻乌县废弃稀土矿山总面积 22.303 7 km²,其中采剥区 13.164 369 km²(19 747 亩),尾砂堆积面积 2.164 115 km²(3 246 亩),尾砂淤积面积污染面积 6.631 666 9 km²(9 948亩)。

项目区废弃矿山露采场侵占大量土地,植被遭受严重破坏,土体较为密实,开挖面较稳定;浸矿后尾砂倾倒于外坡堆积,土体较为松散,呈酸性,基本无植被覆盖,易造成崩塌、滑坡、泥石流等次生地质灾害,使矿区周边生态环境严重恶化,沟谷淤积较严重,矿山未筑谷坊、拦砂坝等拦截措施,下游农田及村庄存在较大安全隐患。

3　工程任务和规模

3.1　项目区生态破坏现状

3.1.1　水土流失现状

寻乌县属于赣南较典型的南方红壤丘陵区水力侵蚀区,具有我国南方水土流失的典型特征,土壤侵蚀方式为面蚀和沟蚀,局部地区存在崩岗。据江西省第三次土壤侵蚀遥感调查结果,全县现有水土流失面积 366.52 km²,占全县土地总面积的 15.85%。侵蚀类型主要为面蚀,有少量的重力侵蚀。侵蚀区分布在废弃稀土矿区、生态结构较差的林地、果园、坡耕地、工业园区、采矿区及新建的公路沿线等。

根据 2011 年第一次全国水利普查结果,结合现状调查,项目区总面积 11.7 hm²,山坡均为稀土开采后的废弃区,河道内淤积大量稀土尾砂,为剧烈侵蚀区。项目区平均土壤侵蚀模数 20 500 t/(km²·a),年流失土壤 0.24 万 t,由于植被完全遭到破坏,雨水冲刷很快形成径流,层层沙土随径流输送到沟壑渠道,水土流失十分严重。

3.1.2　稀土矿区水土流失危害

(1)产生大量的废弃尾砂和表土。就目前我国现有技术水平,其开采工艺主要有两种形式:原地浸矿和堆土浸矿。采用堆浸式工艺开采稀土将产生大量的废弃尾砂和表土,据权威部门测算,每生产 1 t 南方稀土离子矿,产生尾矿(沙)和表土 2 000～3 000 t。而采用原地浸矿工艺开采稀土产生的废弃土仅为堆浸式工艺的 0.3%。据有关资料,寻乌河中游由于尾沙废土未得到妥善处理,造成严重水土流失,影响矿区及其周边居民的生产生活环境,同时赣江水系河床逐年升高。

(2)堆浸式工艺不但矿块范围内的植被和表土层要全部损坏搬动,而且堆浸区及配套池区也要埋填植被和表土层。一般来说堆浸式工艺损坏水土保持生物设施面积为矿块面积的 2.5 倍;而原地浸矿式工艺损坏水土保持生物设施面积为矿块面积的 65%。据有关资料,寻乌县因稀土矿开采约有 2 800 hm² 土地的地表植被遭到破坏,造成矿区及周边生态环境严重恶化,植被重建难上加难。

(3)矿区地表植被遭到破坏,土壤被扰动后,一经雨水冲刷,很快形成径流,层层沙土随径流输送到沟壑河道,淤积河道、水库、电站。以前清澈见底,水流畅通,水深 2~3 m 高的溪流,已经是河床与路、田齐平。造成行人河面过,汽车往河里开;雨天洪水淹没农田、道路及村庄。同时大大缩短了水库使用寿命,威胁水库安全,如斗晏水库河床 1998 年海拔为 165 m,2008 年就抬升至 188 m,2013 年为 199.5 m,年均增长 2.3 m。

(4)污染水土资源。项目区原本地处东江源区域,水量充沛,河道水质较好,山清水秀。但近年来矿业的发展,矿区内池浸、堆浸所采用的溶液早期为草酸溶液,后来基本上用硫铵,草酸和硫铵溶液中含有多种阳离子和阴离子,据邻区安远县新龙稀土矿废弃矿山环境地质调查评价工作中的现场取土样和水样化验结果,水样 pH 值为 6.18~6.80,属弱酸性,总矿化度为 129.14~286.98 mg/L,现场土样分析 pH 值为 4.46~5.61。东江源的水质近年来也在下降,寻乌县出口断面斗晏电站近年来水质极不稳定,由于本县地处东江上游地区,水质的要求对下游供水意义重大,因此矿区的水污染问题亟须解决。

3.1.3　稀土矿区治理工作情况

寻乌县在治理稀土尾砂流失中采取"三个结合"的办法,即工程治理与生物治理相结合、部门治理与上下联动相结合、政府投入与社会融资相结合,取得了明显成效。由矿管、水保、林业等部门联合投入数千万元,在原有的国营稀土矿尾砂重点区域筑起 100 多座拦沙坝,在拦沙坝区域成功摸索出用茅草、狗尾草、芥草等混合覆盖地面固土,种植桉树、胡枝子等乔、灌草木等模式,2010 年至今种植桉树 3 000 亩、种草 460 亩,成活率均在 98%。对稀土矿区尾砂治理实行职能部门为重点的同时,推行县、乡(镇)、村联动的办法,实行"谁主管、谁负责"的原则,全县 14 个乡(镇)、50 多个曾经开采过稀土的村,发动乡村干部、村小组长、党员、中小学生,利用每年的"植树节"在尾砂矿区植树造林,种植松树、杉树、桉树等 5 000 多亩。政府投入治理稀土尾砂的资金达 2 500 多万元。同时在矿区大力推广种植脐橙等经济林木,县政府实施"谁开发、谁受益"和资金、技术、种苗"三优先"的优惠政策,吸引民间资金投入稀土尾砂矿区治理,到目前,吸引民间资金投入稀土尾砂矿区治理达 1 亿多元,治理面积达 1 万多亩。寻乌县废弃矿山示范工程项目获批立项,2012 年 4 月,国土资源部、财政部《关于下达矿山地质环境治理示范工程 2012 年启动资金的通知》(财建〔2012〕145 号)下达寻乌县启动资金 1 亿元,目前正在分标段施工中。

文峰乡近年来加大造林绿化力度,完成寻乌河两岸的河旁种竹、村庄绿化、山顶戴帽及主要通道的绿化工作,落实管护责任。按照县委、县政府的要求,扎实抓好稀土废弃矿区的治理工作,切实保护好流域环境,完成稀土废弃矿区流转复垦复绿工作。

3.2　工程建设的必要性和可行性

3.2.1　项目建设必要性

（1）项目区特殊的地理位置对当地水土及生态环境有较高要求。本项目区位于寻乌县文峰乡,寻乌县是东江发源地,属东江流域的面积占全县总土地面积的85%,境内寻乌水为东江上游干流,东江是流域内各地区以及广州深圳、香港、大亚湾等地的重要水源和生态屏障,水生态、水环境破坏造成的水质恶化可能影响流域内1 516万人口以及香港和珠三角东部城市群约4 000万人的供水安全。本项目区位于寻乌水二级支流中坑寨河流域范围内,项目实施可综合保护治理源头水土资源及生态环境,对保障流域水质意义重大。

（2）项目区稀土尾砂矿区水体污染严重、生态环境问题突出。寻乌县是江西省稀土开采大县,稀土开1采历史悠久,废弃稀土矿山迹地氨氮超标对水质影响很大,是寻乌县水质不达标的最主要原因。寻乌县稀土主要分布于文峰河岭、南桥、三标等矿区。寻乌县的稀土开采始于20世纪70年代,据统计,全县有近28 km^{2}的废弃稀土矿区。由于早期采用的池浸、堆浸工艺较为落后,稀土冶炼过程中使用了大量的化学试剂硫酸铵、碳酸氢铵等,产生的氨氮废水不仅会通过渗滤作用进入地下水体,而且在雨水的冲刷和地表径流的作用下经沟渠汇入附近的河流,造成矿区附近的水体污染。由于大部分稀土矿山都没有废水处理设施,这些酸性极高的废水直接外排,严重影响了当地的饮水安全及东江上游河道水质。根据《2014年江西省水资源公报》,东江江西段全年水质优于Ⅲ类水的占73.1%,Ⅲ类水的占2.2%,劣于Ⅲ类水的占24.7%,污染河段主要分布于寻乌水石排段、寻乌医院段,主要污染物为氨氮。《2015年江西省水资源公报》,东江水系江西段全年水质优于Ⅲ类水的占73.1%,Ⅲ类水的占3.1%,劣于Ⅲ类水的占23.8%,污染河段主要分布于寻乌水上石排段、寻乌医院段,定南水下历河变电所段、三经路口段、定南天九段等河段,主要污染物为氨氮。寻乌水江西省与广东省交界的斗晏断面,2013年存在水质超标的情况,主要超标项为氨氮,2014年该断面全年、汛期、非汛期水质均为Ⅲ类水,2015年该断面全年、汛期、非汛期水质均为Ⅲ类水。稀土开采除污染水体外,开采过程中对矿山表面覆盖的土层进行剥离,导致大面积地表植被和土壤被破坏,造成大面积矿区的荒漠化,使得该地区野生动植物数量急剧减少,生态环境不断恶化。

（3）项目实施能够改善当地的人居环境及农业生产条件。由于矿区内稀土开采时间长,开采量大,且大部分缺少拦沙坝、挡土墙等有效的防治措施,每到雨季便泥流成河,造成严重的水土流失,水土流失带来土壤侵蚀、河床抬高、水库淤塞、大量耕地被冲毁和掩压,使土壤肥分流失、耕地面积逐渐减少,造成了大面积"沟壑纵横、红色沙漠"的地形地貌,同时滑坡、泥石流、堰塞湖等地质灾害隐患发育,给河道治理和防洪造成了巨大的困难。实施稀土废弃矿区生态环境修复综合治理工程,不仅能够保持水土,减少河道湖库泥沙淤积,保护农田,改善农业生产条件,还可以将荒漠变成绿洲,涵养水源,改善当地的人居环境。随着近年来农民环保意识的逐渐增强,对乡村绿化美化、土壤水质的要求越来越高,水生态修复、环境保护参与的主动性也越来越高。

（4）项目实施具有样板与示范作用,且具有良好的机遇。寻乌县是革命老区、国家级贫困县,财政困难,难以给予水生态建设及水环境治理所需要的大规模投入。广东省、香港特别行政区作为东江源保护的受益者,多年来也在积极采取措施,为保护东江源区做着努力。从 1998 年开始至今国家层面相继出台了一系列法规和部门政策,为东江源区的环境保护提供了有力的法律和政策保障。按照谁开发谁保护、谁破坏谁治理、谁受益谁补偿的原则,加快建立生态补偿机制。赣粤两省签署的《东江流域上下游横向生态补偿协议》为寻乌废弃稀土矿区的治理提供了强有力的资金支持。即跨界断面水质年均值达到Ⅲ类标准水质达标率并逐年改善,江西省和广东省共同设立东江流域水环境横向补偿资金,每年各出资 1 亿元,江西、广东两省依据考核目标完成情况拨付资金。中央财政依据考核目标完成情况确定奖励资金,中央奖励资金拨付给东江源头省份江西省,专项用于东江源头水污染防治和生态环境保护与建设工作。两省共同加强补偿资金使用监管,确保补偿资金按规定使用,充分发挥资金使用效益。稀土矿区水生态环境修复项目采用专项资金,通过在试点项目区植树种草,完善截排水系统,开展人工湿地设施及谷坊拦沙坝建设等一系列以水生态修复、水环境治理为重点的综合保护治理措施,为开展稀土矿区生态复绿、水质污染修复提供样板,为在寻乌全县开展稀土综合治理工作创造条件。

3.2.2　项目建设的可行性

(1)技术手段可行。

寻乌县柯树塘稀土矿区水生态环境修复工程位于文峰乡上甲村柯树塘、寻乌水二级支流中坑寨河流域范围内。技术方案是采取林草措施与工程措施相结合的方式,根据稀土矿区土质条件,土壤修的技术常采用物理化学修复方法和生物修复方法,常用的物理化学修复方法包括换土、客土覆盖、深耕翻土、施加速效化学肥料等;生物修复方法有微生物修复、动物修复、植物修复以及植物-微生物互作修复。工程措施主要是对流域内的沟道开展河道清淤、生态护岸等措施整治沟道稳固岸坡、完善沟道附近的截排水系统,将矿山附近四散的水流因势利导,汇集到沟道人工湿地并利用湿地面流作用及水生植物根系的吸附作用吸收分解水中氨氮,再排放到附近河道,减轻河流氨氮污染。这些措施的布置及设计充分考虑了废弃矿山现状,并结合当地多年治理经验,治理技术既包含传统水保措施,又采用了新技术,治理思路有所创新,技术手段是可行的。

(2)社会效益显著,具有示范带头作用。

经初步计算,工程实施后,项目区每年可减少土壤流失量 1.22 万 t,增加蓄水能力0.91 万 m^3,可有效调节地表径流量,增强抗御自然灾害能力。通过完善截、排水及人工湿地建设,年均可减少入河氨氮废水 175.2 万 m^3,工程的建设能够起到改善水质的作用。同时,柯树塘废弃矿区环境综合治理与生态修复试点工程的实施,能够起到很好的先锋示范作用,为后期大面积的废弃稀土矿山综合治理打下基础和积累经验。

(3)建设施工环境良好。

该项目区所在村及矿山附近全部通公路,交通方便,材料和施工机械运输方便,流域内水资源丰富,村村通电,具备"三通一平"的施工条件。流域内群众建设积极性高,劳动力有保障,建设用物资、材料、种苗等就地就近能够采购,项目建设施工环境好。

3.3　建设任务、目标与规模

3.3.1　建设任务

本工程建设任务是项目区范围内通过综合治理,实现流域生态系统完整性。具体任务包括:改善水质,保证入河水质良好,丰富矿山迹地生物多样性,维护流域生态健康;治理水土流失,减少入河入库(湖)泥沙,减轻山地灾害;涵养水源,维护饮水安全;改善农村生产条件和生活环境,促进农村经济社会发展等。

3.3.2　建设目标

项目建设目标是围绕改善流域出口断面水质、修复生态环境和促进农村经济发展三大方面,采取多种措施,促进水土资源可持续利用,维系良好生态环境。具体指标如下:

(1)项目区水质明显改善。项目区出口断面水质稳定在Ⅲ类以上,河水氨氮含量较治理前减轻60%以上,入河水质显著改善。

(2)水生态环境得到修复。项目区林草覆盖率达到80%,河道生态系统得到修复,水生生物种类增加。

(3)防灾能力显著提升。山地灾害、山洪灾害得到控制,项目区防灾减灾能力进一步提升,保障区域经济社会发展。

3.3.3　建设规模

项目区总面积 11.7 hm²,其中人工湿地面积 48 000 m²,总复绿面积 69 449 m²,其中沿河绿化面积 7 471 m²,山体复绿面积 51 860 m²,回填弃渣复绿面积 10 118 m²。实施措施包括工程措施、林草措施。工程措施包括绿滨垫干砌石谷坊 12 座,生态袋谷坊 200 座,沉沙池 7 座,截、排水沟 1.01 km,沿河绿道 850 m,格宾石笼护岸 2 165 m,梯级人工湿地 12 个,拦水陂 12 个,山顶观景台 1 010 m²,新建道路 60 m。

4　工程布置及建筑物

4.1　设计说明

4.1.1　防治模式

项目区以改善出口断面水质为目标,结合当前实用的新技术新方法如人工湿地净化水质、生物固氮技术等,开展措施布局设计。

4.1.2　设计原则

(1)群众接受,技术可行。选定群众愿意开展稀土矿区水环境治理、水生态修复的地块进行治理,采取成形、实用的治理技术,树种选择与土地适宜性结合,与当地生态经济发展结合。

(2)统一规划,综合治理。在治理措施规模上(治理面积安排上),将林草措施与工程措施相结合,林草的选择以能够改良稀土矿区土壤为优先选择要求,促进生态自然修复;通过坡面水土流失治理及沟道整治措施,形成流域综合防治体系。

(3)重点突出,点面结合。集中抓好稀土矿区重灾区治理,切实见到效益,带动其他稀土矿区的水生态修复工作。同时,根据调查摸底情况,改善项目区水质。

4.1.3　设计基础

(1)数据基础:社会经济情况以 2014 年为基数。

(2)图件基础:以 1:1 万地形图为现状调查底图,项目区地形采用 1:2 000 实地绘图。

4.1.4　设计范围

项目区选择柯树塘稀土矿区为试点进行治理,位于寻乌水二级支流中坑寨河流域范围内,项目区总面积 11.7 hm²。

4.2　工程总布置

结合群众的意愿与实际需求,措施布局坚持因地制宜,因害设防,综合整治,使水土资源得到有效保护和永续利用。

根据寻乌县气候、地理、土壤等特性和稀土矿开采特点及多年来的治理经验，稀土矿区水生态修复治理应遵循"工程治理和生物治理相结合、生态效益和经济效益相结合"的原则，贯彻山水林田湖综合治理思想，科学合理地配置各种治理措施，以治理水土流失和修复生态环境为根本途径，综合土地修复、植被恢复、截水拦沙、生物固氮、湿地净化等措施，形成完整的综合防治体系，实现小流域出口断面水质达到合格标准、控制水土流失、全面修复生态环境的目标。

4.2.1　工程措施

（1）修建拦沙蓄水工程，改善水环境。

在项目区建设永久性、控制性的拦沙蓄水工程，主要功能是拦蓄流域内泥沙，同时蓄水过滤、沉淀泥沙和废水，达到流域外生态环境不受稀土开采的影响。

稀土矿区水生态环境修复治理工程治理措施主要是采取拦、截、排等措施有机配置，合理布局，达到层层设防，形成完整的坡面–沟道防治体系。

截：在开采面的上边坡修筑截水沟，以拦截开采面以上雨水，避免其流入开采裸露面而加速其水土流失。

拦：就是因地制宜地在矿区流域的下方修筑谷坊，为控制性拦沙工程，要求节节设防，将泥沙控制在流域内，并达到允许土壤流失量范围内。

排：寻乌降雨量大，排水是治理措施的关键，因此在矿区内建立良好的排水系统将四散的水流因势利导，包括开采面、配套池、谷坊内各个防治区内的排水。

（2）采用人工湿地处理废水，修复水生态。

稀土矿区汇流水体中含氨氮成分较高，通过表面流人工湿地废水收集处理后排入河流，能有效地降低水体中的氨氮含量，达到水生态修复的目的。

4.2.2　植被恢复

寻乌县稀土矿区植被恢复治理应以生态效益及环境效益为主，待矿区土壤改善、生态环境恢复后才考虑发展具有经济效益的农林产业。由于矿区尾砂堆有机质及矿物质基本上被浸矿时流失，另外还滞留一些化学成分影响植物生产，因此稀土矿区最有效的植物恢复治理措施是就近带土移栽植物，以达到迅速绿化、恢复生态环境之目的。

恢复植被乔、灌、草相结合，乔木选择适宜当地土质的湿地松、枫香、马尾松、杉木、油桐等，灌木主要栽植胡枝子、山毛豆等，草种选择糖蜜草、狗尾草、香根草、马唐草、凯子草、柱花草、紫花苜蓿等。研究表明，在酸性土壤条件下，根瘤菌与豆科植物固氮共生的优势是共生体具有更强的抗逆性，而且根瘤菌的耐盐能力对于提高它们在土壤中的存活能力和竞争性十分重要，能显著提高植被恢复的成功率。因此灌、草多选用豆科植物，采用根瘤菌拌种播种，不仅能提高植物成活率，还能够进行生物固氮改善土壤、水质。

4.3　清淤及护岸

4.3.1　河道现状

本工程河道治理工程重点为寻乌河支流位于稀土矿区的上游沟道。河道水质条件较差，淤积量大，经调查项目区内沟道主要存在以下问题：①上游水土流失泥沙直接入河造成的河道淤积；②部分受冲河段土质松散河岸崩塌。河道现状见图4-11。

图 4-11　项目区沟道治理段现状照片

4.3.2　河道治理措施

经调查,项目区没有村民居住点分布,沟道治理措施以清淤疏浚和防冲保护为主,不设防洪标准,充分发挥河道的自净、溶解、消纳能力,主要是与人工湿地相结合,适量布置与环境协调的水景生态驳岸、拦蓄措施,将河道布置成一个一个梯级串联的小型人工湿地。

4.3.2.1　清淤疏浚工程

河道疏浚设计先确定河道中线,然后以中线为基准,中心轴线基本沿现状河道深泓线布置,保留自然走向,顺应河势,尽量保留河滩和弯道等天然形态;以各湿地底高程控制清淤回填方量,主要采取清除河床淤积泥沙、扩宽河道断面等措施,尽量减少弃渣量。

河道疏浚按照设计开挖边坡疏浚河道,部分地段适当调整河道宽度,进行护岸,按照以下原则布置:

(1)保证沟道有足够的行洪断面,同时保护河床稳定。

(2)布置顺应河势,并与洪水的主流呈大致平行,不突然放大或缩小河道宽度,不过大改变天然水流状态。

(3)疏浚线力求平顺,不采用大折角或急弯。

(4)疏浚布置强调投资与效益相适应,局部利益与总体利益相结合。

(5)慎重考虑用地,确保可实施性。

根据以上原则,结合沟道现状,总疏浚长度为 0.99 km,清淤总量为 3.05 万 m³,回填量为 1.88 万 m³。清淤弃方除垃圾外,土方用于河道旁低洼区的平整回填,不设弃渣场。

4.3.2.2　护岸工程

在进行河道疏浚的同时,对不稳的岸坡进行防护,使其满足岸坡稳定和防冲要求。河岸塌岸主要由洪水淘刷底部土层引起,河岸防护的关键是河岸护脚结构安全,其型式选择应按照因地制宜、就地取材的原则,综合考虑河段所在的地理位置、重要程度、地质条件、筑堤材料、土地占用、环境景观、工程造价等因素选定。

现场断面多为天然复式断面,护岸结构根据疏浚断面的不同而采用不同的防护方式,本工程主要以生态格网护岸为主,草皮护坡为辅。

生态格网(绿滨网)是将抗腐、耐磨、高强的低碳高镀锌钢丝或5%铝-锌稀土合金镀层钢丝(或同质包覆聚合物钢丝),由机械将双线绞合编织成多绞状、六边形网目的网片,其成品结构具有防锈、防静电、抗老化、耐腐蚀、高抗压、高抗剪等特点,能有效抵抗高度污染环境的侵蚀。

　　生态格网护岸沿河道岸线布设与原有的岸线能完美结合,景观效果贴近自然,而且石块与石块之间能形成许多孔洞,这些孔洞既可以种植水生植物,又可以作为两栖动物、爬行动物、水生动物等的栖息地,可以形成一个复合的生态系统。在河道绿化带旁设人行绿道,供附近居民休闲。本工程河段护岸设计下部采用生态格网护坡,人行步道后采用缓坡与现有道路连接,其标准断面如图4-12所示。

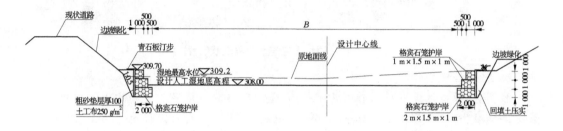

图 4-12　护岸标准断面图

　　根据以上原则,结合河道现状情况,护岸工程工程量见表4-45。

表 4-45　护岸工程工程量表

护岸长度/m	土方开挖/m³	土方回填/m³	生态格网护岸/m³	土工布/m²	砂砾石垫层/m³	沿河绿道/m
2 165	30 486	18 818	9 742.5	6 495	649.5	850

4.3.3　拦水陂

4.3.3.1　布设原则

　　拦水陂布置在河道内,作为人工湿地的分级设施,与格宾护岸相互配合构成人工湿地的轮廓线。

4.3.3.2　断面设计

　　由于该处为稀土矿区,土壤侵蚀极为严重。根据现场调查情况结合沟道地形、地质状况及道路、耕地分布情况,拟定坝高(河床以上)3.5 m,顶宽1.0 m,底宽3.0 m,迎水坡垂直,背水坡采用0.5 m×0.5 m的阶梯状。坝体采用M7.5浆砌石坝。

4.3.3.3　稳定分析

　　(1)基本假定。①坝体为均质、连续、各向同性的弹性材料;②取单宽1.0 m计算,不考虑坝体之间的内部应力。③本工程规模小,只计算坝体的抗滑稳定,不对坝体剖面进行浅层与深层抗滑稳定分析以及坝基面应力分析。

　　(2)计算工况:稳定分析按最不利工况,即坝后淤沙淤满时,进行计算。

　　(3)拦水陂的抗滑稳定分析:

　　拦沙坝抗滑稳定采用下述公式计算:

$$K_s = \frac{f \sum G}{\sum E}$$

式中:K_s 为抗滑稳定安全系数,$K_s \geq 1.3$;f 为拦沙坝与地基土之间的抗剪摩擦系数,取 0.4;$\sum G$ 为全部竖向荷载总和;$\sum E$ 为全部水平向荷载总和。

经计算:$K_s = 1.44 > 1.3$, 因此满足设计要求。

(4)拦水陂的抗倾稳定分析。拦沙坝的抗倾稳定安全系数采用下述公式计算:

$$K_t = \frac{抗倾覆力矩}{倾覆力矩} = \frac{G_1 L_a + P_{ay} L_b}{P_{ax} L_h}$$

式中:K_t 为抗倾覆安全系数,$K_t \geq 1.5$;G_1 为墙体重量;L_a 为 G_1 对墙趾点的力矩;L_b 为 P_{ay} 对墙趾点的力矩;L_h 为 P_{ax} 对墙趾点的力矩。

经计算:$K_t = 3.06 > 1.5$,满足设计要求。

4.3.3.4　防渗

由于项目所在地为砂性土地基,土壤渗透系数较大,为保证人工湿地中的水不致发生渗漏并防止渗流破坏,防渗采用垂直防渗体生态板桩,深 4.0 m。为保证板桩的防渗效果,板桩的宽度延伸到拦水陂齿墙处。板桩与拦水陂底板采用软接头连接,将板桩顶部嵌入底板专门设置的槽内,为适应拦水陂的沉降,并保证其不透水性,槽内用沥青填充。

生态板桩产品要求强度高、抗老化性能好、使用寿命长,无毒无害、无污染。

4.3.3.5　施工要求

(1)拦水陂施工过程应对坝轴线和中心线的位置、高程进行认真校核,对固定边线桩、坝轴线两端的混凝土桩及固定水准点,应妥善保护。清基范围一般应比坝的坡脚线加宽 0.5~0.6 m,风化岩石均应清除掉,基础开挖在接近设计高程时,改为人工开凿。每隔 15 m 留置一道变形缝,缝宽 2 cm,内部填塞沥青木板等防水材料。

(2)生态板桩施工顺序:场地平整;定位施工基准点;安装施工导架,将塑钢板桩安装于送桩,入桩;拔出送桩;施工下一根桩。

4.3.3.6　管护要求

工程管理上要落实责任制,建立管护制度,做好防汛工作;工程发现灰缝剥落、石坎剥蚀脱落等,应及时修补。

4.3.3.7　工程量

本工程建设拦水陂共 12 座,工程量详见表 4-46。

表 4-46　拦水陂工程量表

所在流域	数量/座	清基土方开挖/m³	M7.5 浆砌石/m³	块石防冲槽/m³
柯树塘稀土矿区	12	2 365.20	4 198.8	43.5

4.4　人工湿地

4.4.1　稀土矿区水污染的来源

离子型稀土矿开采"露采—池浸"工艺中浸出、酸沉工序产生大量的废水,生产 1 t 混合氧化稀土要排放上千吨废水,这些废水中含有大量的草酸根、硫氨等污染物。另外,在离子型稀土矿的开采过程中,使用的浸矿化学药剂如硫酸铵、碳酸氢铵可以将稀土元素交换解析下来而获得混合稀土氧化物,但是浸矿化学药剂硫酸铵、碳酸氢铵在参与完成浸矿反应以后,大量 NH_4^+ 和 SO_4^{2-} 仍然存在于浸析反应池中,NH_4^+ 和 SO_4^{2-} 不仅会通过渗滤作用进入地下水体,而且在雨水冲刷和地表径流的作用下,经沟渠溪涧直接流入附近的河流。稀土开采过程中注液直接排入河流,或通过地下水长期渗透,造成了稀土矿周边水体污染。

稀土矿区开采照片见图 4-13。

图 4-13　稀土矿区开采照片

矿山废水是在资源开发利用过程中由于尾矿及废石淋溶释放、矿石提取(稀土浸出废液)、酸雨淋溶、水土流失等因素产生的,具有较低的 pH 值(在 2~4)。

稀土矿区污水主要特征如下:

(1)稀土废弃矿区分布在山区,面积大,废水的收集需要以流域沟道进行汇集。

(2)稀土废水中含有的污染物在矿区下游水体中聚集。

(3)稀土冶炼过程中产生的废水主要有两种,其中硫铵废水来源于稀土分离氨皂化及生产碳酸稀土过程,主要污染物为硫酸铵,还含有大量的镁离子、钙离子、氯离子等杂质离子;氯铵废水来源于稀土萃取分离生产过程,主要污染物为氯化铵。

(4)污染物通过雨水冲刷和地表径流汇入下游水体,因此不同时段的水质、污染物含量不同。

4.4.2　水污染的治理措施

目前项目区内含有稀土氨氮废水的溪流直接汇入河道,对河道水质造成一定影响,并可能影响到下游居民用水安全。

高浓度稀土废水的处理方法主要有吹脱法、蒸发结晶法和反渗透法为代表的物理处理方法,该类方法因为高运行成本而抑制了其推广应用,以吸附工艺和化学沉淀法为代表的物理化学方法所需设备庞大,运行成本较高。人工湿地系统水质净化技术是一种生态工程方法,其原理是在一定的填料上种植特定的湿地植物,建立起人工湿地生态系统,当污水通过系统时,经砂石、土壤过滤,植物根际的多种微生物活动,污水中的污染物和营养物质被吸收、转化或分解,水质得到净化。经过人工湿地系统处理后的水,达到地表水质排放标准,可直接排入饮用水源的湖泊、水库或河流中。由于人工湿地系统在废水处理中所表现出的优势(出水水质稳定、处理效果好、操作简便、投资省、抗水力冲击负荷能力强),目前在处理污水中使用较为广泛。

本工程位于废弃稀土矿区,水流中含氨氮污染物,且可利用面积较大,人工湿地可采用表面流湿地系统,植物措施与景观相结合设计。

4.4.3　人工湿地设计

4.4.3.1　汇集污水量

通过查阅《江西省暴雨洪水查算手册》，可知项目区所在地的暴雨径流特征，结合项目区汇水面积 F=139 hm²，其设计进水量规模 4 750 m³/d。

4.4.3.2　污水收集

项目区的污水收集主要采用在山地周围布设的截排水沟，排水沟依据地形建设，在排水沟急转、陡坡及水沟末端布设沉沙池。

4.4.3.3　人工湿地填料

基质自上而下分为 4 层：砾石层、沸石层、土壤层与黏土层。支撑层包括砾石层和沸石层，砾石层厚 0.1 m，取细砾石，粒径 16 mm；沸石层厚 0.1 m，粒径 1~5 mm；土壤层应优先选择当地土壤，以松软土质为佳（黏土~壤土），并具较高的肥力，渗透系数宜为 0.025~0.35 cm/h，厚度取 25 cm；底层为黏土层，其夯实前厚度取 25 cm。拦水陂高度 2.5 m，则湿地的平均设计水深为 0.5 m。

4.4.3.4　人工湿地面积计算

湿地的表面积设计按最大日流量时的水力负荷进行计算，根据《人工湿地污水处理技术导则》（RISN-TG006—2009）表面流人工湿地采用设计负荷 L=0.1 m³/(m²·d)。

依据项目区地形，可用来修建人工湿地的沟道面积为 48 000 m² ＞ 有效面积 47 500 m²，能够满足水处理的要求。依据各方面资料，表面流人工湿地的水力停留时间以 4~8 d 为宜，本工程人工湿地能够满足水力停留时间的要求。

4.4.3.5　水生植物的选择与配置

人工湿地植物的选择：因地制宜，总体要求耐水耐旱、根系发达、多年生、抗冻、抗热、抗病虫害、对周围适应能力强、净化能力强，兼顾观赏性、经济性。水生植物可分为以下四类：挺水植物，指茎叶挺出水面的水生植物，常见的有芦苇、菖蒲、香蒲、水葱、水生美人蕉、慈菇、灯芯草等；浮叶植物，指叶片浮在水面的水生植物，常见的有睡莲、荷花、萍浮草、王莲等；漂浮植物，指根部不生长在泥中，植株部分漂浮于水面之上，部分悬浮在水里的水生植物，常见的有浮萍、红萍、水鳖等；沉水植物，指整个植株全部没入水中，或仅有少许叶尖或花露出水面的水生植物，常见的有金鱼藻、菹草、黑藻等。

本工程采用的表面流人工湿地挺水植物可采用香根草、芦苇、狼尾草、水葱、石菖蒲、灯芯草、鸢尾、风车草、香蒲、美人蕉等。栽种方法视植物而定，一般采用 25 株/m²。由于稀土矿区水质含氨氮较高且偏酸性，因此在植物的选择上，优先选择抗逆性较强、对环境适应能力强的香根草、狼尾草、芦苇、风车草等，当水质较第一阶段改善时选择石菖蒲、香蒲、灯芯草、美人蕉、鸢尾等观叶观花水生植物。

4.5　小型拦蓄引排工程

4.5.1　谷坊工程

谷坊工程的主要作用是拦截径流泥沙、减缓沟床比降、稳定沟床、节制山洪，从而改善沟床中的植物生长条件，促进岸坡稳定，保护下游农田，是治理崩塌沟口的重要工程措施之一。谷坊按材料和形式，可分为三种结构形式：①石谷坊，谷口深度大，宽度小，径流集中，兴建石谷坊，谷坊中央开溢水道排洪；②土石谷坊，谷口深度小，但宽度大，径流分散，兴建土石谷坊，配上石砌溢水道排洪；③土谷坊，谷口深度小，但宽度大，径流分散且慢，周围植被较好,兴建土谷坊,配以石砌溢水道排洪。

4.5.1.1 布设原则

(1)在对沟道自然特征与开发状况进行详查的基础上,拟定谷坊工程类型、工程建筑程序。

(2)谷坊工程类型要因地制宜、就地取材、经久耐用、抗滑抗倾、能溢能泄、便于开发、功能多样。

(3)谷坊规格和数量要根据综合防治体系对谷坊群功能的要求,突出重点,兼顾其他,统筹规划,精心设计。

(4)谷坊坝址要求"口小肚大",沟底比较平直、谷口狭窄、沟底和岸坡地形、地质状况良好,建筑材料方便。

(5)崩沟较长时,应修建梯级谷坊群,谷坊工程的修筑程序,要按水沙运动规律,由高到低,从上至下逐级进行,分段控制。

4.5.1.2 设计标准

依据《水土保持综合治理 技术规范 崩岗治理技术》(GB/T 16453.6—2008)、《水土保持综合治理 技术规范 沟壑治理技术》(GB/T 16453.3—2008),采用 10 年一遇最大 24 h 降雨标准进行设计,并满足稳定的要求。

4.5.1.3 谷坊类型选择

谷坊有多种类型,按建筑材料不同可以分为土谷坊、石谷坊、土石谷坊、混凝土谷坊及生态袋谷坊等。谷坊的类型选择取决于地形、地质、建筑材料、劳力、技术、经济、防护目标等因素。一般情况下宜就地取材。本项目选择谷坊类型为干砌石谷坊,坚固安全,防冲性好。但石料运输需要良好的交通条件,因此在交通不便处采用生态袋谷坊。由于工程位于废弃稀土尾砂矿区,为使谷坊达到透水不透沙、不容易堵塞的目的,特在干砌石谷坊背水面贴绿滨垫,防止谷坊堵塞且增加其稳定性。

4.5.1.4 工程设计

谷坊由坝体和溢流口两部分组成。

1)绿滨垫干砌石谷坊

绿滨垫干砌石谷坊主要布设于大中型谷口处,这种谷口集雨区较大,产沙量和出沙量均较大。

(1)坝体:项目区内石料丰富,谷坊选择采用浆砌石砌筑。

本工程浆砌石谷坊断面尺寸为:坝轴线长 10 m,高度 3.0 m,顶宽 1.0 m,迎水坡比 1:0.5,背水坡比 1:1;生态袋谷坊断面尺寸为:高度 3.0 m,顶宽 1.0 m,迎水坡比 1:0.2,背水坡比 1:0.8。

(2)溢流口:本典型设计取溢流口宽 1.5 m,深 0.4 m。

2)生态袋谷坊

(1)坝体:交通不便地区由于运石料上山问题难以解决,可以采用生态袋谷坊。

生态袋谷坊高度确定的原则是材料能承受水和泥沙压力而不致毁坏。由计算确定项目区内谷坊高为 3.0 m,清基深 0.5 m,坝轴线长 10.0 m 左右,本工程生态袋谷坊断面尺寸为高度 3.0 m,顶宽 1.0 m,迎水坡比 1:0.2,背水坡比 1:0.8。

(2)溢流口:谷坊溢流口堰设在谷坊顶部,正常在坝顶中间处,如遇弯沟,则设置在偏近里弯一侧,或整个坝体上移或下移以错开弯道。断面尺寸取决于上游洪水流量。

本典型设计取溢流口宽 1.0 m,深 0.5 m。

(3)施工要点。

①清基:如是土质沟床,要清除地面上的虚土、草皮、树根以及含腐殖质较多的土壤,清到坚实的母质土上,夯实;如是石质沟床,要清除到风化物,两侧沟邦要嵌入 0.3~0.5 m。

②砌筑:清基过后,用装好的生态袋顺水流方向平摆,袋底向迎水面,后一排压前一排的缝口上,各层错缝叠砌,砌一层踩实一层,使袋间无间隙,防止渗水。需注意,生态袋不宜装满,一般以 70%为宜,便于踩实,不留缝隙,如有空隙也可以用黏土填堵并压实。

③坝面处理:为克服生态袋日晒易老化的缺点,生态袋谷坊可采用厚度较大的塑料布做坝面整体封闭,或用无纺布做坝面处理。防晒封料的边缘处理:在坝脚处开挖 0.2~0.5 m深槽,封料前缘在槽身内固定;在坝后开挖 0.2~0.5 m 深槽,封料后缘在槽身内固定,岸基两侧封料随坝身向两岸延伸固定。

4.5.2 截、排水沟

按 10 年一遇 24 h 暴雨标准进行设计。

截水沟采用硬化梯形混凝土渠道,渠道尺寸 0.7 m×0.6 m,内坡采用 1:0.25,沟底配筋,视施工现场具体情况而定。排水沟渠道过水断面尺寸为 1.3 m×1.0 m,内坡采用 1:0.25。

截排水沟采用 C20 混凝土浇筑,厚度为 0.2 m,沟底配筋。截、排水沟基底夯实,夯实系数不低于 0.95,并用 C20 现浇混凝土垫层,每隔 10 m 留置一道变形缝,缝宽 2 cm,内部填塞沥青木板等防水材料。

本工程建设截排水沟总长 0.66 km,其中截水沟 400 m,排水沟 610 m。

4.5.3 沉沙池

沉沙池布设在截排水沟中间或末端,起到沉沙、防冲和沟渠承接的作用。

沉沙池池体为矩形,宽 1.4 m,长 1.4 m,池深 1.2 m,侧墙采用机砖砌筑,厚 240 mm,表面采用 M10 水泥砂浆抹面,抹面厚 2 cm,池底采用 C20 钢筋混凝土厚 200 mm,厚池体进水口与出水口错开布置。进口规格:130 cm×130 cm,沉沙池规格为 140 cm×140 cm×120 cm,出口规格同进口相同。本工程共建设沉沙池 7 座。

4.6 复绿植物措施

植被恢复以实现生态系统的完整性、提高和保护生物多样性为原则,具有合理的时序和空间结构才能使生态系统发挥其原有的功能。柯树塘稀土矿区由于采矿过程使植被受损毁,土体受破坏而使功能受损,表土和肥力长期被大风刮走、雨水冲走,有机质含量极低,土壤质地劣化,最终导致沙化含菌量极低,且不同程度地存在偏酸和含盐量高的现象,使植物难以生长,采矿过程中的尾矿和废水堆填所导致的矿场土壤酸化、高盐和不同程度重金属毒害,也是人工植被难以长期生长和形成相对稳定的群落。因此,在选择稀土矿区复绿物种的时候,不仅选择当地物种,还应抗性强、耐干旱、贫瘠、高温且生长量大和快,并且根据不同植物的特点,采取不同的配置方式,才能取得较好的土壤生态修复效果。

4.6.1 复绿植物的选择

查阅相关资料并借鉴相邻地区的科研实践经验和现场实地调查,进行乔灌草的选择。乔木选择品种有油桐、杉木、枫香、木荷、湿地松、马尾松,其中湿地松、木荷、杉木属于本地品种,在自然恢复的植被中已有生长。油桐属落叶乔木、经济林木,生长快,既可提炼桐油,木材亦可用,是果材兼用的好树种。马尾松是阳性树种,根系发达,有根菌,对土壤要求不严格,喜微酸土壤,但怕水涝不耐盐碱,在石砾土、沙质土、黏土、山脊和阳坡的冲刷薄地上以及陡峭的石山岩缝里都能生长,是绿化造林的重要树种。

灌木可选择胡枝子、山毛豆、木豆、翅荚决明等,其中胡枝子是本地品种。山毛豆适应性强,耐酸、耐贫瘠、耐旱,喜阳,稍耐轻霜,适于丘陵红壤坡地种植,以种子繁殖为主,多采用底泥微生物原位生态修复、河岸生态护坡等进行立体生态修复技术,起到固土护坡、恢复生态的作用。木豆生长性强,适应性广,能保持水土、改良土壤,多年生木本,耐干旱、耐贫瘠,对土壤要求不严,各类土壤均可种植,适宜土壤的 pH 值为 5.0~7.5。翅荚决明分布于广东和云南南部,生于疏林或较干旱的山坡上,耐干旱,耐贫瘠,适应性强、喜光耐半阴,喜高温湿润气候,不耐寒,其苞叶和花芽与花瓣具有同样鲜明的黄色,因而整个花序具有较高的观赏价值。

草种可选择混合草种大莞草、狗尾草、圆果雀稗、狗牙根及马唐草、虮子草、香根草、芒草、柱花草等。其中,马唐草和虮子草可以在稀土矿区生长,且抗胁迫能力强,长势良好,生物量大。芒草生物产量高,有助于保持水土,耐寒抗旱,对水、肥的依赖小,收割处理容易,是适合稀土矿区治理的先锋植物。柱花草是豆科多年生草本植物,根系发达,对土壤的要求不严,耐贫瘠,在热带红壤、沙质土都能生长。

4.6.2 根瘤菌的作用及菌肥的施用

有研究表明,在酸性土壤条件下,根瘤菌与豆科植物固氮共生的优势是共生体具有更强的抗逆性,而且根瘤菌的耐盐能力对于提高它们在土壤中的存活能力和竞争性十分重要,能显著提高植被恢复的成功率。柱花草根瘤菌菌株不仅能提高柱花草产量,而且能改善土壤条件。

4.6.2.1 根瘤菌的作用

根瘤菌是一种好气性的细菌,其作用就是在土壤中遇到适于它共生的豆科植物的根时,便在根的周围大量繁殖,产生分泌物使根毛尖端细胞壁软化,随之侵入根毛,在根毛中继续大量繁殖,由根瘤菌分泌的胶体物质和根毛细胞受刺激后产生的纤维素类物质的相互作用,包围着细菌群延伸到根的内皮层和中柱鞘,而后刺激该处细胞加速分裂,形成许多新细胞,长成大大小小的瘤状突起——根瘤。通过根瘤菌和豆科植物的根共生形成的共生体,可以固定空气中游离的氮素,满足豆科植物一定量的氮素营养。

在干旱地区土地植被化过程中,固氮微生物往往最先定居在土壤结皮上,形成生物结皮,有利于短命植物和一年生植物的生长,随着土壤结构和营养的改善,有利于多年生植物定居。在稀土矿区这种退化土地植被恢复中,固氮类植物有两个方面的作用:①固氮类植物的枯枝落叶和根系周转降低凋落物的碳、氮比例,形成"肥力岛";②固氮类植物的冠层可以作为其他植物幼苗的"保护伞"。固氮类植物能够改善土壤结构和营养组成,改善地表微生境,直接影响种子萌发和植株生长、演替速率和轨迹、凋落物组成及其分解和碳氮循环等关键生态过程,导致群落结构复杂性、生物多样性和初级生产力随之提高,减少水土和养分流失,促进植被恢复,维持生态系统的可持续发展。

4.6.2.2 菌肥的施用

通过人工培养,繁殖大量的优良根瘤菌而制成的根瘤菌菌剂,称为微生物肥料。根瘤菌与豆科植物的根共生具有专一性,即并不是任何根瘤菌与任何豆科植物都能建立共生关系而形成根瘤,因此对不同的豆科植物应选择其相应的根瘤菌肥接种,否则不能形成根瘤,起不到固氮作用。

根瘤菌肥料一般采用拌种方法施用。拌种宜在室内或阴凉处进行,先将菌剂加适量清水或凉米汤调成菌浆,然后加入种子拌匀,待稍晾干、爽手后即可播种,播完后立即盖土,切忌阳光暴晒。拌种量每千克菌种可拌大粒种子 50～100 kg,小粒种子 30～50 kg。

由于根瘤菌肥是微生物肥料,施入土壤后随着环境的改变,容易死亡而起不到作用。为了提高根瘤菌的使用效果,应注意:根瘤菌形成的最适土壤湿度应保持在田间持水量的60%～80%,过干过湿都不利于根瘤的形成,根瘤菌是好气性的微生物,因此应保持土壤的良好透气性,一般根瘤菌能耐低温,对高温非常敏感,结瘤最适宜温度为 20～24 ℃,高于25 ℃结瘤量显著下降;土壤 pH 值在 7～8 时最易结瘤,磷、钾、钙、硼、钼等是根瘤的重要营养条件,供应充足有利于促进结瘤,提高固氮能力,大量施用氮肥不利于结瘤,也不利于发挥固氮作用。由于稀土矿区土壤比较贫瘠,土壤上和豆科植物生长初期可以施用少量氮肥,有利于根瘤的形成和固氮作用的进行。

4.6.3　复绿山坡地植物的配置

根据稀土矿区残留矿山的高度,可粗分为坡底(稀土矿山边地)、低坡(<10)、中坡(10～15 m)、高坡(>20 m)及坡顶平面位置。

对于坡底地,通常考虑到水土流失的问题,可种植香根草和芒草,由于这两种草根系特别强大,对土壤有极强的吸附力,且生长量大,绿化效果好。低坡和中坡位置一般种植马唐草和虮子草,保证能覆盖地面,减少雨水的冲刷,同时种植一定量的木豆、山毛豆,可以增加土壤吸附力,起到护坡的作用。在高坡位置乔草结合,种植马尾松、油桐和虮子草、马唐草,坡顶平面位置,种植马唐草及虮子草进行土壤覆盖,再种植固氮植物如柱花草,增加土壤有机质,改善土壤微生物环境,经过 2～3 年的恢复,就可以考虑种植油桐等经济作物。在陡坡坡脚处可栽植爬山虎进行复绿。

4.6.4　湿地两旁及土方回填区复绿

植物对人工湿地两岸的影响是积极的,良好的植被覆盖,可以拦截降水,减低地表径流,防止坡面土壤浸蚀,保证堤身的安全。在树种的选择中应注意:①以乡土种为主。乡土植物种类对土壤、气候适应性强,易栽活,有地方特色,但为丰富植物种类,可有计划地引种一些本地稀缺,又能适应当地环境的树种。②选择抗性强的种类,如对酸、碱、旱、涝、砂性及坚硬土壤有较强适应性,对病虫害有抗性的种类。③既有观赏性,又有经济价值。堤岸防护林在满足防止水土流失,保证护岸安全要求的基础上,选择一些具有观赏性、有经济价值的植被。④速生树与慢长树相结合。近期以速生树为主,能早日发挥护堤作用,但寿命短;慢长树则生命力持久。因此,应采取远近结合措施,有计划、分期地用慢长树替换衰老的速生树。通过植物筛选,主要选择灌木进行绿化,包括胡枝子、翅荚决明、杜鹃等,采用植苗方式。绿化草种主要选择豆科紫花苜蓿。湿地两旁绿化植物规格见表 4-47。

表 4-47　湿地两旁绿化植物规格

名称	规格	备注
胡枝子	冠幅 0.8 m，高 1.0 m	夏季观花
翅荚决明	冠幅 0.8 m，高 0.8 m	秋季观花
杜鹃	冠幅 0.8 m，高 1.0 m	春季观花
紫花苜蓿	条播种植	四季常绿

由于人工湿地开挖的过程中会存在大量的弃渣，为减少弃渣外运，选择项目区两处地带进行弃渣的堆填。弃渣的成分主要是稀土尾沙，缺少植物生长所需的养分和水分。因此在堆填区采用生石灰进行土壤改良，并在压实后回填 0.5 m 种植土，以保证复绿植物能够正常生长。在该弃渣回填平地区 Z1 地块设置人行步道，可以方便通过绿化区进入人工湿地区。本工程规划人行步道 80 m，其路宽为 2.0 m，采用透水砖路面，路面平整。

回填区复绿植物配置乔木树种采用枫香、木荷、湿地松等，灌木采用胡枝子、翅荚决明、杜鹃，人工种草采用混合草籽（糖蜜草、狗牙根、香根草、芒草、马唐草、虮子草、柱花草、紫花苜蓿）。种植标准参考复绿乔灌及人工种草。

4.6.5　复绿乔木、灌木

4.6.5.1　立地条件

坡度较陡的中强度水土流失的荒山荒坡，以及近年来稀土资源开发造成的废弃采场。

4.6.5.2　树草品种

依据查阅相关资料借鉴相邻地区的科研实践经验和实地调查，乔木选择品种有油桐、杉木、枫香、木荷、湿地松、马尾松，灌木选择品种有山毛豆、木豆、胡枝子等。

4.6.5.3　种植方式

乔木树种隔行种植。

4.6.5.4　整地方式和季节

（1）采用穴状整地与水平沟整地。对于土质松散、冲沟较为严重的地区，采用水平沟整地，水平阶宽为 1.5 m；对于土质较好、较为平整的山地，采用穴状整地，乔木类种植穴的规格为 50 cm×50 cm×50 cm。由于稀土尾砂矿区土壤贫瘠且偏酸性，首先采用生石灰改良土壤，然后种植穴内采用人工换土，以确保植苗造林初期容易成活。

（2）整地一般安排在前一年秋、冬进行。

（3）造林方式和季节：春季植苗造林。混合草种采用条播，播种时间 3—5 月。

（4）抚育管理。绿化管护的主要内容为：补植、土、肥、水管理，防治病、虫、杂草，修剪及保护管理更新复壮等。树苗栽植一般在春、秋两季。

绿化管理工作分为重点管护和一般管护两个阶段。重点管护阶段是指栽植验收之后至 3~5 a，草地为 1 a 之内，其管护目标应为保证成活，恢复生长。一般管护是指重点管护之后，成活生长已经稳定后的长时间管护阶段，主要工作是修剪，土、肥、水管理及病、虫、杂草防治等。经统计，项目区复绿面积见表 4-48。

表 4-48　复绿面积统计

地块	复绿面积/m²	复绿方式
L1、L2 地块（山坡地）	51 860	乔灌草结合
Z1、Z2 地块（弃渣回填区）	10 118	乔灌草结合
Y1~Y4 地块（沿湿地两旁）	7 471	灌木植苗+种草

4.6.6　复绿植草

4.6.6.1　立地条件

水土流失严重的荒山荒坡和疏林地。

4.6.6.2　草种

大菵草、狗尾草、圆果雀稗、狗牙根、马唐草及香根草、虮子草、柱花草、紫花苜蓿等混合草种。

4.6.6.3　整地方式及规格

在种植前一年秋冬采用水平竹节沟整地。设计标准采用 10 年一遇 24 h 最大降雨量。经计算，斜坡距长 5 m，沟顶宽 0.5 m，底宽 0.4 m，深 0.5 m，2~3 m 留一节（横土挡），为沟深的 2/3，整地要求沟底水平，竹节沟沟节相连。

4.6.6.4　种草方式和季节

在竹节沟处侧条播，现挖现种，行距 200 cm，播后盖细土 1~2 cm，种植季节为早春。

4.6.6.5　抚育管理

由专职管护员管护，防治病虫害，严禁人畜破坏。施肥基准为有机肥 100 kg/亩，钙镁磷 100 kg/亩，充分拌匀后撒播于水平沟中。三叶后追肥两次以上，标准复合肥 50 kg/亩，尿素 50 kg/亩，抚育要求长势整齐、良好，覆盖率 90% 以上。

4.7　生态修复景观工程

本次设计中考虑到后期人工湿地的对外开放及周边景观的协调发展，设计中不仅要有生态修复为主，同时还要兼顾以人为本的设计理念，力在湿地周边打造一些休闲观景区域，不仅恢复该区域的生态绿化系统，还能够满足游人的休闲观赏需求。本次共打造两处休闲观景区域，分别为道路旁回填绿化休闲区及山顶观景区。

4.7.1　道路旁回填绿化休闲区

该区域地势相对平坦，主要为湿地开挖土方填筑而成，占地面积约 10 118 m²，该区域在植被选用上以乔灌草搭配的种植方式，分别选用了不同季节的特色植被，乔木上主要以秋枫、枫香、木荷及湿地松为主，树形优美，色彩各异；灌木上选用了多季节观花植被，主要有杜鹃、野牡丹、胡枝子、翅荚决明等；地被植物主要以多种草籽混种的形式播种。在配套设施方面，该区域主要本着满足游人的需求，布设了休闲广场及休闲步道，并在入口广场布设宣传栏，以普及游客对湿地公园形成的认知；同时在紧邻湿地边缘区域还布设了一座休闲长廊，连接上下游湿地绿道，形成一处以观景、休闲、认知为一体的景观带。

4.7.2　山顶观景区

山顶观景区主要布设在湿地上游左岸的山坡上，占地面积约 1 010 m²，该区域主要以观景为主，观景视角主要以湿地公园及周边生态修复山地为主；为便于观景，平台上还布设了观景长廊,以满足游人在此驻停赏景,同时在平台内种植了观花观叶的乔灌木;考虑到游客的安全,在平台周边设置了生态性的仿木栏杆,同时在观景台与现有公路之间新建一条长约 60 m、宽 4 m 的道路,以便于游人及车辆通行;全面打造一座以安全、稳定、观赏视线良好的观景平台。

5 施工组织设计

5.1 工程量

根据《水利水电工程设计工程量计算规定》(SL 328—2005),植物措施计算调整系数取 1.03,工程措施工程量调整系数见表 4-49。

表 4-49　工程措施工程量计算调整系数

系数	1.01~1.02	1.02~1.03	1.03~1.04	1.04~1.05
土石方开挖量/万 m³	>500	500~200	200~50	<50
土石方填筑、砌石工程量/万 m³	>500	500~200	200~50	<50
混凝土工程量/万 m³	>300	300~100	100~50	<50

项目工程量、物资及投劳情况见表 4-50。

表 4-50　项目区主要工程量汇总

编号	项目名称	土方/m³	砌石/m³	植物/株	混凝土/m³	钢筋/t	模板/m²
	第一部分 建筑工程	101 254.72	33 559.43	3 709 219.00	669.47	1.83	1 665.00
一	荷树塘	101 254.72	33 559.43	3 709 219.00	669.47	1.83	1 665.00
(一)	工程措施	73 444.72	33 559.43		669.47	1.83	1 665.00
1	沟道治理工程	4 097.30	6 289.72		7.88		
2	小型蓄、排水工程	4 530.92	6.21		601.75	1.83	1 617.00
3	人工湿地工程	63 704.00	26 569.50				
4	其他工程	1 112.50	694.00		59.84		48.00
(三)	林草措施	27 810.00		3 709 219.00			
1	水土保持林	6 483.00		12 966.00			
2	灌草种植	144.00		1 466.00			
3	人工湿地植物			3 200 000.00			
4	人工湿地路旁绿化	2 241.00		373 552.00			
5	道路旁回填区绿化美化	16 727.00		119 207.00			
6	山顶观景台	2 215.00		2 028.00			
	第四部分 施工临时工程						
一	荷树塘						
(一)	临时工程						
	泥结石路面厚 200						
	土方围堰填筑						
	土方围堰拆除						
	合计	101 254.72	33 559.43	3 709 219	669.47	1.83	1 665.00

5.2　施工条件

施工交通:项目区交通便利,可通过现有道路进入项目区,施工用汽车、拖拉机等十分普及。本工程配套临时施工道路 1.0 km。

施工用电:项目区内电网改造已完成,与县城同网,设备良好,电力充足。

施工用水:项目区内各流域均有常流水,坡面工程施工用水可从沟河内抽取使用,沟道工程可直接利用。

主要材料及安全:钢材、水泥、石料均可在寻乌县城采购。在施工过程中,对建筑材料的储存和使用应制定严格的操作使用管理规定。

苗木:苗木可在本县苗圃采购,人工湿地、植物隔离带个别树草种可从邻近的县区采购。相关苗木调运与检疫手续由供苗单位负责。

施工特点:对外交通便利,工程区内各级公路在施工时均可直接利用,运输里程相对较短,场内主要施工点的进场公路大部分可利用既有公路,仅少部分需新建或整建;各分部建筑物布置,施工互不干扰,便于施工组织和安排。

5.3　施工导流

根据本区域的气象特点,年内降雨集中在汛期(4—9 月),降雨量占全年降雨量的 80% 以上,而汛期降雨集中在 4—6 月,其雨量占汛期雨量的 50% 以上,10 月至翌年 1 月的降雨量占全年降雨量的 13%。

本工程除沟道治理区外,其他区的施工均能满足干地施工条件。沟道治理区总的集雨面积不大,枯水期流量不大,施工时可结合沟道疏浚一并考虑,利用清淤料作为围堰,围堰高度根据现场情况按 1.5~2.0 m 控制,围堰顶宽按 2.0~3.0 m,两侧边坡按 1∶2.0,迎水面以防止水流的冲刷,采用编织袋装开挖料防护;对于河床较大的河段采用束窄河床,一侧河床导流一侧围闭施工方式进行施工。

5.4　施工工艺和方法

5.4.1　河道清淤疏浚、护岸工程

5.4.1.1　河道疏浚

疏浚分段进行施工,土方开挖采用 1.0 m³ 液压反铲挖掘机开采,开挖土方部分直接用于河道护岸背水坡填筑。

5.4.1.2　生态格网施工

施工时,生态格网网眼规格尺寸根据设计图纸要求选定,选用质地坚硬、不易风化、粒径合格的石料。具体施工工艺如下:

(1)生态格网成捆运到工地后,要在靠近安装位置的平整场地上打开。避免损坏笼体和网线表面 PVC 涂层。

(2)生态格网的几何尺寸、安装平面位置、高程均要符合设计要求。

(3)格网安装就位后,填充石料,石料填充应密实稳固,认真细心操作,要轻搬轻放,禁止乱抛乱砸,以免损坏笼体和网线表面上的 PVC 涂层。

(4)相邻格网(包括格网盖)进行绑扎连接。用双胶钢丝扎牢,扎点间距为 30~50 cm;格网盖纵向部分和格网笼体绑扎间距一般为 50 cm。

(5)护坡底边线、顶边线要顺直、整齐。

5.4.1.3　生态板桩施工

塑钢板桩的施工方法和施工顺序应根据设计要求、结构特点、工程地质、现场地形和

施工条件等因素综合确定。施工前应做好如下准备:清除施工作业区内、周边和地下对施工有影响的障碍物,平整场地,按施工图布放施工区域边界线,并测量施工区的地面高程。塑钢板桩运输应按规格、尺寸有序地安放在定制托架内,并应固定牢固,适合铲运、调运,少量以人工搬运为主。塑钢板桩的施工顺序:①场地平整;②定位施工基准点;③安装施工导架;④将塑钢板桩安装于送桩;⑤入桩;⑥拔出送桩;⑦施工下一根桩。

5.4.2　截、排水沟

截水沟必须保证沟道畅通,符合水力曲线要求,严禁出现转急弯或大小不等的葫芦节。采用人工开挖的方式施工。

排水沟的纵坡一般按自然坡降确定,按明渠进行施工,必须保证沟道畅通,符合水力曲线要求,严禁出现转急弯或大小不等的葫芦节,在施工时应结合沉沙池一起施工,起到降缓水势、消力沉沙的作用。由人工开挖土石方,拖拉机将水泥、沙等材料运至地头,人工搅拌砂浆并砌筑。

5.4.3　谷坊

5.4.3.1　干砌石谷坊施工

干砌石谷坊采用人工施工,其施工程序为:①定线,根据规划测定的谷坊位置(坝轴线),按设计的谷坊尺寸在地面画出坝基轮廓线;②清基,将轮廓线以内的浮土、草皮、乱石、树根等全部清除;③挖结合槽,基岩面应凿成向上游倾斜的锯齿状,两岸沟壁成竖向结合槽;④砌石,根据设计尺寸,从下向上分层垒砌,逐层向上收坡,块石应首尾相连,错缝砌筑,大石压顶,料石厚度不小于30 cm,接缝宽度不大于2.5 cm,同时应做到“平、稳、紧、满”,砌石顶部要平,每层铺砌要稳,相邻料石要靠紧,缝和浆都要饱满。

5.4.3.2　生态袋谷坊施工

施工时,生态袋规格尺寸根据设计图纸要求选定,选用耐水、耐旱、抗紫外线破坏、强度高的生态袋。具体施工工艺如下:

(1)生态袋成捆运到工地后,要在靠近安装位置的平整场地上打开。

(2)生态袋的几何尺寸、安装平面位置、高程均要符合设计要求。

(3)填充生态袋,生态袋填充物为开挖料、种植土和复合肥的混合物,人工将配置好的混合物装进生态袋,须确保生态袋完全填充饱和,然后用封口机将袋口封好,扎带封口应距离袋口10 cm左右,扎口带要求具有自锁式扎带。

(4)根据放线情况,按设计要求堆垒生态袋,堆垒时生态袋间预留3 cm左右空隙,以保障压实后的生态袋袋尾和袋头相接,但不产生搭接,每层生态袋间采用连接扣连接,保证对垒后的生态袋平顺、圆滑。局部不规整位置生态袋采用人工用木夯实,并控制生态袋最终的成型规格,以满足设计要求。

5.4.4　植物措施

植物措施的实施应与当地水保、林业部门协调合作,所需林木种苗和种子在方案实施初期与本地苗圃合同订购,同时选择有经验的专业队伍进行施工。

苗木宜选用优良种源种子培育的、品种优良、植株健壮、根系发达的苗木。一般应在造林一个月前整好地,全面整地深度30 cm左右。春、秋季造林,造林前根据树种、苗木特点和土壤墒情,对苗木进行剪梢、截干、修根、修枝、剪叶、摘芽、苗根浸水、蘸泥浆等处理;也可采用促根剂、蒸腾抑制剂和菌根制剂等新技术处理苗木。栽植穴的大小和深度应略大于苗木根系;定植后苗干要竖直,根系要舒展,深浅要适当,填土一半后提苗踩实,再填土踩实,覆上虚土,最终栽植深度应略超过苗木根茎。

5.4.5　人工湿地

人工湿地植物选择应满足以下规定:植物的选择原则是净化吸附能力强、生长周期长、耐水、美观等。植物种植不可太密,种植时间宜选择在春季。植物种植初期,须定期对其浇水,以确保植物成活率。植物根系必须小心植入填料表层,以防扰动。

根据工程所要考虑的要素及植物选择原则,可确定湿地的植物种类,然后寻找苗源及种植。湿地植物种植最关键的问题是选择适当的繁殖体及种植时间。湿生植物多以植株、休眠根茎或块茎作为繁殖体,人工湿地一般不以播种形式来种植植被,因为湿生植物的种子一般要求较为恒定的水环境才能发芽,而水位不定的人工湿地不易做到这点,再者,水流的运动也可带走待发芽的种子。植物的块茎式根茎可直接种在湿地中一定深度处,多留一截茎秆露出湿地面以利于植物的呼吸。

另有一种方法是天然湿地中挖种苗或块茎、根茎时,将包围它的 8~10 cm 直径的天然湿土壤一起挖起,一并移入人工湿地中种植,由于有原生地土壤,可以帮助植物适应新的生境,而且天然湿地土壤中含有各种湿地植物的种子苗牙及根,因而可以帮助栽种植物的生长。这种栽种方法的缺点就是种苗收集较费时间及费用高,而且运输起来及栽种起来都不便。一些湿地研究专家认为,人工湿地中,先将植物种活,再放入污水进行污水处理,是一种较为可取的方法。因为移植后的植株需要一段时间来恢复才能接受大浓度的污染冲击。此外,污水的浓度由小到大渐渐增加也是植物栽种初期应采取的措施之一。第一次植物栽种完成后,应注意加强对植物的观察,一旦发现死苗,应尽快加以补种或暂时将污水浓度降低,以确保植株的成活率。在种植方法上,可视湿地及繁殖体的实际情况采用穴植、沟植、面植等方法,种植密度一般为每平方米 10~25 株。为了防止设计中选择的湿地植物不能耐受实际运行条件,需要考虑补充种植,以保证所需的覆盖率。植物种植时,应搭建操作架或铺设踏板,严禁直接踩踏人工湿地。应保持介质湿润,介质表面不得有流动水体;植物生长初期,应保持池内一定水深,逐渐增大污水负荷使其驯化。

5.5　施工布置原则

(1)充分适应工程施工特点:施工布置应有利于充分发挥施工设施的生产能力,满足进度要求及质量要求,并结合场内外道路,按"有利于生产,方便生活,易于管理,安全可靠,经济合理"的原则进行分段、分片布置。

(2)施工总布置设计,应紧凑合理,节约用地,并尽量利用荒地、滩地、坡地,不占或少占良田。

(3)施工场内交通规划,必须满足工程施工需要,适应施工程序、工艺流程;全面协调单项工程、施工企业、地区间交通运输的连接与配合;力求使交通联系简便,运输组织合理,节省线路和设施的工程投资,减少管理运营费用。

(4)施工临时设施、永久性设施,应考虑相互结合,统一规划的可能性。其中包括道路、生产生活房屋及供水排水设施等。应尽量建成永久性设施为施工期使用,以减少临建费用。

(5)统筹规划临时堆、弃渣场地,必须做好土石方量平衡设计,在不影响防洪的情况下,尽量利用山沟、荒地、河滩堆渣,并做必要的疏导、排水工程。

5.6　施工组织形式

通过公开招标以专门施工企业施工为主。

（1）人工湿地、谷坊、拦水陂等工程措施由专业施工企业承包施工。

（2）复绿造林、种草等由土地承包者自行组织人员实施。

5.7　施工进度

本工程拟在一个年度内完成，重点为人工湿地、小型水保工程以及绿化工程

6　结论与建议

6.1　结论

（1）稀土矿区生态修复是一个完整的生态系统工程，它不仅包括植物，还包括动物与微生物，系统内部之间以及系统与相邻系统之间均发生着物质能量和信息的交换，真正意义上的修复，应该在保证植物种植的基础上，保持生态系统的稳定性，以修复生物多样性为目的的，在土壤—植物—微生物之间通过良性循环，使生态修复不仅有景观效果，还能修复整个系统的自净能力，从而为整体生态系统的良性发展提供保障。

（2）本项目设计注重试点的治理效果，旨在通过在柯树塘稀土矿区的水生态环境修复综合治理工程，改善项目区的水质，修复生态环境，为今后在全县的稀土矿区水生态修复起到示范作用，真正改善出口断面水质。

（3）项目建设有助于改善当地的生态环境和村容村貌，改良当地土壤，恢复当地生态系统，美化村庄。

（4）本项目在组织、设计、施工、运营、管理等方面均已拟定积极的有效措施，可保证项目正常实施和安全使用。

6.2　建议

（1）由于人工湿地所在的河道两侧山地正在进行寻乌县石排废弃稀土矿山地质环境治理示范工程的施工，因两个项目相距较近且属于上下游关系，本项目的施工及运行受该工程影响较大，建议控制好上游淤泥，做好截、排水及绿化工作，以保证本工程湿地能够正常运行。

（2）生态恢复的目标应当适合当地的实际情况，植被恢复切忌急功近利。对废弃矿区生态系统缺乏系统和长期的定位观测和研究，导致在人工湿地植被恢复的过程中，采用不恰当的恢复目标，忽视生态系统功能和结构的完善，过多的集中采用控制侵蚀而引入外来物种，这些强化的恢复努力，会长期抑制生态系统的恢复。另外，对待植被恢复的评价标准应当科学、客观，大多矿区的植被恢复短期内难以达到预定效果，因此短期恢复标准是集中在增加地面覆盖以减小侵蚀，而长期的标准是恢复物种的多样性，切实改善水质。

（3）建设实施过程要加强管理，严格按既定方案施工建设，营造优美、舒适、人景相融的人居环境和自然景观；施工过程严格控制噪声、粉尘、垃圾等污染，做好环保和水土保持工作。

（4）为保证治理工程效益和效果的长期、持续发挥，建议安排专人负责日常管护工作，注意保持环境的整洁，加强人员安全的防护。

（5）废弃稀土矿区人工湿地的建设要达到理想的治理效果需要较长时间的恢复，可设定近期目标与远期目标，近期（本工程）目标主要是改善水质及复绿山体，远期目标即当植被恢复、生态环境有所改善时，可进行沿河人工绿道、休闲凉亭等景观打造，为当地居民提供良好的休憩场所。

4.6　国土江河综合整治

国土江河整治工程是由财政部、环境保护部、水利部为贯彻落实党的十八大提出的"大力推进生态文明建设、优化国土空间开发格局"的要求以及习近平总书记系列重要讲话精神,按照全面深化改革的总体部署,以流域为单元,开展的试点工作,目的是践行习近平总书记提出的"节水优先、空间均衡、系统治理、两手发力"的治水思路和山水林田湖生命共同体理念,探索实现江河河畅水清、一江安澜、人水和谐永续发展的路子。

4.6.1　设计理念

在指导思想上,深入贯彻习近平总书记提出的"节水优先、空间均衡、系统治理、两手发力"的治水思路,以流域为单元,以流域水安全为目标,统筹解决流域水资源、水环境、水生态、水灾害等问题,搭建国土江河综合整治平台,综合采取水资源节约与集约利用、水土污染源综合治理、流域生态保护与修复、河湖防洪减灾等措施,推进流域资源环境的综合治理与协同保护,逐步恢复流域生态系统完整性、保障水体流动性、保证水质良好性、保护生物多样性,实现河畅水清、一江安澜、人水和谐永续发展。

在目标导向上,通过综合系统治理实现流域经济繁荣、水体清澈、生态平衡、人水和谐、生机盎然,为人民群众安居乐业提供安全优质的供水保障和良好的水生态环境。水资源方面,用水效率得到有效提高,供水保障得到提高;水环境方面,流域水质总体维持优或良好,有效遏制水环境恶化(水质不降级、不退化),有效控制入河污染物总量,减少 COD、氨氮等主要污染物入河排放量,重点断面特征指标有所改善,跨界水质达标率、水功能区达标率得到有效提高;水生态方面,水土流失步入良性治理轨道,重点区域水土流失有效改善,水生态功能逐步恢复,水生生物逐步多样化;水灾害方面,中小河流得到有效治理,重点区域抵御山洪灾害的能力得到提升,河道、水库联合调度的能力得到增强。

在设计基本原则上,坚持人水和谐、生态优先、统筹全局、科学论证的理念,突出问题导向、系统治理、量力而行:

(1)问题导向。科学评估流域资源环境承载能力和生态安全状况,深入分析流域在水资源、水环境、水生态、水灾害等方面存在的问题,以及问题存在的典型区域,抓住关键症结,有针对性地设计目标和综合整治路径,在合理确定流域生态空间格局的基础上,采取综合治理措施解决突出问题。

(2)系统治理。提高对"山水林田湖生命共同体"的深刻认识,统筹流域内各种自然生态要素,发挥规划的控制和引领作用,把治水与治山、治林、治田有机结合起来,从涵养水源、修复生态入手,统筹上下游、左右岸、地上地下、城市乡村、工程措施非工程措施,协调解决水资源、水环境、水生态、水灾害问题,对山水林田湖进行统一保护、统一修复。

(3)量力而行。立足于有限的资金解决流域存在的突出问题,按照以水定需、量水而行、因水制宜,强化水资源节约利用与监督管理。

4.6.2　设计要点

4.6.2.1　明确国土综合整治任务

国土综合整治任务主要有加快水土污染综合治理、加强流域生态保护与修复、完善流域河湖防洪减灾体系、加快推动治理过程中新技术与新材料的应用等,根据不同流域特点取舍、采用。

加快水土污染综合治理:加强点源控制工程建设,加快推进城镇污水处理厂及配套设施建设,乡村污水治理和湿地建设;有效控制面源污染,稳步推进农村生活污水,生活垃圾收集、转运及处理设施建设,逐步改善农村生态环境,降低对流域水污染的风险,全面清理河道垃圾和农村水环境整治;积极清理重点区域内源污染,取缔水源地水域影响水质的养殖活动,结合河道治理对污染严重的河道底泥实施清淤;开展水源地达标和规范化建设,建设水源地周边隔离带及警示标志牌,加强水源地保护范围的污染源控制和截污工程建设。

加强流域生态保护与修复:积极实施流域水土保持建设和清洁小流域治理,以小流域为单元逐片治理、连片推进,采取工程措施与生物措施相结合、人工治理与自然修复相结合的方式进行综合治理,包括崩岗治理、封山育林、营造水源涵养林、矿山迹地恢复等各类措施,有效提高流域植被覆盖率,减少人类开发活动对水土的破坏,控制水土流失,重在树立治理典型样本,引导形成治理一片、保护一片的良性循环。积极开展重点河流与水库的水生态修复、河道生态治理、滨岸带建设、湿地修复建设等工程,有效改善水质,提高水体自净能力,修复流域水生态,维持生物多样性。

完善流域河湖防洪减灾体系:对河段不达标堤防,尽快补充加固;对中小河流治理,重点是结合污染源治理、生态保护、景观需求等积极探索新的生态治理模式,对重点区域的山洪灾害,以防为主,防、治结合。对历史遗留的无主矿山制订系统的修复治理计划,多渠道、分阶段、分批实施治理。

综合治理过程中注重新技术与新材料的应用。

如东江流域的国土综合整治任务,重点是加大水源涵养和水土保持,以小流域为单元系统连片推进治理,重点是寻乌水、定南水及其重要支流;开展点源、面源污染源治理工程建设,严控入河污染物,重点是寻乌水、定南水沿线及枫树坝水库周边的城区和重要乡镇污染源治理,以及重点无主矿山治理与修复;另外,有针对性地实施部分重点中小河流治理、山洪灾害防治工程,以及部分农业节水等工程。

4.6.2.2　合理确定目标指标

不同流域存在的问题不同,发展目标不同,根据问题导向和系统治理的原则,合理确定可实现的目标指标。指标类型和名称见表4-51,根据各流域特点进行取舍。

表 4-51　国土江河综合整治试点项目目标指标表

类别	指标名称	单位
水资源	取用水总量控制指标	万 m³
	灌溉水利用系数	
	新增节水灌溉面积	万亩
	新增供水能力	万 m³
水环境	河流水质类别	
	检测断面水质达标率	%
	水功能区达标率	%
	工程 COD 减排量	万 t/a
	工程氨氮减排量	万 t/a
水生态	新增水土流失治理面积	km²
	新增滨岸缓冲带面积	km²
	新增湿地面积	km²
	水库富营养化状态	
水安全	堤防达标率	%
	新增河道治理长度	km
水管理	信息监测站点覆盖率	%

4.6.3　典型案例——寻乌县 2014 年度东江源水土流失生态保护治理项目

1　项目背景及设计依据

1.1　项目背景

为贯彻落实党的十八大提出"大力推进生态文明建设、优化国土空间开发格局"的要求,按照党的十八届三中全会提出全面深化改革的部署和中央最新治水思路,加强部门合作,整合资源,集中财力,财政部会同水利部、环境保护部拟开展国土江河流域综合整治试点,积累可复制、可推广、可借鉴的经验,然后全面推开全国范围的国土江河流域综合整治工作。

2014 年 9 月,财政部印发了《关于启动国土江河综合整治试点实施方案编制工作的通知》(财建便函〔2014〕90 号),东江流域是全国国土江河流域综合整治试点工作的 2 条流域之一,寻乌县作为东江流域发源地,为本次试点工作重点县之一。在江西省水利厅、赣州市水利局高度重视和大力支持下,寻乌县报送的"东江源头区赣粤交界县(寻乌县)东江源水土流失生态保护治理项目""东江源头区赣粤交界县(寻乌县)寻乌县崩岗侵蚀生态治理一期工程"列入国土江河综合整治东江流域江西省 2014 年度实施方案,并于 2014 年 10 月中旬正式上报财政部、水利部、环境保护部。

寻乌县水土保持局高度重视此次试点工作,抽调技术骨干,认真开展了调查研究和项目筛选,确保了项目的顺利立项。

1.2 项目建设的必要性

(1)三大水土保持生态环境问题突出。寻乌县国土面积 2 311.38 km²,其中东江流域面积 1 946 km²,占寻乌县的 84.2%,占江西省东江流域面积的 55.1%。寻乌县分布有崩岗 2 149 处、果园 4 万 hm²、废弃矿山 43 处(总面积 2 220 hm²),现有水土流失面积 366.52 km²,其中东江流域水土流失面积 309.84 km²,占全县水土流失面积的 84.54%。存在崩岗侵蚀严重、矿山迹地水土流失严重、林果业面源污染严重三大水土保持生态环境问题。寻乌县于 2006 年被列入国家水土流失重点预防保护县,2013 年全国水土保持规划再次被列入国家级水土流失重点预防县,属于东江上中游国家级水土流失重点预防区,寻乌县的水土流失防治工作关系到流域内 1 516 万人口以及香港和珠三角东部城市群约 4 000 万人的供水安全,香港地球之友、世界自然保护联盟、东江源生态保护协会等民间组织十分关注东江源头区的保护问题,每年均开展不同形式的生态建设与保护活动,但没有统一规划设计和开展实质性的预防和治理,很难从根本上改变寻乌县存在的崩岗侵蚀、矿山迹地水土流失、林果业面源污染等水土保持生态环境问题。寻乌县委、县政府历来十分重视东江流域水土流失防治工作,但由于寻乌县是革命老区、国家级贫困县,财政困难,难以给予水土保持生态建设所需要的大规模投入。东江流域国土江河整治试点工程为寻乌县开展水土保持生态环境建设提供了难得的机遇。

(2)源头区群众治理的要求迫切。多年来,区域群众为保障东江源的水源水质,放弃了工业开发、规模种植业等可能会引起大量水土流失的产业,按照县域经济发展规划,向生态果园、生态旅游业转变。寻乌县 2014 年度流域国土综合整治水保生态项目区拟采用生态清洁小流域建设模式,在传统水土流失治理的基础上,结合新农村建设,进行小型污水处理设施建设、垃圾填埋设施建设、湿地建设与保护、生态村建设和水土保持生态缓冲带建设等,美化乡村环境,促进生态旅游经济发展,项目区甲子乌、东江源等村曾在 2012 年、2013 年多次向县水保局申请沟道整治、村庄清洁项目,在本项目实施摸底调查中,群众愿望相当强烈。

(3)项目区生态建设的必然要求。目前项目区水土流失总的特点是面广量轻,由于项目区大于 25°的土地面积占 46.1%,大量陡坡疏幼林存在水土流失现象,而果园产生的面源污染和水土流失危害较为严重,东江源小流域大湖坝至龙塘段沟道淤积明显,影响了行洪安全。项目区中下游有拟建的大湖水库,已经江西省发改委、水利厅审批立项,总投资约 57 305.48 万元,工程建成后,年供水量 2 018 万 t,可解决远期县城 12.44 万人和工程沿线乡(镇)6.33 万人的饮水问题,改善灌溉面积 8.46 万亩,并为下游澄江镇的防洪安全提供有力保障,是寻乌县重要饮用水源水库,保证其水源水质安全是项目区的重要任务。通过在项目区引导退果还林,改造生态果园,进行生态村庄建设、开展小型污水处理设施建设、垃圾固定收集和处理,是保证水源水质的必然手段,这些都需要通过开展源头区水土流失与生态保护工程来完成。

1.3 建设任务、目标与规模

1.3.1 建设任务

本工程建设任务主要通过综合治理,实现流域生态系统完整性,保证水质良好,保护生物多样性,维护河流健康。具体任务包括:治理水土流失,改善生态环境,减少入河入库(湖)泥沙;涵养水源,控制面源污染,维护饮水安全;改善农村生产条件和生活环境,促进农村经济社会发展等。其中,维护东江源头区的生态环境,维护县城饮水安全为首要任务。

1.3.2　建设目标

项目建设的目标为将项目区建设成为天蓝、山绿、水清、人富,生态优良,生活富裕,人与自然和谐共处的安居乐土。具体指标如下:

(1)解决灌溉水源问题,提高防灾减灾能力,加强基础设施建设,促进区域经济发展,让群众安居乐业。建成果园水土流失监测点,开展果园水土流失及面源污染监测、试验及研究。

(2)解决饮水困难问题,改善人居环境,建设清洁村镇,年均减少入河农村污水排放22.23 万 m^3,减少入河生活垃圾 2 085 t。

(3)增强群众的环境保护意识,人为水土流失得到有效控制。水土流失综合治理程度达到89%以上,年土壤侵蚀量减少70.0%以上,项目区生态环境持续改善,林草覆盖率达80%以上,其中有林地面积占林草地面积的比例达到95%以上,建立起适应小流域经济可持续发展的良性生态系统。

1.3.3　建设规模

本工程治理水土流失总面积为 48. 45 km^2,措施合计:坡耕地造生态观赏林2.92 hm^2,荒山荒坡造栽植水保林455.09 hm^2,栽植经果林18.91 hm^2,果园退果栽植水保林13.86 hm^2,种草154.15 hm^2,植物隔离带10.39 km,修建蓄水堰6 座,蓄水池87 口,排灌沟渠 34.69 km,园间道路 14.68 km,谷坊15 座,拦沙坝5 座,河道整治69.39 km,封育管护 3 577.43 hm^2。农村污水处理设施包括化粪池169 座,沼气池85 座,垃圾池85 座,建设人工湿地 6 处。建设果园水土流失及面源污染监测点6 处。

1.4　设计依据与说明

1.4.1　设计依据

(1)《水土保持工程初步设计报告编制规程》(SL 449—2009);

(2)《南方红壤丘陵区水土流失综合治理技术标准》(SL 657—2014);

(3)《生态清洁小流域建设技术导则》(SL 534—2013);

(4)《水土保持综合治理 效益计算方法》(GB/T 15774—2008);

(5)《水土保持工程概(估)算编制规定和定额》(水总〔2003〕67 号);

(6)《寻乌县东江源区水土流失重点治理一期工程可行性研究报告》(寻乌县水土保持委员会办公室,2005 年 10 月);

(7)《寻乌县水土保持生态保护规划(2008—2015 年)》(寻乌县水土保持局,2007 年7 月);

(8)《寻乌县土地利用总体规划(2006—2020 年)及其 2013 年修改方案》。

1.4.2　设计说明

1.4.2.1　防治模式

源头区以建设生态清洁型小流域为主,结合当地生态旅游发展、生态果园改造等,开展措施布局设计。

矿山迹地以植被建设为主,坡面、沟道综合治理。

1.4.2.2　设计原则

(1)群众接受,技术可行。选定群众愿意开展水土流失治理的图斑作为设计图斑,采取成形、实用的治理技术,树种选择与土地适宜性结合,与当地生态经济发展结合。

(2)生态修复为主,综合治理为辅。在治理措施规模上(治理面积安排上),以封禁、补植、抚育为主,促进生态自然修复;通过坡面水土流失治理及面源污染防治措施、沟道整治措施,形成流域综合防治体系。

(3)重点突出,点面结合。集中抓好1~2个精品示范点,切实见到效益,带动其他地区的水土流失防治工作。同时,根据调查摸底情况,将项目区内的水土流失地块基本治理。

1.4.2.3　设计基础

(1)数据基础:社会经济情况以2013年为基数。水土流失现状参考2011年普查资料和2000年遥感调查数据,以实际调查为准。

(2)图件基础:以1:1万地形图为现状调查底图,在此基础上按土地利用类型勾绘小流域图斑,小流域图斑主要反映水土流失图斑及重要标识图斑,以土地利用界线、沟道、道路、山脊连线勾绘,大面积成片无水土流失现象的有林地可不进行图斑勾绘。沟道整治按1:1 000进行实地测绘。

1.4.2.4　设计范围

项目区分为水源生态修复区、矿山迹地生态治理区2个片区,水源生态修复区由上下坝小流域、甲子乌小流域、东江源小流域3条小流域构成,矿山迹地生态建设区由双茶亭小流域构成。

2　小流域选择及概况

2.1　小流域选择

根据财政部《关于启动国土江河综合整治试点实施方案编制工作的通知》(财建便函〔2014〕90号),以及国土江河整治东江流域试点2014年度实施方案,重要水源地建设与保护是2014年度的重要工作内容,寻乌县水土保持局确定了以源头生态修复为主、矿山迹地生态治理为辅的总体方略,因此将2014年度项目分为水源生态修复区、矿山迹地生态治理区2个片区布置,东江源头片区由上下坝、甲子乌河、东江源小流域构成,矿山迹地生态建设区由双茶亭小流域构成。

水源生态修复区位于寻乌县北部,大部分位于三标乡,小部分在水源乡境内。东江源小流域属于寻乌水(吉潭河)正源,甲子乌河属于寻乌水上游支流,上下坝小流域属于安远水上游支流。项目区是寻乌县最贫困的地方,2012年农民人均纯收入3 323元,水土流失属轻度侵蚀区,但面源污染严重,因地处源头,水土流失及面源污染的影响和危害十分严重,但由于地方财力有限,多年来一直没有得到过综合治理。

矿山迹地生态建设区位于寻乌水中游文峰乡、吉潭镇交界的双茶亭小流域,小流域内堆放大量20世纪60~80年代生产稀土产生的尾砂,水土流失严重,沟壑遍布,泥沙大量淤积河道,自然修复困难,须进行人工治理。

2.2　项目区概况

2.2.1　自然条件

2.2.1.1　地理位置

寻乌县地处江西省东南边境,居闽、粤、赣三省交界处,东邻福建武平和广东平远,南邻广东兴宁、龙川,西毗安远、定南,北接会昌,介于东经115°21′22″~115°54′22″,北纬24°30′44″~25°12′10″。项目区分2片,源头生态修复片区位于寻乌河上游,涉及三标乡的上下坝、长安、甲子乌、图岭、东江源及水源乡的大湖、载下、龙塘等10个行政村;矿山迹地生态建设区位于寻乌河中游,涉及吉潭镇蓝贝村、文峰乡石排村。

2.2.1.2　地质、地貌

项目区地质构造上属华夏板块北部陆源的加里东造山带的组成部分,地质构造错综复杂。区内地质岩浆活动强烈,火山活动较为普遍,混合岩化和花岗岩化作用发育,作为褶皱基底的早古生代地层很不完整,而晚生代地层零星可见。母岩主要为燕山晚期花岗岩,局部有寒武纪泥质灰岩、砂岩、板岩,白垩纪砖红色砂岩分布。

区内地貌类型主要以中、低山地为主,其间分布较小的河谷阶地。海拔在340 m以上,项目区最高峰为上下坝流域内的观音嶂,海拔1 133.0 m,东江源发源地桠髻钵山海拔1 101.9 m,山势陡峭、群峰叠嶂,地面坡度主要在15°~35°,25°以上土地面积占总面积的46.1%。

2.2.1.3　土壤、植被

项目区土壤类型主要为红壤、黄壤,水稻土也有一定的分布。成土母质为火成岩风化物、泥质岩类、紫色砂砾岩、第四纪红色黏土等。红壤主要分布于沟道两岸缓坡地带,是在中亚热带气候条件下形成的地带性土壤,剖面发育完整,除表层颜色较灰暗外,心土和底土均为红色的坚实土层,全剖面酸性。黄壤主要分布在山体上部及山脊,土层较厚,质地中壤,保水性能一般,土壤养分中等,缺磷,呈酸性。耕作土地主要为水稻土,是经长期水耕熟化而成的,具有独特的剖面性态特征的一类土地,是粮食生产的重要基地。

区内植被是湿润的亚热带常绿阔叶林区,植物种类繁多,但由于历史和人为因素的影响,原生植被受到严重破坏。据调查,区内现有植被类型有常绿、落叶阔叶混交林、针阔混交林、针叶林、竹林、荒山灌草丛,其中以针阔混交林分布较广。主要乔木有:杉木、马尾松、湿地松、檫树、枫香、木荷、栎类、毛竹等。灌木及藤本植物有:山苍子、继木、乌饭、黄端木、胡枝子、葛藤、野生猕猴桃、桃金娘、野南瓜、映山红等。林下植被主要有:铁芒萁、蕨类、八月草、巴茅、鸡眼草等。主要经果林有:柑橘类、油茶、油桐、落叶果。项目区植被覆盖度为73.9%。

2.2.1.4　水文、气象

1)水文

东江源小流域土地总面积63.25 km²,干流长度约17.61 km,年径流总量3 784万m³,径流模数89.12万m³/km²。流域上游植被覆盖较好,果园分布少,沟道泥沙淤积不明显,流域下游果园分布较多,沟道淤积明显。

甲子乌小流域土地总面积34.05 km²,干流长度约14.75 km,年径流总量2 781万m³,径流模数81.67万m³/km²。沟道泥沙淤积明显,流域中游有火烟潭水库,小(1)

型,以发电为主。

上下坝小流域为安远水上游镇岗河支流,流域面积 11.73 km²,干流长度约 5.36 km,年径流总量 1 011 万 m³,径流模数 86.19 万 m³/km²,沟道泥沙淤积明显,主要为砾石和粗沙。流域下游有水电站,水库库容约 50 万 m³,库尾有明显淤积现象。

双茶亭小流域为寻乌水二级支流,流域总面积 7.96 km²,干流长度约 3.62 km,年径流总量 718 万 m³,径流模数 90.2 万 m³/km²,沟道泥沙淤积明显,主要为稀土矿尾沙,沟道下游建有拦沙坝,长约 15 m,高约 7 m,蓄滞泥沙约 30 万 m³,对减少泥沙下泄起到重要作用,目前已淤满。

项目区的径流主要来自降水补给,年际变化大,年内分配不均,52%年径流集中于汛期,基本无断流现象。除 3 座水库外,项目区分布有水塘 21 口,水陂 23 处,水资源利用率较低。村庄附近沟道垃圾、污水没有固定收集和处理,直接排入河道,四处是垃圾、污水,水质无保证。火烟潭水库大坝两边垃圾漂浮上百米,大坝下游河道垃圾成堆,与源头区青山绿水景观极不协调。

项目区小流域水文特征见表 4-52。

表 4-52 项目区小流域水文基本情况

流域名称	流域面积 /km²	干流长度 /km	河床坡降 /‰	流域出口平均流量/(m³/s)	流域年径流量 /万 m³	干流水能理论蕴藏量/kW
东江源	63.25	17.61	37.57	1.20	3 784	5 637
甲子乌	34.05	14.75	27.8	0.88	2 781	2 244
上下坝	11.73	5.36	42.02	0.32	1 011	35
双茶亭	7.96	3.62	14.44	0.21	718	30

2)气象

寻乌县地处中亚热带南缘季风区,因距海洋较近,受到海洋气候调节,加之位置偏南,纬度较低,地形作用明显,形成了明显的亚热带湿润气候。据气象资料显示,多年平均气温 17.9 ℃,≥10 ℃年有效积温在 5 600 ℃以上,7 月平均温度为 26.2 ℃,极端最高气温为 38.2 ℃;1 月平均温度为 7.6 ℃,极端最低气温为 -5.4 ℃。年均降雨量为 1 639.1 mm,年内降雨分布不均,常产生暴雨、干旱现象,年最大降雨量(1961 年)2 488.7 mm,年最小降雨量(1963 年)1 028.5 mm,4—6 月降雨量最多,占总量的 50%左右,多以暴雨出现,10 月至次年 1 月雨量最少,占总量的 13%左右。年均降雨量 162 d,无霜期 306 d,年均日照数 1 943.8 h,太阳总辐射量 110 J/cm²。

2.2.2 水土流失概况

2.2.2.1 水土流失现状

寻乌县属于赣南较典型的南方红壤丘陵区水力侵蚀区,具有我国南方水土流失的典型特征,土壤侵蚀方式为面蚀和沟蚀,局部地区存在崩岗。据江西省第三次土壤侵蚀遥感调查结果,全县现有水土流失面积 366.52 km²,占全县土地总面积的 15.86%。侵蚀类型主要为面蚀,有少量的重力侵蚀。侵蚀区分布在荒地、生态结构较差的林地、果园、坡耕地、工业园区、采矿区及新建的公路沿线等。但近 10 年来,寻乌县大力推行果园发展,全县有果园面积 4 万 hm²,除坡耕地退耕建园外,多数果园是在山坡林地上开发,果园建设初期水土流失严重,由于没有再次开展水土流失遥感调查,果园建设的水土流失影响无数据支撑。

根据 2011 年第一次全国水利普查结果,结合现状调查,项目区现有水土流失面积 54.40 km²,占土地总面积的 46.5%,大部分为轻度侵蚀。其中:轻度 45.90 km²,占流失总面积的 84.39%;中度 5.81 km²,占流失总面积的 10.68%;强烈 0.73 km²,占流失总面积的 1.34%;极强度 1.47 km²,占流失总面积的 2.71%;剧烈 0.48 km²,占流失总面积的 0.88%。小流域分布中,上下坝小流域有水土流失面积 3.46 km²,占土地面积的 29.47%;甲子乌小流域有水土流失面积 14.59 km²,占土地面积的 42.84%,东江源小流域有水土流失面积 29.30 km²,占土地面积的 46.33%;双茶亭小流域有水土流失面积 7.05 km²,占土地面积的 88.57%。项目区平均土壤侵蚀模数 1 102 t/(km²·a),年流失土壤 12.89 万 t,其中水土流失区域平均土壤侵蚀模数 2 082 t/(km²·a),年流失土壤 11.33 万 t。项目区果园分布较多,果园经营和生产需施肥和使用农药。据统计,果园施用农药(纯) 36.3 kg/hm²、化肥 435.3 kg/hm²,随着水土流失而产生面源污染。东江源头片区内三条流域,除源头区 2~3 km 河道为 I 类水质,其余河段均为 II 类水质。

2.2.2.2　水土流失危害

(1)威胁拟建大湖水库的水源水质。寻乌县地处东源头区域,原本水量充沛,水质较好,县城供水一直采用九曲湾水库作为饮用水源。但近年来,因矿业、果业发展,以及县城规模不断扩大,九曲湾水库无论是水质还是水量,均无法满足县城供水需求。因此,寻乌县委、县政府举全县之力,自筹资金拟在东江源小流域中游修建大湖水库做为寻乌县城及沿河城镇新的饮用水源。而东江源的水质近年来也在下降,目前除源头 2~3 km 保持 I 类水质外,其余河段均降到 II 类水质及以下。

(2)河床抬高,塘库淤积,水利设施效益下降。据调查,区内河床普遍抬高,山塘、水库库容减少达 30%,登豆岭村旁的 3 个水陂全部淤满,行洪安全无保障。甲子乌河、上下坝小流域的河道淤积厚度在 1 m 以上。

(3)水旱灾害严重。由于植被破坏,表土裸露,森林涵养水源能力下降,水旱灾害频发。县农业区划调查报告显示,全县干旱不断出现,轻旱以上的灾害每 2 年出现 1 次。仅 2001 年,区内因水旱灾害造成水土流失,废弃耕地 12 hm²。

(4)加剧了贫困程度。水土流失使生态环境日益恶劣,地力减退,施肥增加,饮用水源变远,给群众的生产生活带来了极大的危害,长期制约着区域经济的可持续发展和群众生产生活条件的改善,是区内群众贫困的根源,2012 年项目区农民人均纯收入 3 323 元,低于全省、全县平均水平。

2.2.2.3　水土流失成因

(1)降水充沛、侵蚀力强。项目区地处中亚热带南部季风区,冬夏昼夜温差大,土地膨胀收缩、疏松,经风霜雨雪的剥离侵蚀,特别是降雨的强弱和时空分布不均,影响极大,极易发生地表径流和土壤冲刷,形成流失。

(2)区内山坡陡,风化层较厚,流失物质充分。丘陵山地坡度大、坡段长,降雨时加速地表径流面蚀变成沟蚀,加之以花岗岩分布为主,经过长年剥蚀,风化物质较厚,在地貌植被差的地带,造成滑坡、崩塌,导致崩岗的产生,造成剧烈的水土流失。

(3)由于历史的原因,原始森林砍伐殆尽,目前项目区植被少部为次生林,大部为飞播造林,部分为人工林,水源涵养能力低,有林地木材亩均蓄积量仅 1.57 m³,部分地块产生了林下水土流失。

(4)群众长期以来不合理的生产方式,如顺坡耕作、炼山造林、全垦油茶林、铲草皮等,也造成地表和地表植被的严重破坏,加剧了水土流失。近年来保护措施不到位的生产建设活动,随意弃土弃渣,以及零星矿产资源无序开采和部分山地的低标准开发,也加剧了侵蚀的发生。

(5)项目区群众生活水平较低,环境意识不强,治理投入低,生活污水、垃圾直接入河,造成水源污染。

(6)矿产开发不注重水土保持,水土流失防治工作时断时续。

2.2.2.4　水土保持工作情况

改革开放后,寻乌县历届县委、县政府均十分重视水土保持工作。1984 年专门成立了水土保持局,将防治水土流失工作纳入县政府的重要工作内容,利用"以工代赈""国债""水土保持重点工程"等资金,并从县政府微薄的财政收入中安排水土保持专项资金用于治理崩岗和稀土矿山的水土流失,新建了留车、南桥、五里亭、稀土矿区 4 个水土保持示范基地,开展了"稀土尾沙植被恢复"水土保持科研试验,推进生态果园建设。累计治理水土流失面积 118.65 km²,其中营造水保林 3 134.7 hm²,经果林 1 372.1 hm²,种草506.7 hm²,封禁治理 6 852.5 hm²,修建谷坊 108 座,蓄水池 138 座,沼气池 220 座,排灌沟渠 15.13 km,水平竹节沟 329.5 km,使全县的生态环境有了大的改观,森林覆盖率由1979 年的 45%提高到目前的 73.9%。

项目区乡(镇)在县委、县政府的领导下,组织项目区村组,以保护水源地为重点,重点开展了封禁治理、沟渠整治、林带建设、退果还林等水土流失治理工作,特别地处源头区的东江源村(三桐村)、上下坝村组织,为保护东江源的水源水质减少了许多经济活动,牺牲了自己的利益,多数群众至今仍生活贫困。

3　工程总体布置

3.1　土地利用调整

3.1.1　水源生态修复片区

3.1.1.1　人口预测

以 2012 年年报人口为基数,按县计生局提供的人口自然增长率-2.07‰,其中农业人口自然增长率为-3.10‰,进行人口预测,结果见表 4-53。

表 4-53 项目区人口预测

小流域	年份	总人口/人		农业劳动力 /个	农业人口密度/ (人/km²)
		总计	农业人口		
东江源	2013	5 605	5 545	3 216	88
	2015	5 581	5 511	3 196	87
甲子乌	2013	3 160	3 140	1 821	92
	2015	3 147	3 121	1 810	92
上下坝	2013	530	530	307	44
	2015	528	528	306	44
合计	2013	9 295	9 215	5 344	85
	2015	9 256	9 160	5 312	84

3.1.1.2 农业生产用地和生态用地划分

生产用地包括耕地、园地、其他农用地,生态用地包括林地、水域、自然保护留地等。根据《寻乌县土地利用总体规划》(2006—2020 年),人均生产用地控制指标为 0.171 hm²,其中人均耕地为 0.05 hm²(人均基本农田 0.043 hm²),人均经果林 0.112 hm²,其他农用地 0.009 hm²;人均生态用地指标为 0.458 hm²,其中林地 0.449 hm²。根据流域人口测算情况,测算各流域农用地各地类控制指标见表 4-54。

表 4-54 项目区农用地规划控制指标情况

流域名	总人口 /人	生产用地/hm²				生态用地/hm²	
		小计	耕地	其中: 基本农田	园地	小计	其中: 林地
东江源	5 581	954.35	279.05	239.98	625.07	2 556.10	2 505.87
甲子乌	3 147	538.14	157.35	135.32	352.46	1 441.33	1 413.00
上下坝	528	90.29	26.40	22.70	59.14	241.82	237.07
合计	9 256	1 582.78	462.80	398.00	1 036.67	4 239.25	4 155.94

根据国土部门给出的土地利用规划控制指标,其园地规划指标是从全县果业发展需求、保障生态安全的最低要求出发的,即园地控制指标是上限,生态用地控制指标是下限。对照项目区土地利用现状,除东江源流域生产用地略有不足外,甲子乌小流域、上下坝小流域均基本满足生产用地、生态用地的要求。其中东江源小流域耕地及基本农田不足,可采取修建引水渠、水陂,增加灌溉保证率,提高基本农田面积解决;甲子乌小流域园地指标超出控制指标较多,应控制园地发展。

项目区是重要饮用水源区,在农村生产用地基本满足的情况下,土地利用结构调整的方向是提高生态用地质量。

项目区土地利用现状与控制指标对照见表 4-55。

表 4-55　项目区土地利用现状与控制指标对照　　　　　　单位:hm²

流域名	指标对比	生产用地				生态用地	
		小计	耕地	其中: 基本农田	园地	小计	其中: 林地
东江源	指标	954.35	279.05	239.98	625.07	2 556.1	2 505.87
	现状	814.09	261.57	204.1	552.52	5 195.21	5 073.98
	可变量 (+、-)	-140.26	-17.48	-35.88	-72.55	2 639.11	2 568.11
甲子乌	指标	538.14	157.35	135.32	352.46	1 441.33	1 413.00
	现状	756.02	231.73	228.85	524.29	2 481.38	2 470.52
	可变量 (+、-)	217.88	74.38	93.53	171.83	1 040.05	1 057.52
上下坝	指标	90.29	26.40	22.7	59.14	241.82	237.07
	现状	114.59	31.80	21.88	51.75	1 030.38	886.56
	可变量 (+、-)	24.3	5.40	-0.82	-7.39	788.56	649.49
合计	指标	1 582.78	462.80	398.00	1 036.67	4 239.25	4 155.94
	现状	1 684.70	525.10	454.83	1 128.56	8 706.97	8 431.06
	可变量 (+、-)	101.92	62.30	56.83	91.89	4 467.72	4 275.12

3.1.1.3　土地利用规划及调整

根据项目区土地利用现状及土地利用规划指标控制情况,结合项目区实际需求,项目区土地利用现状调整如下:

耕地:现状 525.10 hm²,可变量 62.30 hm²(可减少),规划减少 2.92 hm²,退耕建生态观赏林 2.92 hm²。

园地:现状 1 128.56 hm²,超出指标 91.89 hm²,主要是甲子乌流域超出较多,规划甲子乌试点退果还林 9.45 hm²,东江源退果还林 4.41 hm²。

林地:现状 8 431.06 hm²,达到规划控制要求,规划方向是大力提高林地质量,适当增加林地面积。规划增加林地面积 127.5 hm²,其中从园地转换 13.86 hm²,从荒地转换107.91 hm²。

3.1.2　矿山迹地生态治理区

矿山迹地生态治理区所在流域为双茶亭小流域,土地利用现状主要为荒山荒坡和稀土尾沙堆放地,目前矿区已闭矿,主要根据生态建设需要,全部进行植被恢复,以减轻水土流失。其中,恢复园地面积 18.91 hm²,恢复林地面积 452.68 hm²,恢复草地面积 154.15 hm²。

3.2　工程总体布置

3.2.1　措施布局原则

3.2.1.1　水源生态修复区

按照"预防为主,保护优先,全面规划,综合治理,因地制宜,突出重点,科学管理,注重效益"的水土保持方针,根据项目区土地利用规划情况,结合群众的意愿与实际需求,措施布局坚持因地制宜,因害设防,综合整治,使水土资源得到有效保护和永续利用。治理方向以打造水源区生态清洁小流域为主,具体措施布局是以小流域为单元,分别划定生态自然修复区、综合治理区、沟(河)道及湖库周边整治区,分区布局。

生态自然修复区:自然植被较好的地方,主要采取封禁措施,保护林草植被,防止人为破坏、污染物随意排放;在自然植被较差的地方,采取补植、抚育等措施,促进林草植被恢复,同时防止人为破坏及污染物随意排放。

综合治理区:对存在林下水土流失现象的果园进行改造,山顶营造1/3的水保林,山下建水塘及植物隔离带,存在路沟侵蚀的道路进行硬化及完善排水系统。对荒草地及局部崩岗地、矿山迹地栽植水保林。村庄附近进行人居环境、道路整治、垃圾及污水处理。

沟(河)道及湖库周边整治区:开展沟道护岸及清淤,沟道两旁结合自然结点,形成绿化带及修憩小园。

3.2.1.2　矿山迹地生态治理区

矿山迹地生态治理区以恢复植被为主,乔、灌、草结合,乔木选择适宜当地土质的湿地松、枫杨、木荷、杉木等,灌木主要栽植胡枝子,草种选择糖蜜草、狗尾草。湿地松易发线虫病,主要栽植在山顶,山腰栽植杉木、木荷,阻隔其他区域病源与山顶湿地松的联系,山脚地形平坦、部分土质较好的地方栽植枫树、罗汉松、香樟,林下行间带状植草。沟道建立谷坊、拦沙坝,层层拦截泥沙。

3.2.2　措施布设

本工程治理水土流失总面积为 48.46 km^2,措施合计:坡耕地造生态观赏林 2.92 hm^2,荒山荒坡栽植水保林 455.09 hm^2,栽植经果林 18.91 hm^2,果园退果栽植水保林 13.86 hm^2,种草 154.15 hm^2,植物隔离带 10.39 km,修建蓄水堰 6 座,蓄水池 87 口,排灌沟渠 34.69 km,园间道路 14.68 km,谷坊 15 座,拦沙坝 5 座,河道整治 69.39 km,封育管护 3 577.43 hm^2。农村污水处理设施包括化粪池 169 座,沼气池 85 座,垃圾池 85 座,建设人工湿地 6 处。建设果园水土流失及面源污染监测点 6 处。

3.2.2.1　东江源小流域

东江源小流域建设任务为治理水土流失面积 23.47 km^2,实施措施有退耕栽植观赏型水保林 2.92 hm^2,果园退果栽植水保林 4.41 hm^2,植物隔离带 3.54 km,修建蓄水堰 4 座,蓄水池 46 口,排灌沟渠 17.27 km,田间道路 5.25 km,谷坊 5 座,拦沙坝 3 座,河道整治 38.91 km,封育管护 20.39 km^2。农村污水处理设施包括化粪池 116 座,沼气池 55 座,垃圾池 14 座,人工湿地 4 处。建设果园水土流失及面源污染监测点 3 处。布设图斑见表 4-56。

表 4-56 东江源小流域基本情况及水土保持措施布设情况表

图斑号	村名	小地名	面积/hm²	地貌部位	坡度/(°)	海拔高度/m	利用现状	植被类型	林草覆盖度/%	流失强度	实施措施
1	东江源村	陂头	62.00	山坡	25~35	900	疏幼林	松、竹类	75~85	轻度	封育管护
2	东江源村	陂头	8.31	山坡	15~25	700	疏幼林	松、竹类	60~70	轻度	封育管护
3	东江源村	陂头	1.27	山坡	5~15	700	果园	柑橘	45~60	轻度	整地种植黄花槐等观赏性树木、草地
4	东江源村	陂头	1.65	山坡	15~25	700	果园	柑橘	60~70	轻度	整地种植黄花槐等观赏性树木、草地
5	东江源村	陂头	36.25	山坡	25~35	800	疏幼林	松、竹类	75~85	轻度	封育管护
6	东江源村	三面排	81.00	山坡	25~35	800	疏幼林	松、竹类	75~85	轻度	封育管护
7	东江源村	三面排	43.12	山坡	25~35	700	疏幼林	松、竹类	75~85	轻度	封育管护
8	东江源村	三面排	21.48	山坡	25~35	700	疏幼林	松、竹类	75~85	轻度	封育管护
9	东江源村	桐梓岇	18.53	山坡	25~35	700	疏幼林	松、竹类	75~85	轻度	封育管护
10	东江源村	桐梓岇	7.24	山坡	25~35	800	疏幼林	松、竹类	75~85	轻度	封育管护
11	东江源村	桐梓岇	33.05	山坡	25~35	700	疏幼林	松、竹类	75~85	轻度	封育管护
12	东江源村	石子岌	22.64	山坡	15~25	600	果园	柑橘	60~70	轻度	蓄水池、沉沙池、沟渠、机耕路

续表 4-56

图斑号	村名	小地名	面积/hm²	地貌部位	坡度/(°)	海拔高度/m	利用现状	植被类型	林草覆盖度/%	流失强度	实施措施
13	东江源村	石子岌	12.86	山坡	15~25	600	果园	柑橘	60~70	轻度	植物篱
14	东江源村	石子岌	36.98	山坡	25~35	600	疏幼林	松、竹类	75~85	轻度	封育管护
15	东江源村	石子岌	84.45	山坡	25~35	700	疏幼林	松、竹类	75~85	轻度	封育管护
16	东江源村	樟畲	22.04	山坡	25~35	600	疏幼林	松、竹类	75~85	轻度	封育管护
17	东江源村	樟畲	29.11	山坡	25~35	600	疏幼林	松、竹类	75~85	轻度	封育管护
18	东江源村	高寨	16.43	山坡	25~35	600	果园	柑橘	75~85	轻度	植物篱
19	东江源村	高寨	134.04	山坡	25~35	700	疏幼林	松、竹类	75~85	轻度	封育管护
20	东江源村	高寨	31.37	山坡	25~35	600	果园	柑橘	75~85	轻度	蓄水池沉沙池、沟渠、机耕路
21	东江源村	烂泥湖	12.43	山坡	25~35	600	果园	柑橘	75~85	轻度	植物篱
22	东江源村	箬竹坑	33.42	山坡	>35	600	疏幼林	松、竹类	75~90	轻度	封育管护
23	东江源村	箬竹坑	13.52	山坡	25~35	600	疏幼林	松、竹类	75~85	轻度	封育管护
24	大湖村	黄企山	8.44	山坡	25~35	700	疏幼林	松、竹类	60~75	中度	封育管护
25	大湖村	黄企山	86.97	山坡	>35	800	疏幼林	松、竹类	75~90	轻度	封育管护
26	大湖村	黄企山	50.50	山坡	>35	800	荒山荒地	杂灌、草	60~75	中度	封育管护

续表 4-56

图斑号	村名	小地名	面积 /hm²	地貌部位	坡度/(°)	海拔高度 /m	利用现状	植被类型	林草覆盖度 /%	流失强度	实施措施
27	大湖村	富足岭	137.84	山坡	25~35	600	疏幼林	松、竹类	75~85	轻度	封育管护
28	大湖村	峰背	51.61	山坡	>35	500	疏幼林	松、竹类	75~90	轻度	封育管护
29	东江源村	烂泥湖	115.74	山坡	>35	700	疏幼林	松、竹类	75~90	轻度	封育管护
30	东江源村	樟畲	102.28	山坡	25~35	700	疏幼林	松、竹类	75~85	轻度	封育管护
31	东江源村	樟畲	91.14	山坡	25~35	700	疏幼林	松、竹类	75~85	轻度	封育管护
32	东江源村	樟畲	59.55	山坡	25~35	800	疏幼林	松、竹类	75~85	轻度	封育管护
33	图岭村	犁洋尾	45.44	山坡	25~35	800	疏幼林	松、竹类	75~85	轻度	封育管护
34	图岭村	犁洋尾	85.09	山坡	15~25	700	疏幼林	松、竹类	60~70	轻度	封育管护
35	图岭村	图岭	32.30	山坡	15~25	700	果园	柑橘	60~70	轻度	蓄水堰1座
36	图岭村	图岭	16.51	山坡	8~15	700	柑橘	作物	60~75	中度	蓄水池、沉沙池、沟渠
37	载下村	上坑	10.55	山坡	8~15	400	柑橘	作物	60~75	中度	蓄水池、沉沙池、沟渠
38	图岭村	大坑	66.52	山坡	15~25	800	疏幼林	松、竹类	60~75	轻度	封育管护
39	图岭村	图岭	12.15	山坡	15~25	700	果园	柑橘	60~75	轻度	植物篱
40	图岭村	蓑衣塘	73.82	山坡	25~35	800	果园	柑橘	75~85	轻度	蓄水池、沉沙池、沟渠、机耕路

续表 4-56

图斑号	村名	小地名	面积/hm²	地貌部位	坡度/(°)	海拔高度/m	利用现状	植被类型	林草覆盖度/%	流失强度	实施措施
41	图岭村	石陂	71.74	山坡	15~25	700	疏幼林	松、竹类	60~70	轻度	封育管护
42	图岭村	梅子坝	80.53	山坡	>35	800	疏幼林	松、竹类	75~90	轻度	封育管护
43	图岭村	太阳关	38.10	山坡	>35	800	疏幼林	松、竹类	75~90	轻度	封育管护
44	图岭村	梅子坝	40.65	山坡	>35	800	疏幼林	松、竹类	75~90	轻度	封育管护
45	图岭村	太阳关	33.15	山坡	>35	800	疏幼林	松、竹类	75~90	轻度	封育管护
46	长安村	斜竹迳	67.55	山坡	15~25	900	疏幼林	松、竹类	60~70	轻度	封育管护
47	长安村	龙岗塘	109.86	山坡	15~25	1 000	疏幼林	松、竹类	60~70	轻度	封育管护
48	东江源村	高寨	27.18	山坡	>35	600	疏幼林	松、竹类	75~90	轻度	封育管护
49	东江源村	烂泥湖	9.58	山坡	15~25	500	柑橘		60~70	强度	蓄水池、沉沙池、沟渠
50	龙塘村	樟树湾	23.02	山坡	15~25	400	果园	柑橘	60~70	轻度	植物篱
51	龙塘村	大桥头	10.22	山坡	25~35	400	果园	柑橘	60~70	中度	生态果园、蓄水堰 1 座
52	龙塘村	龙塘湾	20.87	山坡	15~25	400	果园	柑橘	45~60	中度	生态果园、蓄水堰 2 座

3.2.2.2　甲子乌小流域

甲子乌小流域治理水土流失面积 14.59 km²，实施措施有荒坡营造水保林 2.41 hm²，果园退果栽植水保林 9.45 hm²，其中包括退果还林 6.29 hm²，山顶玳帽树 3.16 hm²，植物隔离带 6.85 km，修建蓄水堰 1 座，蓄水池 39 口，排灌沟渠 14.42 km，田间道路 6.92 km，谷坊 2 座，河道整治 22.73 km，封育管护 11.24 km²。农村污水处理设施包括化粪池 35

座,沼气池 25 座,垃圾池 6 座,人工湿地 2 处。建设果园水土流失及面源污染监测点 3
处。布设图斑见表 4-57。

表 4-57　甲子乌小流域基本情况及水土保持措施布设情况

图斑号	村名	小地名	面积/hm²	地貌部位	坡度/(°)	海拔高度/m	利用现状	植被类型	林草覆盖度/%	流失类型	流失强度	实施措施
1	甲子乌村	南坑山	69.89	山坡	25~35	1 200	疏幼林	松、杉、竹	75~80	面蚀	轻度	封育管护
2	甲子乌村	南坑山	81.01	山坡	25~35	1 000	疏幼林	松、杉、竹	75~80	面蚀	轻度	封育管护
3	甲子乌村	南坑山	117.86	山坡	25~35	700	疏幼林	松、杉、竹	75~80	面蚀	轻度	封育管护
4	甲子乌村	上大水	75.66	山坡	25~35	700	疏幼林	松、杉、竹	75~80	面蚀	轻度	封育管护
5	长安村	长安	70.68	山坡	25~35	800	疏幼林	松、杉、竹	75~80	面蚀	轻度	封育管护
6	长安村	长安	79.05	山坡	15~25	800	疏幼林	松、杉、竹	60~75	面蚀	轻度	封育管护
7	甲子乌村	下大水	39.44	山坡	25~35	700	疏幼林	松、杉、竹	75~80	面蚀	轻度	封育管护
8	甲子乌村	上大水	43.85	山坡	15~25	600	疏幼林	松、杉、竹	60~75	面蚀	轻度	封育管护
9	甲子乌村	下大水	49.51	山坡	25~35	700	疏幼林	松、杉、竹	75~80	面蚀	轻度	封育管护
10	甲子乌村	甲子乌	37.08	山坡	25~35	600	果园	柑橘	60~75	面蚀	轻度	植物篱
11	甲子乌村	龟子际下	47	山坡	15~25	600	果园	柑橘	60~75	面蚀	轻度	蓄水池、沉沙池、沟渠、机耕路
12	甲子乌村	龙师田	6.29	山坡	25~35	600	果园	柑橘	60~75	面蚀	中度	退果还林
13	甲子乌村	寒塘	58.39	山坡	25~35	600	疏幼林	松、杉、竹	75~80	面蚀	轻度	封育管护

续表 4-57

图斑号	村名	小地名	面积/hm²	地貌部位	坡度/(°)	海拔高度/m	利用现状	植被类型	林草覆盖度/%	流失类型	流失强度	实施措施
14	甲子乌村	竹山下	32.15	山坡	25~35	600	疏幼林	松、杉、竹	75~80	面蚀	轻度	封育管护
15	甲子乌村	上对门	31.54	山坡	15~25	600	果园	柑橘	60~75	面蚀	轻度	植物篱、谷坊
16	甲子乌村	新岗背	41.68	山坡	15~25	600	果园	柑橘	60~75	面蚀	轻度	蓄水池、沉沙池、沟渠、机耕路
17	甲子乌村	新岗背	6.98	山坡	15~25	700	疏幼林	松、杉、竹	60~75	面蚀	轻度	封育管护
18	甲子乌村	新岗背	6.95	山坡	15~25	600	果园	柑橘	60~75	面蚀	轻度	植物篱
19	甲子乌村	新岗背	1.64	山坡	5~10	500	果园	柑橘	30~45	面蚀	轻度	植物篱
20	甲子乌村	新岗背	41.48	山坡	15~25	500	果园	柑橘	60~75	面蚀	轻度	蓄水池、沉沙池、沟渠、机耕路
21	甲子乌村	老岗背	39.64	山坡	25~35	700	疏幼林	松、杉、竹	75~80	面蚀	轻度	封育管护
22	甲子乌村	老岗背	24.7	山坡	15~25	600	疏幼林	松、杉、竹	60~75	面蚀	轻度	封育管护
23	甲子乌村	谢坑	16.95	山坡	25~35	500	疏幼林	松、杉、竹	75~80	面蚀	轻度	封育管护
24	甲子乌村	谢坑	11.58	山坡	25~35	600	疏幼林	松、杉、竹	75~80	面蚀	轻度	封育管护
25	甲子乌村	谢坑	11.44	山坡	25~35	600	疏幼林	松、杉、竹	75~80	面蚀	轻度	封育管护
26	甲子乌村	谢坑	62.61	山坡	>35	600	疏幼林	松、杉、竹	75~85	面蚀	轻度	封育管护
27	甲子乌村	谢坑	83.11	山坡	>35	600	疏幼林	松、杉、竹	75~85	面蚀	轻度	封育管护

续表 4-57

图斑号	村名	小地名	面积/hm²	地貌部位	坡度/(°)	海拔高度/m	利用现状	植被类型	林草覆盖度/%	流失类型	流失强度	实施措施
28	甲子乌村	谢坑	107.47	山坡	>35	700	疏幼林	松、杉、竹	75~85	面蚀	轻度	封育管护
29	龙塘村	登豆岭	24.18	山坡	>35	400	果园	柑橘	60~75	面蚀	轻度	蓄水池、沉沙池、沟渠、机耕路
30	龙塘村	登豆岭	30.97	山坡	25~35	400	果园	柑橘	65~70	面蚀	轻度	植物篱、谷坊
31	龙塘村	登豆岭	1.89	山坡	5~10	300	果园	柑橘	30~45	面蚀	轻度	植物篱
32	龙塘村	登豆岭	20.24	山坡	>35	400	果园	柑橘	60~75	面蚀	轻度	植物篱
33	龙塘村	登豆岭	22.28	山坡	25~35	400	果园	柑橘	65~70	面蚀	中度	生态果园、蓄水堰1座
34	龙塘村	竹山下	42.27	山坡	15~25	600	疏幼林	松、杉、竹	60~75	面蚀	轻度	封育管护
35	龙塘村	水口	18.68	山坡	>35	400	果园	柑橘	60~75	面蚀	轻度	植物篱
36	长安村	梅子坝	2.41	山坡	15~25			杂灌草			轻度	水保林

3.2.2.3 上下坝小流域

上下坝小流域治理水土流失面积 3.35 km²,实施措施有修建蓄水堰 1 座,河道整治 7.75 km,谷坊 2 座,封育管护 3.35 km²。农村污水处理设施包括化粪池 18 座,沼气池 5 座,垃圾池 2 座。布设图斑见表 4-58。

表 4-58 上下坝小流域基本情况及水土保持措施布设情况

图斑号	村名	小地名	面积/hm²	地貌部位	坡度/(°)	海拔高度/m	利用现状	植被类型	林草覆盖度/%	流失类型	流失强度	实施措施
1	上下坝村	寨项	103.29	山坡	>35	1 000	疏幼林	松、竹类	75~80	面蚀	轻度	封育管护
2	上下坝村	黄瓜畲	27.94	山坡	25~35	800	疏幼林	松、竹类	75~80	面蚀	轻度	封育管护、谷坊

续表 4-58

图斑号	村名	小地名	面积/hm²	地貌部位	坡度/(°)	海拔高度/m	利用现状	植被类型	林草覆盖度/%	流失类型	流失强度	实施措施
3	上下坝村	上坝	63.33	山坡	25~35	900	疏幼林	松、竹类	60~75	面蚀	中度	封育管护
4	上下坝村	上坝	58.19	山坡	>35	1 000	荒山荒坡	杂灌、草	45~60	面蚀	轻度	封育管护、谷坊
5	上下坝村	上坝	82.70	山坡	>35	1 000	荒山荒坡	杂灌、草	45~60	面蚀	轻度	封育管护、蓄水堰

3.2.2.4 双茶亭小流域

双茶亭小流域治理水土流失面积 7.05 km²，实施措施有经济林 18.91 hm²，水保林 452.68 hm²，人工种草 154.15 hm²，机耕道路 2.5 km，谷坊 6 座，拦沙坝 2 座，排灌沟渠 3 km，蓄水池 2 座，沉沙池 2 座，封育管护 78.82 hm²。

布设图斑见表 4-59。

表 4-59 双茶亭小流域基本情况及水土保持措施布设情况

图斑号	村名	小地名	面积/hm²	地貌部位	坡度/(°)	海拔高度/m	利用现状	植被类型	林草覆盖度/%	流失类型	流失强度	实施措施
1	吉丰	寨项	18.91	山坡	15~25	300	荒山荒坡	松、竹类	20~30	面蚀	强度	经果林、蓄水池、沉沙池
2	吉丰	吉丰	37.34	山坡	25~35	300	荒山荒坡	松、竹类	10~20	面蚀	极强烈	水保林、拦沙坝
3	吉丰	凉帽栋	34.27	山坡	25~35	300	荒山荒坡	松、竹类	10~20	面蚀	极强烈	水保林
4	吉丰	店子排	15.21	山坡	>35	300	荒山荒坡	松、竹类	10~20	面蚀	剧烈	水保林
5	吉丰	凉帽栋	49.26	山坡	25~35	500	荒山荒坡	松、竹类	50~60	面蚀	中度	人工种草
6	吉丰	凉帽栋	41.89	山坡	15~25	400	荒山荒坡	松、竹类	20~30	面蚀	强度	水保林

续表 4-59

图斑号	村名	小地名	面积/hm²	地貌部位	坡度/(°)	海拔高度/m	利用现状	植被类型	林草覆盖度/%	流失类型	流失强度	实施措施
7	吉丰	凉帽栋	42.88	山坡	25~35	300	荒山荒坡	松、竹类	50~60	面蚀	中度	人工种草
8	吉丰	凉帽栋	16.41	山坡	>35	300	荒山荒坡	松、竹类	10~20	面蚀	剧烈	人工种草
9	吉丰	凉帽栋	13.92	山坡	25~35	400	荒山荒坡	松、竹类	50~60	面蚀	中度	水保林
10	吉丰	凉帽栋	43.14	山坡	25~35	300	火烧迹地	松、竹类	50~60	面蚀	中度	水保林
11	吉丰	凉帽栋	46.99	山坡	15~25	400	稀土尾沙堆放区	松、竹类	20~30	面蚀	强度	水保林
12	吉丰	凉帽栋	4.74	山坡	5~15	300	稀土尾沙堆放区	松、竹类	35~45	面蚀	中度	水保林、拦沙坝
13	吉丰	凉帽栋	32.60	山坡	25~35	400	荒山荒坡	松、竹类	50~60	面蚀	中度	水保林、1个谷坊
14	吉丰	凉帽栋	7.05	山坡	15~25	400	稀土尾沙堆放区	松、竹类	20~30	面蚀	强度	水保林
15	吉丰	凉帽栋	7.59	山坡	15~25	400	稀土尾沙堆放区	松、竹类	20~30	面蚀	强度	水保林
16	吉丰	凉帽栋	35.68	山坡	15~25	500	荒山荒坡	松、竹类	35~45	面蚀	中度	人工种草
17	吉丰	凉帽栋	39.33	山坡	25~35	500	疏幼林	松、竹类	75~85	面蚀	轻度	封禁治理
18	吉丰	凉帽栋	5.19	山坡	15~25	400	荒山荒坡	松、竹类	20~30	面蚀	强度	水保林
19	吉丰	凉帽栋	12.33	山坡	25~35	300	荒山荒坡	松、竹类	50~60	面蚀	中度	水保林
20	吉丰	凉帽栋	24.73	山坡	15~25	300	稀土尾沙堆放区	松、竹类	20~30	面蚀	强度	水保林、4个谷坊
21	吉丰	凉帽栋	4.84	山坡	25~35	300	荒山荒坡	松、竹类	10~20	面蚀	极强烈	水保林
22	石排	双茶亭	12.68	山坡	25~35	300	荒山荒坡	松、竹类	10~20	面蚀	极强烈	水保林

续表 4-59

图斑号	村名	小地名	面积/hm²	地貌部位	坡度/(°)	海拔高度/m	利用现状	植被类型	林草覆盖度/%	流失类型	流失强度	实施措施
23	石排	双茶亭	9.92	山坡	25~35	200	荒山荒坡	松、竹类	50~60	面蚀	中度	人工种草
24	石排	双茶亭	3.79	山坡	15~25	300	稀土尾沙堆放区	松、竹类	20~30	面蚀	强度	水保林
25	石排	双茶亭	6.42	山坡	25~35	300	荒山荒坡	松、竹类	50~60	面蚀	中度	水保林、1个谷坊
26	石排	双茶亭	34.63	山坡	25~35	400	荒山荒坡	松、竹类	50~60	面蚀	中度	水保林
27	石排	七墩石	39.49	山坡	15~25	400	疏幼林	松、竹类	20~30	面蚀	轻度	封禁治理
28	石排	七墩石	63.33	山坡	15~25	400	荒山荒坡	松、竹类	20~30	面蚀	强度	水保林、拦沙坝

4　工程设计

4.1　林草措施

4.1.1　水保林

4.1.1.1　荒山荒坡造水保林

1)立地条件

坡度较陡的中强度水土流失的荒山荒坡,以及近年来稀土资源开发造成的废弃采场。

2)树草品种

乔木有木荷、枫香、杉木、湿地松、枫杨,灌木有胡枝子、黄桅子等,混合草种(百喜草、马塘、糖蜜草、雀稗、狗牙根等)。

3)种植方式

乔灌树种隔行种植,草种带状种植。

4)整地方式和季节

(1)采用穴状整地与水平阶整地。由于双茶亭小流域部分图斑土质松散,冲沟较为严重,因此采用水平阶整地种植水保林,水平阶宽为 1.5 m;对于土质较好、较为平整的山地,采用穴状整地,乔木类种植穴的规格为 50 cm×50 cm×50 cm,灌木类种植穴规格为 25 cm×25 cm×25 cm。

(2)整地一般安排在前一年秋、冬进行。

(3)造林方式和季节:春季植苗造林。

(4)抚育管理:加强封山育林,防治病虫害。

（5）种植密度及需苗量见表4-60。

表4-60　种植密度及需苗量

树种	株距/m	行距/m	定植点数量/(个/hm²)	苗龄及等级	种植方式	需种苗量
乔木类	2.5	2.5	1 500	1年生一级苗	植苗	1 650株/hm²
灌木类	2.0	2.5	2 000	1年生一级苗	植苗	2 200株/hm²
混合草籽	条播	0.5		净度95%,发芽率≥85%	条播	15 kg/hm²

荒山荒坡种植水保林总面积为455.09 hm²,甲子乌小流域水保林面积为2.41 hm²,双茶亭小流域水保林面积为452.68 hm²。小流域荒山荒坡造水保林建设任务见表4-61。

表4-61　小流域水保林建设汇总

所在区	小流域	村名	小地名	图斑号	面积/hm²	坡度/(°)	整地方式	种植乔木
水源生态修复区	甲子乌	梅子坝	长安村	36	2.41	15~25	穴状整地	湿地松、枫香
矿山迹地生态建设区	双茶亭	吉丰	吉丰	2	37.34	25~35	穴状整地	枫杨、湿地松
		吉丰	凉帽栋	3	34.27	25~35	穴状整地	枫杨、湿地松
		吉丰	店子排	4	15.21	>35	穴状整地	枫杨、湿地松
		吉丰	凉帽栋	6	41.89	15~25	穴状整地	枫杨、湿地松
		吉丰	凉帽栋	9	13.92	25~35	穴状整地	枫杨、湿地松
		吉丰	凉帽栋	10	43.14	25~35	穴状整地	枫杨、湿地松
		吉丰	凉帽栋	11	46.99	15~25	穴状整地	枫杨、湿地松
		吉丰	凉帽栋	12	4.74	5~15	穴状整地	枫杨、湿地松
		吉丰	凉帽栋	13	32.6	25~35	穴状整地	枫杨、湿地松
		吉丰	凉帽栋	14	7.05	15~25	水平阶整地	枫杨、湿地松
		吉丰	凉帽栋	15	7.59	15~25	水平阶整地	枫杨、湿地松
		吉丰	凉帽栋	18	5.19	15~25	水平阶整地	枫杨、湿地松
		吉丰	凉帽栋	19	12.33	25~35	穴状整地	枫杨、湿地松
		吉丰	凉帽栋	20	24.73	15~25	水平阶整地	枫杨、湿地松
		吉丰	凉帽栋	21	4.84	25~35	穴状整地	枫杨、湿地松
		石排	双茶亭	22	12.68	25~35	穴状整地	枫杨、湿地松
		石排	双茶亭	24	3.79	15~25	穴状整地	枫杨、湿地松
		石排	双茶亭	25	6.42	25~35	穴状整地	枫杨、湿地松

4.1.1.2　坡耕地造生态观赏林

由于东江是粤港地区的重要水源,因此各地对于东江源头区生态和水源保护都十分重视,每年有很多政府人员及社会公益组织到寻乌东江源组织探源活动,做好东江源头区的美化绿化工作意义重大。拟将东江源小流域 3 号、4 号图斑进行退耕还林,并整理地块种植观赏性植物,采取乔灌草结合的方式防治水土流失。

1)树草品种

乔木选择黄花槐、杉木、湿地松等,灌木选择胡枝子、黄栀子等,混合草种(百喜草、马塘、糖蜜草、雀稗、狗牙根等)。

2)种植方式

乔木树种与灌木树种隔行种植,草种带状种植。

3)整地方式和季节

(1)坡面采用竹节水平沟整地,防御标准按 10 年一遇最大 24 h 设计。水平竹节沟沟间距 5~8 m,沟口上宽 40 cm,底宽 30 cm,深 30 cm,隔 3~4 m 留一节横土埂,横土埂顶宽为 20 cm,高为沟深的 2/3。整地要求沟底水平、竹节、沟节相连。

(2)乔木、灌木采用穴状整地。乔木种植穴的规格为 50 cm×50 cm×50 cm,灌木种植规格为 25 cm×25 cm×25 cm。

(3)混合草采用带状整地,带宽 0.9~1.2 m,深翻 10~15 cm。

(4)整地一般安排在造林前一年秋、冬进行。

(5)造林方式和季节:乔灌春季植苗造林;混合草种采用条播,播种时间 3—5 月。

(6)抚育管理。绿化管护的主要内容为:补植、土、肥、水管理,防治病、虫、杂草,修剪及保护管理更新复壮等。树苗栽植一般在春、秋两季。

绿化管理工作分为重点管护和一般管护两个阶段。重点管护阶段是指栽植验收之后至 3~5 年,草地为 1 年之内,其管护目标应为保证成活、恢复生长。一般管护是指重点管护之后,成活生长已经稳定后的长时间管护阶段,主要工作是修剪,土、肥、水管理及病、虫、杂草防治等。种植密度及需苗量见表 4-62。

表 4-62　种植密度及需苗量

树种	株距/m	行距/m	定植点数量/(个/hm²)	苗龄及等级	种植方式	需种苗量
乔木类	2.5	2.5	1 500	1 年生一级苗	植苗	1 650 株/hm²
灌木类	2.0	2.5	2 000	1 年生一级苗	植苗	2 200 株/hm²
混合草籽	条播	0.5		净度 95%,发芽率≥85%	条播	15 kg/hm²

小流域坡耕地造生态观赏林建设任务表见表 4-63。

表 4-63 小流域坡耕地造生态观赏林建设任务

所在区	小流域	村名	小地名	图斑号	面积/hm²	坡度/(°)
水源生态修复区	东江源	东江源村	陂头	3	1.27	5~10
	东江源	东江源村	陂头	4	1.65	15~25

4.1.2 经果林

重点吸取现有建园标准低、管理水平低、产量产值低的"三低"脐橙园的经验教训,提高建设标准,完善水土保持措施,提高果园产量。

1)造林地块

双茶亭小流域拟实施面积为 18.91 hm²。采用双茶亭小流域 1 号图斑为典型设计。

2)树种选择

选择适应性强、市场潜力大,符合当地农业主导产业发展的名、特、优、新果树品种,项目区主要发展的果树品种有脐橙、蜜橘、柚、梨、桃、杨梅等,重点开发脐橙。

3)种植密度及需苗量

选择当地重点发展的脐橙作典型设计,梯壁植草,草种选用混合草籽(狗牙根、假俭草、结缕草)。种植密度及需苗量见表 4-64。

表 4-64 种植密度及需苗量

树(草)种	株距/m	行距/m	苗龄及等级	定植点数量/(个/hm²)	种植方法	需苗量
脐橙	4	3	1(2)-0,Ⅰ级苗	833	植苗	850(株/hm²)
混合草籽			净度≥95%,发芽率≥85%		直播	24.0 kg

4)栽植方法和季节

(1)采用窄梯田(反坡梯田)整地,田块沿等高线布设,大弯就势,小弯取直。台地田面宽 3 m,田面外侧修筑田埂,埂高 0.2 m,顶宽 0.3 m,底宽 0.4 m;内侧修筑坎下沟,沟底宽 0.3 m,沟深 0.3 m,顶宽 0.4 m,梯形断面。坎下沟内每隔 5~10 m 留设一横土挡,土挡高度 15 cm。窄梯田断面尺寸及工程量见表 4-65。

(2)在台面中部按株距定点挖穴,种植穴直径 0.8 m,穴深 0.8 m。

(3)整地一般安排在定植前一年的秋、冬季进行。

5)栽植方法和季节

采用 2 年生嫁接苗植苗造林,品字形配置,栽植前施足基肥,造林季节为冬季或春季;梯壁和田埂采用混合草籽穴播。

6)幼林抚育

及时浇水、施肥、整形修枝、间作绿肥、防治病虫害。

果木林建设任务见表 4-66。

表 4-65　窄梯田断面尺寸及工程量

地面坡度 /(°)	田坎侧坡 /(°)	田坎高度 H/m	台面宽度 /m	田坎宽度 /m	每公顷田面长度/m	每公顷土石方量 V/m³		
						梯地	田埂	坎下沟
12	80	0.64	3	0.11	3 333	800	233.3	350
12	80	0.64	3	0.11	1 667	400	116.7	175
13	80	0.69	3	0.12	1 667	431.3	116.7	175
14	80	0.75	3	0.13	1 667	468.8	116.7	175
15	80	0.80	3	0.14	1 667	500	116.7	175
16	80	0.86	3	0.15	1 667	537.5	116.7	175
17	80	0.92	3	0.16	1 667	575	116.7	175
18	80	0.97	3	0.17	1 667	606.3	116.7	175
19	80	1.03	3	0.18	1 667	643.8	116.7	175
20	80	1.09	3	0.19	1 667	681.3	116.7	175
21	80	1.15	3	0.20	1 667	718.8	116.7	175
22	80	1.21	3	0.21	1 667	756.3	116.7	175
23	80	1.27	3	0.22	1 667	793.8	116.7	175
24	80	1.34	3	2 244.5	1 667	837.5	116.7	175
25	80	1.40	3	2 450	1 667	875	116.7	175

表 4-66　果木林建设任务

所在区	小流域	村名	小地名	图斑号	面积/hm²	坡度/(°)
矿山迹地生态建设区	双茶亭	吉丰	寨项	1	18.91	15~25

4.1.3　生态果园试点

寻乌县是果业大县,全县果业面积已达到 60 万亩之多,新开果园的水土流失已成为寻乌县的一大危害。对原有果园进行现代生态农业改造,使果园达到:山顶有戴帽树,山腰种果,沉沙池和蓄水池相连,坡面水系完整,结合现代节水灌溉技术,使之成为现代生态果园的示范园,充分发挥寻乌"中国蜜橘"之乡的优势,促进当地群众致富奔小康和农村经济的可持续发展。

4.1.3.1　设计引用标准与原则

1)设计标准

经济果木林改造项目引用《水土保持综合治理技术规范》(GB/T 16453.1~16453.6—2008)等治理技术标准。

2)设计原则

经济果木林改造重点突出因害设防的原则,科学合理地配置各项水土保持措施,实现经济效益与生态效益有机统一。

4.1.3.2 综合措施

结合本地特点,对原有水土流失的果园进行改造,使果园按水土保持的要求做到:山顶有戴帽树,山腰果树,沉沙池与蓄水池相连,山下挖蓄水堰,主干道与各小区道路畅通的生态模式。

1)截水沟

在果园梯带内侧,沿等高线方向开挖截水沟,截水沟与山间小路排水沟及蓄水池相连,开挖截水沟的土,放置于梯带外边,使之形成外高内低的反坡梯带。截水沟内壁种草,使之成为生态沟渠,以便在雨量不大时能够将水储存在沟道内,不形成径流,雨量较大时水流经排水沟排到蓄水堰或山脚的河流中,不会形成坡面冲刷导致水土流失。

2)排水沟

排水沟顺山间林道布置,与截水沟相连通,主要用于山顶林道排水和在雨量过大、截水沟容纳不了设计雨量时进行排水。

3)沉沙池

沉沙池一般与蓄水池相连,沉积洪水冲刷下来的泥沙,池里的泥沙沉积到一定量时,一般在2/3时,要进行清除,以保持其沉沙效果。

4)蓄水池

蓄水池与沉沙池相连,用于收集雨水储水抗旱和平时施肥灌溉。

5)蓄水堰

蓄水堰一般布设在地势低洼的山坑口,一是起到蓄水抗旱作用;二是沉积因雨水冲刷下来的泥沙,防止造成大的水土流失危害。堰高3 m,并在堰顶设溢流口。

6)主干道

维修主干道及修建部分山间小路,使果园区与主干道保持畅通,为建立高效生态果园打好基础。生态果园建设汇总见表4-67。

表 4-67 生态果园建设汇总

所在区	小流域	村名	小地名	图斑号	面积/hm²	坡度/(°)
水源生态修复区	东江源	龙塘村	大桥头	65	10.22	25~35
	东江源	龙塘村	龙塘湾	66	20.87	25~35
	甲子乌	龙塘村	登豆岭	33	22.28	25~35

4.1.3.3 典型设计

生态果园以东江源小流域66号图斑作为典型设计,根据该果园的高程分布,确定450 m高程以上种植水保林,作为山顶戴帽树,面积为2.96 hm²;截水沟高程间距约20 m。其他图斑通过典型图斑设计,按照一定的比例来推算工程量。

生态果园试点中各项措施及工程量见表4-68。

表 4-68　生态果园措施及工程量

小流域	图斑号	蓄水堰	排水沟 /m	截水沟 /m	道路 /m	水保林面积/hm²	蓄水池	沉沙池	植物篱 /m	备注
东江源	66	2 座	4 621	2 880	2 086	2.96	11	11	960.0	典型设计
东江源	65	1 座	2 263	1 410	1 022	1.45	6	6	470.11	按比例
甲子乌	33	1 座	4 933	3 075	2 227	3.16	12	12	1 024.9	按比例
合计		4 座	11 817	7 365	5 335	7.57	29	29	2 455.0	

4.1.4　退果还林试点

东江源小流域及甲子乌小流域均位于东江源头水源重点保护区域，因此水土保持和水质保护受到极大的重视。然而寻乌县作为果业大县，源头区的果农在山上山下种满了果树，对环境及水源形成了一定程度的污染。首先，果树在生长结果过程中需要施用大量化肥农药，下雨后农药便会顺着水流冲向山沟，进而汇入东江河道，给水源区的水质造成污染，其次，由于果树需要除草，因此坡面除了果树，保土植物很少，容易造成水土流失，增大河流的泥沙含量。另外，当前一段时间寻乌相当一部分果园中蔓延着黄龙病，被果农称为果树的"癌症"，一旦被传染果树就必须砍除，源头区一部分果树已经被传染并强制砍除，砍除区域在一段时间内无法再种植果树。

基于以上原因，在甲子乌小流域 12 号图斑内试点退果还林 6.29 hm²，不仅是保护水源及生态环境的需要，也符合当前果农的利益。

退果还林参见水保林设计。小流域退果还林建设见表 4-69。

表 4-69　小流域退果还林建设

所在区	小流域	村名	小地名	图斑号	面积/hm²	坡度/(°)
水源生态修复区	甲子乌	甲子乌村	龙师田	12	6.29	25~35

4.1.5　植物隔离带

根据该流域果园较多、新建果园易造成轻度水土流失的问题，采用等高植物篱进行简单防护，减轻果园的水土流失。具体做法是沿等高线进行土埂工程整地，以灌木或草本为主栽植植物，形成等高植物篱带，等高植物篱内栽植单排植物。东江源小流域规划植物篱防护的流域面积为 76.89 hm²，植物篱长度为 3.54 km；甲子乌小流域规划植物篱防护的面积为 148.99 hm²，植物篱长度为 6.86 km。

1）自然条件

主要布设在坡度较大的果园内，土层厚度为 30~50 cm，气候温和。

2）树种选择

根据适地适树的原则，主要以本土灌木为主，主要树种为胡枝子。

3）工程整地

采用穴状整地，穴径×坑深＝30 cm×30 cm。

4）设计标准

采用 10 年一遇最大 24 h 降雨标准进行设计。

5）种植点配置

采用等高带状单排配置，株距 0.3 m，主要分布在山脚用于拦截坡面水土，单位面积配置苗木数 356 株/亩。

6）种植方法和时间

种植方式采用植苗造林法。

（1）苗木规格。针叶树种采用 1 年生或 2 年生壮苗栽植，顶芽饱满，苗干端直，色泽正常。

（2）栽植方法。采用穴植方法。穴植的技术要求是"三填、两踩、一提苗"。先填表土于坑底，把苗木放入穴中央，再填一些湿润土于坑底，用脚踩实一次，将苗木稍向上轻轻提一下，使苗根舒展与土壤密接，再将生土填入踩实，最后覆些土保墒，填土埋实，避免窝根。

（3）种植时间。苗木起苗后到栽植入土过程中要保护好苗木根系。栽植时用小铁桶等容器提苗，并注意随起苗随栽植。尽量做到当天起苗当天栽植。

植物隔离带建设汇总见表4-70。

表 4-70　植物隔离带建设汇总

所在区	小流域	村名	小地名	图斑号	防护面积 /hm²	坡度/(°)
	东江源	东江源村	石子岽	13	12.86	15~25
	东江源	东江源村	高寨	18	16.43	25~35
	东江源	东江源村	烂泥湖	21	12.43	25~35
	东江源	图岭村	图岭	46	12.15	15~25
	东江源	龙塘村	樟树湾	62	23.02	25~35
水源生态 修复区	甲子乌	甲子乌村	甲子乌	10	37.08	25~35
	甲子乌	甲子乌村	上对门	15	31.54	15~25
	甲子乌	甲子乌村	新岗背	18	6.95	15~25
	甲子乌	甲子乌村	新岗背	19	1.64	5~10
	甲子乌	龙塘村	登豆岭	30	30.97	25~35
	甲子乌	龙塘村	登豆岭	31	1.89	<5
	甲子乌	龙塘村	登豆岭	32	20.24	>35
	甲子乌	龙塘村	水口	35	18.68	>35

4.1.6　人工种草

1）立地条件

水土流失严重的荒山荒坡和疏林地、采矿迹地。

2）草种

百喜草、糖蜜草、雀稗、狗牙根、马塘等混合草种。

3) 整地方式及规格

在种植前一年秋冬采用水平竹节沟整地。设计标准采用 10 年一遇 24 h 最大降雨量,经计算,斜坡距长 5 m,沟顶宽 0.5 m,底宽 0.4 m,深 0.5 m,2~3 m 留一节(横土挡),为沟深的 2/3,整地要求沟底水平,竹节沟沟节相连。

4) 种草方式和季节

在竹节沟外侧条播,现挖现种,行距 50 cm,播后盖细土 1~2 cm,种植季节为早春。

5) 抚育管理

由专职管护员管护,防治病虫害,严禁人畜破坏。

6) 种植密度及需苗量见表 4-71。

表 4-71　种草密度及需苗量

草种	整地方式	播种期	播种量/(kg/hm²)	播种方式
混合草种	条带整地	早春	50	条播、行距 50 cm

人工种草面积为 154.15 hm²,位于双茶亭小流域,见表 4-72。

表 4-72　人工种草汇总

所在区	小流域	村名	小地名	图斑号	面积/hm²	坡度/(°)
矿山迹地生态建设区	双茶亭	吉丰	凉帽栋	5	49.26	25~35
	双茶亭	吉丰	凉帽栋	7	42.88	25~35
	双茶亭	吉丰	凉帽栋	8	16.41	>35
	双茶亭	吉丰	凉帽栋	16	35.68	15~25
	双茶亭	石排	双茶亭	23	9.92	25~35

4.2　村庄绿化

为促进流域内村庄周边的生态恢复,改善群众生产生活条件,为农村经济社会发展提供良好的生态环境,本工程拟以生态安全为目标,结合村庄规划、环境整治要求等,重点对各村中的公共场所、主要出入口、房前屋后、主要道路两侧、环境卫生死角及沿河沿沟等地块实施基本绿化,基本建成"树在村中、村在林中、村村绿色环绕"的生态景观型新农村。

在村庄绿化设计中,要严格保护好风景林、古树名木、围村林、村边森林等原有绿化,将其融入村庄绿化设计中。在绿化实施过程中,要改造与新建结合,充分利用原有绿地。经现场调查项目区村庄绿地较多,本工程主要是对原绿化进行补充,在空地铺植草皮,绿化总面积为 0.9 hm²。

(其他工程设计略)

5　水土保持监测

5.1　监测内容

项目区主要开展果园水土流失及面源污染监测、综合治理措施效益监测两项工作。

5.1.1　果园水土流失及面源污染监测

选择典型果园进行集流、产沙及总磷、总氮、氨氮、氟化物、挥发酚、镉、汞、铅等对水体构成污染的物质进行测定。

5.1.2　综合治理措施效益监测

综合治理措施效益包括蓄水保土效益、经济效益、社会效益和生态效益四个方面。

蓄水保土效益:各类措施土壤入渗率的变化及地面产流变化、小型水利水保工程拦蓄地表径流量、坡面土壤侵蚀量、谷坊坝库工程拦蓄泥沙量等。

经济效益:主要监测直接经济效益,包括经果林的果品产出、水保林及封禁治理的木材或枝条蓄积量。

社会效益:污水及垃圾减少量、沟道农药及氨氮残留量、旅游业人数增长消费情况等。

生态效益:增加常水量,改善土壤理化性质,温度、湿度变化,林草植被覆盖度及固碳量等。

5.2　监测方法

参考《水土保持监测技术规程》(SL 277—2002),根据监测对象与内容的不同,采用不同的监测方法。

5.2.1　果园水土流失及面源污染监测

果园水土流失及面源污染监测主要采取小区监测方法。

(1)选择25°以上、25°以下两组,每组选择3个有果园分布的闭合微型集水单元,在集水单元出口设立测流和沉沙措施,产流后,通过测定水样的N、P、K及泥沙含量推求果园的面源污染及水土流失情况。其中应设一个宽5 m、坡长垂直投影20 m的标准小区。监测点也可以结合退果还林及生态果园改造点布设。

(2)在监测小区内采用自记雨量计、人工观测雨量筒观测降水总量及其过程。降雨后,观测产流过程,每5 min观测记录一次,短历时暴雨应每2~3 min观测记录一次,同时对径流进行采样。泥沙量可采用取样烘干称重法测定,总磷、总氮、氨氮、氟化物、挥发酚以及镉、汞、铅等有害物质分别采用不同的物理、化学方法测定。

(3)对每个小区,每半年应进行一次有机质含量、渗透率、土壤导水率、土壤黏结力等测定;每3~4年进行一次机械组成、交换性阳离子含量、土壤团粒含量等测定。

(4)记录小区的作物经营情况,对标准小区观测植株高度、覆盖度、叶面积,小区土壤水分含量应每旬观测1次,并应在降雨前后各观测1次。

5.2.2　综合治理措施效益监测

5.2.2.1　蓄水保土效益

主要采取样本调查法和水利水保工程拦蓄量的测量、统计。

5.2.2.2　经济效益、生态效益

主要采用随机抽样调查法。样地为固定样地。生态效益监测结合经济效益典型农户调查,在典型农户所属的或农户生产生活直接影响到的(综合调查注意了解情况)疏林、灌木林、荒山荒坡、坡耕地等生态用地上分别布设监测点。样方面积要求:乔木林20 m×20 m,灌木林5 m×5 m,果园林10 m×10 m,荒坡2 m×2 m。林地郁闭度监测用树冠投影法;灌木覆盖度监测用线段法;草地覆盖度监测用针刺法。调查时间以每年的9—10月为宜,并建立与每个农户相对应的观测样方,收集样方坡度,监测乔木与果园的郁闭度、灌木林与人工种草的覆盖度等指标,调查分析治理前后生态修复的规律和效果。

5.2.2.3　社会效益

污水及垃圾减少量、沟道农药及氨氮残留量,询问式调查与典型沟道断面取样相结合的方法,在河道内上、中、下游布设水样采集点三处,定期采集水样,测验悬移质、推移质、分析化验水质,及时掌握水质情况。

5.3　监测网点布设

为确保监测数据的真实、科学,并能够开发利用,项目监测站网实行三级制。县设监测站,小流域内布设监测点,监测点内抽取典型农户。本项目共设 11 名外聘监测点。

东江源小流域:设 5 个监测点。其中,结合三桐村沟道整治布设 1 个综合治理效益监测点;选择 3 个闭合集水单元果园布设 3 个果园水土流失及面源污染监测点;图岭村布设1 个农村污水处理及人工湿地净化效果监测点。

甲子乌小流域:设 4 个监测点。其中,结合甲子乌村沟道整治布设 1 个综合治理效益监测点;选择 2 个闭合集水单元果园布设 3 个果园水土流失及面源污染监测点。

上下坝小流域:设 1 个监测点。结合上下坝沟道整治布设 1 个综合治理效益监测点。

双茶亭小流域:设 1 个监测点。结合双茶亭小流域出口处的拦沙坝,观测拦沙效果和面源污染控制效果。

沟道监测点需设立水位尺,果园监测点需设立量水堰、集水桶及沉沙池。每个监测点需配套建设雨量计,并配置取样器、取土器、测钎、皮尺、天平等取样或量测工具。含沙水样统一送县水保局检测测定泥沙,水质检测样本送寻乌县自来水公司或寻乌县卫生防疫站化验。

5.4　监测经费及人员

监测经费从项目工程总投资水土流失监测费用中列支。

县水保局监测站对每条流域确定 1 名监测站人员负责监测管理、技术指导及监测资料整理。现场监测可在当地聘请有一定文化的人员经培训后担任,每个测点布设 1 人。降雨后县监测站人员应当现场参与和指导监测工作并及时带回样本进行测定。

共需 4 名固定监测人员、11 名外聘监测人员。

5.5　监测要求

项目区内开展水土保持监测工作有助于及时掌握项目内水土流失及其防治动态,为水土保持预防监督和综合治理、建立良好生态环境提供信息,对于贯彻《水土保持法》,转变政府职能,实现科学决策,进一步搞好水土保持生态环境建设有着极其重要的意义。开展水保监测的关键在于落实监测经费,其次在于选好人员,监测人员必须认真、负责、求实。

(其他章节略)

4.7　农村水系综合整治

4.7.1　设计理念

牢固树立绿水青山就是金山银山的理念,按照乡村振兴战略提出的"产业兴旺、生态宜居、乡风文明、治理有效、生活富裕"的总要求,坚持问题导向,以县域为单元开展水系连通及农村水系综合整治,突出系统治理,统筹水系连通、河道清障、清淤疏浚、岸坡整治、水源涵养与水土保持、河湖管护等多项水利措施,以河流水系为脉络,以村庄为节点,集中连片统筹规划,与相关部门形成合力,水域岸线并治,通过恢复农村河湖基本功能、修复河道空间形态、改善河湖水环境质量,建设河畅、水清、岸绿、景美的水美乡村,增加广大农民群众的安全感、幸福感、获得感,促进乡村全面振兴。

水系连通:通过连通河道池塘、整治断头河等措施,连通邻近宜连河湖水体,逐步恢复河湖、塘坝、湿地等各类水体的自然连通。

河道清障:对非法侵占水域、非法采砂、生活(建筑)垃圾乱堆、违法建筑等"四乱"问题,集中开展整治,妥善处置清除的废弃物及垃圾,逐步退还河湖水域生态空间。

清淤疏浚:对河道内阻水的淤泥、砂石、垃圾等进行清除,疏通河道,恢复河道功能,提高行洪排涝能力,增强水体流动性,改善水质。

岸坡整治:因地制宜选择岸坡型式,以生态护岸护坡为主,尽量保持岸坡原生态,维护河流的自然形态,防止河道直线化,避免截弯取直,保护河流的多样性和河道水生生物的多样性。

水源涵养与水土保持:采取封育保护、抚育补植、建设水源涵养林和生态保护林等方式,加强生态修复和涵养水源。水土流失严重地区,因地制宜采取小流域治理措施,结合种植结构调整、坡改梯等,有效减轻水土流失。

河湖管护:以河长制、湖长制为依托,完善农村河湖日常管护机制。加强农村河湖水系空间管控,明确河湖管理保护范围,严控河湖空间侵占。

水污染防治:通过农村生产生活垃圾无害化改造、测土配方施肥撒药、污水处理设施及配套管网建设、人工湿地建设、入河湖排污口整治等措施,从源头减少污染排放,有效降低入河湖污染负荷。

4.7.2　设计要点

4.7.2.1　准确把握现状和诊断问题

在现场调研的基础上,对县域农村水系现状进行全面评估,全面分析农村河湖存在的主要问题,对问题进行梳理诊断并分析成因,重点从河湖淤积、水域岸线侵占、水质污染、防洪排涝是否达标、管理是否到位等方面分析存在的主要问题及成因,分别提出有治理任务的河流清单及问题清单。

4.7.2.2　合理确定实施范围

根据有治理任务的河流清单及问题清单,综合考虑整治需求、治理工作基础、地方财力、人口布局等因素,围绕问题的严重性、治理的紧迫性、条件的可行性,对存在问题的农村水系进一步梳理排序,确定本次需要开展治理的河流或河段,做到治理一片、见效一片、带动一片。

4.7.2.3　明确治理目标及治理标准

针对农村水系存在的问题,围绕区域乡村振兴总体要求,从河道功能、河流河势、岸线岸坡、河湖水体、人文景观、管理机制等6个方面,提出可评估、可考核的水系治理目标、指标。

河道功能目标:包括农村水系自然完整,排泄通畅,满足防洪、排涝、灌溉、供水、生态等基本功能。河道管理范围内,无乱垦乱种、乱挖乱建问题。

河流河势目标:河势稳定,河流连通性良好,水体流动自然顺畅。

岸线岸坡目标:河道岸坡稳定、整洁,自然岸线、生态岸线达到一定比例。

河湖水体目标:水源有效保护、污染有效治理、河湖水体清洁、无污染危害、无明显漂浮物、无超标污水入河、水质达到功能区划定的要求。

人文景观目标:河流及其两岸自然人文景观良好,农田阡陌、村庄人气、乡野情趣、历史文脉自然延续。

管理机制目标:河湖管理范围明晰,管护人员、经费落实,河长制、湖长制落实,农村水系有效管护机制形成并运行良好。

4.7.2.4　特色布局

应根据不同水系特点有针对性地提出整治布局,布局时应突出亮点,点、线结合,亮点纷呈,各具特色。

对于水系连通不畅的区域,要以优化区域水系格局,新建连通通道为首要任务。对于河道淤积堵塞、侵占严重的河段,要以修复河湖基本功能为目标,提出河湖清障、清淤疏浚、生态护岸方面的治理任务。对于防洪排涝问题突出的区域,根据人口、产业情况,合理确定防洪排涝标准,提出相应的整治措施。对于水土流失严重的河段,从流域水系整体的角度,提出水源涵养、水土保持方面的治理任务。

4.7.2.5　主要措施

水系连通:针对河湖水系割裂、水体流动性差等问题,要在充分论证必要性、可行性的基础上,可采取河道开挖、涵管沟通、引排水配套设施建设与改造等措施,恢复水体的自然连通。尽可能采取生态友好、绿色低碳的技术手段和施工措施,并与土地利用、乡(镇)建设等规划衔接。

河道清障:针对河道乱占、乱采、乱堆、乱建等问题,按照水利部"清四乱"专项行动的要求开展整治,逐步退还河湖水域生态空间。

清淤疏浚:除按照设计断面施工,还应注意清淤底泥有无重金属污染、富营养污染,无重金属污染的淤泥,可在熟化后作为农耕土利用,存在重金属污染的,应采取全填埋等措施。

岸坡整治:针对防洪不达标、滨岸带破坏严重、硬化比例较高的河段,在保障防洪安全的前提下,宜尽可能采用具有透水性和多孔特征的生态型岸坡防护,同时考虑便民亲水。存在零星村庄、农田的河段,按防冲不防淹原则,建设生态护岸;人们活动较少的河段,减少人为干扰,维持河流自然形态。对已建直立式硬质堤防,具备条件的可通过软化、绿化、重建等措施进行生态化改造。

水源涵养与水土保持:对于河流源头、远山边区域,生态自然、功能完好的沟道预防为主,破坏严重的沟道实施近自然治理;坡面治理宜以封育保护和林草植被建设为主;自然植被较好区域,可采取封育保护、设置封禁警示牌等,加强林草植被保护;自然植被稀疏的区域,采取人工抚育、补植等措施,加强封育保护,促进植被自然恢复。对于受人类活动影响、水土流失严重的区域,坚持因害设防、层层拦蓄,治沟与治坡紧密结合,沟道治理以拦沙坝、谷坊等工程为主,坡面治理以实施坡改梯、林草工程建设为主,应注重生物多样性,采用以乡土树草种为主的多林种、多草种配置,积极推进生态清洁小流域建设,结合区域脱贫攻坚任务,增加当地村民收入。

河湖管护:主要内容是划定河湖空间,完善河湖标识,建立界桩标识、防洪警戒标识、安全警示标识、保护标识等。在河湖水系的重要位置增加必要的视频监控。落实河湖管理保护执法监管责任主体、人员、设备和经费等。

水污染防治:针对农村水系环境污染的问题,在查清污染源的基础上,结合人居环境整治,因地制宜开展水污染防治。对于农村生活污染严重的人口聚集区,可建设污水处理厂及配套管网,对废污水集中收集处理;对于畜禽养殖、农业种植污染地区,推进养殖污水集中处理、废弃物循环利用、测土配方施肥洒药、生态沟渠等措施;对于人口稀少地区,可结合实际情况建设人工湿地、氧化塘等分散式污水处理设施。

4.7.3 典型案例——岑溪市农村水系综合整治实施方案

1 农村水系现状与面临形势

1.1 项目建设背景

习近平总书记在党的十九大会议上高瞻远瞩地做出了实施乡村振兴战略的重大决策和走中国特色社会主义乡村振兴道路的战略部署,为深入贯彻《中共中央 国务院关于实施乡村振兴战略的意见》精神,认真落实《乡村振兴战略规划(2018—2022 年)》明确的乡村振兴水利工作目标任务和要求,水利部发布了《水利部关于做好乡村振兴战略规划水利工作的指导意见》(水规计〔2019〕211 号),其中明确提出要以习近平新时代中国特色社会主义思想为指导,全面贯彻落实党中央、国务院实施乡村振兴战略的决策部署,按照"产业兴旺、生态宜居、乡风文明、治理有效、生活富裕"的总要求,遵循"节水优先、空间均衡、系统治理、两手发力"的治水思路,围绕"水利工程补短板、水利行业强监管"的新时期水利改革发展总基调,推进农村水系综合整治,强化农村河湖管理,完善农村水利基础设施网络,推进农村水利现代化和城乡水利一体化等,为乡村全面振兴提供水利支撑和保障。

2019 年 10 月,为贯彻落实党的十九大关于生态文明建设的总体部署,水利部与财政部联合下发了《水利部 财政部关于开展水系连通及农村水系综合整治试点工作的通知》(水规计〔2019〕277 号),要求牢固树立绿水青山就是金山银山的理念,以县域为单元开展水系连通及农村水系综合整治,突出系统治理,统筹水系连通、河道清障、清淤疏浚、岸坡整治、水源涵养与水土保持、防污控污、河湖管护等多项水利措施,以河流为脉络,以村庄为节点,集中连片统筹规划,水域岸线并治,建设一批河畅、水清、岸绿、景美的水美乡村,增强广大农民群众的安全感、幸福感、获得感。广西壮族自治区水利厅与广西壮族自治区财政厅紧随其后联合下发了《广西壮族自治区水利厅 广西壮族自治区财政厅关于申报水系连通及农村水系综合整治试点县的通知》(桂水规计〔2019〕67 号),要求自治区各市做好水系连通及农村水系综合整治试点县的申报工作。

岑溪市(县级市)位于广西壮族自治区东南部,东邻广东省罗定市,南靠广东省信宜市,西连玉林市,北接梧州市辖区,是全国著名的长寿之乡。岑溪市属云开大山北麓东段的丘陵山区,地势东南高,西北低。市境内山丘连绵起伏,河流众多。河流分为两大水系,即黄华河流域及义昌江流域。其市内流域面积2 739.76 km^2,占全市总面积的98.4%。其中黄华河流域面积1 012 km^2,占全市总面积的36.3%;义昌江流域面积1 727.26 km^2,占全市总面积的62.1%。

义昌江干流镇区段河道防洪工程建设逐步趋于完善或列入具体实施计划,岑溪市的治水短板也由城镇主干河道转变到末端的中小河流及农村水系,治理思路也由传统的兴建除水害兴水利工程,转变为在满足基本防洪功能前提下结合乡村振兴、美丽乡村、生态旅游、幸福宜居乡村等当地发展规划,统筹山水林田湖草系统综合治理,着力建设生态河道、加强河道监督管理上来。

现状义昌江干流两岸田地距河底1~3 m,支流梨木河、大湴河、糯垌河及干流归义河段、龙井河段,市区岑城河段如遇大雨则受灾严重。由于义昌江干流及支流河道淤积严重、堤防标准低且年久失修,义昌江流域河道治理任务较为繁重。相较而言,黄华河流域由于干流河道坡降大,两岸村镇、农田相对较高,故受洪涝灾害相对较少。因此,本次水系连通及农村水系综合整治实施方案拟分一期与二期分步实施,一期优先着力解决义昌江流域干支流农村河湖防洪排涝、堤岸安全、水源涵养与水土保持等问题。

综上所述,本项目是岑溪市落实《习近平总书记在黄河流域生态保护和高质量发展座谈会上做出的重要讲话精神的实际体现,是推进乡村全面振兴及"水利工程补短板、水利行业强监管"新时期水利改革发展总基调的具体要求与实际举措,急需加快推进与实施。

本项目以义昌江流域为重点开展水系连通及农村水系综合整治,打造"一江两带三区"的总体布局,见图4-14。

"一江"是指以义昌江为纽带,围绕义昌江干支流,突出系统治理,统筹水系连通、河道清障、清淤疏浚、岸坡整治、河湖管护等多项水利措施,打造田园诗画义昌江。"两带"是指以梨木河为脉络,以村庄为节点,集中连片统筹规划,水域岸线并治,建设一批河畅、水清、岸绿、景美的水美乡村景观带;以大湴河为脉络,围绕农田水利建设,打造原生态无公害的长寿生态农业景观带,增强广大农民群众的安全感、幸福感、获得感。"三区"是指根据北部、东部及南部山区的植被覆被及水土流失现状,针对性地采取水源涵养与水土保持、防污控污、生态景观等措施,打造北部山水林田湖修复区、东部自然抚育区和南部生态旅游休闲区。

1.2　基本情况

1.2.1　地理位置

岑溪市处于东经110°03′~111°22′,北纬22°37′~23°13′,位于广西壮族自治区东南部,梧州市最南端,东与广东省罗定市相连,南接广东省茂名市信宜市,北与梧州市龙圩区和梧州市藤县连接,西与玉林市容县相邻。岑溪市城区距梧州市城区90 km;东距广州市330 km,西距南宁市380 km。市境东、南界广东省郁南、罗定、信宜三县(市),西连玉林市容县,北邻梧州市滕县,东北接梧州市苍梧县。

1.2.2　水文气象

岑溪市地处北回归线以南,属亚热带湿润季风气候区,光照充足,雨量充沛,气候温

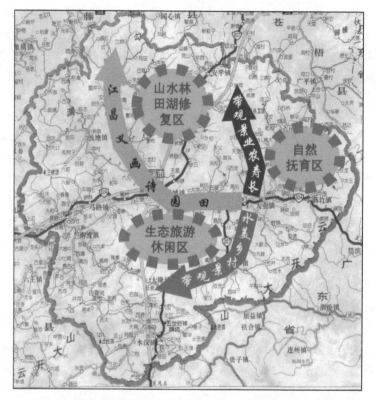

图 4-14　水系连通及农村水系综合整治"一江两带三区"总体布局

和。春季低温有阴雨;夏季高温湿热,雨水集中;秋季季风盛行,台风多发;冬季气候干燥有霜冻。多年平均气温 21.3 ℃,极端最高气温 38.9 ℃,极端最低气温-3 ℃,年平均日照时数 1 700 h 左右。无霜期 334 d,多年平均蒸发量 1 413.5 mm,多年平均降雨量 1 451.4 mm,平均年降水日 156 d。

岑溪市境内河流众多,主要河流有黄华河、义昌江,其市内流域面积 2 739.76 km²,占全市总面积的 98.4%。河流沿东南高、西北低的地势,相应地由东南流向西北,市内河流总长度为 810.7 km。

区域水文地质条件受本区地质构造的影响,地下水类型有孔隙水和基岩裂隙水两种。孔隙水主要埋藏于山体的坡残积层中,由降雨、地表水补给,集中向河流排泄,受季节性影响较大。基岩裂隙水主要分布于断裂破碎带及岩石节理裂隙密集带,其含水量与破碎带及裂隙的发育程度或张开程度有关,由地表水及潜水补给。

义昌江中上游矿产资源丰富,矿产资源的开采及相关工业废水排放对义昌江造成一定程度的污染,水质受到明显影响,某些河段水资源已低于Ⅲ类水标准。黄华河丰水期水质较好,为Ⅲ类水标准;枯水期易出现水质超标,河流主要污染物为氨氮、亚硝酸盐和氯化物等。

1.2.3　地形地貌

岑溪市境内属粤桂边云开大山北麓东段的丘陵山区,地形似荷叶状。地势东南高、西北低,山丘连绵起伏,中部稍平。云开大山余脉从广东省信宜市分两支延伸入市境南部、东部和中部。南部最高的南渡镇吉太土柱顶海拔1 211 m,西北部最低的黄华河都目河谷海拔仅50 m,中部市区所在地城厢街海拔100 m。最高点与最低点相对高度差为1 161 m。境内山地、丘陵、盆地交错分布,构成"川"字形的地形。

1.2.4 土壤植被

1.2.4.1 土壤

市境内地质情况复杂,母岩种类繁多,土壤母质也多种多样。主要的土壤母质有花岗岩类、砂页岩、紫色砂页岩、第四纪红土、河流冲积物、洪积物等6种。境内土壤形成的特点如下:

(1)盐基矿物淋失和生物转移强烈,土壤富铁铝化,使土壤呈红色,红壤、砖红壤性红壤占土壤面积的76.03%;耕地缺磷的占22.6%,缺钾的占18.7%。

(2)土壤多呈酸性。酸性、强酸性的土壤,水田占43.69%,旱地占43.77%,自然土占65%,三项合计占全市土壤面积的63.1%。

(3)有机质含量低,耕地有机质含量在2%以下的,水田占13.88%,旱地占86.38%。

(4)土壤质地适中,壤土占土壤面积的84.11%,无沙土,黏土比例甚微。

潴育性水稻土:是岑溪市主要的高产良田。耕作时间长,土壤熟化程度高,分布于平原、河谷盆地、河流阶地、缓丘的垌面田。

潜育性水稻土:是低产田之一。地下水位高,排水条件差,地表长期渍水,这几个亚类通常分布在丘陵、山区的峡谷中,多数为地势低洼、平缓的山冲田。

砂页岩红壤:质地壤质至黏质,色红,表层浅薄,酸性较强,层次分化不明显。分布于安平镇的砂页岩山地。

花岗岩红壤:分布于樟木、吉太、水汶等9个乡(镇)的花岗岩地区的低山,海拔在500 m以上。

砖红壤性红壤:该土类本市仅有砖红壤性红壤一个亚类,土壤质地土质、沙、黏粒相混,最大的土种厚层花岗岩赤红壤占全市山林地面积的61.3%,分布于17个乡(镇)的花岗岩山地。

紫色土:在土种中砂页岩厚层酸性紫砂土分布于南渡、三堡2个镇的紫色砂页岩区。耕型酸性紫砂土分布于大业、三堡2个镇紫砂页岩丘陵坡地。砂页岩厚层酸性紫泥土分布于水汶、大隆等7个乡(镇)海拔500 m以下的紫色砂页岩丘陵山地。耕型砂页岩酸性紫泥土,分布于大业、水汶等5个乡(镇)的砂页岩酸性紫色土坡地。页岩厚层酸性紫黏土分布于归义镇美仓村。耕型页岩酸性紫黏土分布于大业镇古味村。

河流冲积土:是岑溪主要的农业高产土壤,分布于岑城、归义、樟木、三堡、大隆、南渡、波塘、马路等8个镇的河流阶地上。

洪积土:分布于河流由山地入平原的入口处及河流沿岸。

1.2.4.2 植被

岑溪境内植被原生类型属亚热带常绿阔叶林植被区,由于长期采伐或山火发生,现在原生植被极少保存,仅在边远山区或冲沟有极少残留。大面积的植被属次生类型,以针叶林下间桃金娘、余甘子、岗松等灌木及铁芒萁等草类群丛为主。在海拔600 m以下的山地,几乎都是亚热带针叶林,下间桃金娘、余甘子、岗松及铁芒萁,阔叶林很少。主要树种有红粟木、白粟木、大叶栎、柯木、稠木、火力楠、格木、紫荆等,局部还有杉木、玉桂、八角、油茶、水果、竹等人工植被。在海拔 600 m 以上的山地,零星生长着柯木、枫木和一些灌木,下间毛金茂、纤毛鸭嘴草、野古草、白茅等草被。在市境 343.8 万亩山地中,属马尾松、铁芒萁群落的有 290 万亩,占山地面积的 84.35%;针阔叶混交林有 127 760 亩,占 0.3%。在丘陵浅洼中,腐殖质较多的地段,有桃金娘、黄牛木、五节芒、灌木和草裙丛。在低丘台地以岗松、铁芒萁群丛为主,峒面地区除道路、房屋外,其余均为季节性的农作物植被。

1.2.5　社会经济

岑溪市位于珠三角经济圈与大西南的结合部,既是连接华南和珠江三角洲及港澳地区经济辐射的重要腹地,又是大西南资源型经济与沿海外向型经济的连接点。岑溪盛产花岗岩,是远近闻名的"花岗岩之都"。2012 年 5 月中国老年学会向岑溪市授予"中国长寿之乡"荣誉称号。

岑溪市辖岑城、糯垌、诚谏、归义、筋竹、大业、梨木、大隆、水汶、南渡、马路、三堡、波塘、安平 14 个镇。岑溪市人民政府驻岑城镇。

2018 年,岑溪市经济运行平稳健康。三次产业结构优化明显,由 2017 年的 12:67:21 调整为 19:44:37,第三产业增加值比重提升 16 个百分点,拉动 GDP 增长 2.6 个百分点。第一产业增加值增长 5.6%,虽拉动 GDP 增长只有 1.1 个百分点,但创了 6 年来最高点;第三产业增加值增长 7.7%。固定资产投资增长 18.4%,社会消费品零售总额增长 7.9%。金融机构存款余额、贷款余额分别增长 7.9%、10.3%。招商引资完成到位资金 115.75 亿元,实际利用外资 6 305.7 万美元。人民生活持续改善,城镇、农村居民人均可支配收入分别增长 5.5%、9.4%。

2018 年,岑溪市工业用电量 58 740.36 万 kW·h,增长 53.2%。工业集中区实现工业总产值 116.48 亿元,被自治区确定为县域重点工业园区。加大园区产业招商引资力度,西部(岑溪)创业园等园区招商取得新进展,新签约项目 5 个,累计总投资 88.18 亿元。石材企业"退城进园"和技改升级顺利推进,全市新增入园企业 15 家。第二届梧州·岑溪石材建材博览会成果丰硕,参展观展人次超 12 万,全市签约招商项目 30 个(包括意向项目),投资总额超过 152 亿元,签订石材产品及矿山设备等合同销售额 26.55 亿元。

2018 年全市完成农林牧渔业总产值约 66.1 亿元,同比增长 4.35%;全市完成粮食播种 66.8 万亩,粮食总产量 21.8 万 t,其中稻谷总产量 18.3 万 t;全市建设品牌蔬菜基地 2 400 亩,新建"菜篮子"基地 1 420 亩;全市新建标准化茶园 323 亩;全市种植砂糖橘 14 万亩、龙眼 2.74 万亩、荔枝 1.50 万亩、澳洲坚果 2.2 万亩、百香果 1.16 万亩、火龙果 1 300 亩、西瓜 5 000 亩,其他稀优水果品种也呈多样化发展;全市创建各级示范区 155 个,其中获认定的县级示范区 4 个、乡级示范园 13 个、村级示范点 90 个,入围乡级示范园 3 个。全市累计获认定的自治区级示范区 2 个,县级示范区 7 个,乡级示范园 18 个,村级示范点 90 个。示范区面积这由 2017 年的 9 213 亩发展到目前的 19 400 亩,增长 110.57%。

1.2.6　河湖水系

1.2.6.1　河流

岑溪市境内河流众多,主要分为黄华河流域及义昌江流域两大水系。除此之外,岑溪市还有不汇入两大干流的广平河、白板河、光瑞河、古益河 4 条小河流出苍梧县境外，集雨面积共 43.1 km²。岑溪两大水系的基本情况如下：

黄华河属珠江流域西江水系北流河支流，是岑溪市集雨面积最大、径流量最多、流程最长的河流。发源于广东省信宜市云雾山西侧，经信宜市怀乡、旺沙镇，向北流入岑溪市境内水汶镇，流经水汶、大隆、南渡、马路、波塘 5 个镇，至波塘镇东、西岸村向北流出藤县金鸡镇光华村汇入北流河。黄华河市出口以上集雨面积 2 361.3 km²，其中市境内 1 012 km²，河流全长 288 km，其中市境内长 111.5 km，河道坡降 5.36‰，落差 102 m，可利用落差 75.7 m，平均比降 1:1 093。黄华河共有大小支流 101 条，其中集雨面积 100 km² 以上的一级支流 1 条，即水汶河；集雨面积 50 km² 以上的一级支流有 6 条，分别是六旺河、君洞河、生塘河、古太河、昙容河及北村河。

义昌江属珠江流域西江水系北流河支流，发源于大隆镇旺坡村上石龟和广东罗定市嘉益镇塘面顶，流经大隆、梨木、筋竹、诚谏、大业、归义、岑城、安平、糯垌、三堡 10 个镇，至三堡镇河六村出口，向北流入藤县金鸡镇新民村汇入北流河。义昌江市境出口以上流域面积 1 841.2 km²，其中市境内 1 727.8 km²，占全市总面积的 62.1%；河流全长 140 km，其中市境内长度 123 km，河道坡降 3.95‰。义昌江共有大小支流 188 条。其中集雨面积 100 km² 以上的支流有 9 条，分别是连城河、同福河、梨木河、广东河、大湴河、筋竹河、诚谏河、糯垌河和沙河；集雨面积 50 km² 以上的支流有 5 条，分别是古味河、孔任河、黄塘河、古淡河及平坡河。

岑溪市境内河流情况见图 4-15。

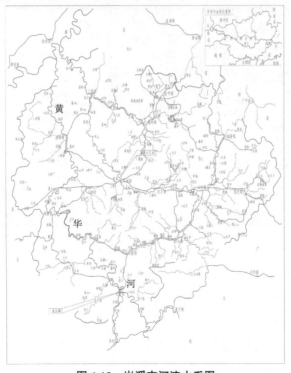

图 4-15　岑溪市河流水系图

1.2.6.2　湖塘

根据 2012 年岑溪市第一次水利普查结果,岑溪市规模以上湖塘共计 462 处,其中容积 500~10 000 m³ 的有 406 处,1 万~5 万 m³ 的有 47 处,5 万~10 万 m³ 的有 5 处,10 万 m³ 及以上的有 4 处。

1.2.6.3　水系特点分析及拟治理河流湖塘清单

现状义昌江干流两岸田地距河底 1~3 m,支流梨木河、大涠河、糯垌河及干流归义河段、龙井河段、市区岑城河段如遇大雨则受灾严重。由于义昌江干流及支流河道淤积严重、堤防标准低且年久失修,义昌江流域河道治理任务较为繁重。相较而言,黄华河流域由于干流河道坡降大,两岸村镇、农田相对较高,故受洪涝灾害相对较少。因此,本次水系连通及农村水系综合整治实施方案拟分一期与二期分步实施,一期优先着力解决义昌江流域干支流农村河湖防洪排涝、堤岸安全、水源涵养与水土保持等问题。

根据本次农村水系治理对象要求河流集雨面积小于 3 000 km²,塘湖库容小于 10 万 m³ 等,结合实地调查走访、无人机航拍、查阅资料等方式对各镇农村水系现状、存在问题、群众需求等情况,本次实施方案以义昌江流域为重点,以问题为导向,根据"轻重缓急、集中连片、资金导向"等原则,确定大涠河水系等 8 个义昌江一级支流及义昌江三堡镇段、归义镇段为治理重点区域,共涉及诚谏镇等 9 个镇 38 处河段、40 处湖塘,详见表 4-73 与表 4-74。

表 4-73　一期工程涉及河流清单

序号	河流(河段)名称	所属义昌江一级支流	所属义昌江二级支流	涉及乡(镇)
1	诚谏河		诚谏河水系	诚谏镇
2	河三河			
3	孔任河			
4	陀村河			
5	沙田河	大涠河水系	沙田河水系	
6	六娘河		六娘河水系	
7	沙田河		沙田河水系	
8	大涠河干流		—	大业镇
9	诚谏河		诚谏河水系	
10	筋竹河		筋竹河水系	
11	胜垌河	同福河水系	古味河水系	
12	同福河		—	
13	昙市河	大涠河水系	筋竹河水系	筋竹镇
14	筋竹河			
15	义水河			
16	黄陵河			

续表 4-73

序号	河流(河段)名称	所属义昌江一级支流	所属义昌江二级支流	涉及乡(镇)
17	三合河	糯峒河水系	三合河水系	三堡镇
18	月田河		立峒河水系	
19	糯峒河		—	
20	富豪河		富豪河水系	
21	富冲河	富冲河水系	—	
22	义昌江干流	—	—	
23	蒙奇河	蒙奇河水系	—	
24	蒙布河	蒙布河水系	—	
25	榔冲河	榔冲河水系	—	
26	古麻河(古院村支流)	糯峒河水系	黄塘河水系	安平镇
27	黄塘河			
28	同心河			
29	黄塘河		古淡河水系	糯峒镇
30	平坡河			
31	沙河		—	
32	糯峒河		—	
33	大地河		—	
34	梨木河	连城河水系	同福河水系	梨木镇
35	广东河			
36	同福河			
37	梨木河			大隆镇
38	义昌江	—	—	归义镇

表 4-74　一期工程涉及湖塘清单

序号	湖塘名称	湖塘面积/m²	容积/万 m³	所在乡(镇)	所在村
1	龙塘	13 300	0.71	诚谏镇	黎峒村
2	葡头塘	6 500	0.36	诚谏镇	黎峒村
3	犁头塘	8 000	0.42	诚谏镇	白丈村
4	双底塘	16 600	0.92	诚谏镇	白丈村
5	龙佛坑塘	13 000	0.71	诚谏镇	思和村
6	洪两塘	1 300	0.07	诚谏镇	新华村
7	替龙塘	1 050	0.06	诚谏镇	新华村

续表 4-74

序号	湖塘名称	湖塘面积/m²	容积/万 m³	所在乡(镇)	所在村
8	古旁大塘	6 000	0.34	诚谏镇	孔任村
9	大埌塘	12 000	0.67	诚谏镇	河三村
10	水母塘	3 300	0.17	诚谏镇	陀村
11	龙塘水库	66 000	3.75	大业镇	思回村
12	莲塘坑	2 000	0.11	大业镇	思回村
13	九份塘	1 300	0.07	大业镇	思回村
14	大圣塘	4 800	0.27	大业镇	思回村
15	泗龙村公间塘	3 300	0.18	大业镇	泗龙村
16	古味村旹乌塘	6 000	0.34	大业镇	古味村
17	古味村桂山塘	3 334	0.18	大业镇	古味村
18	古味村塘奴塘	3 454	0.19	大业镇	古味村
19	六暴塘	4 300	0.23	筋竹镇	罗敏村
20	塘众塘	7 500	0.39	筋竹镇	望闾村
21	鸡心塘	7 500	0.43	筋竹镇	新联村
23	碗冲塘	5 000	0.28	三堡镇	安山村
24	竹根塘	5 000	0.28	三堡镇	蒙奇村
25	旹摸塘	3 500	0.19	三堡镇	祝庆村
26	社区山塘2	8 000	0.46	三堡镇	三堡社区
27	爬夯塘	2 000	0.11	三堡镇	平山村
28	古正塘	5 000	0.26	三堡镇	祝庆村
29	三斗塘	6 000	0.33	三堡镇	木坪村
30	六逊塘	5 000	0.26	三堡镇	平山村
31	蒙坐塘	2 000	0.11	三堡镇	平山村
32	猪登塘	3 000	0.17	三堡镇	蒙奇村
33	大耀塘	3 500	0.20	三堡镇	立垌村
34	溢山塘	6 000	0.34	三堡镇	立垌村
35	河六冲塘	6 000	0.34	三堡镇	河六村
36	宣冲塘	2 000	0.11	三堡镇	河六村
37	下伞塘	3 500	0.19	三堡镇	车河村
38	古院村1号塘	1 500	0.08	安平镇	古院村
39	古院村2号塘	1 500	0.09	安平镇	古院村
40	大地村塘	1 500	0.08	糯垌镇	大地村

1.3 现状评估

1.3.1 现状情况

1.3.1.1 水资源

岑溪市江河密布,水系发达,河网密度大,水资源比较丰富。岑溪市多年平均降雨量

1 451.4 mm,黄华河多年平均年径流深 1 278 mm,多年平均年径流量 22.08 亿 m³;义昌江多年平均年径流深 1 203 mm,多年平均年径流量 12.17 亿 m³。全市多年平均径流深 1 241 mm,多年平均径流量即地表水水资源量 34.25 亿 m³,其中过境水量 15.6 亿 m³,境内水量 18.65 亿 m³,加上浅层地下水资源量 2.1 亿 m³,水资源总量 36.35 亿 m³。全市人均水资源量 4 390 m³,是全国人均水量的 1.9 倍,其中人均地表水水量 4 131 m³;亩均水量 11 609 m³,是广西亩均水量的 2.4 倍,是全国亩均水量的 6.5 倍。

义昌江流域开发已建成 2 座中型水库塘坪水库和赤水水库,小(1)、小(2)型水库 37 座,总控制流域面积为 201.43 km²,占全流域面积的 11.66%,总库容 6 262.5 万 m³,有效库容 5 294 万 m³,有效灌溉面积 7.18 万亩。流域内灌溉面积 1 万亩以上的中型灌区塘坪、赤水、荔新和石鹤 4 处。流量 0.1 m³/s 以上引水工程 58 处,有效灌溉面积 6.95 万亩。有电灌站、机灌站和水轮泵站等提水工程 54 处,有效灌溉面积 0.80 万亩。2015 年义昌江流域总供水量 2.59 亿 m³,水力资源蕴藏量 4.15 万 kW,可开发装机容量为 2.5 万 kW。到 2015 年末,已建成单机容量 50 kW 以上小水电站 41 个,装机 81 台,总容量 19 020 kW,占可开发量的 76%。在建电站 2 个,装机 2 台,总容量 175 kW。

黄华河流域水资源开发利用最早是清道光、咸丰年间,支流昙容河有小引水渠及木质反虹管 3 座引水灌溉,河岸有筒车提水灌田。20 世纪末,流域内共有小(1)、小(2)型水库 17 座,集雨面积 43.28 km²,占全流域面积的 4.28%。总库容 1 200 万 m³,有效灌溉面积 2.56 万亩;有流量 0.1 m³/s 以上引水工程 26 处,有效灌溉面积 3.17 万亩;有电灌站、机灌站和水轮泵站等提水工程 82 处,有效灌溉面积 1.2 万亩。2000 年黄华河流域总供水量 1.26 亿 m³。黄华河水力资源蕴藏量达 8.88 万 kW,可开发装机容量 4.8 万 kW。目前已建成单机容量 50 kW 以上的小水电站 12 个(其中国营电站 5 个、乡(镇)办电站 4 个、个体私营电站 3 个),装机 41 台,总容量 31 295 kW。

1.3.1.2 水安全

近年来,随着《梧州市水利发展"十三五"规划》《广西岑溪市义昌江防洪治理规划》《广西岑溪市黄华河防洪治理规划》的实施,义昌江与黄华河干流镇区段河道防洪工程建设趋于完善,但是绝大部分农村湖塘水系仍然处于自然状态,水利工程建设较为分散和滞后,农村河湖水安全问题仍较为突出。

1.3.1.3 水环境

岑溪市高度重视水环境保护与水污染防治工作,严格落实"三条红线",坚持绿水青山就是金山银山的治理理念,自 2018 年以来全面启动环境优化工程,持续开展"美丽岑溪"乡村建设,按照"一巩固、二推进、三提升"的工作思路,实施"清洁乡村"巩固行动、"厕所革命"推进行动、污水治理推进行动、乡村风貌提升行动、规划管控提升行动、长效机制提升行动,开展了 11 个镇级污水处理设施项目、约 9 000 户无害化卫生厕所改造项目、约 15 个村级公厕改造项目、约 5 座集贸市场公厕、约 5 座中小学校公厕和 1 座旅游景点公厕项目建设,农村水环境治理得到明显改善。

1.3.1.4　水生态

岑溪市是"广西园林城市",全市森林覆盖率达 76.04%,生态体系完好,受人为活动干扰较轻,生物多样性丰富,山水景美,田园风光秀丽,水生态本底条件优越。

1.3.1.5　水文化

金砂玉是岑溪本土水文化的特有产物,是岑溪儿女"家乡水、故乡情"的真实反映和灵动诠释。金砂玉原藏于黄华河河床深处,自古以来就是岑溪名石,为历代藏家收藏。

中国(岑溪)石材建材博览会自 2017 年 12 月首次举办以来,至今已经举办三届。在历届博览会上,奇石鉴赏家和雕刻艺术家们选取石庙文化、龙母文化等岑溪独具本土特色的历史文化题材,对金砂玉原石进行雕刻创作,以此增强金砂玉的历史厚重感,金砂玉正以一种植根传统的艺术形式和观念,去展现岑溪深厚的水文化内涵。

1.3.2　河湖治理情况及成效

1.3.2.1　义昌江流域

在 2009 年版《广西岑溪市义昌江防洪治理规划报告》实施之前,当地政府或农民自发建设了零散的防洪护岸工程。义昌江及其支流两岸田地距河底高度在 1~3 m,洪涝灾害频繁。义昌江的支流梨木河、大泣河及干流归义河段、龙井河段、市区河段,如遇大雨受灾严重。新中国成立前,没有统一规划筑堤,由各户或联户在自己田地岸边打松桩夹石,筑半个人字陂,导水向对岸冲去,形成此岸筑,彼岸也筑,河床变小,结果两岸均受害。1957 年,县政府水利科统一规划构筑义昌江堤防,堤防主要分布在梨木、筋竹、大泣、归义和岑城等镇,且大部分为木草泥混合堤,经多次 5~10 年一遇的洪水冲刷,没有被冲毁。如筋竹镇在 1958 年将筋竹河进行疏浚,排除竹木石障碍物,由原河面宽 10 m 扩宽至 20 m 以上,同时加高河堤达 4 km,保护耕地 2 500 亩,保护人口 3 000 人。梨木河堤,上至高围、梨木、白护、沙琴,下至渔汕,地势较低,每遇大雨,冲垮河堤,淹没农田。岑溪市区沿义昌江呈狭长分布,沿江地势较低,建成区最低高程是 95.5 m,占城区面积的 2/3。

义昌江流域内的村民为了保护农田和房屋免受洪水的灾害,零星地修建了防洪堤,防洪堤总长 147.49 km(除归义镇河段),防洪标准为 5 年一遇的洪水。

1.3.2.2　黄华河流域

黄华河为北流河右岸一级支流,流经岑溪市境内的水汶镇、南渡镇、大隆镇、马路镇和波塘镇等镇。黄华河的河底一般比农田低 3~5 m,下游的局部地方较低一些。所以,黄华河两岸的农田和村镇遭受河道洪水侵袭的概率小,造成黄华河流域洪水灾害的主要是山洪灾害。

目前黄华河流域内大部分地区护岸工程建设滞后,防洪堤尚未封闭或设施老旧,无法正常发挥其应有的防洪效益。梧州水利电力设计院于 2009 年 12 月,编制了《广西岑溪市黄华河防洪治理规划报告》,把受洪水灾害或河流冲刷较严重的 4 个乡(镇)的相关河段,黄华河干流上的波塘镇、南渡镇、水汶镇、马路镇部分河段,列为防洪与河道治理工程予以规划。乡(镇)人口均较少,镇区工程项目防洪标准采用 10 年一遇,波塘镇镇区地面高程已满足 10 年一遇防洪标准,不设防洪堤。黄华河流域其他农村河段防洪堤和护坡护岸工程防洪标准采用 5 年一遇。

1.3.3　"河长制"工作现状及成效

目前,岑溪市各乡镇均严格按照广西壮族自治区《全面推行河长制工作方案》的要求完成河长制建设工作,编制了各镇区主要河流的"一河一策"的技术方案,编制了岑溪市河流湖库名录,按照文件时间节点出台全面河长制工作方案,并按照工作方案逐项开展工作,落实最严格水资源管理制度的各项工作制度,严守水资源开发利用控制、用水效率控制、水功能区限制纳污"三条红线"。

同时,岑溪市进一步完善水功能区监督管理制度,建立水功能区水质达标评价体系,开展水生态文明城市建设。制定岑溪市水功能区监督管理办法,明确了全市水功能区的分类监管、监督监测、执法通报的管理要求。严格按照广西壮族自治区要求实施水功能区年度监测方案,完成重要水功能区标志牌年度建设任务并通过验收。配合落实《梧州市中小河流水功能区纳污能力考核和分阶段限排总量控制方案》,建立水功能区限制纳污制度,核定岑溪市水功能区水域纳污能力,研究建立流域水生态环境功能分区管理体系。对化学需氧量、氨氮、总磷、重金属及其他影响人体健康的污染物采取针对性措施,加大整治力度。在环境容量小、生态环境脆弱、环境风险高的地区逐步开展区域环境风险评估,根据水环境质量改善需要,执行水污染物特别排放限值。

岑溪市水利局进一步严格控制工业园区、城镇污水处理厂、涉重金属企业、高耗水、高排放企业入河排污口的设置审批。进一步加强排污许可管理,以水质改善、防范环境风险为目标,将污染物排放种类、浓度、总量、排放去向等纳入许可证管理范围。禁止无证排污或不按许可证规定排污。制定岑溪市入河排污口监督管理办法,严格入河排污口监督管理,建立入河排污口管理登记台账;加强对重要入河排污口开展监督下监测,提高入河排污口监测覆盖率。

1.3.4　存在问题

岑溪市水系连通及农村水系综合整治实施方案分一期与二期分步实施,一期优先着力解决义昌江流域干支流农村河湖防洪排涝、堤岸安全、水源涵养与水土保持等问题,黄华河流域水系连通及农村水系综合整治列入二期实施。因此,本阶段仅对义昌江流域进行问题梳理分析。

义昌江为北流河右岸一级支流,流经岑溪市境内的大隆镇、梨木镇、大业镇、诚谏镇、筋竹镇、归义镇、岑城镇、安平镇、糯垌镇和三堡镇等镇。由于义昌江流域呈扇形展布,暴雨形成的洪水汇流时间很短,所以义昌江洪水具有来势凶猛、峰量高大、易于成灾的特点,年最大洪水在 4—11 月均有分布。目前义昌江流域农村水系普遍存在的主要问题如下:

(1)两岸的地势较低,农田一般高于河道 1~3 m。一旦发生洪水,义昌江两岸的农田易被淹没,易造成岸坡崩塌。由于农村水系点多面广,目前仅少数农村水系的局部河段在中小河流治理过程中实施了治理措施,绝大部分尚未开展系统全面整治,许多农村中小河流只有当地村民零星建设的土防洪堤以保护村庄和农田,防洪标准不到 5 年一遇,部分甚至处于未设防状态,农村水系已成为岑溪市水利基础设施的短板和薄弱环节。

(2)上游支流河段侵占河道、违章建设涉水建筑物、滥采河砂、向河道倾倒废料的现象时有发生,部分河段滩地违规种植及建构筑物侵占河道现象仍然存在,水域空间、岸线被挤占,河湖自然形态受到破坏,影响行洪、河湖水体连通性及生态基流保障。

（3）受农业、果业耕地开垦及乡村基础设施建设等影响，部分区域存在一定的水土流失，加之农村水系年久失修，大部分农村湖塘水系存在淤塞萎缩问题，既影响河道行洪及湖塘蓄水等基本功能，也一定程度上影响河塘水体连通性，威胁生态基流保障。

（4）上游流域大部分属丘陵、山区，山高坡陡，产流区大部分是花岗岩，岩粒风化散碎，因流域地处南亚热带季风区，雨量充沛、强度大、暴雨集中，在暴雨形成的山洪冲刷下，表面土层极易流失，加上流域内花岗岩矿石开采，造成流域内的水土流失严重。由于义昌江河流蜿蜒曲折，河床比降较小，河道的输沙能力低，造成河道泥沙淤积严重，抬高了河床，加大了洪灾发生的概率，常常会形成小水大灾。

（5）近年来岑溪市加快推进城区、各乡（镇）污水处理厂及管网建设，部分乡村陆续开展了农村垃圾、污水、厕所治理，农村生活垃圾处理率和无害化卫生厕所普及率显著提高，生活污水乱排乱放现象得到管控。但目前农村环境综合整治尚未全面覆盖，仍存在部分垃圾无序堆放及农村污水等面源污染，威胁河湖水质。

（6）岑溪市是"广西园林城市"，境内生态环境本底好，自然环境优美，近年来随着生态文明建设、美丽岑溪、农村人居环境整治等建设的推进，农村人居环境有了更高要求及标准。然而流域内的大部分农村水系及岸坡仍为天然状态，竹木杂草丛生，杂乱无序，少部分水系治理工程仍采取了偏重防洪基本功能的传统形式的护岸或堤防，未考虑生态河道建设及沿河人居环境整治。

通过对拟治理的各农村河流、湖塘现场调研，并与岑溪市水利局、各乡（镇）相关领导及技术人员进行了座谈及咨询，项目组对工程情况进行了详细调查，全面搜集了相关资料，进行了现场查勘及项目区航拍，逐一对各河段、湖塘段进行分析，列出问题清单，详见表 4-75 与表 4-76。

表 4-75　拟治理各农村水系河流涉及问题清单

序号	所属乡（镇）	河流名称	存在问题	拟采取的措施
1	诚谏镇	诚谏河	1. 垃圾侵占河道	清理垃圾
			2. 个别建筑基础侵占河道，侵占河堤种植农作物	清违清障
			3. 河道淤泥堆积	清淤疏浚
2		河三河	1. 垃圾侵占河道	清理垃圾
			2. 部分河段存在侵占河堤种植农作物	清违清障
			3. 河道淤泥堆积	清淤疏浚
			4. 部分河段堤岸崩塌	生态护岸
3		孔任河	1. 垃圾侵占河道	清理垃圾
			2. 河道淤泥的堆积	清淤疏浚
4		陀村河	1. 垃圾侵占河道	清理垃圾
			2. 河道淤泥的堆积	清淤疏浚
5		沙田河	1. 垃圾侵占河道	清理垃圾
			2. 河道淤泥的堆积	清淤疏浚

续表 4-75

序号	所属乡(镇)	河流名称	存在问题	拟采取的措施
6	大业镇	六娘河	1.垃圾侵占河道	清理垃圾
			2.河道淤泥的堆积	清淤疏浚
7		沙田河	1.垃圾侵占河道	清理垃圾
			2.河道淤泥的堆积	清淤疏浚
			3.部分河段堤岸崩塌	修复堤防
8		大涩河干流	1.旧河道淤塞	清淤疏浚
			2.沿河生态环境及人居环境有待改善	修建滨岸带水生态节点、绿道、亲水平台等
			3.水系不连通,排水不畅	水系连通
			4.部分河段堤岸崩塌	生态护岸
9		诚谏河	1.河道淤泥的堆积	清淤疏浚
			2.部分河段堤岸崩塌	修复堤防
10		筋竹河	1.垃圾侵占河道	清理垃圾
			2.河道淤泥的堆积	清淤疏浚
11		胜峒河	1.河道淤泥的堆积,河床变窄抬高,形成悬河,农田排水不畅,受淹严重	清淤疏浚,适当扩宽河道
			2.违规侵占河道种植作物	清违清障
12		同福河	1.垃圾侵占河道	清理垃圾
			2.部分河段路堤掏空,岸坡塌方,岸坡竹木阻碍行洪,违规采砂导致河床下切	堤岸加固,生态护岸
13	筋竹镇	昙市河	1.河道淤泥的堆积	清淤疏浚
			2.部分河段堤岸崩塌	生态护岸
			3.旧寨段房子临河修建,侵占河岸线种植、非法养殖、围河养殖	清违清障
14		筋竹河	1.河道淤泥的堆积	清淤疏浚
			2.部分河段堤岸崩塌	生态护岸
			3.沿河生态环境及人居环境有待改善	修建滨岸带水生态节点等
15		义水河	河道淤泥的堆积	清淤疏浚
16		黄陵河	河道淤泥的堆积	清淤疏浚

续表 4-75

序号	所属乡(镇)	河流名称	存在问题	拟采取的措施
17	三堡镇	三合河	1. 河床淤积严重,泥沙淤积农田,无法耕作	清淤疏浚,适当扩宽河道
			2. 部分河段堤岸崩塌	修复堤岸
			3. 上游水土流失严重	治理三合村崩岗2处,蒙冲村崩岗1处
18		月田河	部分河段堤岸崩塌	堤岸加固,生态护岸
19		糯垌河	1. 河道淤泥的堆积	清淤疏浚
			2. 部分河段堤岸崩塌	修复堤岸
20		富豪河	1. 河道淤泥的堆积	清淤疏浚
			2. 部分河段堤岸崩塌	修复堤岸
21		富冲河	1. 河道淤泥的堆积	清淤疏浚
			2. 部分河段堤岸崩塌	堤岸加固,生态护岸
22		义昌江干流	部分河段堤岸崩塌	修复堤岸
23		蒙奇河	1. 河道淤泥的堆积	清淤疏浚
			2. 部分河段堤岸崩塌	堤岸加固,生态护岸
24		蒙布河	1. 河道淤泥的堆积	清淤疏浚
			2. 部分河段堤岸崩塌	堤岸加固,生态护岸
25		椰冲河	1. 河道淤泥的堆积	清淤疏浚
			2. 部分河段堤岸崩塌	堤岸加固,生态护岸
26	安平镇	古麻河(古院村支流)	1. 河道淤泥的堆积	清淤疏浚、水系连通
			2. 部分河段堤岸崩塌	生态护岸
			3. 垃圾侵占河道	清理垃圾
			4. 沿河生态环境及人居环境有待改善	修建滨岸带水生态节点、绿道、亲水平台等

续表 4-75

序号	所属乡(镇)	河流名称	存在问题	拟采取的措施
27	安平镇	黄塘河	1. 河道淤泥的堆积	清淤疏浚
			2. 富罗村桥头房子临河修建,侵占河岸线种植、非法养殖	生态护岸
			3. 部分河段堤岸崩塌	清违清障
28		同心河	1. 河道淤泥的堆积	清淤疏浚
			2. 部分河段堤岸崩塌	堤岸加固,生态护岸
			3. 垃圾侵占河道	清理垃圾
29	糯峒镇	黄塘河	1. 部分堤岸崩塌	堤岸加固,生态护岸
30		平坡河	1. 河道淤泥的堆积	清淤疏浚
			2. 房子临河修建,侵占河岸线种植、非法养殖、围河养殖	清违清障
31		沙河	1. 河道淤泥的堆积	清淤疏浚
			2. 部分堤岸崩塌	堤岸加固,生态护岸
			3. 龙樟村河段侵占河岸线种植、非法养殖、围河养殖	清违清障
			4. 水土流失严重	治理上游三兴村崩岗 3 处
32		糯峒河	1. 河道淤泥的堆积	清淤疏浚
			2. 部分堤岸崩塌	堤岸加固,生态护岸
33		大地河	1. 河道淤泥的堆积,河床变窄抬高	清淤疏浚
			2. 水流不畅,水系不连通	水系连通
			3. 上游水土流失严重	治理大地村崩岗 1 处
34	梨木镇	梨木河	1. 河道淤泥的堆积	清淤疏浚
			2. 部分堤岸崩塌	堤岸加固,生态护岸
35		广东河	1. 河道淤泥的堆积	清淤疏浚
			2. 部分堤岸崩塌	堤岸加固,生态护岸
			3. 存在个别临河养猪场和胶粒厂	拆除违建
36		同福河	1. 河道淤泥的堆积	清淤疏浚
			2. 部分堤岸崩塌	修复堤岸

续表 4-75

序号	所属乡(镇)	河流名称	存在问题	拟采取的措施
37	大隆镇	梨木河	1. 河道淤泥的堆积	清淤疏浚
			2. 部分堤岸崩塌	堤岸加固,生态护岸
			3. 红卫村段侵占堤防种菜	清违清障
38	归义镇	义昌江	1. 河道淤泥的堆积	清淤疏浚
			2. 部分堤岸崩塌	堤岸加固,生态护岸
			3. 垃圾侵占河道	清理垃圾
			4. 沿河生态环境及人居环境有待改善	修建滨岸带水生态节点、绿道、亲水平台等
			5. 水土流失严重	治理秋风村崩岗 1 处

表 4-76 拟治理各农村水系湖塘涉及问题清单

序号	湖塘名称	所在乡(镇)	所在村名	存在问题	拟采取的措施
1	龙塘	诚谏镇	黎垌村	淤泥堆积,塘坝漏水	清淤疏浚,塘坝加固
2	葡头塘	诚谏镇	黎垌村	淤泥堆积,塘坝漏水	清淤疏浚,塘坝加固
3	犁头塘	诚谏镇	白丈村	淤泥堆积,塘坝漏水	清淤疏浚,塘坝加固
4	双底塘	诚谏镇	白丈村	淤泥堆积,塘坝漏水	清淤疏浚,塘坝加固
5	龙佛坑塘	诚谏镇	思和村	淤泥堆积,塘坝不牢固	清淤疏浚,塘坝加固
6	洪两塘	诚谏镇	新华村	塘坝渗水,不牢固	塘坝加固,防渗处理
7	替龙塘	诚谏镇	新华村	塘坝渗水,不牢固	塘坝加固,防渗处理
8	古旁大塘	诚谏镇	孔任村	塘坝不牢固	塘坝加固
9	大埌塘	诚谏镇	河三村	塘坝不牢固,排水渠老旧	塘坝加固,排水渠(口)加固及重建
10	水母塘	诚谏镇	陀村	塘基狭小	塘坝加固
11	龙塘水库	大业镇	思回村	水渠淤塞	引水渠重修、排水渠重修
12	莲塘坑	大业镇	思回村	坝基老化	塘坝加固

续表 4-76

序号	湖塘名称	所在乡(镇)	所在村名	存在问题	拟采取的措施
13	九份塘	大业镇	思回村	水渠淤塞	排水渠重建
14	大圣塘	大业镇	思回村	水渠淤塞	塘坝加固
15	泗龙村公间塘	大业镇	泗龙村	淤泥沉积塘基土化陈旧危险	加固塘基挡土石墙清理淤泥
16	古味村蟹乌塘	大业镇	古味村	淤泥多, 排水渠毁坏, 塘坝老化	清淤, 塘坝加固, 排水渠重建
17	古味村桂山塘	大业镇	古味村	淤泥多, 排水渠毁坏, 塘坝老化	清淤, 塘坝加固, 排水渠重建
18	古味村塘奴塘	大业镇	古味村	淤泥多, 排水渠毁坏, 塘坝老化	清淤, 塘坝加固, 排水渠重建
19	六暴塘	筋竹镇	罗敏村	坝首崩塌, 放水道闭塞	塘坝加固、防渗处理
20	塘众塘	筋竹镇	望闾村	坝首崩塌, 放水道闭塞	塘坝加固、防渗处理
21	鸡心塘	筋竹镇	新联村	坝首崩塌, 放水道闭塞	塘坝加固、防渗处理
22	碗冲塘	三堡镇	安山村	塘基薄, 易崩塌	对塘基进行除险加固
23	竹根塘	三堡镇	蒙奇村	塘基薄, 易崩塌	对塘基进行除险加固
24	蟹摸塘	三堡镇	祝庆村	塘基薄, 易崩塌	对塘基进行除险加固
25	社区 2 号塘	三堡镇	三堡社区	塘基薄, 易崩塌	对塘基进行除险加固
26	爬夯塘	三堡镇	平山村	塘基薄, 易崩塌	对塘基进行除险加固
27	古正塘	三堡镇	祝庆村	塘基薄, 易崩塌	对塘基进行除险加固
28	三斗塘	三堡镇	木坪村	塘基薄, 易崩塌	对塘基进行除险加固
29	六逊塘	三堡镇	平山村	塘基薄, 易崩塌	对塘基进行除险加固
30	蒙坐塘	三堡镇	平山村	塘基薄, 易崩塌	对塘基进行除险加固
31	猪登塘	三堡镇	蒙奇村	塘基薄, 易崩塌	对塘基进行除险加固
32	大耀塘	三堡镇	立峒村	塘基薄, 易崩塌	对塘基进行除险加固
33	溢山塘	三堡镇	立峒村	塘基薄, 易崩塌	对塘基进行除险加固
34	河六冲塘	三堡镇	河六村	塘基薄, 易崩塌	对塘基进行除险加固
35	宣冲塘	三堡镇	河六村	塘基薄, 易崩塌	对塘基进行除险加固

续表 4-76

序号	湖塘名称	所在乡(镇)	所在村名	存在问题	拟采取的措施
36	下伞塘	三堡镇	车河村	塘基薄,易崩塌	对塘基进行除险加固
37	古院村1号塘	安平镇	古院村	塘基薄,易崩塌	对塘基进行除险加固
38	古院村2号塘	安平镇	古院村	塘基薄,易崩塌	对塘基进行除险加固
39	大地村塘	糯垌镇	大地村	塘基薄,易崩塌	对塘基进行除险加固

1.4　面临形势

岑溪市位于珠三角经济圈与大西南的结合部,既是连接华南和珠江三角洲及港澳地区经济辐射的重要腹地,又是大西南资源型经济与沿海外向型经济的连接点。

近年来,岑溪市践行习近平总书记"绿水青山就是金山银山"的绿色发展理念,经济运行平稳健康,人民生活持续改善。随着生态文明建设、美丽岑溪、农村人居环境整治等的推进,岑溪市对农村人居环境提出了更高的要求及标准。

随着《广西岑溪市义昌江防洪治理规划(2010—2020)》的实施,义昌江干流镇区段河道防洪工程建设逐步趋于完善或列入具体实施计划,岑溪市的治水短板也由城镇主干河道转变到末端的中小河流及农村水系,治理思路也由传统的兴建除水害兴水利工程,转变为在满足基本防洪功能前提下结合乡村振兴、美丽乡村、生态旅游、幸福宜居乡村等当地发展规划,统筹山水林田湖草系统综合治理,着力建设生态河道、加强河道监督管理上来。

本项目的实施是岑溪市落实习近平总书记在黄河流域生态保护和高质量发展座谈会上做出的重要讲话精神的实际体现,是推进乡村全面振兴及"水利工程补短板、水利行业强监管"新时期水利改革发展总基调的具体要求与实际举措,急需加快推进与实施。

1.5　项目建设的必要性与可行性

1.5.1　项目建设的必要性

(1)是保障岑溪市农村防洪安全的迫切需要。

洪水灾害是岑溪市较严峻的问题之一,确保防洪安全是目前面临的重要问题。近年以来,随着黄华河、义昌江等部分主干河道防洪工程建设及河道治理工程的实施,大部分镇区主干河道防洪安全基本得到保障。但镇区支流未得到有效治理,部分河道淤积、河道变窄、堤岸受损坍塌,农村河道的防洪安全问题凸显,农村防洪安全隐患突出,急需通过综合治理,提高过洪能力,保障行洪安全。

(2)岑溪市"水利工程补短板、水利行业强监管"的具体举措。

近年来随着流域规划及"十三五"水利发展规划的实施,黄华河、义昌江等部分主干河道防洪工程建设逐步完善或列入具体实施计划。但岑溪市农村水系数量多,分布广,且多属于主干河道及中小河流支流或末端水系,承担着农村地区的灌溉供水、行洪排涝、纳污净化、生态、养殖等多种任务,是农村生活、生产和生态环境改善密不可分的要素,但目前尚未系统治理,河湖沟塘淤塞、水体萎缩、面源污染、生态退化、防洪标准低、自然及人居环境差、水土流失等诸多问题普遍存在,农村水系已逐渐成为岑溪市水利行业的短板和突出环节。本工程旨在通过对农村水系进行清违清障、清淤疏浚、堤岸生态防护、水系连通、水源涵养与水土保持、加强管护等措施,提高防洪排涝标准,恢复农村水系生态空间,改善河流生态环境,强化管护,保障农村用水安全,工程实施是岑溪市"水利工程补短板、水利行业强监管"的具体举措。

(3)岑溪市乡村全面振兴的重要组成部分。

为深入贯彻《中共中央 国务院关于实施乡村振兴战略的意见》精神,认真落实《乡村振兴战略规划(2018—2022 年)》,水利部发布了《水利部关于做好乡村振兴战略规划水利工作的指导意见(水规计〔2019〕211 号)》,其中明确提出推进农村水系综合整治,强化农村河湖管理。岑溪市为落实本指导意见,提出实施本项目,项目的实施是水利行业为岑溪市乡村全面振兴提供水利支撑和保障,是岑溪市乡村振兴的重要组成部分。

(4)岑溪市恢复自然生态水系、改善农村宜居环境的必然要求。

农村河湖水环境质量直接关系到农产品安全、农村饮水安全,在很大程度上影响着农民生产生活质量。2018 年 2 月中共中央办公厅、国务院办公厅印发了《农村人居环境整治三年行动方案》,明确提出"以房前屋后河塘沟渠为重点实施清淤疏浚,采取综合措施恢复水生态",本项目正是通过对河湖沟塘等农村水系进行综合整治,重现农村河湖水系自然风光,营造健康宜居的生态环境,工程实施是农村生态环境根本好转的重要基础,是创造优美人居环境、改善人民生活质量的必然要求。

(5)构建加快美丽乡村建设、实现乡村文明、构建和谐社会的重要保障。

河湖水系是水资源的载体,也是人与水相互作用的媒介,本项目拟统筹山水林田湖草系统治理,以水系为依托,结合区域文化特点,实施农村河湖水系综合整治,有助于强化地域文化元素,重塑乡村美化生态,丰富农村文化业态与生活,促进乡村文明建设与水生态环境相融合,对和谐社会构建有极大的推动作用。

1.5.2　项目建设的可行性

(1)符合当前生态文明建设、乡村振兴、新时代水利改革等基本国策与国情,符合广西壮族自治区、岑溪市的总体发展战略要求。

自十八大以来,生态文明建设、乡村振兴、新时代水利改革总基调、河长制等符合我国基本国情的一系列政策、措施逐渐被提高到治国理政的高度。

目前,广西壮族自治区正着力打造绿色美好家园、绿色转型升级、低碳循环发展、绿色秀美山川、蓝天碧水净土,创建广西生态文明示范样板,在此大背景下,岑溪市积极开展农村水系综合整治,以农村水系为脉络,统筹山水林田湖草系统治理,补齐农村水利工程短板,是实现乡村振兴,践行完善河长制,推进生态文明建设的具体举措与重要组成部分。

(2)岑溪市天然基础优越,易打造示范工程,建设效益显著。

岑溪市是"广西园林城市",全市森林覆盖率达 76.04%,受人为活动干扰较轻,森林生态系统恢复较好,生活多样性丰富,山水景美,田园风光秀丽,为农村水系综合整治提供了较好的生态环境本底和基础支撑,较容易在一定投资规模下打造农村水系整治示范工程、精品工程,大力推进乡村振兴,显著提高农民人均收入,建设效益比较显著。

（3）各级政府高度重视，乡村民众积极响应参与。

本项目建设得到岑溪市政府、各乡（镇）、各部门的高度重视，从项目实施范围及水系的选取到实施措施，均进行了详细的调研和分析论证，各部门积极支持项目筹备，全力配合推动项目建设。本项目建设对改善当地生态环境和人居环境，发展乡村经济，带动农民脱贫致富及提高生活水平等意义重大，群众认可度及参与积极性较高，得到当地农民积极拥护与大力支持，均表示愿意配合解决好项目用地及投工投劳等任务。

（4）资金筹措及管理有保障。

岑溪市以往实施的中小河流治理、生态清洁小流域等水利基础设施项目基本均能如期建成，项目资金落实有力，质量有保证，运行良好，管护比较到位，建设及管理经验丰富。岑溪市各级政府、主要领导均高度重视，大力支持本项目，相关部门均表示积极配合，本级财政配套资金落实保障有力，项目建设相应的配套资金有保障，已承诺配套资金按时足额到位。除中央及自治区补助资金外，岑溪市相关部门将制定自筹资金筹措方案，建立和健全项目建设和资金管理制度，提高资金使用效率，确保工程顺利进行。

（5）河长制基本建立，运行管护机制经验成熟。

目前岑溪市已基本全面建立河长制，本工程管理体制和运行管护机制在纳入现有河长制工作的基础上，将进一步完善补充针对农村水系的河湖管理机制，按照市场经济的要求，建立现代化管理制度，逐步建立和落实产权明晰、责权明确、政企分开、管理科学的管理体制，使工程设施实现自主经营、自我约束、自我发展。项目竣工验收后将按有关规定办理好移交手续，及时将建设项目形成的固定资产移交到项目建设所在地的镇政府，明确管护经费来源，由当地政府指导、监督各村委会建立健全各项运行管护制度，确保各项设施运行良好、管护到位，保障建设效益的长期、持续发挥。

（6）施工条件及建筑材料来源有保障。

项目区附近基本均可通过公路直达，交通方便，弃渣和施工机械进场及运输方便，项目区水资源丰富，村村通电，具备用风、用水、用电、通信等基础施工条件。工程建设所需人工较少，劳动力有保障，建设用机械、设备、设施、建筑材料等大部分均可就地就近调配或采购，项目建设施工环境好。

综上所述，本项目建设符合实际是必要且可行的。

2　指导思想和基本原则

2.1　指导思想

以习近平总书记在黄河流域生态保护和高质量发展座谈会上做出的重要讲话精神为总体要求，围绕实施乡村振兴战略决策部署，按照"产业兴旺、生态宜居、乡风文明、治理有效、生活富裕"总要求，遵循"节水优先、空间均衡、系统治理、两手发力"的治水思路。围绕"水利工程补短板、水利行业强监管"的新时期水利改革发展总基调。以问题为导向，以岑溪市为组织实施主体，以各乡（镇）为单元，以农村河塘沟渠水系为脉络，以恢复农村水系功能、提高水安全保障能力、改善水生态环境状况为目标，水域河岸并治，集中连片开展综合治理，营造安全、生态、美丽的农村河湖，巩固扶贫攻坚成果，改善农村人居环境,建设水美乡村,促进乡村全面振兴。

2.2　基本原则

(1)以人为本,保障民生。

把人民对美好生活的向往作为奋斗目标,大力推进农村水系综合整治,加快补齐农村水利基础设施短板,完善防洪排涝减灾体系,改善农村生产生活条件与人居环境,努力营造安全生态农村河湖环境。

(2)生态优先,绿色发展。

牢固树立和践行绿水青山就是金山银山的理念,协调处理人水关系,围绕乡村振兴战略要求,结合农村人居环境改善,突出解决乡村河湖水系功能衰减、水域岸线侵占、水环境恶化等问题,整治措施要尽量减少对生态环境系统扰动,突出生态化、绿色化、构建人与自然和谐共生的水美乡村。

(3)示范引领,有序推进。

充分借鉴"千村整治、万村示范"等先进经验,优先实施一些问题突出、需求迫切、地方积极性高的项目,区级水利部门加强对县级编制治理方案、组织实施的指导,形成可复制可推广的治理模式和经验,示范引领地区推开。

(4)统筹兼顾,系统治理。

统筹山水林田湖草系统治理,以水系为脉络、以乡(镇)为单元,河流协同推进、系统治理。在摸清楚岑溪市农村水治理现状及存在问题的基础上,做好与乡村振兴战略规划、农村人居环境整治行动方案、旅游等规划的衔接,科学制订切实可行的整治方案。

(5)因地制宜,突出特点。

针对岑溪市农村河湖水系的特点,以问题为向导,以需求为牵引,统筹需要与可能,优先实施问题突出、需求迫切、地方积极性高、人口密集村镇的项目。结合地方实际,合理制定整治措施,确保实施成效,避免造成污染转移等不利的生态环境影响。

(6)创新机制,强化管护。

创新岑溪市农村河湖管护机制,全面推进农村河湖设立村级河湖长,充分发挥民间河湖长的作用,强化农村河道湖泊的管理。完善农村河湖管护机制,落实管护主体和责任,同时通过公益岗位积极吸纳贫困群众参与河湖保洁维护,保证农村水系综合整治成效持续性。

(7)落实责任,形成合力。

中央引导、广西壮族自治区负总责、岑溪市落实实施主体责任。加强统筹协调,建立上下联动、部门协作、高效有力的工作推进机制。在项目治理方案制订、组织实施中积极吸引乡(镇)级组织和农村群众参与,充分调动基层组织和群众的积极性、主动性。

2.3　方案定位

结合新农村建设及美丽乡村建设规划,改善河两岸自然生态环境、水环境和人居环境,努力实现河道流畅、水清、岸绿、景美的岑溪新亮点。

(1)以保护河道两岸的生态功能为前提,充分发挥河流水系的环境效益。

(2)充分利用自然山水植被,打造原生态的滨水景观。

（3）以优美的自然人文环境提升周边大环境，打造岑溪市新亮点。

（4）结合周边特有的环境塑造出一个丰富多彩的休闲胜地。

2.4　设计理念

以"生态、休闲"为线索，以保护河流沿岸的生态功能为前提，充分发挥河道滩地、水系、林地的自然优势，打造优越的人居、鸟居的滨水休闲区域。将四季有景的花卉景观和质朴现代的滨水风光融为一体，进一步提升区域的独特魅力，精心打造岑溪市"生态绿巢"；围绕自然生态景观，形成有动有静、有声有色、有隐有现的滨水景观，为岑溪市打造一个以生态保护、自然野趣和休闲游览为功能的区域。

3　实施范围与治理目标

3.1　选取原则及实施范围

3.1.1　选取原则

本项目治理对象包括岑溪市境内流域面积3 000 km² 以下河流及10 万 m³ 以下的农村湖塘，其中湖塘不包含荷塘、鱼塘及农村饮水工程中的调蓄池、沉淀池、清水池，在重点治理乡（镇）及农村水系项目区选择时遵循以下原则：

（1）优先农村地区人口密集、淤积堵塞严重、水域岸线侵占、生态环境问题突出、治理任务重，通过水源涵养、清淤疏浚、生态护岸建设等措施，对改善农村水生态环境、人居环境作用较大的项目。

（2）项目所在乡（镇）政府治理积极性高、人民群众治理意愿强烈的乡（镇）。乡（镇）、村级河长、湖长制已全面建立，农民用水协会等基层水利服务体系比较完善，建成后管护能落实的乡（镇）优先考虑。

（3）与流域、区域规划衔接紧密，与农村人居环境整治结合较好，对促进水美乡村建设、推动乡村振兴具有重要作用的项目优先考虑。前期工作基础较好，设计文件已完成批复的优先考虑。

（4）有美丽乡村、乡村振兴、示范农业、乡村旅游等其他资金来源，能共同整合多项资金综合治理，起到"连段、连片、示范带动性"作用的河流（段）或乡（镇）优先考虑。

（5）选择项目应技术上可行，不突破用水红线，不造成污染转移，不存在区域矛盾、征占地等重大制约因素。

（6）治理项目不应包括水源工程建设、水库（大中型水闸）除险加固、农村供水等类型项目，大型污水处理厂建设等环境治理项目，通过修建拦河坝、橡胶坝形成水景观，破坏河道连续性、造成下游断流的项目，修建荷塘、水池等实施养殖的项目。

（7）为避免重复安排资金，已纳入全国中小河流治理重点县、全国山洪灾害防治、水土保持小流域治理、江河湖库水系连通等项目，使用中央和自治区级财政资金治理过的河流水系，或通过其他投资渠道已完成治理任务的项目不纳入本次治理范围，已完成前期工作但尚未实施的可纳入本次治理范围。

3.1.2　实施范围

由于义昌江干流及支流河道淤积较黄华河流域严重，堤防标准低且年久失修，义昌江流域河道治理任务较为繁重。受建设资金制约,岑溪市水系连通及农村水系综合整治实施方案分一期与二期分步实施,一期优先着力解决义昌江流域干支流农村河湖防洪排涝、堤岸安全、水源涵养与水土保持等问题,黄华河流域水系连通及农村水系综合整治列入二期实施。

本阶段实施范围包括义昌江干流及支流流经的大隆镇、梨木镇、筋竹镇、大业镇、诚谏镇、糯垌镇、安平镇、归义镇、三堡镇等9个镇,涉及农村河流38条,湖塘40处。由于中心城区所在的岑城镇已经被列入城市规划范围,本次不列相应措施。

本次实施范围详见表4-75、表4-76。

3.2 治理目标

3.2.1 任务目标

结合"美丽岑溪"乡村建设规划、农村人居环境整治三年行动计划、乡村振兴战略规划等当地相关规划,对农村水系采取清违清障"四乱"清理、清淤疏浚、生态护岸护坡、河湖水系连通、水土流失治理等综合治理措施,恢复河道供水、输水、行洪等基本功能,提高防洪能力,修复河湖沟塘空间形态,恢复水力联系,改善水环境质量,控制水土流失,提高水源涵养能力,通过改革创新,全面落实河长制,建立农村河湖管护长效机制;将农村河湖水系打造成"安全、生态、美丽的河湖",实现河畅、水清、岸绿、景美的总体目标,提升农村人居环境,助力全域旅游,巩固扶贫攻坚成果。

3.2.2 进度目标

本工程计划分2年实施,实施周期为2020—2021年,根据轻重缓急优先治理问题突出的乡(镇),到2021年底完成全部治理任务,并建立针对农村水系的管护机制。

3.2.3 治理标准

(1)通过整治保障农村水系格局完整,排泄畅通,恢复河道基本形态,满足防洪、排涝、灌溉、引水、生态等基本功能需求,使各乡(镇)中心段达到《防洪标准》(GB 50201—2014)要求的对应防洪排涝标准,流域内洪涝灾害年均损失率控制不超过30%。

(2)河道生态岸线率达70%,不发生明显的滑坡、崩岸等。

(3)河流生态基流保障率达100%,各治理河流(段)年断流长度及日期基本为0。

(4)河道岸坡整洁,基本无乱垦乱种,无乱挖乱建乱堆问题。

(5)河流水体能够自然流动,河流沟塘水体清澈,水体透明度不低于40 cm。

(6)河面清洁,基本无有害水生植物、明显漂浮物,水生物生长自然。

(7)治理水系(区域)水土流失综合治理程度达70%以上。

(8)治理河道、湖塘管护责任100%落实。

4 治理布局与措施设计

4.1 治理布局

4.1.1 基本原则

(1)治理河段水系应尽量维持河流天然形态,充分体现自然、生态的河道治理理念,宜弯则弯,宜滩则滩,避免裁弯取直,对局部不合理的河段可根据实际情况进行局部调整,治理过程中对不影响行洪的现状竹木(特别是多年古木)应予以保留。

(2)岸坡防护结构应注重与周围自然生态协调,堤岸前后坡尽可能采用生态自然的草皮护坡,顶冲段及常水位以下护岸可考虑采用生态护坡(护脚)。

(3)滨岸带水生态环境、水景观工程的营造应与河道岸坡防洪、清淤疏浚等结合,以不影响防洪为主要原则,兼顾与当地环境、文化及总体规划相协调。

(4)河道清淤疏浚(清违清障)应在河床演变分析的基础上,根据河道整治工程总体布局,结合河道治导线确定其范围,淤积导致阻水严重的河段才需要清淤。河道比较开阔的、淤积较少的、河段阻水不严重的河段可考虑少清或不清,仅对局部凹凸不平的或裸露不稳的岸坡、岸脚进行岸坡疏浚整治。对就清淤范围在较陡峻的岸坡附近的河段、涉河建筑物河段及房屋邻近河岸的河段应注意不可因开挖影响岸坡、涉河建筑物或房屋的稳定。

(5)土地是宝贵的短缺资源,征地拆迁是一项复杂而艰巨的任务,因此应尽可能减少拆迁、征地及占用农田。

4.1.2　建设内容与总体布置

本次《实施方案》以义昌江流域为重点开展水系连通及农村水系综合整治,打造"一江两带三区"的总体布局。

"一江"是指以义昌江为纽带,围绕义昌江干支流,突出系统治理,统筹水系连通、河道清障、清淤疏浚、岸坡整治河湖管护等多项水利措施,打造田园诗画义昌江。"两带"是指梨木河为脉络,以村庄为节点,集中连片统筹规划,水域岸线并治,建设一批河畅、水清、岸绿、景美的水美乡村景观带;以大涅河为脉络,围绕农田水利建设,打造原生态无公害的长寿生态农业景观带,增强广大农民群众的安全感、幸福感、获得感。"三区"是指根据北部、东部及南部山区的植被覆被及水土流失现状,针对性地采取水源涵养与水土保持、防污控污、生态景观等措施,打造北部山水林田湖修复区、东部自然抚育区和南部生态旅游休闲区。

本次《实施方案》治理范围涉及归义镇、诚谏镇、大业镇、筋竹镇、三堡镇、安平镇、糯峒镇、梨木镇、大隆镇等9个镇,治理农村河流38条,治理河道总长度122.6 km,水系连通长度3.0 km,新建水系连通闸2座,河道清障面积19 800 m²,清淤疏浚河长113.3 km,修复堤防17.9 km,新建生态护岸49.5 km,整治湖塘40处,治理崩岗8处,治理水土流失面积111.71 km²,整治入河排污口27处,建设滨水公园2处,建设滨岸绿道7.1 km,建设生态湿地9处,人文景观节点1处。

义昌江流域水系连通与农村水系综合整治措施汇总见表4-77。

表 4-77　义昌江流域水系连通与农村水系综合整治措施汇总

序号	所属乡(镇)	河流名称	治理河长 /km	水系连通 连通闸 /座	清违清障 清理面积 /m²	清淤疏浚 河长 /km	岸坡生态治理				水土保持与水源涵养				防污控污		
							修复堤防 /km	生态护岸 /km	水生态景观节点 /个	滨岸绿道 /km	水土流失治理面积 /km²	疏林补植面积 /km²	封禁管护面积 /km²	崩岗治理 /个	生态湿地 /个	排污口整治 /个	面源污染防治 /km²
1	诚谏镇	诚谏河	2.70		1 500	2.70									1	2	
2		河三河	1.90			1.90		3.80									
3		孔任河	5.30			5.30					3.56	0.59	2.97				9.82
4		陀村河	2.40			2.40											
5		沙田河	1.80			1.80											
6		六娘河	2.90			2.90											
7		沙田河	4.50	2		4.50	0.70										
8	大业镇	大渡河干流	3.00			3.00		2.50	1	2.60	17.10	2.90	14.20		1	2	15.86
9		诚谏河	2.80			2.80	1.60									1	
10		筋竹河	4.10			4.10											
11		胜垌河	7.00		6 000	7.00										1	
12		同福河	4.70				0.20	3.20									

续表 4-77

措施类型及工程量

序号	所属乡(镇)	河流名称	治理河长 /km	水系连通 连通闸 /座	清违清障 清理面积 /m²	清淤疏浚 河长 /km	岸坡生态治理 修复堤防 /km	岸坡生态治理 生态护岸 /km	岸坡生态治理 水生态景观节点 点/个	岸坡生态治理 滨岸绿道 /km	水土保持与水源涵养 水土流失治理面积 /km²	水土保持与水源涵养 疏林补植面积 /km²	水土保持与水源涵养 封禁管护面积 /km²	水土保持与水源涵养 崩岗治理 /个	防污整污 生态湿地 /个	防污整污 排污口整治 /个	防污整污 面源污染防治 /km²
13	筋竹镇	昙市河	2.30		2 000	2.30		3.60									
14		筋竹河	4.00			4.00		1.60	1		1.11	0.08	1.03		1	2	9.04
15		又水河	2.70			2.70											
16		黄陵河	1.20			1.20											
17	三堡镇	三合河	6.00			6.00		6.00						3			
18		月田河	1.00			1.00		2.00									
19		糯峒河	9.20			9.20	1.80										
20		富蒙河	6.00			6.00	2.00										
21		富冲河	4.00			4.00		3.00							1	3	
22		又昌江干流	1.40				1.40				2.31	0.33	1.98			2	19.18
23		蒙奇河	1.80			1.80		2.00									
24		蒙布河	1.40			1.40		2.80									
25		椰冲河	1.50			1.50		3.00									

续表 4-77

措施类型及工程量

序号	所属乡(镇)	河流名称	治理河长 /km	水系连通 连通闸 /座	清违清障 清理面积 /m²	清淤疏浚 河长 /km	岸坡生态治理 修复堤防 /km	岸坡生态治理 生态护岸 /km	岸坡生态治理 水生态景观节点 /个	岸坡生态治理 滨岸绿道 /km	水土保持与水源涵养 水土流失治理面积 /km²	水土保持与水源涵养 疏林补植面积 /km²	水土保持与水源涵养 封禁管护面积 /km²	水土保持与水源涵养 崩岗治理 /个	防污控污 生态湿地 /个	防污控污 排污口整治 /个	防污控污 面源污染防治 /km²
26	安平镇	古棕河	2.60			2.60		2.00		2.00					1	2	
27	安平镇	黄塘河	5.00		1 800	5.00		4.00			5.44	0.80	4.64				8.92
28	安平镇	同心河	2.00		100	2.00											
29	糯垌镇	黄坡河	1.10		3 000			2.00									
30	糯垌镇	平坡河	2.50		1 500	2.50											
31	糯垌镇	沙河	3.00			3.00		3.20			25.10	4.83	20.27	3	1	2	14.62
32	糯垌镇	糯垌河	1.20			1.20		2.40								2	
33	糯垌镇	大地河	1.40			1.40	6.00							1			
34	梨木镇	梨木河	3.00			3.00	1.00								1	1	
35	梨木镇	广东河	2.10		1 800						36.64	6.66	29.98				7.94
36	大隆镇	同福河	1.70			1.70	1.00									2	
37	大隆镇	梨木河	6.00		900	6.00		2.40			1.29	0.23	1.06		1	2	8.20

续表 4-77

| 序号 | 所属乡(镇) | 河流名称 | 治理河长/km | 水系连通 | 清违清障 | 清淤疏浚 | 岸坡生态治理 | | | | 水土保持与水源涵养 | | | | | 防污控污 | |
				连通闸/座	清理面积/m²	河长/km	修复堤防/km	生态护岸/km	水生态景观节点/个	滨岸绿道/km	水土流失治理面积/km²	疏林补植面积/km²	封禁管护面积/km²	崩岗治理/个	生态湿地/个	排污口整治/个	面源污染防治/km²
38	归义镇	义昌江	5.40		1 200	5.40	2.20	49.50	1	2.50	19.16	6.00	13.16	1	1	3	10.08
合计			122.60	2	19 800	113.30	17.90		3	7.10	111.71	22.42	89.29	8	9	27	103.66

4.2 水系连通

在实地踏勘走访、无人机航拍等调查的基础上,本项目选取大涾河(大业镇板么村段)作典型进行水系连通设计。大涾河板么村段卫星图见图 4-16。

图 4-16 大涾河板么村段卫星图

大涾河旧河道以"W"状绕着板么村南侧流过,因多年淤积,河床不断抬高,过流能力严重不足,逐渐废弃。现状河道截弯取直后由文友村绕过板么村北侧,旧河道除了洪水期间短暂淹没,其他时间基本处于断流状态。现状河床有村民开垦的农田,部分村民非汛期利用旧河道种菜、养殖鸡鸭等。

本项目综合采用清淤疏浚、岸坡整治多种措施,沟通新旧河道,恢复原有河道的自然面貌,可有效增加旧河道生态水量补给,增强水体流动性,促进水循环,改善大涾河河道及板么村农村生态环境,优化区域水资源配置。

为防止汛期洪水倒灌,同时保证旱季旧河道内景观水位蓄水要求,在新旧河道上、下游交汇口分别设置连通闸 1 座,连通闸采用双孔箱涵型式,螺杆启闭机启闭闸门。

水系连通其他工程量在清淤疏浚、岸坡整治中计列。

大涾河板么村段水系连通效果见图 4-17。

4.3 河道清障

按照"清违清障先行、清淤护岸并重、重点解决河道行洪通畅,提高流域综合防灾减灾能力"的治理原则,结合水利部"清四乱"行动及"河长制"工作中的水域岸线管理保护相关内容,先行实施清违清障,清障范围原则上为堤与河岸线之间并且低于设计洪水位的滩地范围,河道疏浚清障内容主要包括存在违占违建的涉河、沿河建构筑物、违规种植、违规堆放垃圾、违规砂石开采堆放、侵占行洪断面的植物等。部分需清违清障河道现状见图 4-18。

本次项目河道清障共计 19 800 m²,详见表 4-78。

图 4-17　大泄河板么村段水系连通效果图

(a)诚谏河建筑垃圾侵占河道

(b)同心河垃圾阻碍河道

(c)平坡河管涵阻水

(d)黄塘河房屋临河修建

图 4-18　部分需清违清障河道现状

表 4-78　清违清障措施

序号	河流名称	所在乡(镇)	所在村名	具体位置	存在问题	针对性整治措施	清理面积/m²
1	诚谏河	诚谏镇	美和村	古言口—大河口	建筑垃圾侵占河道,个别建筑基础侵占河道,侵占河堤种植农作物	清违清障	1 500
2	胜峒河	大业镇	胜峒村	胜峒村委中心—中村 胜峒村委中心—白竹 胜峒村委中心—大华	农田侵占岸线种植	清退占用河道的农田	6 000
3	昙市河	筋竹镇	昙市村	旧寨段	旧寨段房子临河修建,侵占河岸线种植、非法养殖,围河养殖	清违清障	2 000
4	黄塘河	安平镇	富罗村	富罗村桥头	房子临河修建,侵占河岸线种植、非法养殖	清违清障	1 800
5	同心河	安平镇	同心村、太平社区、凤新村	凤新村-同心村	垃圾阻碍河道	清违清障	100
6	平坡河	糯峒镇	平坡村	塘坪水库—平坡村	管涵阻水,房子临河修建,侵占河岸线种植、非法养殖,围河养殖	清违清障,拆除阻水的管涵、房屋	3 000
7	沙河	糯峒镇	龙樟村	龙樟村—河口	龙樟村河段侵占河岸线种植、非法养殖,围河养殖	清违清障	1 500

续表 4-78

序号	河流名称	所在乡(镇)	所在村名	具体位置	存在问题	针对性整治措施	清理面积/m²
8	广东河	梨木镇	平田村	平田—虾冲口	存在个别临河养猪场和胶粒厂,弃渣填入河道	取缔养殖场、拆除违建,岸坡清理	1 800
9	梨木河	大隆镇	红卫村	红卫村河段	红卫村段侵占堤防种菜,弃渣填入河道	清违清障	900
10	义昌江	归义镇	谢村	谢村河段	建筑垃圾阻碍河道行洪	清违清障	1 200

4.4　河湖管护

在现有河长制工作的基础上,进一步完善岑溪市农村水系创新管护,充分发挥民间河湖长的作用,落实管护主体和责任,强化监督考核,加强河湖巡查及信息化管理,同时通过公益岗位积极吸纳贫困群众参与河湖保洁维护,保证农村水系综合整治成效持续性。

4.4.1　水资源保护

进一步落实最严格水资源管理制度,加强节约用水宣传,推广应用节水技术,提升管理范围内的用水效率。

4.4.2　水域岸线管理保护

(1)逐步划定河道管理范围、生态管理范围,细分到沿河各乡(镇)级、村级管理范围,以实现河道分区管理保护和节约集约利用。

(2)逐步建立健全岸线管控制度,并出台相关政策,各级河道岸线管理部分要对突出问题进行排查、清理和专项整治。

4.4.3　水污染防治

(1)对沿河各污染源进行排查,不规范、不合法的要予以治理,按照相关部门有关规定进行整改。

(2)对沿河排污口进行排查整治,优化其布局,按照标准进行建设和整改。

(3)沿河生活、农业及生产污水规范化整治,减少农药用量,大力推广低污染的绿色养殖模式等。

(4)成立水污染防治督察小组,对各功能区河段入河污染物排放是否达标进行考核。

4.4.4　水环境治理

(1)结合"美丽岑溪·宜居乡村"工作,通过河道管理,保证河道保护范围内无垃圾、无漂浮物、无黑臭水体,对突出问题进行排查及处理。

（2）推动农村水环境治理项目,提高农村饮用水卫生合格率,保障居民用水安全。

4.4.5　执法监管

配合市河长办的执法监管工作,开展日常巡逻,打击涉河违法行为,保障河道健康、河势稳定、防洪安全,同时加快河道电子信息化监控建设,早日实现河道监控、执法现代化。

4.5　防污控污

目前义昌江流域内大部分乡村未规划污水收集处理设施,部分乡村振兴等已规划的镇村污水收集处理设施也暂未实施,污水基本仍是直排入河,对水质造成一定影响,并可能影响到下游居民用水安全。因此,需对部分村庄采取人工湿地等生态形式的生活污水处理措施。

对于农村生活污水的处理,主要分为两种情况:对居住分散,生活污水不适合集中处理的村庄,因地制宜,采取分户处理、分散排放的形式治理,严禁污水未经处理直接入河污染水质,分散式污水处理主要以三格式化粪池、沼气池措施为主,定期清掏沼气(粪)池污泥、渣液,作为农业有机肥料利用;对居住比较集中的行政村或村民小组,考虑建设生态型的小型人工湿地作为村庄的生活污水处理池,对生活污水进行统一收集和处理,当含有毒物和杂质(农药、生活污水)的流水经过湿地时,流速减慢,有利于毒物和杂质的沉淀与排除,栽植湿地植物也能有效地吸收有毒物质,从而达到减轻环境污染、增强水体自净能力、提高防污控污能力、净化下游水源、保护河流水质的目的,同时可以充分利用湿地美化乡村和生态旅游观光项目相结合,发挥湿地的娱乐功能,把湿地建设和周边水生态景观节点及旅游乡村设施联合打造,建成居民休闲娱乐的场所,丰富居民的生活,改善村庄生态环境,提高居民生活质量,构建和谐村庄。待乡村振兴等规划的污水集中收集处理设施实施后湿地仍可作为入厂前的预处理措施或出厂尾水处理设施。

受限于工程投资及规模等因素,分散处理措施由当地居民自行处理,综合考虑群众建设意愿、征占地、资金等因素,本工程拟在大隆镇、梨木镇、筋竹镇、大业镇、诚谏镇、糯峒镇、安平镇、归义镇、三堡镇等 9 个镇各建 1 处人工湿地处理设施。

4.5.1　分散处理措施

雨污分排在农村不具备条件,但是畜禽养殖粪便废水与生活污水要分别进行收集和处理,即畜禽养殖粪便废水一般采用沼气池,生活污水经三格式化粪池发酵、杀菌、沼渣和粪渣作为肥料用于生态农业,严禁向池塘、河流直排,沼气池、化粪池容量与畜禽养殖量、服务人口量相对应,其容积必须满足《村庄整治技术规范》(GB 50445—2008)要求。

根据农村标准化三格式化粪池设计标准,三格式化粪池的储存期为 40 d,每格的容积计算为:

第一格容积(m^3) = 排放量$[3.5 \text{ kg}/(人 \cdot 日)]$ × 人数 × 25(d)/1 000;

第二格容积(m^3) = 排放量$[3.5 \text{ kg}/(人 \cdot 日)]$ × 人数 × 15(d)/1 000;

第三格容积 = 第一格容积 + 第二格容积;

总容积 = 第一格容积 + 第二格容积 + 第三格容积。

4.5.2　集中处理措施

对居住比较集中的镇村或村民小组,生活污水采取集中处理,通过化粪池、污水收集管道汇入人工湿地系统,处理达标后作为灌溉水或排入河沟。人工湿地系统水质净化技术是一种生态工程方法,其原理是在一定的填料上种植特定的湿地植物,建立起人工湿地生态系统,当污水通过系统时,经砂石、土壤过滤,植物根际的多种微生物活动,污水中的污染物和营养物质被吸收、转化或分解,水质得到净化。经过人工湿地系统处理后的水,达到地表水质标准,可直接排入湖泊、水库或河流中。

为了节约用地,本工程人工湿地采用水平潜流湿地,在填料床表层栽种耐水且根系发达的植物,污水经格栅池、沉淀池预处理后进入湿地床,以潜流方式流过滤料,污水中有机质被碎石滤料和植物根系拦截吸附过滤,被微生物与植物根营养吸收、分解,使污水获得净化。

人工湿地植物应因地制宜选择,总体要求要耐水、根系发达、多年生、耐寒,具有吸收氮、磷量大,兼顾观赏性、经济性。目前常用的有芦苇、香蒲、菖蒲、美人蕉、风车草、水竹、水葱、大米草、鸢尾、蕨草、灯芯草、再力花等。水芹、空心菜已试用于湿地,亦有较好效果。栽种方法视植物而定,一般每平方米 8~10 穴,每穴栽 2~3 株,亦可用行距 10 cm、簇距 15 cm 控制。

4.6　景观人文

从全流域角度出发,根据河道的上下游、左右岸、乡(镇)、农村等不同区域特点,结合河道自身优势和发展需求,以问题和需求为导向,将水利及其他部门资源要素整合,确定流域定位和布局,制定水、滩、坡、岸的治理措施,进行水岸同治,使河流水系成为具有区域特色的社会经济发展产业带和生态长廊。本次除了修建防洪功能的护岸护坡外,为改善生态环境、人居环境,在河道生态护岸、清淤疏浚基础上,结合周边群众生产生活需要及现有交通情况,利用保留的施工便道布设亲水绿道;在村庄等人口集中等有条件的岸滩结合当地文化特点、乡村振兴、美丽乡村营造亲水生态景观节点。

本次除修建防洪功能的护岸护坡外,为改善生态环境、人居环境,在河道生态护岸、清淤疏浚基础上,结合周边群众生产生活需要及交通情况,利用保留的施工便道布设亲水绿道;在村庄等人口集中等有条件的岸滩结合当地文化特点、乡村振兴、美丽乡村营造亲水生态景观节点。

本次项目在大业镇板么村、安平镇古院村、归义镇荔枝村各设置 1 处滨水景观节点,节点主要包括滨水公园、滨岸绿道与人文景观节点,其中滨水公园分别位于大业镇板么村与归义镇镇区,总规划建设面积约 40 000 m²。滨岸绿道主要位于大业镇板么村、安平镇古院村及归义镇荔枝村,规划建设滨岸绿道共计 7.1 km,分别为大业镇板么村 2.6 km、安平镇古院村 2 km、归义镇区 2.5 km。人文景观节点位于筋竹镇镇区,以金砂玉原石雕刻为主题。

5　滨水公园设计

5.1　布置原则

(1)生态优先,兼顾经济。

以改善乡村的生态环境为第一目标,优先考虑绿化的生态效益,树种选择要以乔木为主,营造乡村森林生态系统;其次合理配置树种,创造景观效益,把生态园林理念融入村庄绿化中,发挥绿化的美化作用;充分利用房前屋后隙地规划发展小果园、小花园、小药园、小竹园、小桑园等,发挥绿化的经济效益。

（2）因地制宜，反映特色。

与当地地形地貌、山川河流、人文景观相协调，采用多样化的绿地布局，对路旁、宅旁、水旁和高地、凹地、平地等采取灵活多样的绿化形式，见缝插绿。自觉保护、发掘、继承和发展各村庄的特色，充分展示镇村风光。

（3）合理分布。

绿化区域在乡村内的生产、生活区要合理分布，布置于整个乡村，形成布局均衡、富有层次的绿地系统。

（4）保护为先，造改结合。

设计时要严格保护好风景林、古树名木、围村林、村边森林等原有绿化，将其融入村庄绿化设计中。在绿化实施过程中，要改造与新建结合，充分利用原有绿地。

5.2　节点设计

生态绿化节点主要包括观景平台、休闲公园、沿河绿道等元素，配备凉亭、长廊、儿童游乐场、健身器材、园路等公共设施，周边空地实施园林小景、绿化美化景观等，以增添景观特色，为周边村民提供一处可供休闲、游玩、观景、垂钓的场地，选择位置应相对幽静，依据原有地势打造，绿化种植主要以观花观叶植物为主。由于处于河岸边，应优先选用抗涝同时又适合在沙滩地种植的植物，主要种植垂柳、香樟、小叶紫薇、鸡冠刺桐、野牡丹、杜鹃等植物。

6　滨岸绿道设计

滨岸绿道铺设 2 m 宽彩色沥青混凝土，以供周边居民休闲散步，另外在步道的两侧种植成排垂柳、小叶紫薇、朱瑾等，其中乔木垂柳及小叶紫薇分别种植在绿道两侧，间隔均为 4 m，乔木下方种植朱瑾花灌木，高低搭配，以增添景观特色。

7　人文景观节点设计

人文景观节点位于筋竹镇镇区。结合本工程深入挖掘当地花岗岩、金砂玉等历史文化，以金砂玉原石雕刻为主题，打造人文景观节点。

（清淤疏浚、岸坡整治、崩岗治理、水土保持林草、封禁治理等设计，参见前文崩岗治理、生态清洁流域建设等内容）

第 5 章　新阶段水土保持高质量
发展的认识与思考

5.1　科学治理水土流失的几点认识

5.1.1　水土保持的根本任务是发展土地生产力

　　"水土保持"专用术语一词于新中国成立前就已形成。自新中国成立伊始,水土保持就是党和国家关注的重要工作。1952 年,政务院先后在《关于加强老根据地工作的指示》《关于发动群众继续开展防旱、抗旱运动并大力推行水土保持工作的指示》中,明确强调水土保持是保证农业生产的根本措施,并指出了人为不合理地开垦破坏是水土流失产生的重要原因。1957 年国务院发布《中华人民共和国水土保持暂行纲要》,首次提出水土保持目的在于合理利用水土资源。1982 年 6 月国务院发布《水土保持工作条例》,增加了水土保持"保护水土资源"、建立"良好生态环境"等目的。1991 年 6 月,《中华人民共和国水土保持法》颁布,提出水土保持是"为了预防和治理水土流失,保护和合理利用水土资源,减轻水、旱、风沙灾害,改善生态环境,发展生产"。2010 年 12 月修订后的《中华人民共和国水土保持法》,将原法律中水土保持任务的"发展生产"修订为"保障经济社会可持续发展"。从以上不同时期的水土保持工作任务可以看出,水土保持源于山区农业生产发展需要,延伸至改善生态环境,上升至保障经济社会可持续发展。

　　中国特色社会主义进入新时代以来,习近平提出了"绿水青山就是金山银山"的重要论断,指出"保护生态环境就是保护生产力,改善生态环境就是发展生产力","强调发展不能破坏生态环境是对的,但为了保护生态环境而不敢迈出发展步伐就有点绝对化了",保护和改善生态环境的内在逻辑和出发点是"生产力",不是为保护而保护。水土流失产生原因分为自然因素和人为因素,但人类关注水土流失、防治水土流失主要还是消除人类自身生产活动带来的对水土资源的负面影响,自然的水土流失现象并不是人类社会消除的主要对象,也无法彻底消除。人为因素又可分为农耕文明生产活动和工业文明生产活动,防治农耕文明生产活动的水土流失是水土保持工作的起源,防治工业文明生产活动的水土流失是水土保持的拓展。但无论处在什么发展阶段,保护水土资源的目的是合理利用、高效利用、可持续利用水土资源,根本目的是维护土地生产力、发展土地生产力。

5.1.2　客观认识水土保持成就与短板

　　水土保持生态建设总体增强,水土保持重点工程建设偏弱。随着经济社会的不断发展,人民对美好生活的向往及标准不断提高,全社会对水土保持工作的参与度、认识度不断深化,特别是生态文明建设纳入国家总体战略以来,各地、各部门均在推进生态文明建设中展身手、开新局,各类生态建设如火如荼,水土流失治理也取得了很大成就,治理步伐明显加快,水土流失面积和强度呈双下降趋势。但应清醒地看到,现阶段水土流失治理任务主要由林草、自然资源、农业农村等部门及社会力量完成,水利部门主导完成的水土流失治理面积不足20%,水土保持重点工程中央财政投入占中央财政总支出的比例由"十二五"的0.40‰下降到"十三五"的0.27‰,总体呈下降趋势。扣除物价、人工上涨因素,单位面积投入实际上也处于下降趋势。

开发建设项目水土保持监管强,农业生产活动监管弱。近年来,水利部在国务院推进"放管服"改革过程中进一步强化了生产建设项目水土保持监督管理。自2015年5月至2020年12月,水利部出台了近30个涉及生产建设项目水土保持监督管理的规范性文件,从"查、认、改、罚"各环节做出了具体细化规定,基本形成了一套较为完备的水土保持监督管理制度体系,为水土保持强监管提供了制度保障,提升了行业地位,增强了行业威信。仅2020年,各级水行政主管部门审批生产建设项目水土保持方案24.4万个,5.9万个生产建设项目完成水土保持设施验收,人为水土流失得到有效管控。当前的水土保持监管,主要集中在对开发建设项目的水土保持监管,而对农业生产活动的水土保持监管则基本停滞。如《水土保持法》颁布已30年,修订后也有10年,但至今仍未落实涉及农业生产活动中的多个条款,如禁止在25°以上陡坡地开展种植农作物;在25°以上陡坡地种植经济林的,应当科学选择树种,合理确定规模,采取水土保持措施,防止造成水土流失",25°以上陡坡地分布坐标、允许种植的树种目录、可以采取的水土保持措施名录、防止的标准等均未落实,针对第十八条、第二十三条等法条,也无监管的具体标准和办法。

水土保持理论与制度创新存在瓶颈。以小流域为单元开展山水林田路村综合治理的理论和实践早在20世纪80年代就已成为水土保持工作的成功经验,与"山水林田湖草沙"系统治理思想完全契合,但具体操作层面现今逐渐难以落实。主要表现在一是受制于土地利用规划或国土空间规划,已失去了传统的小流域系统开展土地利用结构调整的基础;二是随着土地产权制度和用益物权的改革深化,以小流域为单元整体协调一致的治理活动受土地权属人主观意志的影响,想要实现变得极其困难。

水土保持工程建管制度已不适应时代需求。水土保持工程不是全额预算的,而是补助性的,不征地。自2002年开始,国家逐步取消农民的义务工和劳动积累工(俗称"两工")后,尽管国家的补助也在大幅提升,但水土保持工程的补助性质并没改变,工程投资与实际需求完全脱节,造成坡改梯、水系工程等"硬措施"不断减少,保土耕作、封禁治理等"软措施"不断增加。随着依法治国、绩效审计、工程监管的加强,已难以为继。

5.1.3　科学治理水土流失的内涵及措施

5.1.3.1　科学治理的内涵

1)科学治理的出发点是发展土地生产力

水土保持的根本任务是发展土地生产力,水土保持是生态环境建设的重要内容,一度是生态环境建设的主体,但生态环境建设不是水土保持的全部,保障农业生产,维护粮食安全,既是水土保持起源,更是伴随社会发展各阶段的重要任务。只要人类还需要以粮食维系生命,只要我国"粮食安全必须牢牢掌握在自己手中"的战略不改变,水土保持发展土地生产力的根本任务就不变。

2）科学治理需以人为本

新发展理念是以人的需求的发展，水土保持工作也是如此。人的需求包括两个方面，一是个体的需求，二是国家或全社会即团体的需求。个体需求与团体需求有一致也有区别。个体对水土保持的需求往往要看得见、摸得着、有效益，体现在生产条件、生活条件的改善，由于"一亩三分地"的手工农业远没有从事工业生产或服务业收入多，现阶段个体对土地耕作条件的改善并不敏感，对生活环境的改善需求往往较为接受。团体需求本质是为个体服务但又超越个体需求，就国家层面而言，无论在任何发展阶段，都需确保粮食安全，大力开展高标准农田建设，"藏粮于地"，它不以个体愿不愿意、有没有经济效益而定，而是国家战略，需在法规、政策上去全力保障。

3）科学治理需要系统协调治理

习近平总书记对于系统治理有着明确的阐述。但就国家条块管理的实际，系统治理要落地，必须做好分工协作。需政府统筹，确定蓝图和目标，各部门发挥自己建设和管理的特长，既分工又协作。坡耕地整治、侵蚀沟（沟道）治理、灌排蓄引工程就是水利部门的特长，要在充分发挥自身优势的基础上再去延伸领域和创新思路。

4）科学治理要求治理进度要合理

随着时代的进步，监控手段、信息传播速度的进步，治理与未治理一目了然，治理与破坏一目了然，治理效果如何一目了然。新阶段的水土流失治理一定要实实在在地体现在水土资源得到了保护、水土保持功能得到了改善、水土保持率得到了提高。治理进度应根据财力投入、现状条件等综合确定，不贪功、不冒进。

5）科学治理要求评价体系要合理

水土保持基本目的是水土资源的保护和高效利用，其他一切功能皆因此而派生。评价治理的成效如何，最基本的指标就是地块的土壤含水量有没有增加，区域的径流系数有没有减少；地块的土层厚度有没有减小，区域水系的泥沙含量和淤积程度有没有减少；地块的产出或生物量有没有增加，区域生产、生活、生态环境有没有改善等。在这些基础指标上，由于不同区域的经济社会生态功能各异，可针对区域功能特点分别有侧重地筛选评价指标。

5.1.3.2　完善水土保持评价体系

水土保持率是《美丽中国建设评估指标体系及实施方案》确定的22项评估指标之一，也是水利部门的唯一指标，并列入了中共中央 国务院印发的《黄河流域生态保护和高质量发展规划纲要》的一项约束性指标。现阶段，水土保持率的定义为"区域内水土保持状况良好的面积（非水土流失面积）占国土面积的比例"。由于国家地理区域跨度较大，各地对"水土保持状况良好的面积"应有不同的标准，并且主要适用于对水蚀区域的评估。北方风蚀区、青藏高原大部和东北局部的冻融侵蚀区就不适合用水土保持率去评价。而针对水蚀区域，城市、乡村的评价内容又应有所不同，城市硬化面积占城区面积的比例超过一定范围后，阻碍水分入渗，造成水资源损失，增加洪涝风险，不应作为非水土流失面积，石漠化区域的裸岩也是如此，不能将裸岩面积作为非水土流失面积。应从水土保持的根本任务和核心理念出发，从是否有利于保护和发展土地生产力出发，理解、制订区域水土保持率的评价体系和方法。应分耕地、林草地、建设用地、难利用地等不同地类,赋予不同的权重,分类计算和统计综合水土保持率,并将区域径流系数的变化作为校验或评估水土保持率的对比方法之一,明显的逻辑是如果一个区域径流系数经过一段时间变大了,蓄水保土功能肯定是降低了。水利部门作为水土保持主管部门,在对水土保持率、水土保持功能的评价上,应将"水"因素贯穿始终。

5.1.3.3　巩固水土保持工作主阵地

抓住国家高度重视农业生产、粮食生产的机遇,将第一产业的水土保持监督和服务提上议事日程,制订农业生产活动的水土保持导则,完善、落实农业生产活动水土保持监管措施和制度。对农林牧渔生产活动,鼓励、引导单位、群众采取水土保持措施,对落实得好的地方政府、单位、个人给予奖励或补贴。以黄土高原的淤地坝建设、南方崩岗的防治、东北黑土区的侵蚀沟治理、高山狭谷区的山洪沟(泥石流)治理、土石山区的坡改梯建设等为重点,巩固水土保持阵地,在尊重自然规律、顺应自然规律的理念指导下,始终坚持人类文明发展必须与自然环境进行艰苦卓绝的斗争精神。

5.1.3.4　改革水土保持工程建管机制

中央的事权中央负责,地方的事权地方做主。中央应主导国家级水土流失重点预防区和重点治理区的水土流失重点防治工作,制订防治方案,纳入中央预算管理,地方实施。中央资金用于对地方的奖补资金,年度监测评估重点防治区水土保持功能得到提高的,给予水土保持奖补,区域功能下滑的,追究地方政府责任。需开展工程建设的,由地方政府审批,按建设内容全额预算,参照各地水利水电工程概预算编制办法和费用标准,建设内容不要求与水土流失图斑对应。积极探索按"水土流失图斑"治理转为按"需求"治理的理论和方法。

重新建立全国水土流失图斑信息数据库和水土保持重点工程管理数据库。以 2020 年度全国遥感监测为基础,建立水土流失面积和图斑信息对应的数据库,并向社会公布。今后的水土流失防治工作及评估考核均以 2021 年公布的图斑信息为基础进行对比,不再与以前的水土流失普查、水土保持重点工程管理系统挂钩,彻底切割,轻装上阵。

5.1.3.5　扎实落实全国水土保持规划

《全国水土保持规划(2015—2030 年)》是新中国成立以来第一部由国务院总理签批的规划,是各级政府和部门水土保持工作的行动指南。作为水土保持工作的主管部门和牵头制定规划的部门,应当不遗余力地打起国务院的批复这面大旗,全力推动规划的落实。在推动规划落实中,对设置的 3 大类重点预防项目、4 大类重点治理项目、各个监督管理项目等核心内容的提法不轻易"换马甲",特别是国家水土保持重点工程建设,应对应规划的项目类别去设置。规划出台已 5 年时间,应当评估和总结规划实施情况,进行必要的修订、完善和政策调整,并报国务院批准。强化水土保持规划的引领作用,坚定地扛起全国水土保持规划这面大旗,维护全国水土保持规划的权威,是今后水土保持工作中的重中之重。

5.2　完善水土保持规划设计理论

5.2.1　完善水土保持核心理论

　　水土保持是指防治水土流失、保护改良与合理利用水土资源、维护和提高土地生产力，减轻洪水、干旱和风沙灾害，以利于充分发挥水土资源的生态效益、经济效益和社会效益，建立良好生态环境，支撑可持续发展的生产活动和社会公益事业。从这个定义理解，水土保持不仅仅是治理水土流失，核心是保护改良与合理利用水土资源。同时，水土保持也是一门介于技术科学与环境管理科学之间的边缘科学，水土保持科学理论由水土流失规律、水土保持的控制理论、水土保持工程技术等构成。水土流失的产生原因、发展机制的基本理论，学界已研究的比较全面。水土保持工程技术经过多年的实践，形成了以小流域为单元的"山顶戴帽、山腰缠带、山脚穿靴、山水田林路村综合治理"的土石山区水土流失防治体系，"保塬、护坡、固沟、打坝"的黄土高原治理体系，"上拦、下堵、中间削、林草填肚"的南方崩岗防治系，"沟头防护、沟中谷坊、沟底植被"的东北黑土区侵蚀沟防治体系等。形成了工程措施、植物措施、封禁治理措施、保土耕作措施等四大类水土保持措施，并在不断创新和完善，人工湿地、面源污染处置、能源替代等先后纳入水土流失防治措施体系。但将水土保持作为一门科学，就必须具有可证伪性、普遍必然性等科学特征，那么上述这些不同类型的、经过实践检验的、成熟的水土流失防治技术是否是最优的、科学的、必然正确的？是否存在可替代方案？怎样求证它们是最优的？用现有的理论似乎无法回答这些问题。即联系水土流失规律理论与水土保持工程技术之间的，具有可证伪、普遍必然性科学特征的水土保持控制理论当前仍十分模糊。

　　21 世纪以前，水土保持基本等同于土壤保持，水土流失与土壤侵蚀概念基本通用，水不乱流、土不下山即水土保持。21 世纪初，一些学者针对完善水土保持核心理论提出了不少见解。徐海鹏等提出研究水土资源的生态系统控制理论为水土保持规划服务，即区域内达到生态平衡，并获得最大的生产力和最多的生态经济效益；郭廷辅等提出坡面径流调控是水土保持的精髓，即通过科学调控和合理利用坡面径流，削弱导致水土流失的源动力，达到控制水土流失保护水土资源的目标；吴普特等提出应创新和发展地表径流调控与水土资源同步高效安全利用技术体系；吴发启等依据类似理论提出了水土保持与荒漠化防治专业课程体系，出版了《水土保持规划学》；关君蔚院士所著的《生态控制系统工程》对水土保持控制理论拓宽了理性思考的视野。但都没有给出一个完整的、能够实现"防止水土流失""保护改良与合理利用水土资源""建立良好生态环境""支撑可持续发展"这些核心目标的水土保持控制理论体系，无具体的定理、定律可循。此后，学界继续研究水土流失规律和水土保持实用技术的多，而研究水土保持控制核心理论的少。至今多数学者仍停留在"土"的保持研究上，对"水"（降雨或地表径流）损失的产生原因、发展机制、损失分级、控制、利用等"水"的保持理论几乎还是空白。

　　我国水土保持学科发展到当前阶段，把水土资源的有效保护与高效利用作为水土保持科学技术的主要核心，已基本形成共识。应围绕这个核心，优先研究和提出一定区域内

(如以小流域为单元)水土资源的自然生态平衡的内在联系、特征指标、承载能力、调控机制,再根据经济社会发展阶段的需求,以保障区域自然生态平衡为基础,根据水土资源开发利用的承载力,提出生态效益、经济效益、社会效益的多目标最优组合的系统构成、推理方法、验证办法,即实现有效保护与高效利用的有机统一。当前最迫切的需要是尽快填补"水"的保持的理论空白。我国当前正处于加快推进生态文明建设的新时期,国家相继推出了山水林田湖系统治理、国土江河综合整治、海绵城市建设、美丽乡村建设等一系列生态建设工程,这些工程建设的实质就是实现对水土资源的有效保护和高效利用。在水土保持学界,应适时提出一套系统的、科学的水土资源的有效保护和高效利用理论,为这类工程建设提供理论支撑,并指导工程建设,这将对推动中国生态文明建设做出重大贡献,将会把水土保持事业推向一个崭新的高度。

5.2.2　完善水土保持规划的基础理论

根据《水土保持综合治理 规划通则》(GB/T 15772—2008),规划的基础是"根据当地农村经济发展方向,合理调整土地利用结构和农村产业结构,针对水土流失特点,因地制宜地配置各项水土保持措施,提出各项措施的技术要求"。核心是在土地利用评价的基础上,通过预测土地利用调整需求来布设坡改梯、水保林、经果林、种草、封禁治理、保土耕作的措施。例:坡耕地可以调整为梯坪地,就在坡耕地上布设坡改梯措施;荒坡地可以调整为有林地,可以在荒坡地上设置水土保持林措施;水土流失较轻的稀疏林地、草地,可以采取加强保护、减少破坏、利用生态自然修复能力的封禁治理措施。《水土保持规划编制规范》(SL 335—2014)则将土地利用调整需求延伸至整个经济社会发展对水土保持的需求,包括农村经济发展与农民增收、生态安全建设与改善人居环境、江河治理与防洪安全、水源保护与饮水安全等对水土保持的需求。但土地利用调整、经济的和生态的需求与不同地块水土流失类型、强度、面积及分布有什么样的内在联系?这些需求与水土保持措施的必然性在哪里(采取其他措施能否达到同样目标)?这些需求如何求证?在具体规划设计中,并没有一套完整的规划理论作为指导。部分《水土保持规划学》教材介绍了生态学原理、生态经济学原理、系统学原理、可持续发展原理等水土保持规划能够用到的基础理论,并给出了综合评价方法来推求规划方案的多目标最优属性,但这些介绍都是零散的,由于如上节所述水土保持的控制理论并不完善,没有在这些理论的基础上形成自成体系的水土保持规划理论体系,规划的结果很容易被任何一个专家或领导所推翻。特别是我国现有的条块结合的管理体制下,土地利用规划的调整、耕地质量的改造由国土部门主管,林草植被建设由林业部门主管,农业产业结构调整由农业(畜牧)部门主管,而水土保持行业主管部门为水利部门,实际规划中,除截排水沟、谷坊、拦沙坝、水塘等小型水土保持工程的分布及数量水利部门能够决定外,其余的水土保持林、经济林、种草等水土保持措施建设规划均受制或依附于其他部门,即"需与其他行业规划相协调"。尽管水土保持规划是政府行为,但规划的出台均需征得相关部门的同意,实际上没有得到其他部门认可的水土保持规划也很难得到执行。但作为一门独立学科,若没有自己独特的规划理论体系,不能回答为什么这样规划和必须这样做这两个现实问题,始终依托和受制于多个部门或学科,长远看是缺乏生命力的,也无法得到社会应有的尊重和认可。

　　针对当前规划设计存在的问题,作者认为,除应尽快完善水土保持核心理论外,还应重视以下三点内容。

　　(1)将生态修复与水土流失预防有机统一。2000年左右,水土保持业界推出了生态修复理论。此后,水土保持部门将生态修复面积与水土流失治理面积并列作为各级政府水土保持工作的指导指标。勿庸置疑,生态的自我修复能力是实际存在的,广大群众在生产实践中也在使用这种方法,如草原区的轮牧、耕作区的休耕、林区的封育。但生态修复的概念较为宽泛和模糊,究竟采取何种措施才算达到生态修复的目的?与水土流失预防的区别在哪里?并没有形成明确的、统一的认识,至少在基层的水土保持设计和工作人员中,很多是将其等同于封禁治理措施。作者认为,生态修复理论是水土保持理论中的一个应用基础理论,将生态修复任务纳入水土保持工作任务只是在特定社会发展时期,为适应水土保持投入不足,又要大面积完成水土流失防治任务而提出的应对措施。但强调生态修复理论,客观上弱化了水土保持控制理论。现今生态文明建设成了主旋律,应将生态修复工作与水土流失预防有机统一,以免造成工作上的混乱,以利于更好地推动水土保持工作。

　　(2)调整和完善水土保持规划设计目标的控制指标。水土流失既是自然现象,也是伴随着生产活动产生的,是一个动态的过程,只要存在生产建设活动,就不可避免地产生水土流失现象,这里治理了,那里又会发生,对于一些侵蚀强度严重的地块,经过治理,土壤侵蚀强度降低了,土壤侵蚀现象可能依然存在。因此,水土保持规划设计的目标制订,不宜将水土流失面积的减少作为控制目标,应针对具体的治理对象提出控制指标,如坡耕地改造率、侵蚀沟治理率、崩岗治理数量及面积、林草覆盖率、径流调控率、减沙率、耕地产出率、经济增长率等。

　　(3)重视清洁小流域建设的基础理论研究。清洁小流域建设是目前水土保持工作的一项重要内容。清洁小流域建设的理论支撑依然可以围绕水土资源的有效保护与高效利用,核心是对水的保护和土的利用去开展。具体工作中经常会碰到一些具体的问题,如面源污染是否属于水土流失问题?哪些面源污染可以用水土保持措施去控制?清洁小流域建设与水土流失治理有哪些内在的、必然的联系?只有解决了这些问题,清洁小流域的规划、设计、建设才有科学性和生命力。

5.2.3　聚焦水土保持学科主业

　　新中国成立以来,我国的水土保持工作大致经历了以基本农田建设为主的探索阶段(1950—1979年)、以小流域综合治理为主的试点阶段(1980—1990年)、以"四荒地"开发治理相结合为主的小流域综合治理阶段(1990—2000年),2000年左右提出了利用生态的自我修复能力治理水土流失,2006年左右推出了生态清洁小流域建设。水土保持理论不断创新、领域不断宽泛、社会地位不断提高。同时,外延领域的过于宽泛也带来了水土保持工程"包打天下""无所不能"的现象。一些地方的水土保持规划设计中,水土保持工程和植物措施有减少尘土、吸附污染颗粒的功能,因此规划目标中提出了控制PM2.5的排放指标;建设生态清洁小流域,提出了控制城镇和农村垃圾、污水排放的指标。这些规划设计,看似紧跟时代,围绕社会需求来制定,但并无水土保持理论支撑,单凭水土保持工程投入也无法系统地解决上述问题,挤占了真正用于水土流失防治的资金,长此以往,容易造成对水土保持工作和学科认识的思想混乱,不利于水土保持学科的独立性和科学性。

我们应当以水土资源的有效保护与高效利用为核心,牢牢抓住坡耕地、侵蚀沟、崩岗、小流域这些水土保持工作的主阵地,不断充实、完善、建立水土资源的有效保护与高效利用理论体系,树立水土保持科学的权威,才是水土保持学科理当坚守的发展道路。

5.2.4　高度重视弃渣场的安全设计

自深圳"12·20"滑坡事故以来,生产建设领域的水土保持工作形成了一种渣场恐惧症,无论是水土保持行业主管、技术审查机构,还是水土保持规划设计部门,见了渣场怕三分。其实,我们国家的工程建设早已突飞猛进,弃渣场的防治,从工程技术上讲,几乎没有难度,我们不能把管理不到位的问题归结为技术问题。在工程建设领域各个行业基本上都出台了设计标准和技术规范,工程建设只要符合标准和规范的要求,工程就可以认定是合格的,不能因为某些管理或者施工不到位造成工程毁坏而怀疑一切。当然,安全责任重如泰山,设计、审批、施工、管理各个环节都必须将安全作为第一要务,并且要各负其责,但也不能将安全问题随意放大,阻碍各项事业的正常发展。

现行的水土保持技术规范对渣场选址限制太多,通常包括不得影响周边公共设施、工业企业、居民点;不得在河道、湖泊管理范围内设置;禁止对重要基础设施、人民群众生命财产安全及行洪安全有重大影响的区域布设弃渣场等,再根据相关法规,基本农田保护区、自然保护区、河道以及各地主体功能区规划确定的禁止开发区等都是禁止设立弃渣场的,因此在具体工程建设中,即使不考虑弃渣场的土地使用权属问题,能选择一个完全符合各种规定的弃渣场很难,许多工程都面临弃渣场选址困难的问题。加之这些规定内容较宽泛,无量化标准,如渣场距公共设施多远才算是没有影响?如何界定重要基础设施以及对人民群众生命财产安全有重大影响?在高山峡谷区,除了陡峭的山坡就是河道,坡陡堆不了,河道不能堆,弃渣怎么办?具体设计中问题重重。作者认为,弃渣因工程建设而派生,没有主体工程就没有弃渣,弃渣的水土流失防治是工程建设的组成部分,弃渣场的定性和选址制约因素应同主体工程的定性和选址选线的制约因素保持一致。例如,主体工程属于自然保护区的基础设施,弃渣防治工程就属于自然保护区的基础设施,主体工程在自然保护区内,弃渣就可以在自然保护区内解决。而且应当将弃渣防治方案是否可行作为主体工程是否可行的重要判定因素,如果该自然保护区的某个基础设施无法处理好弃渣问题,那么这个基础设施建设就是不可行的。

对弃渣场按照工程建设管理的方式进行等级划分和制定防治标准,依照防治标准进行设计、审查、建设和验收是正确的道路。根据渣场所处的不同区域和危害的严重程度,设定不同的防治标准和必须的防护措施。渣场处在危害大的区域,安全系数及设防标准就取大些,危害小的区域,安全系数及设防标准就取小些。水利、水电等行业水土保持规范以及《水土保持工程设计规范》(GB 51018—2014)已对渣场的等级和设计标准做了规定,但其前提都是选址可行。因此,应当从解决问题的角度完善现行水土保持技术规范,剔除渣场选址的一些不合理的规定,以渣场的危害分级作为确定弃渣防治标准的主要因素,完善渣场危害的确定方法、等级划分、设计标准、防护要求。

针对城市水土保持监督管理,做好城市土石方资源的调配利用是核心问题,集中设立采石取土场、余泥渣土受纳场是根本手段。尽管部分城市余泥渣土受纳场的规划和建设由规划或城市管理行政主管部门负责,但弃渣"应当堆放在水土保持方案确定的专门存放地"是《水土保持法》的规定,审批水土保持方案是水行政主管部门的法定职责,法律规定的职责不能随意取舍,不依法履责,就会被依法追责。水行政部门应敢于担当,主动协调规划、城市管理部门做好取土(采石)场、余泥渣土受纳场的建设问题,并加强弃渣去向的监管,才能将城市水土流失的防治工作落到实处。

水土保持理论与水土流失防治实践紧密结合,水土保持理论才有生命力,水土保持事业才能可持续。在推进生态文明建设的大好时期,水土保持业界应高度重视现阶段的水土保持理论完善与创新,牢牢巩固水土保持工作的主战场,增强勇于担当的社会责任感和事业使命感,保障水土保持事业的持续发展,为推进全国生态文明建设创建辉煌。

5.3　规范生产建设项目水土保持方案编报审批

5.3.1　明确水土保持方案编制深度

根据水利部 5 号令,开发建设项目"必须编报水土保持方案。其中,审批制项目,在报送可行性研究报告前完成水土保持方案报批手续;核准制项目,在提交项目申请报告前完成水土保持方案报批手续;备案制项目,在办理备案手续后、项目开工前完成水土保持方案报批手续。经批准的水土保持方案应当纳入下阶段设计文件中"。

《生产建设项目水土保持技术标准》(GB 50433—2018)第 3.1.1 条规定"生产建设项目水土保持技术工作应与项目各阶段同步进行",并对预可行性研究阶段(项目建议书)、水土保持方案、水土保持措施初步设计专篇(章)内容提出了规定,该规定虽然没有明确水土保持方案在什么阶段编制,但将对水土保持方案的规定置于预可行性研究阶段(项目建议书)和初步设计之间,其实就是将水土保持方案置于可行性研究阶段。

以上规章、规范看似对水土保持方案编制的深度做了规定,但在具体项目水土保持方案编制的实践中面临着不同行业的水土保持方案报告书编制深度不一的问题。主要原因是,不同行业其可行性研究阶段的土建设计深度不一。水电项目、水利工程可行性研究阶段,渣场、料场、施工工区基本能够明确;铁路、公路项目取土、弃渣数量基本明确,但料场、渣场位置主体设计并不要求;输变电工程、火力发电工程、输气(油)等以建筑安装工程为主的项目,可行性研究阶段的土建设计均较薄弱;垃圾发电、医疗废弃物处置等环境污染防治类的项目基本无土建设计。而编制水土保持方案必须在主体工程的征占地范围、土石方工程量、施工方案等基本要素确定后才能开展,这些都是由建设单位和主体设计单位确定,水土保持方案编制单位不能代替主体设计单位,因此不同类型项目的水土保持方案编制阶段和编制深度并不能统一。

另外,目前没有对补报水土保持方案的编制深度做出明确的规定。由于地区、行业差别较大,经济社会发展水平各异,法律的普及、制度的执行不尽统一是我国的现实国情,存在大量已开工甚至已竣工而没有编报水土保持方案的工程,需补报水土保持方案。关于补报水土保持方案的编制深度问题，有文件提出"对已动工未完工的新建、扩建、改建项目，补报方案时，方案应达到初步设计深度"，但方案编制单位在参考执行中也面临着诸多问题，如许多行业对前期的三通一平不叫开工，许多项目甚至设计没有开展，就做了三通一平的工作，从水土保持角度来讲已造成了地表扰动，产生了水土流失，水土保持方案是否认定开工？若认定开工而主体工程还没有开展主体设计做何处理？达到初步设计深度的水土保持方案与主体工程设计中的水土保持初步设计专章有何区别？一系列问题均不明确，开工后补报的水土保持方案的设计深度要求更深虽然对落实水土保持措施有利，但客观上减少了生产建设单位的水土保持前期工作量，因为常理要先有可行性研究阶段的水土保持方案再有初步设计阶段的水土保持专章设计，而现在可以一步走了，建设单位何乐而不为。

5.3.2　理顺水土保持方案与主体设计报告的关系

（1）主体可行性研究报告与水土保持方案报告批复的顺序。

编制项目的水土保持方案必须在主体工程设计基本定型的基础上开展，水土保持方案的可行性与主体工程设计的深度密切相关。因此，为了把好水土保持方案质量关，水土保持方案审批部门往往要求主体工程可行性研究报告通过了技术审查或已取得了相关管理部门的批复后，水土保持方案才得以开展或审批，许多地方要求将项目可行性研究报告的批复或评审意见作为水土保持方案报批的依据（附件）之一。但作为一个项目的完整可行性研究报告，并不仅仅指"主体工程"，而是包括水土保持方案、环境评价等内容，水土保持方案是主体工程的有机整体。主体工程设计没有定型，则水土保持方案无从设计，水土保持方案设计没有定型则工程可行性研究报告无法收口，可行性研究报告无法收口，就无法送审，没有送审就无法认定主体工程设计定型，无形中就陷入一个循环的怪圈。

（2）主体工程可行性研究报告的水土保持章节与水土保持方案报告书的关系。

这个问题和前一个问题类似。通常理解，主体可行性研究报告中的水土保持章节应当是对水土保持方案报告书主要内容的一个摘录，而且水土保持投资规模应当与水土保持方案报告书中确定的投资规模一致，只有将已批复的水土保持方案投资纳入工程可行性研究报告总投资中，水土保持措施才有资金实施，特别是对于审批制项目。而目前实际情况是可行性研究报告中的水土保持章节是主体工程设计人员根据常规经验编写了主要内容进去，投资也是大致匡算，由于水土保持方案作为一个专题报告从编制到报审，再到完成审批，通常需半年到一年时间，生产建设项目的时效性很强，经济政策等机遇稍纵即逝，特别是一些拉动内需项目，不可能将定稿的可行性研究报告搁下，等水土保持方案及其他专题取得批复后才报批，往往是同时开展报批工作。由于可行性研究报告与水土保持专题报告的审批部门不同，这就造成可行性研究报告里的水土保持内容和投资，和水保专题报告的内容和投资不尽一致。到初设阶段，设计人员究竟是落实可行性研究报告里的水土保持设计呢还是落实水土保持方案专题报告的设计呢？往往无从下手和自相矛盾。

（3）水土保持方案的批复与主体工程批复的关系问题。

水土保持方案由水行政主管部门批复，批复后的水土保持投资就应作为下阶段设计概算的依据。而现实情况是,作为审批制项目,需要由发改、财政部门批复投资,往往审批的工程投资中,水土保持投资均会大打折扣甚至取掉,因为大多数项目,水土流失主要是在施工过程中产生,在施工过程中的水土流失防治,多以临时拦挡、覆盖、排水措施以及施工工序控制为主,而临时投资往往计算依据不足,在投资估算审查时,很容易被砍掉,也就是说水土保持方案专题批复的投资在具体建设过程中往往并不能落实。水土保持方案专题与主体工程的关系无论是法规或现实执行均不明确,业主仅仅将编制水土保持方案作为获得水行政主管部门批复从而取得相关项目立项文件的一个步骤而已,对水土保持方案是否能落实不关注,后期通常也会因征地因素等存在设计变更的问题。因此,对于工程的水土保持措施(投资)的落实,水行政主管部门和工程立项审批部门谁说了算应当予以明确。

5.3.3　夯实生产建设项目水土流失理论基础

生产建设项目编制水土保持方案的初衷是解决项目建设过程中的乱挖、乱采、乱堆、乱弃及由此造成的滑坡、崩塌、河道淤积等,从而影响到人民的生命财产安全问题以及造成项目占地本身及周边土地生产力下降的问题。水土保持的基础理论是土壤侵蚀,即土壤颗粒的位移由此产生土壤含水率降低、土壤养分下降造成土地生产力退化、产出率降低,也因此产生一系列的生态问题。从字面上理解,土壤侵蚀量不等于水土流失量,侵蚀量是对发生侵蚀的地块产生生态后果,流失量可能对流失的地块产生后果,也可能对流失到达的地块产生后果。针对多数生产建设项目(农林开发项目除外),其土地性质已转化为建设用地,对土地的粮经作物产出率或生态效果已不是关注的重点,人们更应关注的是水土流失对项目本身和项目周边可能产生哪些危害,而且重点应是后者。某种角度上,在建设项目内部,挖方边坡的土壤产生了位移,沉积到了坡脚,或凸形地方的土壤产生了位移,沉积到了凹形地方,的确产生了"土壤侵蚀"问题,因为可能使该地块的土地生产力发生了改变;但是,项目区内的土壤没有流到项目区外,没有对周边产生水土流失危害,如果该地块不再用于农业生产,也可以认为没有产生土地生产力下降的问题,不应视为"水土流失"。因此,要预测一个项目可能产生的"水土流失"问题,重点是要明确这个地块能够向周边输送多少泥沙?增加多少产流?要尽可能量化和准确才有说服力。

当前的水土保持方案编制中预测水土流失的普遍做法,一是照搬土壤侵蚀原理来预测水土流失问题,经常看到平原地区燃气电站的水土保持方案预测可能产生的水土流失量上万吨,实际监测值远小于预测值;二是类比已建工程的水土保持监测数据,但存在监测数据无公布,使用的监测数据无从验证其合理性的问题。

生产建设项目水土流失预测是编制水土保持方案的基础,但使用的预测方法与实际情况是严重脱节的,必须寻求生产建设项目水土流失预测的理论突破。生产建设项目水土保持方案编制、水土保持监测也开展了 20 多年,积累了丰富的生产建设项目水土流失产生、水土流失危害等方面的资料,业界人士也开展了不少水土流失预测方法的研究。水土保持行业主管部门可以牵头整合相关科研力量,提出不同类型的项目,如输电线路、道路、码头港口、工业园区、水电工程、矿山开采、农林开发等水土流失预测的理论和方法,并付诸推广运用。

5.3.4　实行主体工程设计水土保持评价制度和水土保持方案报告制度双轨制

只有将水土保持理念、水土保持设计贯穿主体工程设计的全过程,才能解决水土保持方案与主体工程设计脱节的问题,才能保证水土保持设计与主体设计深度的一致性。由主体设计单位将水土保持理念贯穿主体设计始终,主体设计报告在报批前由水土保持评价单位(水土保持技术中介机构)按照相关法规、技术标准做出是否满足水土保持相关要求的评价,评价结论满足相关水土保持法律法规及技术规范要求的,主体设计报告可以得到立项审批部门的最终批复,若评价结论为不满足,则由主体设计单位修正设计,直至评价单位出具满足相关法律、法规及技术规范的评价意见。当然水土保持评价结论需得到水行政主管部门的认可,而且评价单位是可选择的、可复议的。这种评价制度并不排斥建设单位另择水土保持方案编制单位单独报水土保持方案,也就是说可以由建设单位自主选择是执行水土保持评价制度或是水土保持方案报告制度,水土保持评价资质管理也可以与水土保持监测资质或水土保持设施验收技术评估资质合二为一或合三为一。

5.3.5　实行分类审查审批

一是已受其他法规制约且能够较好地解决水土流失问题的区域可以采用水土保持方案报告表备案。如:以海域施工为主的纯码头扩建、防浪堤建设等项目,纯水域作业的河道疏浚、堤防加固、水闸改造等项目,城市已建成区的建筑物改造、道路管线施工等项目。已有海洋倾废管理条例、各省的海域使用管理条例(办法)、防洪法、河道管理条例、各地的城市建设管理条例或余泥渣土管理条例等制约,严格执行后可以解决水土流失问题,而且这些区域的水土保持方案中并无多少具体的水土保持措施。

二是前期已编制水土保持方案的生产建设项目内部的扩建、改造的项目,应简化审批程序。

三是按照国家对项目审批、核准、备案的分类管理完善相应的审查审批制度。审批制项目要强化水土保持方案审查制度,重点核查水土流失防治措施和投资的合理性;核准制项目简化审查程序,注意水土流失防治措施的适用性及其防治效果;备案制项目的水土保持方案质量由建设单位自行把关,相关专家出具意见,水行政主管部门依据相关法规做出是否批复的决定。

四是按照项目所处的生态区域重要性、项目占地及土石方规模分类管理,矿山、公路、水利水电、工业园区等扰动强度大的项目从严审批,输变电、房地产等占地面积少的项目简化程序。

五是设立公众可查询审批进度的网络窗口,建立审批部门与呈报单位的互动平台,及时处理审批中出现的问题。技术审查环节,既要严格把关,又要防止审查时间过长,可增设技术审查单位,形成技术审查竞争机制,建立编制单位的申述平台和复议机制,形成程序合理、结论可复核的技术审查体系。

5.4　重视城市弃渣管理

2010 年《水土保持法》修订后,实行生产建设项目水土保持方案报告制度的区域由"在山区、丘陵区、风沙区"延伸为"在山区、丘陵区、风沙区以及水土保持规划确定的容易发生水土流失的其他区域",执行水土保持方案报告制度的项目类型由"修建铁路、公路、水工程,开办矿山企业、电力企业和其他大中型工业企业"延伸为"开办可能造成水土流失的生产建设项目"。我国城市人口及生产力集中,水土资源紧缺,对水土流失危害敏感度强,《水土保持法》修订后,为城市生产建设项目施行水土保持方案报告制度提供了法律依据。城市生产建设项目又可分为处于城市已建区域的项目和非城市建成区项目,处于非城市建成区的生产建设项目水土流失防治与其他山丘区的项目并无不同。但城市建成区内的生产建设项目因景观绿化、排水、安全设施均受到严格的规划条件管理,也就是说即使没有水土保持方案存在,在规划管理部门、城市建设管理部门的严格管理和要求下,其水土保持措施是相对完善的。城市建成区水土保持管理的核心其实是场地平整、基础开挖、废旧建筑拆迁等施工产生的弃渣安全堆放问题,管理不到位,极易形成重大安全隐患。如广东深圳光明新区渣土受纳场 2015 年"12·20"特别重大滑坡事故,造成 73 人死亡、4 人下落不明、17 人受伤,核定事故造成直接经济损失 88 112.23 万元。其中:人身伤亡后支出的费用 16 166.58 万元,救援和善后处理费用 20 802.83 万元,财产损失价值 51 142.82 万元。

5.4.1　城市弃渣处置管理现状

减少生产建设项目建筑垃圾及渣土的乱堆乱弃,减少河道淤积和保障防洪安全,是实施生产建设项目水土保持方案报告制度的主要源由,因此弃渣的妥善处置也是水土保持方案的核心内容。城市水土保持弃渣通常也被称为余泥渣土、建筑废弃物等,多数城市实行多头管理。例如,广州市城市管理行政主管部门负责本市行政区域内建筑废弃物的管理工作,建筑废弃物消纳场选址由城乡规划行政管理部门负责;深圳市城市环境卫生部门负责余泥渣土管理工作,处理场所的建设由深圳市住建局主管,受纳场地由市规划国土行政主管部门负责统一规划,余泥渣土受纳场的运营则由社会机构承担;佛山市住房和城乡建设管理部门负责市行政区域内的城乡建筑垃圾的处理(含建筑弃土),城管行政执法部门负责违法行为的查处,国土规划部门负责消纳场的选址,市容环境卫生部门负责排放管理,弃渣处置审批则按照工程类型分别由相应的建设、市政、交通、水利等行政主管部门办理。广州、佛山、深圳、中山、东莞等城市弃渣的处置,并没有纳入水行政主管部门管理的范围。随着水土保持方案编报制度不断深入推进,《水土保持法》规定的弃渣"应当堆放在水土保持方案确定的专门存地",弃渣的处置成为水土保持方案绕不过去的一道坎。深圳"12·20"滑坡事故的处理,给涉及城市弃渣管理的相关部门敲了警钟,即必须依法履责,水行政主管部门首当其冲。

尽管《水土保持法》规定,生产建设项目的弃渣必须堆放在水土保持方案指定的地方,但城市土地管理十分严格,生产建设单位几乎不可能专门去征地或租地设一个弃渣场,加之城市往往地形平坦,特别是珠江三角洲地区,要满足一定的防洪标准,往往需要大量的填方,因此弃渣得到利用也是普遍现象。据相关资料,广州市 2015 年产生建筑废弃物 4 700 万 m³,而建筑废弃物消纳场的年消纳量只有 1 350 万 m³,大量的弃渣实际被市内外建设项目消纳。然而,由于不同的生产建设项目开工时间、施工进度、土石方废弃和需求数量往往不一致,偷排余泥弃渣现象也时有发生,偏远郊区的桥头、临时空置场地都是偷排弃渣的重灾区,更有甚者,使用船只在航行过程中偷排入河道,造成严重的水土流失危害。

5.4.2　城市弃渣管理存在的主要问题

5.4.2.1　弃渣水土流失防治责任主体不明

广州市规定建筑废弃物的排放人、运输人、消纳人,应当依法向建筑废弃物管理机构申请办理《广州市建筑废弃物处置证》,即同一项目的建设过程中,可以分排放、运输、消纳 3 个环节和责任主体分别申请弃渣处置行政审批,这样实际上分解了项目建设法人依法防治弃渣水土流失的主体责任,由于多头办理弃渣处置证,单个项目的弃渣去向可追溯性变差,往往施工单位成为防治弃渣水土流失的责任主体。弃渣的处置一直是城市管理的难题,主要是堆存场地选址困难,目前多数城市并没有规划和建设弃渣消纳场,无固定地点堆放弃渣或确定的消纳场所无法满足全部堆放要求。项目具体建设中,都是由施工单位寻求弃渣处置办法,只要没有产生乱堆乱弃现象,并无主管部门干涉弃渣的最终流向,从广州市目前已进行水土保持设施竣工验收的生产建设项目情况看,许多项目的弃渣流向了码头、转运站、砂石料堆放点,但最终去向成谜;中山市同样如此,已通过水土保持设施验收的中江高速、京珠西线高路、广珠铁路等项目在中山市均没有设置真正意义的弃渣场,验收中无弃渣水土流失防治措施。

5.4.2.2　弃渣处置的前置管理变相增加了企业负担

部分城市为抓源头管理,要求项目在可行性研究阶段、修建性详细规划阶段编制水土保持方案,明确弃土弃渣方案。而在建设项目时序上,通常是在施工招标结束确定总包单位或施工单位后,才由总包单位或施工单位寻找弃土弃渣的利用场所,办理处置证,在可行性研究阶段甚至初步设计阶段,建设单位往往无法提供弃渣堆存点。由于《水土保持法》规定弃渣应优先进行综合利用,建设单位与其他单位签订弃渣处置协议,在形式上实现弃渣资源化并不违规。为了水土保持方案顺利通过审批,不同项目的施工单位往往互相签订排放、受纳协议,周边需要土石方的土地整治项目单位成了香饽饽,甚至出现了专门开具弃渣证明的专业户。一张接收弃渣证明或协议,建设单位需支付 2 万~3 万元,这种现象变相增加了企业负担,也使得弃渣的监管也无法落到实处。

5.4.2.3　水土保持方案流于形式

目前我国城市开发建设中大量的房建等项目占地面积虽小,但因地下室开挖产生大量的弃渣,达到了需做水土保持方案的标准,因此必须编制水土保持方案。但按照城市建设相关管理规定,这类项目选址唯一、功能布局唯一、施工需围蔽、排水需审批、车辆需冲洗,加之土料源于市场、弃渣推向市场,水土保持措施几乎全为主体已有,水土保持方案失去了实质内容。中山市自 2005 年关闭了全市的采石取土场后,所有建设项目的水土保持方案均不设取土场和弃渣场,从已完成水土保持设施验收的项目看,工程建设实际也不产生弃渣场、临时堆土场,多余土石方在施工过程中随挖、随运、随填埋于其他建设场地。

5.4.3 规范弃渣管理的主要办法

5.4.3.1 依法审批水土保持方案

城市建设项目的水土流失危害巨大,水土保持方案报告制度理应坚持。但同时应当正视城市建设工程的实际,不将水土保持方案作为项目立项、核准、备案的依据,只要在开工前完成水土保持方案审批即可。水土保持方案必须依法编制,弃渣水土流失的防治是水土保持方案的重要内容,弃渣的产生、运输、消纳必须具有可追溯性,才能将弃渣的水土流失落到实处,因此水土保持方案必须在明确了弃渣排放地点后再行申报,水行政主管部门不应受理没有明确弃渣地点的水土保持方案。对于核准制、备案制项目,在项目开工前确实无法依法完成水土保持方案报告审批的,经建设单位申请,可以给予一定的延期申报时间,但最长不宜超过 3 个月,延期申报期间,建设项目的施工不得形成水土流失隐患,不得发生水土流失事件,否则严格依法从重查处。水土保持方案是行政许可的法定文件,其载明的信息必须真实有效,对于弄虚作假的,应纳入工程建设领域进行联合惩戒。同时,水行政主管部门可通过向社会中介机构购买监督性监测服务,发现和及时查处违法行为。

5.3.3.2 加快城市集中弃渣场的规划和建设步伐

针对城市建设项目弃渣,地方政府及建设工程主管部门必须给建设项目弃渣一个出路,不能仅做出不准建设单位随意弃渣的规定,但又不明确何处可以弃渣,其结果往往是倒逼建设单位弄虚作假,甚至违法。据广州市城市管理委员会的预测,广州市 2016—2020 年将产生 2.02 亿 m^3 建筑废弃物,而 2015 年底,全市仅有 4 个弃渣消纳场,总容量 1 350 万 m^3,远远不能满足消纳要求,为此,2017 年底,广州市规划建设 29 个临时消纳场,总消纳容量 26 341 万 m^3,但目前建设进度缓慢,远跟不上弃土弃渣的排放需求。

5.4.3.3 推行弃渣资源化

珠江三角洲河口地区的河网密度为 1.38 km/km^2,广州市的平原区面积占 61%,附近的东莞、佛山、中山市平原区面积 80%以上,这些平原区的高程绝大部分低于当地的防洪高程。由于非城市建成区的大量建设项目需要垫高以达到防洪标准,因此尽管珠江三角洲每年产生大量的弃渣,但堆积如山的弃渣现象却不多见,其重要原因就是被低洼地区的建设项目所消纳。因此,弃渣处置行政主管部门应主动作为,建立余泥渣土网上在线登记和交易平台,弃渣排放方和受纳方均可将相关信息在网上公布,达成受纳意向后,随即在网上申请弃渣处置证预受理,管理部门在法定期限内完成排放证、运输证、受纳证的审批,这样也便于弃渣的审批和监管。另外,弃渣除可用于填筑外,也可以经过相关处理,制成环保建材再利用,地方政府应制订本区域的弃渣资源化利用的战略规划,扶持弃渣资源利用企业的开办和运营,以减少弃渣的永久性排放,化解弃渣消纳场所建设征地难、安全风险高的难题。

5.4.3.4 各市根据实际情况出台水土保持方案示范文本

城市水土流失防治有其自身特点,相比工程技术,建设过程的管控才是最重要的措施。给出项目建设过程不同阶段的能监测的、可实现的水土流失防治目标应是城市开发建设项目水土保持方案的核心内容。水土流失防治措施不外乎由排导、蓄积、拦挡、沉淀、覆盖(含植被)等几种构成,建设单位是防治建设项目水土流失的责任主体,理论上,无论其采取什么样的措施,只要能够达到建设过程不同阶段的水土流失防治标准,就应视其依法履行了水土流失防治义务。水土资源的有效保护与高效利用是水土保持的核心,城市开发建设项目水土保持方案应增加径流系数、排水含沙率、弃渣消纳率、雨水蓄积利用率等指标作为阶段防治目标备选项。现行通用的水土保持方案文本或提纲针对城市生产建设项目存在许多缺陷,如项目选址唯一、表土剥离与利用困难、弃渣资源化利用使得主体工程水土保持分析与评价内容逐渐空洞化;珠江三角洲原属国家级水土流失重点监督区,水土流失防治等级原执行一级防治标准,《水土保持法》取消了重点监督区的划定后,现行技术标准规定县级以上城市区域执行一级标准,"县级以上城市区域"指的是城市建成区、城市规划区、市级人民政府行政管辖区域,均没有明确说法,专家理解各异;现行的水土流失防治体系各市仍在区分主体已有和方案新增制订,由于主体设计提高了生态意识,新增措施为零的方案频频出现,等等。水行政主管部门应根据各地的建设特点,分区域或分项目类型发布水土保持方案示范文本,以提高水土保持方案的可操作性和公信力。

5.5　新时期珠江流域片水土保持思路与对策

5.5.1　总体任务和目标

5.5.1.1　指导思想

深入学习贯彻习近平生态文明思想和"3·14""9·18"重要讲话精神,根据"重在保护、要在治理"的战略要求,认真贯彻落实党中央、国务院决策部署,紧紧围绕"水利工程补短板、水利行业强监管"的水利改革发展总基调,突出流域管理特点,以建设"幸福珠江"为总目标,以水资源分区水土流失率为量化控制指标,在治理上补短板,在监管上强手段,提高水土保持率,促进流域片水土资源的有效保护和高效利用,保障经济社会的可持续发展。

5.5.1.2　总体思路

牢固树立人与自然和谐共处的思想,积极践行"绿水青山就是金山银山"的理念,坚持山水林田湖草沙系统治理,注重充分发挥生态系统的自我修复能力,加快岩溶石漠化区水土流失治理、红河流域坡耕地整治、南方崩岗综合治理、江河源头区水土保持生态修复,同时加强高新技术应用,健全监测监督网络,强化流域监管职能,提高指导和服务效能,严格控制生产建设项目水土流失,筑牢流域片生态安全屏障。

5.5.1.3　任务

"看住人为水土流失"和"加快推进重点地区治理速度"。"看住人为水土流失"要以强化人为水土流失监管为核心,以完善政策机制为重点,以严格督查问责为抓手,充分依靠先进技术手段,全面履行水土保持职责,着力提升管理能力与水平。"加快推进重点地区治理速度"要以滇黔桂岩溶石漠化国家级水土流失重点治理区、西南诸河高山峡谷国家级水土流失重点治理区、粤闽赣红壤国家级水土流失重点治理区、东江上中游国家级水土流失重点预防区、海南岛中部山区国家级水土流失重点预防区以及坡耕地、崩岗集中分布区为重点,创新机制,多渠道增加投入,因地制宜,有序推进,为加快推进生态文明建设、保障经济社会可持续发展提供支撑。

5.5.1.4 目标

通过坚持不懈地实施岩溶石漠化区水土流失综合治理、坡耕地综合治理、崩岗治理、生态清洁小流域建设,加强东江上中游、海南岛中部山区水土保持预防保护,强化水土保持监管等切实有效措施,实现如下目标:到 2025 年,流域片治理水土流失面积 2.7 万 km²,其中珠江流域 1.96 万 km²,水源涵养和防灾减灾能力得到增强,坡耕地水土流失得到减轻,土地生产力得到提高,流域片水土流失总面积占土地总面积的比例降到 15% 以内,其中珠江流域 16% 以内,人为水土流失得到有效控制;到 2035 年,累计治理水土流失面积 6.65 万 km²,其中珠江流域 4.8 万 km²,流域片水土资源得到基本保护和有效利用,流域片水土流失总面积占土地总面积的比例降到 12% 以内,其中,珠江流域 13% 以内,人为水土流失得到全面控制,水土保持监测监督网络健全,为实现幸福珠江提供生态保障。

5.5.2 防治布局

按照"把水资源作为最大的刚性约束"作为深化水利改革发展重要原则的要求,立足流域管理职责和特点,紧扣流域片水资源分区,将"水土保持率"与用水总量和用水效率结合,纳入水资源分区经济社会发展"以水而定"的刚性约束,统筹做好各水资源分区生态保护和水土流失防治工作。

5.5.2.1 南北盘江

1)任务与目标

本区水土保持的主要任务是提高区域保土蓄水能力,遏制石漠化发展,抢救耕地资源。2025 年,治理水土流失面积 0.55 万 km²,水土流失面积占区域土地面积的比例下降到 27% 以内,中度以上水土流失面积占水土流失总面积的比例控制在 25% 以内。2035 年,累计治理水土流失面积 1.3 万 km²,水土流失面积占区域土地面积的比例下降到 22% 以内,中度以上水土流失面积比控制在 20% 以内。

2)防治布局

以提高区域保土蓄水能力和改善群众生产生活条件为核心,以石漠化、坡耕地为主要治理对象。山区抢救和改造坡耕地,兴建基本农田,配置坡面水系工程,充分利用降雨和地表、地下水资源,提升水资源利用率,调整土地利用结构,培育主导产业;在荒坡地和退耕地上大力营造水源涵养林、水土保持林,对较为偏远、立地条件较好的地块实施生态修复,促进植被恢复,控制石漠化发展。盆地及平坝区做好沟道防护,保护现有耕地,完善灌排渠系,减少坡面径流对盆地区的危害。加强矿山水土流失预防和治理。

3)重点工作

以石漠化严重县为重点,因地制宜采取封山育林育草、人工造林(种草)、"五小"水利建设,持续开展岩溶石漠化综合治理;大力开展坡耕地水土流失综合整治,保护耕地资源;做好贫困地区小流域综合治理,改善生产条件,夯实发展基础。加强对矿山开发、能源建设、交通建设的水土保持监管,控制人为水土流失。

5.5.2.2　红柳江

1)任务与目标

本区水土保持的主要任务是提高区域水源涵养能力,改善群众生产条件和生活环境,促进农村经济社会发展。2025 年,治理水土流失面积 0.45 万 km^2,水土流失面积占区域土地面积的比例下降到 17% 以内,中度以上水土流失面积占水土流失总面积的比例控制在 25% 以内。2035 年,累计治理水土流失面积 1.10 万 km^2,水土流失面积占区域土地面积的比例下降到 14% 以内,中度以上水土流失面积比控制在 20% 以内。

2)防治布局

突出区域水源涵养和蓄水保土功能,持续开展小流域和石漠化综合治理,有效改善生产和发展条件。红水河流域以治理坡耕地水土流失为主,坚持兴修坡改梯地,配套蓄水池、灌排渠系、机耕道路,推进陡坡坡地退耕还林、稀疏林草地以封禁治理。柳江上游封禁治理为主,荒山荒坡营造水土保持林草为辅,加强能源的潜代,减少对薪柴依赖;柳江中下游以坡耕地治理为重点,将土层相对较厚、坡度在 25° 以下的坡耕地改造成高标准水平梯田,大于 25° 的坡耕地退耕还林还草,积极发展经济林果药材,加强蓄水池等小型水利水保工程建设,疏通排涝沟渠、治理落水洞、建设农田防护堤;柳江下游抓好现有耕地的保护和水利设施配套,提高耕地资源质量。结合生态优势,加强生态清洁小流域建设,促进生态旅游;完善优惠政策保障措施,改善群众生产生活条件,助力乡村振兴。

3)重点工作

大力开展贫困地区小流域综合治理,促进脱贫致富;持续开展岩溶石漠化综合治理,增强区域发展后劲;加大生态修复力度,提高生态功能和水源涵养能力;适度开展坡耕地综合整治,引导集约生态农业;做好水电、航电工程的水土保持监管,减少人为水土流失危害。

5.5.2.3　郁江

1)任务与目标

本区主要水土保持任务是治理水土流失,保护耕地资源,提高土地生产力。2025 年,治理水土流失面积 0.40 万 km^2,水土流失面积占区域土地面积的比例下降到 19% 以内,中度以上水土流失面积占水土流失总面积的比例控制在 30% 以内。2035 年,累计治理水土流失面积 0.90 万 km^2,水土流失面积占区域土地面积的比例下降到 16% 以内,中度以上水土流失面积比控制在 25% 以内。

2)防治布局

以提升区域蓄水保土功能,保障农林牧业的可持续发展、改善生态环境为工作方向,加强小型水利水保工程建设,提高耕地质量,减少植被破坏,控制石漠化发展。在石山区,海拔较高的区域,实施陡坡退耕还林还草、封山育林;在海拔较低的区域,大力实施坡耕地改造工程,配以截水沟、蓄水池、水窖建设,发展节水灌溉。在土山区,缓坡耕地开展坡耕地综合整治,完善水系配套,引导集约经营,发展生态产业;陡坡耕地稳步推进退耕还林,大力发展水土保持林。在平坝、低洼地区,理顺水系,疏通地下河,拦护落水洞,加强灌溉渠系配套。将坡地农业开发纳入水土保持预防监督管理,落实水土保持措施。

3)重点工作

在丘陵地带大力推进坡耕地水土流失综合整治,引导发展特色果蔬产业;石山区持续开展岩溶石漠化综合治理,巩固脱贫成果;加强生态清洁小流域建设,满足群众生态宜居宜业的需求;抓好矿区水土保持监督管理。

5.5.2.4 西江

1)任务与目标

本区主要任务是涵养水源,控制面源污染,减轻山地灾害。2025 年,治理水土流失面积 0.25 万 km^2,水土流失面积占区域土地面积的比例下降到 10%以内,中度以上水土流失面积占水土流失总面积的比例控制在 28%以内。2035 年,累计治理水土流失面积 0.65 万 km^2,水土流失面积占区域土地面积的比例下降到 7%以内,中度以上水土流失面积比控制在 22%以内。

2)防治布局

以提升区域水源涵养和土壤保持功能为出发点,综合治理林地、坡耕地、崩岗水土流失。积极推进山区丘陵区小流域综合治理和陡坡耕地退耕还林,以沟道综合整治为重点,围绕提高沟道的防洪、引水、生态功能为中心,加强河沟、湖库边坡治理,修建小型拦、蓄工程,建设植被保护带、绿带、碧道。适度开展坡耕地综合整治,改善生产条件,发展特色农林产业。以近村、近路、近田、近沟为重点,开展崩岗和沟道综合治理,完善防灾减灾体系,保障中小河流、山洪灾害易发区人民生命财产安全。在河川两侧的人口密集区,推进生态清洁小流域建设,建设宜居乡村。鼓励创建农、果、休闲旅游复合治理样板。强化对坡地农林开发的水土保持监督管理。

3)重点工作

加强桂贺江上游的生态保护和修复工作,促进生态自然修复;重视和支持对园地、林地开发采取水土保持措施,减轻农林开发水土流失和面源污染;实施崩岗治理与修复,减轻山地灾害;大力开展水美乡村及生态清洁小流域建设,助力生态旅游开发。

5.5.2.5 北江

1)任务与目标

本区主要任务是涵养水源,维护生态,减轻山地灾害。2025 年,治理水土流失面积 0.13 万 km^2,水土流失面积占区域土地面积的比例下降到 7%以内,中度以上水土流失面积占水土流失总面积的比例控制在 10%以内。2035 年,累计治理水土流失面积 0.30 万 km^2,水土流失面积占区域土地面积的比例下降到 5%以内,中度以上水土流失面积比控制在 8%以内。

2)防治布局

突出提高水源涵养能力和生态维护功能开展保护和治理工作,预防为主,防治结合。北部山区加强饮用水水源地清洁小流域建设,完善小型水利水保设施,促进生态修复。紫色和红色砂岩、页岩区加强现有植被的保护,强化整地和林草立体配置,提高林草覆盖度。南部丘陵强化坡地开发水土流失的预防和治理,依法划定和公告禁垦范围,严格控制 25°以上陡坡地开垦种植经果园林,实施保土耕作等措施。加强上游矿山水土流失预防和治理。

3)重点工作

以生态保护和修复为主治理水土流失;大力开展水源地生态清洁小流域建设,提高生态环境质量,保护水源水质;做好林地、园地开发的水土流失治理和监督管理。

5.5.2.6　东江

1）任务与目标

本流域水土保持主要任务是增强区域水源涵养和水质维护功能。2025 年,治理水土流失面积 0.10 万 km²,水土流失面积占区域土地面积的比例下降到 12%以内,中度以上水土流失面积占水土流失总面积的比例控制在 10%以内。2035 年,累计治理水土流失面积 0.35 万 km²,水土流失面积占区域土地面积的比例下降到 8%以内,中度以上水土流失面积控制在 8%以内。

2）防治布局

以崩岗、矿山废弃地、坡地开发为主要治理对象。对水库库区、河流两岸、道路沿线、人居集中地区,以及对环境景观影响较大的崩岗侵蚀进行重点整治。开展源头区水源涵养林建设,对上游的废弃矿区要实施积极的土地整理和生态修复。坡地开发采取等高种植和保留种植带间的植被等水土保持措施,禁止全垦整地。加强对已建水土保持工程的巩固和提高标准。深化水生态补偿机制和转移支付办法,增强区域水土保持积极性。

3）重点工作

强化生产建设项目水土保持监督管理,有效管控人为水土流失。争取将东江流域水土保持重点预防工程列入国家重大生态修复工程。推进新丰江水库库区等饮用水水源地生态清洁小流域建设。

5.5.2.7　珠江三角洲

1）任务与目标

着力维护和提高人居环境质量,推进生态文明先行示范区建设。2025 年,治理水土流失面积 0.08 万 km²,水土流失面积占区域土地面积的比例下降到 7%以内,中度以上水土流失面积占水土流失总面积的比例控制在 20%以内。2035 年,累计治理水土流失面积 0.20 万 km²,水土流失面积占区域土地面积的比例下降到 5%以内,中度以上水土流失面积比控制在 15%以内。

2）防治布局

结合人居环境整治和城市公园、景观建设、碧道建设,大力开展生态清洁小流域建设,提升人居环境质量;严格控制坡地开发,对已开发的地块进行精细化管理,强化坡面水系和植物防护措施;突出人为水土流失的管控和防治,统筹做好生产建设项目土石方的综合调配和利用。

3）重点工作

大力开展城郊生态清洁小流域建设,提高城郊环境质量;推动建立跨区域土石方资源统筹利用平台,充分消化和利用区域土石方资源,减少弃渣堆放;强化生产建设项目水土保持监督管理。

5.5.2.8　韩江及粤东诸河

1）任务与目标

以提升区域土壤保持功能,减轻崩岗危害为主要任务。2025 年,治理水土流失面积 0.15 万 km²,水土流失面积占区域土地面积的比例下降到 10%以内,中度以上水土流失面积占水土流失总面积的比例控制在 10%以内。2035 年,累计治理水土流失面积 0.35

万 km²,水土流失面积占区域土地面积的比例下降到 8% 以内,中度以上水土流失面积比控制在 8% 以内。

2)防治布局

以小流域为单元加大崩岗综合整治,崩岗治理和沟道治理相结合,以工程措施为先导,辅以植物措施、封禁治理,形成综合防治体系。对坡园地完善水系工程和保土耕作措施。加快水系整治,适度建设水生态景观。矿山废弃地结合当地特点,采取截水拦沙、土地整治、清淤护岸、植被恢复、净化水质等措施形成产业基地或生态公园。

3)重点工作

以减轻崩岗危害为主,持续开展国家水土保持重点工程建设,严格控制山地开发利用。加强矿山迹地的生态修复。

5.5.2.9　粤西桂南沿海诸河

1)任务与目标

以维护区域人居环境和提高土壤保持能力为主要任务。到 2025 年,治理水土流失面积 0.14 万 km²,水土流失面积占区域土地面积的比例下降到 7% 以内,中度以上水土流失面积占水土流失总面积的比例控制在 28% 以内。2035 年,累计治理水土流失面积 0.35 万 km²,水土流失面积占区域土地面积的比例下降到 5% 以内,中度以上水土流失面积比控制在 22% 以内。

2)防治布局

丘陵区持续开展水源涵养林建设,对人工纯林实施蓄水保土功能提升改造;沿海持续开展防护林造林活动。农业耕作中,重视和推广等高沟垄种植等保土耕作措施,防治坡耕地水土流失。积极推进生态清洁小流域建设,建设美丽乡村。重点加强公路、铁路、工业园区等生产建设项目的水土流失监管和治理。

3)重点工作

加大水源涵养林林分改造,大力开展生态修复,加强水土保持监督管理。

5.5.2.10　海南岛及南海各岛诸河

1)任务与目标

以维护人居环境和水源涵养功能为主要任务,提升环境质量,打造生态文明示范区。2025 年,治理水土流失面积 0.05 万 km²,水土流失面积占区域土地面积的比例下降到 4.5% 以内,中度以上水土流失面积占水土流失总面积的比例控制在 5% 以内。至 2035 年,累计治理水土流失面积 0.15 万 km²,水土流失面积占区域土地面积的比例下降到 3% 以内,巩固水土保持成果,水土流失强度逐步减轻,中度以上水土流失面积比例控制在 5% 以内。

2)防治布局

以林下水土流失、坡耕地水土流失为主要治理对象,预防为主、局部治理修复。针对林下水土流失,对老化退化的纸浆林和疏残林,优化林种配置,进行乔灌草立体种植,恢复生态;稀疏的经果林,种植绿肥植物,增加地表覆盖;对沟蚀严重的区域,沿等高线布设截流沟埂,在沟头、沟边布设防护沟埂,沟道筑谷坊。针对坡耕地水土流失,陡坡耕地以种植热带经果林为主等高种植,林下套种牧草,增加地表覆盖度;缓坡耕地实行保土耕作措施,渠路配套或做好道路排水消能设施,防止路沟侵蚀,水源条件较好的完善灌排体系,提高耕地质量。加强河湖沟道整治,对沟岸扩张、塌陷实施护岸、护底措施,水库库滨带采用设拦水坎、种植亲水植物等措施进行治理,建成生态清洁小流域。

　　3)重点工作

　　以建设生态清洁小流域为主,持续推进国家水土保持重点工程建设。以海南岛中部山区国家级水土流失重点预防区为重点大力开展水土保持预防和生态修复工程。

5.5.2.11　红河

　　1)任务与目标

　　区域水土保持主要任务为提高区域保土减灾和人居环境维护功能,打好生态发展基础,助推少数民族地区发展和边疆稳定。2025 年,治理水土流失面积 0.40 万 km²,水土流失面积占区域土地面积的比例下降到 23% 以内,中度以上水土流失面积占水土流失总面积的比例控制在 20% 以内。2035 年,累计治理水土流失面积 1.0 万 km²,水土流失面积占区域土地面积的比例下降到 19% 以内,中度以上水土流失面积比例控制在 15% 以内。

　　2)防治布局

　　以坡耕地、石漠化为主要治理对象。实施坡耕地改造、坡面水系工程、沟道治理工程等措施,大力建设高标准基本农田;加大水源涵养林建设力度,推进 25° 以上坡耕地退耕还林还草,加强对天然林草地的保护。分区、分带支持特色农林产业的培育,巩固和增加群众收入来源。

　　3)重点工作

　　重点实施坡耕地综合整治和石漠化治理,稳步实施退耕还林还草,加大贫困地区小流域综合治理力度,争取实施红河流域水土流失综合治理专项工程。

　　珠江流域片水土保持目标指标详见表 5-1。

表 5-1　珠江流域片水土保持目标指标

水资源分区		土地总面积 /万 km²	水土流失面积 /万 km²	2025 年目标			2035 年目标		
一级区	二级区			治理水土流失面积 /万 km²	水土流失面积占比 /%	中度以上水土流失面积控制比/%	治理水土流失面积 /万 km²	水土流失面积占比 /%	中度以上水土流失面积控制比/%
珠江	南北盘江	8.30	2.49	0.55	<27.0	<25.0	1.30	<22.0	<20.0
	红柳江	11.30	2.15	0.45	<17.0	<25.0	1.10	<14.0	<20.0
	郁江	7.79	1.67	0.40	<19.0	<30.0	0.90	<16.0	<25.0
	西江	6.66	0.79	0.25	<10.0	<28.0	0.65	<7.0	<22.0
	北江	4.70	0.39	0.13	<7.0	<10.0	0.30	<5.0	<8.0
	东江	2.72	0.37	0.10	<12.0	<10.0	0.35	<8.0	<8.0

续表 5-1

水资源分区		土地总面积/万 km²	水土流失面积/万 km²	2025 年目标			2035 年目标		
一级区	二级区			治理水土流失面积/万 km²	水土流失面积占比/%	中度以上水土流失面积控制比/%	治理水土流失面积/万 km²	水土流失面积占比/%	中度以上水土流失面积控制比/%
珠江三角洲		2.67		0.08	<7.0	<20.0	0.20	<5.0	<15.0
韩江及粤东诸河		4.56		0.15	<10.0	<10.0	0.35	<8.0	<8.0
粤西桂南沿海诸河		5.67		0.14	<7.0	<28.0	0.35	<5.0	<22.0
海南岛及南海各岛诸河		3.42		0.05	<4.5	<5.0	0.15	<3.0	<5.0
西南诸河	红河	7.60	1.96	0.40	<23.0	<20.0	1.0	<19.0	<15.0
珠江流域小计		44.14		1.96	<16.0	<25	4.80	<13.0	<20
珠江流域片合计		65.39		2.70	<15.0	<25	6.65	<12.0	<20

5.5.3　对策措施

（1）推进重点防治,补齐治理短板。

持续开展国家水土保持重点工程建设。以国家级、省级水土流失重点防治区为重点,以"群众乐意实施、工程能见效益"为原则,抓好项目区选择和布局,做好五年实施规划,有序开展石漠化、水土流失治理。在滇黔桂岩溶石漠化片区,以小型水利水保工程建设为重点,解决好生产生活用水、低洼地和盆地排水的问题,做好坡改梯、造林和封育保护,遏制石漠化发展,抢救土壤资源,改善生态环境,重点推进岩溶石漠化综合治理。以红河流域、郁江流域、南北盘江流域为重点,大力开展坡耕地综合整治工程,加强路渠配套、灌排配套,改善耕作条件,引导土地流转、大户承包,高效利用和保护耕地资源。以韩江上游、西江中下游、桂南沿海为重点,开展崩岗专项治理,将崩岗治理与沟道治理、防灾减灾、产业发展相结合,建设安全、生态、发展的崩岗综合防治体系。以城镇周边及水源区为重点,大力开展生态清洁小流域建设,打造水清、岸绿、景美的宜居环境。力争流域片"十四五"期间完成水土保持重点工程建设 5 000 km²、实施坡耕地综合整治 20 万 km²、修复崩岗区域 100 km²、建成生态清洁小流域 400 条。

（2）做实预防保护,促进生态修复。

流域片位于北回归线南北两侧,临近南海,属热带、亚热带季风气候区,冬暖夏长、温和多雨,生物多样性丰富,具有良好的生态自我修复能力和优势。坚持习近平总书记提出的人与自然和谐共生的理念和保护优先、自然恢复为主的方针,以"调整人的行为、纠正人的错误行为"为主线,依法开展预防工作。以东江上中游、海南岛中部山区等国家或省级水土流失重点预防区为重点,大力开展生态保护和修复工程,制定"封得住"的体制、机制,让群众自觉投入到水土保持预防保护中去。

（3）完善防治机制,促进协调发展。

一是大力推广水土保持以奖代补、村民自建等建设管理模式,充分调动社会力量和群众参与水土流失治理的积极性,对大户承包治理、农林产业基地建设予以支持。二是对江河源头区实施预防保护和生态补偿转移支付,逐步引导散居群众实施生态移民。三是重点治理逐步从山上向山下转变,重点在居民集中区、农业产业聚集区、发展潜力区实施水土保持工程,增加环境容量,引导群众逐步聚集发展,推动社会进步。四是适当提高治理标准,按建设内容确定投资,建立水土保持工程巩固提升制度。

（4）强化流域监测,加强信息应用。

一要继续做好水土流失动态监测。全面应用高分遥感、地面观测等方法,继续推进国家级重点防治区和省(区)水土流失动态监测全覆盖,获取年度土地利用、植被覆盖、土壤侵蚀、水土保持措施等专题数据,及时掌握年度水土流失动态变化。二是加大水土保持信息化应用力度。结合新形势新要求,制定出今后一个时期水土保持信息化应用工作的目标和任务,加大卫星遥感、无人机和移动终端等信息化手段在水土保持监督、治理和监测等工作中的应用。围绕强化水土保持监测支撑监管的目标,建立监测成果与管理紧密结合的机制,把监测成果应用到水土保持监管工作中,发挥好监测对管理的支撑作用。三是结合年度水土保持动态监测工作,开展红壤区、岩溶区水土流失关键因子率定相关工作,为科学评价流域水土流失危害和防治成效打好基础。

（5）强化监督管理,规范人的行为。

一是要以全面落实《水土保持法》为核心,创新监管方式,全面推行水土保持信用监管,实行联合惩戒,切实看住人为水土流失。加强生产建设项目水土保持责任落实跟踪检查。通过书面检查、遥感检查、"互联网+"和现场检查等多种方式,实现在建生产建设项目实施水土保持方案落实情况跟踪检查全覆盖。二是严格水土保持方案审批和自主验收监管。流域片各省(区)要强化水土保持方案刚性约束,对不符合生态保护和水土保持要求的,坚决不予审批。推行区域评估制度,优化水土保持方案审批服务。严格水土保持设施验收情况监管,对核查中发现存在弄虚作假,以及不满足验收标准而通过验收的,严肃追究生产建设单位和相关技术服务机构及人员责任,并依法查处。三是要加快建立水土保持依法履职逐级督查制度,督促落实监管责任,严格责任追究,促进各级水土保持主管部门依法履职。四是应用高新技术手段开展生产建设活动监管、国家水土保持重点工程监管及运行管理监管,提高监管效率和水平。五是加强农林开发活动水土保持监管,防止大规模农林开发产生的水土流失,对违法陡坡开垦、取土挖沙采石等可能造成水土流失的活动,依法开展监管和处罚。

参考文献

[1] 水利部珠江水利委员会.珠江续志(1986—2000)第一卷[M].北京:中国水利水电出版社,2010.

[2] 郭廷辅,段巧甫.水土保持径流调控理论和实践[M].北京:中国水利水电出版社,2004.

[3] 关岭布依族苗族自治县水利水电勘测设计队.关岭布依族苗族自治县岩溶地区石漠化综合治理水利专项规划享乐小流域初步设计[R].广州:水利部珠江水利委员会,2008.

[4] 水利部,中国科学院,中国工程院.中国水土流失防治与生态安全 南方红壤区卷[M].北京:科学出版社,2010.

[5] 国家林业局.2018年国家岩溶地区石漠化状况公报[R].北京:国家林业局.

[6] 水利部.2018年度中国河流泥沙公报[R].北京:水利部.

[7] 水利部珠江水利委员会2010年度至2018年度珠江流域水质公报[R].广州:水利部珠江水利委员会.

[8] 王越.我国水土保持的历史沿革与发展对策[J].中国水土保持,2001(11):5-7.

[9] 张金慧,尤伟.深入学习贯彻党的十九届五中全会精神 扎实推动新阶段水土保持高质量发展——访水利部水土保持司司长蒲朝勇[J].中国水利,2020(24):22-23.

[10] 王星,李占斌,李鹏.陕西省丹汉江流域水土保持工程投资情况分析[J].水土保持研究,2012:43-47.

[11] 焦居仁.水土保持是生态环境建设的主体[J].中国水利,1998(8):19-20.

[12] 蒲朝勇.科学做好水土保持率目标确定和应用[J].中国水土保持,2021(3):1-3.

[13] 吴发启,王健.水土保持与荒漠化防治专业课程体系的建立[J].水土保持通报,2006(4):56-59,63.

[14] 中华人民共和国国家质量监督检验检疫总局,中国国家标准化管理委员会.GB/T 20465—2006:水土保持术语[S].北京:中国标准出版社,2006.

[15] 陈永宗.谈水土保持科学研究问题[J].中国水土保持,1987(3):7-9.

[16] 徐海鹏,朱忠礼,莫多闻.水土保持学科理论体系初探[J].水土保持研究,1999,6(4):54-61.

[17] 郭廷辅,段巧甫.径流调控是水土保持的精髓——四论水土保持的特殊性[J].中国水土保持,2001(11):1-5.

[18] 吴普特,汪有科,冯浩,等.21世纪中国水土保持科学的创新与发展[J].中国水土保持科学,2003(2):84-87.

[19] 吴发启,高甲荣.水土保持规划学[M].北京:中国林业出版社,2009.

[20] 中华人民共和国国家质量监督检验检疫总局,中国国家标准化管理委员会.水土保持综合治理规划通则:GB/T 15772—2008[S].北京:中国标准出版社,2009.

[21] 刘震.我国水土保持小流域综合治理的回顾与展望[J].中国水利,2005(22):17-20.

[22] 刘震.利用生态的自我修复能力防治水土流失[J].水土保持研究,2001(4):13-16.

[23] 石健,孙艳红.中国水土保持学会2006年年会论文集[C]//北京生态清洁小流域建设与实践.257-259.

[24] 广州市建筑废弃物消纳场布局规划(2016—2020年)[R].广州:广州市城市管理委员会,2017.